제3판

SI단위

건축 구조역학

안형준 · 유병억 · 박일민 · 김철환 공저

tructural Mechanics

도서출판
구미서관

제3판 머리말
preface

건축을 학문과 기술의 영역으로 확대하여 보면 과학적 기능과 예술적 감각이라는 다양한 범주에 속하는 종합적인 학문이라는 것을 누구나 알 수 있을 것이다. 그러므로 건축에 관련된 업무 및 학문을 연구하는 사람들에게는 예술적 감각을 지니고 인간의 고귀함을 알고, 과학적이고 합리적인 사고가 필요하다.

인간존중의 사고를 바탕으로 안전하고 경제적인 구조물을 설계하기 위해서 바탕이 되는 학문이 구조역학이다. 그러나 대다수의 건축을 공부하는 학생들이나 현장 실무자들은 "구조역학"을 어렵게 생각하여 거리감을 가지고 공부하는 경향이 있다. 그것은 구조역학의 기본적인 방향과 역학적 이념이 물리학과 수학에서 파생된 수리적인 학문이라는 인식 때문인 것 같다. 하지만 좀 더 편안한 마음으로 구조역학을 공부한다면 너무 어렵다고만 생각할 학문은 아니라 여겨진다. 오히려 보다 안전하고 기능적인 건축물을 실현하려는 사명감을 가져야 할 것이다.

본서가 출간된 이후 많은 학생들이나 건축 전문가들에게 힘과 변형의 원리를 쉽게 이해하도록 하는 지침서의 역할을 해 왔다. 이는 지금까지 접해 왔던 역학 도서의 근간을 이루는 일방적인 수학적 문제 풀이의 범위를 벗어나 기본적인 원리를 이해하고 그에 따른 다양한 예제를 통하여 스스로 문제를 해결할 수 있는 능력을 배양했으며, 특히 다른 교재와는 달리 상용 프로그램을 이용한 구조역학이란 분야를 통하여 구조역학이 구조물의 설계에 어떻게 적용되는지를 이해하도록 하고 있다.

한편, 우리나라에서는 건설기술의 국제화에 따른 건설시장의 개방에 적극적으로 대응하고 국제경쟁력을 강화하기 위하여 종래에 사용되어 오던 공학 단위계인 MKS단위계에서 벗어나 국제단위계인 SI단위계를 사용하게 되었으며, 본서에서도 개정판을 통하여 지금까지 사용되어 오던 공학단위계에서 국제단위계로 개정 편찬하게 되었다.

아무쪼록 이 책을 통하여 건축을 전공하는 학생들과 건축 전문가들이 구조역학을 이해하고 국제단위계를 통한 국제적 감각을 쉽게 익히는데 보다 도움이 되길 기대한다.

끝으로, 본서의 개정을 위하여 처음부터 지금까지 도와주신 도서출판 구미서관 대표님께 감사드리며 저자를 도와 자료정리 및 교정작업을 함께 한 석창목 박사와 강구조연구실의 연구생들에게 감사드린다.

2019년 1월

저자 안형준, 유병억, 박일민, 김철환

목차
contents

제4장 · 정정구조물

제5장 · 단면의 성질

제6장 · 응력과 변형

제7장 · 구조물의 탄성변형

제8장 · 부정정구조물

제9장 · 매트릭스 구조해석

제10장 · MIDAS/GEN을 이용한 구조역학

제1장 구조역학의 개념

1.1 재료역학과 구조역학

건축물은 우리 인간생활을 담는 그릇이라고 할 수 있기 때문에 우선은 안전해야 하며 기능적이고 아름다워야 한다. 따라서 구조역학이라는 학문은 건축물의 안전성을 실현하기 위한 기초적이고 실용적인 학문분야라고 할 수 있다. 그러므로 구조역학에 대한 지식이 없이는 어떠한 건축행위도 불가능하다고 해도 지나친 이야기는 아니다.

구조물이 힘을 받을 경우 어떻게 변형되고 파괴되는지를 조사하려면 여러 가지 방법이나 생각이 필요하다. 물체를 구성하는 재료의 분자나 결정의 배열변화 등을 고려하는 미시적인 방법과 건축물 전체의 변형이나 파괴 등의 역학적 움직임 등을 고려하는 거시적인 방법이 있다. 구조역학의 대상은 구조물 전체와 구조물의 구성요소인 부재(기둥·보·바닥 등) 등이 이에 해당된다고 할 수 있다(부재에서 그 중 일부분을 떼어내어 논할 때에는 재료역학의 분야가 된다). 재료역학은 구조역학의 기초가 되는 학문이며 실제 구조물의 설계나 해석 시 양쪽의 학문분야를 적절히 사용하고 있다.

1.2 구조역학의 역사

옛날 사람들도 현재의 우리들과 마찬가지로 역학이나 구조역학에 밀착된 생활을 하고 있었다고 생각된다. 무기나 도구 그리고 주거 등을 만들고 먹을 것을 구하기 위해 그들은 나무와 돌 등의 「재료와 힘의 관계(재료역학)」나 목재와 돌덩어리 등의 「물체와 힘의 관계(구조역학)」에 대해 나름대로 경험적인 지식을 갖고 있었을 것이다.

이와 같은 지식을 이용해서 인간은 약 100만 년 전의 원시시대에는 돌을 갈아 석기를 이용하였고 약 20만 년 전에는 나무 손잡이가 달린 석창을 만들었으며 3~4만 년 전 활·화살 등을 포함하여 더욱 많은 역학적인 도구를 발명하였다. B.C. 3500년경에 메소포타미아인들은 바퀴·굴림대·지렛대 등을 사용해서 거대한 돌과 신전을 건립하였고 B.C. 2600년경에 이집트인들은 지렛대 두레박과 윈치를 사용하였다.

그 후 일상생활에 필요한 지식으로서의 역학을 처음으로 학문의 대상으로 취급한 것은 그리스인(B.C. 7세기~A.D. 1세기)이었다. 인간의 사고를 통해서만 진리를 알 수 있다고 생각한 이들에게 역학은 과학이고 동시에 철학이었다. 그와 같은 사고방식을 한 이들은 「물질에는 고유의 운동이 있다」라고 생각한 이오니아파와 「물질은 원래 정지해 있다」라고 생각한 엘레아파와 사고와 함께 실제현상의 파악도 중시했던 아리스토텔레스파(피타고라스파라고도 부른다)로 대별된다.

로마사람들은 아치를 이용해서 규모가 큰 구조물을 실현하여 구조역학에 대한 상당한 수준을 과시하였다. 그 후 문화의 중심은 유럽에서 사라센으로 옮겨졌다가 근대의 구조역학은 15세기 르네상스 시대에 다시 유럽에서 시작되었다. 회화의 거장인 레오나르도 다빈치는 모멘트를 정확히 이해했던 사람으로 분류된다.

갈릴레오 갈릴레이(1564~1642)는 1590년에 「중력에 의한 운동」이란 논문을 발표해서 아리스토텔레스파의 주장이었던 「무거운 물체가 빨리 떨어진다」라는 주장을 뒤집었다. 갈릴레이는 배리법으로 이것을 잘 설명하였다(이것은 공기저항이 있기 때문이며 실험을 한다면 같은 크기와 형태, 같은 표면으로 된 무게가 서로 다른 두 개의 물체로 비교해야 하는데 이러한 물체를 주위에서 쉽게 발견하기는 어렵다).

무거운 물체와 가벼운 물체를 동시에 낙하시켰을 때, 무거운 물체의 낙하속도 v_1은 가벼운 물체의 낙하속도 v_2보다 크다($v_1 > v_2$)는 것이 아리스토텔레스파의 주장대로 옳다고 생각하자. 여기서 무거운 물체와 가벼운 물체를 끈으로 묶어서 낙하시킨다고 한다면, 그 속도 v_3는 v_1와 v_2의 평균적인 값이 되므로 $v_1 > v_3 > v_2$의 관계가 될 것이다. 그러나 이것은 모순이다.

왜냐하면, 무거운 물체와 가벼운 물체를 묶어서 하나로 한 물체는 그 중에서 가장 무거울 것이므로 아리스토텔레스파가 말하는 것이 정확하다면 $v_3 > v_1 > v_2$가 될 것이다. 이와 같은 모순이 생기지 않게 하기 위해서는 $v_1 = v_2 = v_3$의 관계가 되지 않으면 안 된다.

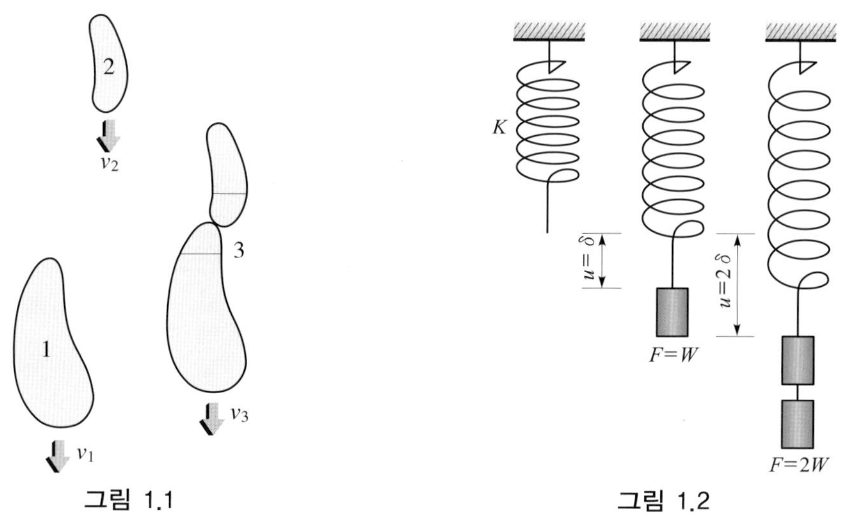

그림 1.1　　　　　　　　　　그림 1.2

갈릴레이는 지동설을 지지해서 종교재판에 회부되어 유죄로 판결되어, 은둔생활을 하고 있을 때 「두 개의 새로운 과학」을 저술하였으나 여기에는 구조재료의 강도 등에 관한 실험과 고찰의 결과도 포함되어 있어서 근대 구조역학의 시초로 알려져 있다.

17세기에 이르러서는 힘의 작용을 이용해서 힘을 「수식」을 이용하여 양적으로 정의하는 것이 시도되어 오늘날 구조역학의 체계적인 기초가 확립되었다. 후크(1635~1703)는 「탄성체에서 가한 힘 F와 물체에 생긴 변형 u는 비례한다.」라는 후크의 법칙을 발견하였다.

탄성체란 작용하고 있는 힘을 제거하면 변형이 없어지고 원래대로의 형태로 되돌아오는 물체를 말하는 것이지만 후크의 법칙이 성립되는 물체는 정확하게 표현하자면 선형물체라고 불러야 될 것이다(탄성체라도 힘과 변위사이에 비례관계가 성립되지 않는 경우도 있다). 힘의 양적인 비교는 옛날 사람들도 체감이나 물체의 변형 등을 이용하여 판단하였을 것이다. 그리스시대에 아르키메데스가 모멘트의 평형을 설명한 이후 로마시대에는 대저울이 흔히 사용되었다. 물체의 운동상태가 변경하는 작용을 밝힌 사람은 뉴튼(1642~1727)이다.

뉴튼은 물체의 운동상태를 설명하기 위해 네 가지 법칙을 제시하였다.

• 뉴튼의 제1법칙

관성의 법칙이라고도 하며 질점은 관성이라는 특성을 가지고 있으므로 질점의 운동에 변화를 일으키기 위해서는 힘이 필요하다는 법칙을 말한다.

－"모든 물체는 운동상태를 변화시키려는 힘이 작용하지 않는 한 정지 또는 등속직선운동 상태를 유지한다."

–“물체에 작용하는 힘의 총합이 0이면 정지해 있는 물체는 계속 정지해 있고, 운동하는 물체는 계속 같은 속도로 운동한다.”

• **뉴튼의 제2법칙**

가속도의 법칙이라고도 하며 질점에 작용하는 힘과 질점의 관성(질량)과 가속도와의 관계를 정량적으로 나타낸 법칙을 말한다.

–“한 물체에 작용하는 힘의 합력은 물체의 질량과 가속도의 곱에 비례한다.”

–“어떤 물체의 운동량의 시간적 변화율은 그 물체에 작용하는 힘과 같다.”

• **뉴튼의 제3법칙**

작용·반작용의 법칙이라고도 하며 물체 A가 물체 B에 힘을 작용하게 되면 물체 B는 같은 선상에 있는 크기가 같고 방향이 반대인 반작용을 하게 된다는 법칙을 말한다.

–“모든 작용에 대하여 항상 방향이 반대이고 크기가 같은 반작용이 따른다.”

–“두 물체가 상호작용할 때 두 물체 사이에는 크기가 같고 방향이 반대인 힘이 서로 작용한다.”

• **뉴튼의 제4법칙**

뉴튼의 이론에 따르면 두 물체 사이에 작용하는 만유인력의 크기 F는 물체의 종류 또는 물체 사이에 존재하는 매질에 관계없이 두 물체의 질량 m과 m'의 곱에 비례하고 물체 사이의 거리 r의 제곱에 반비례하는 법칙을 말한다.

$$F = Gmm'/r^2$$

여기서, 비례상수 G는 만유인력의 상수

오일러는 1736년에 「역학이나 해석학적으로 제시된 운동의 과학」이란 책을 썼으며 8년 후에는 「최소작용의 원리」를 발견하여 변분법의 기초를 확립하였다. 드람베르(1717~1783)는 뉴튼의 제 2법칙에 대한 표현을 $F-ma=0$의 형태로 표현하여 힘의 균형이 잡히지 않은 채 운동을 하는 물체라도 $-ma$라는 가상의 힘(관성력)이 가해진다고 생각함으로써 힘의 균형 문제로 취급될 수 있음을 제시하였다. 라근란쥬(1736~1813)는 1778년에 「해석역학」을 발표해서 뉴튼의 역학을 간결하게 정리하였다.

맥스웰(1831~1879)은 뉴튼역학이 물질을 구성하는 분자운동에서도 적용될 수 있다고 생각하여 방대한 수의 분자로 성립되는 현상을 통계적이고 역학적인 것으로 취급하여 통계역학을 창시하였으며 열역학과 역학간의 밀접한 관계를 명백히 하였다. 그러나 그는 전자기학에 있어서 뉴튼의 역학이 적용될 수 없음을 발견하고 패러데이(1791~1876)의 장의 이론을 수식으로 해서 표현하여 전자기학의 체계를 만들었고 이것이 20세기에서의 아인슈타인의 상대성이론에의 길을 개척한 것이 되기도 하였다. 아인슈타인의 역학도 역시 선인들의 쌓아 올린 연구결과에 의해 비로소 실현되었다고 할 수 있다.

제2장 힘과 모멘트

2.1 힘

덥거나 춥다고 하는 온도의 개념, 맛이 있고 없는 맛의 개념과 같이 「힘」도 눈으로는 볼 수는 없지만 몸으로 느끼고서야 비로소 그 존재를 알 수 있다. 예를 들어 우리가 어떠한 물체를 밀거나 당기거나 하면 어떠한 체감을 느낄 수 있을 것이다. 이것을 「힘(Force)」이라고 한다.

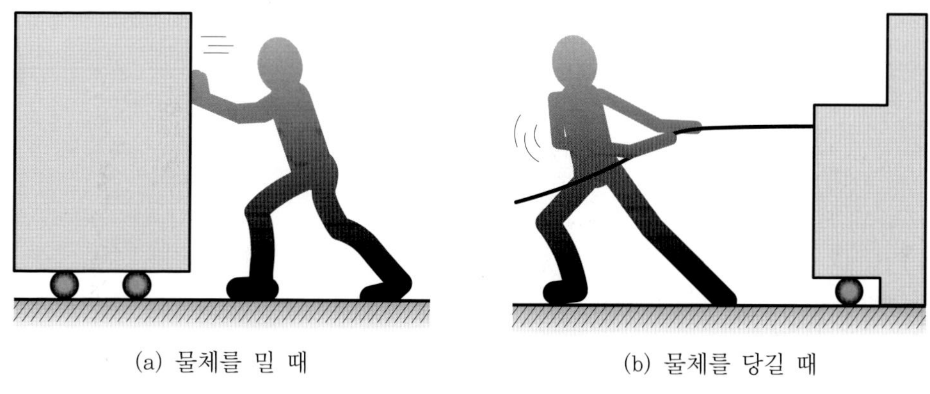

(a) 물체를 밀 때　　(b) 물체를 당길 때

그림 2.1

다시 말해 힘(Force)이란 물체에 작용하여 정지하고 있는 물체를 움직이거나 움직이고 있는 물체의 방향이나 속도를 바꾸는 원인이 되는 것을 말하며 힘의 단위로는 N, kN 등을 사용한다.

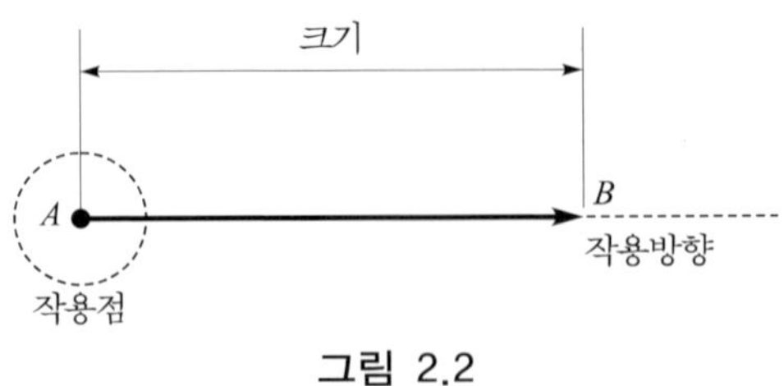

그림 2.2

이와 같이 눈으로는 볼 수 없는 힘을 표현하려면 크기, 방향, 작용점을 나타내어야 하는데 이를 「힘의 3요소」라 한다.

① 크기(Magnitude of force) : 적당히 축적된 선분의 길이로 표시

② 방향(Direction of force) : 화살표와 선분의 기울기로 표시

③ 작용점(Point of application) : 선분 위의 한 점(화살표 끝 또는 시작점)으로 표시

2.2 모멘트

물체를 회전시키거나, 비틀거나 혹은 휘게 하려면 힘이 필요하다는 것을 느낄 것이다. 이것을 모멘트(moment)라 하며 모멘트의 단위로 kN · m, N · m, N · mm 등을 사용한다.

$$\text{모멘트}(M) = \text{힘}(F) \times \text{거리}(l) \quad (2.1)$$

그림 2.3

또한 그림 2.4와 같이 크기가 같고 방향이 반대인 한 쌍의 나란한 힘을 우력(couple of forces)이라고 하며 우력 P사이의 거리를 l이라고 할 때 $P \cdot l$을 우력모멘트(moment of couples)라고 한다.

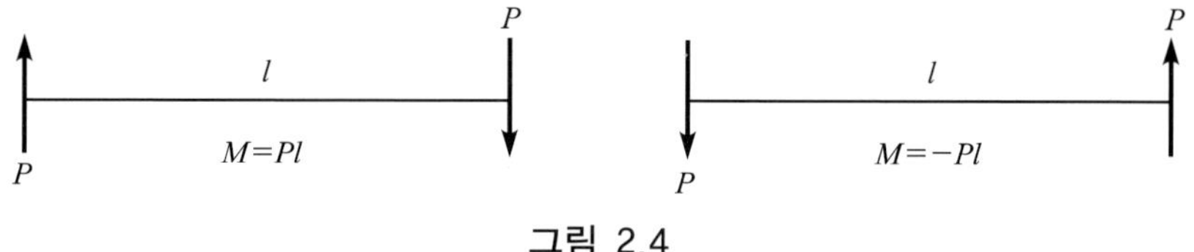

그림 2.4

2.3 힘의 합성과 분해

2.3.1 한 점에 작용하는 힘의 합성과 분해

1. 한 점에 작용하는 두 힘의 합성

(1) 도해법

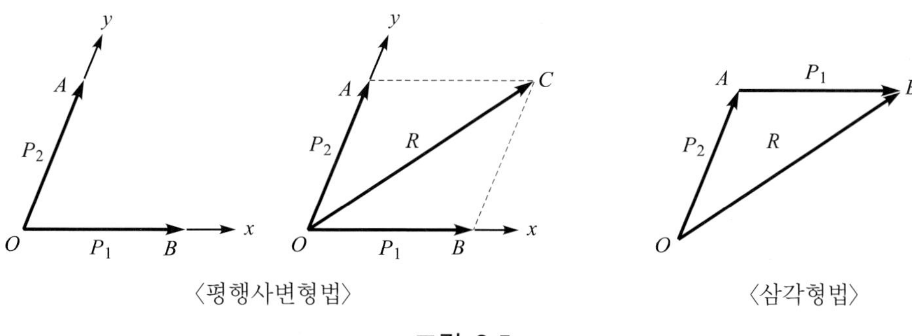

그림 2.5

(2) 수식해법

① 두 힘이 직교하는 경우

합력 : $R=\sqrt{P_1^2+P_2^2}$ (2.2)

방향 : $\tan\theta=\dfrac{P_2}{P_1}$ (2.3)

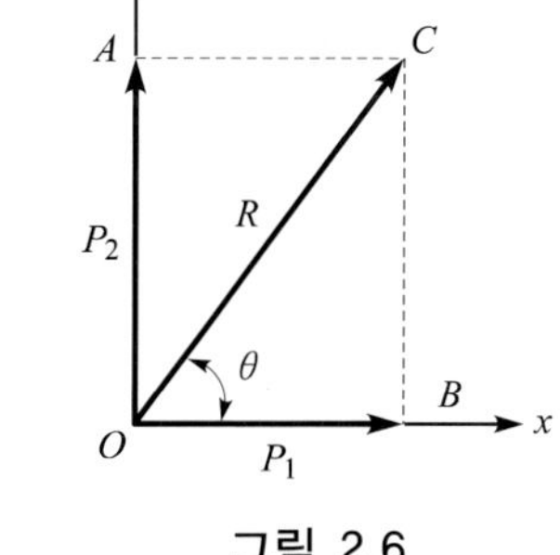

그림 2.6

② 두 힘이 임의의 각(α)을 이루는 경우

합력 : $R = \sqrt{P_1^2 + P_2^2 + 2P_1P_2\cos\alpha}$ (2.4)

방향 : $\tan\theta = \dfrac{P_2\sin\alpha}{P_1 + P_2\cos\alpha}$ (2.5)

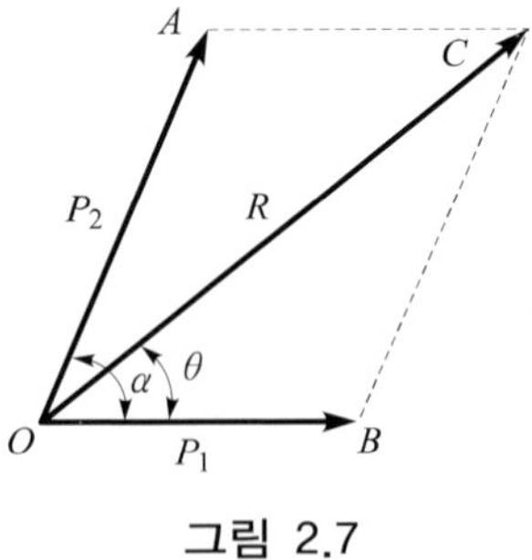

그림 2.7

2. 한 점에 작용하는 여러 개의 힘의 합성

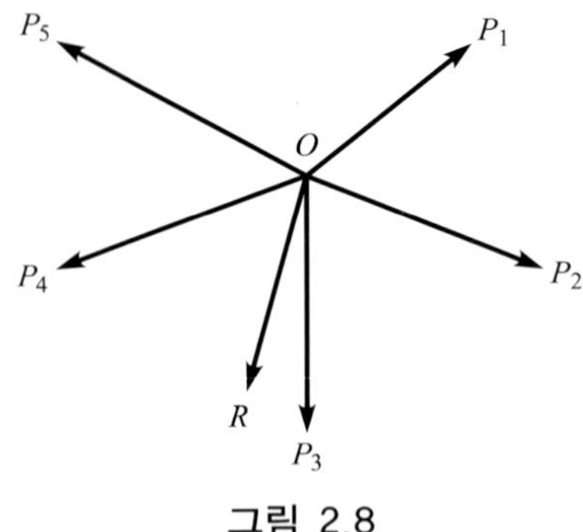

그림 2.8

(1) 도해법

시력도에서 시발점 0와 종점 E를 맺는 선분 0E에 의하여 구한다.

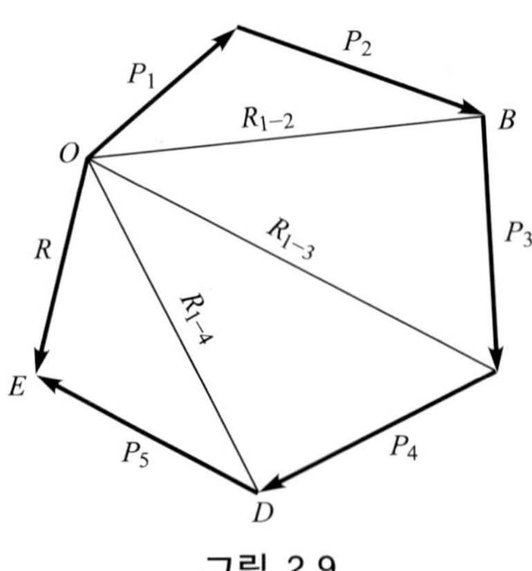

그림 2.9

(2) 수식 해법

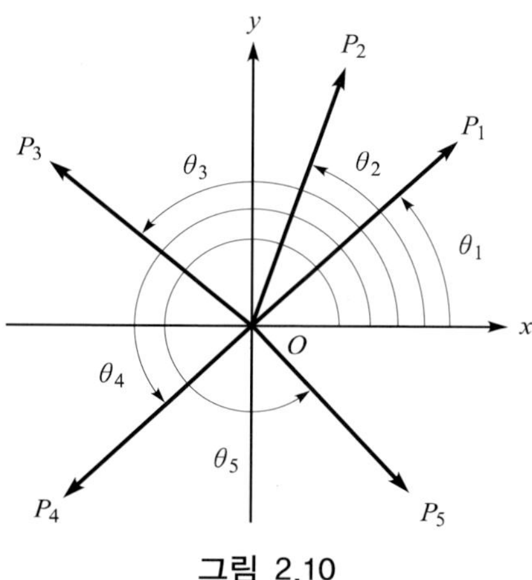

그림 2.10

$$\sum H = \sum P\cos\theta = P_1\cos\theta_1 + P_2\cos\theta_2 + \cdots + P_5\cos\theta_5 \tag{2.6}$$

$$\sum V = \sum P\sin\theta = P_1\sin\theta_1 + P_2\sin\theta_2 + \cdots + P_5\sin\theta_5 \tag{2.7}$$

$$R = \sqrt{(\sum H)^2 + (\sum V)^2} \tag{2.8}$$

$$\tan\theta = \frac{\sum V}{\sum H} \tag{2.9}$$

3. 한 점에 작용하는 두 힘으로 분해

(1) 도해법

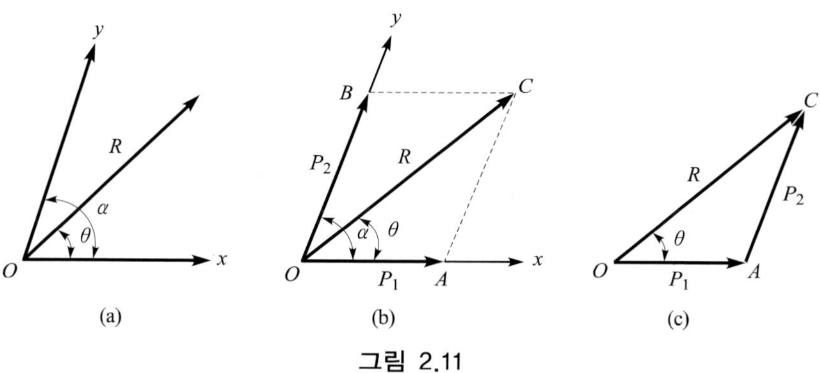

그림 2.11

두 개의 힘 합력을 구하는 방법을 역으로 하면 한 개의 힘을 주어진 방향에 따라 두 개의 힘으로 분해할 수 있다. 주어진 두개의 방향으로 평행선을 그어 힘의 평행사변형을 그리던가 또는 힘의 삼각형을 그리고 그 때 변에 표시되는 P_1과 P_2가 힘 R의 분력이 된다.

(2) 수식 해법

① 직교하는 두 힘으로 분해

X축상으로의 분력 $P_x = R\cos\theta$ (2.10)

Y축상으로의 분력 $P_y = R\sin\theta$ (2.11)

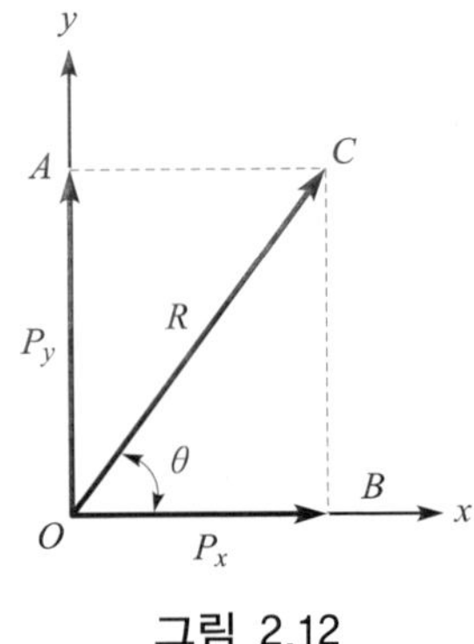

그림 2.12

② 임의의 방향의 두 힘으로 분해

그림 2.13에서 sine법칙을 적용하면

$$\frac{P_1}{\sin(\alpha-\theta)} = \frac{P_2}{\sin\theta} = \frac{R}{\sin(180°-\alpha)} = \frac{R}{\sin\alpha}$$

$$\therefore P_1 = \frac{\sin(\alpha-\theta)}{\sin\alpha} \cdot R \qquad (2.12)$$

$$P_2 = \frac{\sin\theta}{\sin\alpha} \cdot R \qquad (2.13)$$

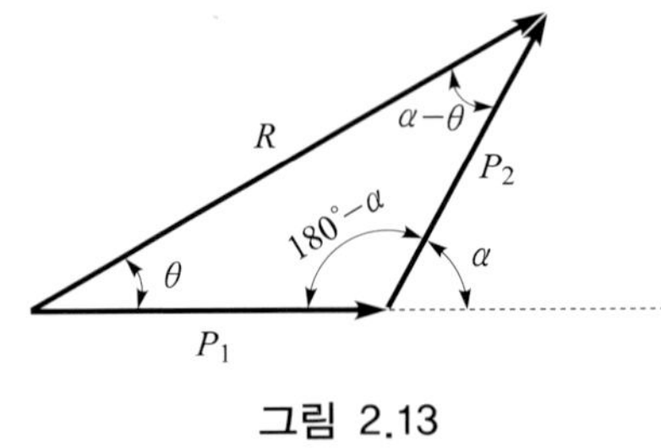

그림 2.13

2.3.2 작용점이 다른 여러 개의 힘의 합성

1. 한 점에 작용하지 않는 여러 개의 힘의 합성

(1) 도해법

두 개의 힘이 나란하던가 또는 거의 나란할 때 작용선의 교점을 구하기 곤란할 경우 시력도(force polygon)에 의하여 합력의 크기와 방향을 구하고 연력도(funicular polygon)에 의하여 합력의 작용선을 구한다.

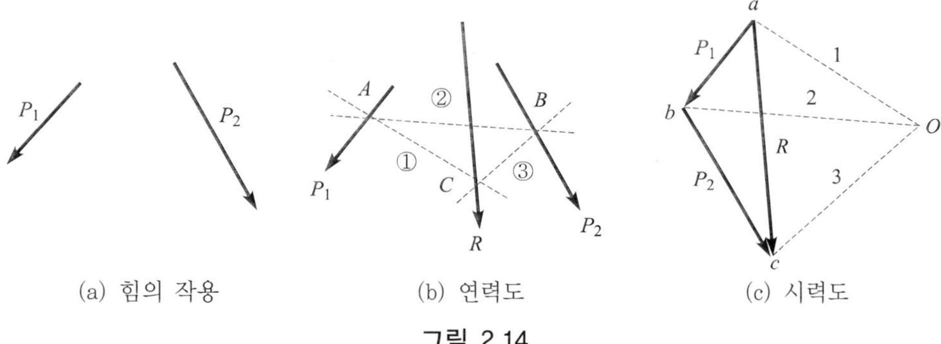

(a) 힘의 작용　　(b) 연력도　　(c) 시력도

그림 2.14

도해법의 순서는 다음과 같다.

① 그림 2.14(c)와 같이 시력도에서 합력 R의 크기와 방향을 구한다.

② 그림 2.14(c)에서 임의의 점 0(극점 : pole)를 잡고, 극점 0와 a, b, c를 연결하는 극선(ray of force polygon), 선분 0a, 선분 0b, 선분 0c를 긋고 기호 1, 2, 3을 붙인다.

③ 그림 2.14(b)에서 힘 P_1과 P_2사이에 극선 2와 나란한 선 ②를 임의의 위치에 긋고 힘 P_1, P_2와 만나는 점 A, B를 표시한다.

④ A점을 통과하는 극선 1에 나란한 선 ①과 B점을 통과하는 극선 3에 나란한 선 ③을 그어 그들 ①, ③선의 교점 C를 구한다.

⑤ 그림 2.14(c)의 합력 R의 크기를 그림 2.14(b)의 C점을 통과하는 위치에 R과 평행한 방향으로 이동시키면 이 R이 힘 P_1과 P_2의 합력이 된다.

(2) 수식해법

① 수평·수직 분력들의 합을 구한다.

$$\sum H = \sum P\cos\theta = H_1 + H_2 + H_3 + \cdots\cdots$$

$$\sum V = \sum P\sin\theta = V_1 + V_2 + V_3 + \cdots\cdots \qquad (2.14)$$

② 합력 R의 크기와 방향을 구한다.

$$R = \sqrt{(\sum H)^2 + (\sum V)^2}$$

$$\tan\theta = \frac{\sum V}{\sum H} \tag{2.15}$$

③ 작용점

$$x_0 = \frac{\sum V \cdot x}{\sum V} = \frac{V_1 x_1 + V_2 x_2 + V_3 x_3 + \cdots}{V_1 + V_2 + V_3 + \cdots}$$

$$y_0 = \frac{\sum H \cdot y}{\sum H} = \frac{H_1 y_1 + H_2 y_2 + H_3 y_3 + \cdots}{H_1 + H_2 + H_3 + \cdots} \tag{2.16}$$

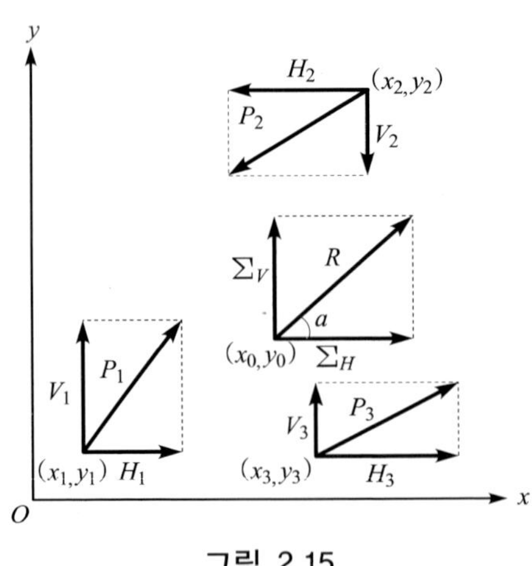

그림 2.15

2. 작용선이 평행한 힘의 합성

(1) 각 힘의 대수합을 구하여 크기와 방향을 구한다.

$$R = -P_1 - P_2 + P_3 = \sum P \tag{2.17}$$

(2) 바리니온(Varignion)의 정리를 적용하여 합력 R의 작용점의 위치를 구한다.

그림 2.16에서 0점을 중심으로 바리니온의 정리를 적용하면

$$Rx = P_1 x_1 + P_2 x_2 - P_3 x_3$$

$$x = \frac{P_1 x_1 + P_2 x_2 - P_3 x_3}{R} \tag{2.18}$$

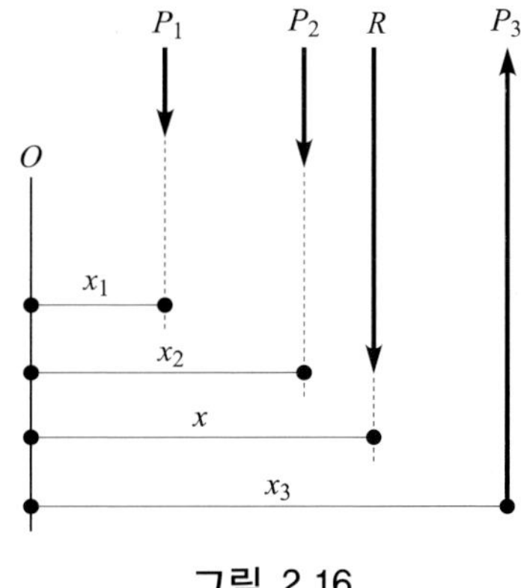

그림 2.16

2.3.3 라미(Ramy)의 정리

한 점에 작용하는 3개의 힘이 평형을 이루고 있을 때, 이 3개의 힘이 같은 평면에 있으면 각각의 힘은 다른 2개의 힘 사이의 각의 sine에 정비례한다.

$$\frac{P_1}{\sin\theta_1} = \frac{P_2}{\sin\theta_2} = \frac{P_3}{\sin\theta_3} \tag{2.19}$$

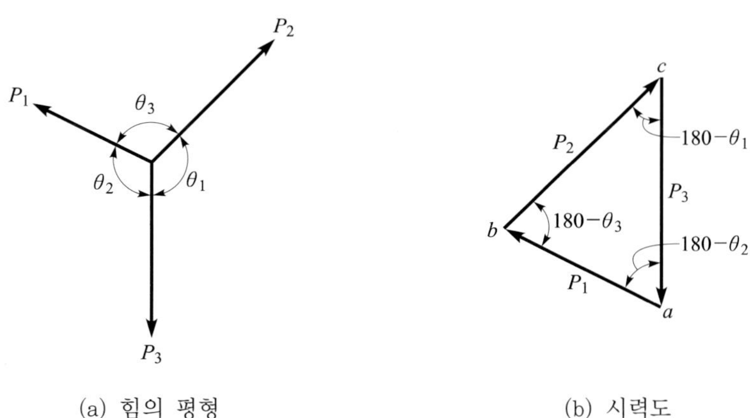

(a) 힘의 평형　　(b) 시력도

그림 2.17

식 (2.19)는 다음과 같이 정리된다.

$$\frac{P_1}{\sin(180^\circ - \theta_1)} = \frac{P_2}{\sin(180^\circ - \theta_2)} = \frac{P_3}{\sin(180^\circ - \theta_3)}$$

▮ 연습문제 ▮

2.1 그림과 같은 우력이 작용할 때 각 점 a, b, c에서의 모멘트 값을 구하여라.

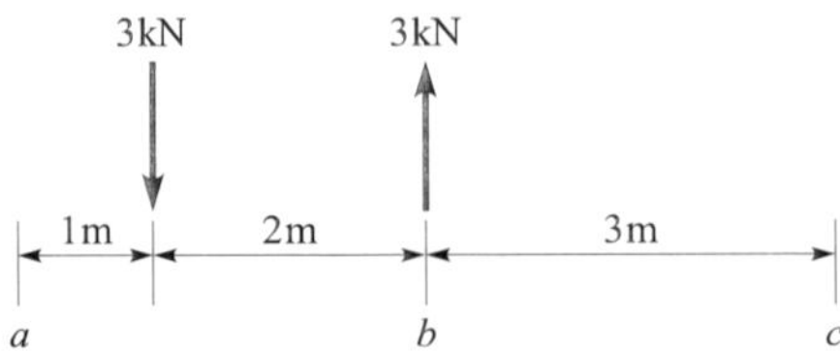

2.2 그림과 같은 구조물의 A점에 대한 모멘트의 합을 구하여라.

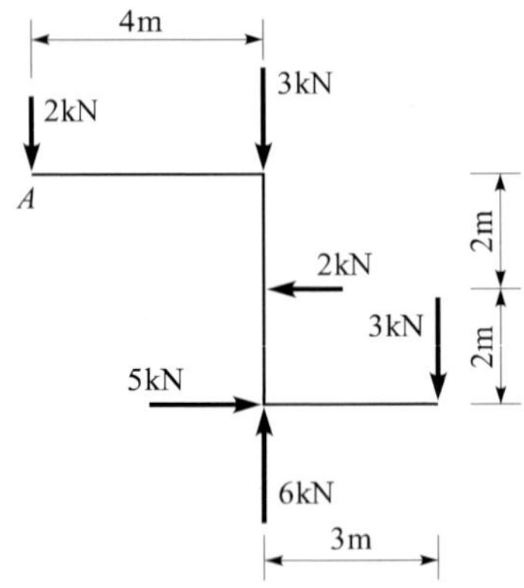

2.3 그림과 같이 힘이 작용할 때 합력 R의 크기, 방향, 작용위치를 구하여라.

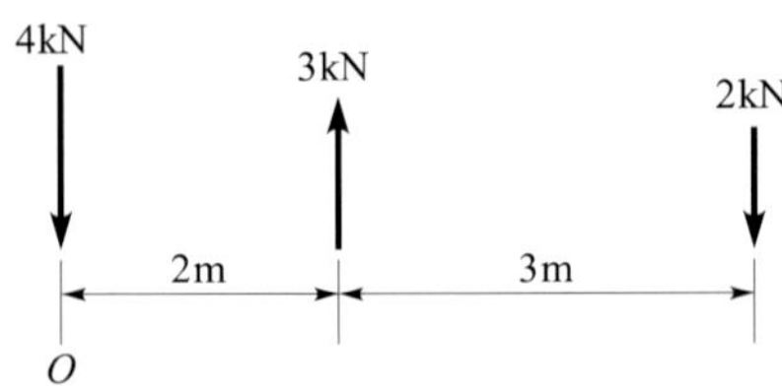

제3장 구조역학과 구조설계

3.1 구조설계의 내용

건축물을 설계할 때에는 만들어지는 공간은 사용자가 만족하도록 계획하는 것이 필수적이다. 또한, 건축물의 사용기간 중에도 그 공간이 계획한 대로 안전하게 유지되어 사용자가 신체적 피해를 받지 않게 하는 것은 매우 중요하다.

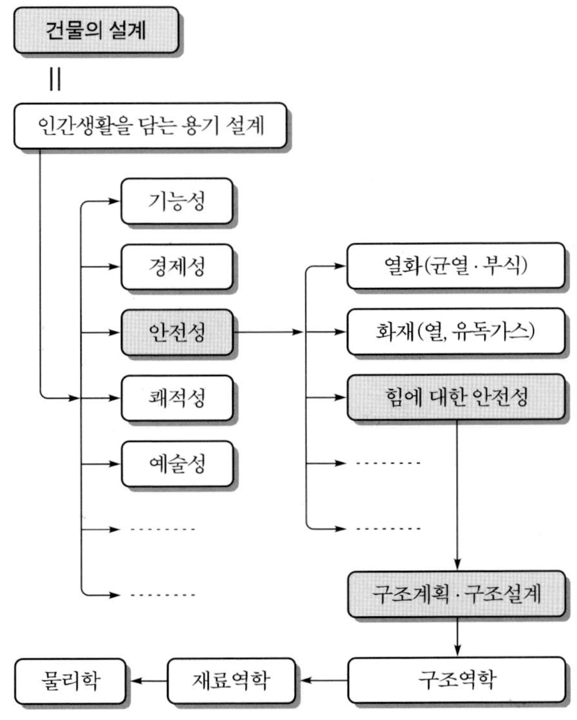

그림 3.1 건축물설계와 구조역학과의 관계

일반적으로 여기서 추구하려는 안전이라는 것도 물리적인 문제에 관련되는 힘에 대한 안전성의 문제를 구체적으로 실현하는 것으로서 구조계획과 구조설계 시에 이를 반영하게 되는데 그 이론적인 기본이 구조역학이라고 할 수 있다. 건축물에는 중력을 비롯하여 여러 가지 힘이 가해지게 되는데 이것을 하중 또는 외력이라고 부른다. 그림 3.2와 같이 건축물에 가해진 외력은 건축물을 통해 결국은 지반으로 전해지며, 지반에서 이 힘에 대항하는 또 다른 힘이 건축물에 작용하여 평형이 유지된다.

이와 같이 외력에 대항해서 지반으로부터 건축물에 작용하는 힘을 반력(Reaction)이라고 한다. 즉, 건축물을 힘을 받는 하나의 물체라고 생각한다면(여기서는 건축물이라기보다 오히려 건축구조물 또는 단순히 구조물이라고 하는 것이 적절하다.) 반력도 이 구조물에 가해지는 힘의 일종이며 외력과 반력을 합해서 구조물에서의 힘의 평형이 성립되는 것이다.

따라서, 구조물에 외력이 가해졌을 때 구조물에 이동이 생기지 않도록 지반에서 반력이 작용하게 된다.

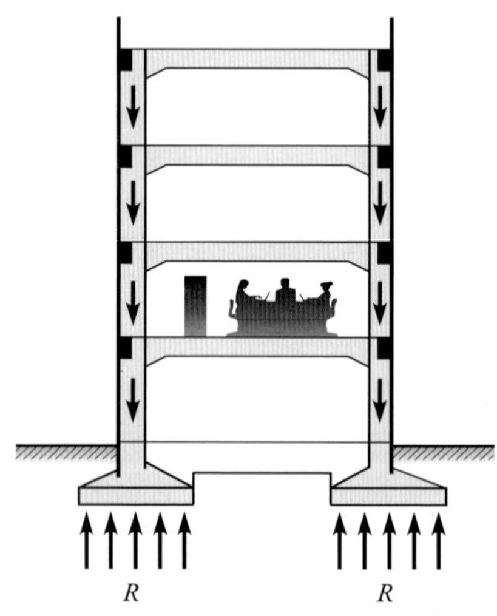

지반으로 전해지는 힘에 대해 반력(R)이 건물에 작용하여 힘의 평형상태가 된다.

그림 3.2

외력의 또 다른 작용으로 「구조물에 변형이 생기도록 하는 작용」은 가능한한 충분하게 발휘되도록 해야 한다. 외력을 받으면 구조물은 당연히 변형된다는 사실은 구조역학에서 기본적으로 다루어질 사항이다.

구조물의 안정성을 확인하기 위한 과정은 다음과 같다.

(1) 구조물에 가해지는 외력을 조사한다.

(2) 외력이 구조물에 가해졌을 때 구조물에 발생하는 변형과 응력을 계산한다.

(3) 구조물에 발생하는 변형과 응력이 과대하지는 않는가를 검토한다.
(4) 구조물이 전도 또는 파괴되지는 않는가를 검토한다.

또한 구조설계 시에는

(1) 건축설계의 적합성, 경제성 등을 고려하여 구조물의 형태, 구조물을 구성하는 기둥과 보 등의 주요구재부의 크기를 정한다.
(2) 구조해석과 구조설계법에 의해 결정된 구조물의 안정성을 확인한다.

3.2 힘의 표시와 구조물의 판별법

3.2.1 건축 구조와 힘의 표시

1. 지점 · 절점과 그의 표시

(1) 지점(Support)

지점이란 구조물 전체를 지지하기 위하여 연결된 지지대 또는 지반을 말한다. 구조물에서 취급되는 가장 일반적인 지점 형태는 표 3.1과 같다.

실제 모든 구조물의 지점은 실제적으로 그들의 접촉부재 면에서 작용하는 분포된 반력을 지지한다. 표 3.1에서 나타난 반력과 모멘트는 이러한 분포반력의 합력을 나타낸다.

표 3.1

	지 지 방 법	지 점 기 호	반 력
이동단	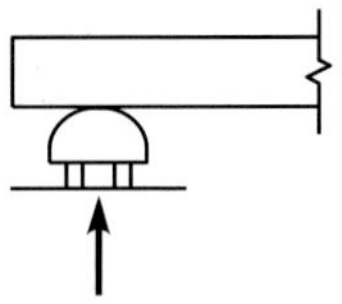		· 수평으로 이동가능 회전은 자유인 지점 · 반력수 : 1개 (수직)
회전단	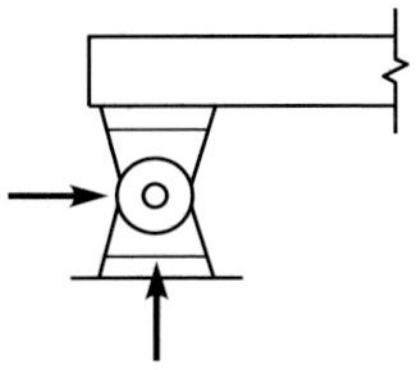	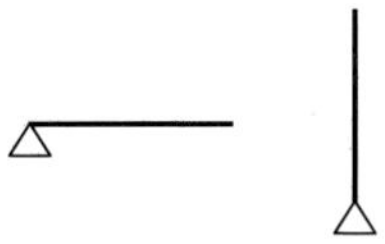	· 어느 방향으로나 이동 불가능 회전은 자유인 지점 · 반력수 : 2개 (수직, 수평)
고정단	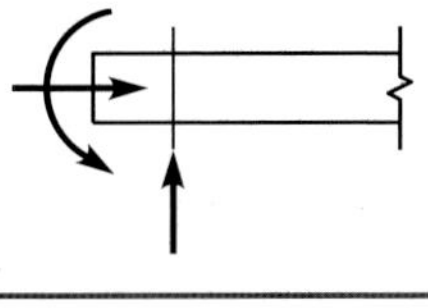	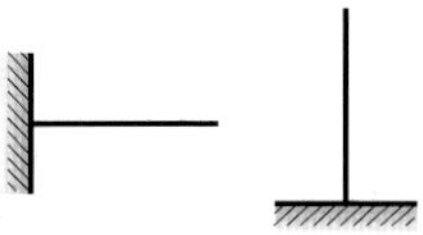	· 어느 방향으로든지 이동이나 회전이 불가능한 지점 · 반력수 : 3개 (수직, 수평, 회전)

(2) 절점(Panel Joint)

구조물에 있어 부재와 부재와의 접합점을 절점 또는 격점이라 하며 절점에는 회전이 자유로운 힌지(hinge, pin)와 부재가 강접되어 있어 절점이 회전하는 경우에 접합점에서 각 부재가 이루고 있는 각도는 변함이 없는 강절(rigid joint)로 분류된다.

표 3.2

	기 호	응력수	해 설
활절점	활절점	2개 (축력, 전단력)	부재 끝에 자유롭게 회전할 수 있는 절점
강절점	강절점	3개 (축력, 전단력, 휨모멘트)	구조물에서 부재 상호간의 각도가 변형 후에도 변하지 않는 절점

(3) 강절점의 개수

표 3.3

기 호	절점수(k)	부재수(s)	강접된 부재수
	1	2	0
	1	3	1
	1	2	1
	1	3	2
	1	4	3

2. 구조물과 그의 표시

(1) 보(Beam)

부재 중에 직각방향으로 하중을 받는 부재로 그 지점의 지지조건에 따라 다음과 같은 종류가 있다.

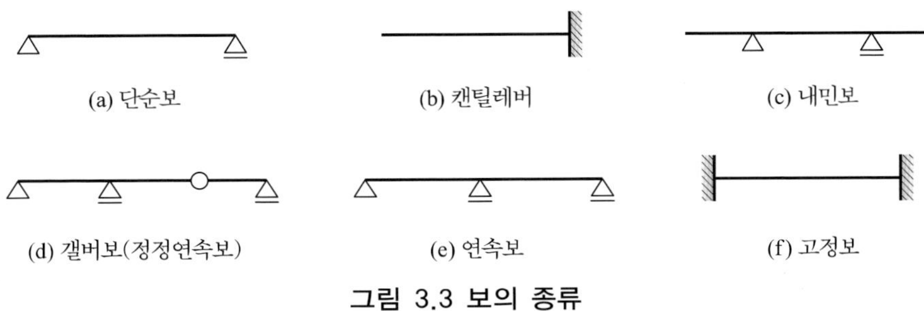

그림 3.3 보의 종류

(2) 기둥(Column)

축방향으로 압축력을 받는 단일부재로서 지점의 지지조건에 따라 다음과 같은 종류가 있다.

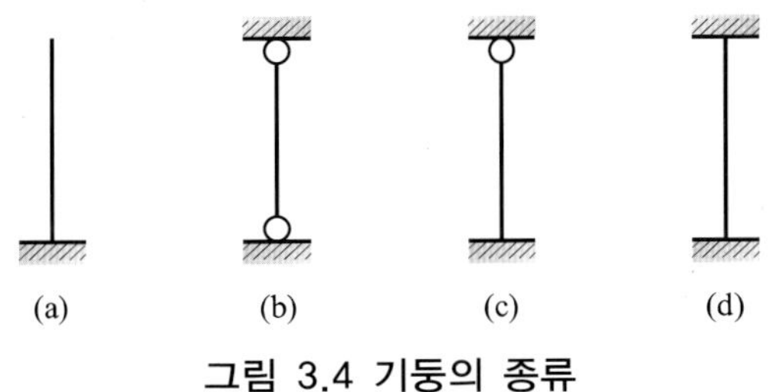

그림 3.4 기둥의 종류

(3) 라멘(Rahmen)

보와 기둥 다시 말해 수평재와 수직재가 강절점으로 접합된 가구를 말한다.

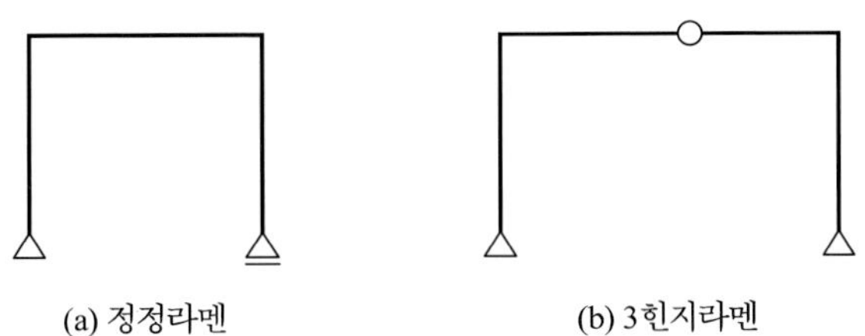

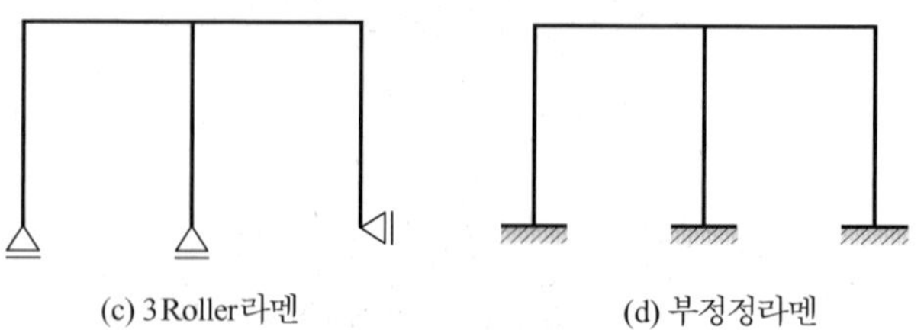

(c) 3Roller라멘　　(d) 부정정라멘

그림 3.5 라멘의 종류

(4) 트러스(Truss)

직선재를 삼각형으로 구성하되 절점은 마찰이 없는 회전절점으로 연결되어 각 부재는 축력(압축력과 인장력)만 받게 되는 구조를 말한다.

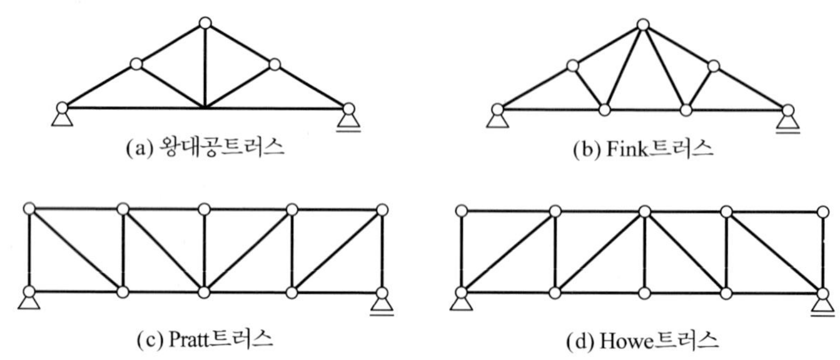

(a) 왕대공트러스　　(b) Fink트러스

(c) Pratt트러스　　(d) Howe트러스

그림 3.6 트러스의 종류

(5) 아치(Arch)

부재축이 곡선(원호, 포물선)으로 되어 있어 주로 부재축을 따라 압축응력이 일어나도록 설계된 구조를 말한다.

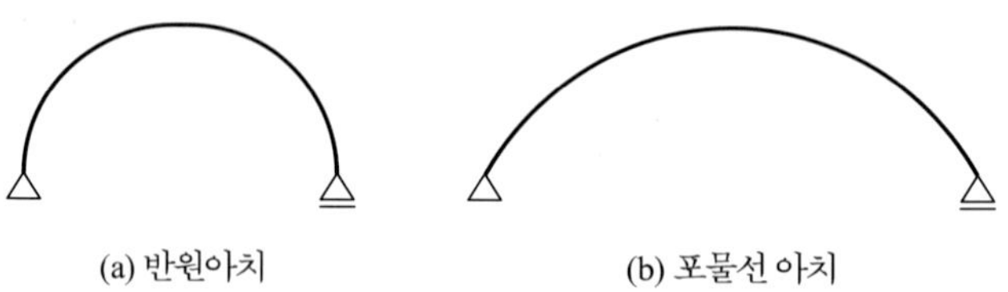

(a) 반원아치　　(b) 포물선 아치

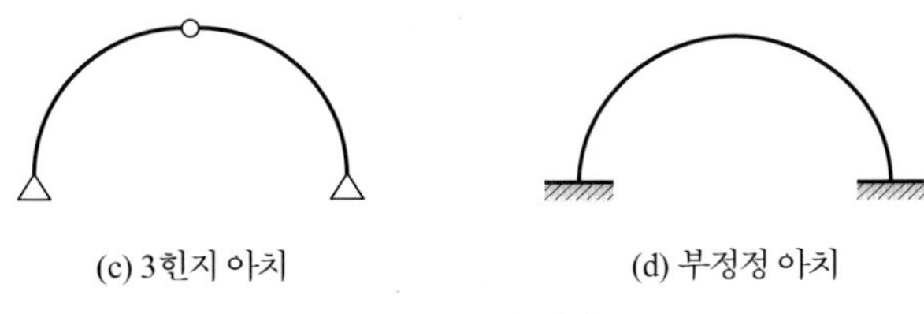

(c) 3힌지 아치 (d) 부정정 아치

그림 3.7 아치의 종류

3.2.2 구조물의 판별

1. 구조물의 안정 · 불안정

구조물이 어떠한 외력을 받더라도 이동과 회전을 하지 않을 뿐만 아니라 요구성능을 만족하지 않을 정도의 큰 변형이 생기지 않고 본래의 위치를 유지하면서 반력과 부재응력으로 힘의 평형을 이루는 경우, 그 구조물은 안정(stable)하다고 하며 그렇지 않은 경우 그 구조물은 불안정(unstable)하다고 한다.

(1) 안정 구조물

① 지지의 안정(또는 외적안정)

외적안정(externally stable)은 지점의 반력수가 3 이상으로 힘의 평형조건, 즉

(a) 상하로 이동하지 아니함 $\Sigma V=0$

(b) 좌우로 이동하지 아니함 $\Sigma H=0$

(c) 어떤 방향으로도 회전하지 아니함 $\Sigma M=0$을 만족할 때를 말한다.

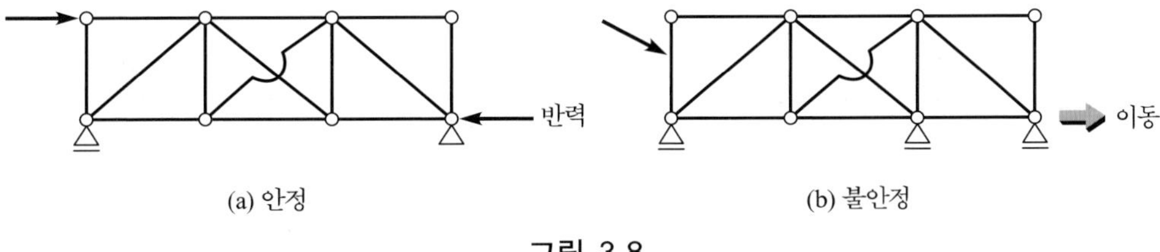

(a) 안정 (b) 불안정

그림 3.8

그림 3.8(a)의 경우는 수직하중이나 수평하중에 대하여 모두 이동하지 않으므로 안정 구조물이 된다. 그러나 그림 3.8(b)의 경우 수평하중이 작용 시 수평으로 이동하게 되어 불안정 구조물이 된다.

② 형의 안정(또는 내적안정)

내적안정(internally stable)이라는 것은 어떠한 외력이 작용하여도 그 형상이 변하지 않는 것을 말한다. 브레이스(brace)로 보강하거나 힌지 중의 어느 하나를 강절점으로 하면 불안정구조물이 안정 구조물로 된다.

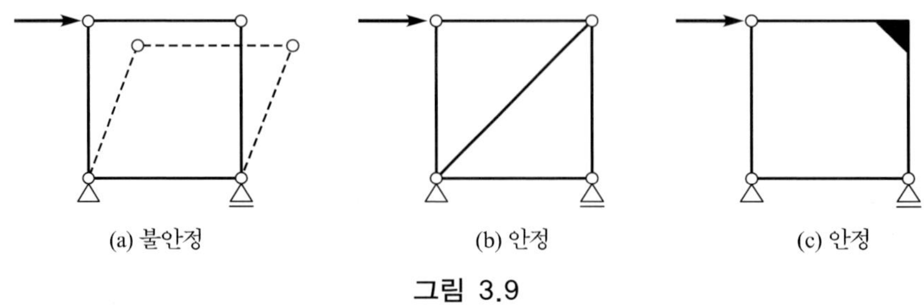

(a) 불안정 (b) 안정 (c) 안정

그림 3.9

이와 같이 이동, 회전, 변형이 일어나지 않는 경우를 안정이라고 한다.

(2) 불안정 구조물

지점의 반력수가 3미만인 경우와 3이상이라도 힘의 평형조건을 만족하지 못할 때, 즉

① 상하 또는 좌우로 이동하거나

② 어떤 방향으로 회전할 때를 외적 불안정(externally unstable)이라고 한다.

또한, 어떠한 외력이 작용하여 그 형상이 변하는 것을 내적 불안정(internally unstable)이라고 한다. 이와 같이 이동과 회전, 변형이 일어나는 경우를 불안정이라고 한다.

2. 구조물의 정정 · 부정정

힘의 평형조건만으로 구조물의 반력 및 응력(부재력)을 구할 수 있으면 그 구조물은 정정(staticallty determinate)이라 한다. 정정구조물보다 과잉 구속된 구조물로서 힘의 평형조건뿐만 아니라 변형조건을 이용하여야만 반력과 응력을 구할 수 있는 구조물을 부정정(staticallty indeterminate)이라 한다. 정정이건 부정정이건 구조물은 안정이어야 한다.

(1) 정정 구조물

외적으로 안정한 구조물에서 그 지점반력을 힘의 평형조건식만으로 구할 수 있는 것을 지지의 정정(외적정정)이라고 하며, 내적으로 안정한 구조물에서 그 구조물을 구성하고

있는 모든 부재의 응력(부재력)을 힘의 평형조건식만으로 구할 수 있는 것을 형의 정정(내적정정)이라고 한다.

(2) 부정정 구조물

외적으로 안정한 구조물에서 그 지점반력을 힘의 평형조건뿐만 아니라 골조 각부의 변형조건을 가져야 구할 수 있는 것을 지지의 부정정(외적부정정)이라고 하며, 내적으로 안정한 구조물에서 그 구조물을 구성하고 있는 모든 부재의 응력을 힘의 평형조건뿐만 아니라 골조 각부의 변형조건을 가져야 구할 수 있는 것을 형의 부정정(내적부정정)이라고 한다.

3. 구조물의 판별법

(1) 구조물의 안정·불안정 판별법

정역학적으로 최초에 정지상태에 있는 구조물이 각종 내·외력들의 작용 하에 계속 정지상태, 즉 평형을 유지할 때 이들은 평형상태에 있다고 한다. 구조물 전체가 평형상태에 있음이 확인되면, 구조물의 어느 부분에서도 평형상태에 있음을 쉽게 알 수 있다.

우선 육안으로 내적 안정을 대략 판단한 뒤에, 힘의 평형조건식($\sum V=0$, $\sum H=0$, $\sum M=0$)으로 지지의 안정을 검토한다.

(2) 판별식

① 모든 구조물의 전체 부정정 차수

$$m=(n+s+r)-2k<0 \text{ : 불안정}$$
$$m=(n+s+r)-2k=0 \text{ : 정정}$$
$$m=(n+s+r)-2k>0 \text{ : 부정정}$$

여기서, m =부정정차수

n =반력수(이동단1, 회전단2, 고정단3)

s =부재수

r =각 절점에서 어떤 부재에 강절점으로 접합된 타부재수의 총합

k =절점수(지점과 자유단도 절점으로 본다.)

② 모든 구조물의 내적·외적 부정정 차수

외적 : $m_e = n - 3$ → 구조물의 반력과 관계 $m_e = n - 3(3+c)$

내적 : $m_i = (3+s+r) - 2k$

→ 구조물의 부재 상태에 관계 $m_i = (3+c) + s + r) - 2k = m - m_e$

③ 단층 구조물의 전체 부정정 차수

$m = (n-3) - h$

여기서, h : 골조 내의 힌지 수

예제 3.1

다음 구조물을 판별식을 이용하여 안정과 불안정을 판별하고 안정일 경우 정정인지 부정정인지를 판별하여라.

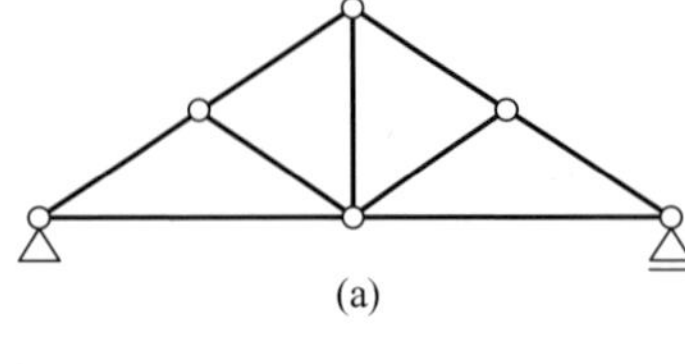

(a)

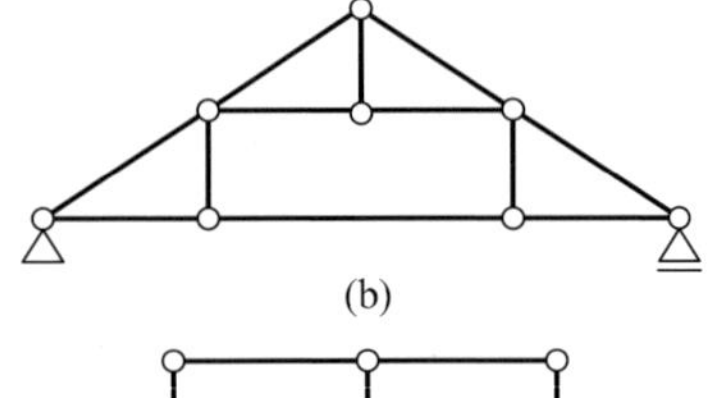

(b)

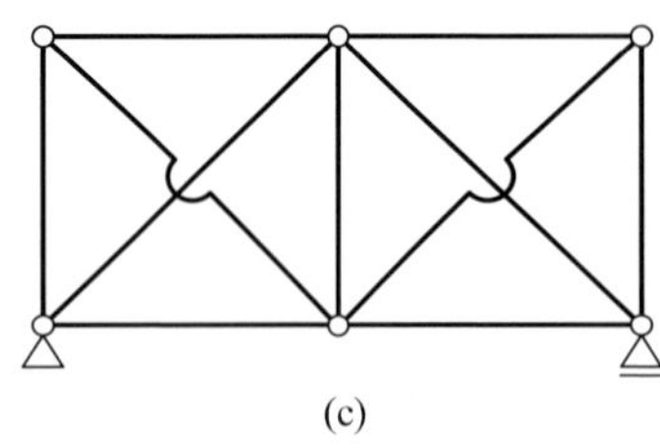

(c)

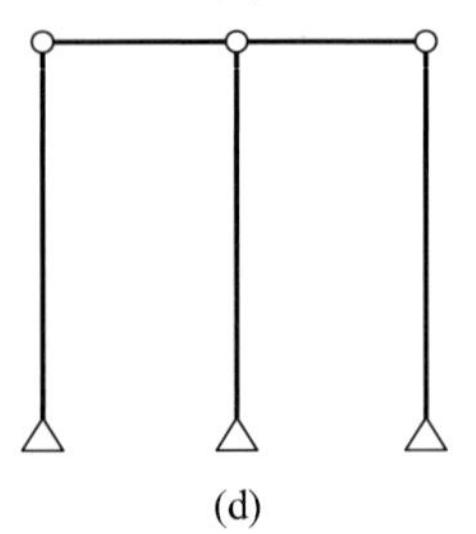

(d)

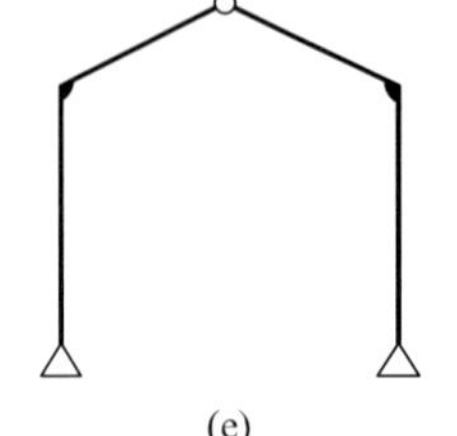

(e)

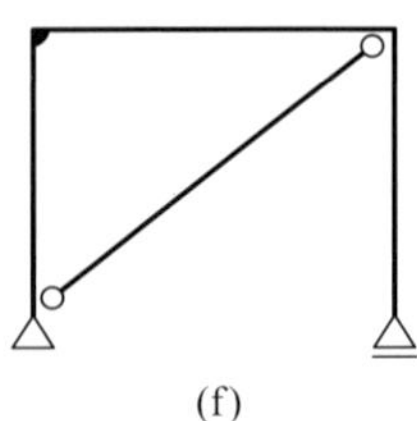

(f)

풀이

·(a) : $(3+9+0) - 2\times6 = 0$ (정정)

·(b) : $(3+12+0) - 2\times8 = -1$ (불안정)

·(c) : $(3+11+0) - 2\times6 = 2$ (2차부정정)

·(d) : $(6+5+0)-2\times6=-1$ (불안정)
·(e) : $(4+4+2)-2\times5=0$ (정정)
·(f) : $(3+4+2)-2\times4=1$ (1차부정정)

3.3 하중과 반력의 산정법

3.3.1 하중의 종류

구조물에 작용하는 외력을 하중이라 한다. 외력은 구조물에 작용하는 시간의 길이에 따라 장기하중과 단기하중으로 나눈다.

일반적으로 구조물에 작용하는 하중의 종류는 표 3.4와 같다.

표 3.4 하중의 종류

종 류	해 설
① 고정하중 (Dead Load)	구조재 및 마감재와 같은 건축물 자체의 중량으로 구조재는 콘크리트·철근·철골·목재·유리·지붕재 등이 있고 마감재는 타일·천정재·PC판 등 여러 가지가 있다.
② 적재하중 (Live Load)	건축물의 용도에 따라 바닥이나 지붕 위에 작용하는 물품이나 사람의 중량들로서 용도별 적재하중은 "건축물의 구조기준 등에 관한 규칙"에 따로 규정하고 있다.
③ 적설하중 (Snow Load)	건축물에 내려 쌓인 눈의 중량으로 "건축물의 구조기준 등에 관한 규칙"에 따로 규정하고 있다.
④ 풍하중 (Wind Load)	바람에 의하여 건축물에 작용하는 하중을 풍하중이라 하며 풍하중은 건축물의 면에 직각으로 작용하는 것으로 취급한다. "건축물의 구조기준 등에 관한 규칙"에 따로 규정하고 있다.
⑤ 지진하중 (Seismic Load)	지각 내부에 급격한 변화로 지면이 갑자기 진동하는 현상을 지진하중이라 하며 고정하중이나 적재하중의 합에 수평 지진도를 곱하여 산정한다.
⑥ 수압 (Water Pressure)	정지상태에 있는 물의 압력은 물을 담은 용기 또는 구조물의 각 면에 대하여 수직으로 작용하게 되므로 지하층에는 큰 수압이 작용하게 된다.
⑦ 토압 (Soil Pressure)	구조체나 벽체에 작용하는 토압으로서는 주동토압, 수동토압과 벽체의 이동이나 회전이 없는 지하실 벽에 작용하는 정지토압(벽체의 집합 흙이 정지상태에 있을 때의 토압) 등이 있다.
⑧ 특수하중 (Special Load)	건축물의 용도 및 기타 필요에 따라 다음과 같은 외력을 고려하여야 한다. (a) 운반 설비에 의한 하중 (b) 기계 장치에 의한 충격력 (c) 온도 변화에 의한 온도응력

3.3.2 하중의 표시

구조물에 작용하는 하중은 공간적인 분포 상태에 따라 분류하면 표 3.5와 같다.

표 3.5 하중의 표시

종류		표시	단위	해설
① 집중하중 (Concentrated Load)		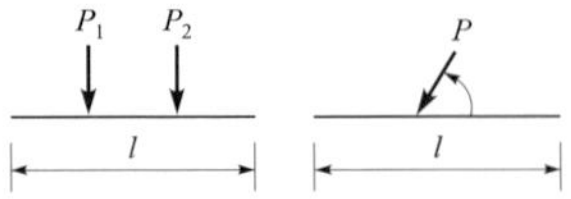 P_1, P_2, l / P, l	N kN	한 점에 집중하여 작용하는 하중 (예) 큰 보위에 놓인 작은 보의 하중 등이 작용할 때
② 등분포하중 (Uniform Load)		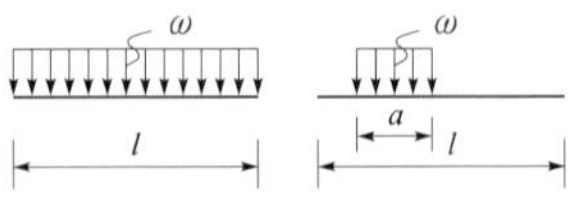 ω, l / ω, a, l	N/m kN/m	같은 크기의 분포하중이 연속적으로 작용하는 하중 (예) 고정하중이나 적설하중 등이 작용할 때
③ 등변 분포 하중 (uniformly varying load)	삼각형	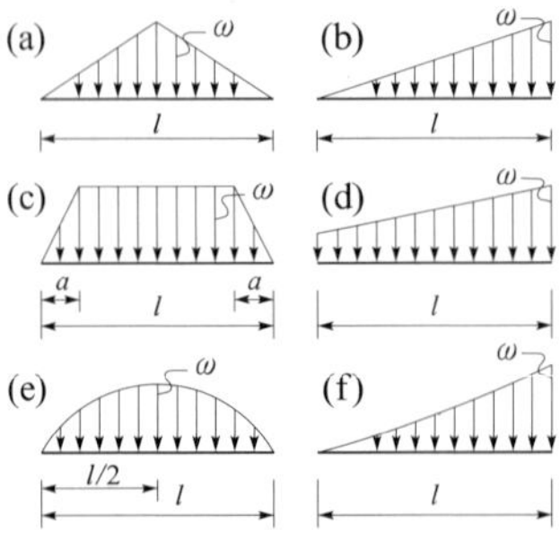 (a) ω, l (b) ω, l	N/m kN/m	하중 크기가 직선으로 변화하는 분포하중 (예) 그림 (a), (c)의 경우는 바닥판에 작용하는 하중 등이고 (b), (d)의 경우는 지하 옹벽에 작용하는 토압 및 수압 등이고 (e), (f)의 경우는 구조물의 변형량을 계산할 때 탄성하중이 작용할 경우이다.
	사다리꼴	(c) ω, a, l, a (d) ω, l		
	곡선형	(e) ω, $l/2$, l (f) ω, l		
④ 모멘트 하중 (Moment Load)		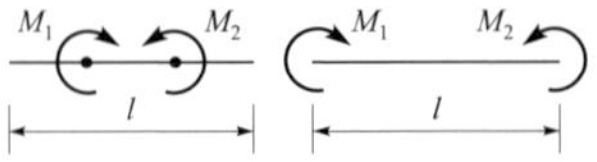 M_1, M_2, l / M_1, M_2, l	N·m kN·m	구조물의 어느 작용점 또는 단부에 회전을 주는 하중
⑤ 이동하중 및 연행하중 (Moving Load)		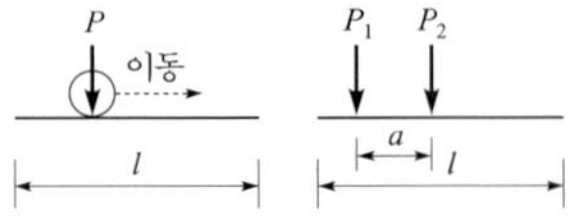 P, 이동, l / P_1, P_2, a, l	N kN	크레인이나 차량 등이 움직일 때와 같이 작용점이 이동하는 하중

3.3.3 반력수와 반력해법

1. 반력과 반력수

반력(Reaction)이란 구조물에 작용한 하중에 대응하여 구조물의 지점에서 반작용으로 일어나는 일종의 외력이다.

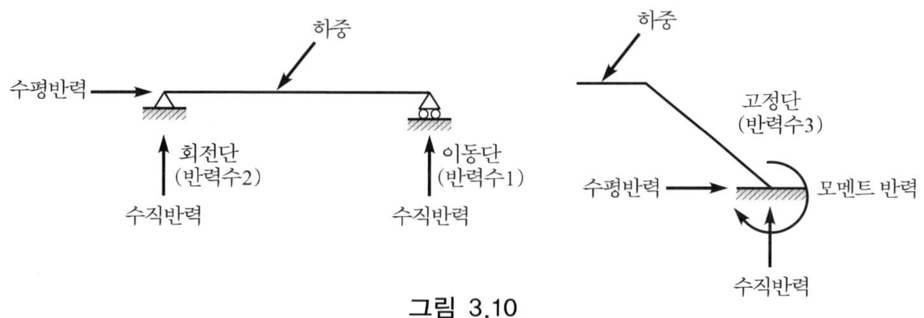

그림 3.10

2. 반력해법과 부호규약

(1) 반력해법

정역학적 평형조건식은 임의의 정정구조물에 대한 반력을 결정하는데 매우 중요한 역할을 한다. 구조물이 외적으로 정정인 경우 평형조건식은 반력을 구하는데 필요한 모든 조건식을 제공하지만 부정정인 경우 평형조건은 당연히 만족하더라도 평형조건식만으로 반력을 구하기에 충분하지 않다. 반력을 결정하는 데는 구조물 전체에 대한 자유물체도가 사용된다. 자유물체도에서 모든 절점의 작용력은 지정된 방향으로 작용하도록 하고 미지의 각 반력 성분은 특정한 방향으로 작용한다고 가정한다. 평형조건식은 가정한 방향에 대해 일관성 있게 기술해야 하고 방정식을 미지의 반력에 대해 연립시켜 푼다. 이렇게 구해진 해에서 반력이 정(+)이면 가정된 방향이 옳고 부(−)이면 가정된 방향과 반대방향임을 나타낸다.

① 도해법

시력도와 연력도를 폐합시켜 구한다.

② 수식해법

(a) 지점에 따라서, 반력수와 작용선을 생각한다.

(b) 미지반력을 모두 그 작용선에 따라서 어느 한 쪽으로 향한다고 가정하고 반력의 기호를 붙인다(예 : R_A, H_B 등).

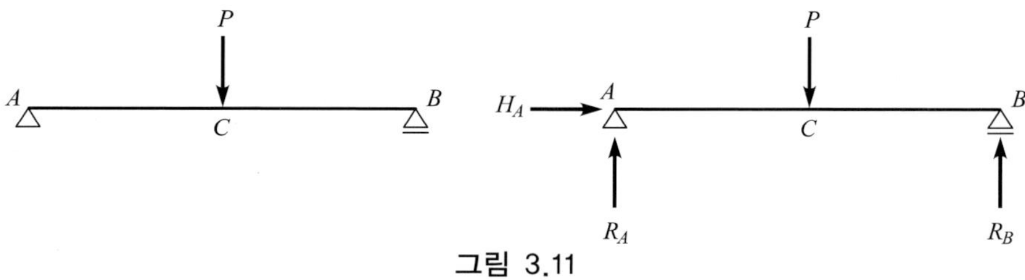

그림 3.11

(c) 하중과 미지반력을 포함하는 모든 외력의 평형방정식을 세운다.
$(\sum M=0,\ \sum V=0,\ \sum H=0)$

(d) 위의 방정식으로부터 구한 결과 반력의 부호가 (+)이면 반력은 가정된 방향으로 작용하고 (−)이면 반력은 가정된 방향과 반대 방향이 된다.

(2) 부호규약

① 힘의 부호

반력 계산에 있어 위로 향한 힘과 오른쪽으로 향한 힘의 부호는 (+)로, 아래와 왼쪽으로 향한 힘을 (−)로 계산하기로 한다.

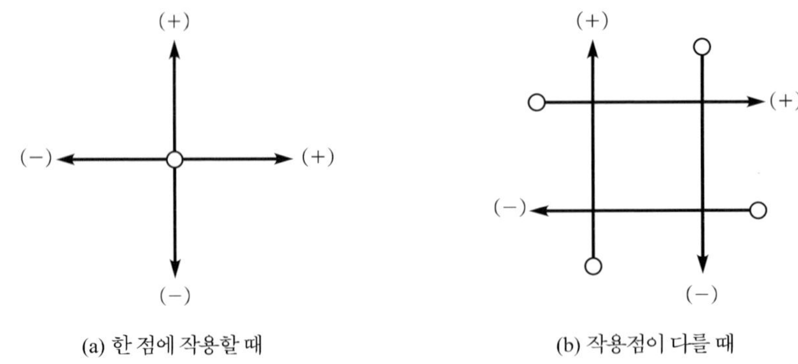

그림 3.12

② 모멘트의 부호

반력 계산에 있어 시계방향 회전을 (+)로, 반시계방향 회전을 (−)로 계산하기로 한다.

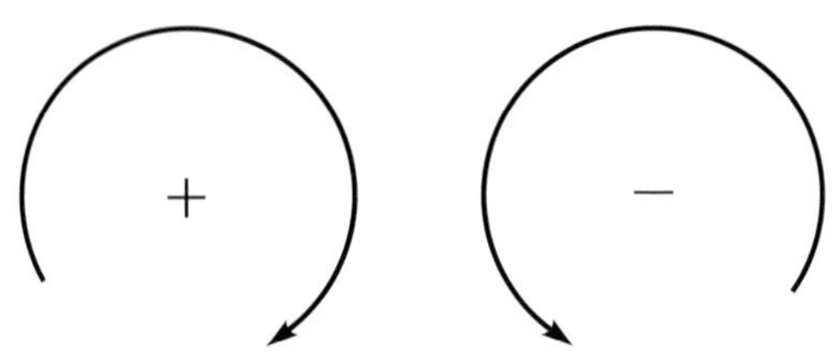

3. 여러 가지 하중에 대한 단순보의 반력의 계산

(1) 집중하중이 작용할 때

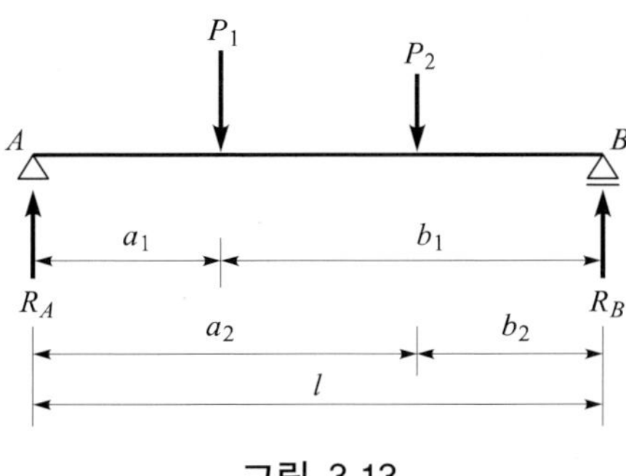

그림 3.13

$$R_A = \frac{\text{지점 } B\text{에 대한 모멘트의 합}}{\text{지간}(Span)} = \frac{1}{l}(P_1 b_1 + P_2 b_2 + \cdots + P_n b_n)(\uparrow)$$

$$R_B = \frac{\text{지점 } A\text{에 대한 모멘트의 합}}{\text{지간}(Span)} = \frac{1}{l}(P_1 a_1 + P_2 a_2 + \cdots + P_n a_n)(\uparrow)$$

① 집중하중(P)이 1개만 작용할 때

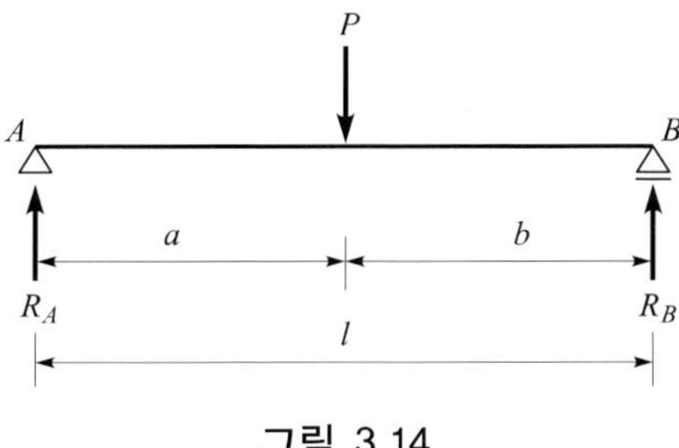

그림 3.14

$$R_A = \frac{Pb}{l}(\uparrow), \qquad R_B = \frac{Pa}{l}(\uparrow)$$

② 집중하중(P)이 경사지게 작용할 때

$$R_A = \frac{Pb}{l}\sin\theta(\uparrow), \qquad R_B = \frac{Pa}{l}\sin\theta(\uparrow)$$

$$H_A = P\cos\theta(\rightarrow)$$

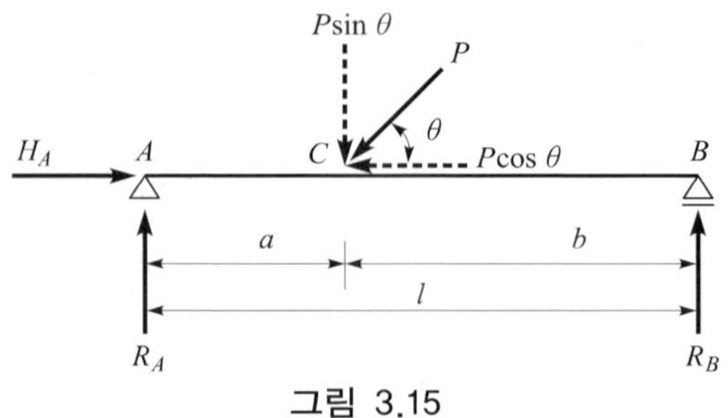

그림 3.15

(2) 등분포하중(w)이 작용할 때

등분포하중의 합($W=wb$)이 등분포하중 작용구간 b의 중간에 작용하는 집중하중으로 보고 구한다.

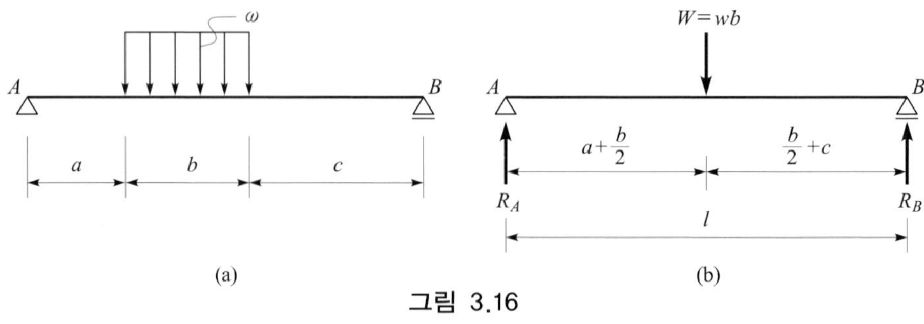

그림 3.16

(3) 등변분포하중이 작용할 때

등변하중의 합$\left(W=\dfrac{wl}{2}\right)$이 삼각형 중심에 작용하는 집중하중으로 보고 구한다. 이로부터 A지점은 전체하중의 $\dfrac{1}{3}$, B지점은 전체하중의 $\dfrac{2}{3}$를 부담하게 된다.

$R_{\mathrm{A}}=\dfrac{1}{3}\times(\text{전체하중})=w\dfrac{l}{6}$ $\qquad$ $R_{\mathrm{B}}=\dfrac{2}{3}\times(\text{전체하중})=w\dfrac{l}{3}$

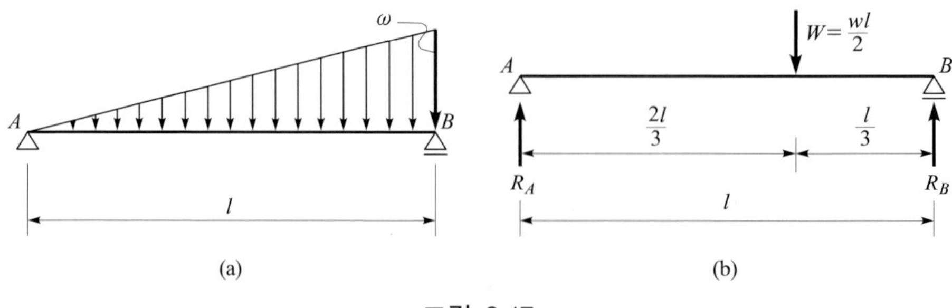

그림 3.17

(4) 대칭하중이 작용할 때

대칭하중의 경우 양 지점의 반력은 전체하중 $\left(W=\dfrac{wl}{2}\right)$의 $\dfrac{1}{2}$씩 부담하게 된다.

$$R_A = R_B = \frac{1}{2}\times(\text{전체하중}) = \frac{wl}{4}$$

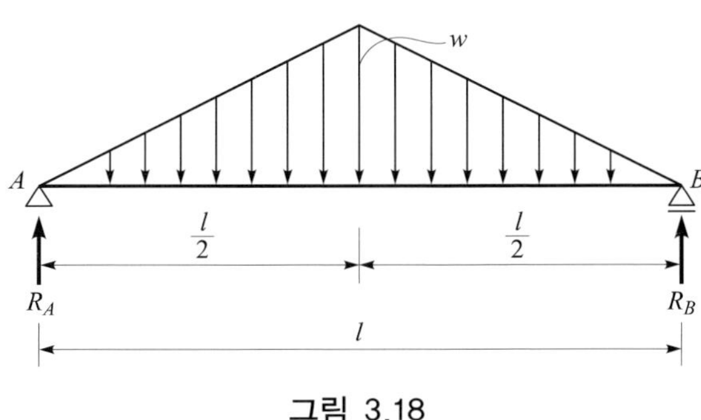

그림 3.18

(5) 모멘트 하중이 작용할 때

모멘트 하중이 작용하면 수직반력만이 일어나고 양지점 반력의 크기는 같고 반력의 방향은 서로 반대방향이 된다.

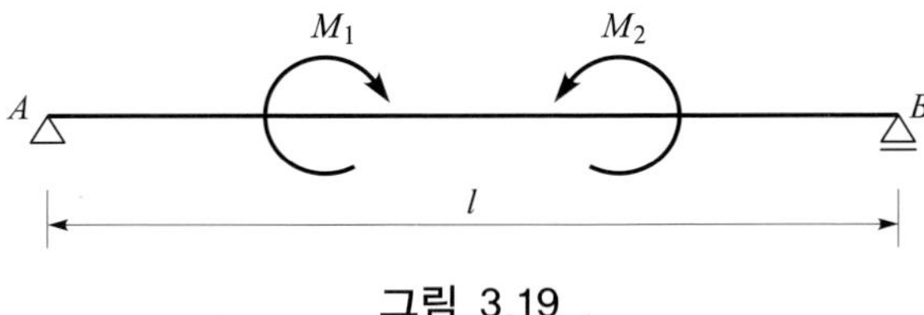

그림 3.19

① 크기 : $R_A = R_B$

$$= \frac{\text{모멘트의 합}}{l} = \frac{|M_1 - M_2|}{l}$$

② 방향 : $M_1 > M_2$일 때 …… $R_A(\downarrow)$, $R_B(\uparrow)$

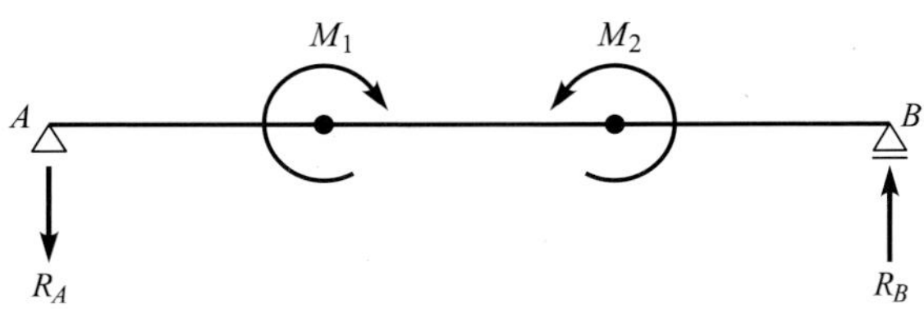

$M_1 < M_2$일 때 …… $R_A(\uparrow)$, $R_B(\downarrow)$

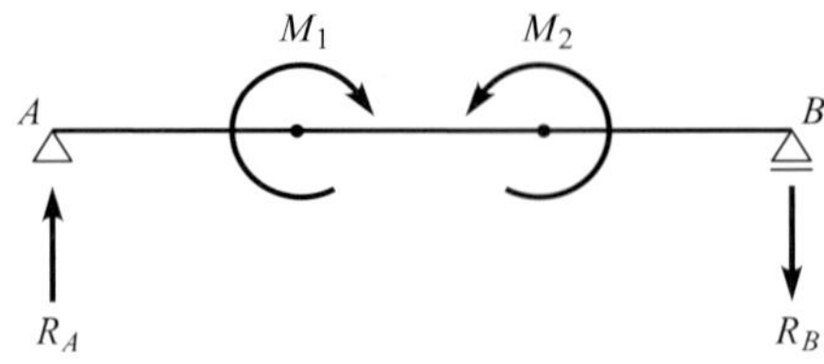

(6) 간접하중이 작용할 때

간접하중의 경우 힘 P를 C점과 D점에 작용하는 분해력 P_C, P_D로 나누어 2개의 집중하중으로 보고 구한다.

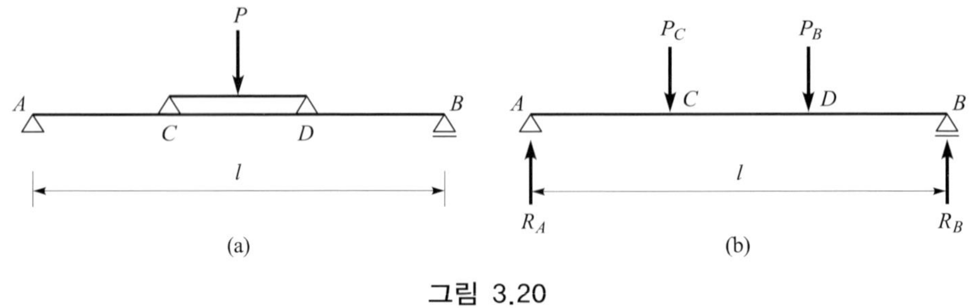

그림 3.20

4. 캔틸레버의 반력계산

(1) 집중하중이 작용할 때

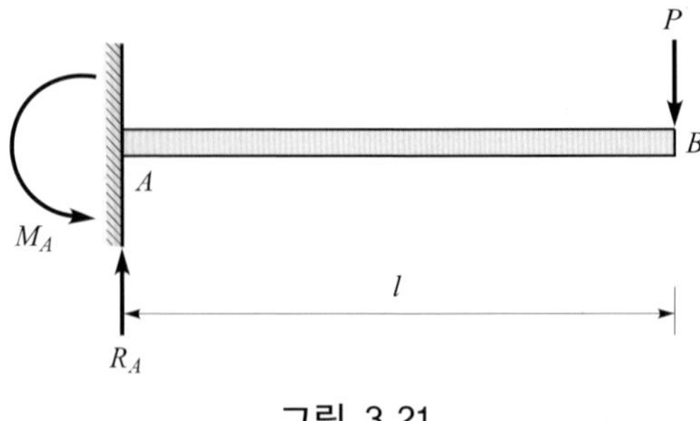

그림 3.21

수직력의 총합은 0이므로

$\Sigma V = R_A + (-P) = 0 \qquad \therefore R_A = P \ (\uparrow)$

모멘트의 총합은 0이므로

$\Sigma M_A = M_A + P \cdot l = 0 \qquad \therefore M_A = -Pl = Pl \ (\curvearrowleft)$

(2) 등분포하중이 작용할 때

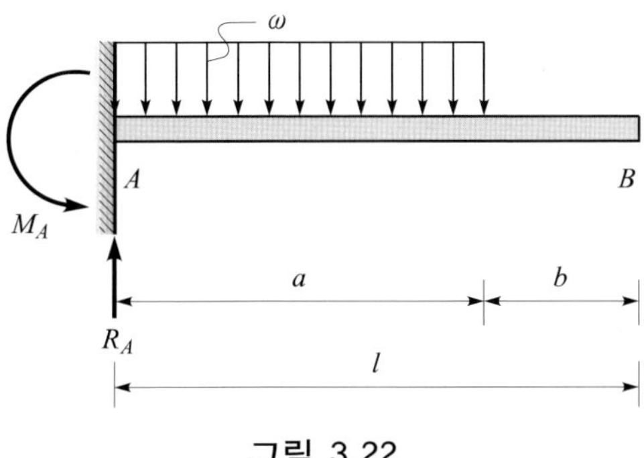

그림 3.22

$$\Sigma V = R_A + (-w)(a) = 0 \qquad \therefore R_A = w \cdot a \ (\uparrow)$$

$$\Sigma M_A = M_A + (-w)(a)\left(-\frac{a}{2}\right) = 0$$

$$\therefore M_A = -\frac{wa^2}{2} = \frac{wa^2}{2} (\curvearrowleft)$$

(3) 등변분포하중이 작용할 때

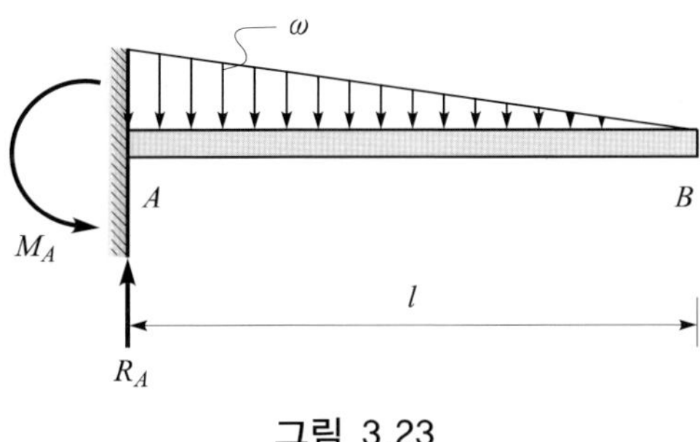

그림 3.23

$$\Sigma V = R_A + (-w)(l)\left(\frac{1}{2}\right) = 0 \qquad \therefore R_A = \frac{wl}{2} \ (\uparrow)$$

$$\Sigma M_A = M_A + (-w)(l)\left(\frac{1}{2}\right)\left(-\frac{l}{3}\right) = 0$$

$$M_A = -\frac{wl^2}{6} = \frac{wl^2}{6} (\curvearrowleft)$$

(4) 모멘트하중이 작용할 때

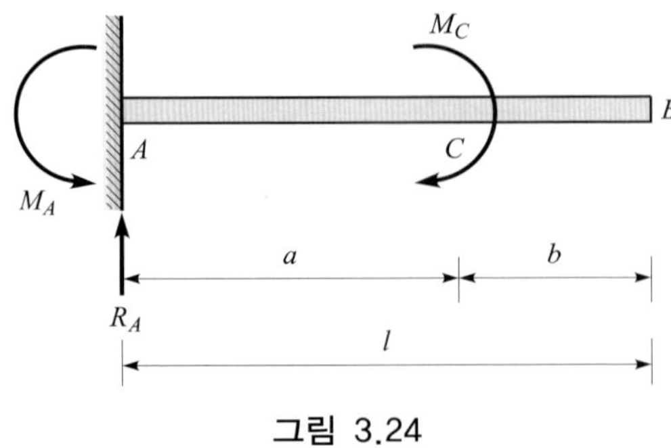

그림 3.24

$\sum V = R_A = 0$

$\sum M_A = M_A + M_C = 0$

$M_A = -M_C \;\; = M_C(\curvearrowleft)$

3.4 탄성과 소성

그림 3.25와 같이 재료에 어느 정도의 하중을 가하여 이들의 응력(σ)－변형도(ε)관계가 재하(loading)시 0점에서 A점으로 변화하고 제하(unloading)시 A점에서 0점으로 똑같은 경로로 복귀할 때, 즉 이와 같이 하중이 제거될 때 원래의 모양으로 돌아가는 재료의 성질을 탄성(elasticity)이라 하고 그 재료는 탄성을 갖는다고 한다. 대부분 금속재료는 응력－변형률 관계가 초기에는 선형적인 관계를 보이는데 이 선형적인 관계의 상한을 비례한도라 하는데 대부분 탄성한도는 이 비례한도보다 크거나 거의 같다.

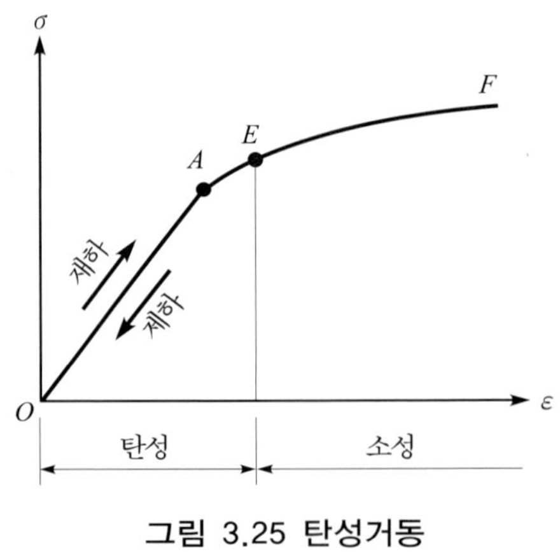

그림 3.25 탄성거동

그림 3.26과 같이 똑같은 재료에 앞의 경우보다 훨씬 큰 하중을 가하여 이들의 응력(σ)－변형도(ε)관계가 재하(loading)시 0점에서 B점으로 변화하고 제하(unloading)시 B점에서 0점이 아닌 C점으로 이동할 때, 즉 잔류변형(residual strain) 0C가 남게 되는 재료의 성질을 부분탄성이라 하고 그 재료는 부분탄성을 갖는다고 한다.

그림 3.27과 같이 탄성한도를 지난 후 비탄성적 변형이 일어나는 재료의 성질을 소성(plasticity)이라 한다.

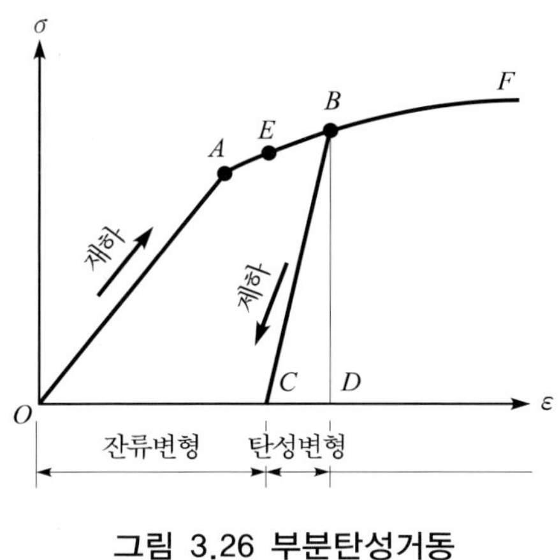

그림 3.26 부분탄성거동

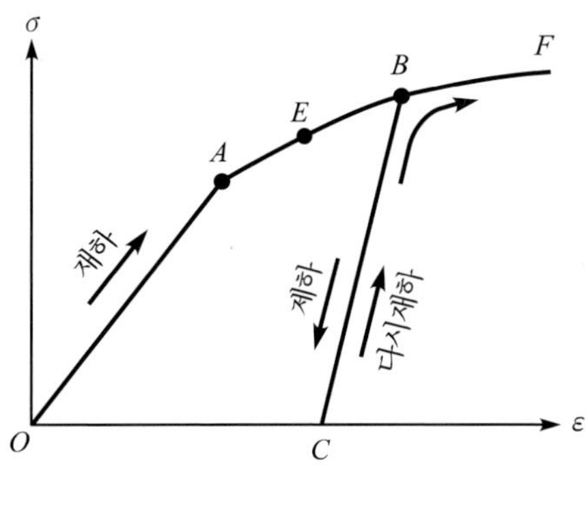

그림 3.27

▌연습문제▐

3.1 그림과 같은 구조물의 정정·부정정을 판별하라.

①

②

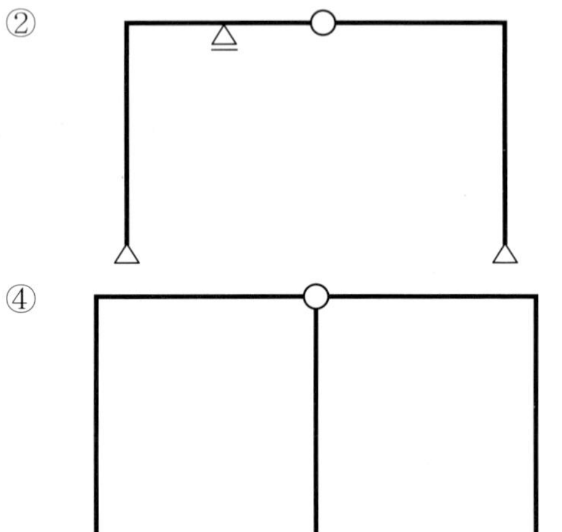

③

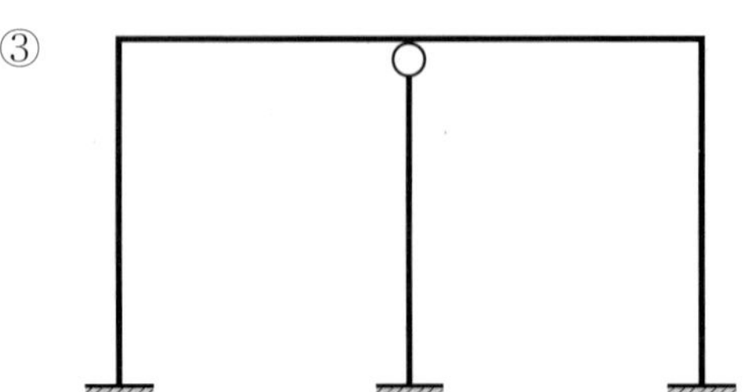

④

3.2 그림과 같은 단순보의 반력을 구하시오.

①

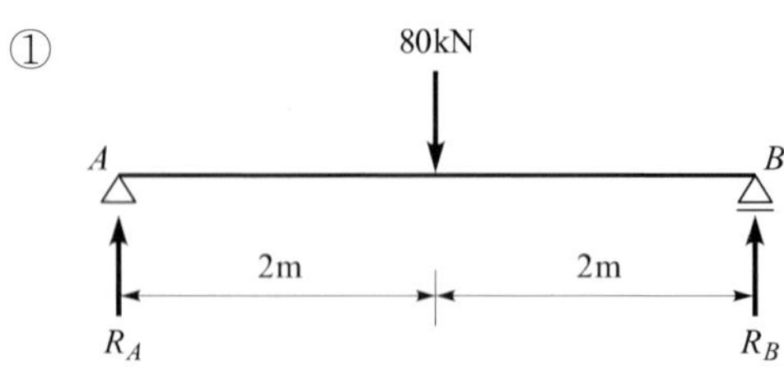

②

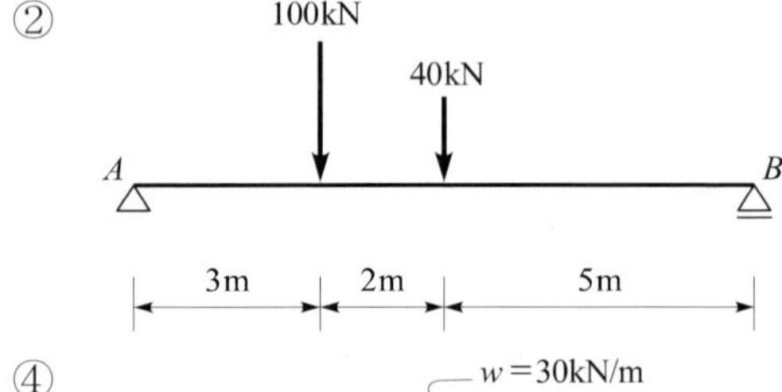

③

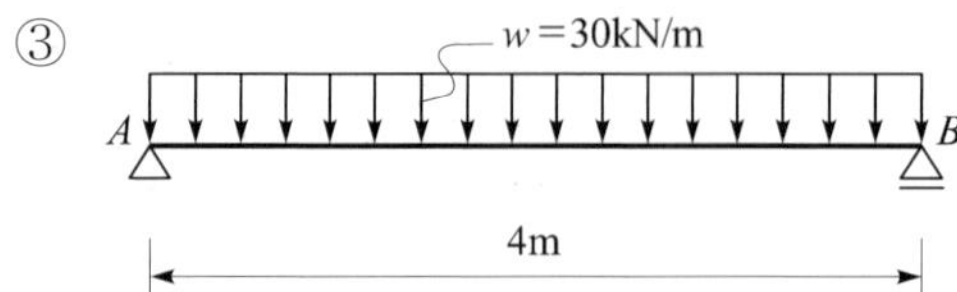

④

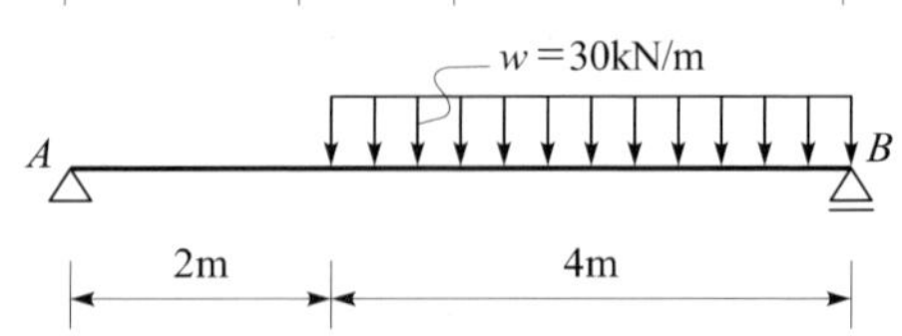

3.3 그림과 같은 겔버보의 반력을 구하시오.

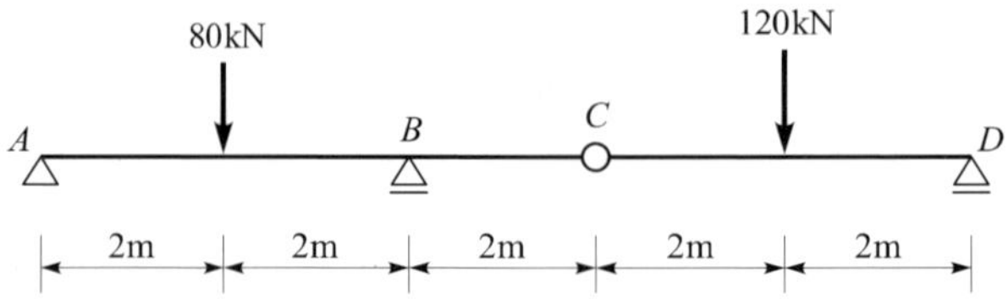

제4장
정정구조물

정정구조물은 작용하는 외력에 대해서 힘의 평형조건만으로 구조물의 반력이나 부재응력을 구할 수 있기 때문에 재료의 성질이나 단면의 크기에 상관없이 단지 부재의 구성방법이나 지지방법에 따라 정해진다. 또한 온도의 변화, 지점의 침하, 부재의 수축 팽창으로 인하여 구조물에 생기는 작은 변형은 구조물의 응력계산에 아무런 영향을 끼치지 않는다고 생각하는 것이 보통이다. 따라서 본 장에서는 구조물에 생기는 지점반력과 부재응력을 구한 후 그 크기와 상태를 나타내기 위해 응력도를 그려서 표현하고자 한다.

4.1 정정보

힘의 평형조건만으로도 지점반력 및 응력을 구할 수 있는 보를 정정보라 한다.

4.1.1 정정보의 종류

1. **단순보**(simple beam)

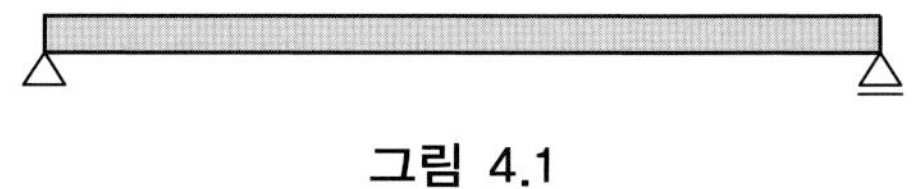

그림 4.1

그림 4.1과 같이 한단이 이동단(roller support)이고 타단은 회전단(hinge support)으로 된 보를 말한다.

2. **캔틸레버보**(cantilever beam)

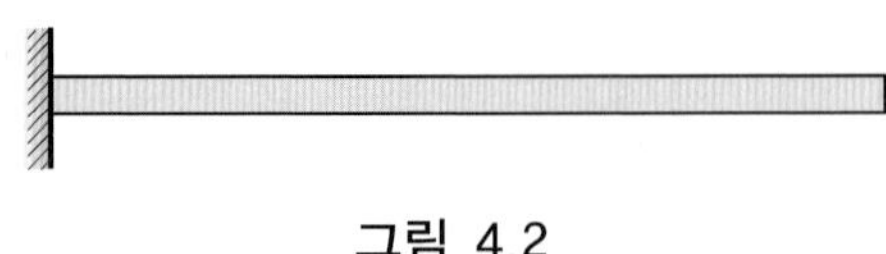

그림 4.2

그림 4.2와 같이 한단이 고정단(fixed support)이고 타단이 자유단(free end)인 보를 말한다. 여기서 자유단이란 지지단이 없는 자유로운 상태를 말한다.

3. **내민보**(overhanging beam)

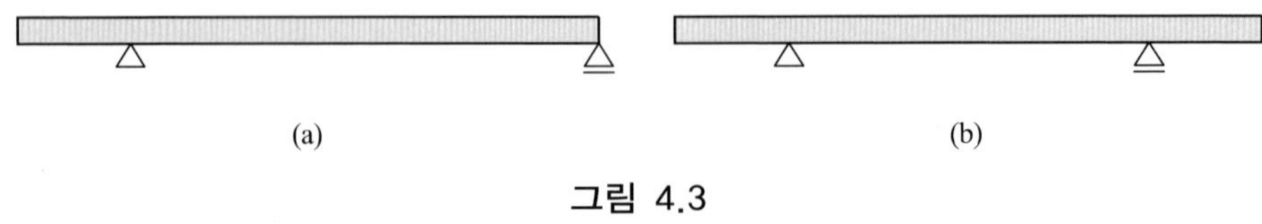

그림 4.3

그림 4.3과 같이 지점의 구조는 단순보와 같지만 보의 한단 또는 양단이 지점에서 더 연장되어 있는 보를 말한다.

4. **겔버보**(Gerber's beam)

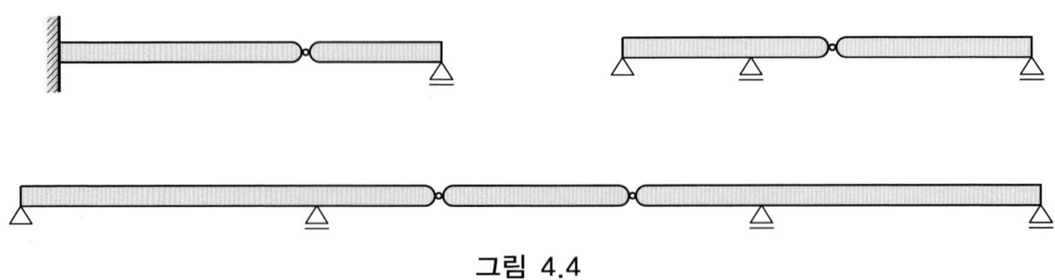

그림 4.4

그림 4.4와 같이 3개 이상의 지점반력을 가진 보로서 보기에는 외적부정정 같으나 부재의 중간에 힌지(hinge)를 넣어 힘의 평형조건만으로 반력이나 부재응력을 구할 수 있는 보를 말한다.

4.1.2 하중, 전단력 및 휨모멘트와의 관계

만일 등분포하중(w)을 받는 정정보가 평형상태에 있다고 하면 하중은 수직력 뿐이므로 보에 축방향력은 생기지 않으며 수평력에 대한 평형조건 $\sum H=0$은 자연히 성립된다.

이와 같은 상태에서 보의 임의단면에 생기는 휨모멘트, 전단력 및 그 점에 작용하는 하중(w) 사이에는 어떤 관계가 있는가를 살펴보기로 하자.

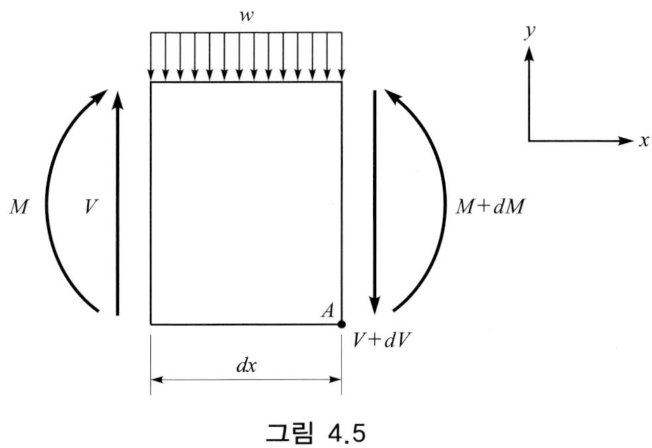

그림 4.5

그림 4.5와 같이 보에서 길이 dx되는 미소부분을 절단하였을 경우, 하중 w는 x의 함수이지만 미소부분 dx에서 w는 일정하다고 보고 이 미소부분의 좌측단면에 작용하는 전단력과 휨모멘트를 각각 V, M라 하고 우측단면에 작용하는 전단력과 휨모멘트를 각각 $V+dV$, $M+dM$이라 하면, 힘의 평형조건에서 다음의 관계식을 얻게 된다.

$\sum$수직력 $=0$으로부터

$$\sum V=0 \ ; \ V-w\cdot dx-(V+dV)=0$$

$$\therefore \frac{dV}{dx}=-w \tag{4.1}$$

$\sum$모멘트 $=0$으로부터

$$\sum M_A=0 \ ; \ M+V\cdot dx-(w\cdot dx)\left(\frac{dx}{2}\right)-(M+dM)=0$$

윗 식에서 $\frac{w(dx)^2}{2}$은 매우 작은 값이므로 이를 무시하면

$$\therefore \frac{dM}{dx} = V \tag{4.2}$$

또 식 (4.1)과 식 (4.2)로부터

$$\frac{d^2M}{dx^2} = \frac{dV}{dx} = -w \tag{4.3}$$

위의 식들로부터 보의 임의 단면에서 휨모멘트를 길이에 대해 1차미분하면 전단력이 되고 전단력을 다시 길이에 대해 1차미분하면 그 단면에 작용하는 하중이 된다는 것으로 이들을 정리하면 다음과 같다.

1) $\frac{dM}{dx} = 0$일 때 M의 값이 최대 또는 최소가 되므로 전단력
$V\left(= \frac{dM}{dx}\right) = 0$일 때 휨모멘트 M의 값이 최대가 된다.

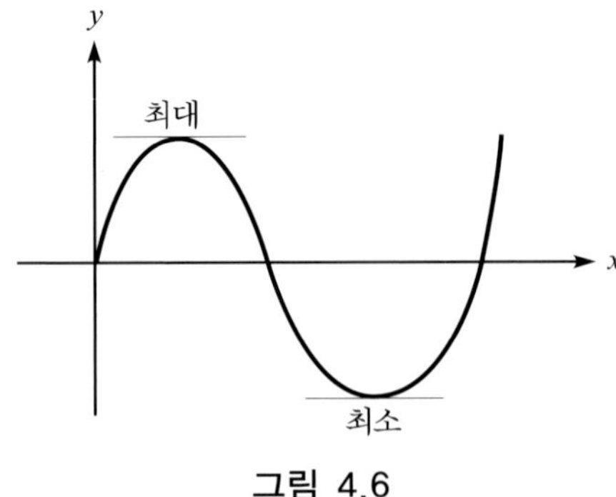

그림 4.6

2) $\frac{dM}{dx}$은 휨모멘트도의 기울기, 즉 전단력의 크기이므로 휨모멘트도(B.M.D. ; bending moment diagram)와 전단력도(S.F.D. ; shearing force diagram)사이에는 일반적으로 다음과 같은 관계가 성립한다.

M=3차곡선일 때 V=2차곡선
M=2차곡선일 때 V=직선변화
M=직선변화할 때 V=일정
M=일정할 때 $V=0$

3) $\frac{dM}{dx} = V$일 때 $M = \int V dx$가 성립되므로 단면의 휨모멘트 M의 크기는 그 단면까지 전단력도의 면적의 합이 된다.

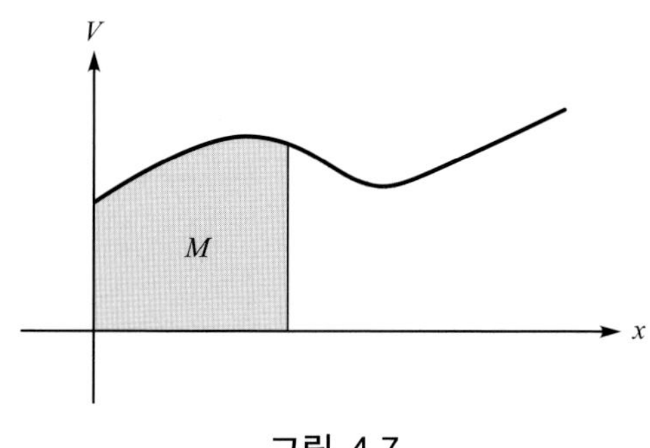

그림 4.7

4.1.3 단순보

1. 집중하중을 받을 때

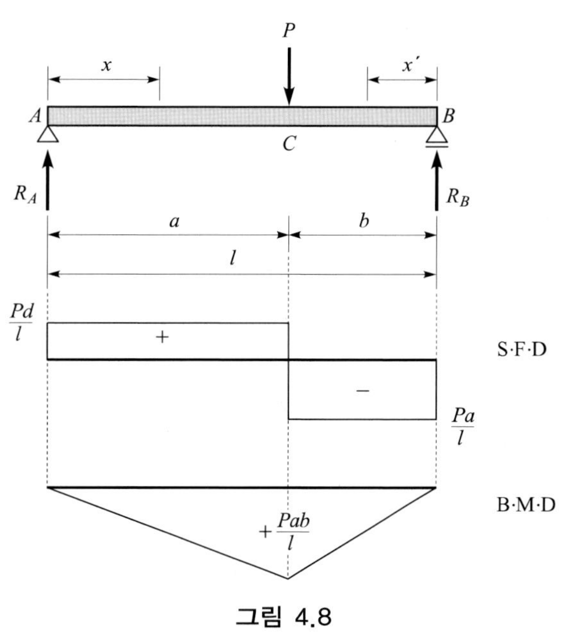

그림 4.8

집중하중 P가 부재축에 수직으로 작용했을 때 반력 R_A는 $\Sigma M_B = 0$로부터 구할 수 있고 R_B는 $\Sigma M_A = 0$로부터 구할 수 있다.

$\Sigma M_B = 0$에서 $R_A \cdot l - P \cdot b = 0$

$$\therefore R_A = \frac{Pb}{l}(\uparrow)$$

$\Sigma M_A = 0$에서 $P \cdot a - R_B \cdot l = 0$

$$\therefore R_B = \frac{Pa}{l}(\uparrow)$$

만일 A단에서 임의의 거리 x만큼 떨어진 단면에 생기는 전단력을 V_x, 휨모멘트를M_x라 하면, AC구간에서 전단력 $(V_x) = R_A$로 그 값이 일정하고 $M_x = R_A \cdot x$로 x에 대한 1차식이 되어 직선변화를 한다. 또한 B단에서 임의의 거리 x'만큼 떨어진 단면에 생기는 전단력을 $V_x{}'$, 휨모멘트를 M_x'라 하면, BC구간에서

$V_x' = R_A - P = -R_B$로 그 값이 일정하고

$M_x' = R_A(l - x') - P(b - x') = R_B x'$로 직선변화를 하게 된다.

따라서, A, B 양단의 휨모멘트는 0이지만 x에 따라 점점 증가하여 최대휨모멘트는 $V_x = 0$이 되는 P의 가력점에 생기게 되며 그 값은

$M_{\max} = R_A \cdot a = R_B \cdot b = \dfrac{Pab}{l}$가 된다.

예제 4.1

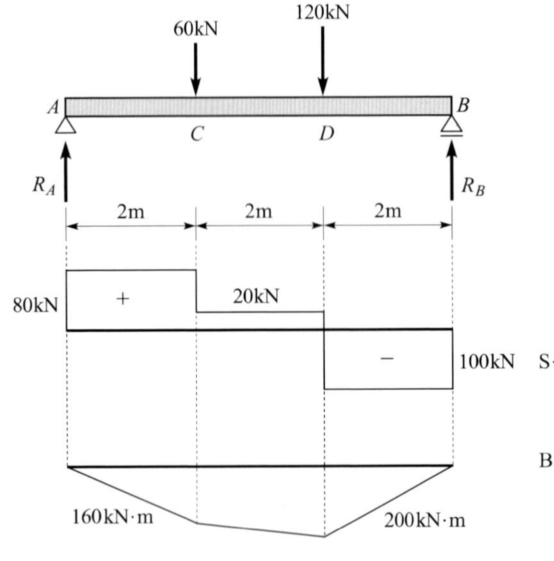

그림 4.9

풀이

• 반력(R_A, R_B)

$\Sigma M_B = 0$에서

$R_A \times 6 + (-60) \times 4 + (-120) \times 2 = 0$

$R_A = 80\text{kN}(\uparrow)$

$\Sigma V = 0$에서

$80 + (-60) + (-120) + R_B = 0$

$R_B = 100\text{kN}(\uparrow)$

• 전단력(V)

$V_{AC} = 80\text{kN}$

$V_{CD} = 80 - 60 = 20\text{kN}$

$V_{DB} = 20 - 120 = -100\text{kN}$

• 휨모멘트(M)

$M_C = 80 \times 2 = 160\text{kN} \cdot \text{m}$

$M_D = 80 \times 4 + (-60) \times 2 = 200\text{kN} \cdot \text{m}$

예제 4.2

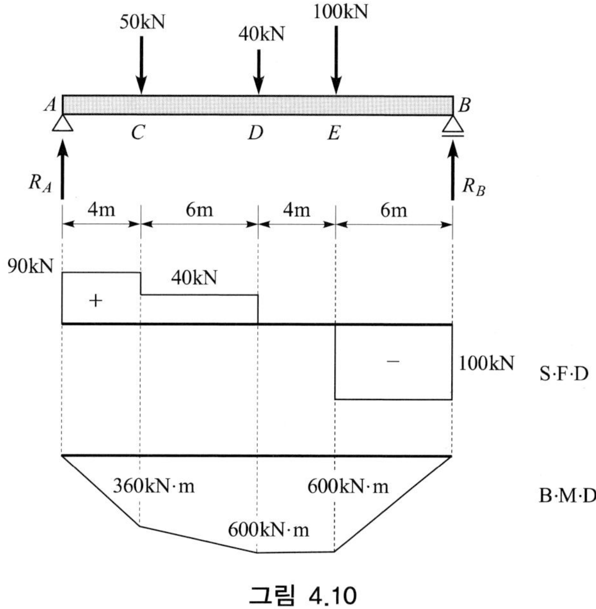

그림 4.10

풀이

• 반력

$\Sigma M_B = 0$에서

$R_A \times 20 + (-50) \times 16 + (-40) \times 10 + (-100) \times 6 = 0$

$R_A = 90\text{kN}(\uparrow)$

$\Sigma V = 0$에서

$90 + (-50) + (-40) + (-100) + R_B = 0$

$R_B = 100\text{kN}(\uparrow)$

• 전단력

$V_{AC} = 90\text{kN}$　　　$V_{CD} = 90 - 50 = 40\text{kN}$

$V_{DE} = 90 - 50 - 40 = 0\text{kN}$　　　$V_{EB} = 0 - 100 = -100\text{kN}$

• 휨모멘트

$M_C = 90 \times 4 = 360\text{kN} \cdot \text{m}$

$M_D = 90 \times 10 + (-50) \times 6 = 600\text{kN} \cdot \text{m}$

$M_E = 100 \times 6 = 600\text{kN} \cdot \text{m}$

예제 4.3

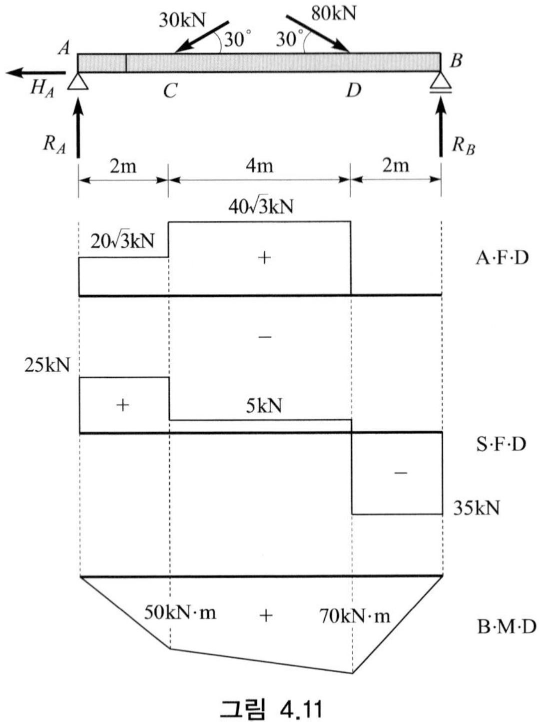

그림 4.11

풀이

- 반력(R_A, R_B, H_A)

$\Sigma H = 0$에서

$- H_A + (-40\cos 30°) + 80\cos 30° = 0$ $\qquad$ $H_A = 20\sqrt{3}\,\text{kN}(\leftarrow)$

$\Sigma M_B = 0$에서

$R_A \times 8 + (-40\sin 30°) \times 6 + (-80\sin 30°) \times 2 = 0$ $\qquad$ $R_A = 25\text{kN}(\uparrow)$

$\Sigma V = 0$에서

$25 + (-40\sin 30°) + (-80\sin 30°) + R_B = 0,$ $\qquad$ $R_B = 35\text{kN}(\uparrow)$

- 축방향력(N)

$N_{AC} = +20\sqrt{3}\,\text{kN}$

$N_{CD} = +20\sqrt{3} + (+40\cos 30°) = +40\sqrt{3}\,\text{kN}$

$N_{DB} = +20\sqrt{3} + (+40\cos 30°) + (-80\cos 30°) = 0$

• 전단력(V)

$V_{AC} = 25\text{kN}$

$V_{CD} = 25 - 40\sin 30° = 5\text{kN}$

$V_{DB} = 25 - 40\sin 30° - 80\sin 30° = -35\text{kN}$

• 휨모멘트(M)

$M_C = 25 \times 2 = 50\text{kN} \cdot \text{m}$

$M_D = 35 \times 2 = 70\text{kN} \cdot \text{m}$

2. 등분포하중을 받을 때

단순보에 등분포하중 w가 작용했을 때 보 전체에 작용하는 하중은 $W = wl$로 하중이 좌우 대칭이므로 $R_A = R_B$이다.

따라서,

$\sum V = 0$에서

$R_A + R_B + (-w) \cdot l = 0$

$R_A = R_B = \dfrac{wl}{2}(\uparrow)$

A단에서 임의의 거리 x만큼 떨어진 단면에 생기는 전단력을 V_x, 휨모멘트를 M_x라 하면

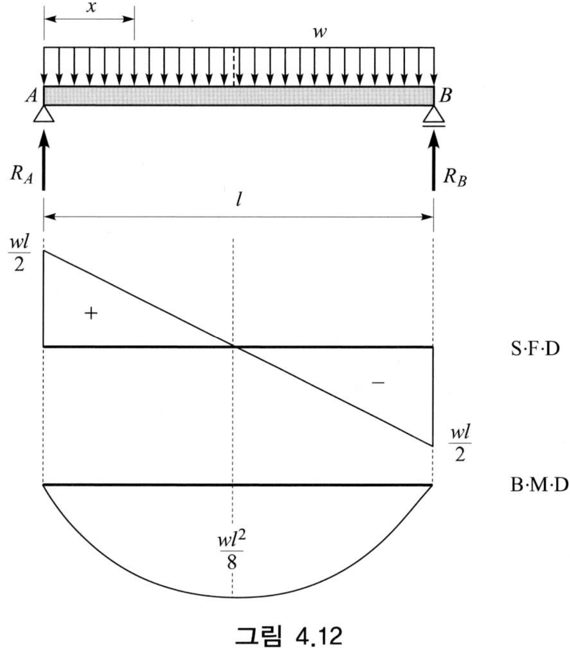

그림 4.12

$$V_x = R_A + (-w) \cdot x = w\left(\frac{l}{2} - x\right)$$

$$M_x = R_A \cdot x + (-w) \cdot x \cdot \left(\frac{x}{2}\right) = \frac{w \cdot x}{2}(l - x)$$

V_x는 x에 대한 1차식이므로 그림 4.12와 같이 직선적으로 변화하며 그 값은 양단에서 최대로 반력의 크기와 같고 $V_x = 0$이 되는 점,

즉 $x = \dfrac{l}{2}$인 보의 중앙점에서 최대의 휨모멘트 $M_{\max} = \dfrac{1}{8}wl^2$이 생긴다.

이때 휨모멘트도는 x에 대한 2차식으로 포물선이 됨을 알 수 있다.

예제 4.4

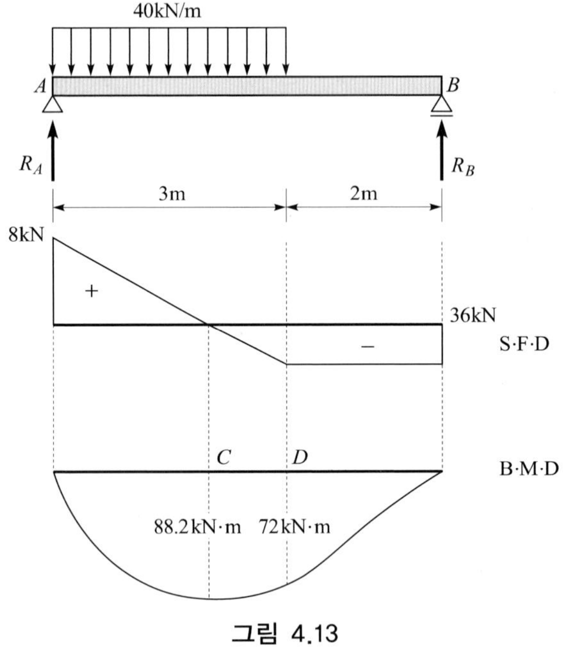

그림 4.13

풀이

• 반력

$\sum M_B = 0$에서

$R_A \times 5 + (-40) \times 3 \times 3.5 = 0$

$R_A = 84\text{kN}(\uparrow)$

$\sum V = 0$에서

$84 + (-4) \cdot 3 + R_B = 0$

$R_B = 36\text{kN}$

• 전단력

전단력이 0이 되는 점은

$y = 84 - 40x$에서 $y = 0$을 대입하면

$0 = 84 - 40x$

$\frac{84}{40} = 2.1\text{m}$

• 휨모멘트

휨모멘트가 최대가 되는 점은 전단력이 0이 되는 점이므로 최대휨모멘트는

$M_{max} = 84 \times 2.1 - 40 \times 2.1 \times 1.05 = 88.2\text{kN} \cdot \text{m}$

변곡점 D에서의 휨모멘트

$M_D = 36 \times 2 = 72\text{kN} \cdot \text{m}$

예제 4.5

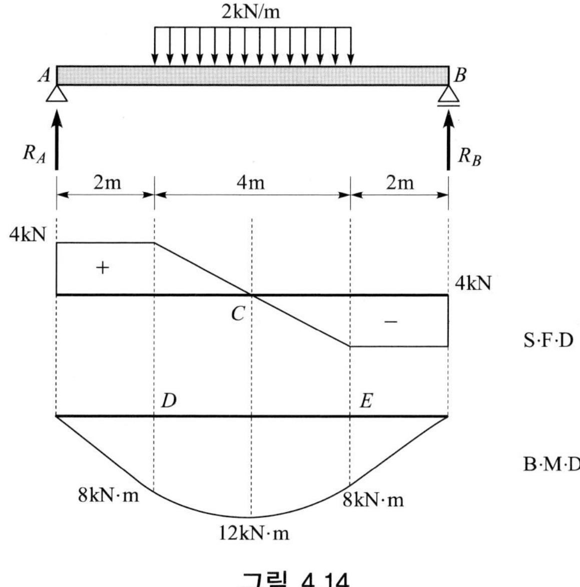

그림 4.14

풀이

• 반력

$\sum V = 0$에서

$R_A + R_B + (-2) \times 4 = 0$

$R_A = R_B = \dfrac{8}{2} = 4\text{kN}$

• 전단력

전단력이 0이 되는 점

$\dfrac{4}{2} = 2\text{m}$ (보의 중앙점)

• 휨모멘트

$M_D = 4 \times 2 = 8\text{kN} \cdot \text{m}$

$M_{max} = 4 \times 4 + (-2) \times 2 = 12\text{kN} \cdot \text{m}$

$M_E = 4 \times 2 = 8\text{kN} \cdot \text{m}$

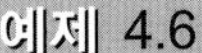

예제 4.6

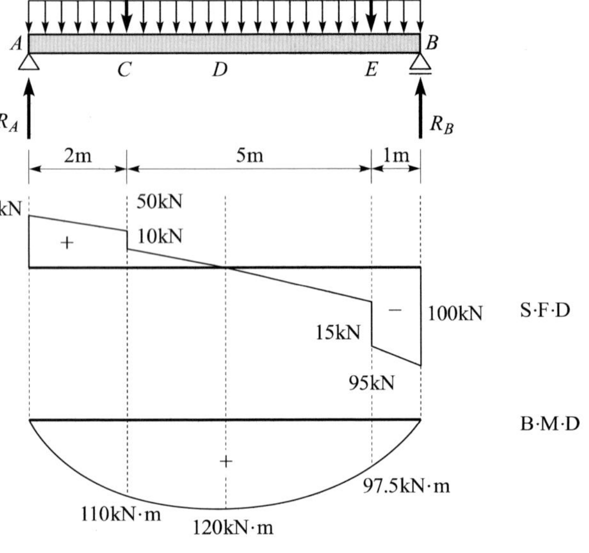

그림 4.15

풀이

• 반력

$\Sigma M_B = 0$에서

$R_A \times 8 + (-40) \times 6 + (-80) \times 1$

$+ (-5) \times 8 \times 4 = 0$

$R_A = 60\text{kN}(\uparrow)$

$\Sigma V = 0$에서

$60 + R_B + (-40) + (-80)$

$+ (-5) \times 8 = 0$

$R_B = 100\text{kN}(\uparrow)$

• 전단력

$V_{C좌측} = 60 - 5 \times 2 = 50\text{kN}$

$V_{C우측} = 60 - 5 \times 2 - 40 = 10\text{kN}$

$V_{E좌측} = 60 - 40 - 5 \times 7 = -15\text{kN}$

$V_{E우측} = 60 - 40 - 5 \times 7 - 80 = -95\text{kN}$

전단력이 0이 되는 점

$60 - 40 - 5x = 0$

$\therefore x = 4\text{m}$

• 휨모멘트

$M_C = 60 \times 2 - 5 \times 2 \times 1 = 110\text{kN} \cdot \text{m}$

$M_D = 60 \times 4 - 4 \times 2 - 5 \times 4 \times 2 = 120\text{kN} \cdot \text{m}$

예제 4.7

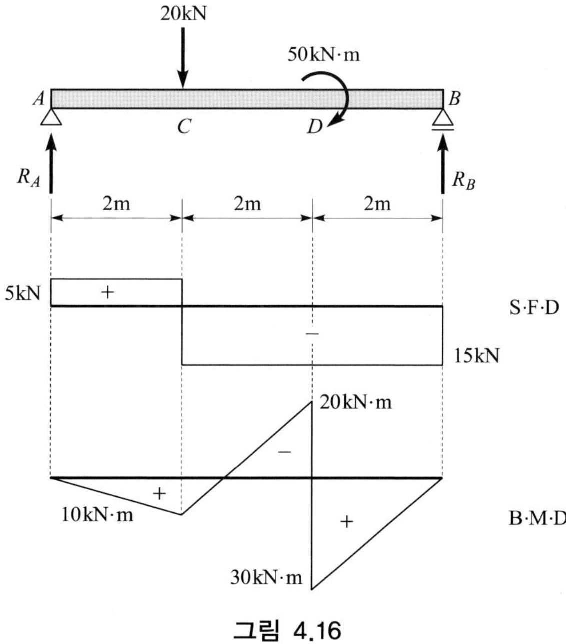

그림 4.16

풀이

• 반력

$\Sigma M_B = 0$ 에서

$R_A \times 6 + (-20) \times 4 + 50 = 0$

$R_A = 5\text{kN}(\uparrow)$

$\Sigma V = 0$ 에서

$5 + (-20) + R_B = 0$

$R_B = 15\text{kN}(\uparrow)$

• 휨모멘트

$M_C = 5 \times 2 = 10\text{kN}\cdot\text{m}$

$M_{D좌측} = 5 \times 4 - 20 \times 2 = -20\text{kN}\cdot\text{m}$

$M_{D우측} = 15 \times 2 = 30\text{kN}\cdot\text{m}$

예제 4.8

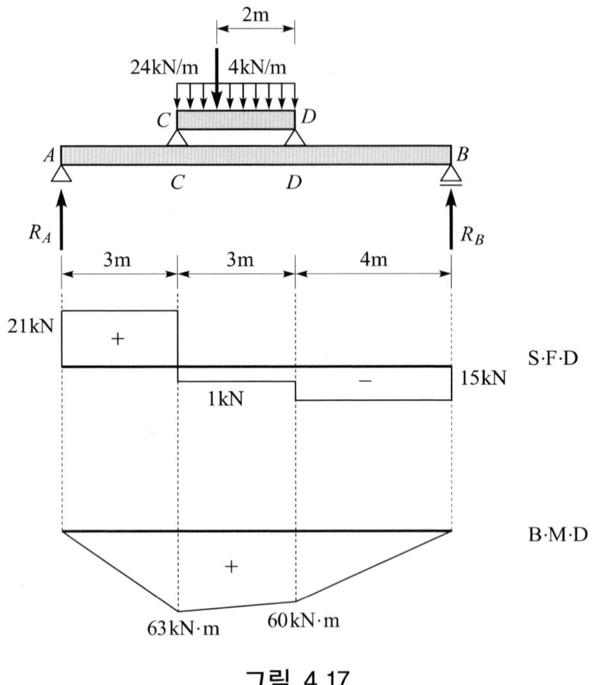

그림 4.17

풀이

• 반력

$\Sigma M_B = 0$ 에서

$R_A \times 10 + (-24) \times 6 + (-4) \times 3 \times 5.5 = 0$

$R_A = 21\ \text{kN}(\uparrow)$

$\Sigma V = 0$ 에서

$21 + (-24) + (-4) \times 3 + R_B = 0$

$R_B = 15\text{kN}(\uparrow)$

• 전단력

C, D점에 작용하는 하중은 CD인 단순보의 반력의 크기와 같다.

$\Sigma M_D = 0$ 에서

$R_C \times 3 - 24 \times 2 - 4 \times 3 \times 1.5 = 0$

$R_C = 22\text{kN}$

$\Sigma V=0$에서

$22-24-4\times 3+R_D=0$

$R_D=14\text{kN}$

따라서,

$V_{C우측}=21-22=-1\text{kN}$

$V_{D우측}=21-22-14=-15\text{kN}$

• 휨모멘트

$M_C=21\times 3=63\text{kN}\cdot\text{m}$

$M_D=15\times 4=60\text{kN}\cdot\text{m}$

3. 등변분포하중을 받을 때

그림 4.18과 같이 등변분포하중이 작용했을 때 전하중 $W=\dfrac{wl}{2}$은 삼각형의 중심, 즉 A단에서 $\dfrac{2}{3}l$ 되는 곳에 작용하고 있다고 생각할 수 있다. 따라서, 반력은

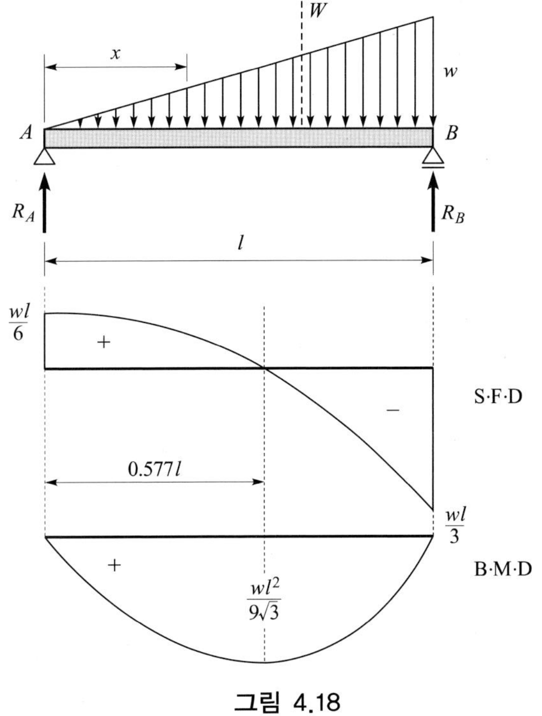

그림 4.18

$\Sigma M_B=0$에서

$$R_A\cdot l+\left(-\frac{wl}{2}\right)\cdot\left(\frac{l}{3}\right)=0$$

$$R_A=\frac{wl}{6}(\uparrow)$$

$\Sigma V=0$에서

$$\frac{wl}{6}+\left(-\frac{wl}{2}\right)+R_B=0$$

$$R_B=\frac{wl}{3}(\uparrow)$$

A단에서 임의의 거리 x만큼 떨어진 단면에 생기는 전단력을 V_x, 휨모멘트를 M_x라 하면

x 점에 작용하는 하중의 크기 $w_x = \dfrac{w \cdot x}{l}$ 는 삼각형의 비례관계에서 쉽게 구할 수 있으므로

$$V_x = R_A - \frac{w_x \cdot x}{2} = \frac{w}{6l}(l^2 - 3x^2)$$

$$M_x = R_A \cdot x - \left(\frac{w_x x}{2}\right)\left(\frac{x}{3}\right) = \frac{w \cdot x}{6l}(l^2 - x^2)$$

V_x는 x에 대한 2차식으로 포물선으로 표시되며 M_x는 그림 4.18에서와 같이 3차 곡선으로 나타난다. 이때 최대 휨모멘트가 생기는 곳은 $V_x = 0$에서 $x = \dfrac{l}{\sqrt{3}} = 0.577l$이 되며, $M_{\max} = \dfrac{wl^2}{9\sqrt{3}}$을 얻게 된다.

예제 4.9

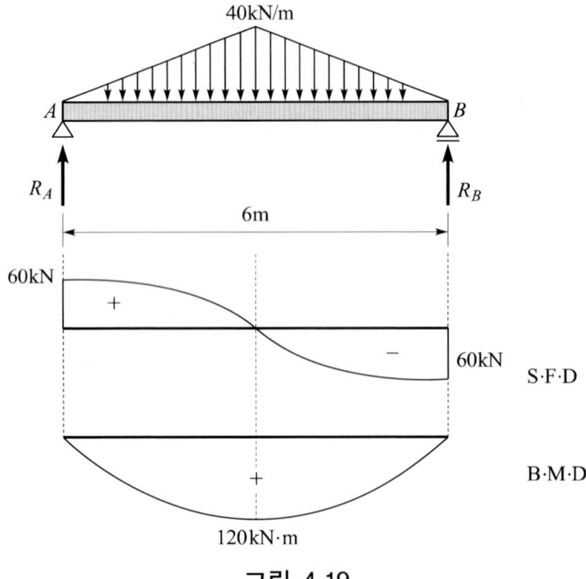

그림 4.19

풀이

• 반력

$\sum V = 0$에서

$$R_A + R_B + \frac{(-40) \times 6}{2} = 0$$

$$R_A = R_B = 60\text{kN}(\uparrow)$$

• 휨모멘트

최대휨모멘트

$$M_{\max} = 60 \times 3 - 60 \times 1 = 120\text{kN} \cdot \text{m}$$

4. 모멘트하중을 받을 때

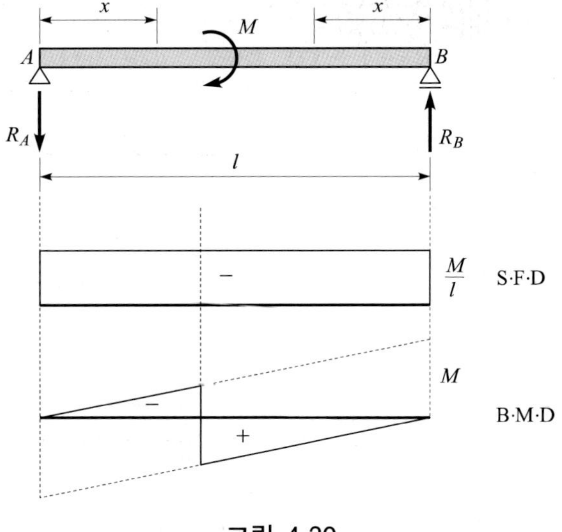

그림 4.20

단순보에 모멘트하중이 작용하면 부재는 회전하려고 할 것이다. 따라서 이를 정지시키기 위해서는 이와 방향이 반대방향으로 우력모멘트가 일어나도록 반력의 방향을 정하여야 한다.

또한 반력의 크기는

$\sum M_B = 0$로부터

$R_A \cdot l + M = 0$, $R_A = \dfrac{M}{l}(\downarrow)$이고,

방향은

$\sum V = 0$로부터 $R_A + R_B = 0$

으로서 M의 작용위치와는 아무런 관계도 없다. 따라서, 전단력의 V의 값도 어느 점에서나 일정하다. A단에서 임의의 거리 x만큼 떨어진 단면에 생기는 휨모멘트 (M_x)는

$$M_x = R_A \cdot x = \frac{M}{l}x$$

또한 B단에서 임의의 거리 x'만큼 떨어진 휨모멘트$(M_x{}')$는

$$M_x{}' = R_B \cdot x' = \frac{M}{l}x'$$

따라서, 휨모멘트도는 그림 4.20에서와 같이 두 개의 평행선으로 나타나 두 부분의 휨모멘트도의 기울기는 다 같이 일정하고 모멘트의 작용점에서 급변하게 됨을 알 수 있다.

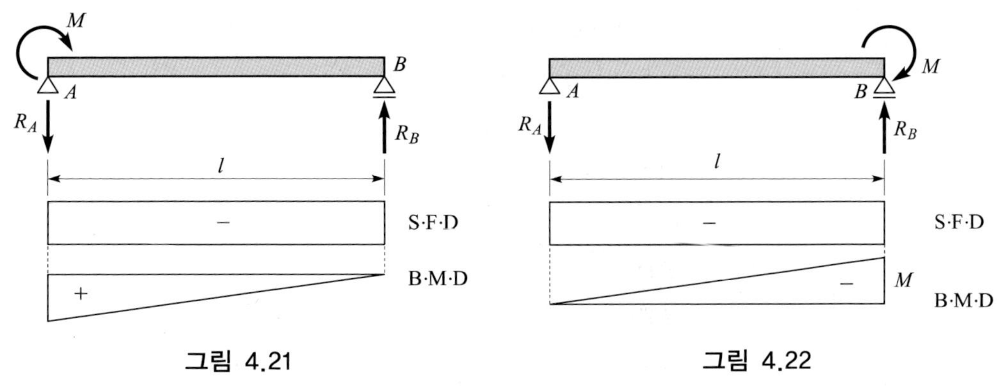

그림 4.21

그림 4.22

모멘트 M이 A단 또는 B단에 작용할 때의 휨모멘트도는 각각 그림 4.21, 그림 4.22와 같다. 반력이나 전단력도는 그림 4.21과 그림 4.22에서 보이는 바와 같이 모멘트 하중의 작용위치와는 무관함을 알 수 있다. 또한 보의 양단에 M_1, M_2가 작용할 때의 휨모멘트도는 양단에서 생기는 휨모멘트의 크기를 직선으로 연결시키면 된다. 이때 모멘트의 작용방향에 따라 그림 4.23과 같은 4가지 경우를 생각할 수 있다.

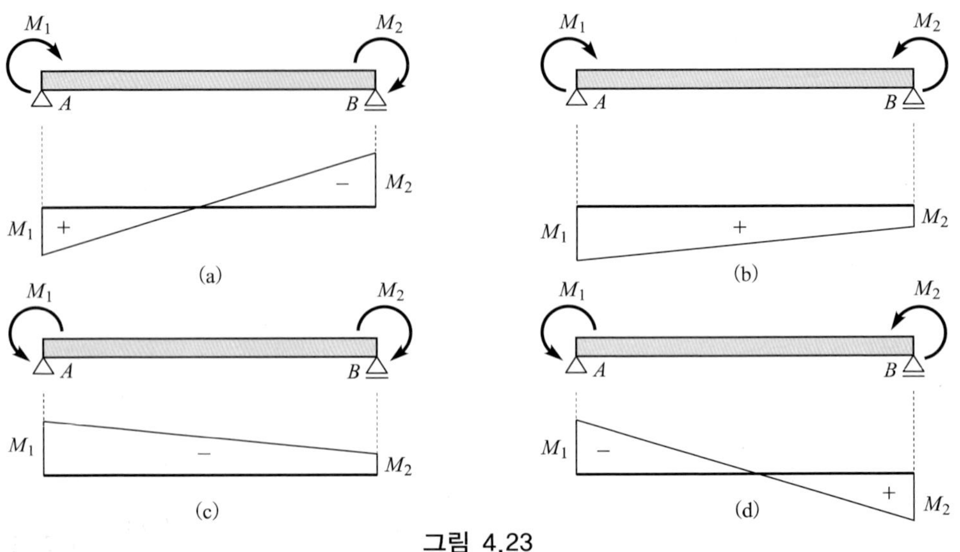

그림 4.23

예제 4.10

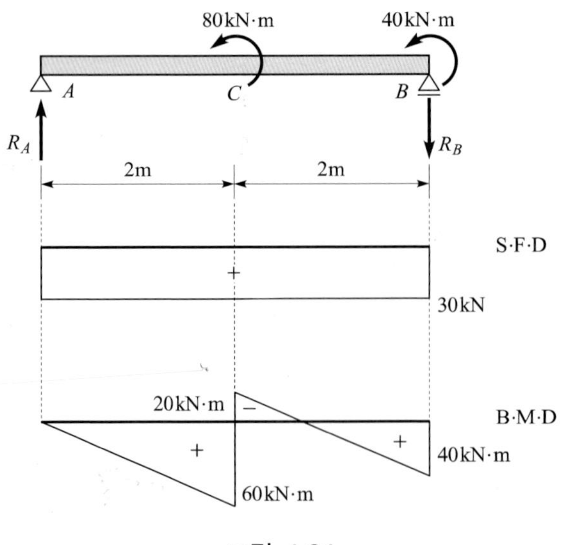

그림 4.24

풀이

• 반력

$\sum M_B = 0$ 에서

$R_A \times 4 + (-80) + (-40) = 0$

$R_A = 30\text{kN}(\uparrow)$

$\sum V = 0$ 에서

$R_A + R_B = 0$

$R_B = -30\text{kN}(\downarrow)$

• 휨모멘트

$M_{C좌측} = 30 \times 2 = 60\text{kN}\cdot\text{m}$

$M_{C우측} = 30 \times 2 - 80 = -20\text{kN}\cdot\text{m}$

보의 양단에 M_1, M_2가 작용하고 또 부재에 집중하중이 가해졌을 때의 휨모멘트도는 양단에 모멘트가 작용하는 경우와 부재에 집중하중이 가해지는 경우를 합하면 된다.

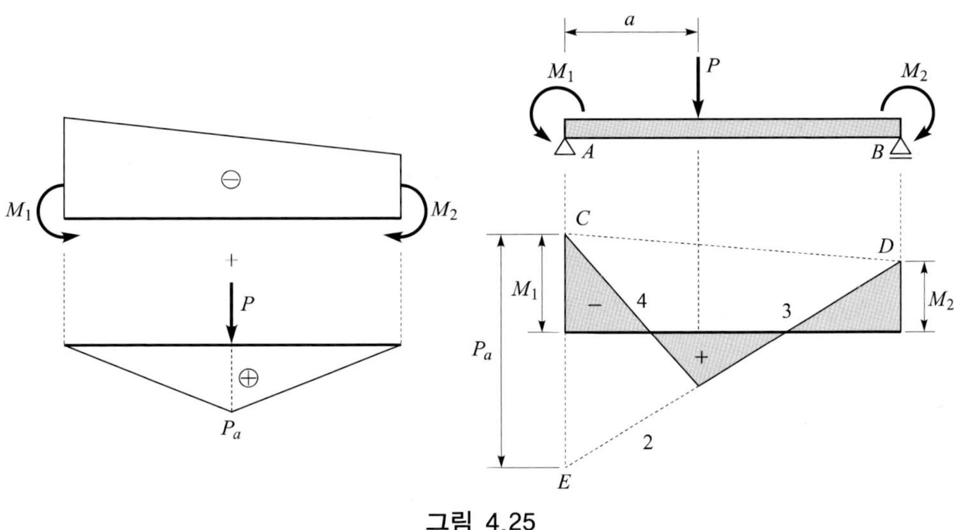

그림 4.25

그림 4.25에서 양단의 모멘트 M_1, M_2를 그리고 그 값의 끝점 C, D를 연결한 선을 기준으로 삼아 하중 P의 영향을 합성한다. 즉, A단에서 C점을 지점으로 $CE = Pa$를 M_1과 같은 축척으로 그리고 2, 3, 4선을 그으면 그림 4.25의 음영 부분이 휨모멘트도가 된다.

4.1.4 캔틸레버보

예제 4.11

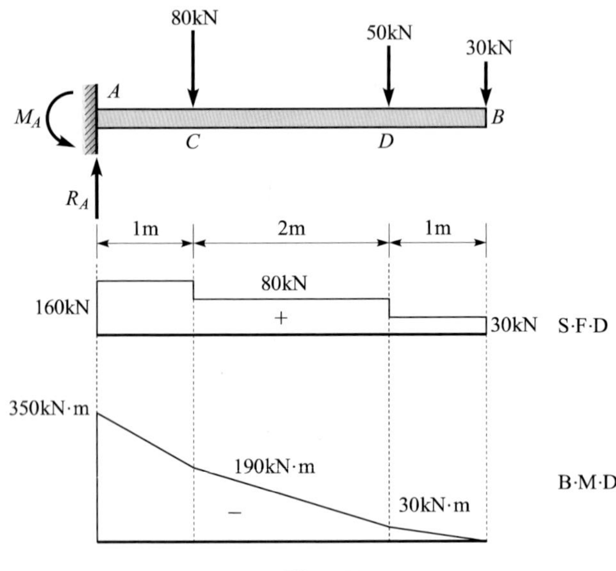

그림 4.26

풀이

• 반력

$\Sigma V = 0$ 에서

$R_A + (-80) + (-50) + (-30) = 0 \qquad R_A = 160\text{kN}(\uparrow)$

$\Sigma M_A = 0$ 에서

$M_A - 80 \times (-1) - 50 \times (-3) - 30 \times (-4) = 0$

$M_A = -350\text{kN} \cdot \text{m}$ (↶)

• 전단력

$V_{CD} = 160 - 80 = 80\text{kN}$

$V_{DB} = 160 - 80 - 50 = 30\text{kN}$

• 휨모멘트

$M_D = -30 \times 1 = -30\text{kN} \cdot \text{m}$

$M_C = -30 \times 3 - 50 \times 2 = -190\text{kN} \cdot \text{m}$

예제 4.12

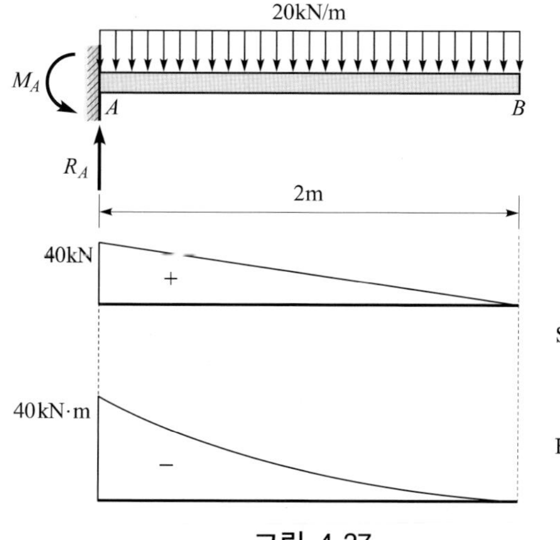

그림 4.27

풀이

• 반력

$\Sigma V = 0$

$R_A + (-20) \times 2 = 0$

$R_A = 40\text{kN}(\uparrow)$

$\Sigma M_A = 0$에서

$M_A + (-20) \times 2 \times (-1) = 0$

$M_A = -40\text{kNm}$ (↻)

예제 4.13

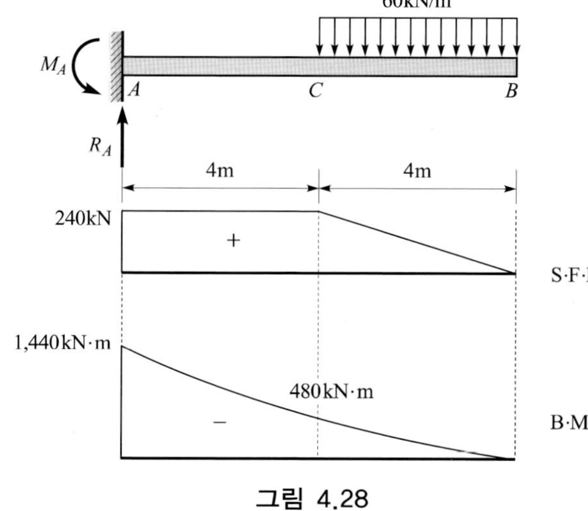

그림 4.28

풀이

• 반력

$\Sigma V = 0$에서

$R_A + (-60) \times 4 = 0$

$R_A = 240\text{kN}(\uparrow)$

$\Sigma M_A = 0$에서

$M_A + (-60) \times 4 \times (-6) = 0$

$M_A = -1{,}440\text{kN} \cdot \text{m}$ (↻)

• 휨모멘트

$M_C = -60 \times 4 \times 2 = -480\text{kN} \cdot \text{m}$

예제 4.14

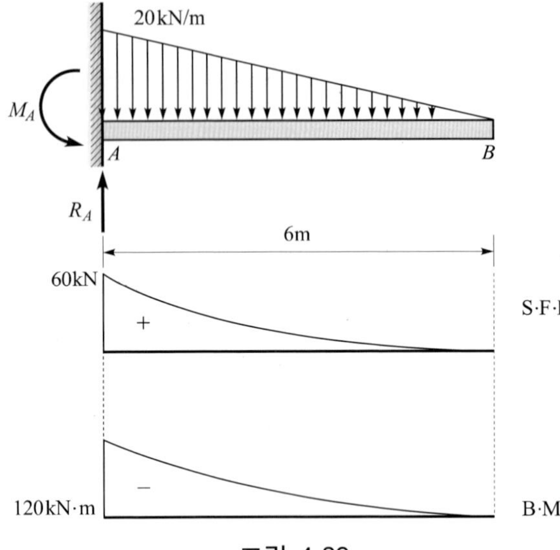

그림 4.29

풀이

• 반력

$\Sigma V = 0$ 에서

$$R_A - 20 \times 6 \times \frac{1}{2} = 0$$

$$R_A = 60\text{kN}(\uparrow)$$

$\Sigma M_A = 0$ 에서

$$M_A - 20 \times 6 \times \frac{1}{2} \times (-2) = 0$$

$$M_A = -120\text{kN} \cdot \text{m}$$

예제 4.15

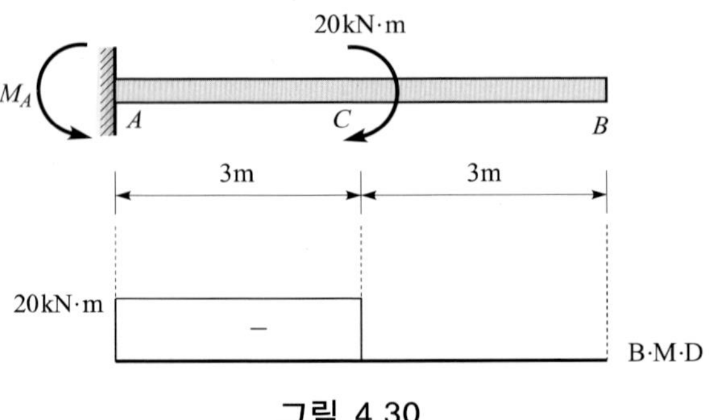

그림 4.30

풀이

• 반력

$\Sigma M_A = 0$ 에서

$$M_A + 20 = 0$$

$$M_A = -20\text{kN} \cdot \text{m}$$

$$= 20\text{kN} \cdot \text{m} \ (\curvearrowleft)$$

예제 4.16

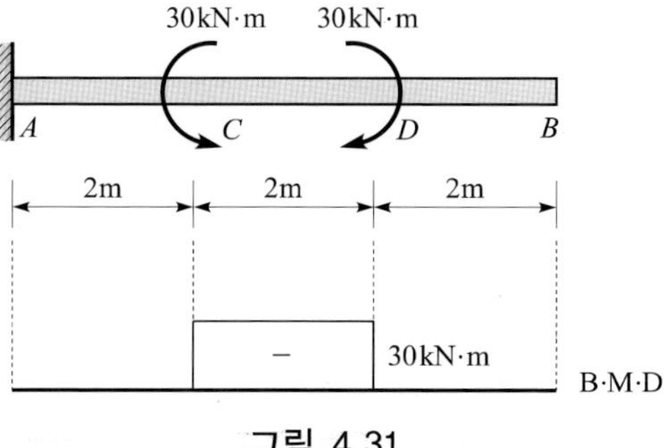

그림 4.31

풀이

• 반력

$\Sigma M_A = 0$ 에서

$M_A + 30 + (-30) = 0$

$M_A = 0$

∴A단에 반력이 생기지 않는다.

예제 4.17

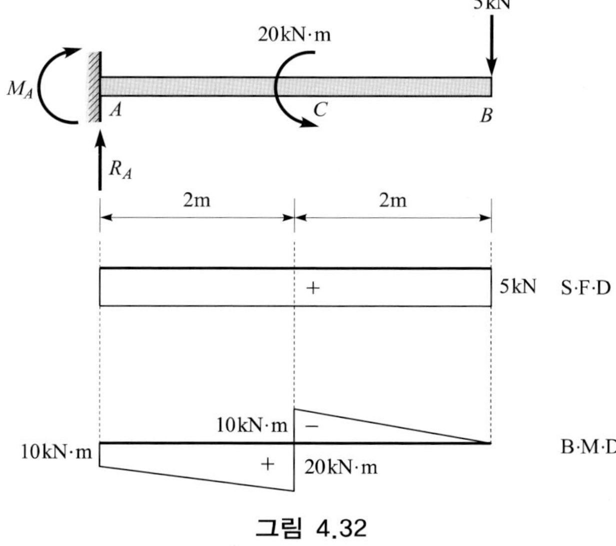

그림 4.32

풀이

• 반력

$\Sigma V = 0$ 에서

$R_A + (-5) = 0$

$R_A = 5\text{kN}(\uparrow)$

$\Sigma M_A = 0$ 에서

$M_A + (-30) + (-5) \times (-4) = 0$

$M_A = 10\text{kN} \cdot \text{m}$ (↻)

• 휨모멘트

$M_{C좌측} = 10 + 5 \times 2 = 20\text{kN} \cdot \text{m}$

$M_{C우측} = 10 + 5 \times 2 - 30 = -10\text{kN} \cdot \text{m}$

예제 4.18

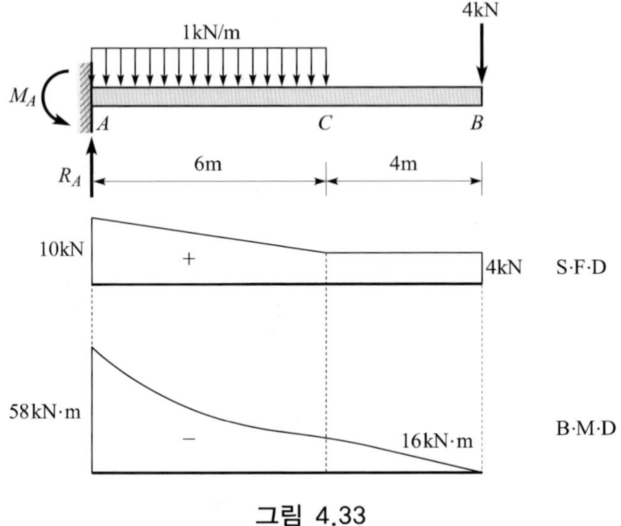

그림 4.33

풀이

• 반력

$\Sigma V = 0$ 에서

$R_A + (-1) \times 6 + (-4) = 0$

$R_A = 10\text{kN}(\uparrow)$

$\Sigma M_A = 0$ 에서

$M_A + (-1) \times 6 \times (-3) + (-4) \times (-10) = 0$

$M_A = -58\text{kN} \cdot \text{m}$ (↶)

• 전단력

$V_{CB} = 10 - 1 \times 6 = 40\text{kN}$

• 휨모멘트

$M_C = -4 \times 4 = -16\text{kN} \cdot \text{m}$

4.1.5 내민보

예제 4.19

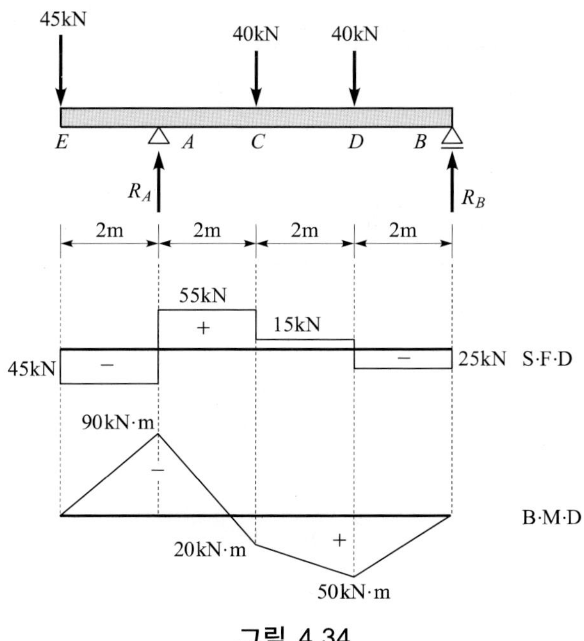

그림 4.34

풀이

• 반력

$\Sigma M_B = 0$에서

$R_A \times 6 + (-45) \times 8 + (-40) \times 4 + (-40) \times 2 = 0$

$R_A = 100\text{kN}(\uparrow)$

$\Sigma V = 0$에서

$100 + (-45) + (-40) + (-40) + R_B = 0$

$R_B = 25\text{kN}(\uparrow)$

• 전단력

$V_A = -45 + 100 = 55\text{kN}$

$V_C = -45 + 100 - 40 = 15\text{kN}$

$V_D = -45 + 100 - 40 - 40 = -25\text{kN}$

• 휨모멘트

$M_A = -45 \times 2 = -90\text{kN} \cdot \text{m}$

$M_C = -45 \times 4 + 100 \times 2 = 20\text{kN} \cdot \text{m}$

$M_D = 25 \times 2 = 50\text{kN} \cdot \text{m}$

예제 4.20

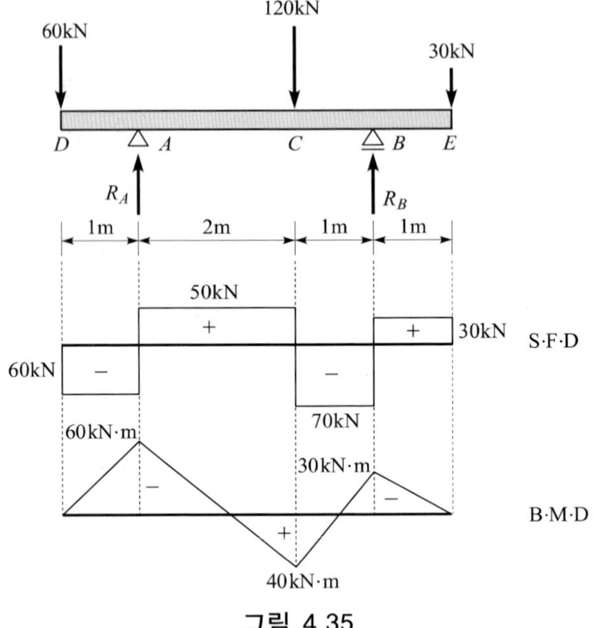

그림 4.35

풀이

•반력

$\sum M_B = 0$ 에서

$R_A \times 3 + (-60) \times 4 + (-120) \times 1 + 30 \times 1 = 0$

$R_A = 110\text{kN}(\uparrow)$

$\sum V = 0$ 에서

$110 + (-60) + (-120) + (-30) + R_B = 0$

$R_B = 100\text{kN}(\uparrow)$

•전단력

$V_{AC} = -60 + 110 = 50\text{kN}$

$V_{CB} = -60 + 110 - 120 = -70\text{kN}$

$V_{BE} = -60 + 110 - 120 + 100 = 30\text{kN}$

•휨모멘트

$M_A = -60 \times 1 = -60\text{kN} \cdot \text{m}$

$M_C = -60 \times 3 + 110 \times 2 = 40\text{kN} \cdot \text{m}$

$M_B = -30 \times 1 = -30\text{kN} \cdot \text{m}$

예제 4.21

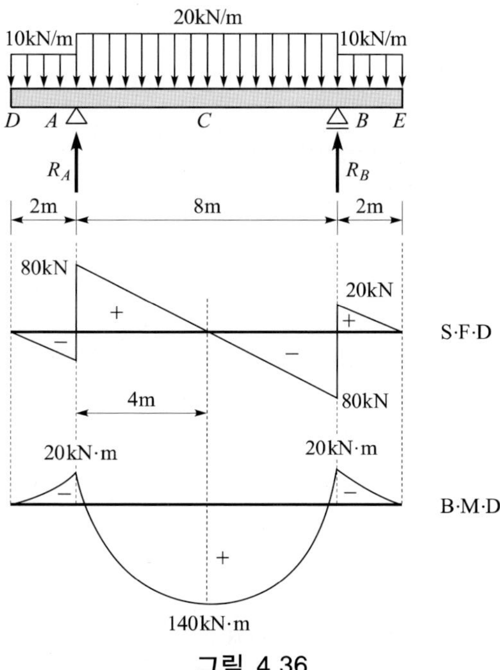

그림 4.36

풀이

- 반력

  $\Sigma V=0$에서 좌우 대칭이므로

  $R_A+R_B+(-10)\times 2\times 2+(-20)\times 8=0$

  $R_A=R_B=100\text{kN}(\uparrow)$

- 전단력

  $V_{A좌측}=-10\times 2=-20\text{kN}$

  $V_{A우측}=-10\times 2+100=80\text{kN}$

  전단력이 0이 되는 점

  $\frac{8}{2}=4\text{m}$ (보의 중심점C)

- 휨모멘트

  $M_A=M_B=-10\times 2\times 1=-20\text{kN}\cdot\text{m}$

  $M_C=-10\times 2\times 5-20\times 4\times 2+100\times 4=140\text{kN}\cdot\text{m}$

예제 4.22

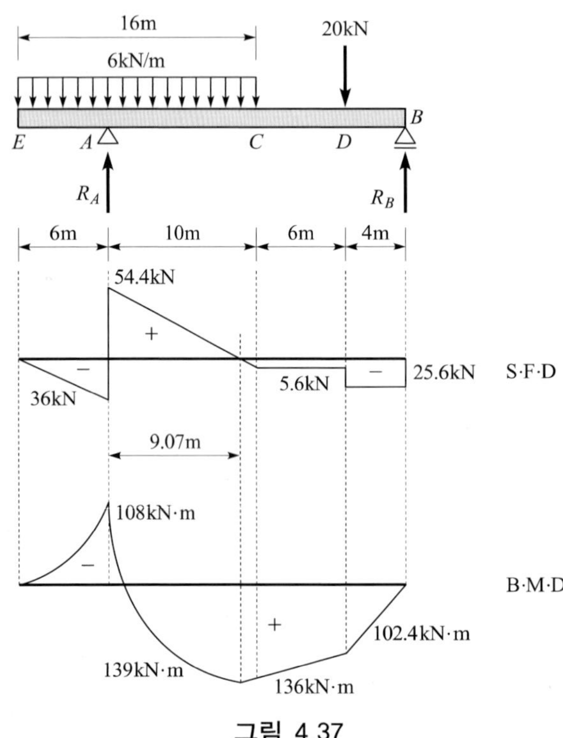

그림 4.37

풀이

• 반력

$\Sigma M_B = 0$에서

$R_A \times 20 + (-6) \times 16 \times 18 + (-2) \times 4 = 0$

$R_A = 90.4\text{kN}(\uparrow)$

$\Sigma V = 0$에서

$90.4 + (-6) \times 16 + (-20) + R_B = 0$

$R_B = 25.6\text{kN}(\uparrow)$

• 전단력

$V_{A좌측} = -6 \times 6 = -36\text{kN}$

$V_{A우측} = -6 \times 6 + 90.4 = 54.4\text{kN}$

$V_{CD} = -6 \times 16 + 90.4 = -5.6\text{kN}$

$V_{DB} = -6 \times 16 + 90.4 - 20 = -25.6\text{kN}$

전단력이 0이 되는 점

$\frac{54.4}{6} = 9.07\text{m} \quad (-6 \cdot x + 54.4 = 0)$

• 휨모멘트

$M_A = -6 \times 6 \times 3 = -108\text{kN} \cdot \text{m}$

$M_{max} = -6 \times 15.07 \times 7.54 + 90.4 \times 9.07 = 138.6\text{kN} \cdot \text{m}$

$M_C = -6 \times 16 \times 8 + 90.4 \times 10 = 136\text{kN} \cdot \text{m}$

$M_D = 25.6 \times 4 = 102.4\text{kN} \cdot \text{m}$

예제 4.23

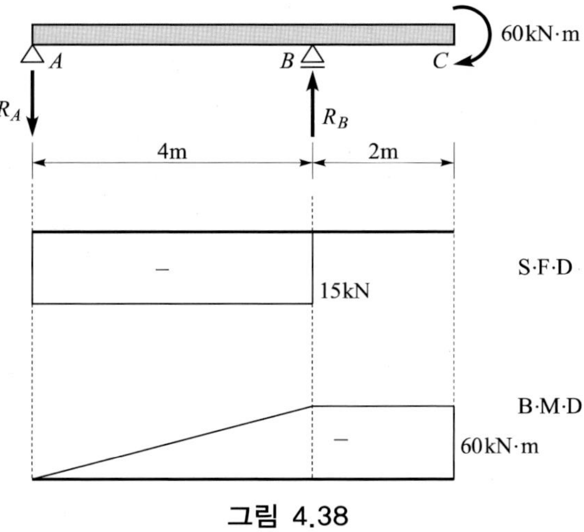

그림 4.38

풀이

- 반력

  $\Sigma M_B = 0$에서

  $R_A \cdot 4 + 60 = 0$

  $R_A = -15\text{kN}(\downarrow)$

  $\Sigma V = 0$에서

  $R_A + R_B = 0$

  $R_B = 15\text{kN}(\uparrow)$

- 휨모멘트 $M_B = -15 \times 4 = 60\text{kN} \cdot \text{m}$

4.1.6 겔버보

겔버보에서는 그 구조상 단순보 부분에 가해진 하중은 내민보(또는 캔틸레버보) 부분의 반력이나 단면력에 영향을 주지만 내민보(또는 캔틸레버보) 부분에 가해진 하중은 단순보 부분에 아무런 영향도 주지 않는다. 따라서, 겔버보를 풀 때는 단순보 부분을 먼저 풀어야 한다.

예제 4.24

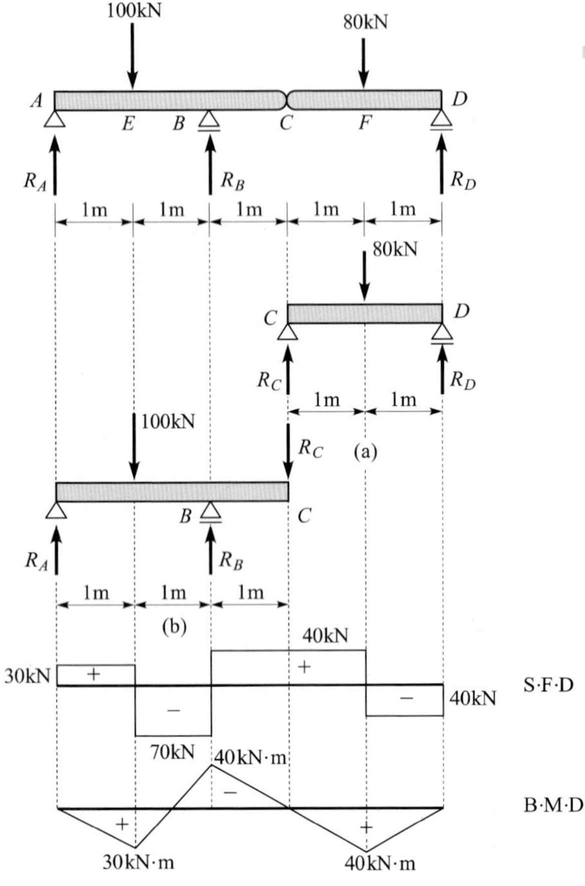

그림 4.39

풀이

먼저 그림 4.39(a)에서 R_C, R_D를 구한 후 그림 4.39(b)에서와 같이 R_C를 C점에 작용시켜 R_A와 R_B를 구한다.

• 반력

그림 4.39(a)에서

$\Sigma V=0$으로 놓으면

$R_C=R_D=40\text{kN}(\uparrow)$

그림 4.39(b)에서

$\Sigma M_B=0$으로 놓으면

$R_A\times 2+(-100)\times 1+40\times 1=0$

$R_A=30\text{kN}$

$\Sigma V=0$에서

$30-100+R_B-40=0$

$R_B=110\text{kN}$

• 전단력

$V_{EB}=30-100=-70\text{kN}$

$V_{BF}=30-100+110=40\text{kN}$

$V_{FD}=30-100+110-80=-40\text{kN}$

• 휨모멘트

$M_E=30\times 1=30\text{kN}\cdot\text{m}$

$M_B=30\times 2-100\times 1=-40\text{kN}\cdot\text{m}$

$M_F=40\times 1=40\text{kN}\cdot\text{m}$

예제 4.25

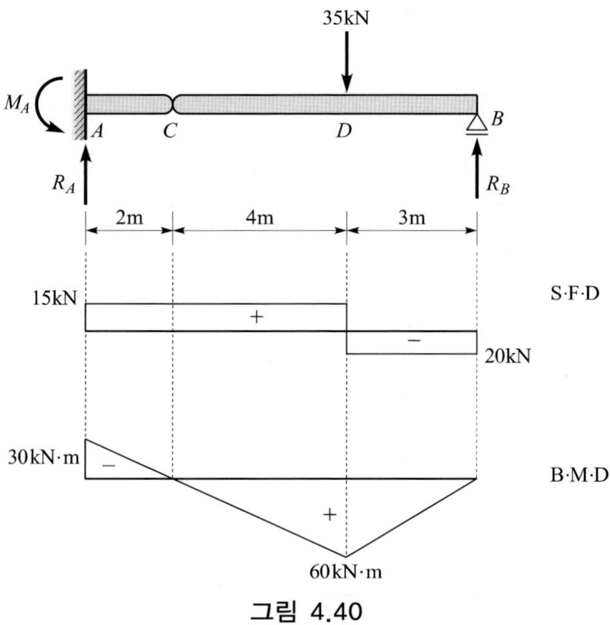

그림 4.40

풀이

- 반력

단순보 부분 BC에 대해

$\Sigma M_B = 0$에서

$R_C \times 7 + (-35) \times 3 = 0$

$R_C = 15\text{kN}$

$\Sigma Y = 0$에서

$15 + (-35) + R_B = 0 \qquad R_B = 20\text{kN}$

캔틸레버보 부분 AC에 대해

$\Sigma V = 0$에서

$R_A - 15 = 0 \qquad R_A = 15\text{kN}$

$\Sigma M_A = 0$에서

$M_A + 15 \times 2 = 0 \qquad M_A = -30\text{kN} \cdot \text{m}$

- 휨모멘트

$M_D = 20 \times 3 = 60\text{kN} \cdot \text{m}$

예제 4.26

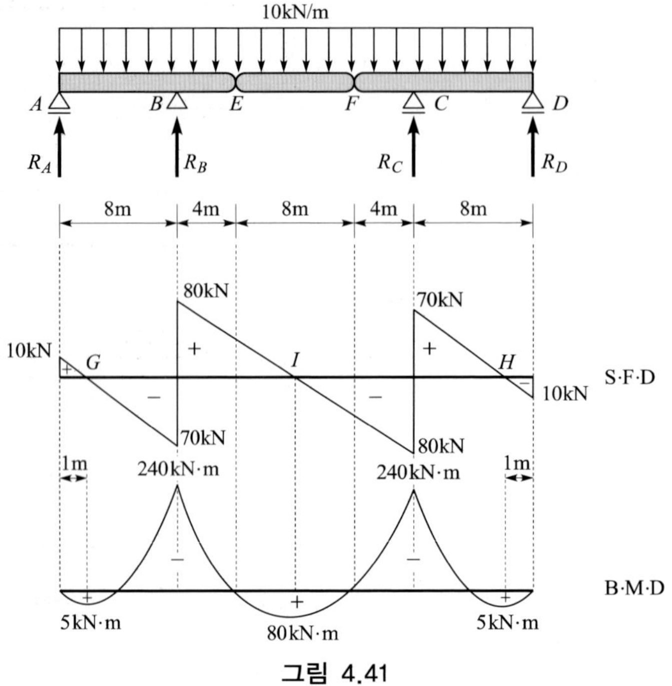

그림 4.41

풀이

•반력

단순보 부분 EF에서

$$R_E = R_F = 10 \times 8 \times \frac{1}{2} = 40\text{kN}$$

내민보 부분 AE에 대해

$\sum M_B = 0$에서

$$R_A \times 8 + (-10) \times 12 \times 2 + (-40) \times (-4) = 0$$

$$R_A = 10\text{kN}$$

$\sum V = 0$에서

$$10 + R_B + (-10) \times 12 - 40 = 0$$

$$R_B = 150\text{kN}$$

좌, 우 대칭이므로

$$R_C = R_B = 150\text{kN}$$

$$R_D = R_A = 10\text{kN}$$

• 전단력

$V_{B좌측} = 10 - 10 \times 8 = -70\text{kN}$

$V_{B우측} = 10 - 10 \times 8 + 150 = 80\text{kN}$

전단력이 0이 되는 점

$10 - 10x = 0$로부터 $x = 1\text{m}$

• 휨모멘트

$M_G = M_H = 10 \times 1 - 10 \times 1 \times 0.5 = 5\text{kN} \cdot \text{m}$

$M_B = M_C = 10 \times 8 - 10 \times 8 \times 4 = -240\text{kN} \cdot \text{m}$

$M_I = 10 \times 16 + 150 \times 8 - 10 \times 16 \times 8 = 80\text{kN} \cdot \text{m}$

예제 4.27

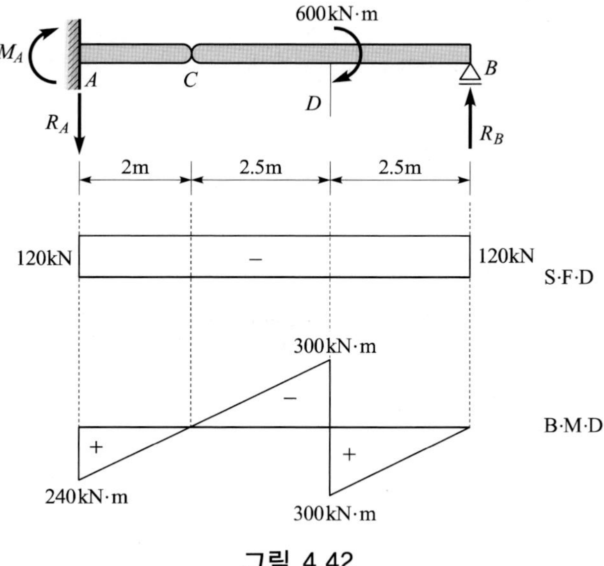

그림 4.42

풀이

• 반력

단순보 부분 BC에 대해

$\Sigma M_B = 0$에서 $R_C \times 5 + 600 = 0$ $R_C = -120\text{kN}$

$\Sigma V = 0$에서 $-120 + R_B = 0$ $R_B = 120\text{kN}$

캔틸레버보 부분 AC에 대해

$\Sigma V=0$에서 $R_A+120=0$ $R_A=-120\text{kN}$

$\Sigma M_A=0$에서 $M_A-120\times 2=0$ $M_A=240\text{kN}$

• 휨모멘트

$M_{D좌측}=240-120\times 4.5=-300\text{kN}\cdot\text{m}$

$M_{D우측}=120\times 2.5=300\text{kN}\cdot\text{m}$

예제 4.28

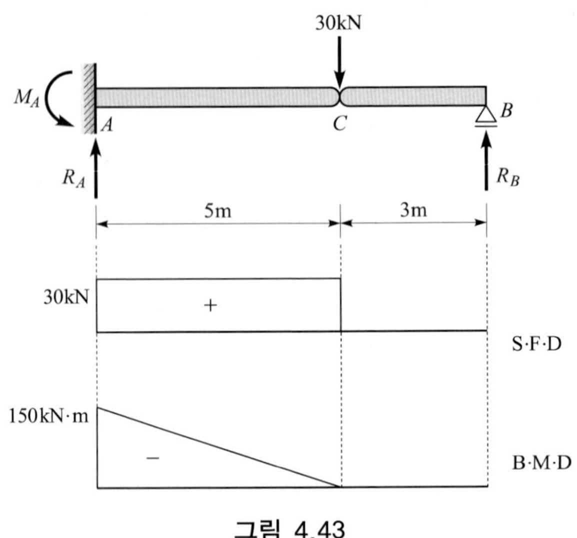

그림 4.43

풀이

• 반력

$\Sigma V=0$에서

$R_A+(-30)=0$ $R_A=30\text{kN}$

$\Sigma M_A=0$에서

$M_A+30\times 5=0$ $M_A=-150\text{kN}\cdot\text{m}$

4.2 정정라멘

각 부재가 강절점으로 연결되어 있는 골조의 구조물이며 외력에 의해 변형되더라도, 부재의 절점각(부재각)은 변하지 않는다. 지점의 지지상태에 따라 정정라멘은 다음과 같이 분류된다.

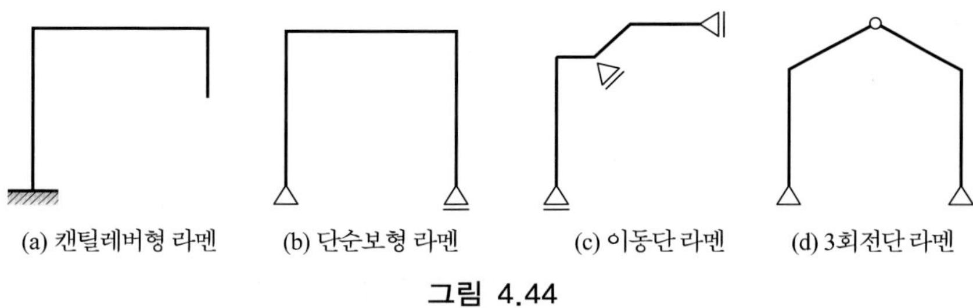

그림 4.44

그림 4.44의 3회전단 라멘에서처럼 강절만이 아니고 활절로 연결된 부분이 있어도 이를 라멘으로 생각한다. 정정라멘을 푼다는 것은 각 부재에 생기는 응력을 구하는 것으로 정정보를 풀 때와 같은 요령으로 응력도를 그리도록 한다.

4.2.1 캔틸레버형 라멘

예제 4.29

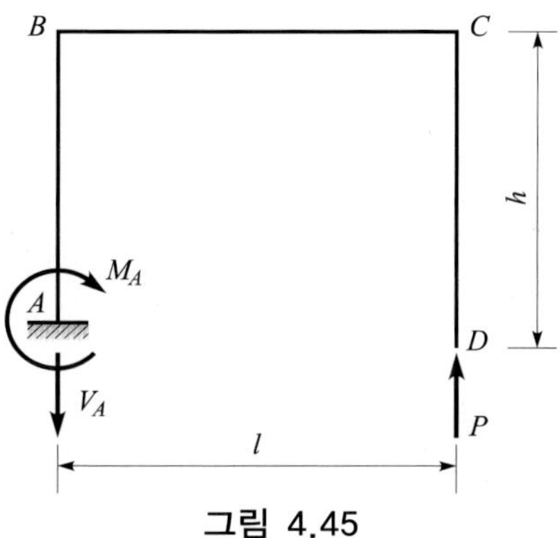

그림 4.45

풀이

•반력

$\Sigma V = P - V_A = 0$에서 $V_A = P$

$\Sigma M_A = M_A - P \cdot l = 0$에서 $M_A = P \cdot l$

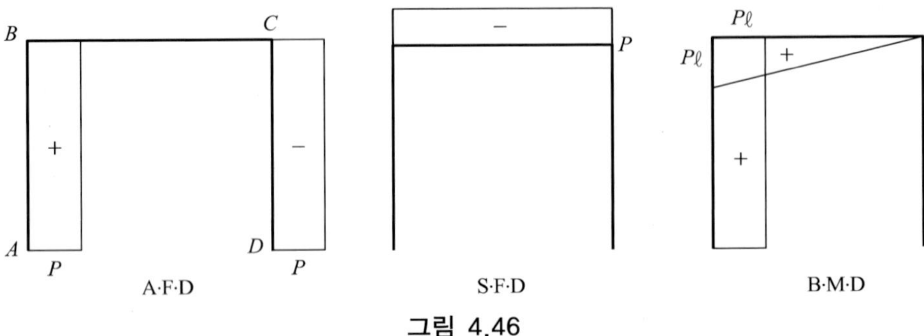

그림 4.46

예제 4.30

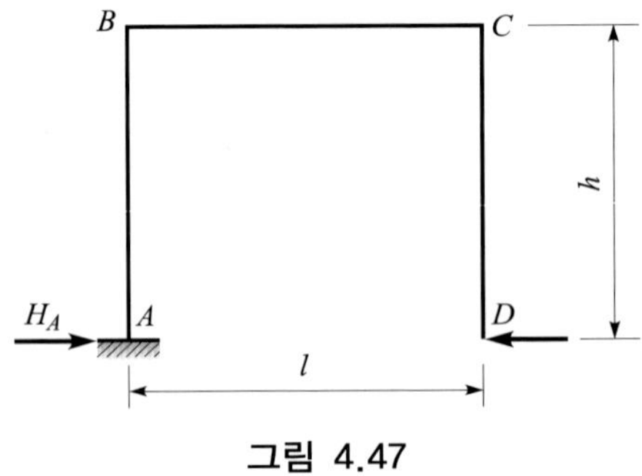

그림 4.47

풀이

•반력

$\Sigma H = H_A - P = 0$에서 $H_A = P$

•휨모멘트

$M_A = P \times 0 = 0 \quad M_B = -Ph$

$M_C = -Ph \quad M_D = P \times 0 = 0$

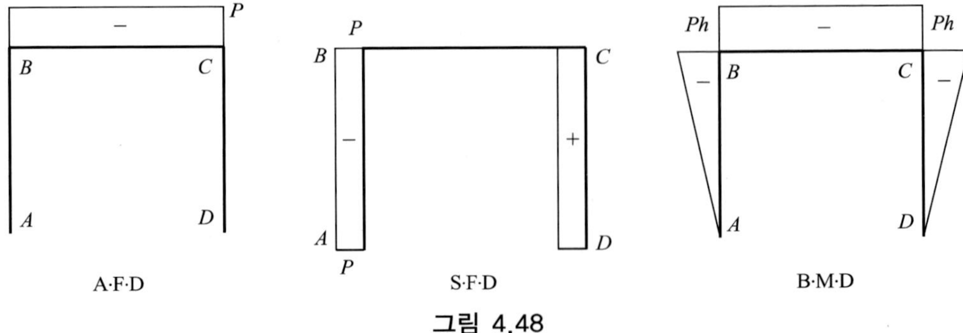

그림 4.48

예제 4.31

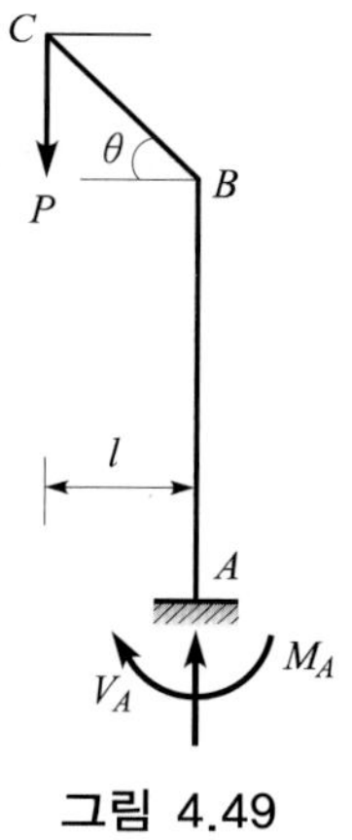

그림 4.49

풀이

•반력

$\sum V = V_A - P = 0$에서 $V_A = P$

$\sum M_A = M_A - Pl = 0$에서 $M_A = Pl$

•축방향력, 전단력 및 휨모멘트

외력 P를 각 부재의 재축 및 그와 직각인 두 방향으로 분해하면

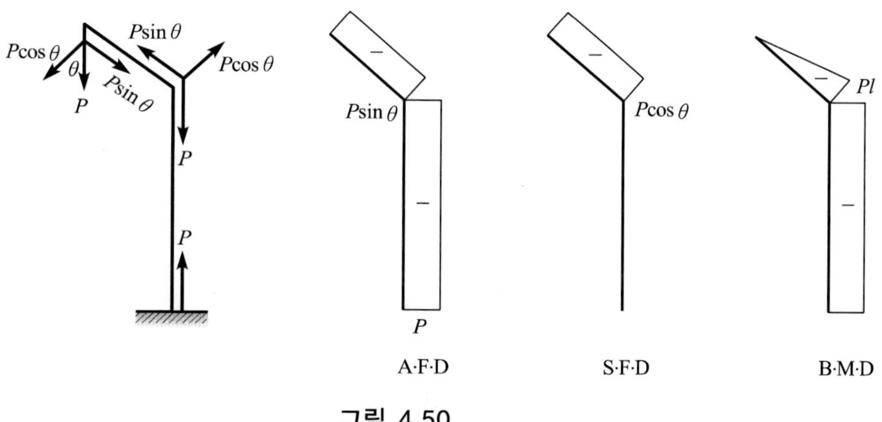

그림 4.50

따라서, AB부재에는 전단력이 생기지 않는다. 또 AB부재는 P와 나란하기 때문에 휨 모멘트의 크기 Pl은 어느 점에서나 일정하다.

예제 4.32

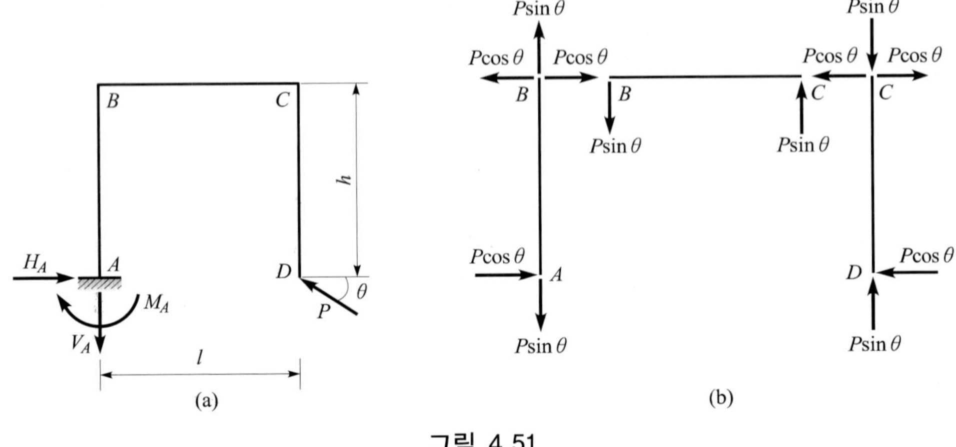

그림 4.51

풀이

•반력

$\sum H = H_A - Pcos\theta = 0$에서 $H_A = P\cos\theta$

$\sum V = P\sin\theta + V_A = 0$에서 $V_A = -P\sin\theta$

$\sum M_A = M_A + P\sin\theta \times (-l) = 0$에서 $M_A = Pl\sin\theta$

•축방향력 및 전단력

외력 P를 각 부재의 재축 및 그와 직각인 두 방향으로 분해하면 그림 4.51(b)와 같이 된다. 여기서 AB 및 CD부재는 BC부재와 직각으로 접합되어 있어 BC부재의 축방향력은 AB 및 CD부재의 전단력이 되고 AB 및 CD부재의 축방향력은 BC부재의 전단력이 됨을 알 수 있다.

•휨모멘트

$M_B = M_A - H_A \cdot h = P(l\sin\theta - h\cos\theta)$

$M_C = -P\cos\theta \cdot h$

휨모멘트도에서 E점은 P의 작용선상의 한점으로 휨모멘트는 0이 되며 BC부재에 생기는 휨모멘트는 P의 작용선과 부재 BC의 부재축선과의 교점 F에서 휨모멘트가 0이 되도록 응력도를 그린다.

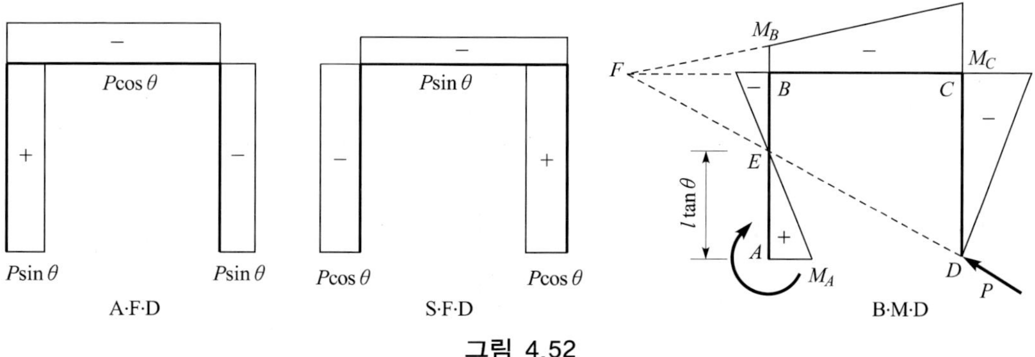

그림 4.52

예제 4.33

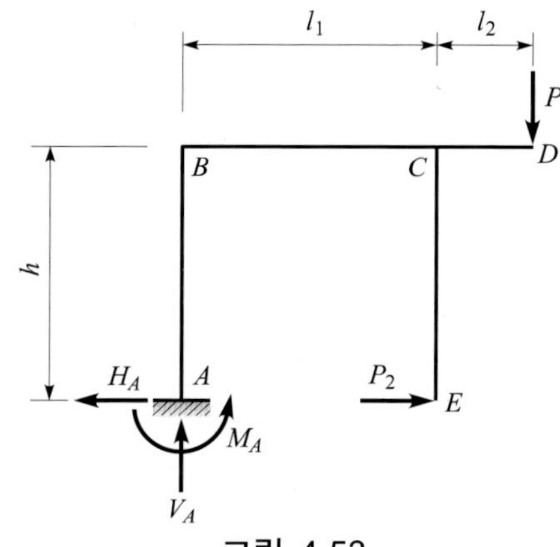

그림 4.53

풀이

•반력

$\sum H = P_2 - H_A = 0$에서 $H_A = P_2$

$\sum V = V_A - P_1 = 0$에서 $V_A = P_1$

$\sum M_A = P_1(l_1 + l_2) - M_A = 0$에서

$M_A = P_1(l_1 + l_2)$

•휨모멘트

$M_B = -M_A + H_A h = P_2 h - P_1(l_1 + l_2)$

또 BC, CD 및 CE부재의 C점에 작용하는 휨모멘트의 크기를 각각 M_{CB}, M_{CD} 및 M_{CE}라 하면

$M_{CD} = -P_1 \ell_2$

$M_{CE} = P_2 h$

$M_{CB} = M_{CE} - M_{CD} = P_2 h - P_1 \ell_2$

이와 같이 여러 개의 힘이 작용하는 경우는 그의 합력 R를 구해 R의 작용선을 이용하여 휨모멘트도를 그리도록 한다. 즉, F점은 R의 작용선상의 한 점으로 휨모멘트가 0이 되고 AB부재에 생기는 휨모멘트는 G점에서 휨모멘트가 0이 되도록 응력도를 그린다.

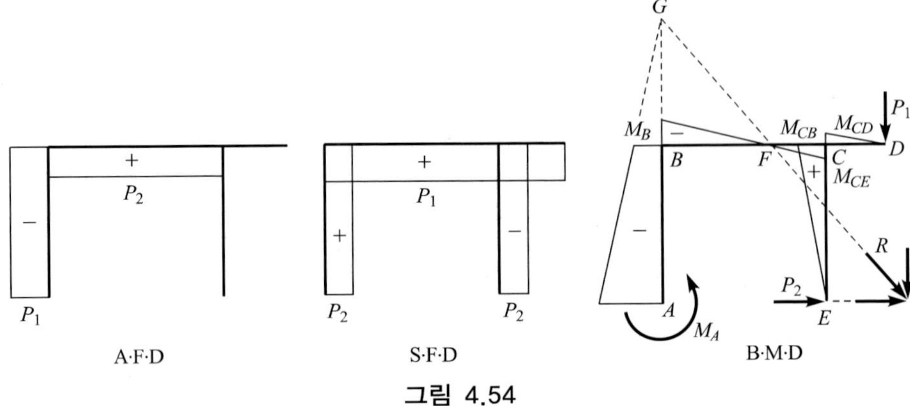

그림 4.54

예제 4.34

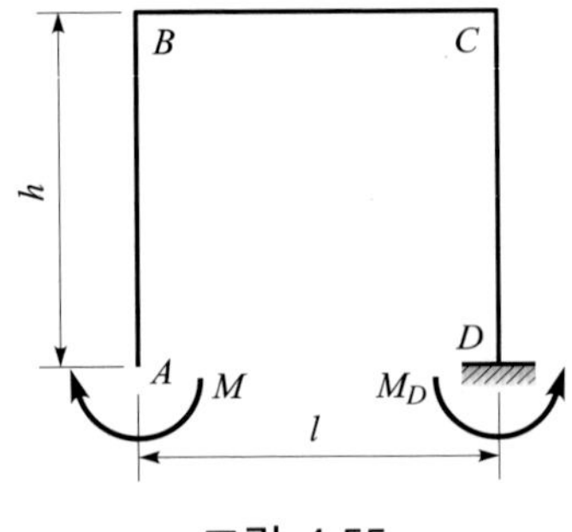

그림 4.55

풀이

• 반력

$\Sigma M_D = M - M_D = 0$에서 $M_D = M$

• 휨모멘트

각 부재에는 축방향력과 전단력이 작용하지 않으므로 응력도로는 휨모멘트도만이 성립된다.

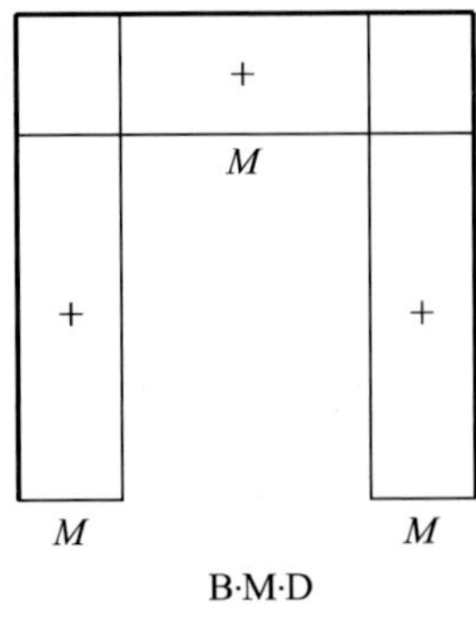

그림 4.56

4.2.2 단순보형 라멘

예제 4.35

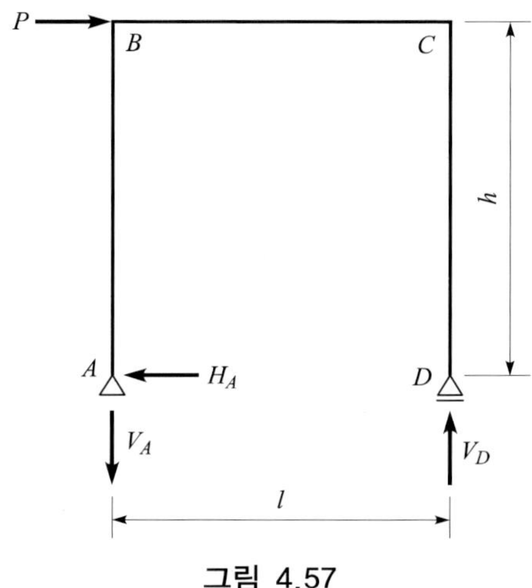

그림 4.57

풀이

•반력

$\Sigma H = +P - H_A = 0$에서 $H_A = P$

$\Sigma M_A = Ph - V_D l = 0$에서 $V_D = \dfrac{Ph}{l}$

$\Sigma V = V_A + V_D = 0$에서 $V_A = \dfrac{-Ph}{l} = \dfrac{Ph}{l}(\downarrow)$

•휨모멘트

$M_B = Ph$

$M_C = (-\dfrac{Ph}{l})(l) + (P)(h) = 0$

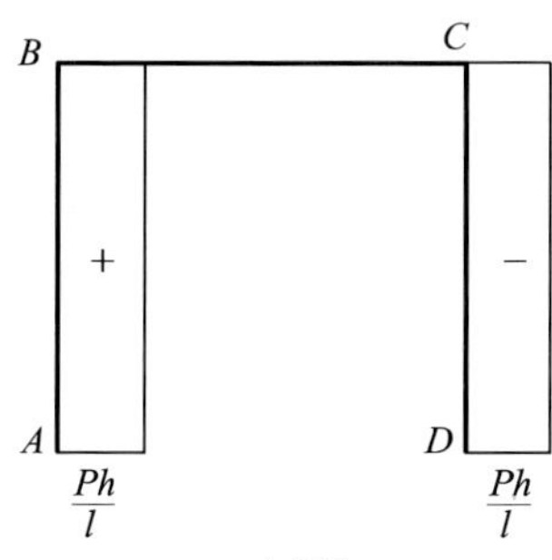

A·F·D

S·F·D

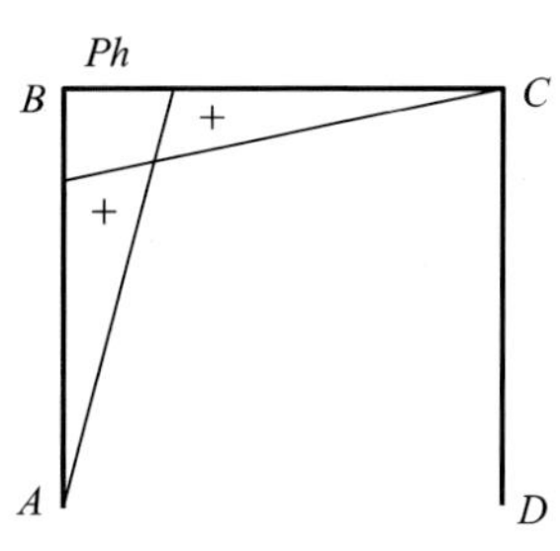

B·M·D

그림 4.58

예제 4.36

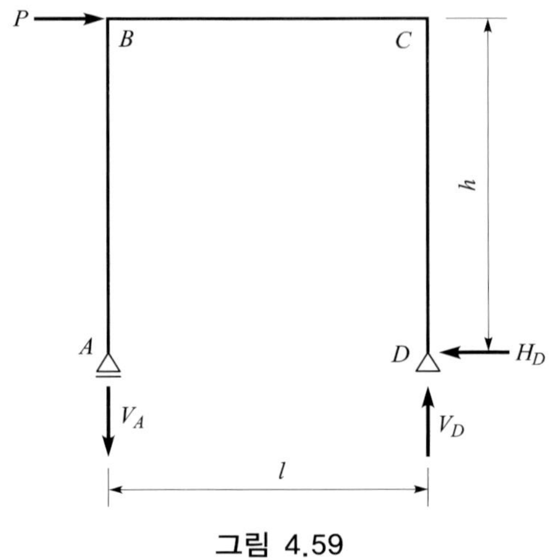

그림 4.59

풀이

• 반력

$\sum H = +P - H_D = 0$ 에서 $H_D = P$

$\sum M_A = Ph - V_D l = 0$ 에서 $V_D = \dfrac{Ph}{l}$

$\sum V = V_A + V_D = 0$ 에서 $V_A = \dfrac{-Ph}{l} = \dfrac{Ph}{l}(\downarrow)$

• 휨모멘트

$M_B = 0$

$M_C = -Ph$

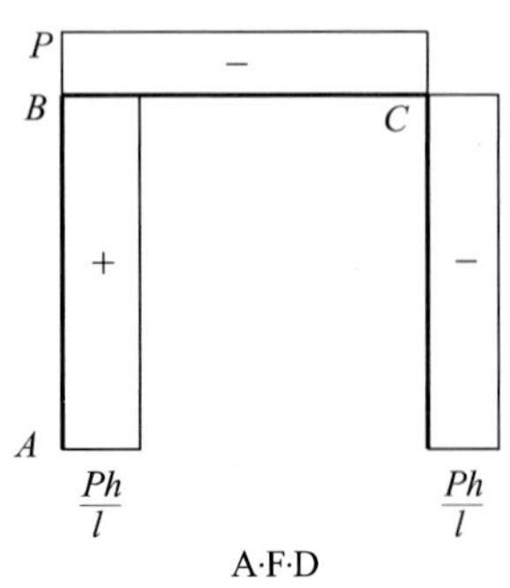

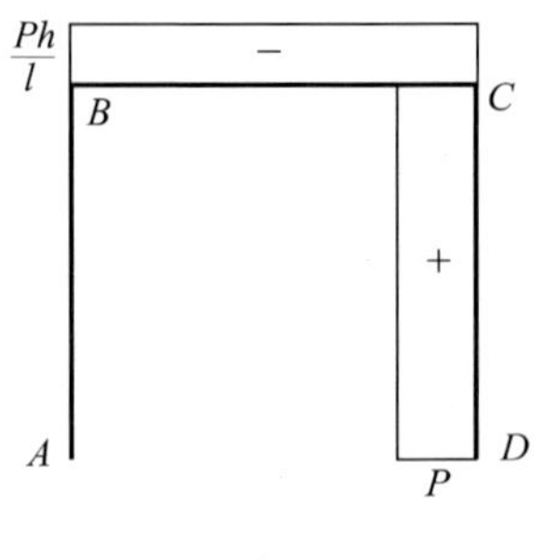

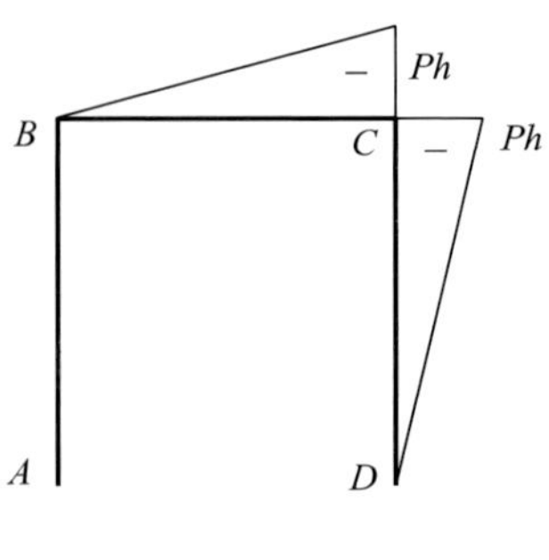

그림 4.60

예제 4.37

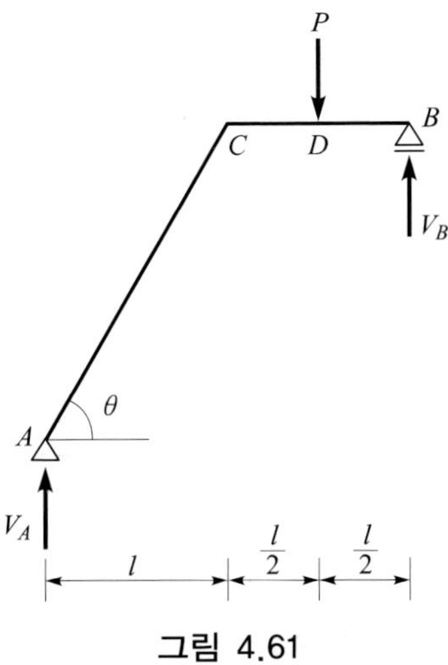

그림 4.61

풀이

• 반력

$$\Sigma M_B = V_A \times 2l + (-P) \times \frac{l}{2} = 0 \text{에서} \quad V_A = \frac{1}{4}P$$

$$\Sigma V = V_A + V_B - P = 0 \text{에서} \quad V_B = \frac{3}{4}P$$

• 휨모멘트

$$M_C = \frac{P}{4} \times l = \frac{1}{4}Pl$$

$$M_D = \frac{P}{4} \times \frac{3}{2}l = \frac{3}{8}Pl$$

CB 사이의 휨모멘트는 V_A의 작용선과 부재 BC의 재축선과의 교점 E에서 휨모멘트가 0이 되도록 응력도를 그린다.

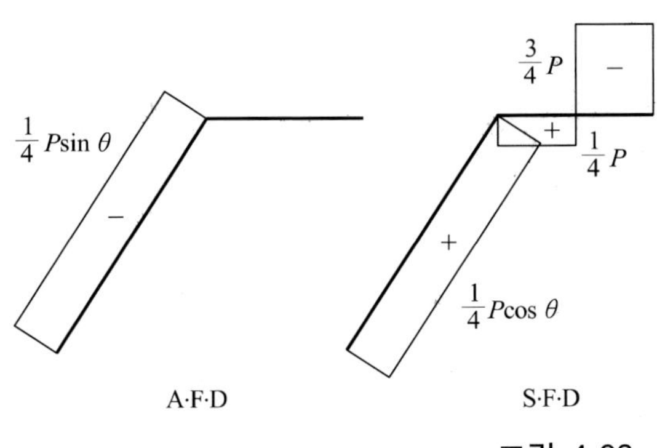

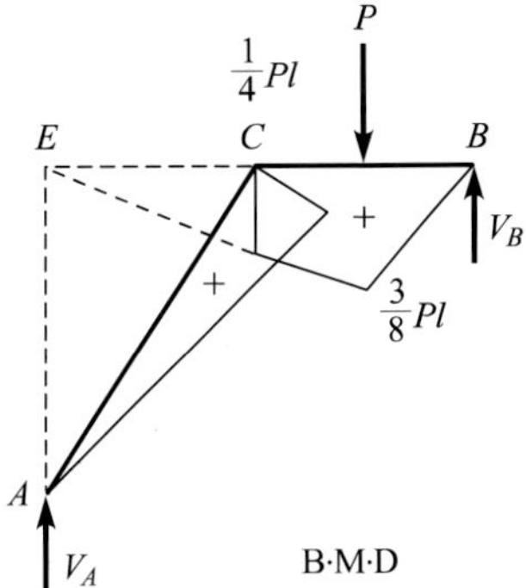

그림 4.62

예제 4.38

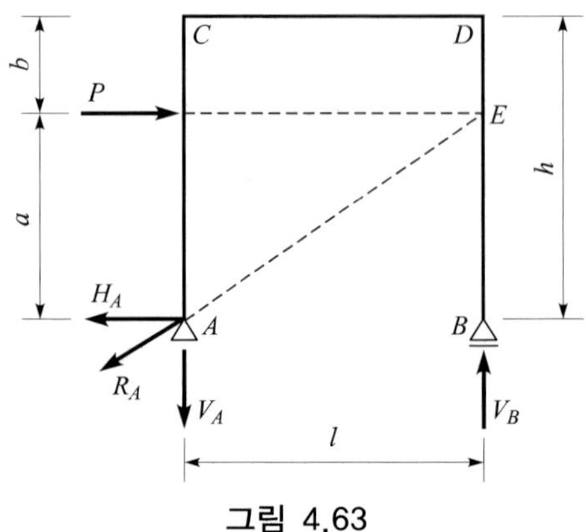

그림 4.63

풀이

- 반력

$\Sigma H = P - H_A = 0$ 에서

$H_A = P$

$\Sigma M_B = P \cdot a + V_A \cdot l = 0$ 에서

$V_A = \dfrac{Pa}{l}$ (↓)

$\Sigma V = V_A + V_B = 0$

$V_B = \dfrac{Pa}{l}$ (↑)

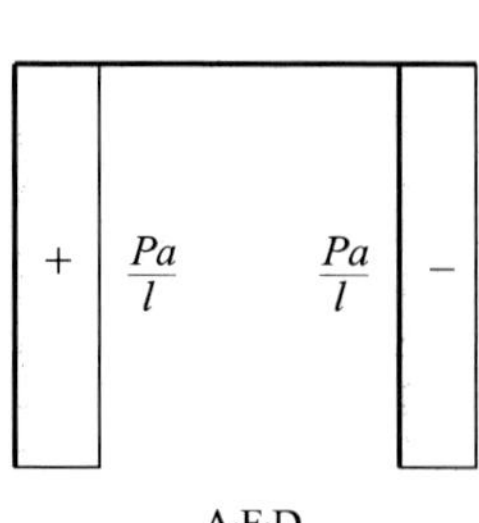

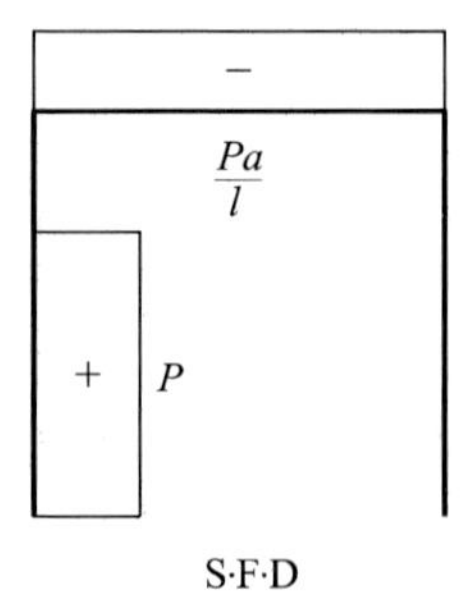

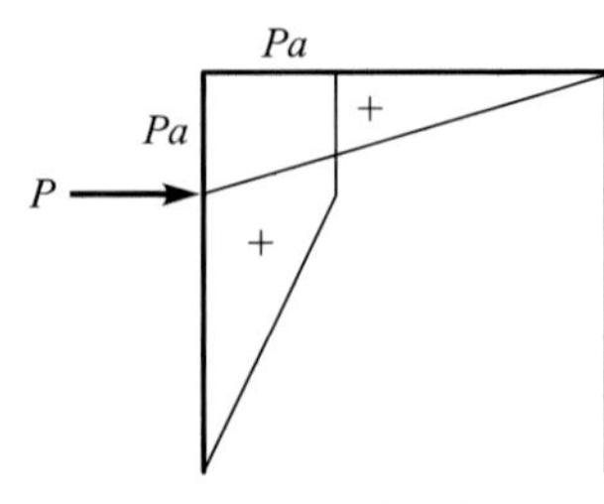

그림 4.64

예제 4.39

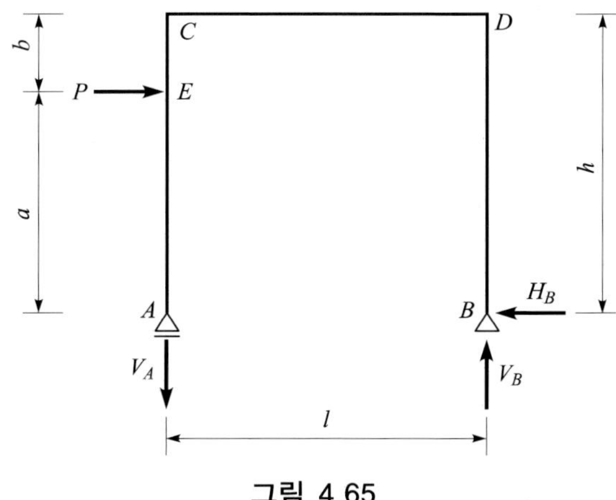

그림 4.65

풀이

•반력

$\sum H = P + H_B = 0$에서 $H_B = -P$ (←)

$\sum M_A = Pa - V_B \cdot l = 0$에서 $V_B = \dfrac{Pa}{l}$ (↑)

$\sum V = V_A + V_B = 0$에서 $V_A = -\dfrac{Pa}{l}$ (↓)

•휨모멘트

$$M_E = -V_B \times l + H_B \times a$$

$$= -\frac{Pa}{l} \cdot l + P \cdot a = 0$$

$M_C = -Pb \qquad M_D = -P \cdot h$

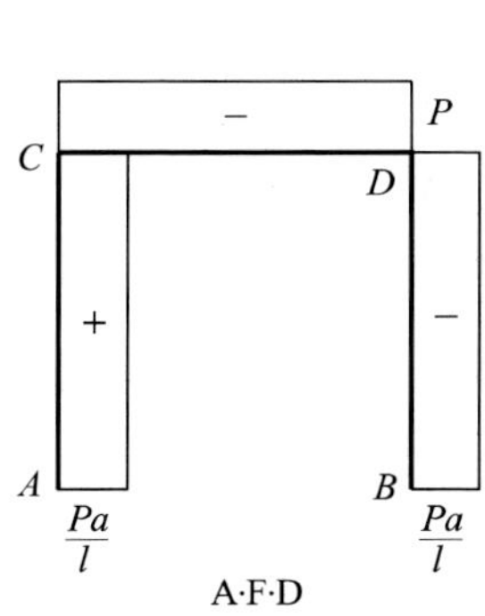

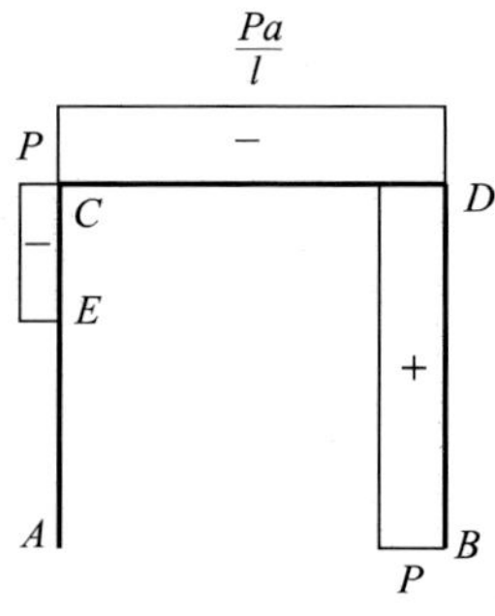

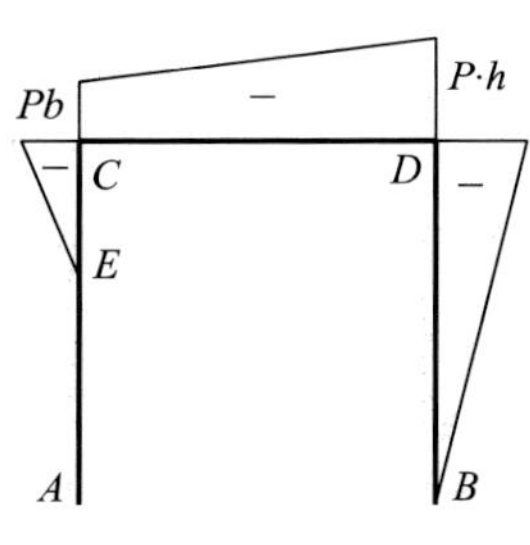

그림 4.66

예제 4.40

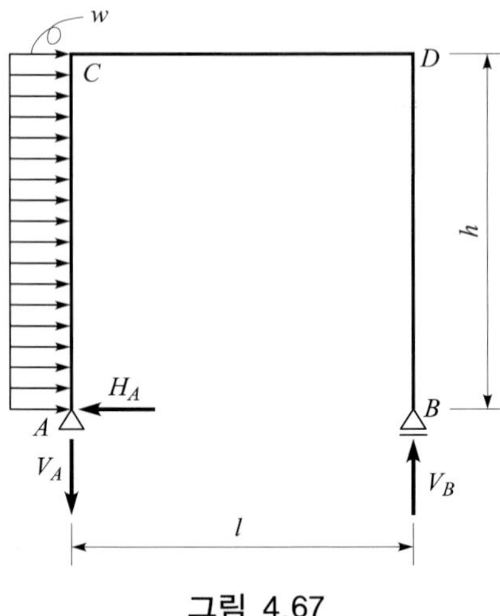

그림 4.67

풀이

• 반력

$\Sigma H = wh - H_A = 0$ 에서 $\quad H_A = wh$

$\Sigma M_A = wh \cdot \dfrac{h}{2} - V_B \cdot l = 0$ 에서 $\quad V_B = \dfrac{wh^2}{2l}$

$\Sigma V = V_A - V_B = 0$ 에서 $\quad V_A = \dfrac{-wh^2}{2l} = \dfrac{wh^2}{2l}(\downarrow)$

• 휨모멘트

$M_C = -V_B \cdot l = -\left(\dfrac{wh^2}{2l}\right)(-l) = \dfrac{wh^2}{2}$

$M_D = 0$

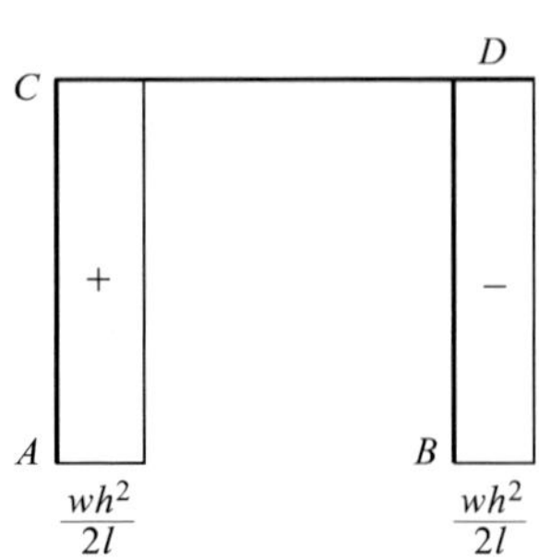

A·F·D

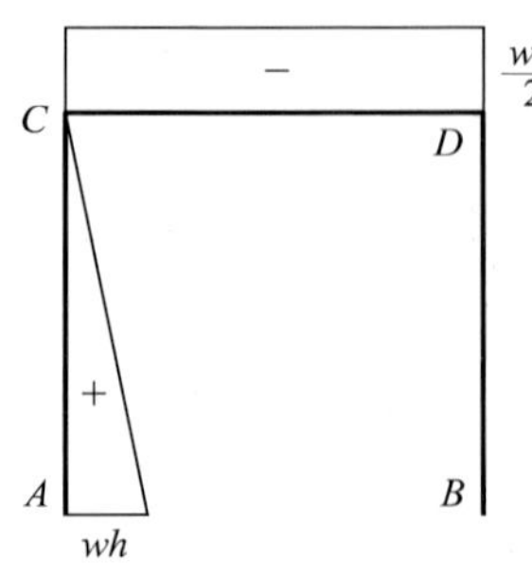

S·F·D

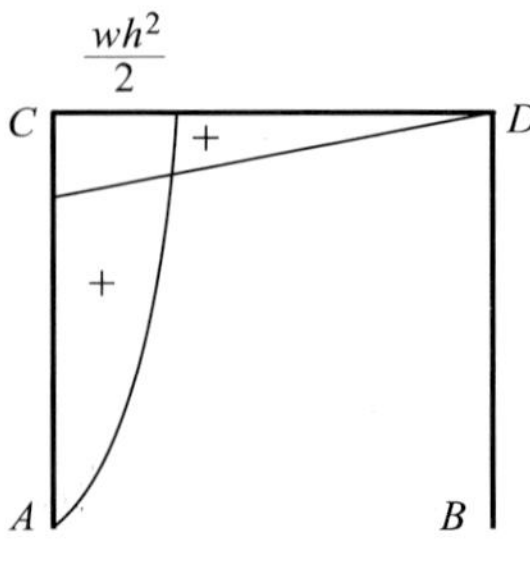

B·M·D

그림 4.68

예제 4.41

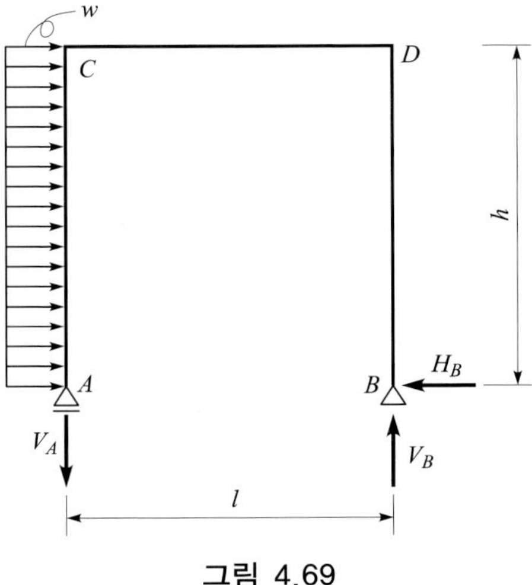

그림 4.69

풀이

• 반력

$\sum H = +wh - H_B = 0$ 에서 $\quad H_B = wh(\leftarrow)$

$\sum M_A = wh \cdot \frac{h}{2} - V_B \cdot l = 0$ 에서 $\quad V_B = \frac{wh^2}{2l}$

$\sum V = V_A - V_B = 0$ 에서 $\quad V_A = \frac{wh^2}{2l}$

• 휨모멘트

$M_C = (-wh) \cdot \frac{h}{2} = -\frac{wh^2}{2}$

$M_D = -(H_B)(h)$

$\quad = -(Wh)(h) = -wh^2$

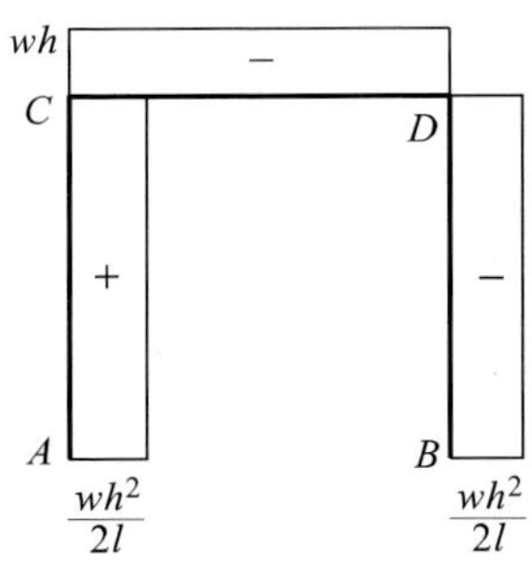

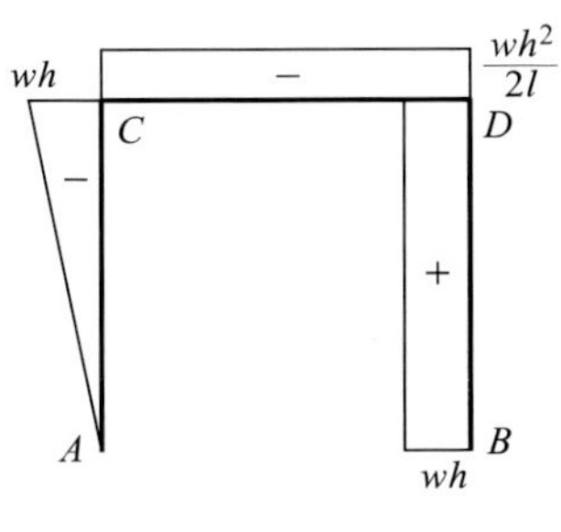

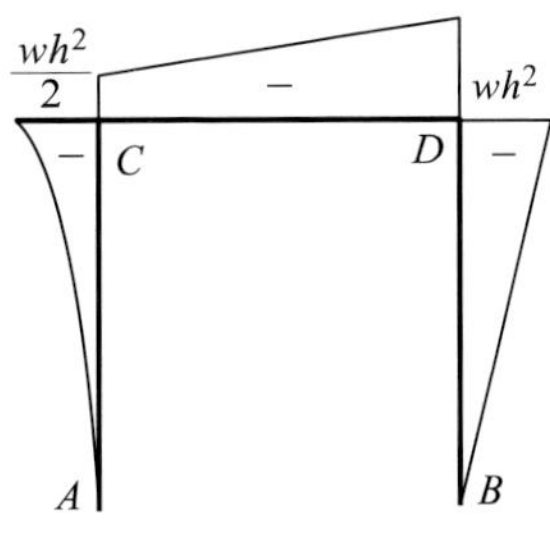

그림 4.70

예제 4.42

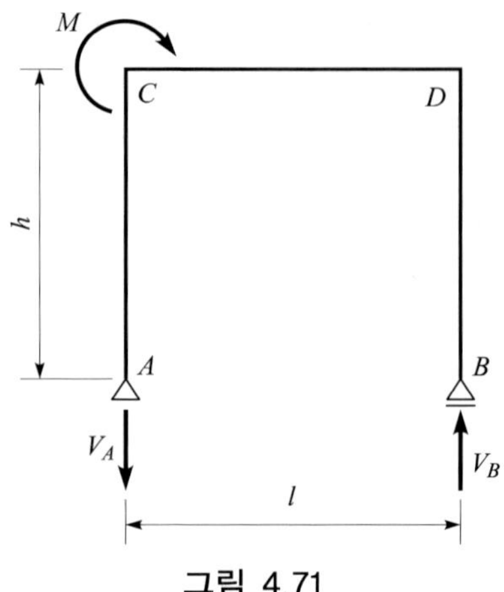

그림 4.71

풀이

• 반력

$\Sigma V = -V_A + V_B = 0$ 및 $\Sigma M_B = M - V_A \cdot l = 0$에서

$V_A = \dfrac{M}{l}$ (↓)

$V_B = \dfrac{M}{l}$ (↑)

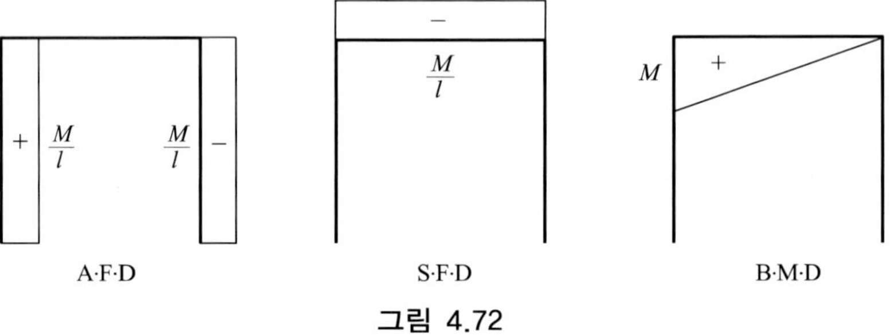

그림 4.72

4.2.3 3이동단 라멘

예제 4.43

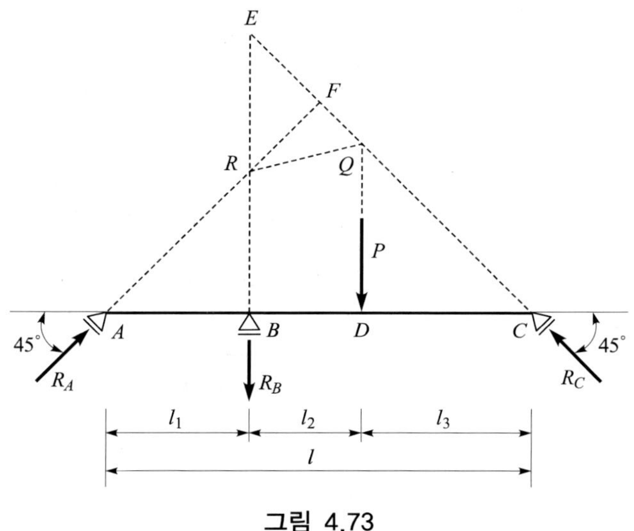

그림 4.73

풀이

- 반력

$\Sigma M_E = Pl_2 - R_A \times \left(\frac{l}{2} - l_1\right)\sqrt{2} = 0$에서

$$R_A = \frac{\sqrt{2}\,Pl_2}{l - 2l_1} = R_C$$

$\Sigma M_F = P\left(\frac{l}{2} - l_3\right) - R_B\left(\frac{l}{2} - l_1\right) = 0$에서

$$R_B = \frac{l - 2l_3}{l - 2l_1} \cdot P$$

또 도식적으로 구하려면 각기 두 힘의 합력을 구하고 그 합력이 동일 직선상에서 크기가 같고 방향이 상반되도록 4개의 힘의 시력도를 그린다. 그림 4.74는 이 결과를 나타낸 것이다.

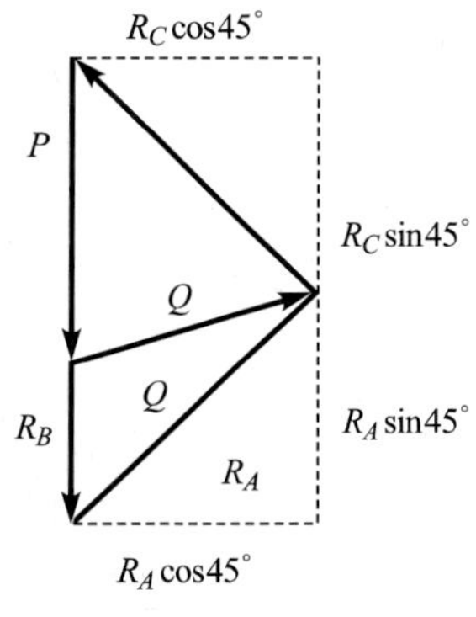

그림 4.74

•축방향력 및 전단력

$R_A \cos 45° = R_C \cos 45°$

$= \dfrac{Pl_2}{l - 2l_1}$

•휨모멘트

$M_B = R_A \sin 45° \times l_1 = \dfrac{Pl_1 l_2}{l - 2l_1}$

$M_D = R_C \sin 45° \times l_3 = \dfrac{Pl_2 l_3}{l - 2l_1}$

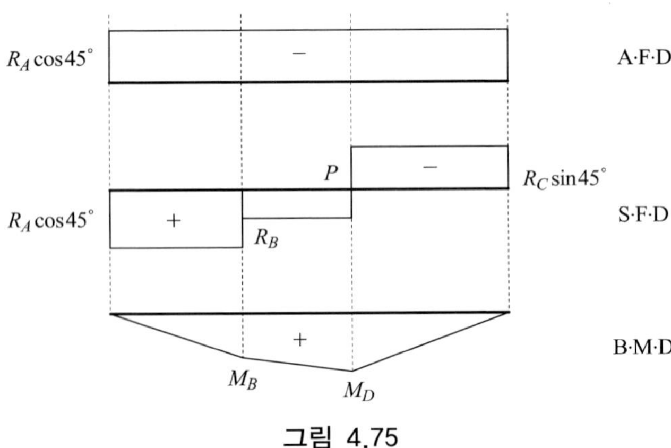

그림 4.75

예제 4.44

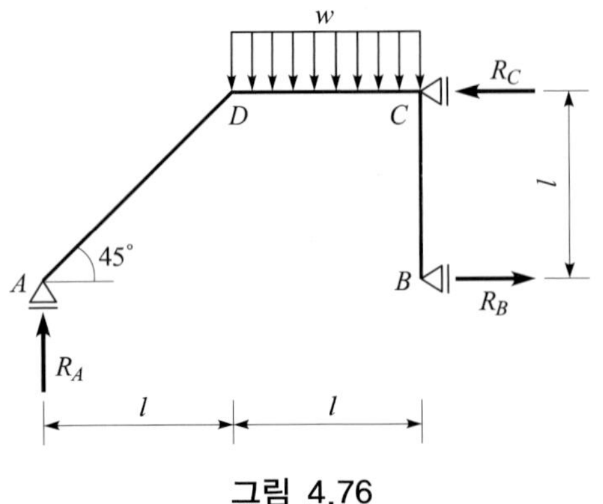

그림 4.76

풀이

•반력

$\Sigma H = R_B - R_C = 0$ 및

$\Sigma M_A = wl \times \dfrac{3}{2}l - R_C \cdot (+l) = 0$에서

$R_C = \dfrac{3}{2}wl$ (←)

$R_B = \dfrac{3}{2}wl$ (→)

$\Sigma V = R_A - wl = 0$에서 $R_A = wl$ (↑)

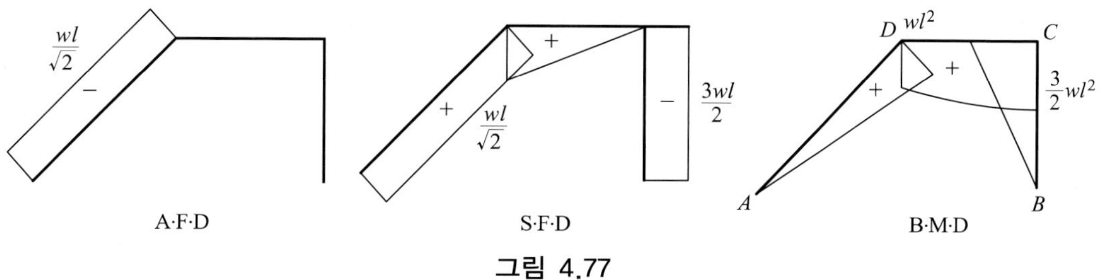

그림 4.77

예제 4.45

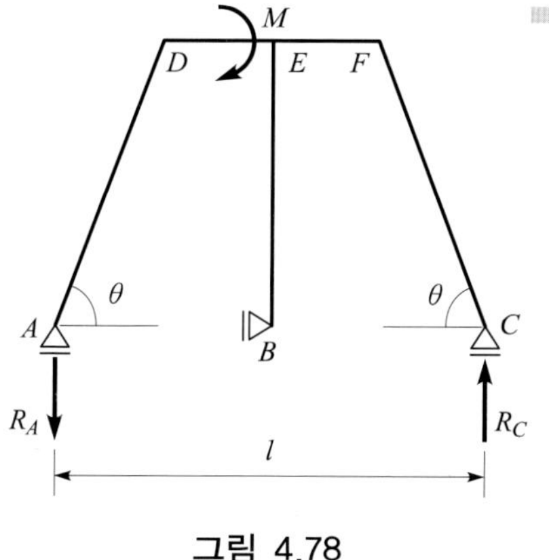

그림 4.78

풀이

•반력

$\Sigma V = R_C - R_A = 0$ 및 $\Sigma M_C = M - R_A \cdot l = 0$에서

$R_A = \frac{M}{l}(\downarrow)$

$R_C = \frac{M}{l}(\uparrow)$

•휨모멘트

B점의 반력이 0이므로 BE부재의 휨모멘트도 0이 된다. 또 R_A의 작용선과 DF부재의 부재축선과의 교점에서 휨모멘트가 0이 되도록 그린다.

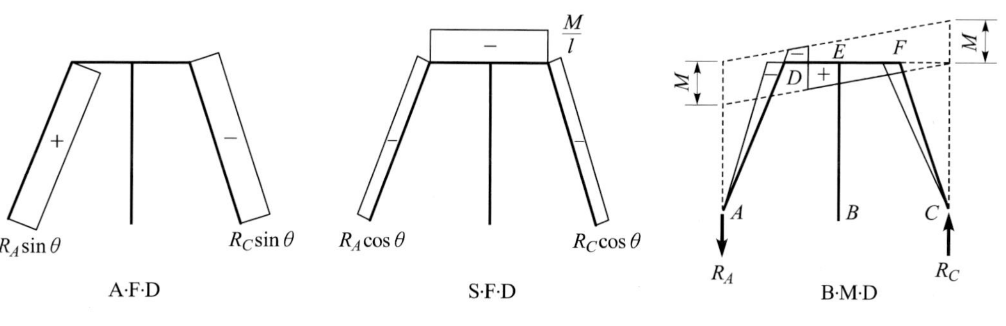

그림 4.79

4.2.4 3회전단 라멘

예제 4.46

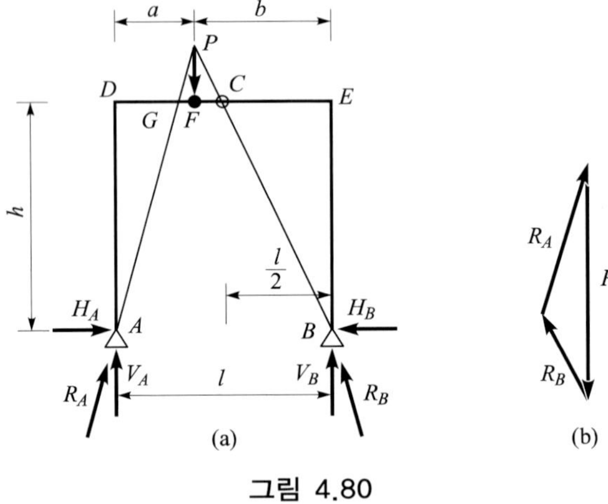

그림 4.80

풀이

•반력

$\Sigma M_B = V_A \cdot l + (-P) \cdot b = 0$에서 $\quad V_A = \dfrac{Pb}{l}(\uparrow)$

$\Sigma M_A = Pa - V_B \cdot l = 0$에서 $\quad V_B = \dfrac{Pa}{l}(\uparrow)$

$\Sigma H = H_A - H_B = 0$ 및

$\Sigma M_C = H_B \cdot h - V_B \cdot \dfrac{l}{2} = 0$ 에서

$$H_B = \frac{+Pa}{2h} = \frac{Pa}{2h}(\leftarrow), \qquad H_A = \frac{Pa}{2h}(\rightarrow)$$

또 도식적으로는 하중 P가 활절 C의 좌측에만 작용하고 있으므로 반력 R_B는 C점에 모멘트가 일어나지 않는 BC방향으로 작용하게 되며 그림 4.80 (b)와 같이 시력도를 그려 R_A, R_B를 구할 수 있다.

•축방향력, 전단력 및 휨모멘트

C점은 활절이므로 휨모멘트는 0이 되지만 축방향력이나 전단력은 0이 되지 않는다는 점에 유의하여야 한다. 또 G점은 R_A의 작용선상의 한 점으로 이 점에서의 휨모멘트의 값은 0이 된다.

$$M_D = M_E = H_A \cdot h = \frac{Pa}{2}$$

$$M_F = V_A \cdot a - H_A \cdot h = \frac{Pab}{l} - \frac{Pa}{2} = \frac{Pa(b-a)}{2l}$$

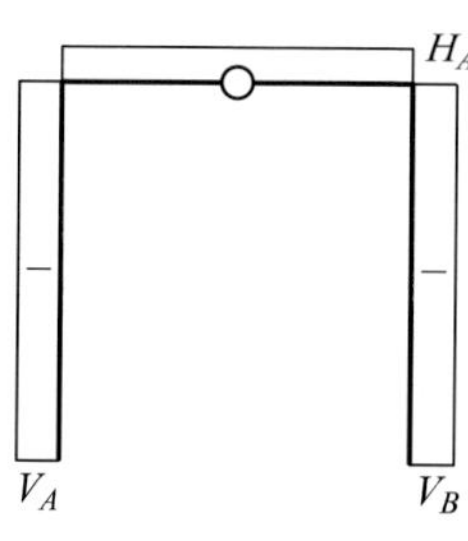

A·F·D

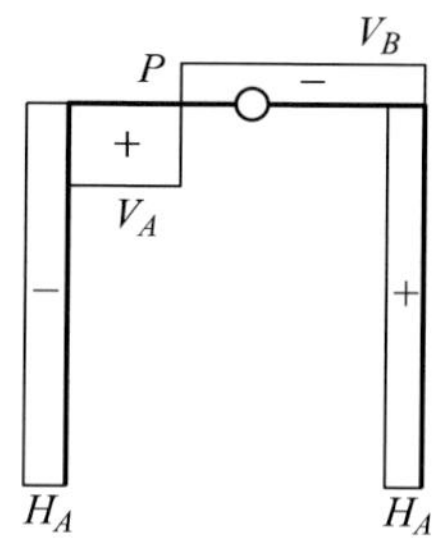

S·F·D

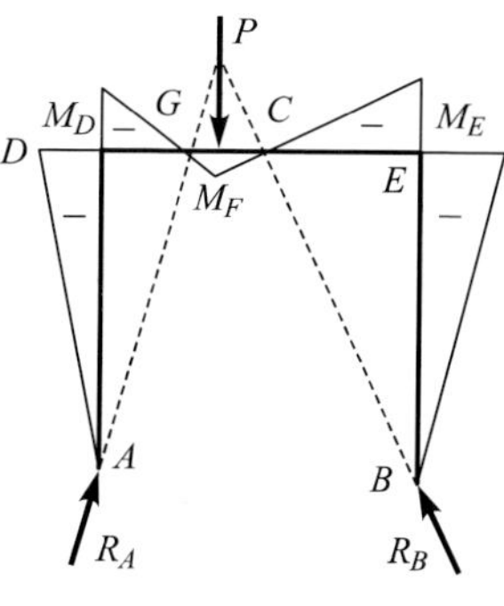

B·M·D

그림 4.81

예제 4.47

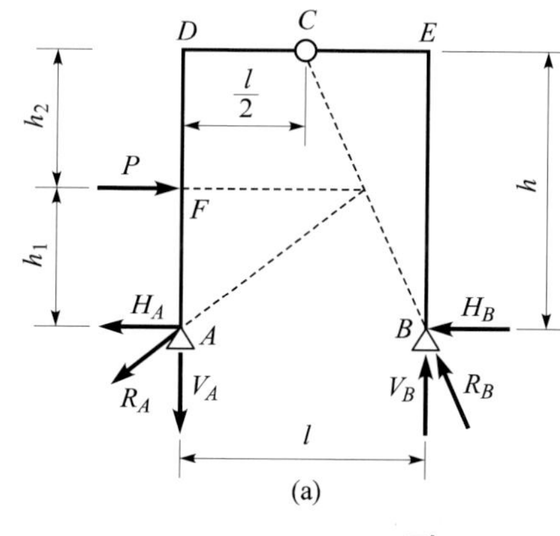

(a)

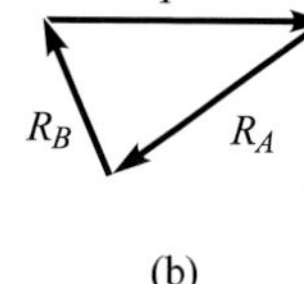

(b)

그림 4.82

풀이

• 반력

$\Sigma V = V_B + V_A = 0$ 및

$\Sigma M_B = Ph_1 - V_A \cdot l = 0$ 에서

$$V_A = \frac{Ph_1}{l} \ (\downarrow), \qquad V_B = \frac{Ph_1}{l} \ (\uparrow)$$

$M_C = H_B \cdot h - V_B \cdot \dfrac{l}{2} = 0$에서

$$H_B = \frac{Ph_1}{2h}$$

$\Sigma H = +P - H_A - H_B = 0$에서

$$H_A = P - \frac{Ph_1}{2h} = \frac{P(2h - h_1)}{2h} = \frac{P(h + h_2)}{2h}$$

또 도식적으로는 반력 R_B가 C점에 모멘트가 일어나지 않는 BC방향으로 작용하도록 그림 4.82 (b)와 같이 시력도를 그려 R_A, R_B의 크기를 구할 수 있다.

• 휨모멘트

$$M_D = M_E = H_B \cdot h = \frac{Ph_1}{2}$$

$$M_F = H_A h_1 = \frac{Ph_1(h + h_2)}{2h}$$

여기서, DF부분의 휨모멘트는 R_B의 작용선과 부재 AD의 부재축선과의 교점 G에서 모멘트가 0이 되도록 그린다.

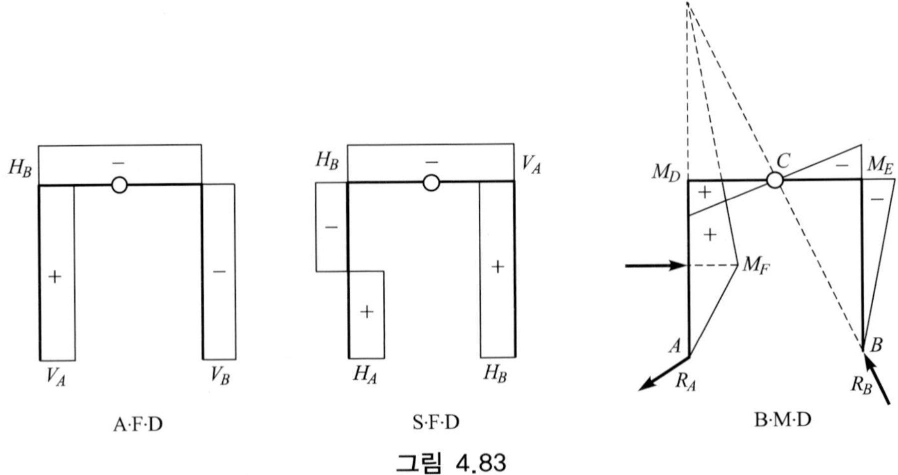

그림 4.83

예제 4.48

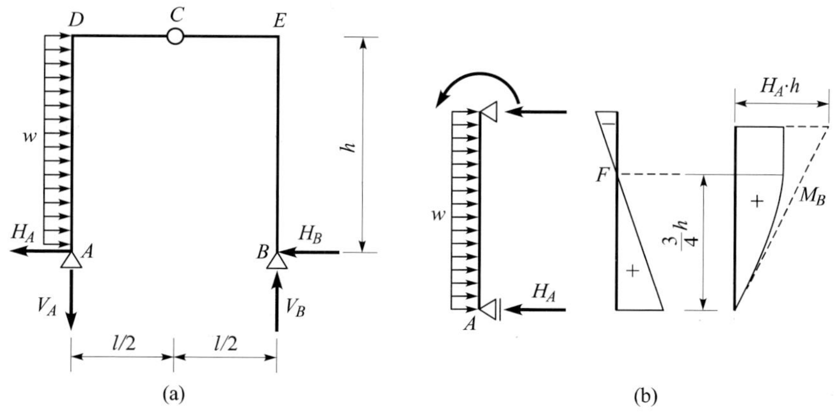

그림 4.84

풀이

• 반력

$\Sigma V = V_B - V_A = 0$ 및

$\Sigma M_B = wh \times \frac{h}{2} - V_A \cdot l = 0$에서

$V_A = \frac{wh^2}{2l}$ (↓), $\quad V_B = \frac{wh^2}{2l}$ (↑)

$M_C = H_B \cdot h - V_B \cdot \frac{l}{2} = 0$에서 $H_B = \frac{wh}{4}$ (←)

$\Sigma H = wh - H_A - H_B = 0$에서

$H_A = wh - \frac{wh}{4} = \frac{3}{4}wh$ (←)

• 전단력 및 휨모멘트

$M_D = M_E = H_B \cdot h = -\frac{wh^2}{4}$

또 AD부재에는 등분포하중이 작용하고 있으므로 그림 4.84(b)에서와 같이 전단력이 0이 되는 곳은 A단에서 $\frac{3}{4}h$ 되는 F점이며 이 점에서 최대휨모멘트가 생기게 된다. 즉,

$M_F = \frac{3}{4}wh \times \frac{3}{4}h - w\frac{3}{4}h \times \frac{3}{8}h = \frac{9}{32}wh^2$

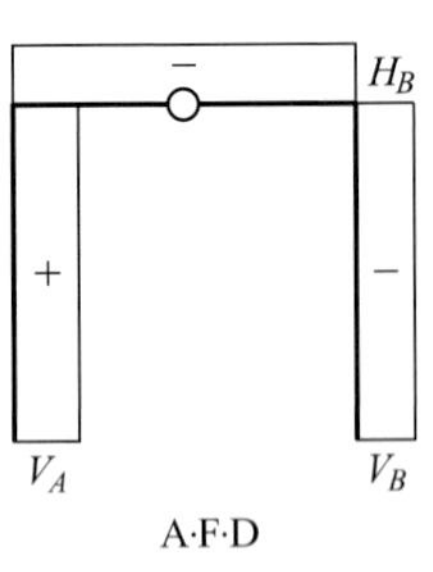

A·F·D

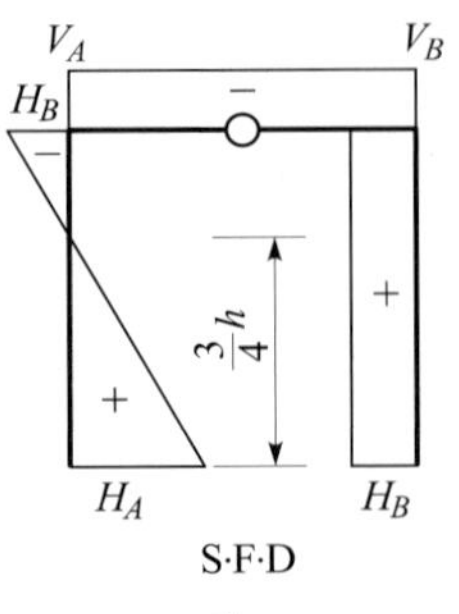

S·F·D

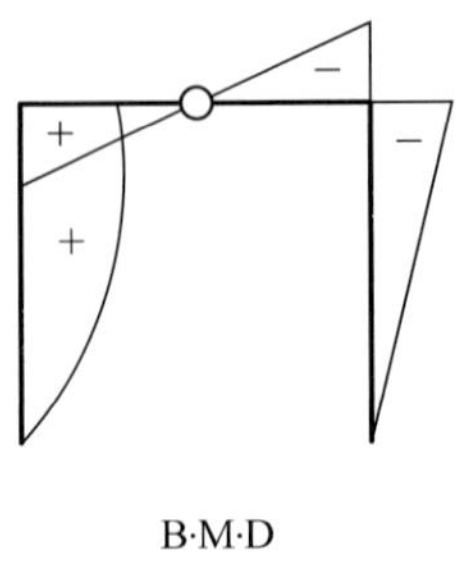

B·M·D

그림 4.85

예제 4.49

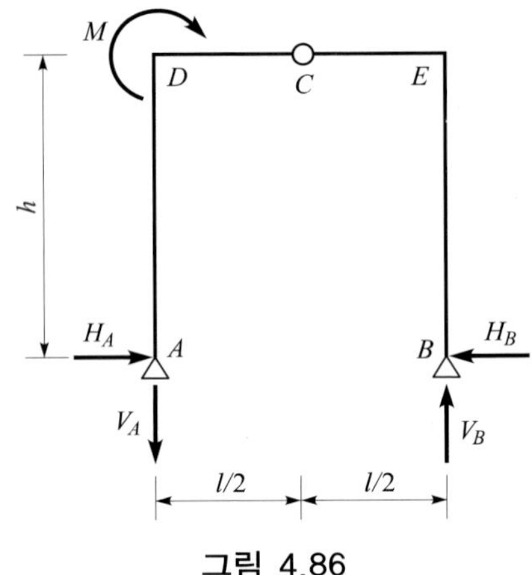

그림 4.86

풀이

•반력

$\sum M_A = M - V_B \cdot l = 0$에서 $\qquad V_B = \dfrac{M}{l}$

$\sum V = V_A + V_B = 0$에서 $\qquad V_A = \dfrac{M}{l}(\downarrow)$

$\sum M_C = H_B \cdot h - V_B \cdot \dfrac{l}{2} = 0$에서 $\quad H_B = \dfrac{M}{2h}$

$\sum H = H_A - H_B = 0$에서 $\quad H_A = \dfrac{M}{2h}(\rightarrow)$

•휨모멘트

$M_D = M_E = H_B \cdot h = \dfrac{M}{2}$

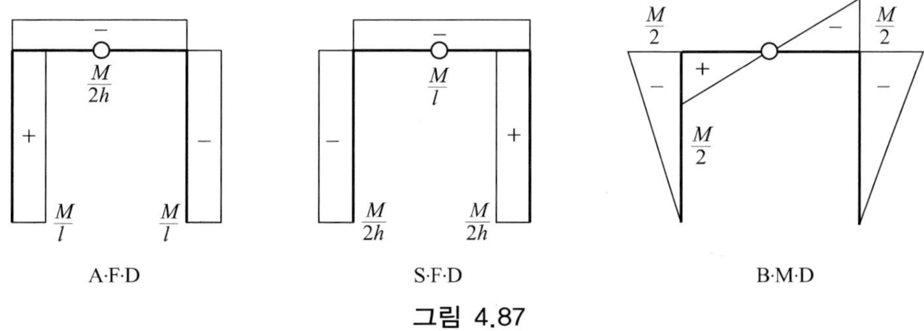

그림 4.87

대칭라멘이 그림 4.88(a)와 같이 대칭하중을 받을 때 또는 그림 4.88(b)와 같이 역대칭하중을 받을 경우에는 그 하중의 대칭성 및 역대칭성을 이용하면 풀이가 간단해진다.

즉, 활절 C에 생기는 반력은 대칭하중을 때는 항상 수평방향으로, 역대칭하중일 때는 항상 수직방향으로 작용하는 성질이 있는 것이다. 왜냐하면 C점에서 양측 응력의 평형을 생각하면 일반적으로 그림 4.88(c)와 같이 되는데 대칭하중일 때는 응력도 대칭이 되지 않으면 안 되므로 역대칭인 수직방향의 응력 V_C는 존재할 수 없으며 반대로 역대칭하중일 때는 응력도 역대칭이어야 하므로 대칭인 수평방향의 응력 H_C는 존재할 수가 없는 것이다. 이를 시력도로 표시하면 그림 4.88(a) 및 (b)와 같이 된다.

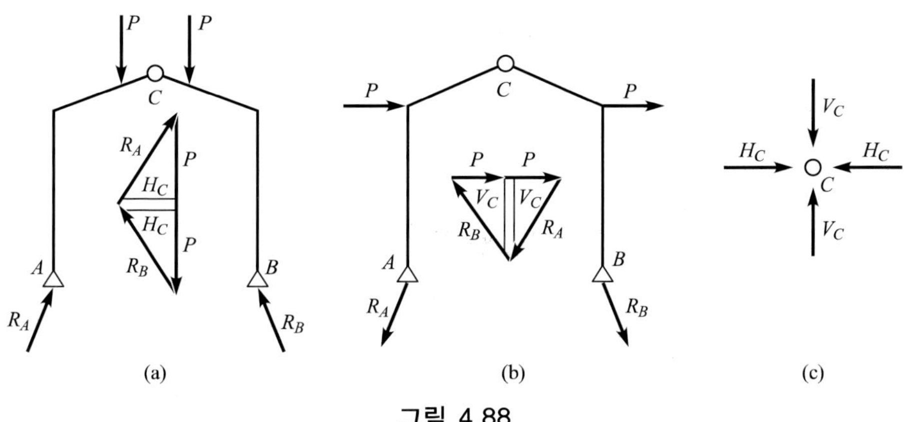

그림 4.88

예제 4.50

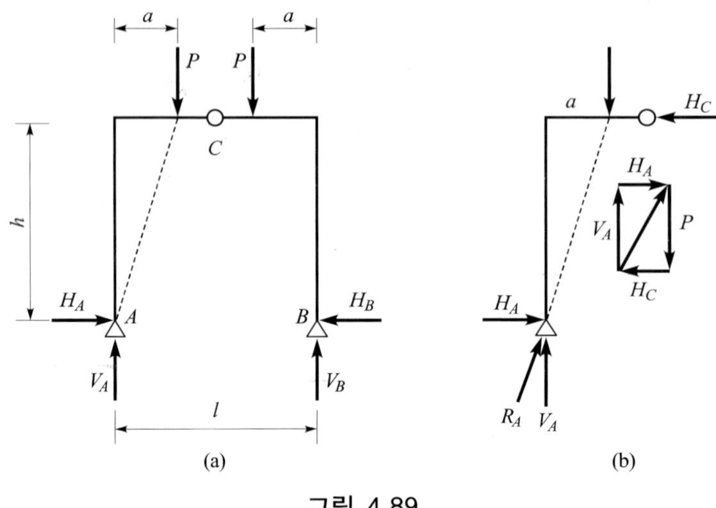

그림 4.89

풀이

•반력

그림 4.89(b)와 같이 C점의 반력이 수평방향으로 향하는 성질을 이용하여 시력도를 그림으로써 쉽게 R_A 및 R_B의 크기를 구할 수 있다. 또 수식적으로는

$\Sigma V = V_A - P = 0$에서 $\qquad V_A = P$

$\Sigma M_A = Pa - H_C \cdot h = 0$에서 $\qquad H_C = \dfrac{Pa}{h}(\leftarrow)$

$\Sigma H = H_A - H_C = 0$에서 $\qquad \therefore\ H_A = \dfrac{Pa}{h}(\rightarrow)$

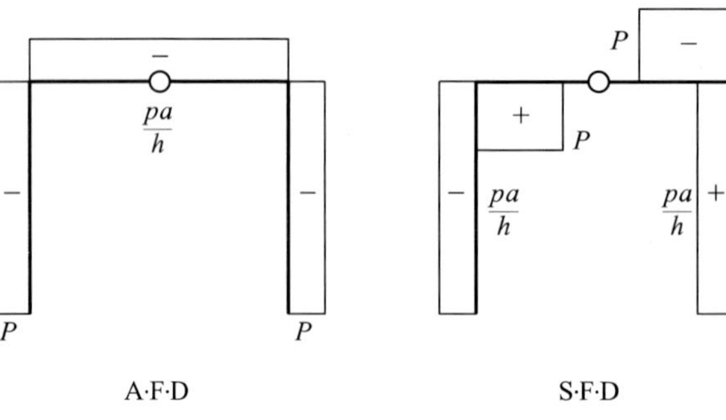

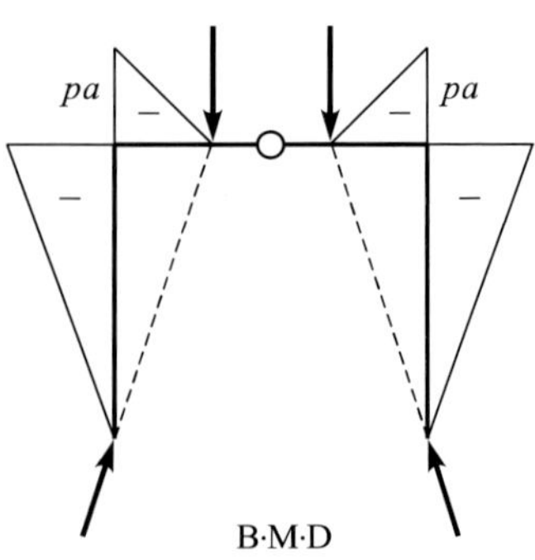

그림 4.90

예제 4.51

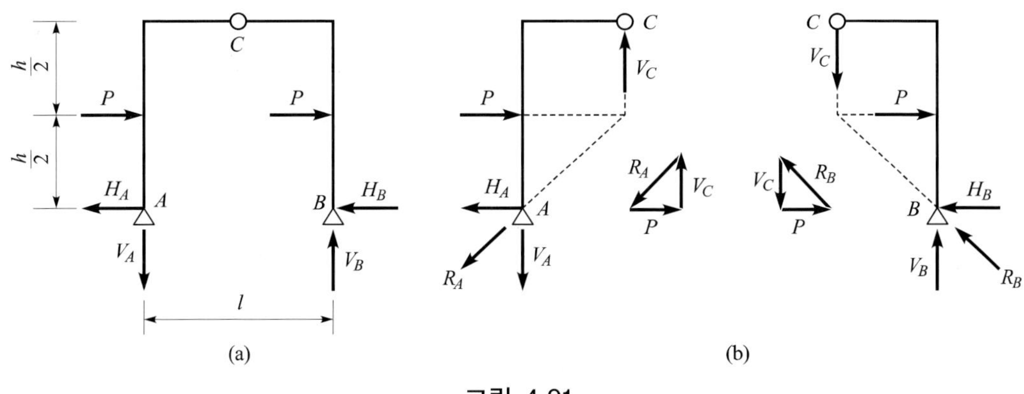

그림 4.91

풀이

• 반력

그림 4.91(b)와 같이 C점의 반력이 수직방향으로 향하는 성질을 이용하여 시력도를 그리면 R_A 및 R_B의 크기를 구할 수 있다.

또 수식적으로

$\Sigma H = P - H_A = 0$에서 $\quad H_A = P$

$\Sigma V = V_C - V_A = 0$ 및 $\Sigma M_A = P \cdot \dfrac{h}{2} - V_C \cdot \dfrac{l}{2} = 0$에서

$V_C = \dfrac{h}{l} \cdot P, \qquad V_A = \dfrac{h}{l} P \; (\downarrow)$

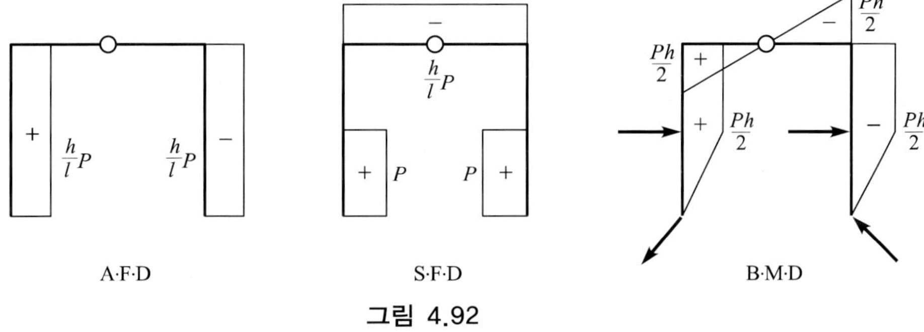

그림 4.92

대칭라멘에 각종 하중이 가해졌을 때 이를 대칭하중과 역대칭하중의 합으로 치환하여 앞에서 설명한 하중의 대칭성 및 역대칭성을 이용하면 풀이가 더욱 간단해질 때가 있다. 예를 들어 그림 4.93 및 그림 4.94(a)와 같은 라멘을 그림 4.94(b) 및 그림 4.94(c)와 같이 $\dfrac{P}{2}$가 각각 대칭 및 역대칭으로 가해진다고 생각하고 그 결과를 합성하여 반력이나

응력을 구하는 것이다. 이와 같은 방법을 하중치환법이라 한다.

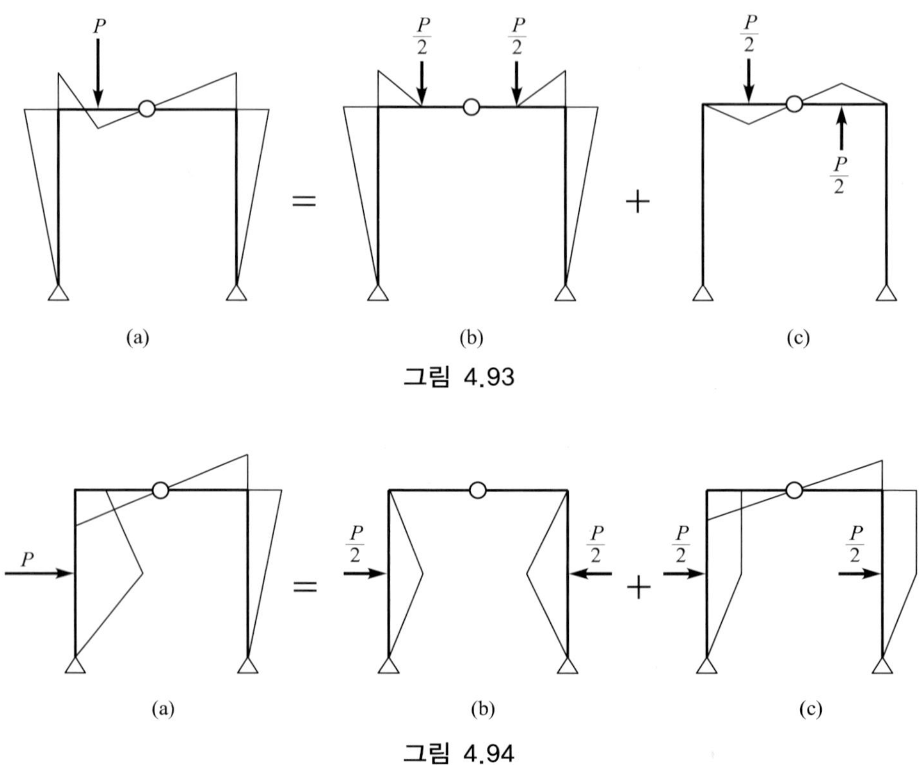

그림 4.93

그림 4.94

4.3 정정아치

아치는 부재축이 직선이 아니고 곡선으로 된 구조물로써 지점의 지지상태에 따라 다음과 같이 분류된다.

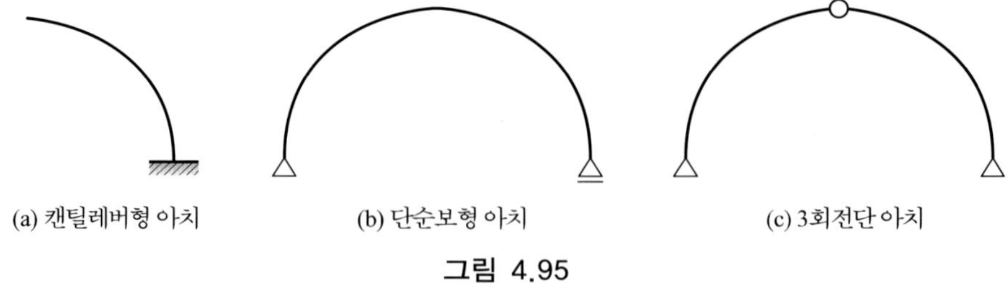

(a) 캔틸레버형 아치　(b) 단순보형 아치　(c) 3회전단 아치

그림 4.95

정정아치를 푼다는 것은 정정라멘의 경우와 같은 요령으로 부재단면에 생기는 응력을 구하는 것이다. 아치는 곡선재로 구성되어 있기 때문에 축방향력에 의한 영향이 크며 전

단이나 휨의 영향은 비교적 적은 것이 일반적이다. 특히 벽돌이나 돌로 만들어진 조적식 아치는 그림 4.96과 같이 외력과 반력의 합력선이 단면의 ⅓권내에 있게 되어 단면에는 압축력뿐이며 인장력은 생기지 않도록 한 것이다.

*해법

① 반력 및 외력 : 정정라멘과 동일

② 축력 : 접선방향 분력

③ 전단력 : 접선직각방향 분력

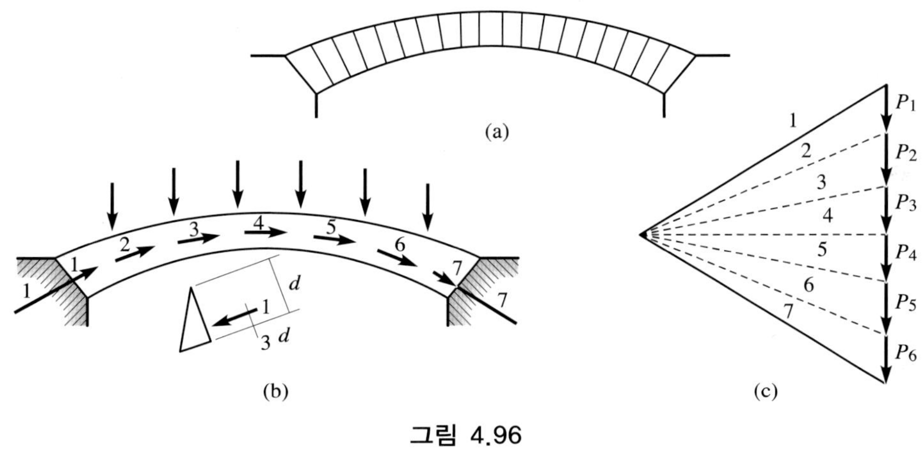

그림 4.96

4.3.1 캔틸레버형 아치

예제 4.52

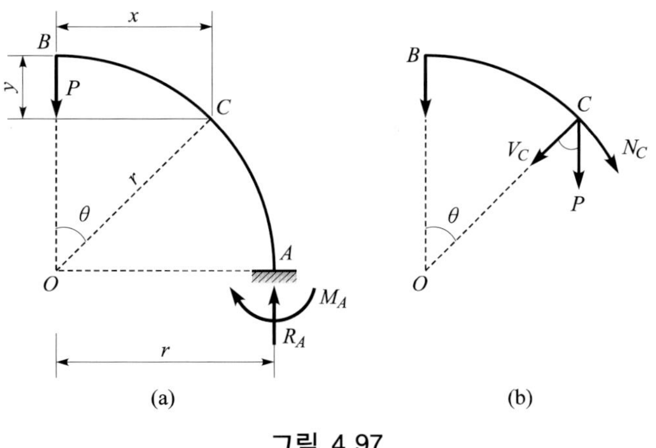

그림 4.97

풀이

•반력

$\Sigma V = R_A - P = 0$에서

$R_A = P$

$\Sigma M_A = M_A - Pr = 0$에서

$M_A = Pr$

•축방향력, 전단력 및 휨모멘트

자유단 B에서 임의의 거리 $(x,\ y)$만큼 떨어진 C단면의 응력을 생각해 보면 그림 4.97(b)에서와 같이 $N_C = P\sin\theta$, $V_C = P\cos\theta$, $M_C = P \cdot x = Pr\sin\theta$가 된다. 따라서 응력도는 그림 4.98과 같고 이때 응력의 크기를 아치의 부재축선에 따라 수직으로 그리도록 한다.

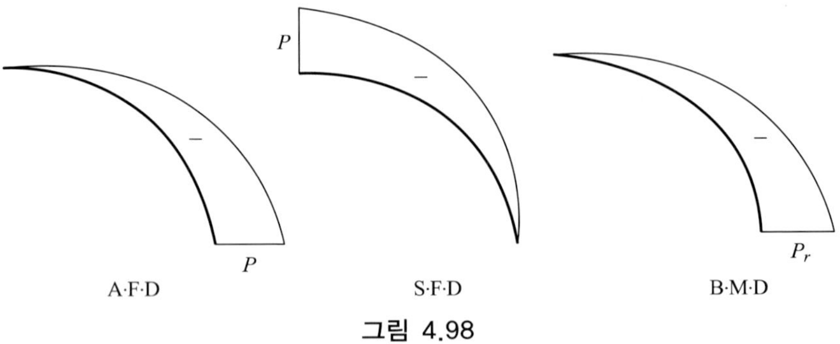

그림 4.98

예제 4.53

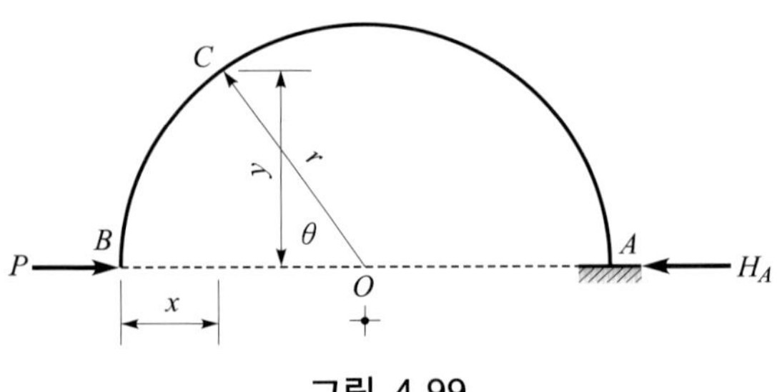

그림 4.99

풀이

- 반력

$\Sigma H = P - H_A = 0$에서

$H_A = P$

- 전단력 및 휨모멘트

자유단인 B점에서 임의의 거리(x, y)만큼 떨어진 C단면의 휨모멘트는

$M_C = Py = Pr\sin\theta$

따라서, $\theta = 90°$, 즉 $x = r$일 때 전단력은 0이 되고 이 점에서 휨모멘트는 최대의 값 Pr이 된다.

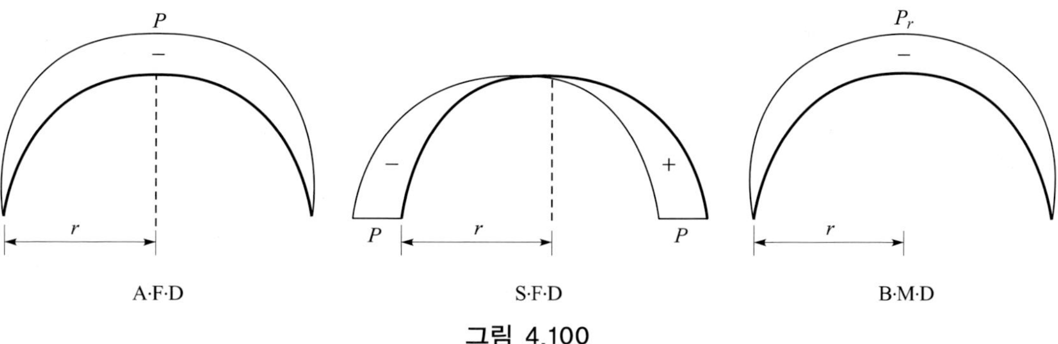

그림 4.100

4.3.2 단순보형 아치

예제 4.54

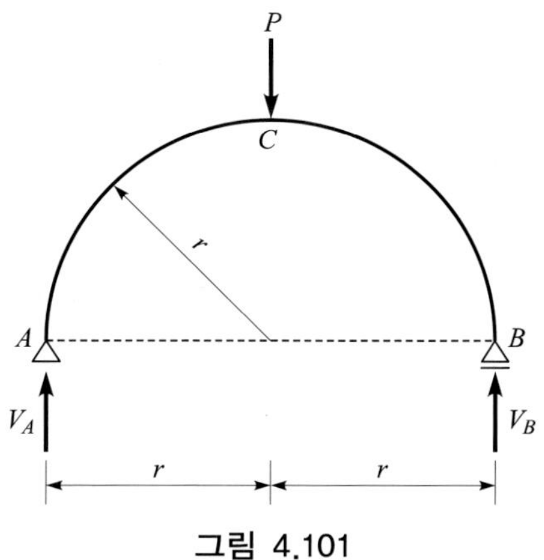

그림 4.101

풀이

• 반력

$\sum V = V_A + V_B - P = 0$에서

$\sum M_B = -Pr + V_A \cdot 2r = 0$

$V_A = V_B = \dfrac{P}{2}$

• 휨모멘트

하중점 C에서 최대휨모멘트 $\dfrac{Pr}{2}$를 얻는다. 여기서 휨모멘트는 A, B를 지점으로 하는 단순보와 같고 아치로서의 효과는 없다.

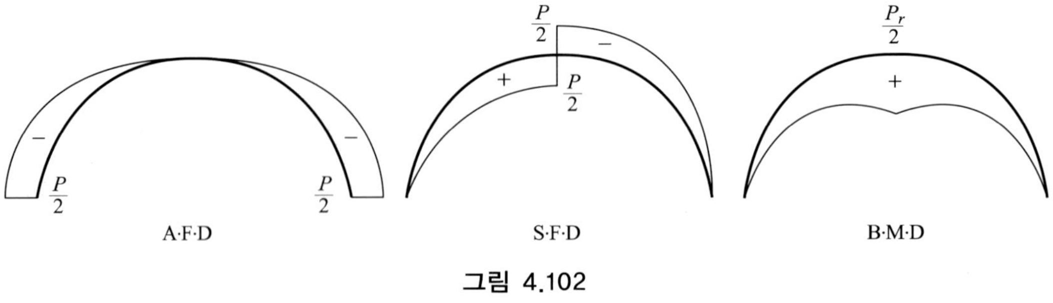

그림 4.102

예제 4.55

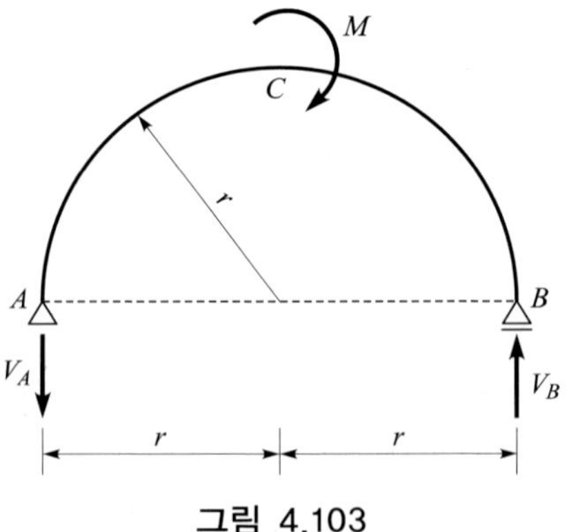

그림 4.103

풀이

• 반력

$\sum V = V_B - V_A = 0$ 및 $\sum M_B = M - V_A \times 2r = 0$에서 $V_A = V_B = \dfrac{M}{2r}$

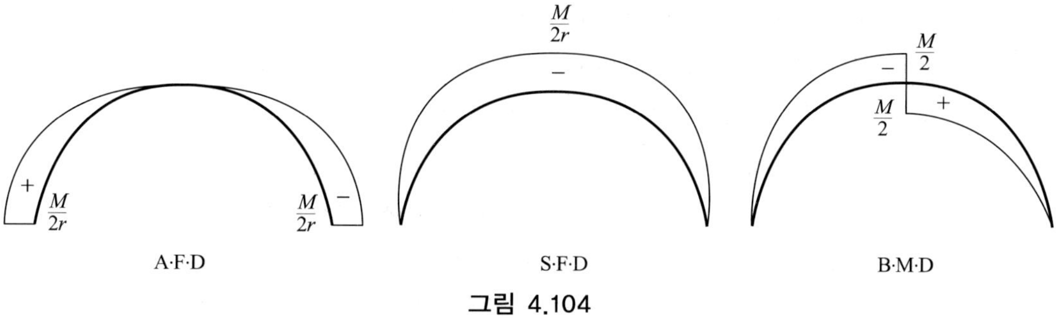

그림 4.104

4.3.3 3회전단 아치

예제 4.56

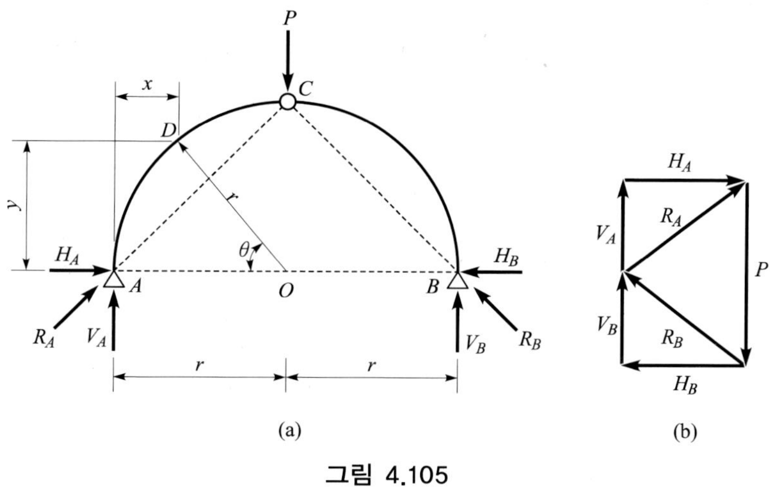

그림 4.105

풀이

•반력

$\Sigma V = V_A + V_B - P = 0$에서 $\quad V_A = V_B = \dfrac{P}{2}$

$\Sigma M_C = V_A \cdot r - H_A \cdot r = 0$에서 $\quad H_A = V_A = \dfrac{P}{2}$ $(\rightarrow)$

$\Sigma H = H_A + H_B = 0$에서 $\quad H_B = \dfrac{P}{2}$ $(\leftarrow)$

또 그림 4.105(b)와 같이 시력도를 그려 A 및 B단의 반력의 크기를 구할 수 있다. 즉,

$R_A = R_B = \dfrac{P}{\sqrt{2}}$

• 전단력 및 모멘트

A단에서 $(x,\ y)$만큼 떨어진 D단면에 생기는 전단력 및 휨모멘트는

$$V_D = V_A \sin\theta - H_A \cos\theta = \frac{P}{2}(\sin\theta - \cos\theta)$$

$$M_D = V_A \cdot x - H_A \cdot y = \frac{P}{2} \cdot r(1-\cos\theta) - \frac{P}{2} r\sin\theta$$

$$= \frac{Pr}{2}(1-\sin\theta-\cos\theta)$$

따라서, $\theta = 45°$일 때 $V_D = 0$이 되고 그 점에서

$M_D = \frac{Pr}{2}\left(1-\frac{2}{\sqrt{2}}\right) = \frac{Pr}{2}(1-\sqrt{2})$인 최대휨모멘트가 생긴다.

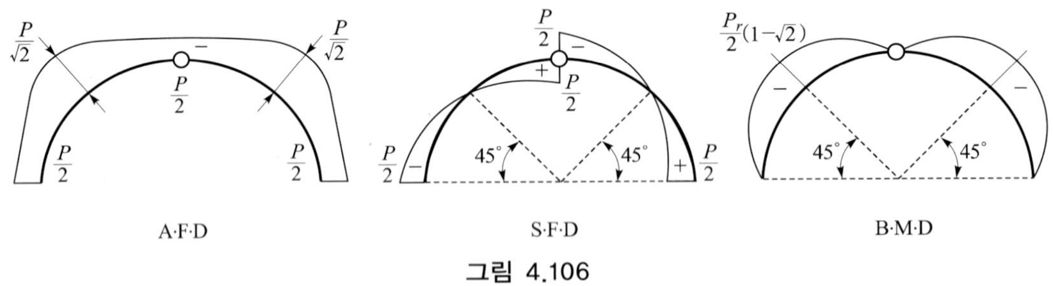

그림 4.106

1. 포물선 아치

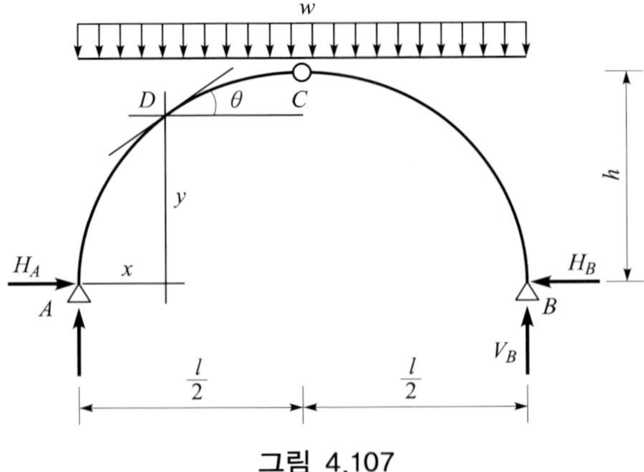

그림 4.107

그림 4.107과 같은 포물선 아치가 등분포하중을 받는 경우를 생각해 보자.

$\Sigma V = V_A + V_B - wl = 0$에서 $V_A = V_B = \frac{wl}{2}$

$\Sigma H = H_A - H_B = 0$ 및 $\Sigma M_C = V_A \cdot \frac{l}{2} - \frac{wl}{2} \cdot \frac{l}{4} - H_A h = 0$에서

$$H_A = H_B = \frac{wl^2}{8h}$$

좌표축의 원점으로 생각한 A단에서 $(x,\ y)$만큼 떨어진 D단면에 생기는 응력을 각각 $N_D,\ V_D,\ M_D$라 하고 그 점에서 그은 접선이 x축과 이루는 각을 θ라 하면

$$\begin{aligned} N_D &= -\{(V_A - wx)\sin\theta + H_A\cos\theta\} \\ &= -\left\{\left(\frac{wl}{2} - wx\right)\sin\theta + \frac{wl^2}{8h}cos\theta\right\} \\ &= -\left\{w\left(\frac{l}{2} - x\right)\sin\theta + \frac{wl^2}{8h}cos\theta\right\} \end{aligned} \tag{4.4}$$

$$\begin{aligned} V_D &= (V_A - wx)\cos\theta - H_A\sin\theta = \left(\frac{wl}{2} - wx\right)\cos\theta - \frac{wl^2}{8h}sin\theta \\ &= \left\{w\left(\frac{l}{2} - x\right) - \frac{wl^2}{8h} \cdot \tan\theta\right\}\cos\theta \end{aligned} \tag{4.5}$$

$$\begin{aligned} M_D &= V_A x - H_A y - \frac{wx^2}{2} = \frac{wl}{2}x - \frac{wl^2}{8h}y - \frac{wx^2}{2} \\ &= \frac{w}{2}(l - x)x - \frac{wl^2}{8h}y \end{aligned} \tag{4.6}$$

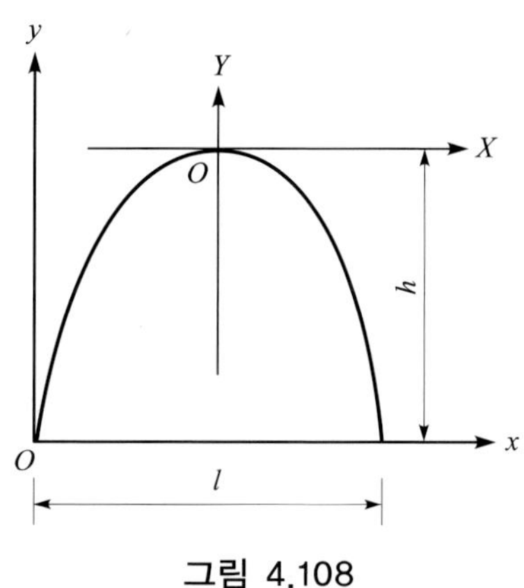

그림 4.108

이제 그림 4.108에서 포물선의 일반식을 생각해 보면

$X^2 = -4PY$에서

$$P = -\frac{X^2}{4Y} = \frac{l^2}{16h}$$

Y에 대해서 정리하면

$$\therefore Y = -\frac{X^2}{4P} = -\frac{4h}{l^2}X^2 \qquad (4.7)$$

$x = X + \dfrac{l}{2}$, $y = Y + h$를 식 (4.7)에 대입하면

$$y = -\frac{4h}{l^2}\left(x - \frac{l}{2}\right)^2 + h = -\frac{4h}{l^2}(x^2 - xl) = \frac{4h}{l^2}(l - x)x \qquad (4.8)$$

따라서,

$$\frac{dy}{dx} = \frac{8h}{l^2}\left(\frac{l}{2} - x\right) = \tan\theta$$

이제 $H_A \tan\theta = w\left(\dfrac{l}{2} - x\right)$를 식 (4.4)에 대입하면

$$\begin{aligned} N_D &= -(H_A \tan\theta \cdot \sin\theta + H_A \cos\theta) \\ &= -H_A\left(\frac{\sin^2\theta + \cos^2\theta}{\cos\theta}\right) \\ &= -H_A \sec\theta \end{aligned} \qquad (4.9)$$

또 식 (4.8)를 식 (4.5)에 대입하면

$$V_D = \left\{w\left(\frac{l}{2} - x\right) - \frac{wl^2}{8h} \cdot \frac{8h}{l^2}\left(\frac{l}{2} - x\right)\right\}\cos\theta = 0 \qquad (4.10)$$

포물선 방정식 (4.8)을 식 (4.6)에 대입하면

$$M_D = \frac{w}{2}(l - x)x - \frac{wl^2}{8h} \cdot \frac{4h}{l^2}(l - x)x = 0 \qquad (4.11)$$

이상에서 포물선 아치가 등분포하중을 받으면 단면 내에는 전단력이나 휨모멘트는 작용하지 않으며 부(−)의 축방향력, 즉 압축력만 받게 된다는 것을 알 수 있다.

2. 타이 아치

그림 4.109와 같이 A, B 양 지점을 이은 타이 아치(tied arch)에 외력이 작용하면

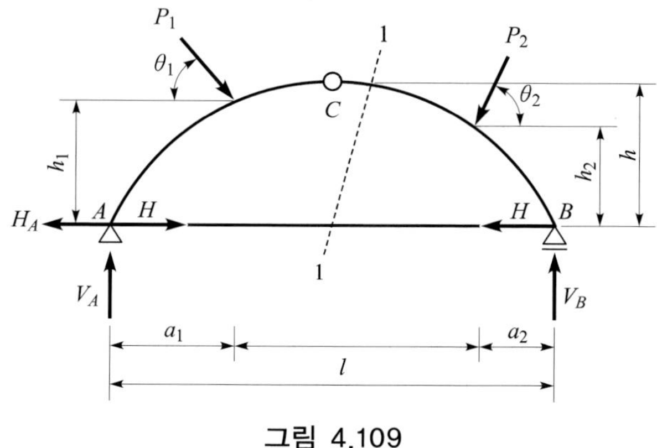

그림 4.109

$$\sum M_B = V_A \cdot l - P_1 \sin\theta_1 (l - a_1) + P_1 \cos\theta_1 h_1 - P_2 \sin\theta_2 a_2 - P_2 \cos\theta_2 h_2 = 0 \text{에서}$$

$$V_A = \frac{P_1}{l}\{(l - a_1)\sin\theta_1 - h_1\cos\theta_1\} + \frac{P_2}{l}(a_2\sin\theta_2 + h_2\cos\theta_2)$$

$$\sum M_A = P_1\sin\theta_1 a_1 + P_1\cos\theta_1 h_1 + P_2\sin\theta_2(l - a_2) - P_2\cos\theta_2 h_2 - V_B l = 0 \text{에서}$$

$$V_B = \frac{P_1}{l}(a_1\sin\theta_1 + h_1\cos\theta_1) + \frac{P_2}{l}\{(l - a_2)\sin\theta_2 - h_2\cos\theta_2\}$$

$$\sum H = P_1\cos\theta_1 - P_2\cos\theta_2 - H_A = 0 \text{에서}$$

$$H_A = P_1\cos\theta_1 - P_2\cos\theta_2$$

또 AB부재의 응력을 구하기 위해서는 아치를 1-1로 절단하여 절단면에서의 평형조건을 생각한다. 즉, 절단면 1-1의 우측의 외력 P_2, 반력 V_B 및 부재응력 H의 절점 C에 대한 모멘트를 생각하면

$$M_C = P_2\sin\theta_2\left(\frac{l}{2} - a_2\right) + P_2\cos\theta_2(h - h_2) - V_B \cdot \frac{l}{2} + Hh = 0 \text{에서}$$

$$H = \frac{V_B l}{2h} - \frac{P_2}{h}\left\{\left(\frac{l}{2} - a_2\right)\sin\theta_2 + (h - h_2)\cos\theta_2\right\}$$

를 구할 수 있다.

4.4 정정트러스

4.4.1 트러스의 정의와 종류

트러스란 2개 이상의 직선부재를 그 양단에 마찰이 전혀 없는 힌지로 연결하여 이것을 지반 또는 다른 지지물과 적당히 결합함으로써 외력에 저항하도록 조립한 구조물을 말한다.

그 역학적 특성은 주어진 외력에 대해서 트러스를 구성하는 각 부재가 축방향력, 즉 인장력 또는 압축력에 견딜 수 있도록 되어 있는 것으로 이것은 주로 휨모멘트, 축방향력, 전단력에 대해서 저항하는 봉구조 즉 라멘, 아치 등과 다른 점이다.

실제의 트러스에서는 힌지의 접촉면에 어느 정도의 마찰이 생긴다. 또한, 힌지구조로 하는 대신에 리벳결합 또는 용접결합을 하는 경우가 많다. 그러나 보통 힌지를 마찰이 없는 것으로 가정하고 리벳결합 또는 용접결합 구조라고 할지라도 마찰이 없는 구조라고 가정하여 계산을 하며 힌지의 마찰 또는 결합점의 강성의 영향을 고려할 필요가 있을 때는 응력을 2차응력(secondary stress)의 문제로 취급하여 별도로 생각하는 것이 보통이다. 트러스 부재는 현재(chord member)와 복재(web member)로 되어 있다. 현재란 트러스 외곽을 형성하는 부재이고 트러스 윗부분에 있는 부재를 상현재(upper chord member), 밑부분에 있는 부재를 하현재(lower chord member)라고 한다.

복재는 현재를 연결하는 부재로 교량 트러스처럼 연직방향의 복재를 연직재(vertical member), 경사진 것을 경사재(diagonal member)라고 한다.

또한, 각 직선부재의 양단의 결합점을 트러스 절점이라고 하며 부재단의 회전이 자유인 절점을 활절(pin joint), 부재가 용접 등에 의해서 강하게 연결된 절점을 강절(rigid joint)이라고 한다.

또한 트러스의 계산에는 다음과 같은 사항을 가정한다.

(1) 각 부재는 마찰이 없는 힌지로 결합되어 있다.

(2) 각 부재는 직선재이다.

(3) 절점중심을 연결하는 직선은 부재축과 일치한다.

(4) 외력은 전부가 절점에서 작용한다.

(5) 전 외력의 작용선은 트러스를 포함한 평면 내에 있다.

(6) 부재의 응력은 그 구조재료의 탄성한도 내에 있다.

(7) 트러스변형은 극히 적고 힘의 평형은 트러스의 변형전의 형상 및 하중위치에 있다.

그림 4.110에서 그림 4.114까지는 각종 트러스를 나타낸 것이다.

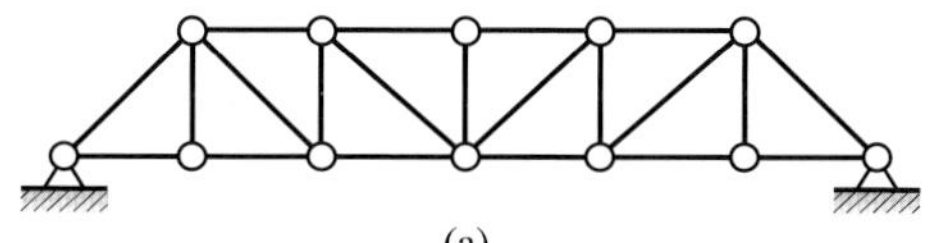
(a)

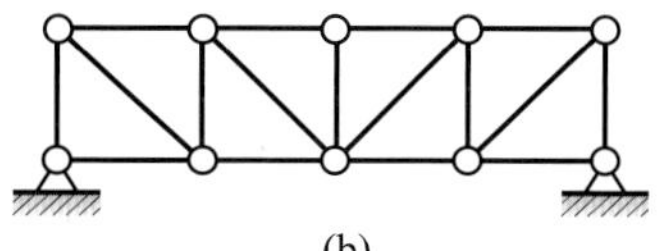
(b)

그림 4.110 프랫 트러스

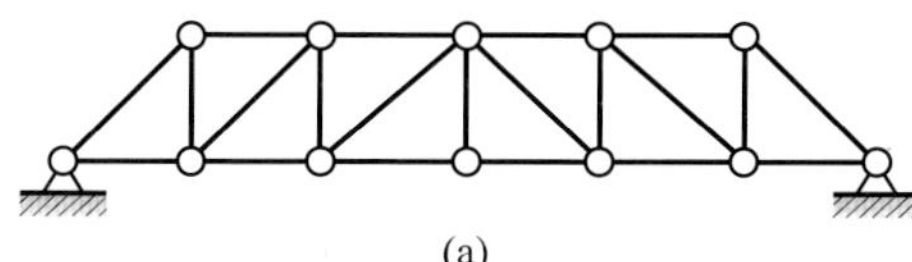
(a)

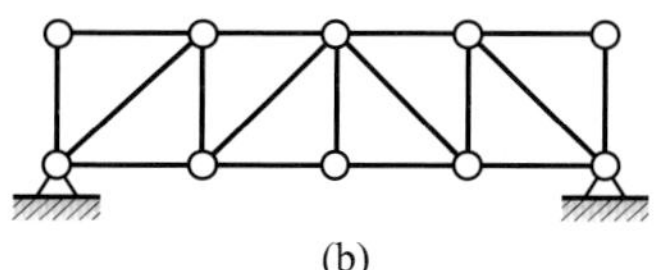
(b)

그림 4.111 하우 트러스

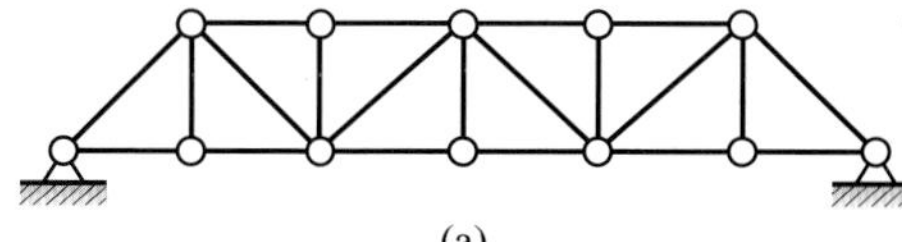
(a)

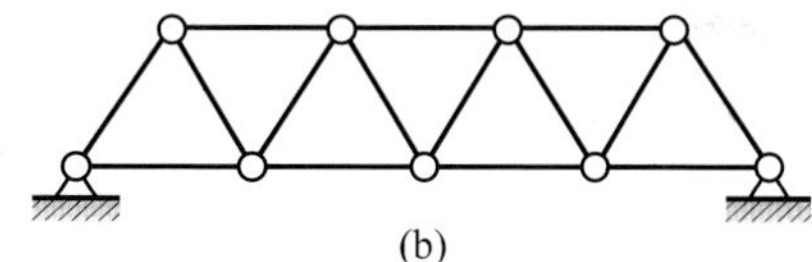
(b)

그림 4.112 와렌 트러스

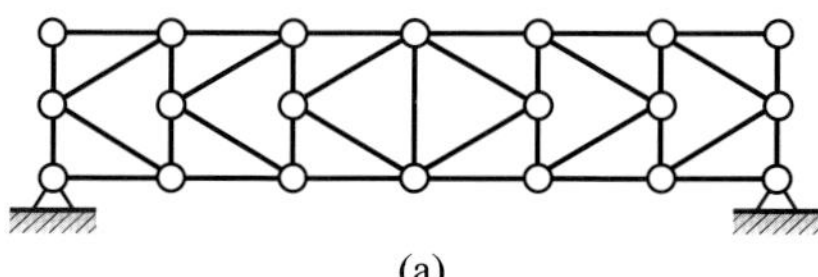
(a)

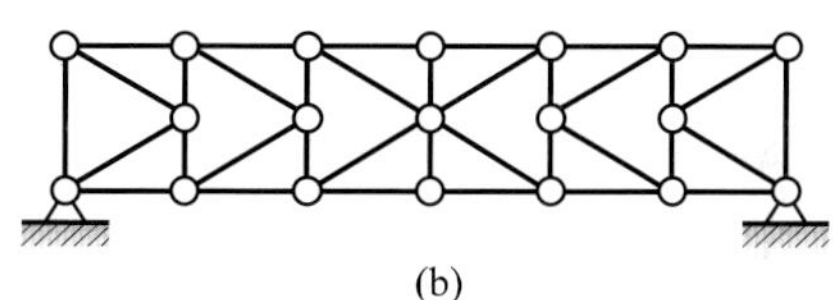
(b)

그림 4.113 K 트러스

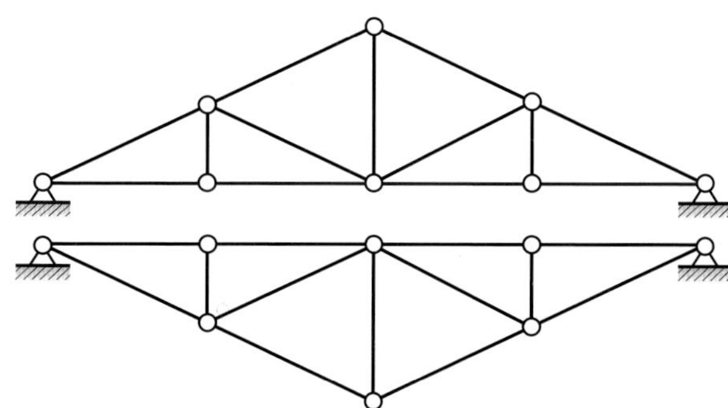

그림 4.114 핑크 트러스

정정 트러스의 해법으로는

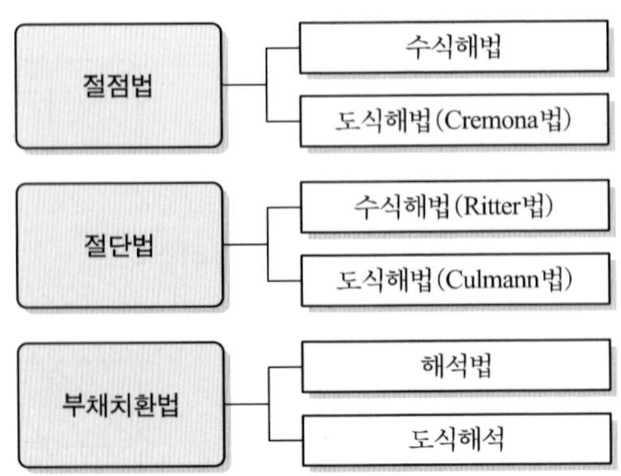

등이 있는데 주로 절점법과 절단법이 이용되고 있다.

4.4.2 트러스의 안정 · 불안정 및 정정 · 부정정

트러스에서는 어떠한 하중에 대해서도 트러스가 그 위치를 바꾸는가에 대한 외적안정을 판별하는 판별식과 형태를 바꾸는가에 대한 내적안정을 판별하는 판별식으로 나누어 생각해 볼 수 있다.

1. 외적안정 또는 불안정

$n = r - 3$

$n < 0$: 불안정

$n = 0$: 정정

$n > 0$: 부정정

여기서, r은 지점반력의 총 수

2. 내적안정 또는 불안정

$n = m - 2j + 3$

$n < 0$: 불안정

$n = 0$: 정정

$n > 0$: 부정정

여기서, m : 부재수, j : 절점수

4.4.3 절점법

1. 도식해법

도식해법의 순서는 외력 및 부재로 구분된 각 구간에 1, 2, 3(또는 A, B, C)등의 기호를 정하여 각 힘을 구간의 기호로 표시하면 $\frac{P}{2} = 1-2$, $P = 2-3$, $R_B = 3-4$, $R_A = 4-1$로 표시된다.

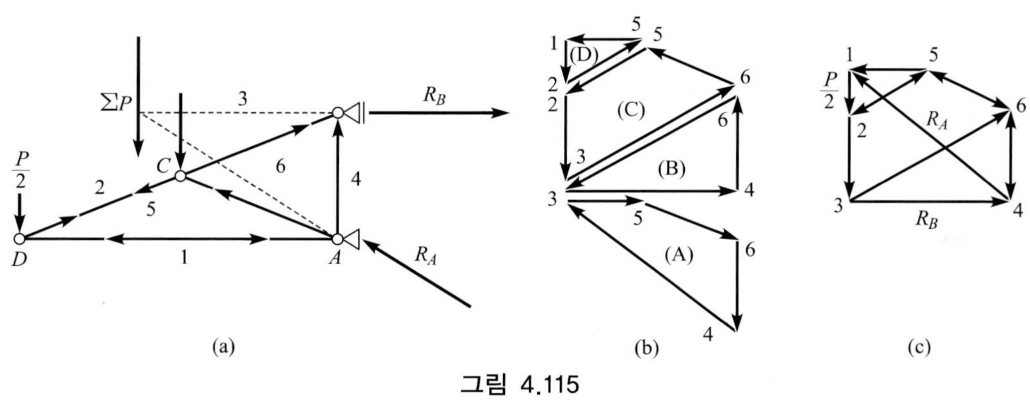

그림 4.115

다만, 힘을 표시할 때는 그 힘으로 구분된 두 구간의 기호를 그 절점을 중심으로 시계방향에 따라 쓰기로 한다. 다음 외력의 시력도 및 연력도에서 외력을 구하고 미지의 부재응력이 2개 이하인 절점부터 시력도를 그린다. 그리는 방법은 크기와 방향을 이미 알고 있는 임의의 한 힘을 우선 그린 후에 절점에 모이는 각 힘을 시계방향으로 차례로 시력도가 닫히도록 작도하여 미지응력을 구한다.

먼저 D점에서 그림 4.115(b)의 (D)와 같이 외력 1−2와 부재응력 2−5, 5−1이 시력도 1−2−5를 만든다. 이때 두부재의 응력은 2−5가 인장력이 되고, 5−1이 압축력이 된다. 즉 2−5부재는 인장재, 1−5부재는 압축재로서 절점 C, A에 대해 각각 인장력 또는 압축력으로 작용하게 된다. 다음에 절점 C에서 그림 4.115(c)와 같이 이미 알고 있는 인장응력 5−2, 외력 2−3 및 미지의 두 응력 3−6, 6−5가 시력도 2−3−6−5를 만든다. 여기서도 3−6부재는 인장재, 5−6부재는 압축재임을 알 수 있다. 또 B점에서 인장응력 6−3, 반력 $R_B = 3-4$ 및 수직재의 압축응력 4−6이 그림 4.115(b)와 같이 시력도 3-4-6을 만들고 A점에서는 그림 (a)와 같이 시력도 1−5−6−4를 만든다.

이상은 각 절점마다 시력도를 그렸지만 실제로는 그림 4.115(c)와 같이 처음에 외력의 시력도 1−2−3−4를 그리고 앞에서 설명한 요령에 따라 각 절점에서의 시력도를 합쳐서 구하는 것이 편리하다. 이와 같은 방법은 이탈리아의 수학자 크레모나(Cremona, Luigi, 1830~1903)가 창안한 것으로 이 그림 4.115 (c)를 크레모나의 응력도(stress diagram) 또는 크레모나도라고 한다. 응력의 크기는 응력도에서 축척으로 구한다. 따라서 도식해법은 축척을 쓰는 관계로 수식해법보다 정확도가 떨어지지만 허용할 수 있는 범위 내의 정도이므로 실용적으로 널리 이용된다.

2. 수식해법

수식해법의 방침은 도식해법일 때와 같고 다만 먼저 각 부재의 응력을 적당한 기호로 표시하고 그의 방향을 가정한다. 계산결과 그 값이 (−)가 되면 가정한 응력의 방향을 바꾸어 놓아야 한다. 그리고 각 절점에서 부재응력을 구하고자 할 때는 각 절점에 대해 적당한 좌표축 x, y를 설정하여 이에 2개의 평형조건식 $\Sigma H=0$, $\Sigma V=0$을 만들면 된다. 이 때에 보통 직교좌표를 사용하며 경우에 따라서는 사교좌표를 사용하는 것이 편리할 때도 있다. 그림 4.116과 같이 응력의 기호를 정하고 그의 방향을 가정한다. 다음에 각 절점에 대하여 그림 (d), (c), (b), (a)의 차례로 그의 평형조건을 생각한다.

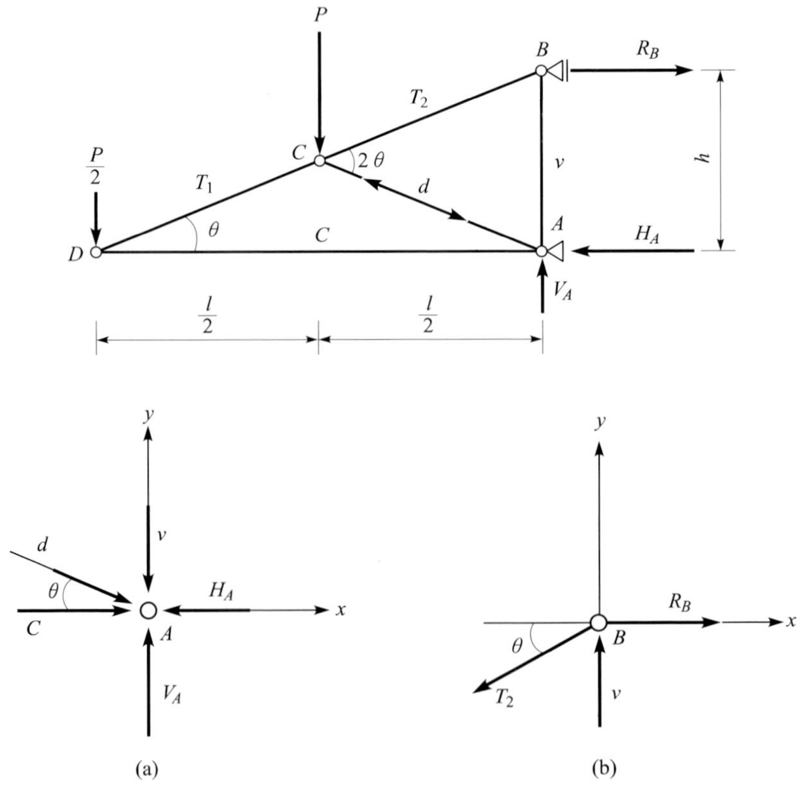

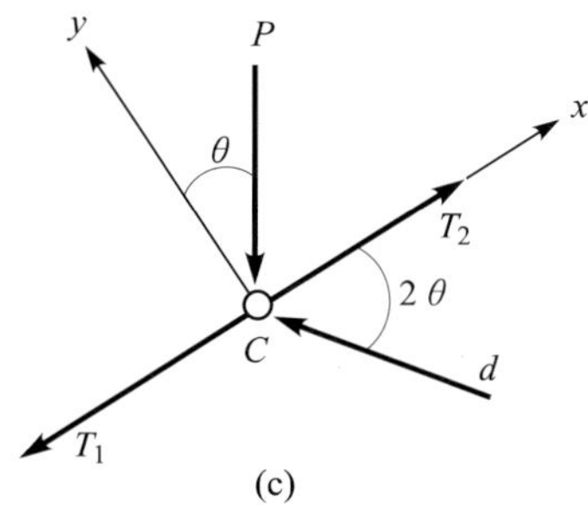

(c)

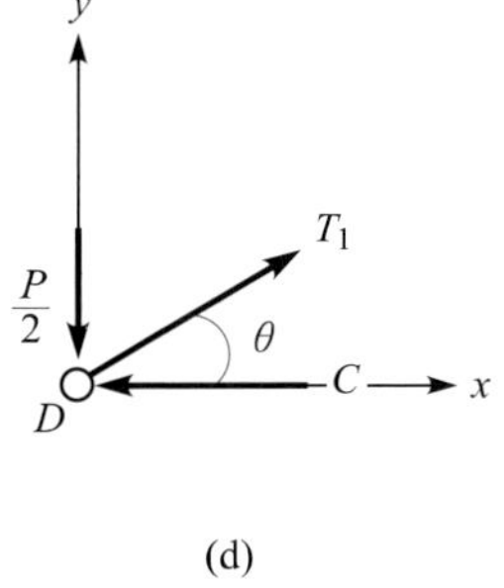

(d)

그림 4.116

그림 (d)에 대해서

$\sum H=0$에서 $T_1\cos\theta - C=0$

$\sum V=0$에서 $-\dfrac{P}{2}+T_1\sin\theta=0$

$\therefore T_1=\dfrac{P}{2}cosec\theta$

$C=\dfrac{P}{2}cot\theta$

그림 (c)에 대해서

$\sum H=0$에서 $T_2-T_1-P\sin\theta-d\cos 2\theta=0$

$\sum V=0$에서 $-P\cos\theta+d\sin 2\theta=0$

$\therefore d=\dfrac{P}{2}cosec\theta$

$T_2=P\mathrm{cosec}\theta$

그림 (b)에 대해서

$\sum H=0$에서 $R_B-T_2\cos\theta=0$

$\sum V=0$에서 $v-T_2\sin\theta=0$

$\therefore R_B=P\cot\theta$

$v=P$

그림 (a)에 대해서

$\sum H=0$에서 $C+d\cos\theta-H_A=0$

$\sum V = 0$에서 $-v - d\sin\theta + V_A = 0$

$\therefore H_A = P\cot\theta$

$V_A = \dfrac{3}{2}P$

위의 응력 및 반력의 부호는 정(+)이므로 처음에 가정한 응력의 방향이 옳다는 것을 뜻한다.

또한 반력은 구조물 전체의 평형조건에서도 구할 수 있다. 여기서 수평, 수직 두 방향을 각각 x, y축이라 하면

$\sum H = 0$에서 $R_B - H_A = 0$

$\sum V = 0$에서 $\dfrac{P}{2} + P - V_A = 0$

$\sum M_A = 0$에서 $-\left(\dfrac{P}{2}\times l\right) - \left(P \times \dfrac{l}{2}\right) + (R_B \times h) = 0$

위의 세 조건식으로부터 R_B, H_A, V_A의 값을 구할 수 있다.

예제 4.57

다음 그림의 단순보형 트러스의 응력을 도식해법과 수식해법으로 각각 구하라.

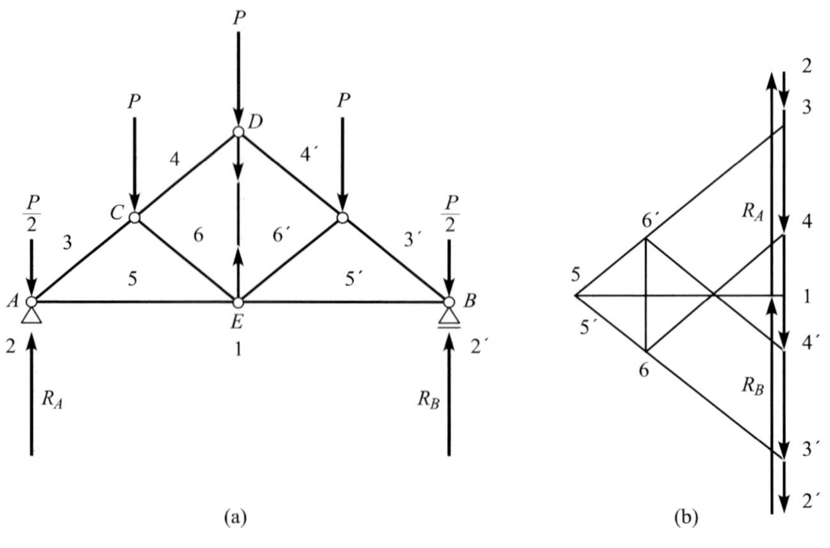

그림 4.117

풀이

▪ 도식해법으로 풀 때

그림 4.117에서 하중이 대칭이므로 양단의 반력도 대칭이 되어 시력도에서 $R_B = 2' - 1$, $R_A = 1 - 2$가 된다. 다음에 부재 응력은 A, C, D 각 절점에 대하여 차례로 시력도를 그려 나가면 그림 4.117(b)와 같은 응력도를 얻는다. 이때 응력은 좌우대칭이 되며 ㅅ자보는 압축재, 평보는 인장재가 된다. 이것은 단순보에서 하단이 인장측, 상단이 압축측이 되는 경우와 일치된다. 또한 왕대공은 인장재가 되고 빗대공은 압축재가 된다. 다만 ㅅ자보와 평보에 비하면 이들의 응력은 작다.

▪ 수식해법으로 풀 때

응력의 기호와 방향은 다음 그림에 표시한 것과 같이 정한다.

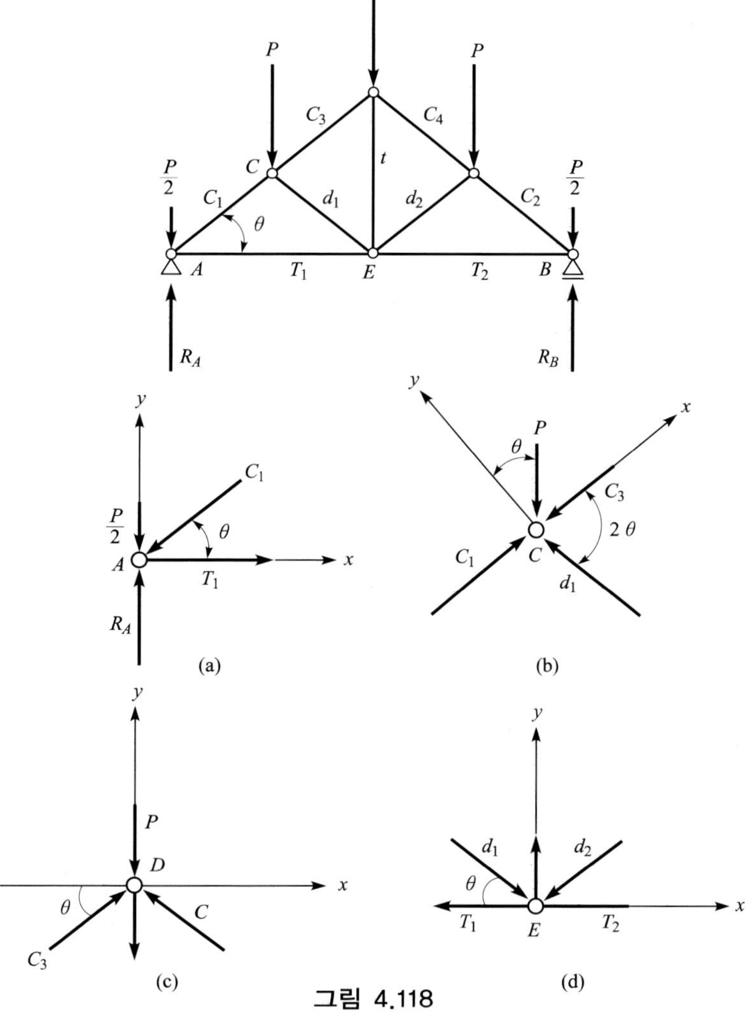

그림 4.118

좌우대칭이므로

$T_1 = T_2$, $C_1 = C_2$

$C_3 = C_4$, $d_1 = d_2$

그리고 반력은 구조물 전체의 평형조건에서 $R_A = R_B = 2P$이다.

그림 (a)에 대해서

$\sum H = 0$에서 $T_1 - C_1\cos\theta = 0$

$\sum V = 0$에서 $-\frac{P}{2} - C_1\sin\theta + R_A = 0$

$\therefore C_1 = \frac{3}{2}P\text{cosec}\theta$

$T_1 = \frac{3}{2}P\cot\theta$

그림 (b)에 대해서

$\sum H = 0$에서 $C_1 - C_3 - P\sin\theta - d_1\cos 2\theta = 0$

$\sum V = 0$에서 $-P\cos\theta + d_1\sin 2\theta = 0$

$\therefore d_1 = \frac{P}{2}cosec\theta$

$C_3 = P\text{cosec}\theta$

그림 (c)에 대해서

$\sum V = 0$에서 $-P - t + 2C_3\sin\theta = 0$

$\therefore t = P$

이상에서 모든 응력이 구해졌지만 그림 (d)에서 t를 구해도 위와 같은 결과를 얻는다. 즉,

$\sum V = 0$에서 $t - 2d_1\sin\theta = 0$

$\therefore t = P$

위에서 가정한 응력의 결과는 모두 정(+)이다. 이것은 응력의 방향이 그림에서 가정한 것과 동일하다는 것을 뜻한다.

예제 4.58

다음 그림에서 트러스의 반력과 응력을 구하라.

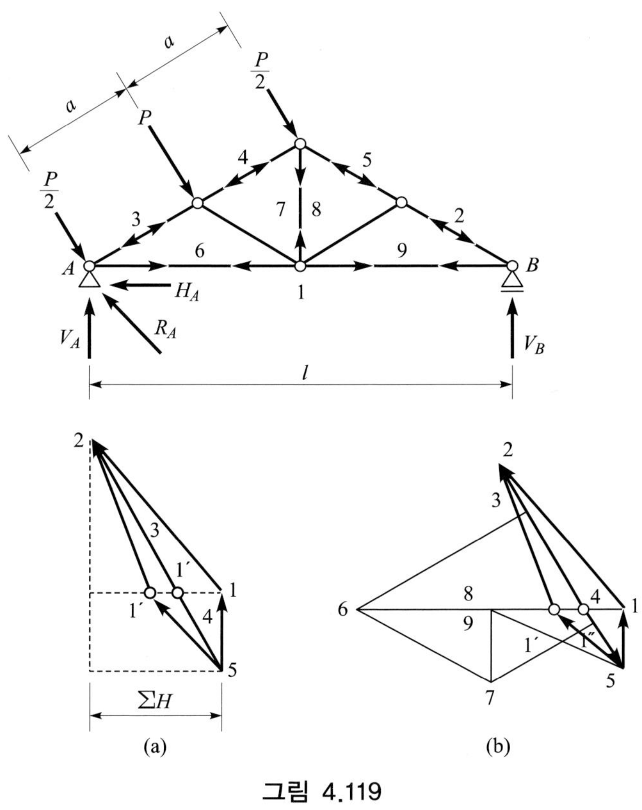

그림 4.119

풀이

하중이 그림 4.119와 같이 경사져 있으면 도식해법으로 구하는 것이 훨씬 간단하다. 하지만, 반력을 구할 때만은 수식해법을 병용하기도 한다. 즉,

$$\Sigma M_A = 0\text{에서 } (P\times a) + \left(\frac{P}{2}\times 2a\right) - V_B l = 0 \qquad \text{(a)}$$

$$\therefore\ V_B = \frac{2a}{l}P$$

이것을 그림 4.119(a)의 시력도에서 $V_B = 5-1$로 표시하면 반력 R_A는 $1-2$로 구해진다.

그러나 실제의 구조물에서는 B단을 이동단으로 하지 않고 A단과 같게 만드는 경우가 많다. 이 경우에는 양단의 수평반력이 같다($H_A = H_B$)라고 가정하든지 양단의 반력이

나란하다($R_A /\!/ R_B$)라고 가정하여 트러스의 응력을 구한다. 이때 위의 어느 가정을 적용해도 양단의 반력의 수직분력은 변하지 않는다는 것에 유의해야 한다. 이것은 식 (a)가 수평반력에는 관계가 없는 것으로 알 수 있다. 따라서, 양단의 반력을 $H_A = H_B$로 하면 그림 4.119(a)에서 $R_B = 5-1'$, $R_A = 1'-2$가 되고, $R_A /\!/ R_B$라 하면 $R_B = 5-1''$, $R_A = 1''-2$가 된다. 따라서, 각 부재의 응력은 그림 4.119(b)의 시력도에서 구해지는데 H_A, H_B인 수평반력의 차이에 따라서 영향을 받는 것은 평보뿐으로 다른 부재의 응력은 이것과는 관계가 없다. 앞에서 말한 부재응력에 관한 성질을 생각하면 빗대공 8-9부재의 응력은 0이며 오른쪽의 ㅅ자보 5-8, 5-9부재의 응력이 같다는 것을 곧 알 수 있을 것이다.

예제 4.59

다음 캔틸레버형 트러스의 응력을 도식해법에 의해 구하라.

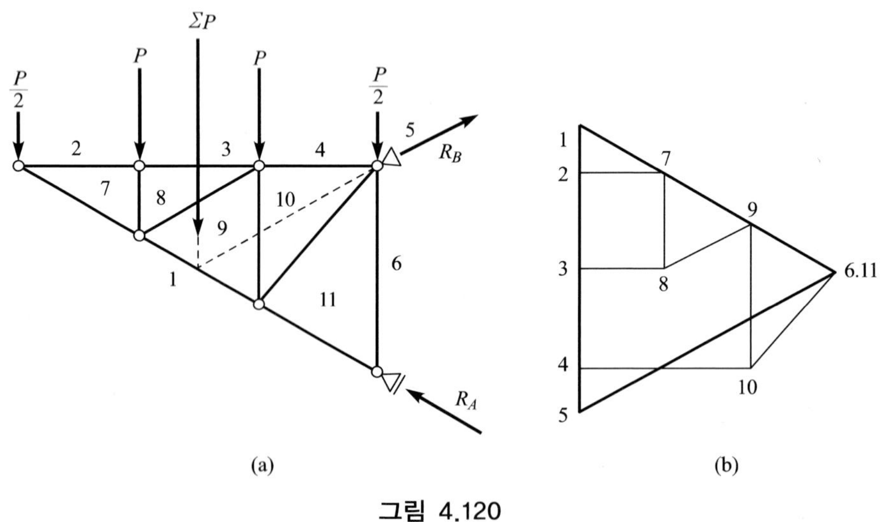

그림 4.120

풀이

먼저 외력의 시력도 1-2-3-4-5를 그린 후 각 절점에서의 시력도를 합치면 그림 4.120(b)와 같이 된다. 여기서는 상현재가 인장재가 되고 하현재는 압축재가 된다. 이것은 캔틸레버보에서 상단이 인장측, 하단이 압축측이 되는 것과 일치되는 경우이다.

예제 4.60

다음 트러스의 응력을 구하라.

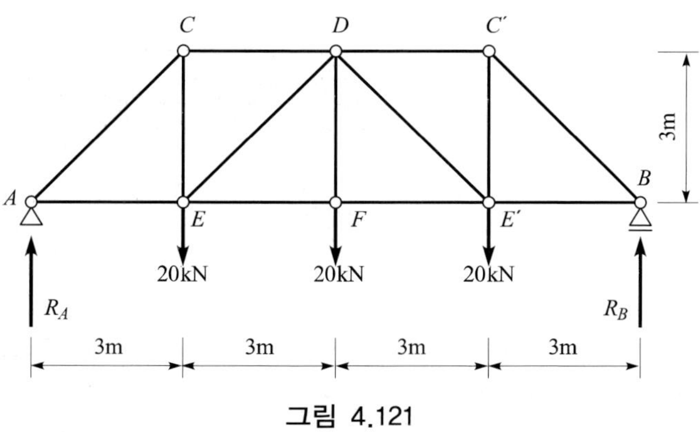

그림 4.121

풀이

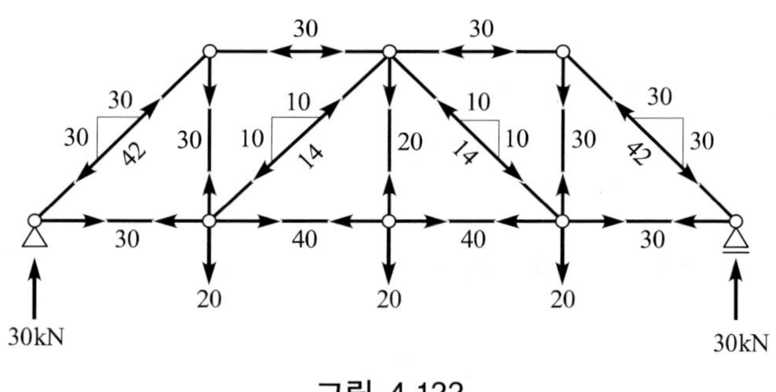

그림 4.122

하중이 대칭이므로 반력 $R_A = R_B = 30\text{kN}$이 되며 부재응력은 각 절점에서의 평형조건을 생각하여 다음과 같이 구하는 것이 편리할 때가 있다.

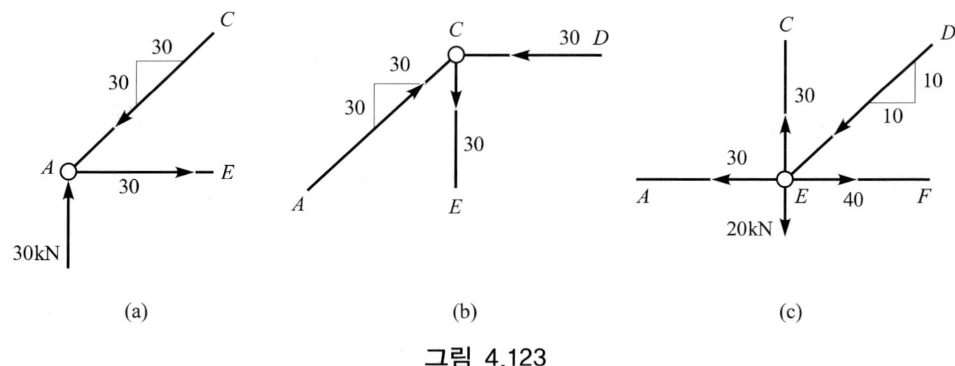

그림 4.123

그림 4.123(a)에 대해서

$\sum V=0$에서 수직반력 30kN이 상향으로 작용하고 있으므로 AC부재력의 수직분력은 하향으로 30kN이 작용해야 하며 부재력은 압축력이 된다. 또한 부재의 기울기(3:3 또는 1:1)로부터 수평분력은 30kN이 된다. $\sum H=0$에서 AC부재응력의 수평분력 30kN은 좌향이므로 AE부재응력은 우향 30kN으로 인장력이 된다.

그림 4.123(b)에 대해서

$\sum V=0$에서 CE부재응력은 하향 30kN으로 인장력이 된다.

$\sum H=0$에서 CD부재응력은 좌향 30kN으로 압축력이 된다.

그림 4.123(c)에 대해서

$\sum V=0$에서 DE부재응력의 수직분력은 하향 10kN으로 압축력이 되므로 수평분력은 좌향 10kN이 된다.

$\sum H=0$에서 EF부재응력은 우향 40kN으로 인장력이 된다.

같은 방법으로 전체 트러스 부재응력을 계산한 결과는 그림 4.109와 같다. 경사재의 부재응력은 그 부재의 수직 및 수평분력의 합성으로 구해진다.

4.4.4 절단법

절단법이란 트러스를 어떤 부분에서 절단하였다고 생각하여 그 한쪽 구면의 평형조건을 적용하여 절단된 부재의 응력을 구하는 방법으로 절점법으로는 부재응력 전부를 구할 수 없을 때 사용할 수 있는 편리한 방법이다. 특히 임의의 위치에 있는 부재응력을 직접 구하고자 할 때 매우 편리한 해법이다.

1. 도식해법

그림 4.124(a)에서 T, d, C인 세 부재의 응력을 구하려면, 먼저 이 세 부재를 포함하는 1-1 단면으로 절단하고 좌측 구면에 대해 힘의 평형조건을 생각하면 그림 4.124(b)와 같다. 즉 이 구면에 작용하는 외력 $\sum P=P+P$와 T, d, C는 평형을 이루고 있으므로 $\sum P$와 T와의 교점과 d와 C와의 교점을 연결한 N축상에서 평형을 이루면 된다. 따라서 그림 4.124(c)와 같이 $\sum P$, T, N으로 시력도가 닫히도록 그리면 T의 크기와 방향을 알 수 있고 N을 다시 C와 d방향으로 분해하면 C와 d의 값이 구해진다.

이때 시력도에서 N선인 보조선을 쿨만(Culmann)선이라 하고 스위스의 쿨만교수(Carl Culmann, 1821–1881)에 의해 제안된 이와 같은 도식해법을 쿨만법이라고도 한다.

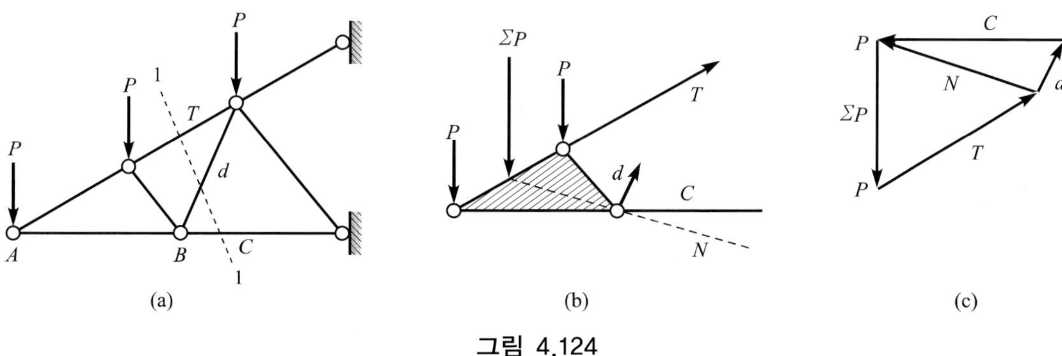

그림 4.124

2. 수식해법

수식해법의 개념도 도식해법일 때와 같고 절단된 구면에 대해 $\Sigma M = 0$인 평형조건식을 사용하면 된다. 다만 평형조건식에는 구하고자 하는 부재응력 이외에 다른 미지수가 포함되지 않도록 그 작용점을 선택하여야 한다. 예를 들어 앞의 그림 4.124와 같은 트러스에서 부재응력 T를 구하려면 d와 C의 교점 B를 작용점으로 택하여야 한다. 즉, 그림 4.125에서 보면

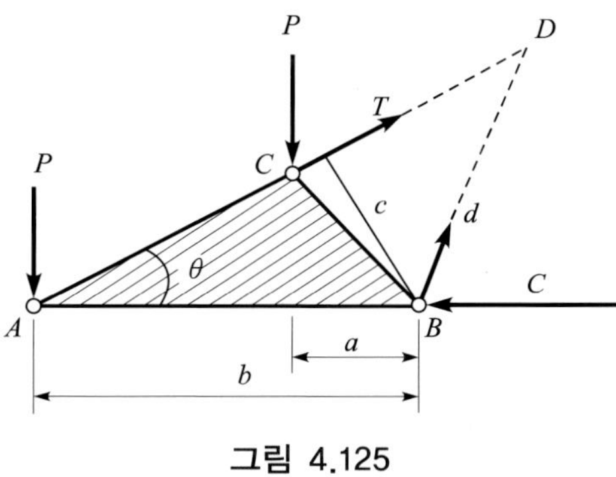

그림 4.125

$\Sigma M_B = -Pa - Pb + T \cdot c = 0$에서

$$T = \frac{P(a+b)}{c}$$

마찬가지로 d를 구하려면 T와 C의 교점 A에 대해서 $\Sigma M_A = 0$인 평형조건식을 C를 구하려면 T와 d와의 교점 D에 대해서 $\Sigma M_D = 0$인 평형조건식을 만들어 각각의 부재

응력을 구하면 된다.

이와 같은 방법은 독일의 리터(August Ritter, 1847~1906)에 의해 제안된 것으로 이 해법을 리터법이라고 한다.

예제 4.61

다음 트러스의 응력을 도식해법으로 구하라.

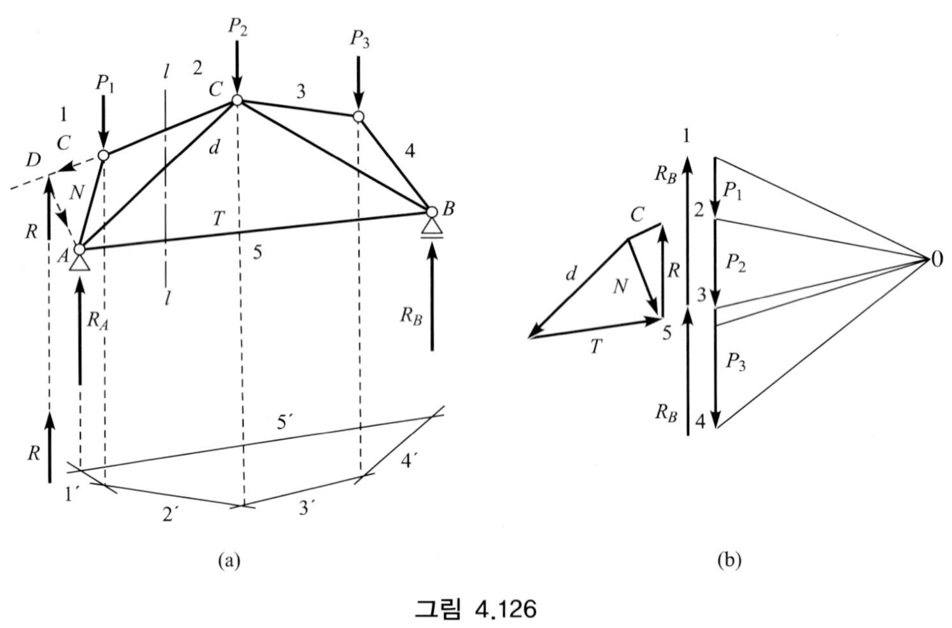

그림 4.126

풀이

트러스의 반력은 그림 4.126(a) 및 그림 4.126(b)와 같이 외력의 시력도 및 연력도에서 쉽게 구할 수 있으나 부재응력은 어느 절점에서부터 시작해도 세 개의 부재가 모여 세 개의 미지수가 생기므로 보통 방법으로는 풀 수 없다.

따라서, 절단법에 의해서 우선 T부재의 응력을 구한 후에 A점부터 보통 방법으로 구해 나가면 된다.

1-1 단면의 좌측의 외력 R_A와 P_1의 합력 R은 그림 4.126(a)에서 C점에 작용하고 있으므로 이 외력 R과 단면의 응력 C, d, T가 평형을 이루면 된다. 즉, C와 R과의 교점 D와, d와 T와의 교점 A를 연결한 N선상에서 평형을 이루면 된다. 따라서, 그림 4.126(b)에서 R, C, N인 세 힘을 시력도가 닫히도록 그리고 d와 T로 분해하면 된다.

예제 4.62

다음의 단순보형 트러스에서 부재응력 C, d, T를 리터법으로 구하라.

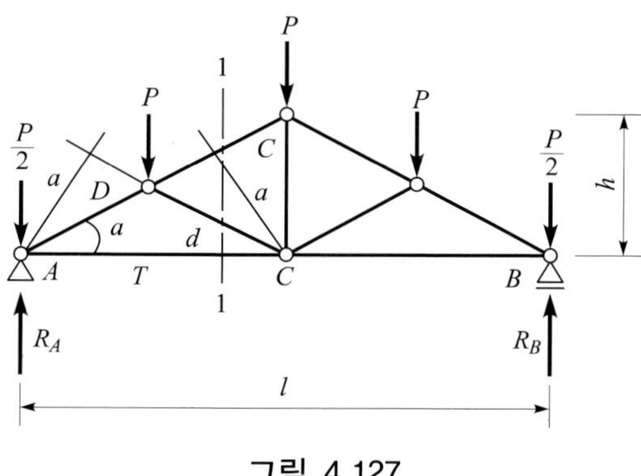

그림 4.127

풀이

하중이 대칭이므로 반력도 대칭이 된다. 즉,

$R_A = R_B = 2P$

이제 C, d, T인 세 부재를 포함하는 1−1 단면으로 절단하고 힘의 방향을 그림과 같이 가정하면

$\Sigma M_C = \left(2P - \frac{P}{2}\right) \times \frac{l}{2} - P \times \frac{l}{4} - C \times a = 0$에서

$$\therefore C = \frac{Pl}{2a}$$

$\Sigma M_A = P \times \frac{l}{4} - d \times a = 0$에서

$$\therefore d = \frac{Pl}{4a}$$

$\Sigma M_D = \left(2P - \frac{P}{2}\right) \times \frac{l}{4} - T \times \frac{h}{2} = 0$에서

$$\therefore T = \frac{3Pl}{4h}$$

위의 계산 결과가 모두 정(+)인 것은 처음에 가정한 방향이 옳다는 것을 뜻한다. 따라서, C와 d는 압축재이고 T는 인장재이다.

예제 4.63

그림 4.128(a)와 같은 트러스의 부재력 N_1, N_2, N_3을 절단법으로 구하여라.

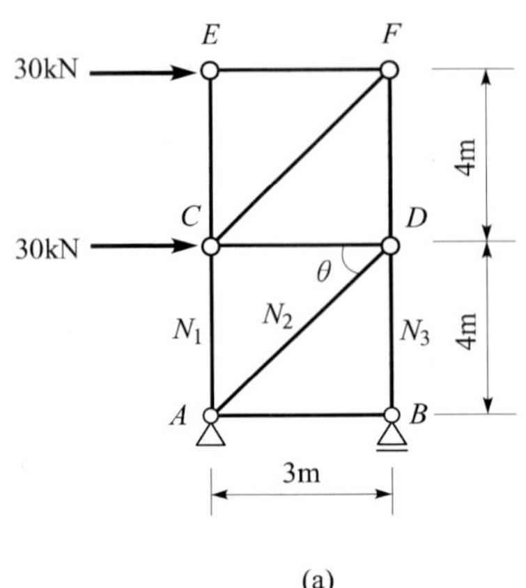

(a)

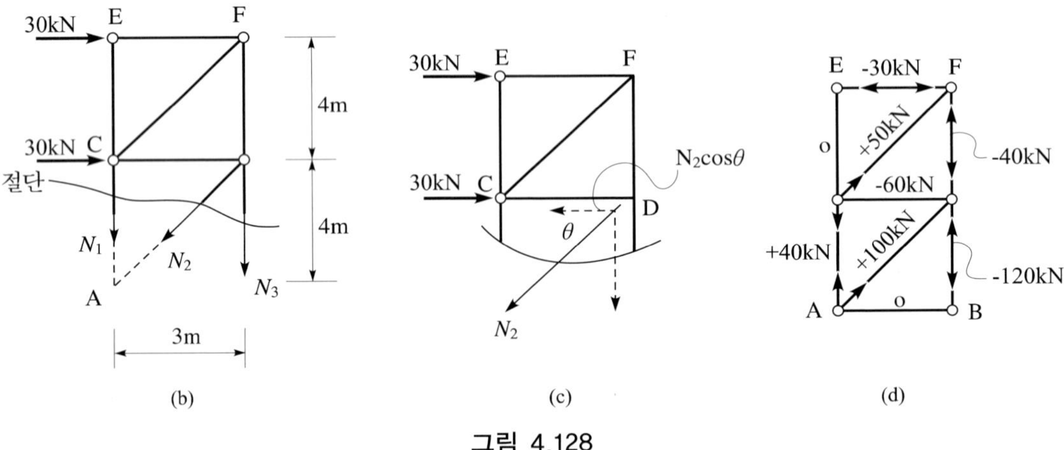

(b) (c) (d)

그림 4.128

풀이

부재력 N_1, N_3를 구하기 위하여 그림 (b)와 같이 절단하고 부재력을 모두 인장으로 가정한다.

$\Sigma M_D = 0$에서

$$30\text{kN} \times 4\text{m} - N_1 \times 3\text{m} = 0$$

$$\therefore N_1 = 40\text{kN}(\text{인장})$$

$\Sigma M_A = 0$

$$30\text{kN} \times 8\text{m} + 30\text{kN} \times 4\text{m} + N_3 \times 3\text{m} = 0$$

$$\therefore N_3 = -120\text{kN}(\text{압축})$$

부재력 N_2를 구하기 위하여 그림 (c)와 같이 미지의 부재력 N_2를 수직과 수평방향으로 분해하여 생각하면 수평분해력은 $N_2\cos\theta$가 되고 $\cos\theta$의 값은 직선의 길이 $\overline{AD}=\sqrt{3^2+4^2}=5\text{m}$ 이므로 $\cos\theta=\frac{3}{5}$이 된다.

$$\sum H=0$$

$$30\text{kN}+30\text{kN}-N_2\cos\theta=0$$

$$60\text{kN}-N_2\times\frac{3}{5}=0$$

$$\therefore N_2=60\text{kN}\times\frac{5}{3}=100\text{kN}\,(\text{인장})$$

같은 방법으로 트러스의 전체부재력을 구하여 응력도를 그리면 그림 (d)와 같이 된다.

예제 4.64

다음 트러스의 응력을 구하라.

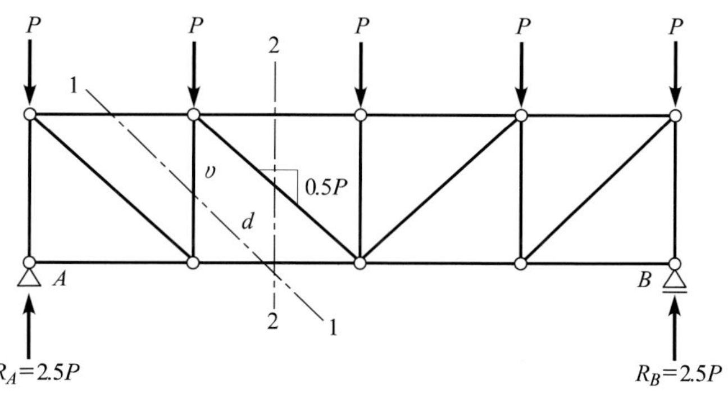

그림 4.129

풀이

평행한 트러스의 웨브재의 응력을 구하는 데는 절단된 구면에 대해 전단력에 대한 평형조건 $\sum V=0$을 생각하여 부재응력을 구하는 것이 편리하다.

예를 들어 1-1 단면의 좌측부분에 대해 평형조건을 생각하면 상·하현재(수평부재)에는 수직분력이 없으므로

$\sum V=R_A-P-v=0$, $v=1.5P$ (압축)가 된다. 또한 2-2 단면에 대해 $\sum V=0$을 생각하면 $R_A-P-P=0.5P$(인장)가 d의 수직분력이 된다.

예제 4.65

다음 와렌트러스의 부재력을 구하라.

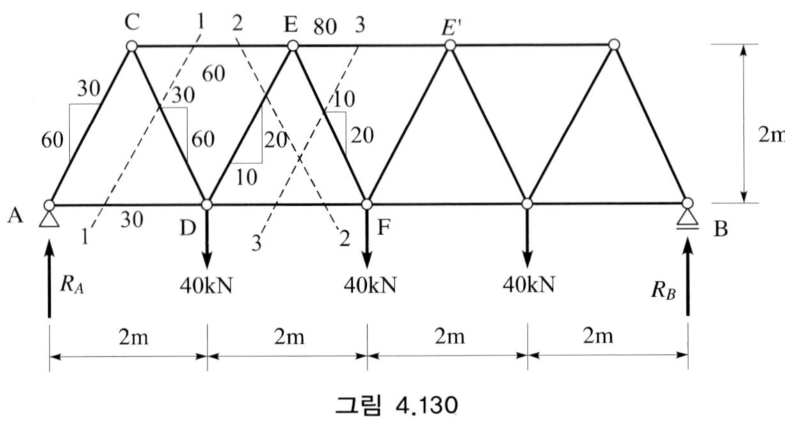

그림 4.130

풀이

$R_A = R_B = 60\text{kN}$

절점 A에서 AC부재응력(압축)의 수직분력은 60kN이고, 부재의 기울기(2 : 1)로부터 수평분력은 30kN임을 알 수 있다. 따라서 AD부재응력(인장)은 30kN이다.

다음 1-1 단면에 대해

$\Sigma V = 0$을 생각하면 CD부재응력(인장)의 수직 분력은 60kN이고, 수평분력은 30kN이다.

절점 C에서 $\Sigma H = 0$을 생각하면 CE부재응력(압축)은 $30 + 30 = 60\text{kN}$이 된다.

2-2 단면에 대해

$\Sigma V = 0$에서 DE부재응력(압축)의 수직분력은 $60 - 40 = 20\text{kN}$이고, 수평분력은 10kN이 된다.

또 $\Sigma M_E = 0$에서 $60 \times 3 - 40 \times 1 - (DF) \times 2 = 0$에서

$DF = 70\text{kN}$(인장)

3-3 단면에 대해

$\Sigma V = 0$을 생각하면 EF부재(인장)의 수직분력은 20kN이고 수평분력은 10kN이 된다.

또 $\Sigma M_F = 0$에서 $60 \times 4 - 40 \times 2 - (EE') \times 2 = 0$에서

$EE' = 80\text{kN}$(압축)

4.4.5 부재치환법

이 방법은 트러스의 응력을 보통의 방법으로 구할 수 없을 때에 부재의 조립방법을 일부 변경해서 그의 응력을 구한 후에 다시 조립방법을 원래대로 되돌려서 변경에 의해서 영향을 받은 부분을 수정하는 방법이다.

예제 4.66

그림 4.131과 같은 트러스의 부재응력을 부재치환법으로 구하여라.

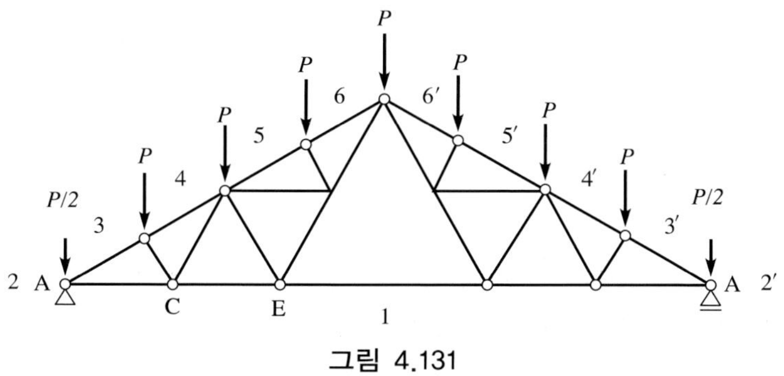

그림 4.131

풀이

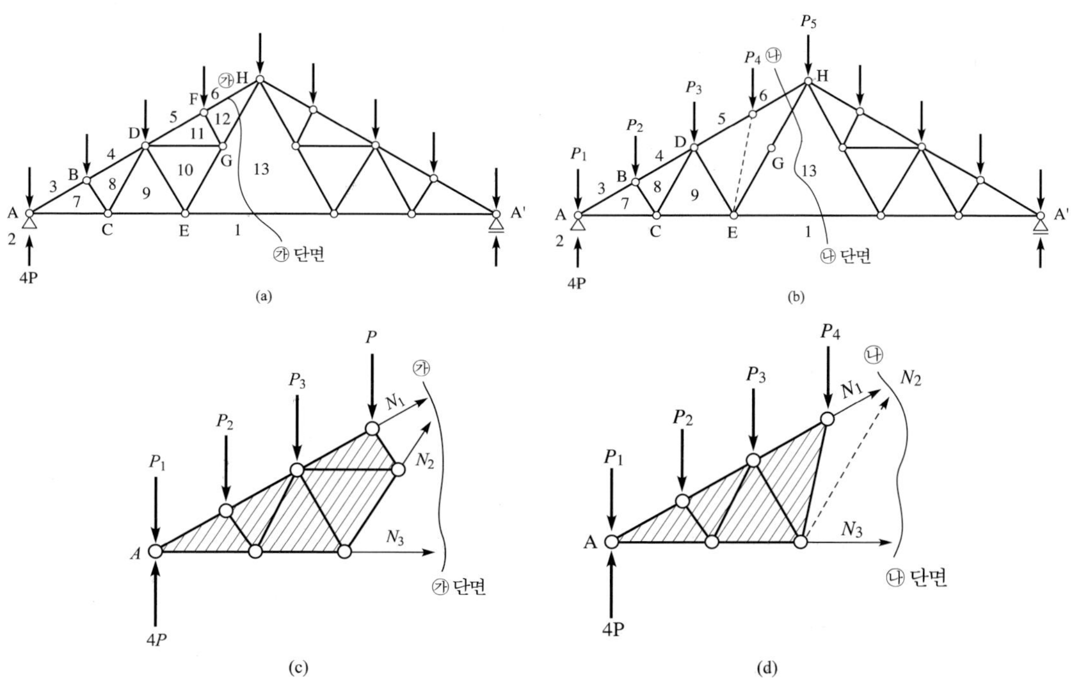

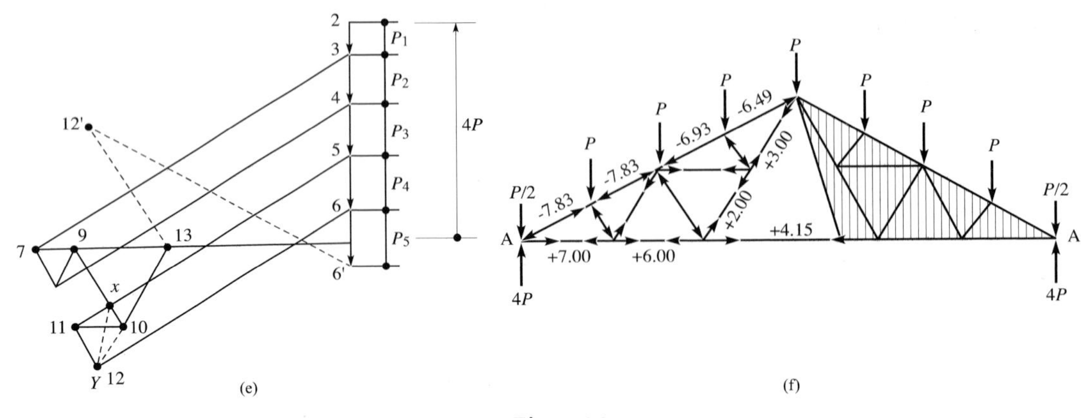

그림 4.132

격점 및 공간의 기호를 그림 (a)와 같이 기입하고 먼저 반력을 구한다. 대칭하중이므로

$$R_A = R_B = \frac{\text{전하중}}{2} = \frac{8P}{2} = 4P\,(\uparrow)$$

지점 A에서부터 격점 B, C, D의 차례로 그림 (e)와 같은 시력도를 그려서 부재응력을 구하여 가는 중 격점 D에 이르면 미지부재가 3개로 되어 시력도를 그릴 수 없게 된다. 그러므로 DG부재와 FG부재를 제거하고 그림 (b)에 파선으로 표시한 EF재를 임시로 대치해서 부재를 변경하여 놓고 계속해서 시력도 위에 D, F, E, H의 차례로 각 격점에 따라 시력도를 그리면 이때에 얻은 시력도상의 $\overline{6Y}$의 선분의 길이는 FH부재의 응력이고 시력도상의 $\overline{Y13}$의 선분의 길이는 GH부재의 응력과 같다. 즉 시력도에서 Y점과 12점은 같은 점이 된다. 왜냐하면 그림 (a)의 ㉮~㉮단면을 절단한 것을 그림 (c)라고 하고 그림 (b)의 ㉯~㉯단면을 절단한 것을 그림 (d)라 할 때 그림 (c)와 그림 (d)의 트러스구조에 작용하는 외력(하중, 반력)과 절단된 부재의 응력(N_1, N_2, N_3)의 평형조건식은 빗금을 친 부분의 부재 조합방법에 관계없이 서로 같게 되므로 그림 (c) 대신에 그림 (d)의 상태로 응력을 구해도 무방하게 되기 때문이다.

그러므로 위의 두 부재응력을 이미 아는 것으로 하고 대치되었던 EF재를 제거되었던 DG부재와 FG부재로 되돌려서 격점 F, D, G, E의 차례로 시력도를 그리면 구하려는 각 부재의 응력을 도해할 수 있으며 그림 (f)와 같은 부재력을 구할 수 있다.

▌연습문제 ▌

4.1 다음 그림과 같이 단순보에 집중하중이 작용할 경우의 전단력도와 휨모멘트도를 그려라.

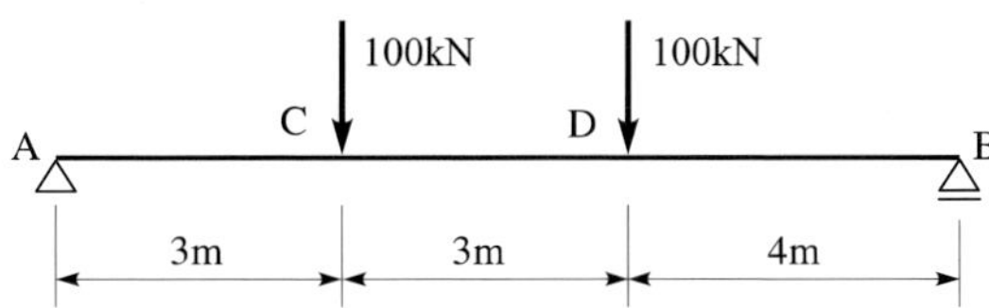

4.2 다음 그림과 같이 등분포하중을 받는 단순보의 전단력도와 휨모멘트도를 그려라.

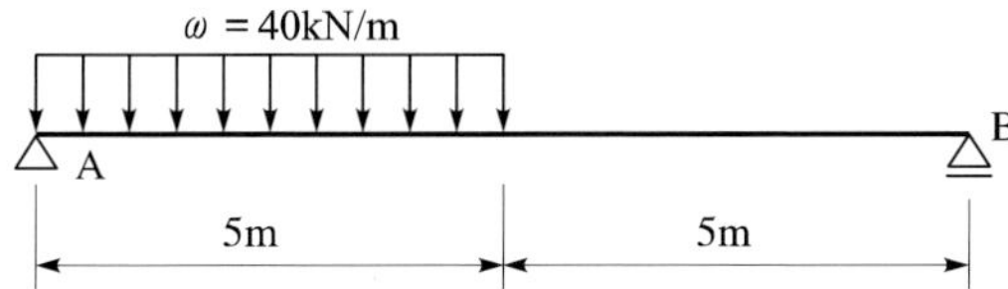

4.3 그림과 같이 하중을 받는 단순보의 전단력도와 휨모멘트도를 그리고 휨모멘트를 구하라.

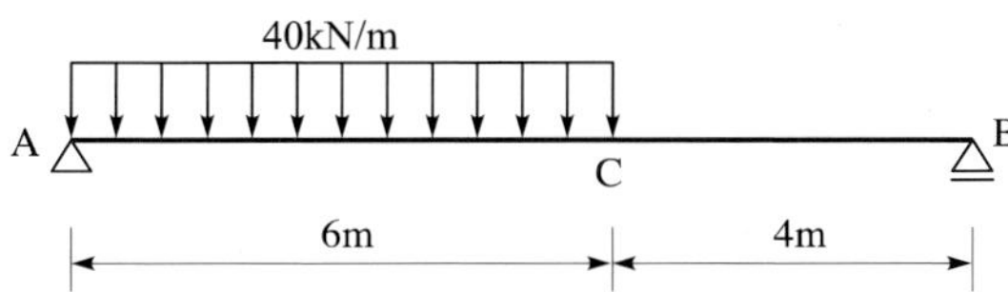

4.4 그림과 같이 하중을 받는 단순보의 전단력도와 휨모멘트도를 그려라.

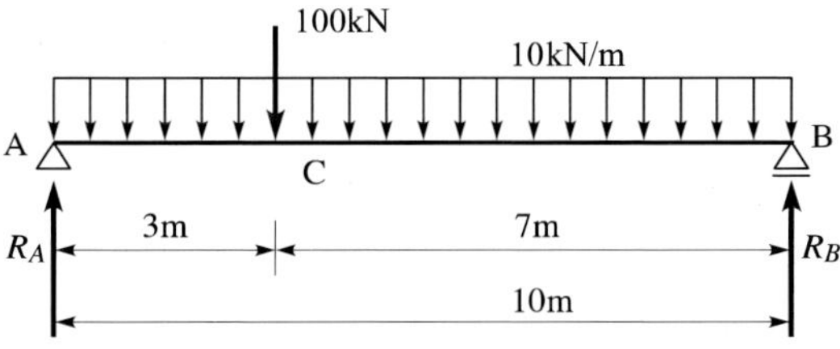

4.5 그림과 같이 등변분포하중을 받는 단순보의 C점에서의 전단력, 휨모멘트를 구하고 전단력도, 휨모멘트도를 그려라.

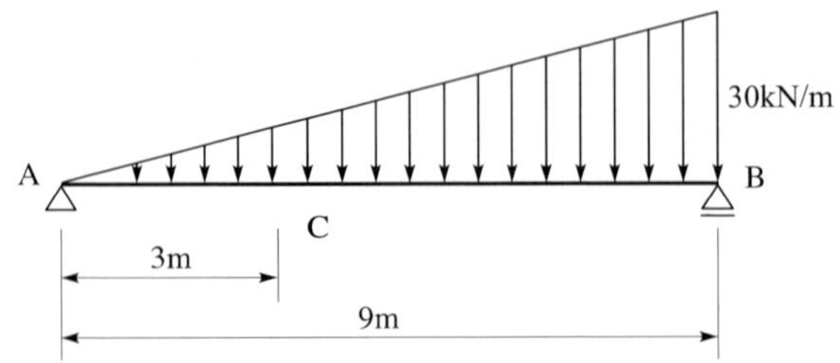

4.6 그림과 같이 C점에 모멘트 하중 100kN · m가 작용할 때 전단력도와 휨모멘트도를 그려라.

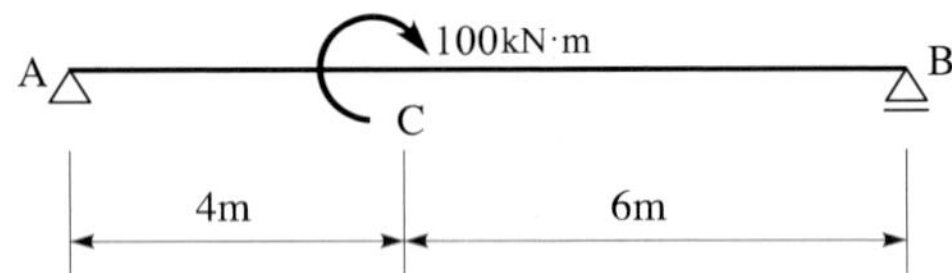

4.7 다음 그림과 같은 단순보의 전단력도와 휨모멘트도를 그리고 C점에서의 휨모멘트를 구하라.

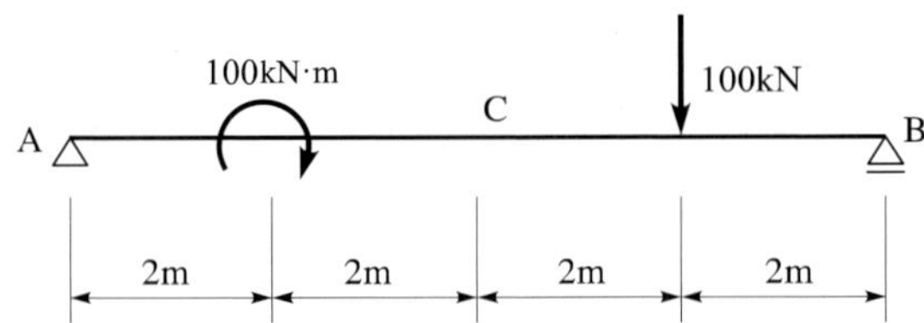

4.8 그림과 같이 하중을 받는 캔틸레버보의 전단력도와 휨모멘트도를 그려라.

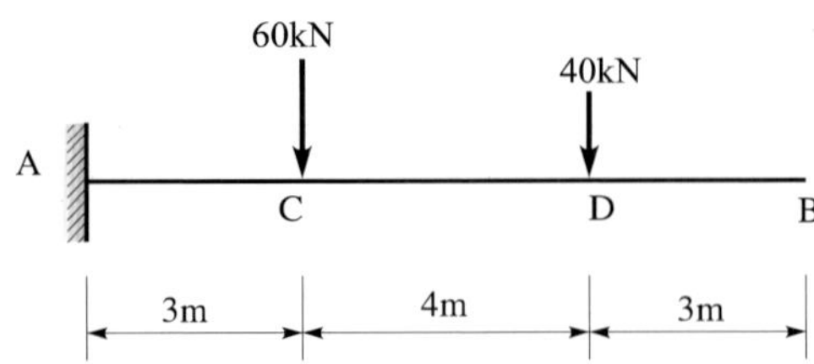

4.9 다음 그림과 같은 캔틸레버형 라멘의 축력도, 전단력도, 휨모멘트를 그려라.

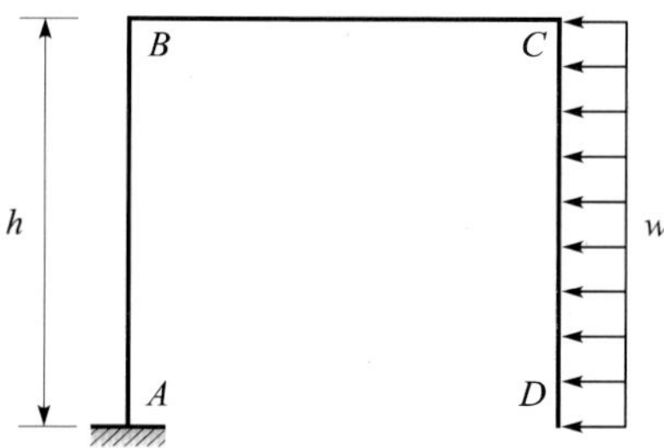

4.10 다음 트러스에서 BD부재의 응력을 구하라.

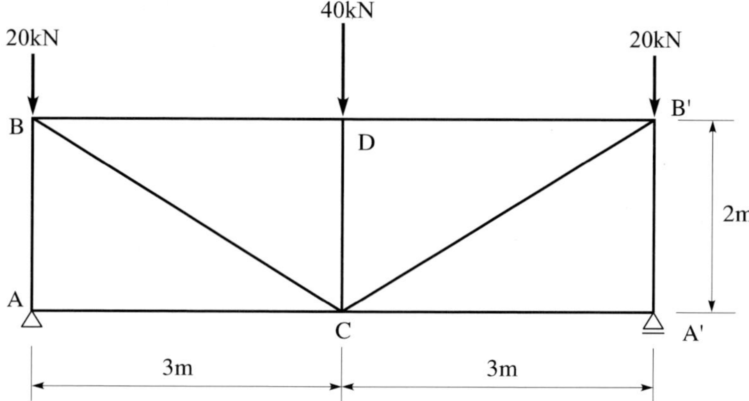

제5장 단면의 성질

5.1 도심(center of figure)과 중심(center of gravity)

5.1.1 중심(center of gravity)

1. 중심의 정의

물체들은 수많은 질점들로 구성되어 있으며 질점에 대한 지구의 인력을 질점의 무게(Weight, $w = \mathrm{mg}$)라고 한다. 또한 이들 질점의 무게는 지구 중심쪽으로 작용한다.

물체가 임의의 공간에 있을 때 총 무게의 작용선의 위치는 공간에서 평행한 힘에 대한 모멘트 원리에 의하여 결정할 수 있다.

물체가 공간에서 회전하면 각 질점의 무게는 동일한 위치에 있지 않기 때문에 총무게가 작용하는 위치에 따라 달라지게 된다. 그러나 물체가 어떤 방향을 향하여도 물체의 총무게는 물체 내 또는 물체 외부의 한 지점을 통과하게 되며 이 점을 중심(center of gravity)이라고 한다.

2. 중심의 위치결정

물체는 무수히 많은 질점들로 구성되어 있기 때문에 그 중심의 위치를 결정하기가 상당히 복잡하다.

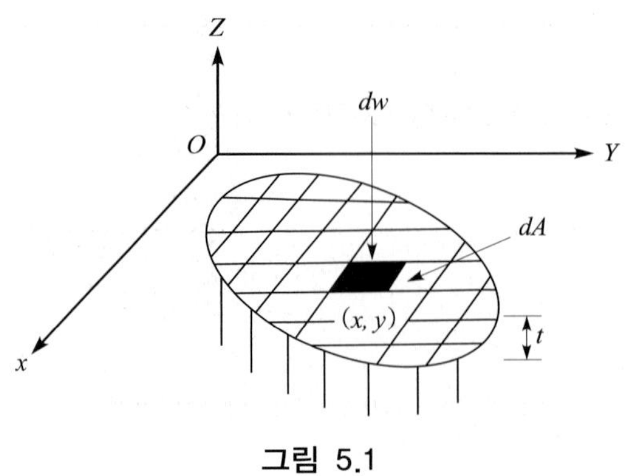

그림 5.1

예를 들어 그림 5.1과 같은 판의 총무게는 무수히 많은 작은 요소들로 이루어져 있다고 생각할 수 있는데 여기서 요소의 무게(dw)는

$$dw = -k\rho g t dA$$

여기서, ρ는 밀도(단위체적당 질량), g는 중력가속도, t는 판의 두께, dA는 요소의 면적이다.

따라서, 판의 총무게(W)는

$$W = -wk = \int dw = -k\int \rho g t d A \text{이고,}$$

요소무게의 원점에 대한 모멘트(dM_0)는

$$dM_0 = (\xi + yj) \times dw = (\xi + yj) \times (-k\rho g t dA)$$

$$= x\rho g t dA j - y\rho g t dA i$$

따라서, 총무게의 원점 0에 대한 모멘트의 합은

$$M_0 = j\int x\rho g t dA - i\int y\rho g t dA \tag{5.1}$$

이다.

xy평면에서 총무게의 중심위치는 모멘트 원리를 이용하여 구할 수 있다. 총 무게의 중심위치를($x_{G,}$ y_G)라고 하면, 원점 0에 대한 모멘트는

$$M_0 = (x_G i + y_G j) \times (-\omega k) = x_G \omega i j - y_G \omega i \tag{5.2}$$

이다.

식 (5.1)과 (5.2)는 서로 대응되므로

$$x_G \cdot w = \int x\rho gtdA \text{ 로부터}$$

$$x_G = \frac{\int x\rho gtdA}{\int \rho gtdA}$$

$$y_G \cdot w = \int y\rho gtdA \text{ 로부터}$$

$$y_G = \frac{\int y\rho gtdA}{\int \rho gtdA} \tag{5.3}$$

따라서, 중심(x_G, y_G)은 식 (5.3)으로부터 구할 수 있다.

5.1.2 단면1차모멘트와 도심(center of figure)

1. 도심

면적에 대한 기하학적 중심위치로서 한 점을 지나는 임의의 직교하는 두 축 (nx, ny)에 대해 주어진 평면형의 단면1차모멘트가 모두 0일 때, 이 점을 그 평면도형의 도심이라고 한다.

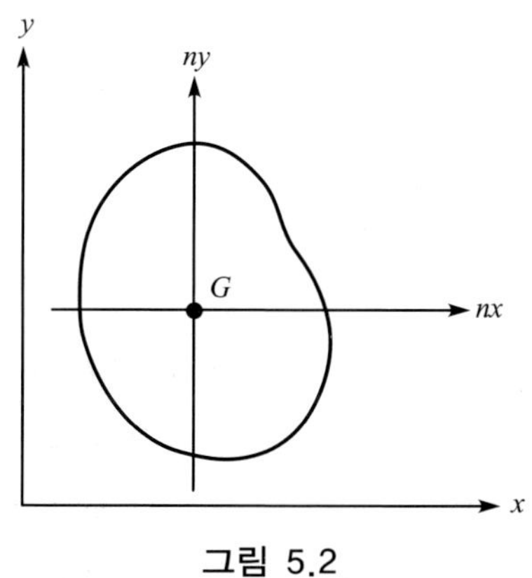

그림 5.2

그림 5.3으로부터 두께와 밀도가 일정한 경우 도심과 중심은 일치하지만 두께 또는 밀도가 일정하지 않은 경우 도심과 중심은 다른 위치에 놓이게 됨을 알 수 있다.

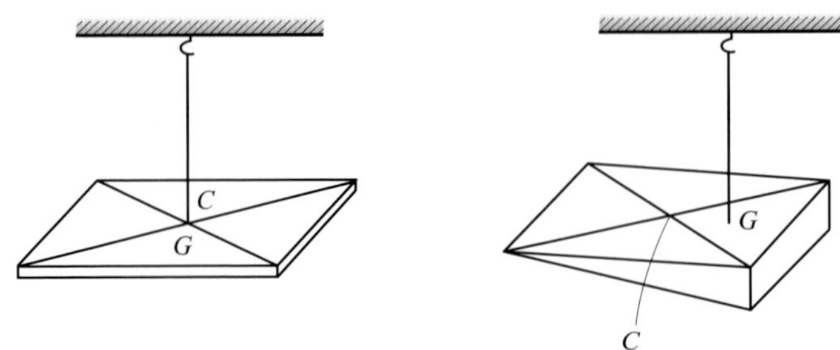

그림 5.3

2. 단면1차모멘트

단면1차모멘트는 도심의 계산이나 보의 전단응력도 등을 구하는데 필요한 요소로서 거리와 면적의 곱으로 정의된다.

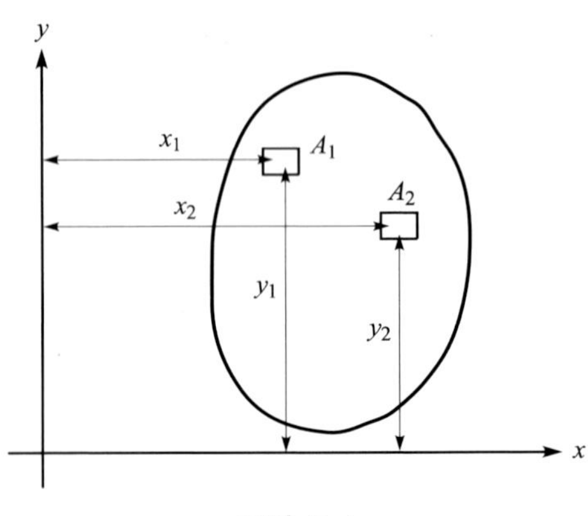

그림 5.4

x축에 대한 단면1차모멘트

$$Q_x = A_1 y_1 + A_2 y_2 + \cdots\cdots + A_n y_n$$

$$= \Sigma A_n y_n = \int y \cdot dA \, (\mathrm{mm}^3)$$

y축에 대한 단면1차모멘트

$$Q_y = A_1 x_1 + A_2 x_2 + \cdots\cdots + A_n \cdot x_n$$

$$= \Sigma A_n x_n = \int x \cdot dA \, (\mathrm{mm}^3) \qquad (5.4)$$

예제 5.1

다음 그림과 같은 장방형 단면의 x축에 대한 단면1차모멘트를 구하라.

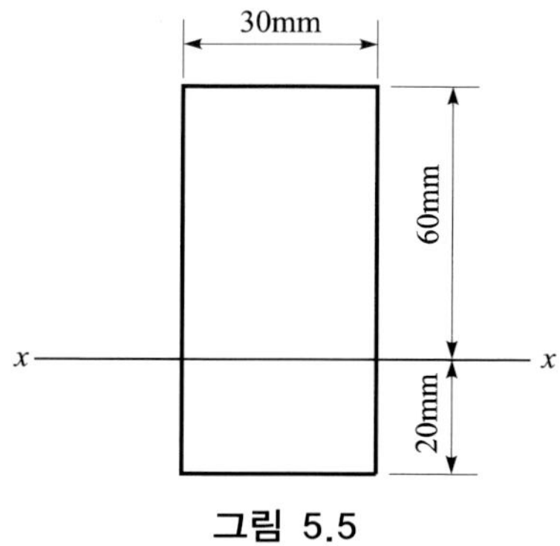

그림 5.5

풀이

(a) 그림과 같이 전단면적에 대해 생각하면

$A = 30\text{mm} \times 80\text{mm} = 2{,}400\text{mm}^2$

$y = \dfrac{80\text{mm}}{2} - 20\text{mm} = 20\text{mm}$

$\therefore Q_x = Ay = 2{,}400\text{mm}^2 \times 20\text{mm} = 48{,}000\text{mm}^3$

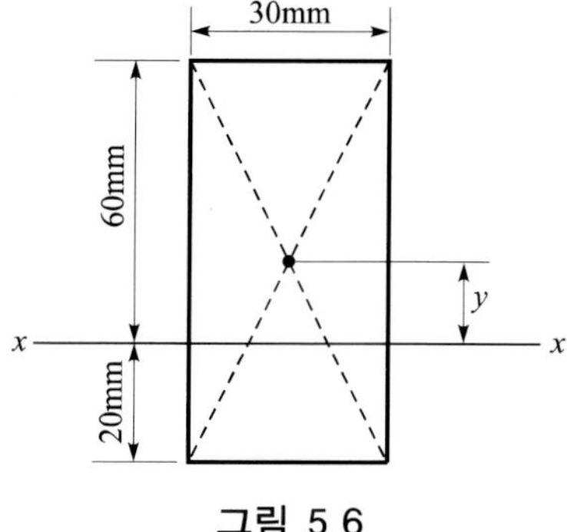

그림 5.6

(b) 그림과 같이 x축 상부 A_1과 하부 A_2로 분해하여 생각하면

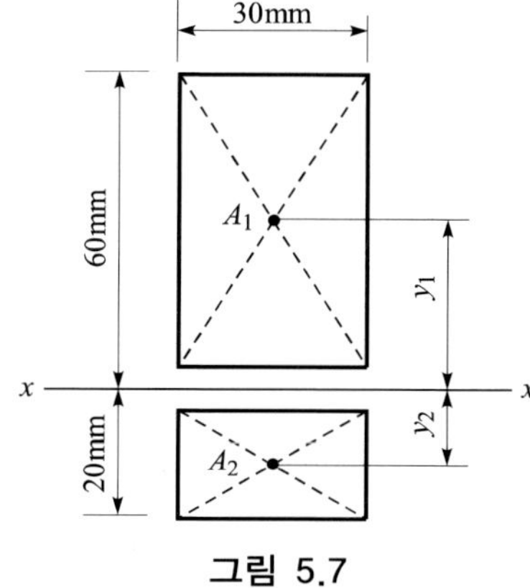

그림 5.7

$A_1 = 30\text{mm} \times 60\text{mm} = 1{,}800\text{mm}^2$

$A_2 = 30\text{mm} \times 20\text{mm} = 600\text{mm}^2$

$y_1 = \dfrac{60\text{mm}}{2} = 30\text{mm}$

$y_2 = \dfrac{-20\text{mm}}{2} = -10\text{mm}$

$Q_x = A_1 y_1 + A_2 y_2$

$= 1{,}800\text{mm}^2 \times 30\text{mm} + 600\text{m}^2 \times (-10\text{mm}) = 48{,}000\text{mm}^3$

예제 5.2

다음 그림과 같은 삼각형 단면의 x축에 대한 단면 1차모멘트를 구하라.

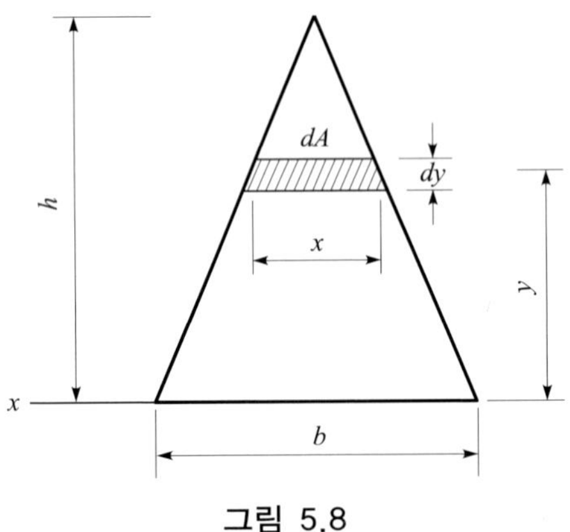

그림 5.8

풀이

$x = b \cdot \left(\dfrac{h-y}{h}\right)$ 이고

$x \cdot dy = b \cdot \left(\dfrac{h-y}{h}\right) \cdot dy$ 이므로

$Q_x = \displaystyle\int_0^h y dA$ 에서 $Q_x = \dfrac{b}{h}\displaystyle\int_0^h y(h-y)dy$

$= \dfrac{b}{h}\left[\dfrac{hy^2}{2} - \dfrac{y^3}{3}\right]_0^h = \dfrac{bh^2}{6}$

3. 도심의 계산

그림 5.9와 같이 단면 A의 X, Y축에 대한 단면1차모멘트 Q_X, Q_Y와 이 좌표축을 x_0, y_0 평행이동한 축 x, y 에 대한 단면1차모멘트 Q_x, Q_y 의 관계에 대해서 알아보면

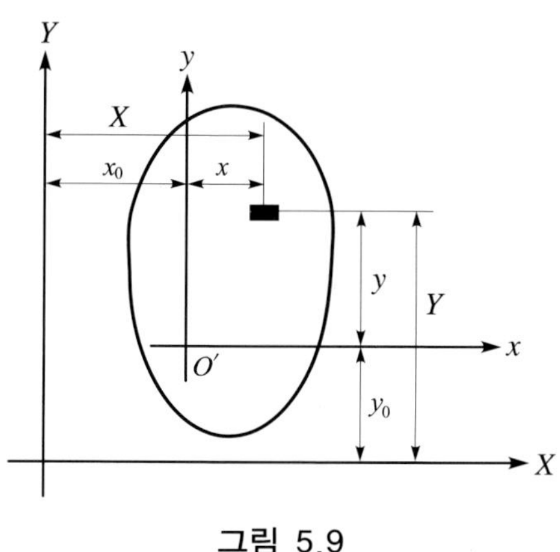

그림 5.9

$$x = X - x_0,\ y = Y - y_0$$

$$Q_x = \int y \cdot dA = \int_A YdA - \int_A y_0 dA$$

$$= Q_X - y_0 A$$

같은 방법으로

$$Q_y = Q_Y - x_0 \cdot A$$

위 그림에서 원점 O'가 도심이라면 $Q_x = Q_y = 0$이 되고, 따라서, 아래 식과 같이 표현된다.

$$Q_x = Q_X - y_0 A = 0$$

$$\therefore y_0 = \frac{Q_X}{A} \tag{5.5}$$

마찬가지로

$$Q_y = Q_Y - x_0 A = 0$$

$$\therefore x_0 = \frac{Q_Y}{A} \tag{5.6}$$

예제 5.3

그림과 같은 단면의 도심을 구하라.

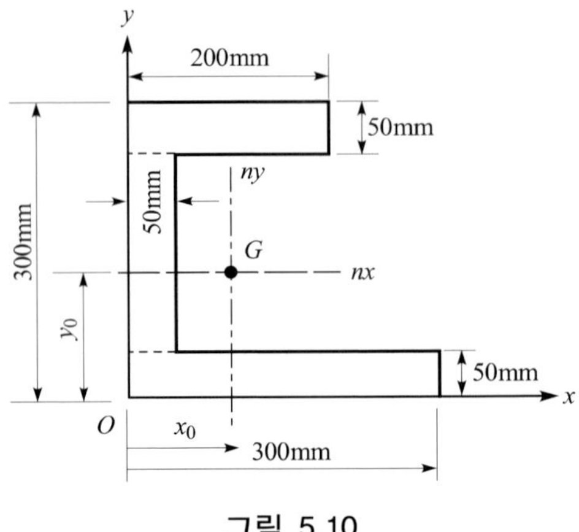

그림 5.10

풀이

주어진 단면을 3개의 장방형 단면으로 나누어 생각할 수 있다.

$$x_0 = \frac{Q_y}{A} = \frac{200 \times 50 \times 100 + 50 \times 200 \times 25 + 300 \times 50 \times 150}{200 \times 50 + 50 \times 200 + 300 \times 50} = 100\text{mm}$$

$$y_0 = \frac{Q_x}{A} = \frac{200 \times 50 \times 275 + 50 \times 200 \times 150 + 300 \times 50 \times 25}{200 \times 50 + 50 \times 200 + 300 \times 50} = 132\text{mm}$$

예제 5.4

그림과 같은 T형 단면의 밑변으로부터 도심 G까지의 수직거리 y_0을 구하라.

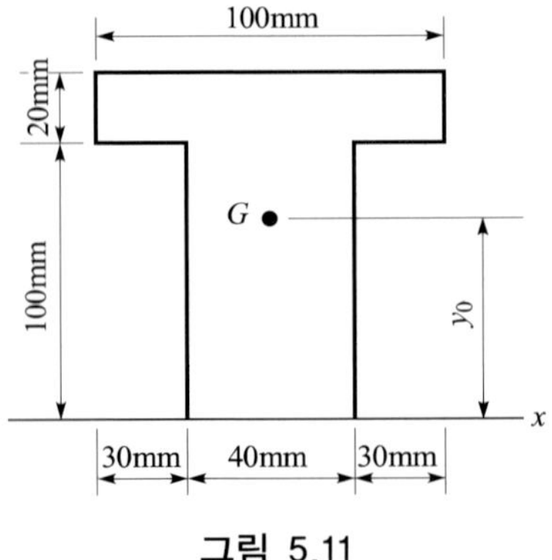

그림 5.11

풀이

주어진 단면을 두 개의 장방형 단면 A_1과 A_2로 나누어 생각한다.

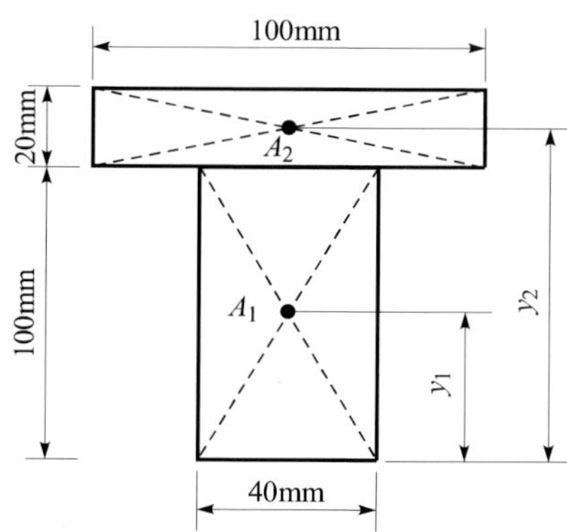

그림 5.12

$A_1 = 40\text{mm} \times 100\text{mm} = 4{,}000\text{mm}^2$,　　$A_2 = 20\text{mm} \times 100\text{mm} = 2{,}000\text{mm}^2$

밑변으로부터 A_1과 A_2의 거리 y_1, y_2는

$$y_1 = \frac{100\text{mm}}{2} = 50\text{mm},\quad y_2 = 100\text{mm} + \frac{20\text{mm}}{2} = 110\text{mm}$$

밑변으로부터 도심 G까지의 수직거리 y_0는

$$y_0 = \frac{A_1 y_1 + A_2 y_2}{A_1 + A_2} = \frac{4{,}000 \times 50 + 2{,}000 \times 110}{4{,}000 + 2{,}000} = 70\text{mm}$$

예제 5.5

다음 그림과 같은 L형 단면의 도심 $G(x_0,\ y_0)$를 구하라.

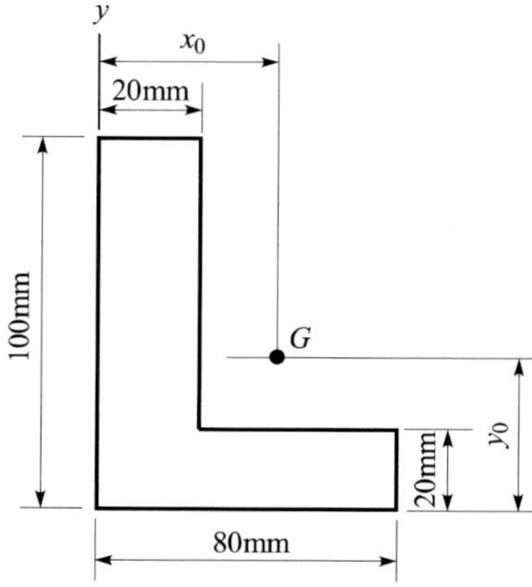

그림 5.13

풀이

아래 그림과 같이 단면 A_1과 A_2로 나누어 풀이한다. 단면 A_1에서

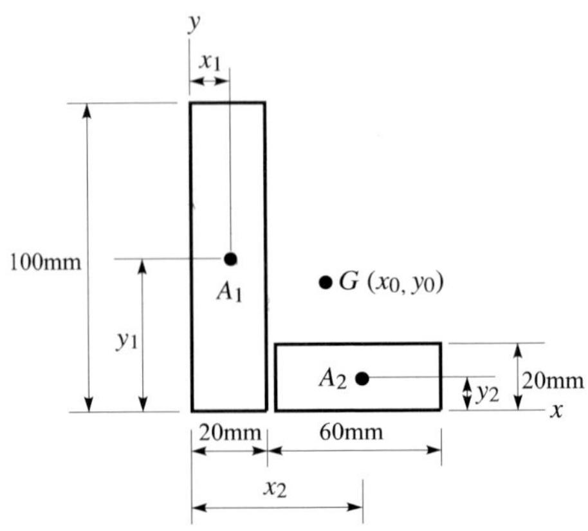

그림 5.14

$A_1 = 20\text{mm} \times 100\text{mm} = 2{,}000\text{mm}^2$　　　$A_2 = 60\text{mm} \times 20\text{mm} = 1{,}200\text{mm}^2$

$x_1 = 10\text{mm}$　　　$y_1 = 50\text{mm}$

$x_2 = 20\text{mm} + \dfrac{60\text{mm}}{2} = 50\text{mm}$　　　$y_2 = \dfrac{20\text{mm}}{2} = 1\text{mm}$

도심 G의 위치 x_0, y_0는

$$x_0 = \frac{A_1x_1 + A_2x_2}{A_1 + A_2} = \frac{2{,}000 \times 10 + 1{,}200 \times 50}{2{,}000 + 1{,}200} = 25\text{mm}$$

$$y_0 = \frac{A_1y_1 + A_2y_2}{A_1 + A_2} = \frac{2{,}000 \times 50 + 1{,}200 \times 10}{2{,}000 + 1{,}200} = 35\text{mm}$$

5.2 단면2차모멘트

단면2차모멘트는 강비(剛比), 처짐, 좌굴하중 및 휨응력도 등을 산정하는데 필요한 요소로서, 단면적과 거리 제곱과의 곱으로 나타내며, 단위는 거리의 4제곱이다.

따라서, 임의의 축에 대한 요소면적 dA의 단면2차모멘트는 요소면적 dA와 그 축으로부터 요소면적까지의 거리제곱의 곱으로 나타낸다.

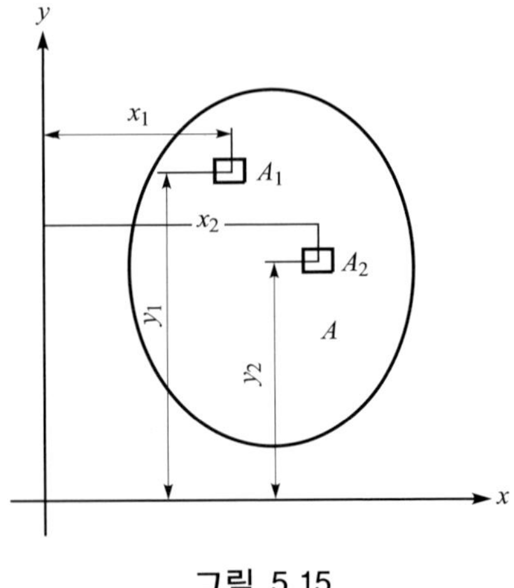

그림 5.15

x축에 대한 단면2차모멘트

$$I_x = A_1 \cdot y_1^2 + A_2 \cdot y_2^2 + \cdots\cdots + A_n \cdot y_n^2$$
$$= \Sigma A_n \cdot y_n^2$$
$$= \int y^2 \cdot dA(\mathrm{mm}^4) \quad (5.7)$$

y축에 대한 단면2차모멘트

$$I_y = A_1 \cdot x_1^2 + A_2 \cdot x_2^2 + \cdots\cdots + A_n \cdot x_n^2$$
$$= \Sigma A_n \cdot x_n^2$$
$$= \int x^2 \cdot dA(\mathrm{mm}^4) \quad (5.8)$$

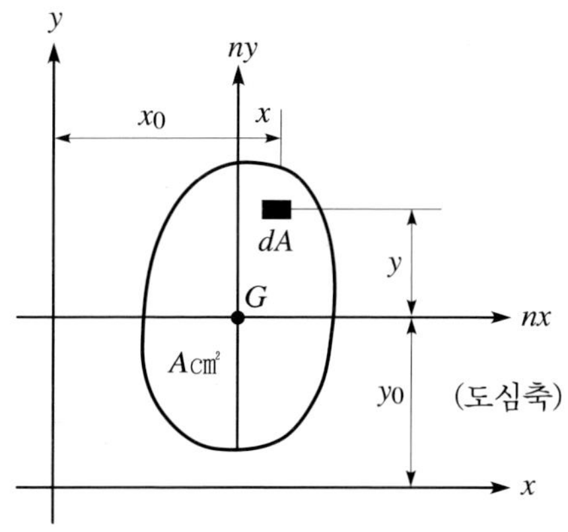

그림 5.16

도심축(nx)에 대한 단면2차모멘트를 I_{nx},도심축에서 y_0 만큼 떨어진 도심축에 평행인 축(x)에 대한 단면2차모멘트를 I_x로 하면

$$I_x = \int_A (y_0 + y)^2 dA$$
$$= \int_A (y_0^2 + 2y_0 y + y^2) dA$$
$$= \int_A y_0^2 \cdot dA + \int_A 2y_0 y \cdot dA + \int_A y^2 \cdot dA$$
$$= y_0^2 \int_A dA + 2y_0 \int_A y \cdot dA + \int_A y^2 \cdot dA$$
$$= y_0^2 A + (2y_0)(0) + I_{nx}$$

따라서, $I_x = I_{nx} + A \cdot y_0^2$ (5.9)

같은 방법으로 구하면

$$I_y = I_{ny} + A \cdot x_0^2 \quad (5.10)$$

1. 직사각형의 도심축에 대한 단면2차모멘트

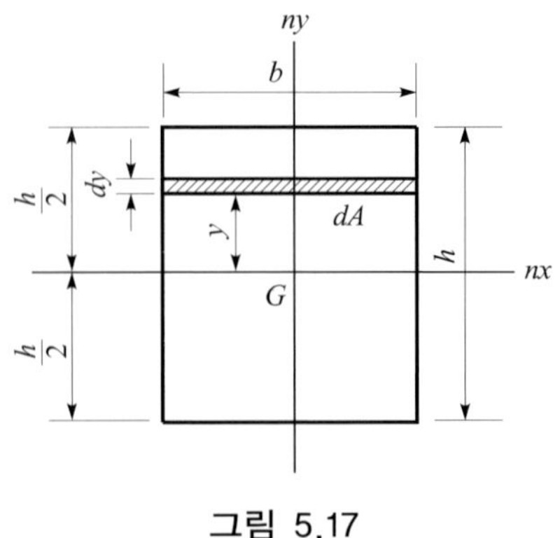

그림 5.17

nx축에 대한 단면2차모멘트는

$$I_{nx} = \int_{-\frac{h}{2}}^{\frac{h}{2}} y^2 \cdot dA = \int_{-\frac{h}{2}}^{\frac{h}{2}} y^2 b \cdot dy$$

$$= b\left[\frac{y^3}{3}\right]_{-\frac{h}{2}}^{\frac{h}{2}} = \frac{b}{3}\left(\frac{h^3}{8} + \frac{h^3}{8}\right)$$

$$= \frac{bh^3}{12} \qquad (5.11)$$

또한 ny축에 대한 단면2차모멘트는

$$I_{ny} = \frac{hb^3}{12} \qquad (5.12)$$

2. 삼각형의 도심축에 대한 단면2차모멘트

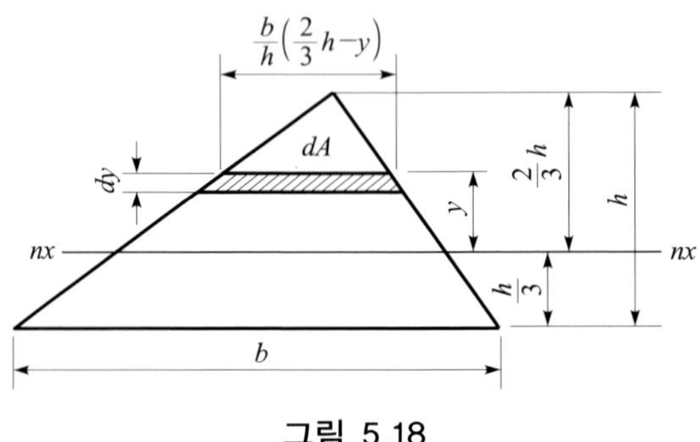

그림 5.18

그림 5.18에서

$$I_{nx} = \int_{-\frac{h}{3}}^{\frac{2h}{3}} y^2 \cdot dA = \int_{-\frac{h}{3}}^{\frac{2h}{3}} y^2 \cdot \frac{b}{h}\left(\frac{2}{3}h - y\right)dy = \frac{b}{h}\left[\frac{2h}{9}y^3 - \frac{1}{4}y^4\right]_{-\frac{h}{3}}^{\frac{2h}{3}}$$

$$= \frac{bh^3}{36} \qquad (5.13)$$

3. 원의 도심축에 대한 단면2차모멘트

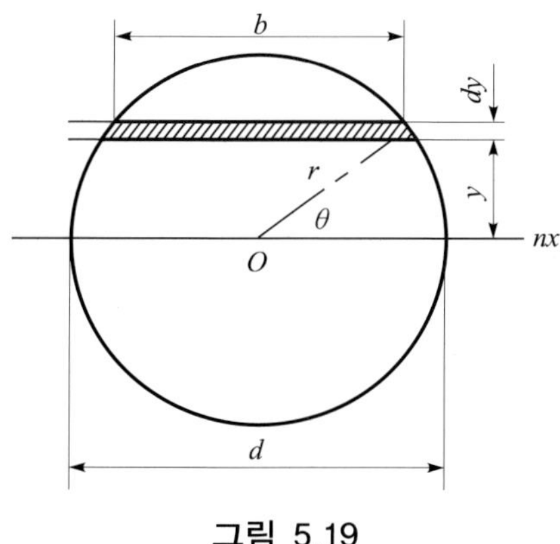

그림 5.19

그림 5.19와 같이 nx축에 평행으로 미소단면적 $dA = b \cdot dy$를 취한다. 그림에서

$b = 2r\cos\theta$이고

$y = r\sin\theta$로부터

$$\frac{dy}{d\theta} = r\cos\theta$$

$$I_{nx} = \int_{-r}^{r} y^2 \cdot dA = 2\int_{0}^{r} y^2 \cdot dA = 2\int_{0}^{r} y^2 \cdot b \cdot dy$$

$$= 2\int_{0}^{\frac{\pi}{2}} (r^2\sin^2\theta)(2r\cos\theta)(r\cos\theta \cdot d\theta)$$

$$= r^4\int_{0}^{\frac{\pi}{2}} 4\sin^2\theta \cdot \cos^2\theta \cdot d\theta = r^4\int_{0}^{\frac{\pi}{2}} \sin^2 2\theta \cdot d\theta$$

$$= r^4\int_{0}^{\frac{\pi}{2}} \frac{1-\cos 4\theta}{2} d\theta = \frac{r^4}{2}\left[\theta - \frac{\sin 4\theta}{4}\right]_0^{\frac{\pi}{2}}$$

$$= \frac{\pi r^4}{4} = \frac{\pi d^4}{64} \tag{5.14}$$

예제 5.6

그림 5.20에서 χ축에 대한 단면2차모멘트를 구하라.

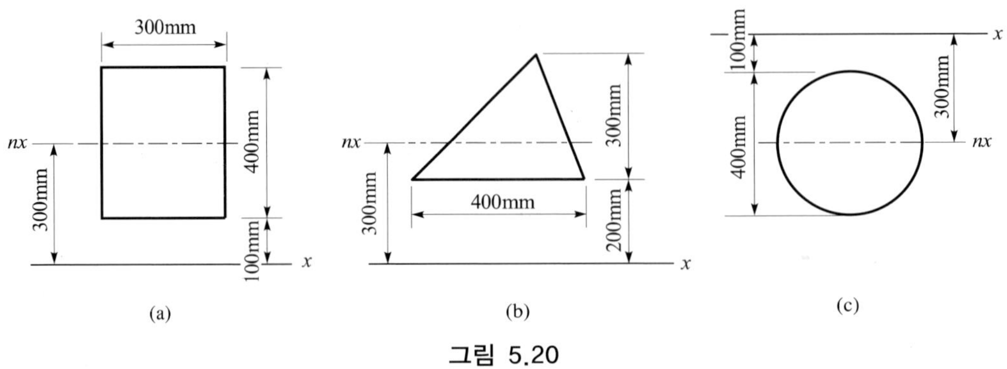

그림 5.20

풀이

• 그림 (a)의 해

$$I_x = I_{nx} + A \cdot y_0^2 = \frac{300 \times 400^3}{12} + (300 \times 400) \times 300^2 = 12{,}400{,}000{,}000\text{mm}^4$$

• 그림 (b)의 해

$$I_x = I_{nx} + A \cdot y_0^2 = \frac{400 \times 300^3}{36} + \left(400 \times 300 \times \frac{1}{2}\right) \times 300^2 = 5{,}700{,}000{,}000\text{mm}^4$$

• 그림 (c)의 해

$$I_x = I_{nx} + A \cdot y_0^2 = \frac{\pi \times 400^4}{64} + \frac{\pi \times 400^2}{4} \times (-300)^2 = 12{,}566{,}370{,}610\text{mm}^4$$

예제 5.7

그림 5.21 단면의 도심축(nx축)에 대한 단면2차모멘트를 구하라.

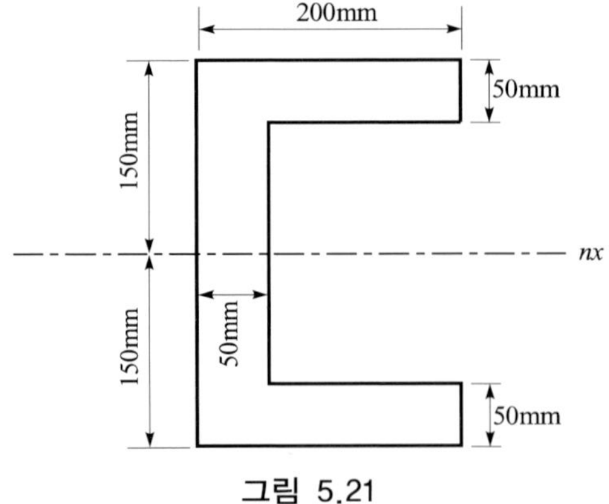

그림 5.21

풀이

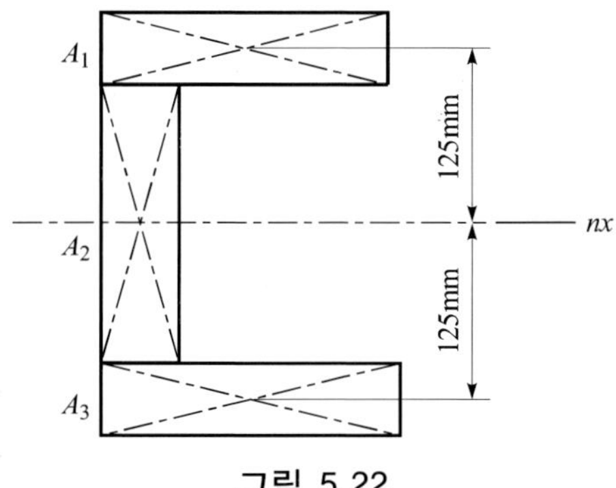

그림 5.22

주어진 단면은 직사각형 A_1, A_2, A_3의 집합체라고 생각하고 각각의 직사각형의 nx 축에 대한 단면2차모멘트를 구하여 합계한다.

A_1, A_2, A_3의 단면2차모멘트를 각각 I_{nx1}, I_{nx2}, I_{nx3}라 하면

$$I_{nx1} = \frac{200 \times 50^3}{12} + 200 \times 50 \times 125^2 = 158{,}333{,}333.33\text{mm}^4$$

$$I_{nx2} = \frac{50 \times 200^3}{12} = 3{,}333{,}333.33\text{mm}^4$$

$$I_{nx3} = I_{nx1} = 158{,}333{,}333.33\text{mm}^4$$

$$\therefore I_{nx} = I_{nx1} + I_{nx2} + I_{nx3}$$

$$= 2 \times 158{,}333{,}333.33 + 33{,}333{,}333.33 = 350{,}000{,}000\text{mm}^4$$

5.3 단면계수

단면계수는 휨모멘트가 작용하는 기둥이나 보에 있어서 최대 휨응력을 산정하는데 필요한 요소로서, 단면의 도심축에 관한 단면2차 모멘트를 축에서 단면의 양끝까지의 거리로 나눈 값으로 나타낸다.

상단의 단면계수 $S_c = \dfrac{I_{nx}}{y_c}(\text{mm}^3)$ (5.15)

하단의 단면계수 $S_t = \dfrac{I_{nx}}{y_t}(\text{mm}^3)$ (5.16)

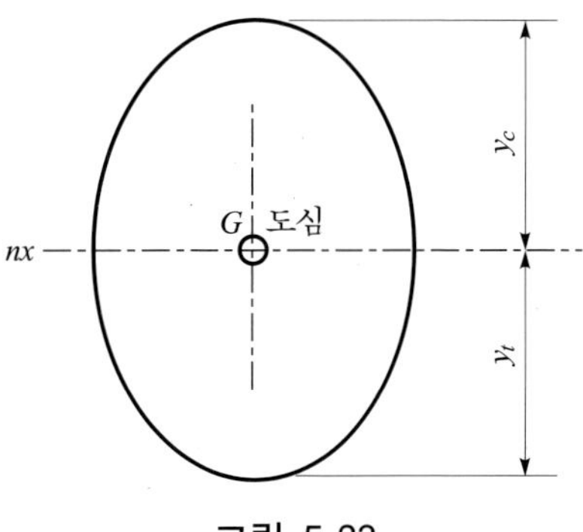

그림 5.23

1. 직사각형에 대한 단면계수

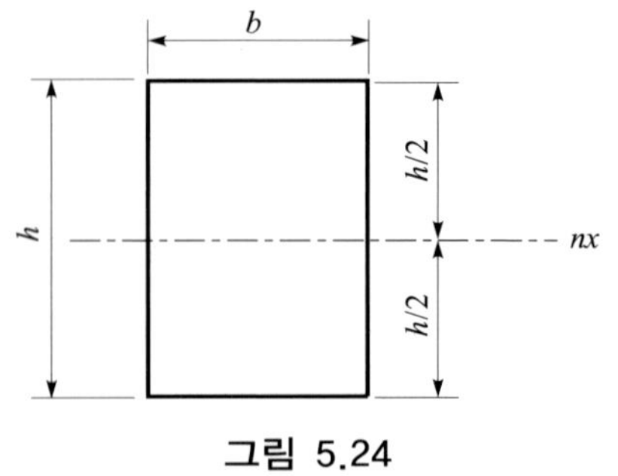

그림 5.24

$$y_c = y_t = \frac{h}{2}$$

$$I_{nx} = \frac{bh^3}{12}$$

$$S_c = S_t = \frac{\frac{bh^3}{12}}{\frac{h}{2}} = \frac{bh^2}{6} \tag{5.17}$$

2. 삼각형에 대한 단면계수

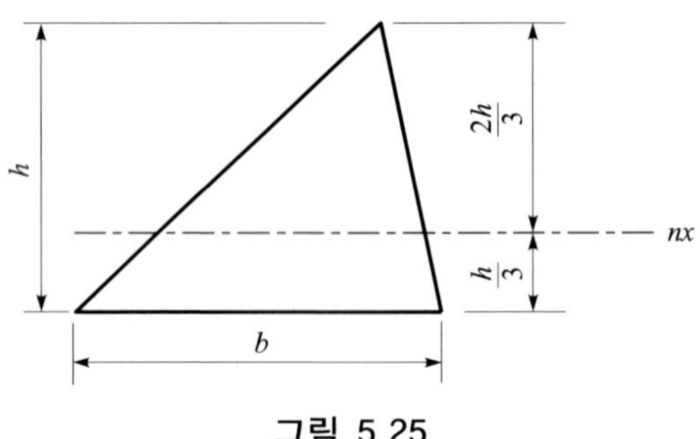

그림 5.25

$$y_c = \frac{2}{3}h, \quad y_t = \frac{1}{3}h, \quad I_{nx} = \frac{bh^3}{36}$$

$$S_c = \frac{\frac{bh^3}{36}}{\frac{2h}{3}} = \frac{bh^2}{24} \qquad S_t = \frac{\frac{bh^3}{36}}{\frac{h}{3}} = \frac{bh^2}{12} \tag{5.18}$$

3. 원에 대한 단면계수

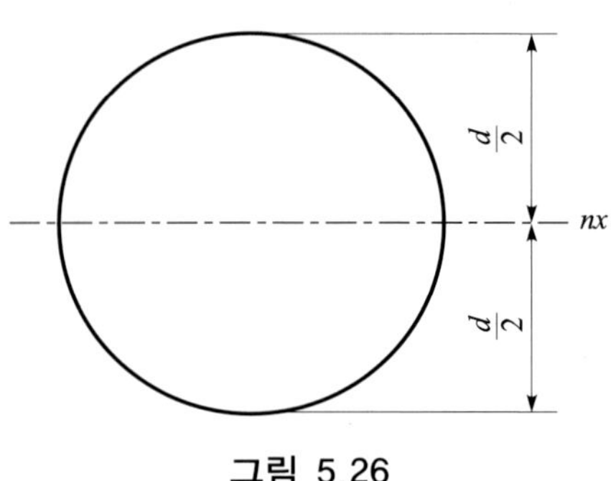

그림 5.26

$$y_c = y_t = \frac{d}{2}, \quad I_{nx} = \frac{\pi d^4}{64}$$

$$S_c = S_t = \frac{\frac{\pi d^4}{64}}{\frac{d}{2}} = \frac{\pi d^3}{32} \tag{5.19}$$

예제 5.8

그림 5.27과 같은 단면의 단면계수를 구하라.

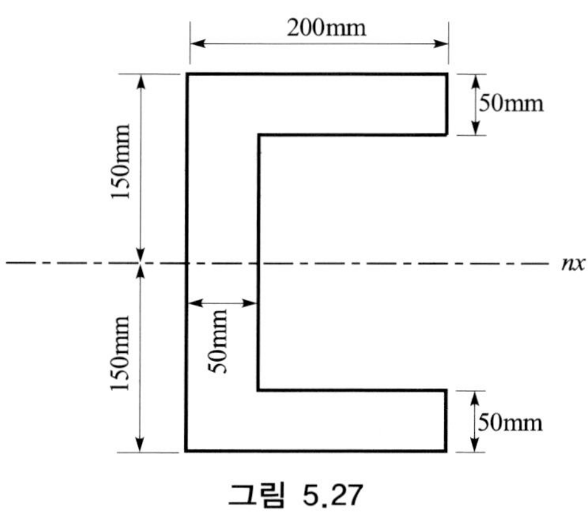

그림 5.27

풀이

A_1, A_2, A_3의 단면2차모멘트를 각각 I_{nx1}, I_{nx2}, I_{nx3}로 하면

$$I_{nx1} = \frac{200 \times 50^3}{12} + 200 \times 50 \times 125^2 = 158{,}333{,}333.33\text{mm}^4$$

$$I_{nx2} = \frac{50 \times 200^3}{12} = 33{,}333{,}333.33\text{mm}^4$$

$$I_{nx3} = I_{nx1} = 158{,}333{,}333.33\text{mm}^4$$

$$\therefore I_{nx} = I_{nx1} + I_{nx2} + I_{nx3}$$

$$= 2 \times 158{,}333{,}333.33 + 33{,}333{,}333.33$$

$$= 350{,}000{,}000\text{mm}^4$$

$$y = y_t = 150\text{mm}$$

$$\therefore S_c = S_t = \frac{I_{nx}}{y_c} = \frac{350000000}{150}$$

$$= 2{,}333{,}333.33\text{mm}^3$$

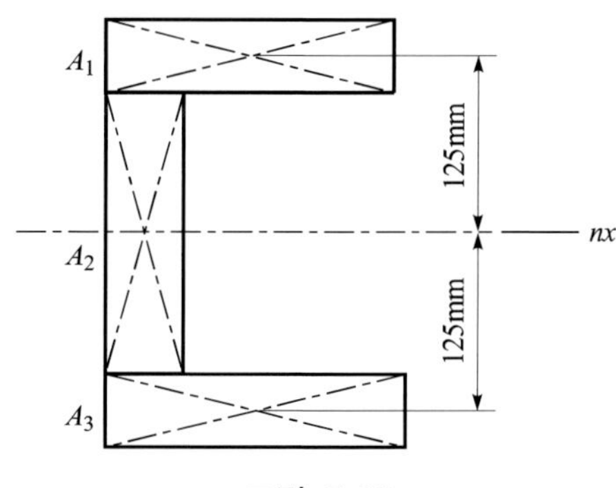

그림 5.28

5.4 회전반경과 핵점

1. **회전반경**(radius of gyration)

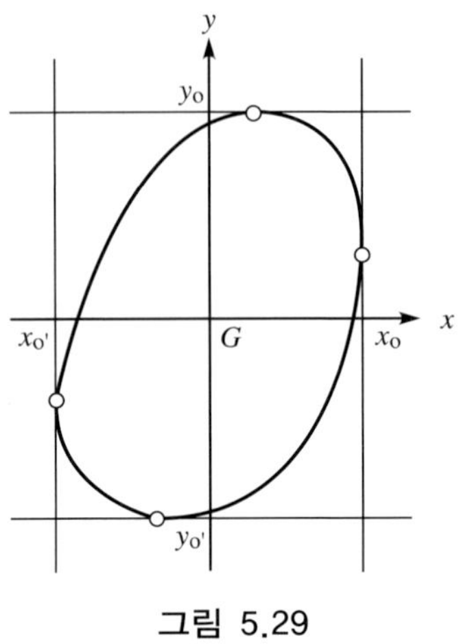

그림 5.29

한 축에 관한 단면2차모멘트를 그 단면적으로 나누어서 이것의 제곱근을 구한 값을 그 축에 대한 회전반경 또는 단면2차반경이라 하고 r로 표시하면

$$r_x = \sqrt{\frac{I_x}{A}}, \quad r_y = \sqrt{\frac{I_y}{A}} \tag{5.20}$$

단면적에 비해 길이가 긴 압축부재를 장주라고 한다. 장주는 압축력을 받으면 활모양으로 휘게 되어 파괴된다. 이와 같은 파괴의 형상을 좌굴(buckling)이라고 한다. 회전반경은 장주의 좌굴에 대한 강도와 깊은 관계를 가지고 있다. 장주의 계산에는 단면의 모든 축에 대한 회전반경중 최소 회전반경을 사용한다.

2. **핵점**(core point)

단면계수를 면적으로 나눈 값을 핵점이라 하고 K로 표시하면

$$K_c = \frac{S_c}{A}(\mathrm{mm})$$

$$K_t = \frac{S_t}{A}(\mathrm{mm}) \tag{5.21}$$

여기서, K_c, K_t : 위쪽, 아래쪽의 핵점

S_c, S_t : 상단, 하단의 단면계수

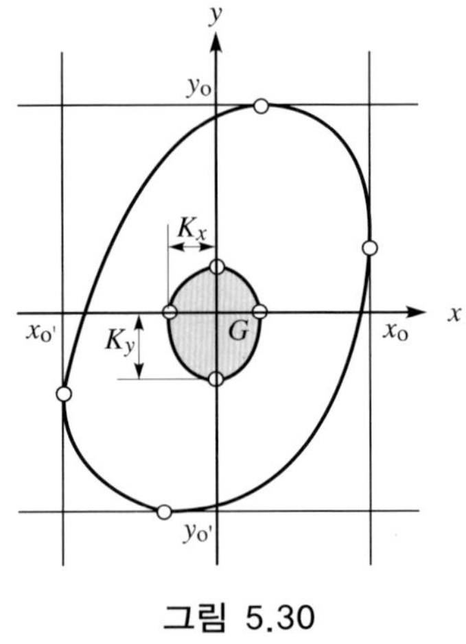

그림 5.30

단면적에 비해 길이가 짧은 압축부재를 장주와 비교해서 단주라고 한다. 단주는 단면의 어떤 점에 하중이 작용하느냐에 따라서 내부에 생기는 응력의 분포상태가 변화한다. 핵점을 이은 중심부의 영역을 핵(core)이라고 하는데, 이 핵 내에 하중이 작용하면 단주내부는 모두 압축응력이 생기고 핵밖에 하중이 작용하면 일부에 인장응력이 생긴다.

3. 직사각형의 회전반경과 핵점

회전반경 r는

$$r_x = \sqrt{\frac{I_x}{A}} = \sqrt{\frac{bh^3 / 12}{bh}} = \frac{\sqrt{3}}{6}h$$

$$r_y = \sqrt{\frac{I_y}{A}} = \sqrt{\frac{hb^3 / 12}{bh}} = \frac{\sqrt{3}}{6}b \qquad (5.22)$$

핵점 K는

$$K_y = \frac{S_x}{A} = \frac{bh^2 / 6}{bh} = \frac{h}{6}$$

$$K_x = \frac{S_y}{A} = \frac{hb^2 / 6}{bh} = \frac{b}{6} \qquad (5.23)$$

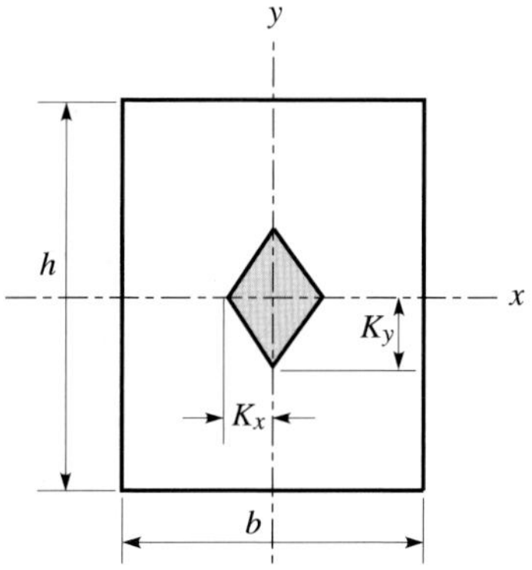

그림 5.31

핵은 그림 5.31과 같은 마름모가 된다.

4. 원의 회전반경과 핵점

회전반경 r는

$$r_x = r_y = \sqrt{\frac{I_x}{A}} = \sqrt{\frac{\frac{\pi d^4}{64}}{\frac{\pi d^2}{4}}} = \frac{d}{4} \qquad (5.24)$$

핵점 K는

$$S_c = S_t = \frac{\pi d^3}{32}$$

$$K_c = K_t = \frac{S}{A} = \frac{\frac{\pi d^3}{32}}{\frac{\pi d^2}{4}} = \frac{d}{8} \qquad (5.25)$$

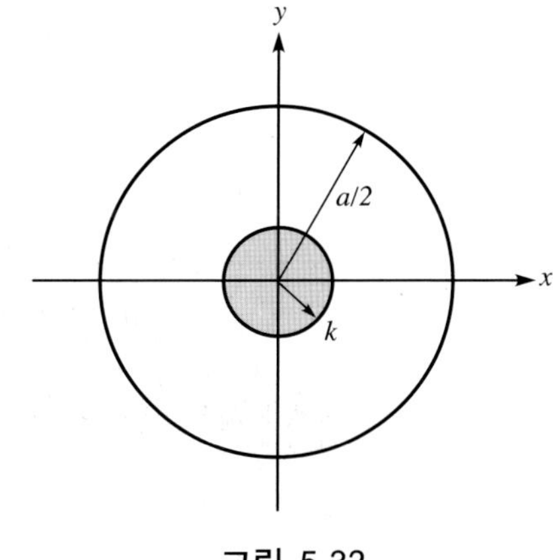

그림 5.32

핵은 반경 $\frac{d}{8}$의 원이 된다.

예제 5.9

그림 5.33에서 각각의 회전반경과 핵점을 구하라.

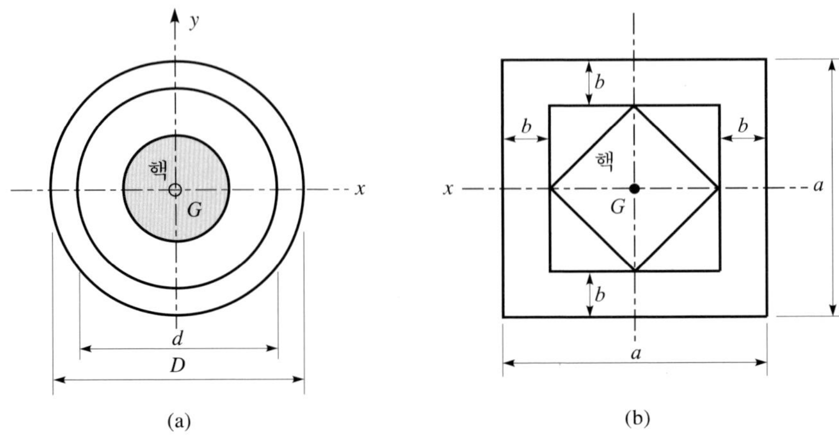

그림 5.33

풀이

〈그림 5.33(a) 원형단면〉

• 회전반경(r)

$$I=\frac{\pi D^4}{64}-\frac{\pi d^4}{64}=\frac{\pi}{64}(D^4-d^4)$$

$$A=\frac{\pi}{4}(D^2-d^2)$$

$$\therefore r=\sqrt{\frac{I}{A}}$$

$$=\sqrt{\frac{\pi}{64}(D^4-d^4)\ /\ \frac{\pi}{4}(D^2-d^2)}$$

$$=\frac{\sqrt{D^2+d^2}}{4}$$

• 핵점(K)

$$S=\frac{\frac{\pi}{64}(D^4-d^4)}{\frac{D}{2}}=\frac{\pi(D^4-d^4)}{32D}$$

$$\therefore K=\frac{S}{A}=\frac{\pi(D^4-d^4)}{32D}\cdot\frac{4}{\pi(D^2-d^2)}=\frac{D^2+d^2}{8D}$$

〈그림 5.33(b) 4각형 단면〉

• 회전반경(r)

$$I_{nx} = I_{ny} = \frac{a^4}{12} - \frac{(a-2b)^4}{12}$$

$$= \frac{1}{12}\{a^2 + (a-2b)^2\}\{a^2 - (a-2b)^2\}$$

$$A = a^2 - (a-2b)^2$$

$$r_x = r_y = \sqrt{\frac{I_{nx}}{A}} = \sqrt{\frac{\frac{1}{12}\{a^2 + (a-2b)^2\}\{a^2 - (a-2b)^2\}}{a^2 - (a-2b)^2}} = \sqrt{\frac{a^2 + (a-2b)^2}{12}}$$

• 핵점(K)

$$S_c = S_t = \frac{\frac{a^4 - (a-2b)^4}{12}}{\frac{a}{2}} = \frac{a^4 - (a-2b)^4}{6a}$$

$$K_c = K_t = \frac{S}{A} = \frac{a^4 - (a-2b)^4}{6a\{a^2 - (a-2b)^2\}} = \frac{a^2 + (a-2b)^2}{6a}$$

5.5 단면극 2차 모멘트(geometrical polar moment of inertia)

단면극 2차 모멘트는 보와 같이 비틀림을 받는 부재의 비틀림 응력을 산정하는데 사용되는 것으로, 단면의 미소면적 dA와 그 미소면적으로부터 원점까지의 거리 r의 제곱을 곱한 것을 전단면에 걸쳐 더한 것으로 나타낸다.

따라서, 단면극 2차 모멘트 I_P는

$$I_P = \int r^2 dA \tag{5.26}$$

여기에서 $r^2 = x_0^2 + y_0^2$이므로

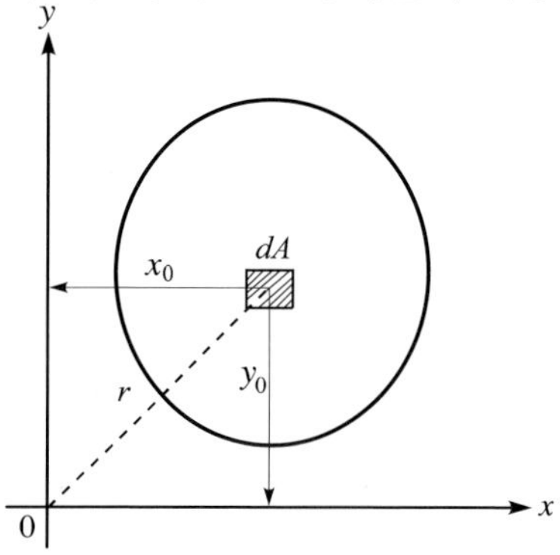

그림 5.34

$$I_P = \int (x_0^2 + y_0^2) dA = \int x_0^2 dA + \int y_0^2 dA$$

$$= I_{x0} + I_{y0} \tag{5.27}$$

단면극 2차 모멘트의 단위는 길이의 4제곱이며 부호는 항상 (+)가 된다.

예제 5.10

그림 5.35와 같은 단면에서 도심축(x_0, y_0)과 x, y축에 대한 단면극2차 모멘트를 구하라.

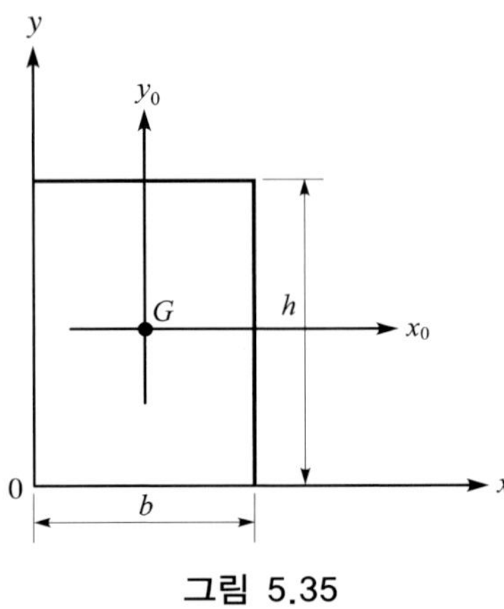

그림 5.35

풀이

도심축(x_0, y_0)에 대한 단면극2차 모멘트

$$I_P = I_{x0} + I_{y0} = \frac{bh^3}{12} + \frac{b^3h}{12} = \frac{bh}{12}(b^2 + h^2)$$

x, y축에 대한 단면극2차 모멘트

$$I_P = I_x + I_y = \frac{bh^3}{12} + \left(\frac{h}{2}\right)^2 \cdot bh + \frac{b^3h}{12} + \left(\frac{b}{2}\right)^2 \cdot bh = \frac{bh}{3}(b^2 + h^2)$$

5.6 단면상승모멘트(product moment inertia)

단면상승모멘트는 단면의 주축산정 및 최소 2차 반경 등 압축을 받는 장주의 설계에 이용되는 것으로, 단면의 미소면적으로부터 직교좌표의 두 축까지의 거리의 곱에 그 미소면적을 곱한 것을 전단면적에 걸쳐 더한 것으로 나타낸다.

x, y축에 대한 단면상승모멘트 I_{xy}는

$$I_{xy} = A_1 \cdot x_1 \cdot y_1 + A_2 \cdot x_2 \cdot y_2 + \cdots\cdots + A_n \cdot x_n \cdot y_n$$

$$= \sum A_n \cdot x_n \cdot y_n$$

$$= \int_A x \cdot y \cdot dA(\mathrm{mm}^4) \qquad (5.28)$$

단면상승모멘트의 단위는 길이의 4제곱이지만 그 값이 (+)가 될 수도 있고 (−)가 될 수도 있다. 단면이 대칭형이고 x, y축 중 어느 한 축이 그 대칭축일 때 $I_{xy}=0$이 된다.

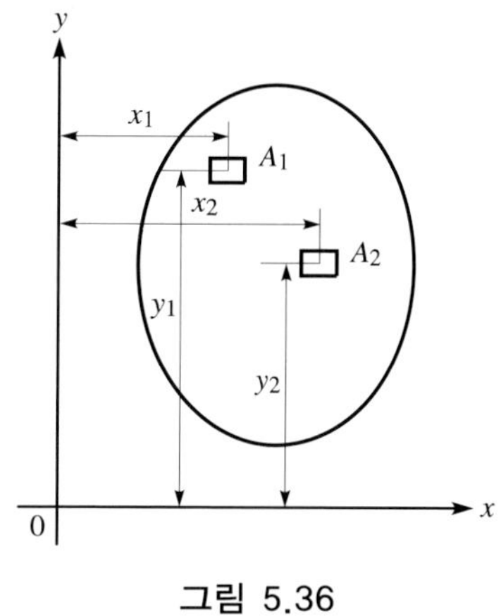

그림 5.36

5.6.1 축의 평행이동

좌표축 X, Y에 대한 단면상승모멘트 I_{XY}와 그보다 x_0, y_0만큼 평행이동한 새로운 좌표축 x, y에 대한 단면상승모멘트 I_{xy}의 관계에 대해서 정리하면 그림 5.37에서

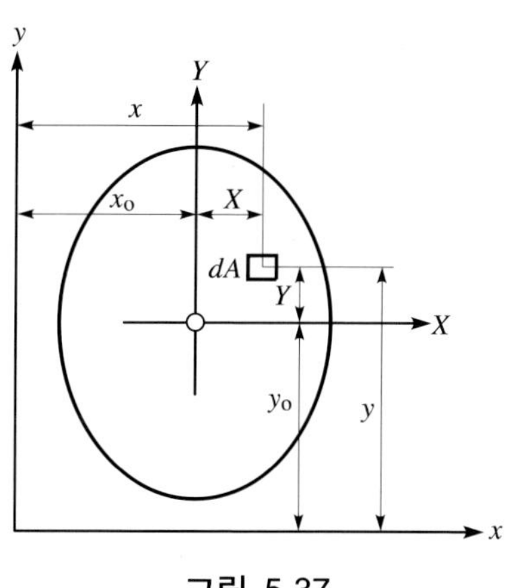

그림 5.37

$$x = x_0 + X,\ y = y_0 + Y$$

식 (5.28)에서

$$I_{xy} = \int_A x \cdot y dA = \int_A (x_0 + X)(y_0 + Y) dA$$

$$= \int_A (XY + x_0 Y + y_0 X + x_0 y_0) dA$$

$$= \int_A XY dA + x_0 \int_A Y dA + y_0 \int_A X dA + x_0 y_0 \int_A dA$$

$$= I_{XY} + x_0 Q_X + y_0 Q_Y + x_0 y_0 A \qquad (5.29)$$

위 식에서 X, Y축이 단면의 도심축 nx, ny와 같을 때 Q_X, Q_Y는 0이 되고 도심축에 대한 단면상승모멘트를 I_{nxny}라고 쓰면 $I_{xy} = I_{nxny} + x_0 y_0 A$가 된다.

5.6.2 축의 회전

그림 5.38에서 직교좌표축 x, y를 원점 0의 주위에 각 θ만큼 회전하여 새로운 직교좌표축 m, n을 설정했을 때 좌표축 m, n에서 dA까지의 거리 m, n을 구하면

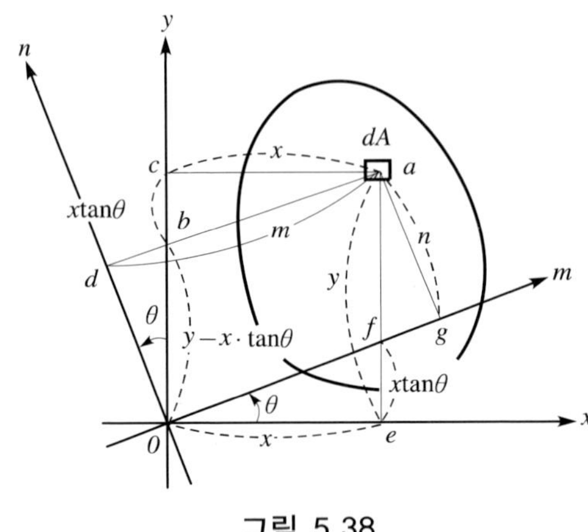

그림 5.38

$$
\begin{aligned}
m &= \overline{ab} + \overline{bd} \\
&= \frac{x}{\cos\theta} + (y - x\tan\theta)\sin\theta \\
&= x\cos\theta + y\sin\theta
\end{aligned}
$$

$$
\begin{aligned}
n &= \overline{af} \cdot \cos\theta \\
&= (y - x\tan\theta)\cos\theta \\
&= y\cos\theta - x\sin\theta
\end{aligned}
$$

$$
\begin{aligned}
I_{mn} &= \int_A m \cdot n \cdot dA \\
&= \int_A (x\cos\theta + y\sin\theta)(y\cos\theta - x\sin\theta)dA \\
&= \int_A (xy\cos^2\theta - x^2\sin\theta \cdot \cos\theta + y^2\sin\theta \cdot \cos\theta - xy\sin^2\theta)dA \\
&= \int_A \left(\frac{y^2 - x^2}{2}\sin 2\theta + xy\cos 2\theta\right)dA \\
&= \frac{\sin 2\theta}{2}\int_A (y^2 - x^2)dA + \cos 2\theta \int_A xy \cdot dA
\end{aligned}
$$

$$= \frac{\sin 2\theta}{2}\left(\int_A y^2 \cdot dA - \int_A x^2 \cdot dA\right) + \cos 2\theta \int_A xy \cdot dA$$

$$= \frac{I_x - I_y}{2}\sin 2\theta + I_{xy} \cdot \cos 2\theta$$

또한 m, n축에 대한 단면2차모멘트 I_m, I_n은

$$I_m = \int_A n^2 \cdot dA$$

$$= \int_A (y\cos\theta - x\sin\theta)^2 dA$$

$$= \int_A (y^2\cos^2\theta - 2xy\sin\theta \cdot \cos\theta + x^2\sin^2\theta) dA$$

$$= I_x \cdot \cos^2\theta + I_y \cdot \sin^2\theta - I_{xy} \cdot \sin 2\theta = \frac{I_x + I_y}{2} + \frac{I_x - I_y}{2}\cos 2\theta - I_{xy}\sin 2\theta$$

같은 방법으로

$$I_n = I_x \cdot \sin^2\theta + I_y \cdot \cos^2\theta + I_{xy} \cdot \sin 2\theta$$

$$= \frac{I_x + I_y}{2} - \frac{I_x - I_y}{2}\cos 2\theta + I_{xy}\sin 2\theta$$

예제 5.11

그림 5.39와 같은 직사각형 단면의 단면상승모멘트 I_{xy}를 구하라.

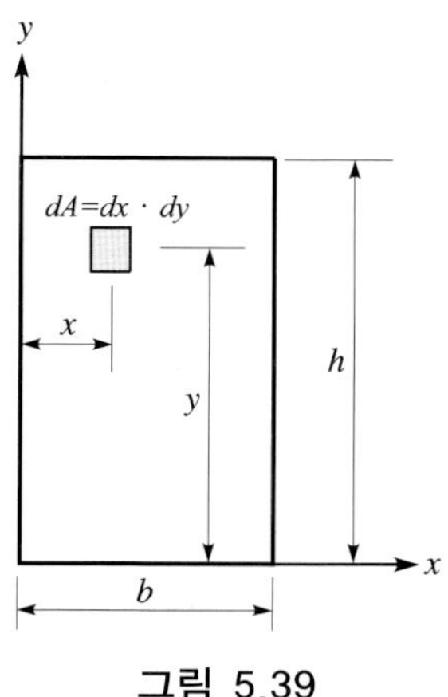

그림 5.39

풀이

$$I_{xy} = \int xydA = \int_0^b \int_0^h xydxdy = \left[\frac{x^2}{2}\right]_0^b \left[\frac{y^2}{2}\right]_0^h$$
$$= \frac{1}{4}b^2h^2$$

예제 5.12

그림과 같은 단면의 각 변에 나란한 x, y축에 대해 단면상승모멘트를 구하라.

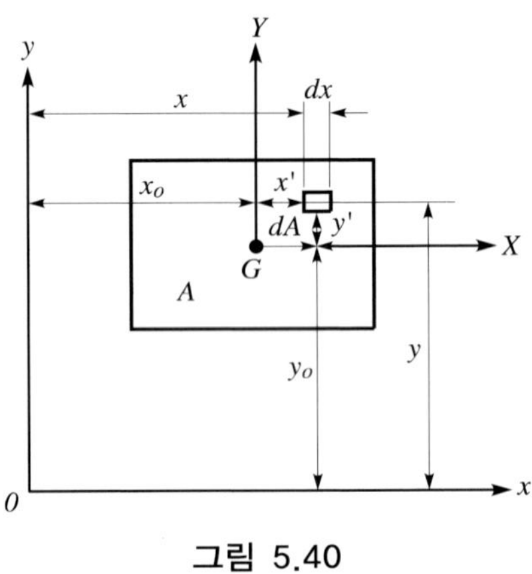

그림 5.40

풀이

x, y축과 나란한 단면의 도심축을 X, Y축이라 하면 그림 5.40에서

$x = x_0 + x'$, $y = y_0 + y'$이므로

$$I_{xy} = \int xydA$$
$$= x_0 y_0 \int dA + y_0 \int x'dA + x_0 \int y'dA + \int x'y'dA$$

여기서,

$$\int x'dA = Q_y = 0$$

$$\int y'dA = Q_x = 0$$

$\int x'y'dA = I_{XY} = 0$이므로

$$\therefore I_{xy} = x_0 y_0 \int dA = x_0 y_0 A$$

따라서, 직사각형 단면의 단면상승모멘트는 단면적 A에 단면의 도심까지의 거리 $x_0 y_0$를 곱한 값이다. 단, x, y 양축이 단면의 양변과 나란한 때에만 성립한다.

5.7 단면의 주축

직교축 x, y에 대한 단면2차모멘트와 단면상승모멘트를 알고 x, y축과 원점을 공유하는 다른 직교축 m, n에 대한 단면 2차모멘트와 상승모멘트를 구하려면 그림 5.41에서

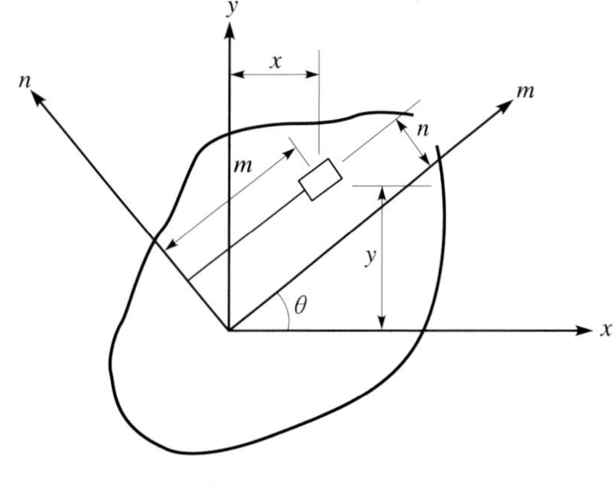

그림 5.41

$$m = y\sin\theta + x\cos\theta$$

$n = y\cos\theta - x\sin\theta$이므로

$$I_m = \int n^2 dA$$

$$= \cos^2\theta \int y^2 dA + \sin^2\theta \int x^2 dA - 2\sin\theta\cos\theta \int xy dA$$

$$= I_x\cos^2\theta + I_y\sin^2\theta - 2I_{xy}\sin\theta\cos\theta$$

$$I_n = \int m^2 dA = \sin^2\theta \int y^2 dA + \cos^2\theta \int x^2 dA + 2\sin\theta\cos\theta$$

$$= I_x\sin^2\theta + I_y\cos^2\theta + 2I_{xy}\sin\theta\cos\theta$$

$$I_{mn} = \int nm dA = \sin\theta\cos\theta \int y^2 dA - \sin\theta\cos\theta \int x^2 dA$$

$$+ \cos^2\theta \int xy dA - \sin^2\theta \int xy dA$$

$$= (I_x - I_y)\sin\theta\cos\theta + I_{xy}(\cos^2\theta - \sin^2\theta)$$

여기에서

$$2\cos^2\theta = 1 + \cos 2\theta$$

$$2\sin^2\theta = 1 - \cos 2\theta$$

$2\sin\theta\cos\theta = \sin 2\theta$ 이므로

$$I_m = \left(\frac{I_x + I_y}{2}\right) + \left(\frac{I_x - I_y}{2}\right)\cos 2\theta - I_{xy}\sin 2\theta$$

$$I_n = \left(\frac{I_x + I_y}{2}\right) - \left(\frac{I_x - I_y}{2}\right)\cos 2\theta + I_{xy}\sin 2\theta$$

$$I_{mn} = \left(\frac{I_x - I_y}{2}\right)\sin 2\theta + I_{xy}\cos 2\theta \tag{5.30}$$

단면 내의 각 방향의 도심축에 대한 단면2차모멘트 중에서 서로 직교하는 어떤 두 축에 대한 값이 최대 및 최소가 될때 이를 주단면2차모멘트(principal moment of inertia)라 하며, 이 한 쌍의 축을 단면의 주축(principal axis)이라 한다. 주축에 대한 단면상승모멘트는 0이다. 주단면2차모멘트 I_1, I_2와 주축의 방향 θ는 다음 식으로 표현된다.

$$I_1 = \left(\frac{I_x + I_y}{2}\right) + \sqrt{\left(\frac{I_x - I_y}{2}\right)^2 + I_{xy}^2}$$

$$I_2 = \left(\frac{I_x + I_y}{2}\right) - \sqrt{\left(\frac{I_x - I_y}{2}\right)^2 + I_{xy}^2}$$

$$\tan 2\theta = \frac{-I_{xy}}{\left(\frac{I_x - I_y}{2}\right)} \tag{5.31}$$

단면이 대칭형일 때는 그의 대칭축에 대한 단면상승모멘트는 0이므로, 대칭축은 그 단면의 주축의 하나이다. 정다각형이나 원형과 같이 직교하지 않는 대칭축이 있는 단면에서는 특히 주축방향은 정하여지지 않으며, 어느 방향의 축에 대해서도 단면2차모멘트는 같고 단면상승모멘트는 0이다.

두 직교축에 대한 단면2차모멘트의 합은 일정하다. 즉,

$$I_x + I_y = I_m + I_n \tag{5.32}$$

직교좌표축 x, y를 주축이라 하고 주축에 대한 주단면2차모멘트를 각각 I_1, I_2라 하면, x축과 θ의 경사를 갖는 직교축 m, n에 대한 값은 다음과 같이 된다.

$$I_m = I_1\cos^2\theta + I_2\sin^2\theta = \left(\frac{I_1 + I_2}{2}\right) + \left(\frac{I_1 - I_2}{2}\right)\cos 2\theta$$

$$I_n = I_1 \sin^2\theta + I_2 \cos^2\theta = \left(\frac{I_1 + I_2}{2}\right) - \left(\frac{I_1 - I_2}{2}\right)\cos 2\theta$$

$$I_{mn} = \left(\frac{I_1 - I_2}{2}\right)\sin 2\theta \qquad (5.33)$$

예제 5.13

그림과 같은 단면의 주축의 위치와 주단면2차모멘트의 크기를 구하라.

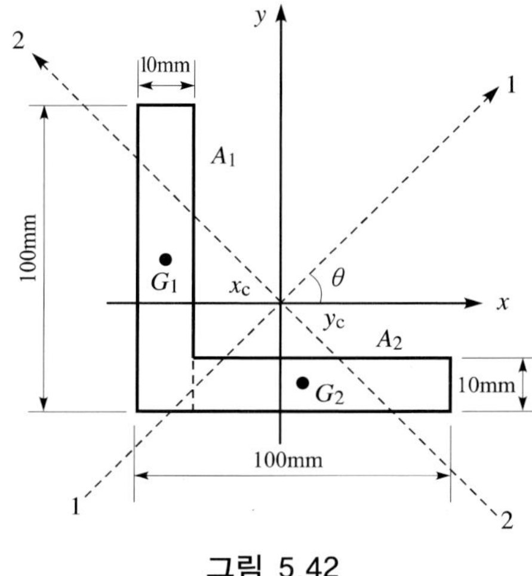

그림 5.42

풀이

먼저 도심의 위치를 구하면

$$x_0 = y_0 = \frac{Q}{A} = \frac{(10\times100\times50)+(90\times10\times5)}{(10\times100)+(90\times10)} = \frac{54{,}500}{1{,}900} = 28.68\text{mm}$$

식 (5.31)에서 $I_x = I_y$일 때

$$I_1 = I_x + I_{xy}$$

$$I_2 = I_x - I_{xy}$$

$\tan 2\theta = \infty$가 된다.

$$I_x = I_y = \left\{\frac{10\times100^3}{12} + 1{,}000\times(21.32)^2\right\} + \left\{\frac{90\times10^3}{12} + 900\times(23.68)^2\right\} = 1{,}800{,}043.89\text{mm}^4$$

$$I_{xy} = (-23.68\times21.32\times1000) + (26.32\times-23.68\times900) = -1{,}065{,}789.44\,\text{mm}^4$$

$I_1 = 1{,}800{,}043.89 + 1{,}065{,}789.44 = 2{,}865{,}833.33\text{mm}^4$

$I_2 = 1{,}800{,}043.89 - 1{,}065{,}789.44 = 734{,}254.45\text{mm}^4$

또 $\tan 2\theta = \infty$가 되기 위해서는

$2\theta = 90°$

즉, $\theta = 45°$이다.

따라서, x, y축에 각각 45°경사진 1-1축 및 2-2축이 주축이 되고, 이 양축에서 최대 및 최소의 단면2차모멘트 I_1과 I_2가 구해진다.

5.8 모어의 관성원(Mohr's inertia circle)

모어의 관성원에 의한 방법은 지금까지 계산에 의해 구하였던 것을 도해적으로 구하는 방법이다.

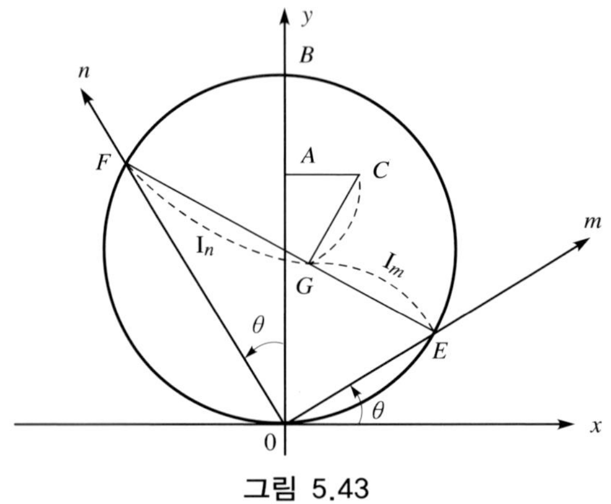

그림 5.43

1. I_x, I_y, I_{xy}를 알고 I_m, I_n, I_{mn}을 구할 때

임의의 점을 원점으로 하는 직교축 x, y에 대한 단면2차모멘트 I_x, I_y와 단면상승모멘트 I_{xy}를 알고 있을 때 원점을 중심으로 θ만큼 회전한 축 n, m에 대한 단면2차모멘트 I_m, I_n과 단면상승모멘트 I_{mn}을 구하는 방법이다.

작도순서

1) 직교좌표축을 x, y로 하고 일정한 축척으로 y축 위에 $\overline{OA} = I_x$, $\overline{AB} = I_y$를 취하여 $\overline{OB}$를 직경으로 하는 원을 그린다.

↓

2) A점에서 OB에 수선을 긋고 $\overline{AC} = I_{xy}$를 취한다. 이때 C점을 주점이라고 한다. I_{xy}가 (−)일 때는 좌측에 $\overline{AC}$를 취한다.

↓

3) x, y축에 θ를 취하고 m, n축을 그어 m, n축과 원과의 교점을 E, F로 한다.

↓

4) 직선 EF에 주점 C에서 수선 $\overline{CG}$를 긋는다.

↓

5) $\overline{EG} = I_m$, $\overline{GF} = I_n$, $\overline{CG} = I_{mn}$이 된다.

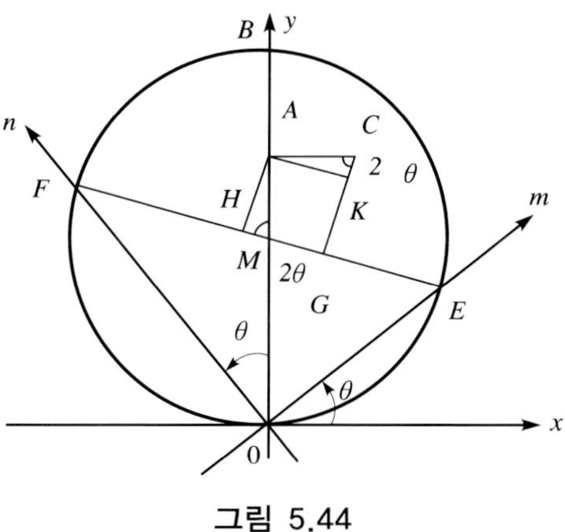

그림 5.44

그림 5.44에서 $\angle EOF = 90°$이므로 EF는 원의 직경이며, 또 OB도 원의 직경이므로 교차점 M은 원의 중심이다.

$$\overline{FM} = \overline{ME} = \frac{\overline{OB}}{2} = \frac{I_x + I_y}{2}$$

또한

$$\overline{OM} = \frac{I_x + I_y}{2},\ \overline{AB} = I_y,\ \overline{AM} = \frac{I_x + I_y}{2} - I_y = \frac{I_x - I_y}{2}$$

삼각형 MOE에서

$\angle MOE = \angle MEO = 90° - \theta$

삼각형 내각의 합은 180°이므로

$2(90° - \theta) + \angle OME = 180$

$\angle OME = 2\theta$

A에서 EF에 수선 AH를 그으면

$$\overline{HM} = \overline{AM} \cdot \cos 2\theta = \frac{I_x - I_y}{2} cos2\theta$$

$$\overline{AH} = \overline{AM} \cdot \sin 2\theta = \frac{I_x - I_y}{2} sin2\theta$$

A에서 CG에 수선 AK를 그으면

$$\overline{AK} = \overline{AC} \cdot \sin 2\theta = I_{xy} \cdot \sin 2\theta = \overline{HG}$$

$$\overline{CK} = \overline{AC} \cdot \cos 2\theta = I_{xy} \cdot \cos 2\theta$$

이상의 결과를 이용하면

$$\overline{EG} = \overline{ME} + \overline{HM} - \overline{HG}$$

$$= \frac{I_x + I_y}{2} + \frac{I_x - I_y}{2} cos2\theta - I_{xy} \cdot \sin 2\theta \text{이고}$$

$I_m = I_x \cdot \cos^2\theta + I_y \cdot \sin^2\theta - I_{xy} \cdot \sin 2\theta$ 이므로

따라서, $\cos^2\theta = \frac{(1 + \cos 2\theta)}{2}$, $\sin^2\theta = \frac{(1 - \cos 2\theta)}{2}$ 를 대입하면

$I_m = \frac{I_x + I_y}{2} + \frac{I_x - I_y}{2} cos2\theta - I_{xy} \cdot \sin 2\theta$가 되므로 $\overline{EG} = I_m$이 된다.

같은 방법으로

$$\overline{GF} = \overline{FM} - \overline{HM} + \overline{HG} = \frac{I_x + I_y}{2} - \frac{I_x - I_y}{2} cos2\theta + I_{xy} \cdot \sin 2\theta \text{이고}$$

$I_n = I_x \cdot \sin^2\theta + I_y \cdot \cos^2\theta + I_{xy} \cdot \sin 2\theta$이므로

따라서, $\cos^2\theta = \dfrac{(1+\cos 2\theta)}{2}$,

$\sin^2\theta = \dfrac{(1-\cos 2\theta)}{2}$를 대입하면

$$I_n = \frac{I_x + I_y}{2} - \frac{I_x - I_y}{2} cos 2\theta + I_{xy} \cdot \sin 2\theta$$

가 되므로 $\overline{GF} = I_n$이 된다.

또한

$$\overline{CG} = \overline{KG} + \overline{CK} = \overline{AH} + \overline{CK} = \frac{I_x - I_y}{2} sin 2\theta + I_{xy} \cdot \cos 2\theta$$

식 (5.26)에서의 단면상승모멘트 I_{mn}과 같으므로 $\overline{CG} = I_{mn}$이다.

예제 5.14

그림 5.45의 직사각형 단면에 있어서 x, y축을 O점을 중심으로 $30°$회전한 축(m, n)에 대한 단면2차모멘트 I_m, I_n 및 단면상승모멘트 I_{mn}을 모어의 관성원으로 구하라.

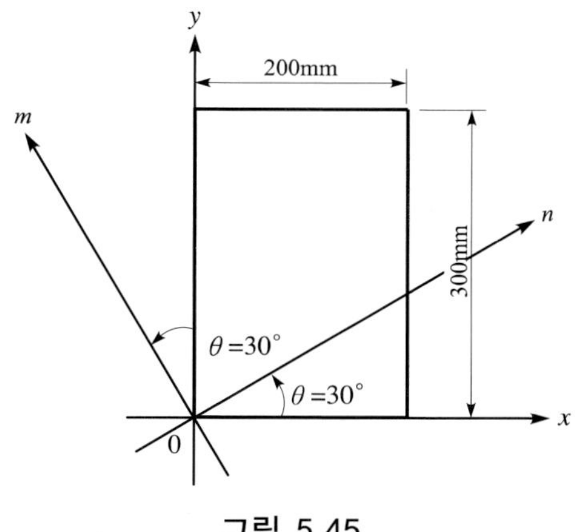

그림 5.45

풀이

$$I_x = \frac{200 \times 300^3}{12} + 200 \times 300 \times 150^2 = 1{,}800{,}000{,}000\text{mm}^4$$

$I_y = \dfrac{300 \times 200^3}{12} + 200 \times 300 \times 100^2$

$= 800{,}000{,}000 \text{mm}^4$

$I_{xy} = 300 \times 200 \times 150 \times 100 = 900{,}000{,}000 \text{mm}^4$

따라서, 모어의 관성원은 그림 5.46과 같이 된다.

$\overline{GE}$, $\overline{GF}$, $\overline{CG}$을 알아보면

$\overline{GE} = I_m \fallingdotseq 771{,}000{,}000 \text{mm}^4$

$\overline{GF} = I_n \fallingdotseq 1{,}829{,}000{,}000 \text{mm}^4$

$\overline{CG} = I_{mn} \fallingdotseq 883{,}000{,}000 \text{mm}^4$이다.

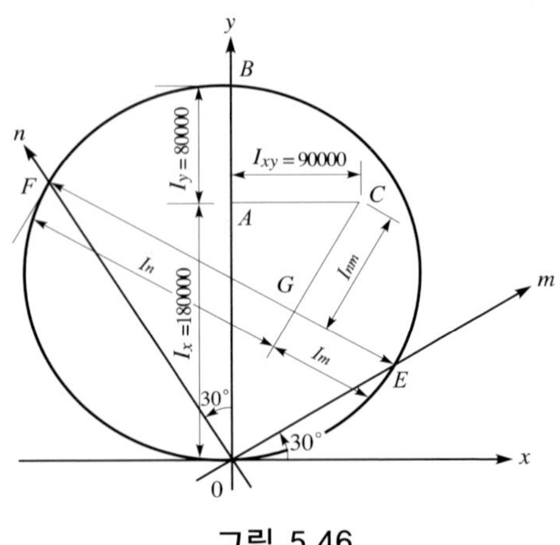

그림 5.46

2. I_x, I_y, I_{xy}를 알고 주축과 주단면2차모멘트를 구할 때

임의의 점을 원점으로 하는 직교축 x, y에 대한 단면2차모멘트 I_x, I_y와 단면상승모멘트 I_{xy}를 이미 알고 있을 때 이 점에서의 주축의 위치 θ와 주단면2차모멘트 I_m, I_n을 구하는 방법이다.

작도순서

1) 직교좌표축을 x, y로 하고 일정한 축척으로 y축 상에 $\overline{OA} = I_x$, $\overline{AB} = I_y$를 잡아 OB를 직경으로 하는 원을 그린다.

⬇

2) 점 A에서 OB에 수선을 긋고 $\overline{AC} = I_{xy}$를 잡아 주점 C를 정한다.

⬇

3) 주점 C와 원의 중심 M을 이은 다음 연장하여 이 연장선과 원과의 교점을 E, F로 한다.

⬇

4) 직선 OE, OF가 주축 m, n이며 $\angle xOE = \theta$가 주축의 방향각이다. 또 $\overline{CE}$, $\overline{CF}$가 주단면2차모멘트이고 $\overline{CE} = I_m$, $\overline{CF} = I_n$이 된다.

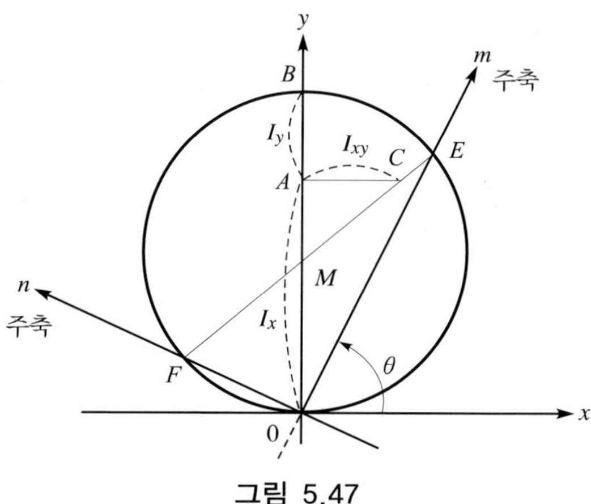

그림 5.47

주축에서의 단면상승모멘트는 0이므로 그림 5.44의 작도 순서에 따라 $I_{mn} = \overline{CG} = 0$이라고 하면 되므로 위의 작도는 바르다.

예제 5.15

그림 5.48 L형 단면의 도심의 위치는 G점이며, 도심을 지나는 축 x, y에 대한 단면2차모멘트 및 단면상승모멘트는

$I_x = 24{,}200{,}000\text{mm}^4$ $I_y = 6{,}600{,}000\text{mm}^4$

$I_{xy} = -7{,}200{,}000\text{mm}^4$이다. 이때 도심 G에서의 주축과 주단면 2차모멘트를 모어의 관성원으로 구하라.

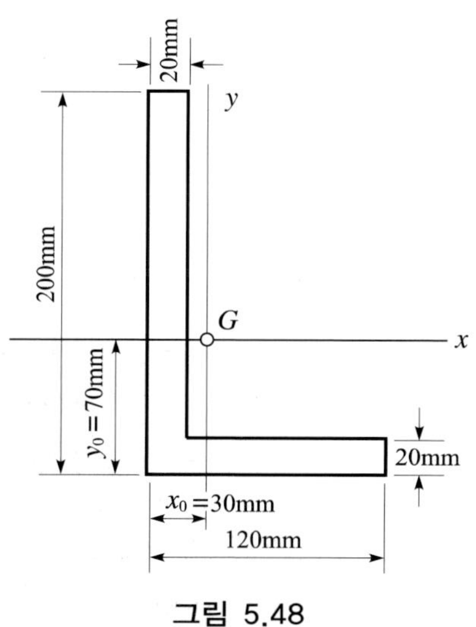

그림 5.48

풀이

순서에 따라 작도하면 그림 5.49와 같이 된다. 단, I_{xy}는 (−)이므로 점 A에서 좌측으로 $I_{xy}=\overline{AC}$를 잡는데 주의하자.

그림의 $\overline{CE}$, $\overline{CF}$를 재면 다음의 결과를 얻는다.

$\overline{CE}=I_m \fallingdotseq 4{,}000{,}000\text{mm}^4$

$\overline{CF}=I_n \fallingdotseq 26{,}800{,}000\text{mm}^4$

또 주축의 방향 θ는

$\angle xGF$를 재면

$\theta=19°\,38'$이 된다.

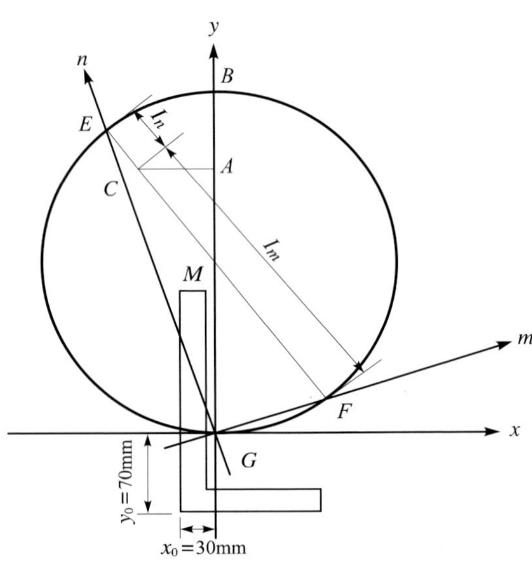

그림 5.49

▌연습문제 ▌

5.1 다음 직사각형 단면의 x축, y축에 대한 단면1차모멘트를 구하시오.

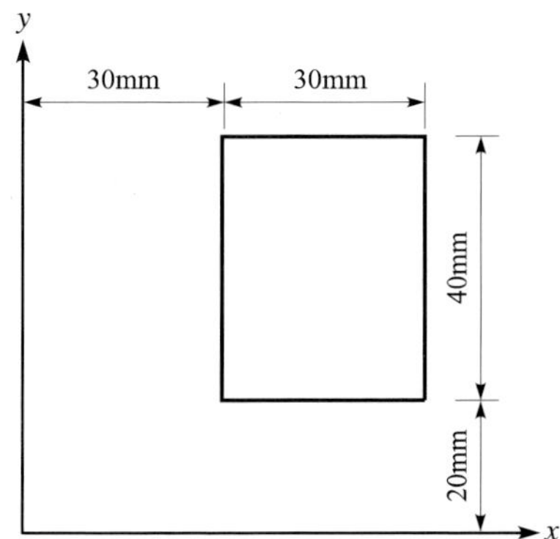

5.2 다음 삼각형 단면의 x축, y축에 대한 단면1차모멘트를 구하시오.

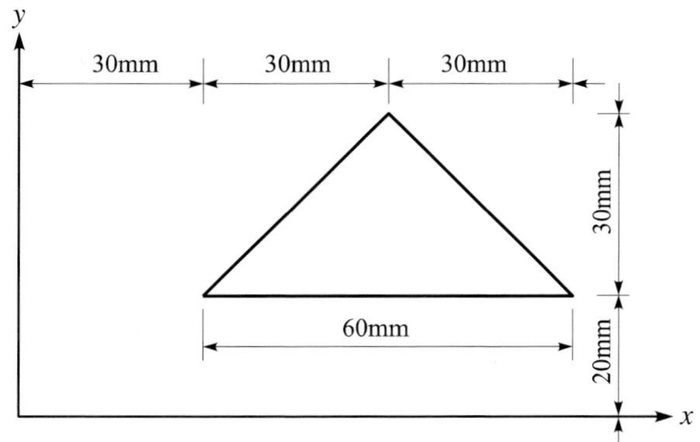

5.3 그림과 같은 L형 단면의 x, y축에 대한 단면1차모멘트를 구하시오.

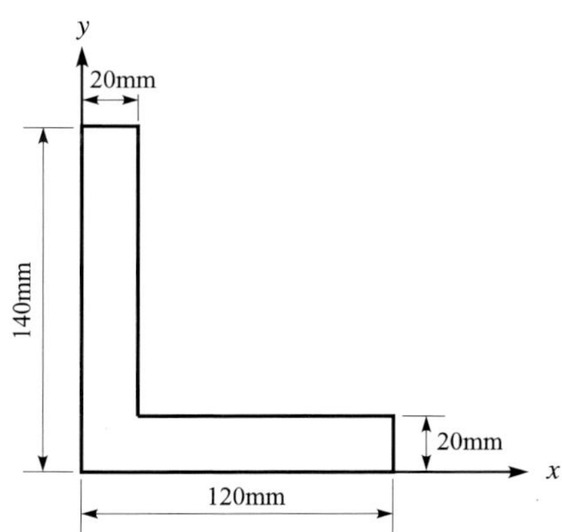

5.4 다음 그림과 같은 도형의 x, y축에 대한 단면1차모멘트를 구하시오.

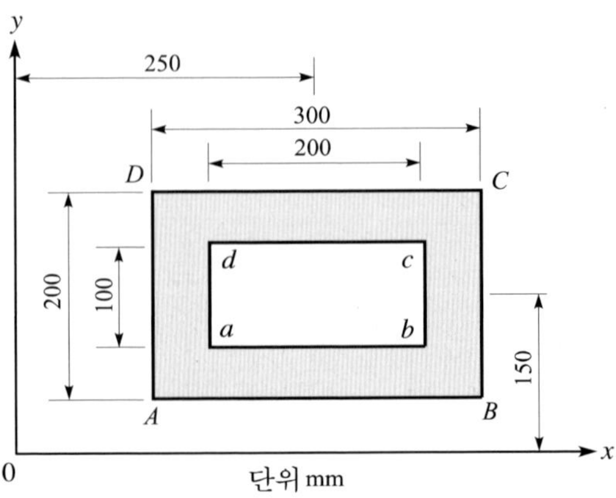

5.5 다음 그림에서 x 축에 대한 단면2차모멘트 I_x를 구하시오.

5.6 그림과 같은 단면의 x 축에 대한 단면2차모멘트를 구하시오.

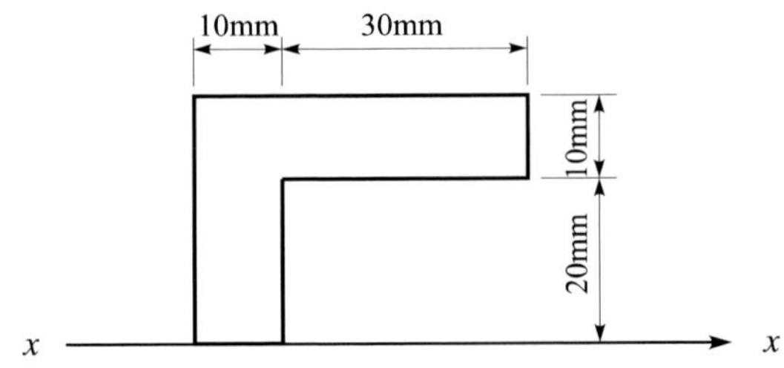

5.7 그림과 같은 직사각형 단면의 x, y 축에 대한 단면극2차 모멘트와 단면 상승모멘트를 구하시오.

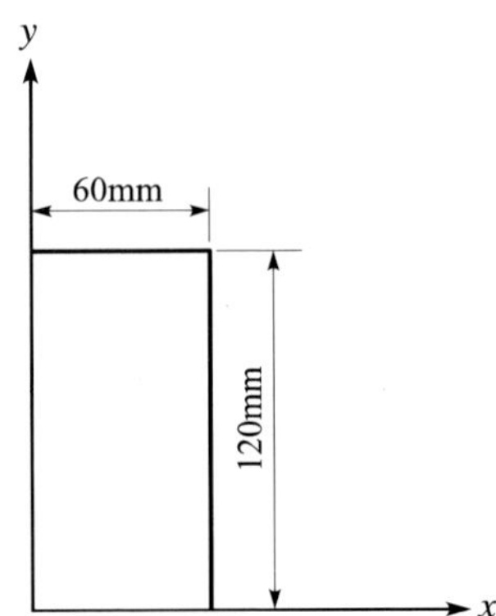

제6장 응력과 변형

부재에 외력이 작용하게 되면 부재의 내부에는 여기에 저항하려는 응력(stress)이 발생함과 동시에 변형(strain)이 발생한다. 따라서 응력과 변형 사이에는 각각의 재료에 따라서 나름대로의 특성을 가지고 있다.

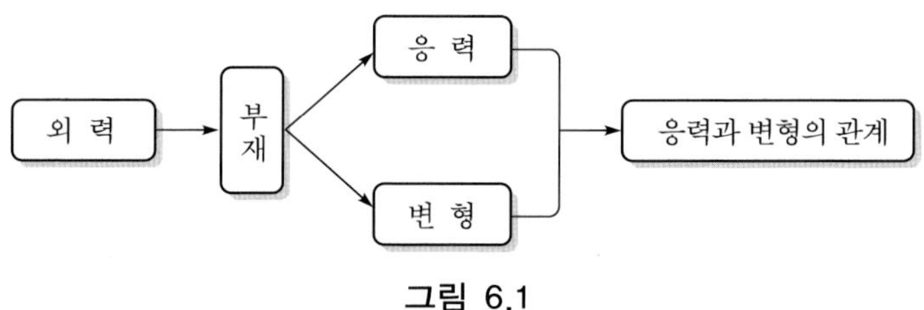

그림 6.1

6.1 축방향력을 받는 부재의 응력과 변형

부재에 축방향으로 작용하는 힘을 축방향력(axial force)이라고 하며 이 축방향력에 의해 그 부재 내부에 생기는 힘을 축방향 응력(axial stress)이라고 한다.

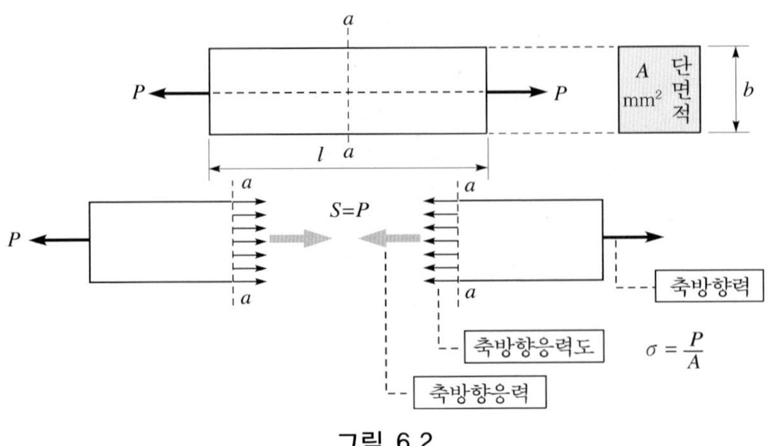

그림 6.2

그리고 부재의 본래 길이 l 이 축방향력 P에 의해 축방향으로 Δl만큼 변형(인장일 때는 늘어나고 압축일 때는 줄어듦)되었다면 종변형도(ε_l)는

$$\varepsilon_l = \frac{\Delta l}{l}$$

이때 동시에 축의 횡방향(수직방향)으로 변형도 발생한다. 횡방향의 본래의 길이를 b, 변형된 길이를 Δb라 하면 횡변형도(ε_b)는

$$\varepsilon_b = \frac{\Delta b}{b}$$

예제 6.1

다음 그림에서 인장 변형도를 구하여라.

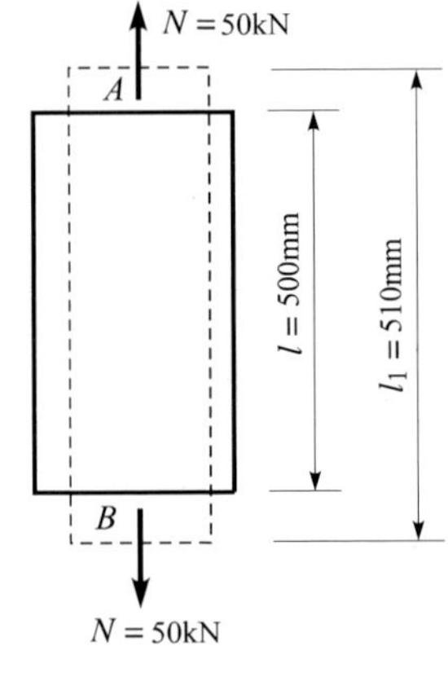

그림 6.3

풀이

$$\varepsilon = \frac{\Delta l}{l} = \frac{l_1 - l}{l} = \frac{510 - 500}{500} = 0.02$$

예제 6.2

다음 그림에서 전단력 $P=400\text{kN}$이 작용하여 변형량 0.03mm가 생길 때 이 강재의 전단응력도와 전단변형도를 구하라.

풀이

• 전단응력도

$$\tau = \frac{P}{A} = \frac{400\text{kN}}{50\text{mm} \times 100\text{mm}}$$

$$= \frac{400{,}000\text{N}}{5{,}000\text{mm}^2} = 80\text{N/mm}^2(\text{MPa})$$

• 전단변형도

$$r = \frac{\delta}{l} = \frac{0.03\text{mm}}{60\text{mm}} = 0.0005(\text{rad})$$

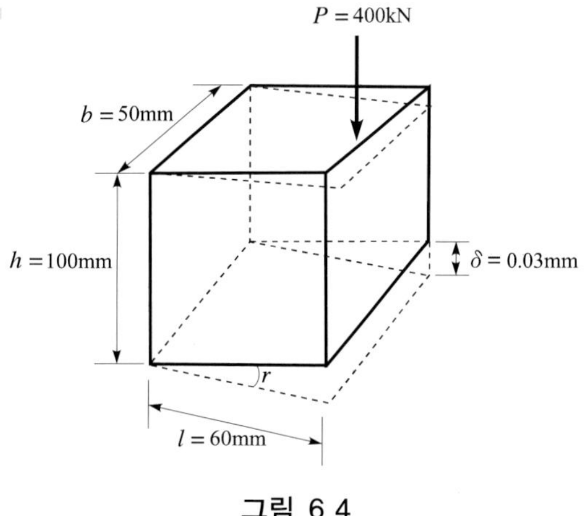

그림 6.4

6.2 탄성의 제계수

6.2.1 탄성과 소성

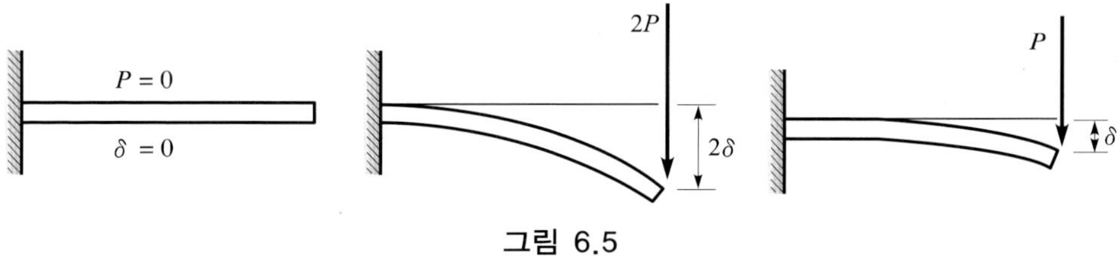

그림 6.5

물체가 힘의 작용으로 변형하였을 때, 그 힘을 제거하면 다시 본래의 모양으로 되돌아가는 성질을 탄성(Elasticity)이라 하고, 이 성질을 갖고 있는 물체를 탄성체라 한다.

일반 구조재료에서는 그의 응력도가 어떤 한도보다 작은 범위에서는 탄성체로 보아도 지장이 없다. 이 한도를 탄성한도(Elastic Limit)라 한다. 탄성한도 내에서는 응력도와 변형은 비례하는 관계가 있는데 이것을 후크의 법칙(Hook's Law)이라 하고, 이때의 비례 정수를 탄성계수(Modulus of Elasticity)라 한다. 즉, 후크의 법칙은 다음 식으로 나타낼 수 있다.

$$\text{응력도}(\sigma) = \text{탄성계수}(E) \times \text{변형도}(\varepsilon) \qquad (6.1)$$

6.2.2 탄성계수

후크의 법칙을 수직응력도 σ에 적용하면

$$E = \frac{\sigma}{\varepsilon} \tag{6.2}$$

가 된다.

E를 탄성계수 또는 영계수(Young's modulus)라 하며 그림 6.6과 같이 x, y축에 각각 ε, σ를 취했을 때의 각도 α의 탄젠트($\tan\alpha$)이다. 단위는 N/mm^2, kN/mm^2 등 응력도 단위와 같다.

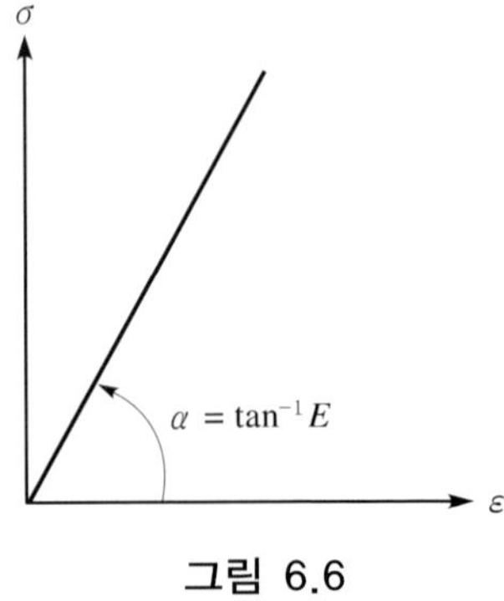

그림 6.6

예제 6.3

길이 500mm, 단면적 50mm×50mm의 구조용 강재가 200kN의 인장력을 받을 때 0.11mm 늘어나고 인장력을 제거하면 다시 원래대로 복원하는 이 재료의 탄성계수(E)는 얼마인가?

풀이

단면적 $A = 50 \times 50 = 2{,}500\text{mm}^2$

인장응력 $\sigma = \frac{P}{A} = \frac{200{,}000}{2{,}500} = 80\text{N/mm}^2\text{(MPa)}$

인장변형율 $\varepsilon = \frac{\delta}{l} = \frac{0.11}{500} = 2.2 \times 10^{-4}$

따라서, 탄성계수(E)는 다음과 같다.

$E = \frac{\sigma}{\varepsilon} = \frac{80}{2.2 \times 10^{-4}} = 363{,}636.36\text{N/mm}^2\text{(MPa)}$

예제 6.4

직경 400mm, 길이 3,000mm 부재가 인장력을 받아서 1.8mm 늘어나고, 동시에 직경이 0.062mm만큼 줄어들었다. 이 재료의 포아송비(v)를 구하라.

풀이

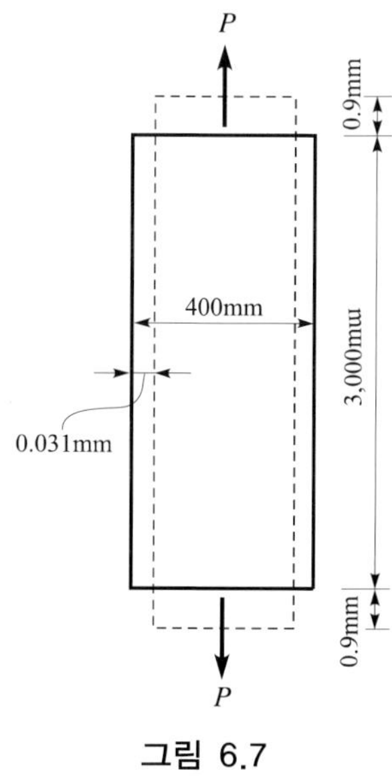

그림 6.7

$$\varepsilon_l = \frac{l_1 - l}{l} = \frac{1.8}{3,000} = 6 \times 10^{-4}$$

$$\varepsilon_d = \frac{d_1 - d}{d} = \frac{-0.062}{400} = -1.55 \times 10^{-4}$$

$$\therefore v = -\frac{\varepsilon_d}{\varepsilon_l}$$

$$= \frac{1.55 \times 10^{-4}}{6 \times 10^{-4}}$$

$$= \frac{1}{3.87}$$

6.2.3 전단탄성계수

전단응력도(τ)와 전단변형도(γ)와의 사이에는 다음과 같은 관계식이 성립한다.

$$G = \frac{\tau}{\gamma} \tag{6.3}$$

G를 전단탄성계수(Modulus of rigidity)라 하고 그림 6.7에서 각도 β의 탄젠트($\tan\beta$)이다. 단위는 탄성계수(E)와 같이 N/mm^2, kN/mm^2 등 응력도의 단위로 표시된다.

G는 단위의 전단변형도 $\gamma = 1$을 일으키는 τ의 값이다.

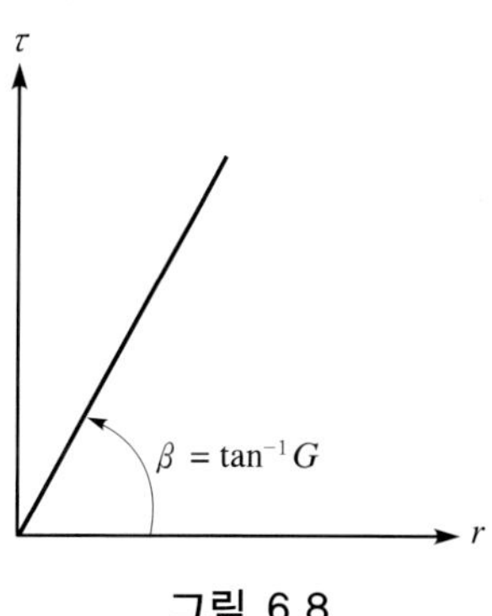

그림 6.8

6.2.4 변형도간의 관계

부재가 받고 있는 응력이 재료의 탄성범위 내이면 종변형도(ε_L)와 횡변형도(ε_b)의 비를 포아송비(Poisson's ratio)라고 한다.

$$v = \frac{\varepsilon_b}{\varepsilon_l} = \frac{\Delta b/b}{\Delta l/l}$$

또한 포아송비의 역수(m)는 포아송수(Poisson number)라 한다. 보통 강재에서는 $m = 3 \sim 4$이다. 또 콘크리트에서는 $m = 6 \sim 12$ 정도이다.

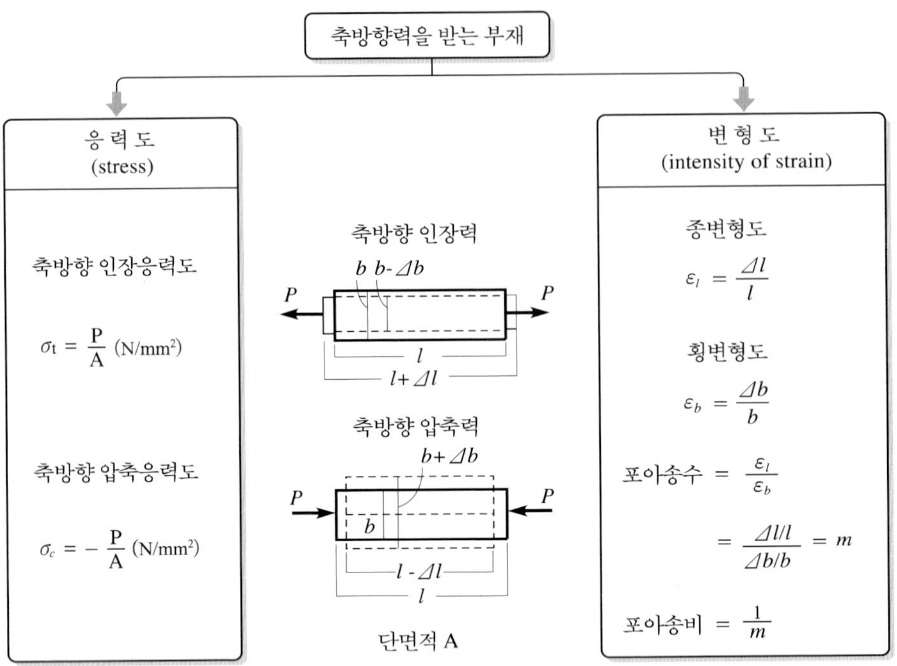

6.2.5 탄성계수와의 관계

아래에서 설명한 E, G는 어느 것이나 재료의 고유값이지만 모두가 독립된 계수는 아니다. 예를 들면 그림 6.9와 같이 고른 전단응력도가 작용하고 있는 곳에서 주응력도는 45°방향으로

$$\sigma_1 = \sigma_2 = \pm\tau$$

가 작용한다.

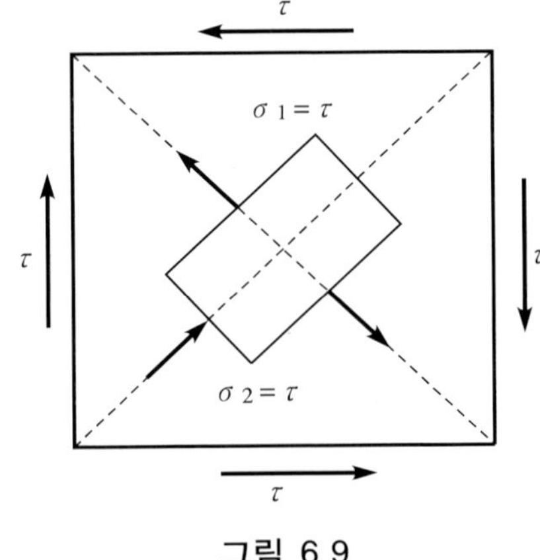

그림 6.9

따라서, 이 방향의 변형도는 포아송비를 포함시켜 생각하면

$$\varepsilon = \frac{\tau}{E} + \frac{\tau}{mE} = \frac{\tau}{E}\left(\frac{1+m}{m}\right)$$

이다. 그런데 이 변형도는 $\varepsilon = \frac{1}{2}\gamma$로 표시되는데, 여기서 $G = \frac{\tau}{\gamma}$의 관계식을 사용하면

$\varepsilon = \dfrac{1}{2}\dfrac{\tau}{G}$가 된다. 이들 두 식을 같게 놓으면 E, G 사이의 관계식이 다음과 같이 구해진다.

$$G = \frac{m}{2(1+m)}E = \frac{E}{2(1+\nu)}$$

$$E = \frac{2(1+m)}{m}G$$

$$\frac{1}{m} = \frac{E}{2G} - 1 \tag{6.4}$$

예제 6.5

직경 30mm, 길이 600mm의 둥근 막대에 20kN의 인장하중을 작용시켰더니 5mm만큼 늘어났다. 포아송 수가 $m=3$일 때 E와 G를 구하여라.

풀이

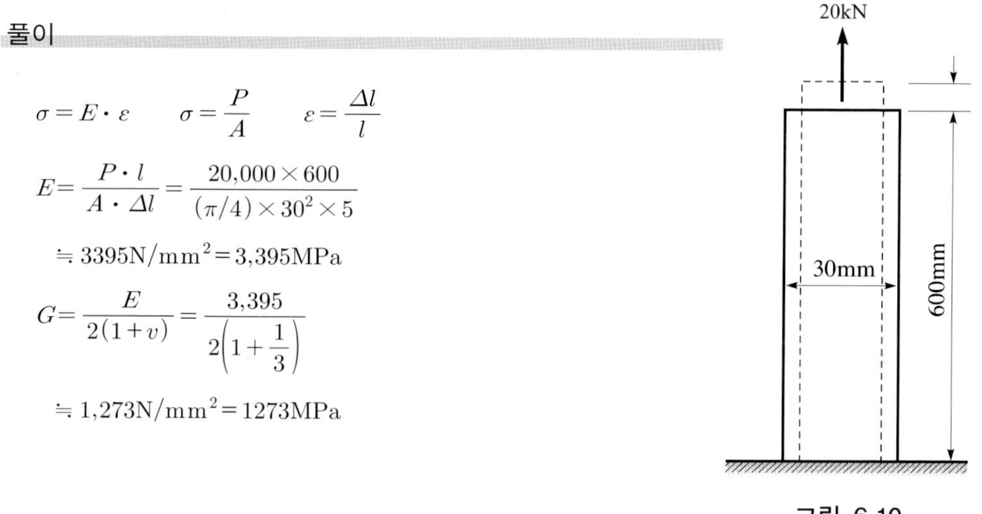

$$\sigma = E \cdot \varepsilon \qquad \sigma = \frac{P}{A} \qquad \varepsilon = \frac{\Delta l}{l}$$

$$E = \frac{P \cdot l}{A \cdot \Delta l} = \frac{20{,}000 \times 600}{(\pi/4) \times 30^2 \times 5}$$

$$\fallingdotseq 3395\text{N/mm}^2 = 3{,}395\text{MPa}$$

$$G = \frac{E}{2(1+v)} = \frac{3{,}395}{2\left(1+\frac{1}{3}\right)}$$

$$\fallingdotseq 1{,}273\text{N/mm}^2 = 1273\text{MPa}$$

그림 6.10

6.2.6 허용응력도와 안전율

구조설계시 사용하는 설계 하중의 크기나 방향뿐만 아니라 응력계산시 많은 가정을 전제로 하기 때문에 설계시 예상한 구조물의 거동과 실제 구조물의 거동과는 반드시 일치하지는 않는다. 또한 구조물에 사용된 재료들도 재질에 있어 균일성이 결여되는 경우가 많다.

이와 같이 하중, 응력, 재질 등에 대해서 예기치 않은 위험한 상태가 일어날 수도 있기 때문에 구조설계시 이와 같은 점을 고려하여 부재에 생기는 응력도를 허용응력도(f_a) 이하가 되도록 하지 않으면 안 된다.

$$f_a = \frac{\text{재료의 기준되는 응력도}(F_y)}{\text{안전율}(f_s)}$$

예를 들면 SS400(구조용 강재)에서는 F_y가 235N/mm^2이고, 인장부재에서 안전율은 1.67을 취하고 있으므로 허용인장응력도 f_a는

$f_a = \frac{235}{1.67} = 140\text{N/mm}^2$가 된다.

6.3 응력도와 변형도의 관계

인장을 받는 구조용강의 응력도-변형도의 관계는 그림 6.11과 같다.

응력도-변형도 관계는 변형도는 횡축에 응력도는 종축에 나타낸다. 이 선도에서 보는 바와 같이 O점에서 A점까지는 직선인데, 이 영역에서는 응력도와 변형도는 비례하며 이 때의 재료의 거동을 선형이라 불린다. 또한 A점을 지나서는 응력도와 변형도 사이의 선형관계가 더 이상 유지되지 않는데, 이때 A점을 비례한도(Proportional limit)라 부른다.

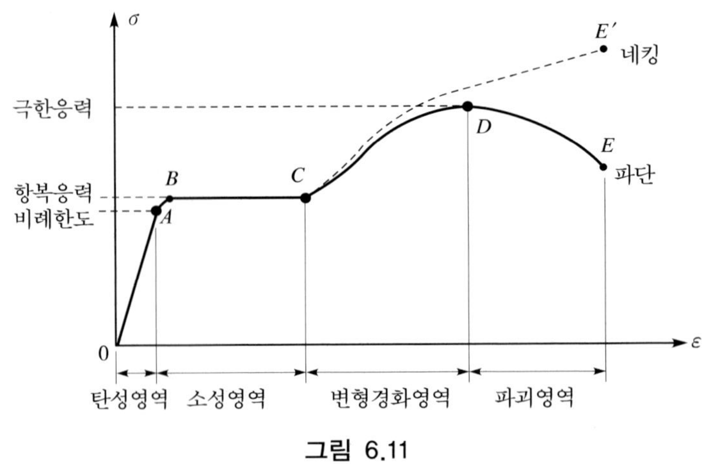

그림 6.11

비례한도를 넘어 하중을 점차로 증가하면 응력도에 비해 변형도가 훨씬 급속도로 증가하며, 응력도-변형도 곡선은 경사가 점차로 작아지다가 수평이 되는 점 B에 도달하게 된다. 이 점으로부터 인장력은 거의 증가하지 않더라도 상당한 신장이 일어난다(그림

6.11의 B점에서 C점까지). 이런 현상을 항복(yield point)이라 하며, B점의 응력을 항복응력(yield stress) 또는 항복점(yield point)이라고 한다. 그리고 B점에서 C점까지의 영역에서는 재료가 소성(plastic)상태로 되어 작용하중의 증가 없이도 변형이 일어난다. 통상 소성 영역에서는 연강 시험편의 신장이 비례한도까지의 신장의 약 10~15배나 된다. BC영역의 항복과정에서는 큰 변형률이 생긴 후에 강은 변형경화(strain hardening)가 시작된다. 따라서, 인장력이 증가해야 추가적인 신장이 일어나며 응력-변형률 선도는 C점에서 D점까지 반대의 경사를 가지게 된다. 즉, 하중은 결국 최대치에도 도달하게 되며 이때의 응력을 극한응력(ultimate stress)이라 한다. 또한 이 점을 넘어서면 하중이 감소하는데도 봉이 계속 늘어나서 E점에서 파단(fracture)이 일어난다.

시편이 축방향으로 늘어나는 동안에 가로수축이 일어나며, 이 결과로 단면적도 감소한다. C점까지는 단면적의 감소량이 비교적 적어 응력계산에 별로 영향을 주지 않았으나, C점을 지나서는 단면적의 감소량이 선도의 모양에 변화를 일으키기 시작한다. 진응력은 적은 단면적으로 계산되므로 공칭응력보다는 통상 크게 된다. 극한응력 부근에서는 봉의 단면적의 감소가 현저하여 눈에 보일 정도로 되며 봉의 네킹(necking)현상의 일어난다(그림 6.12). 응력을 계산하는데 줄어든 실제 단면적을 사용하면 그림 6.11에서와 같이 응력-변형률 선도는 점선 CE' 와 같이 된다. 극한응력에 도달한 후에는 봉이 견딜 수 있는 전하중이 실제로 감소하는데(곡선DE), 이는 단면적의 감소에 의한 것이지 재료 자체의 강도의 손실에 의한 것이 아니다. 실제로 재료는 파단(점E')에 이르기까지 응력의 증가를 보이다가 파단된다고 할 수 있다.

· **연성 : 항복 이후 파단시까지 소성변형할 수 있는 능력**

· **인성 : 변형에너지를 흡수할 수 있는 능력**
재료의 강도와 연성에 의해 결정

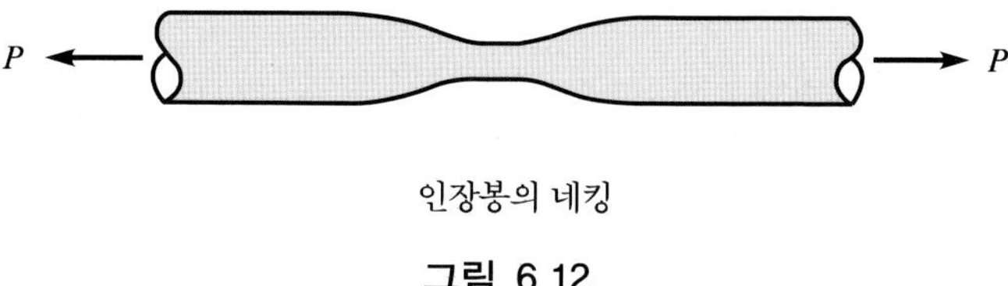

인장봉의 네킹

그림 6.12

6.4 휨응력

6.4.1 단순휨에 의한 휨응력도

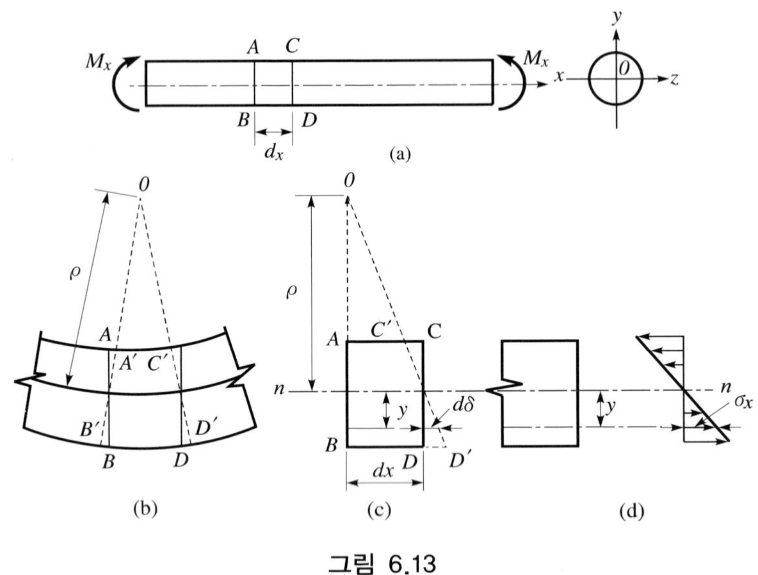

그림 6.13

그림 6.13(a)는 휨모멘트를 받는 부재를 나타내고, 변형전의 단면 AB는 평면유지의 법칙에 의해서 변형후 $A'B'$이 된다. 휨모멘트에 의한 변형도를 구하기 위해 면 AB로부터 dx떨어진 위치에 있는 면 CD를 생각해보면 면 CD가 부재의 변형에 의해서 면 $C'D'$와는 임의의 미소각을 가지고 서로 만난다.

즉, 이 부재의 미소부분의 축은 원호의 일부가 된다고 생각할 수 있다. dx를 미소부분이라고 하면, 이 부분의 변형은 그림 6.13 (c)와 같다고 생각할 수 있으므로 중립면에서 y의 거리만큼 떨어진 부분의 늘어난 양을 $d\delta$라고 하면 기하학적 관계로부터

$$\frac{d\delta}{dx} = \frac{\varepsilon_x dx}{dx} = \frac{y}{\rho}, \text{ 즉 } \varepsilon_x = \frac{y}{\rho} \text{ 이 된다.}$$

여기서, ρ는 미소부분의 변형후의 곡률반경이다.

그리고 단면 AB의 수직응력도 σ_x를 생각하면 후크의 법칙으로부터

$$\sigma_x = \varepsilon_x E \tag{6.5}$$

$\varepsilon_x = \dfrac{y}{\rho}$를 식 (6.5)에 대입하면

$$\sigma_x = \frac{Ey}{\rho} \tag{6.6}$$

그리고 이 응력도를 합한 것이 이 단면에 작용하는 응력과 같아야 하므로

$$N_x = \int_A \sigma_x \, dA = 0 \tag{6.7}$$

그리고 식 (6.6)을 식 (6.7)에 대입하면

$$\frac{E}{\rho}\int_A y dA = 0 \tag{6.8}$$

식 (6.8)의 적분은 중립축에 대한 단면 1차모멘트를 나타내기 때문에 이 값은 0이 된다는 것은 중립면이 z축과 일치한다는 것을 의미한다. 그리고 z축에 대한 모멘트의 평형조건으로부터

$$\int_A \sigma_x \, y dA = \frac{E}{\rho}\int_A y^2 dA = M_z \tag{6.9}$$

식 (6.9)중의 적분항은 z축에 대한 단면 2차모멘트와 같다.

따라서, 식 (6.9)는

$$\frac{1}{\rho} = \frac{M_z}{EI_z} \tag{6.10}$$

가 된다.

그런데 식 (6.6)으로부터

$\dfrac{1}{\rho} = \dfrac{\sigma_x}{Ey}$이므로

$$\sigma_x = \frac{M_z}{I_z} y \tag{6.11}$$

를 얻는다.

식 (6.11)은 단순 휨모멘트에 의한 휨응력도를 구하는데 필요한 기본식이다.

단면이 일정한 경우 M_z, I_z는 상수이므로 그림 6.13(d)에 표시한 바와 같이 σ_x는 y에 비례한다.

즉, σ_x의 최대값은 중립축인 z축으로부터 최대거리에 있는 연단에 생기며 그림 6.13에서는

$$\sigma_t = \frac{M_z}{\frac{I_z}{y_t}}, \quad \sigma_c = \frac{M_z}{\frac{I_z}{y_c}}$$

가 된다.

σ_t는 인장응력도, σ_c는 압축응력도이다.

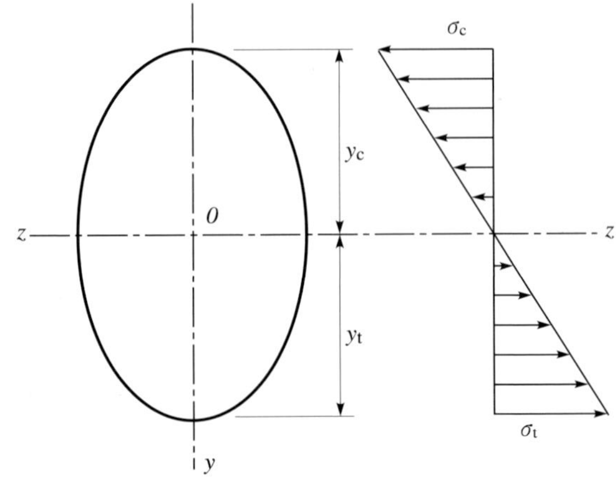

그림 6.14

$$\frac{I_z}{y_t} = S_t \ , \quad \frac{I_z}{y_c} = S_c$$

$$\sigma_t = \frac{M_z}{S_t}, \quad \sigma_c = \frac{M_z}{S_c} \tag{6.12}$$

가 된다.

여기서, S는 z축에 대한 단면계수이다.

이 σ_t, σ_c를 연단응력도(Extreme fiber stress)라고 한다.

예제 6.6

200mm × 400mm의 단면의 보에 자중을 포함하여 80kN · m의 휨모멘트가 작용할 때 각 지점으로부터의 휨응력을 구하라.

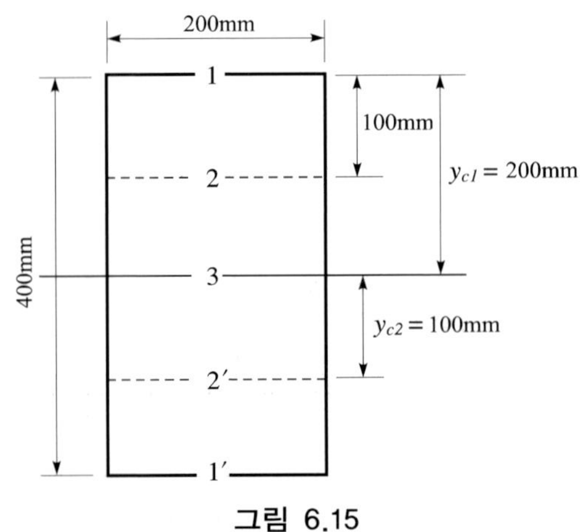

그림 6.15

풀이

$$M_{\max} = 80{,}000\text{N} \cdot \text{m}$$

$$I = \frac{bh^3}{12} = \frac{0.2 \times 0.4^3}{12} = 0.00166667\text{m}^4$$

$$\sigma_{c1} = -\frac{M}{I} y_{c1} = -\frac{80{,}000}{0.00166667} \times 0.2 = -9{,}599{,}981(\text{N/m}^2)$$

$$\sigma_{c2} = -\frac{M}{I} y_{c2} = -\frac{80{,}000}{0.00166667} \times 0.1 = -4{,}799{,}990(\text{N/m}^2)$$

$$\sigma_{t1} = \frac{M}{I} y_{t1} = \frac{80{,}000}{0.00166667} \times 0.2 = 95{,}99{,}981(\text{N/m}^2)$$

$$\sigma_{t2} = \frac{M}{I} y_{t2} = \frac{80{,}000}{0.0016667} \times 0.1 = 4{,}799{,}990(\text{N/m}^2)$$

6.4.2 휨모멘트와 축력에 의한 수직응력도

그림 6.16과 같이 부재중심을 원점으로 하고 x축을 부재방향으로 하며 부재단면은 대칭축을 갖고 있는 것으로 한다.

또한, z축은 중심을 지나고 x, y축에 직각으로 만난다.

즉 y, z축은 이 단면의 주축이 된다. 외력의 작용면은 부재의 중심축 x를 포함하지만 일반적으로 부재의 대칭축 y, z와 일치하지 않고 z축에 대해서 임의의 각 α를 갖는다.

따라서 이 상태에서의 응력은 외력작용면 내의 휨모멘트 M, 전단력 Q 및 축력 N으로 된다. 이러한 응력은 y축 및 z축 방향의 분력 M_Y, M_z, Q_y 및 Q_z로 분해할 수 있다. 그러면, M_y, M_z 및 N_x에 의한 수직응력도를 구해보자.

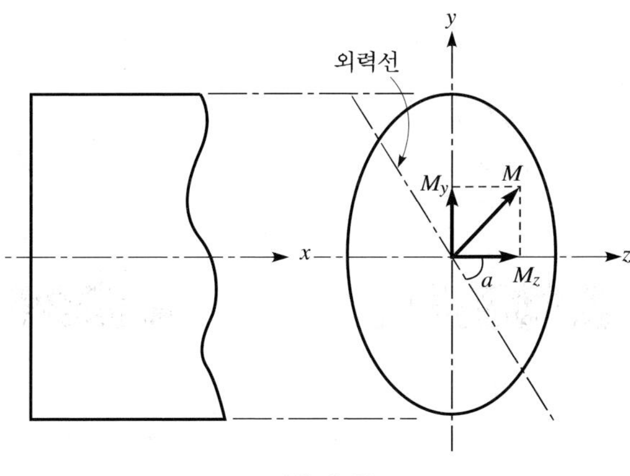

그림 6.16

임의의 점(y, z)에서 x축방향의 변형도를 ε_x로 표시하면 평면유지의 가정으로부터 다음과 같이 나타낼 수 있다.

$$\varepsilon_x = \varepsilon_x 0 + \beta z + \gamma y$$

즉, ε_x는 y, 에 대한 1차식으로 나타낼 수 있다.

또한 응력도는 후크의 법칙으로부터

$$\sigma_x = E \cdot \varepsilon_x = E(\varepsilon_x 0 + \beta z + \gamma y) = a + bz + cy \tag{6.13}$$

윗 식의 수직응력도는 단면상에 분포하고 있고 이러한 것을 합성한 것이 응력 M_y, M_z, N_x가 되므로 다음 식이 성립한다.

$$\int_A \sigma_x \cdot dA = \int_A (a + bz + cy)dA = N_x$$

$$\int_A \sigma_x \cdot zdA = \int_A (a + bz + cy)zdA = M_y$$

$$\int_A \sigma_x \cdot ydA = \int_A (a + bz + cy)ydA = M_z \tag{6.14}$$

y, z축은 처음부터 단면의 중심을 지나고 그 주축과 일치하도록 되어 있기 때문에 식 (6.14)에서

$\int_A zdA = 0$, $\int_A ydA = 0$, $\int_A yzdA = 0$이 된다.

따라서, 식 (6.14)는

$$a\int_A dA = N_x,\ \int_A z^2 dA = M_y,\ c\int_A y^2 dA = M_z \tag{6.15}$$

또한 $\int_A dA = A$, $\int_A z^2 dA = I_y$, $\int_A y^2 dA = I_z$이므로

$$a = \frac{N_x}{A},\ b = \frac{M_y}{I_y},\ c = \frac{M_z}{I_z} \tag{6.16}$$

따라서, 임의의 점(x, y)의 수직응력도 σ_x는

$$\sigma_x = \frac{N_x}{A} + \frac{M_y}{I_y}z + \frac{M_z}{I_z}y \tag{6.17}$$

가 된다.

식 (6.17)은 부재축을 지나는 임의의 평면상에 작용하는 외력에 의해서 생기는 수직응력도를 구하는 중요한 기초식이다.

예제 6.7

다음 그림 6.17과 같이 일부에 홈이 파인 부재의 $m-m$, $n-n$ 양단면에 생기는 응력도를 구하시오.

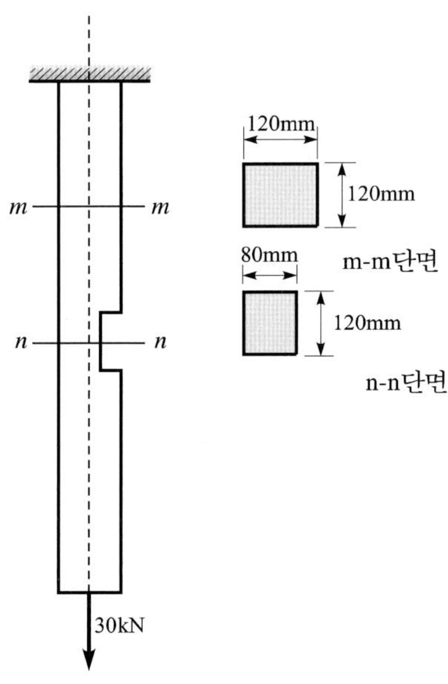

그림 6.17

풀이

·$m-m$단면

인장응력도 $\sigma = \dfrac{30{,}000}{120 \times 120} = 2.08\text{N/mm}^2(\text{MPa})$

·$n-n$단면

하중 30kN은 이 단면에 대하여 편심하중으로서 작용하고, 편심거리 e는

$$e = \frac{120}{2} - \frac{80}{2} = 20\text{mm}$$

그러므로 단면에 작용하는 최대인장응력도($\sigma_{\max}$)는

$$\sigma_{\max} = \frac{N}{A} + \frac{N \cdot e}{S} = \frac{30{,}000}{120 \times 80} + \frac{30{,}000 \times 20}{\dfrac{120 \times 80^2}{6}} = 7.81\text{N/mm}^2(\text{MPa})$$

또한 최소압축응력도(σ_{min})는

$$\sigma_{min} = \frac{N}{A} - \frac{N \cdot e}{S} = \frac{30{,}000}{120 \times 80} - \frac{30{,}000 \times 20}{\frac{120 \times 80^2}{6}} = -1.56\text{N/mm}^2(\text{MPa})$$

6.5 전단응력도

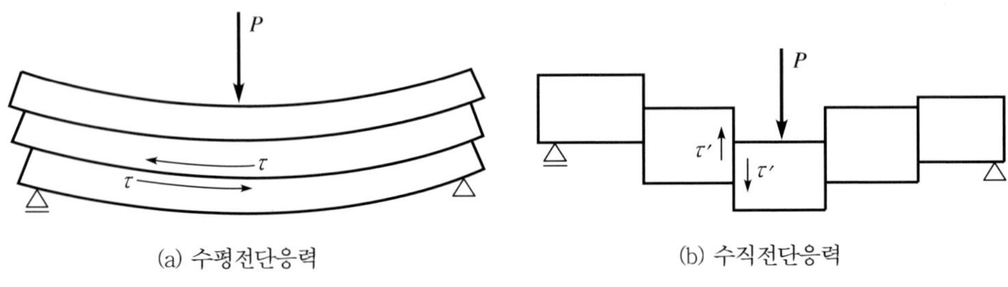

그림 6.18

일반적으로 보는 휨모멘트를 받는 것과 동시에 전단력을 받는다. 이러한 전단력에 따라서 보의 횡단면 및 종단면에 생기는 응력을 전단응력(shearing stress)이라고 한다.

전단응력에는 그림 6.18(a)와 같이 수평방향으로 쪼개려는 힘에 저항하는 수평전단응력과 그림 6.18(b)와 같이 수직방향으로 쪼개려는 힘에 저항하는 수직전단응력이 있다.

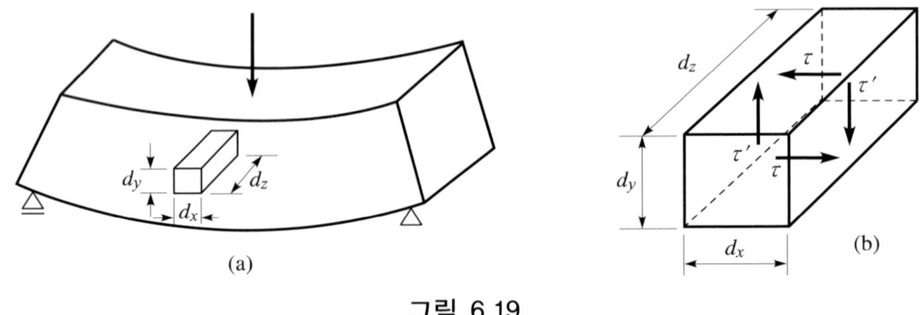

그림 6.19

수평전단응력과 수직전단응력의 관계는 그림 6.19(a)와 같이 보가 하중을 받아서 휘어져 정지상태에 있는 것으로 한다. 이 보 속에 미소직육면체를 생각하면 그 미소직육면체의 각 면에는 수평전단응력도 τ와 수직전단응력도 τ'가 그림 6.20(b)와 같이 작용하게 된다.

여기서 수평전단력에 의한 우력모멘트는

$-(\tau \cdot dx \cdot dz)dy$이고,

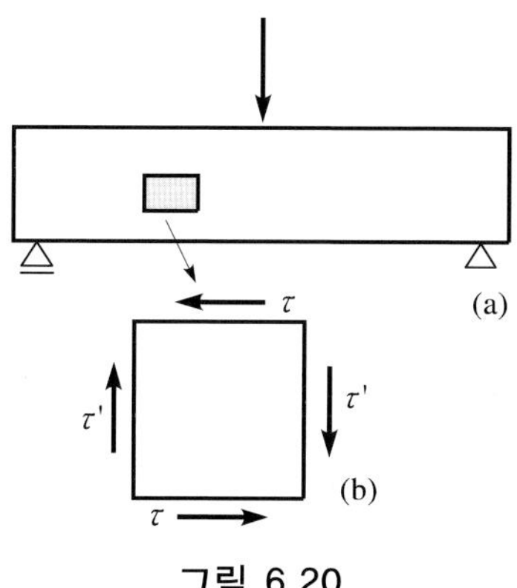

그림 6.20

수직전단력에 의한 우력모멘트는

$$(\tau' \cdot dy \cdot dz)dx \text{이다.}$$

미소직육면체는 정지상태에 있으므로 두 개의 우력모멘트의 합은 0이어야 하므로

즉, $\Sigma M = -\tau \cdot dx \cdot dz \cdot dy + \tau' \cdot dy \cdot dz \cdot dx = 0$

$$\therefore \tau = \tau'$$

가 되어 수평전단응력도와 수직전단응력도는 같게 된다.

수평전단응력도(τ)와 수직전단응력도(τ')의 관계는 $\tau = \tau'$ 이므로 전단응력도의 일반식은 다음과 같이 나타낼 수 있다.

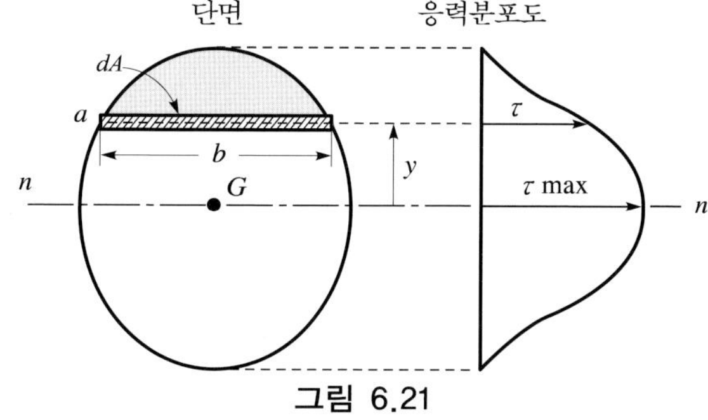

그림 6.21

a−a면의 전단응력도는

$$\tau = \frac{V \cdot Q}{I_n \cdot b}(\mathrm{N/mm^2})\text{이다.}$$

여기서, V : 외력에 의해서 생기는 전단력

Q : a−a면에서 외측의 단면의 중립축에 관한 단면1차모멘트($A \cdot y$)

b : a−a면의 폭

I_n : 중립축에 관한 단면 2차 모멘트이다.

예제 6.8

그림 6.22와 같은 T형단면 보에 $V = 6{,}150\mathrm{N}$의 전단력이 작용할 때 각 위치(a, b, c, d, e)의 전단응력도를 구하라. 단, 그림의 n축은 도심축이고 이 축에 대한 단면2차모멘트 $I_n = 8.2 \times 10^6 \mathrm{mm^4}$이다.

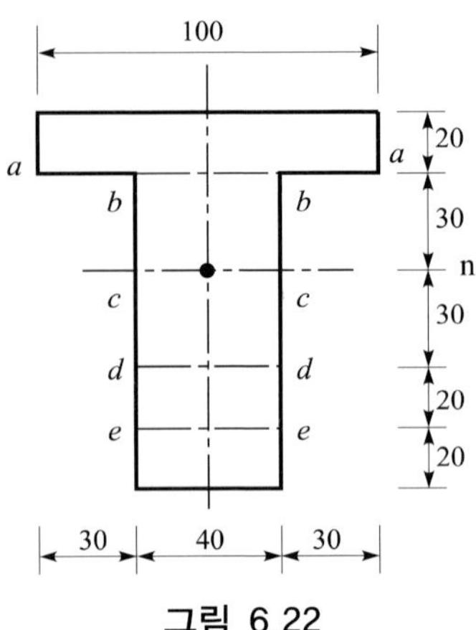

그림 6.22

풀이

a단면의 폭 $b=100\text{mm}$

b, c, d, e단면의 폭 $b=40\text{mm}$

•각 단면의 중립축 외측의 단면1차모멘트 Q는

$Q_a=100\times20\times40=80{,}000\text{mm}^3$　　$Q_b=100\times20\times40=80{,}000^3$

$Q_c=100\times20\times40+40\times30\times15=98{,}000\text{mm}^3$　　$Q_d=40\times40\times50=80{,}000\text{mm}^3$

$Q_e=40\times20\times60=48{,}000\text{mm}^3$

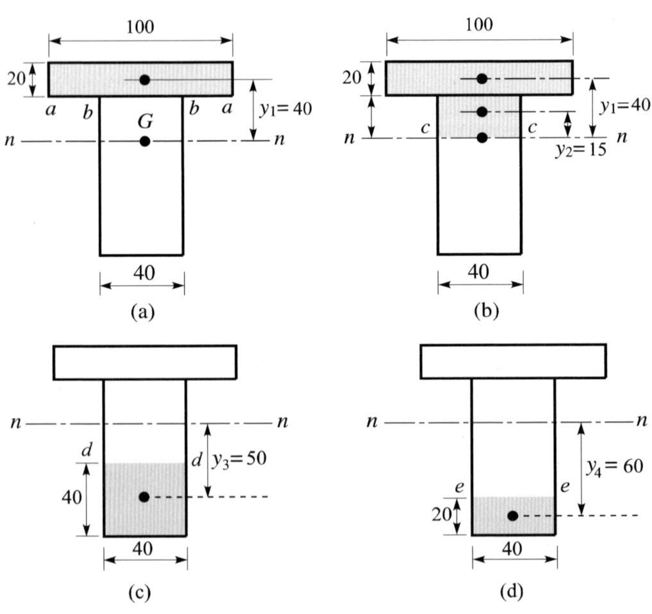

그림 6.23

•각 단면의 전단응력도는 $\tau = \dfrac{VQ}{Ib}$ 에서

$$\tau_a = \frac{6150\text{N} \times 80{,}000\text{mm}^3}{8{,}200{,}000\text{mm}^4 \times 100\text{mm}} = 0.6\text{N/mm}^2$$

$$\tau_b = \frac{6{,}150\text{N} \times 80{,}000\text{mm}^3}{8{,}200{,}000\text{mm}^4 \times 40\text{mm}} = 1.5\text{N/mm}^2$$

$$\tau_c = \frac{6{,}150\text{N} \times 98{,}000}{8{,}200{,}000\text{mm}^4 \times 40\text{mm}} = 1.8375\text{N/mm}^2$$

$$\tau_d = \frac{6{,}150\text{N} \times 80{,}000\text{mm}^3}{8{,}200{,}000\text{mm}^4 \times 40\text{mm}} = 1.5\text{N/mm}^2$$

$$\tau_e = \frac{6{,}150\text{N} \times 48{,}000\text{mm}^3}{8{,}200{,}000\text{mm}^4 \times 40\text{mm}} = 0.9\text{N/mm}^2$$

예제 6.9

직사각형단면에 작용하는 전단응력도를 구하시오.

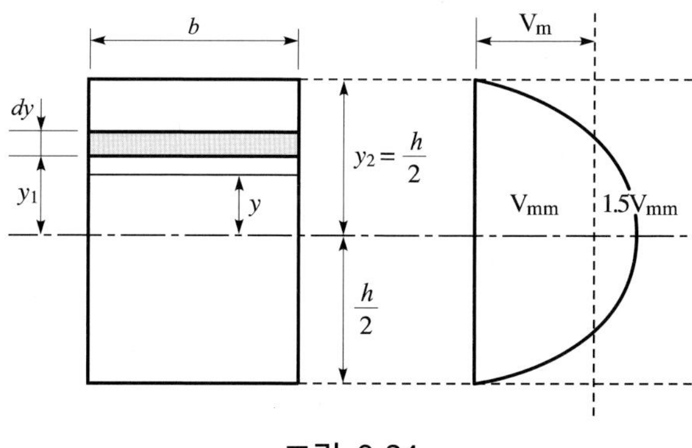

그림 6.24

풀이

$$\tau = \frac{V}{Ib}\int_{y_1}^{y_c} y\,dA$$

$$= \frac{V}{Ib}\int_{y_1}^{y_c} y\,b\,dy$$

$$= \frac{V}{I}\int_{y_1}^{yc} y\,dy = \frac{V}{I}\left[\frac{y^2}{2}\right]_{y1}^{y_c}$$

$$= \frac{V}{2I}\left[y^2\right]_{y_1}^{y_c}$$

$$= \frac{V}{2 \cdot \frac{bh^3}{12}}\left(\frac{h^2}{4} - y_1^2\right) = \frac{6V}{bh^3}\left(\frac{h^2}{4} - y_1^2\right)$$

예제 6.10

다음 그림 6.25와 같이 단면 $60\text{mm} \times 120\text{mm}$를 가지고, 등분포하중 $w = 3\text{kN/m}$를 받는 단순보에 대하여 다음 물음에 답하시오. 단, 보의 자중은 고려하지 않는다.

1. 중립축에 대한 단면계수 및 단면2차모멘트를 구하시오.
2. 스팬 중앙의 보 단면에 생기는 최대휨응력도를 구하시오.
3. 스팬 중앙의 보 단면의 A점에 생기는 휨응력도를 구하시오.

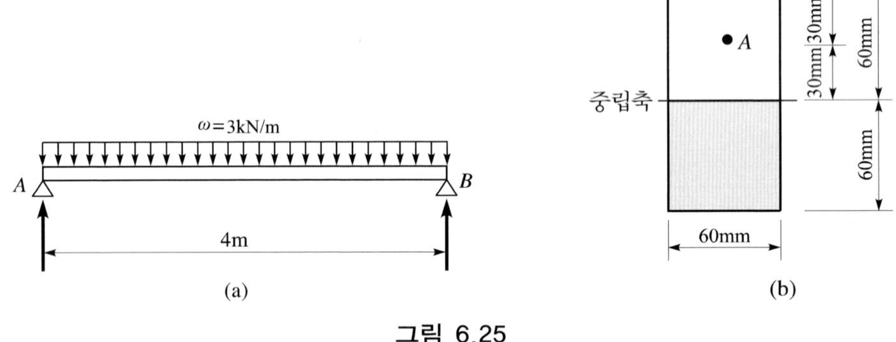

그림 6.25

풀이

1. 단면계수

$$S = \frac{bh^2}{6} = \frac{60 \times 120^2}{6} = 144{,}000\text{mm}^3$$

단면2차모멘트

$$I = \frac{bh^3}{12} = \frac{60 \times 120^3}{12} = 8{,}640{,}000\text{mm}^4$$

2. 최대휨모멘트

$$M_{\max} = \frac{w \cdot l^2}{8} = \frac{3 \cdot 4^2}{8} = 6\text{kN} \cdot \text{m}$$

최대휨응력도

$$\sigma_{\max} = \frac{M_{\max}}{S} = \frac{6 \times 10^6}{144{,}000} = 41.67\text{N/mm}^2(\text{MPa})$$

3. A점에서의 응력도

$$\sigma_A = \frac{M_{\max}}{I} \cdot y = \frac{6 \times 10^6}{8{,}640{,}000} \cdot 30 = 20.83\text{N/mm}^2(\text{MPa})$$

6.6 응력의 성질

6.6.1 한 축 방향의 힘을 받을 경우

그림 6.26과 같이 축방향 인장력 P_x를 받는 부재의 임의의 단면(a-a면)에 생기는 응력도를 생각해 보자.

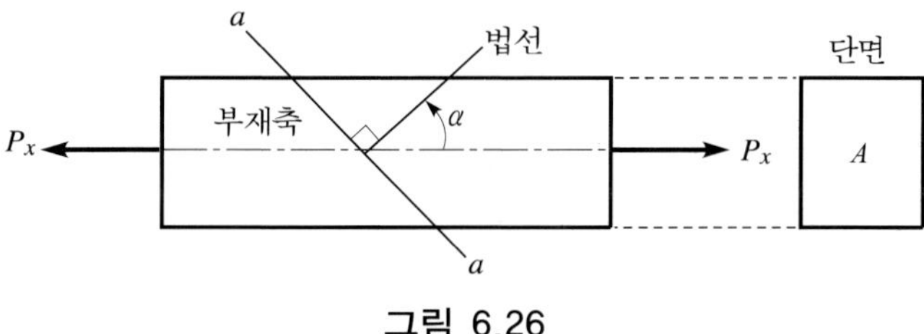

그림 6.26

a-a면을 a-a면에 세운 법선에 부재축에서 반시계 방향으로 재어서 $\alpha°$면으로 표시하기로 하자.

부재축에 수직인 단면($\alpha = 0°$)의 단면적을 A라 하면, 이 면에 생기는 응력도는 축방향 인장응력도이며

$$\sigma_x = \frac{P_x}{A}$$

로 표시된다. a−a면의 단면적을 A'라 하면

$$A' = \frac{A}{\cos\alpha}$$ 가 된다.

따라서, a－a면에 생기는 응력도 σ는

$$\sigma = \frac{P_x}{A'} = \frac{P_x}{A}\cos\alpha = \sigma_x \cdot \cos\alpha \text{가 된다.}$$

또 σ는 a－a면에 수직인 응력도 σ_n과 평행인 응력도 τ로 분해할 수 있다. 이때 σ_n을 수직응력도(nominal stress), τ를 전단응력도(shearing stress)라고 한다.

σ_n과 τ의 값은 다음과 같다.

수직응력도$(\sigma_n) = \sigma \cdot \cos\alpha = \sigma_x \cdot \cos^2\alpha$

전단응력도$(\tau) = \sigma \cdot \sin\alpha = \sigma_x \cdot \cos\alpha \cdot \sin\alpha$

$$(\because \sin\alpha \cdot \cos\alpha = \frac{1}{2}\sin 2\alpha)$$

$$= \frac{\sigma_x}{2}\sin 2\alpha \qquad (6.18)$$

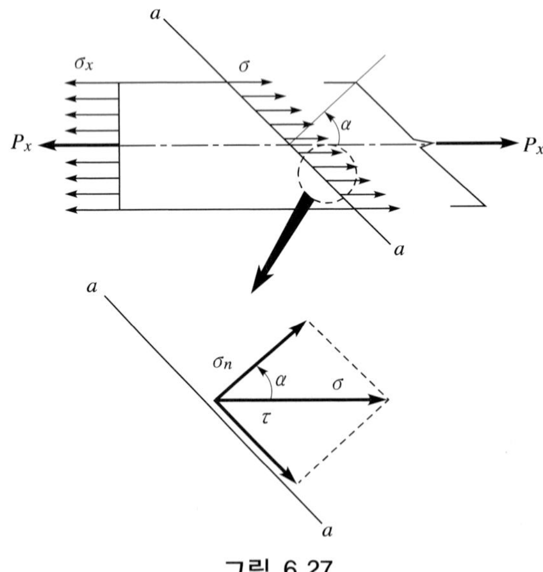

그림 6.27

다음으로 a－a면에 대해 직교하는 b－b면의 수직응력도 σ'_n과 전단응력도 τ'에 대해서 알아보자.

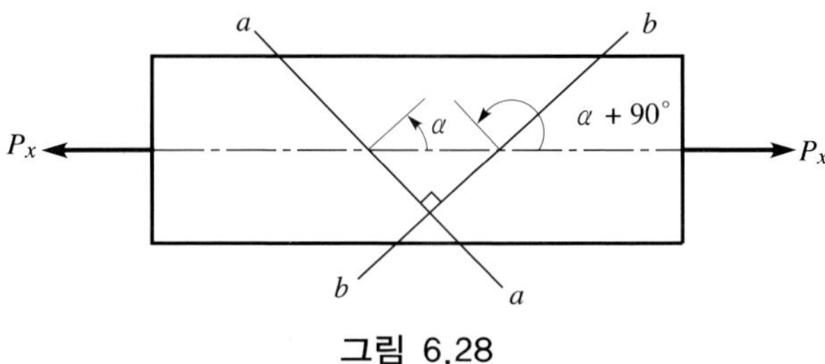

그림 6.28

그림 6.28에서 b－b면의 법선은 부재축에서 $\alpha+90°$가 되므로 식 (6.18)에 $\alpha+90°$를 대입하면

$$\text{수직응력도}(\sigma'_n)=\sigma_x\cdot\cos^2(\alpha+90°)=\sigma_x\cdot\sin^2\alpha$$

$$\text{전단응력도}(\tau')=\frac{1}{2}\sigma_x\cdot\sin2(\alpha+90°)$$

$$=\frac{\sigma_x}{2}sin(2\alpha+180°)$$

$$=-\frac{\sigma_x}{2}\cdot\sin2\alpha \tag{6.19}$$

가 된다.

6.6.2 두 축 방향의 힘을 받을 경우

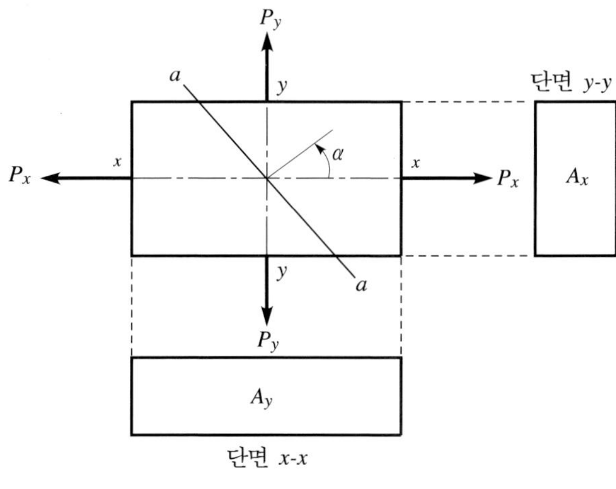

그림 6.29

그림 6.29와 같이 부재의 x, y 양축방향에 P_x, P_y가 작용할 경우 a－a면($\alpha°$)의 수직응력도와 전단응력도는 그림 6.30과 같이 생각할 수 있다.

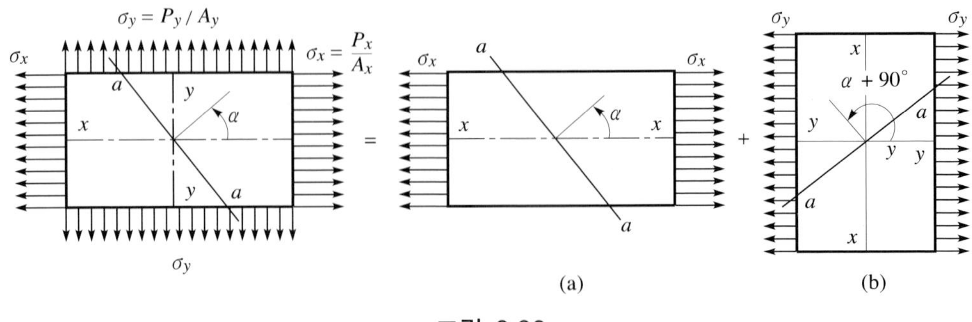

그림 6.30

즉, 그림 6.30(a)와 같이 P_x만이 작용할 경우와 그림 6.30(b)와 같이 P_y만이 작용할 경우를 합성한 것이다. 그림 6.31(a)의 응력도는 식 (6.20)에 의해 분명해진다. 그림 6.30(b)에 대해서는 P_y가 x축 방향으로 오도록 부재를 회전시켜 생각하면 a－a면의 법선은 $\alpha+90°$가 되므로 a－a면의 응력도는 식 (6.21)을 사용하면 된다.

그림 6.30(a)의 경우 a－a면의 응력도 σ_{n1}, τ_1은 식 (6.20)에서

$$\sigma_{n1}=\sigma_x\cdot\cos^2\alpha \tag{6.20}$$

$$\tau_1=\frac{\sigma_x}{2}\cdot\sin2\alpha$$

그림 6.30(b)의 경우 a－a면의 응력도 σ_{n2}, τ_2는 식 (6.21)에서

$$\sigma_{n2}=\sigma_y\cdot\sin^2\alpha \tag{6.21}$$

$$\tau_2=-\frac{\sigma_y}{2}sin2\alpha$$

따라서, P_x, P_y가 동시에 작용할 때의 a－a면의 응력도 σ_n, τ는

$$\sigma_n=\sigma_{n1}+\sigma_{n2}=\sigma_x\cdot\cos^2\alpha+\sigma_y\cdot\sin^2\alpha$$

$$\tau=\tau_1+\tau_2=\frac{\sigma_x-\sigma_y}{2}sin2\alpha \tag{6.22}$$

또 a－a면에 직교하는 b－b면의 응력도는 식 (6.22)의 α에 $\alpha+90°$를 대입하면

$$\sigma'_n=\sigma_x\cdot\cos^2(\alpha+90°)+\sigma_y\cdot\sin^2(\alpha+90°)$$

$$=\sigma_x\cdot\sin^2\alpha+\sigma_y\cdot\cos^2\alpha$$

$$\tau' = \frac{1}{2}(\sigma_x - \sigma_y)\sin 2(\alpha + 90°)$$

$$= -\frac{\sigma_x - \sigma_y}{2} sin 2\alpha \qquad (6.23)$$

6.6.3 직교하는 두 면에 생기는 응력도의 성질

식 (6.22) 및 식 (6.23)에서 서로 직교하는 두 면에 생기는 응력도의 관계는 다음과 같다.

$$\sigma_n + \sigma'_n = \sigma_x(\sin^2\alpha + \cos^2\alpha) + \sigma_y(\sin^2\alpha + \cos^2\alpha) = \sigma_x + \sigma_y$$

$$\tau = -\tau' \qquad (6.24)$$

식 (6.24)에서 다음과 같은 정리를 얻을 수 있다.

정리1

서로 직교하는 두 면에 작용하는 수직응력도의 합은 x, y 양축방향의 수직응력도 (σ_x, σ_y)의 합과 같다.

정리2

서로 직교하는 두 면에 생기는 전단응력도는 크기가 같고 부호가 반대이다.

a-a면에 평행인 두 개의 면과 그에 직교하는 b-b면에 평행인 두 개의 면에 의해서 구획되는 미소정사면체를 생각했을 때 이 사면체에 생기는 수직응력도와 전단응력도는 식 (6.22)와 식 (6.23)에서 구한 σ_n, σ'_n, τ, τ'이 생기는 것이 되는데, 그 방향에 대해서는 수직응력도(σ_n, σ'_n)가 (+)일 때 인장응력도이므로 그 방향은 그림 6.31과 같이 되고, (-)의 경우는 압축응력도이므로 반대가 된다. 또 전단응력도(τ, τ')에 대해서는 전단력이 시계방향일 때 (+), 반시계방향일 때 (-)가 된다.

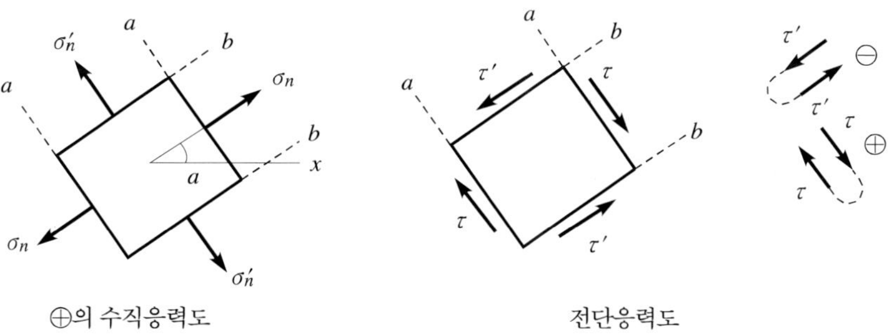

그림 6.31

예제 6.11

평면응력을 받는 요소가 응력 $\sigma_x = 1100\text{N}$, $\sigma_y = 400\text{N}$, $\tau = 280\text{N}$를 받고 있다. 각 $\theta = 45°$ 만큼 경사진 요소 위에 작용하는 응력을 구하시오.

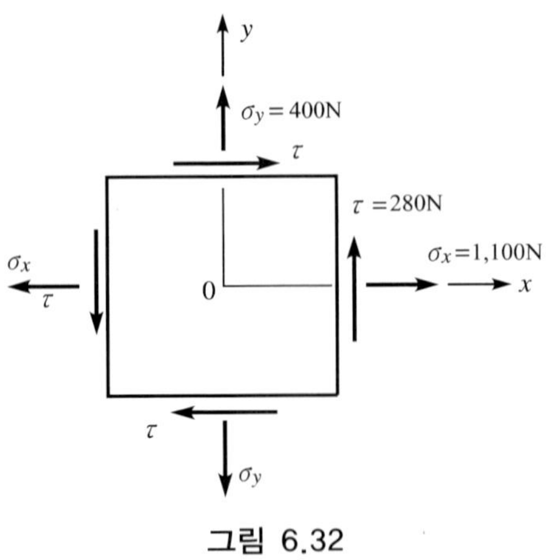

그림 6.32

풀이

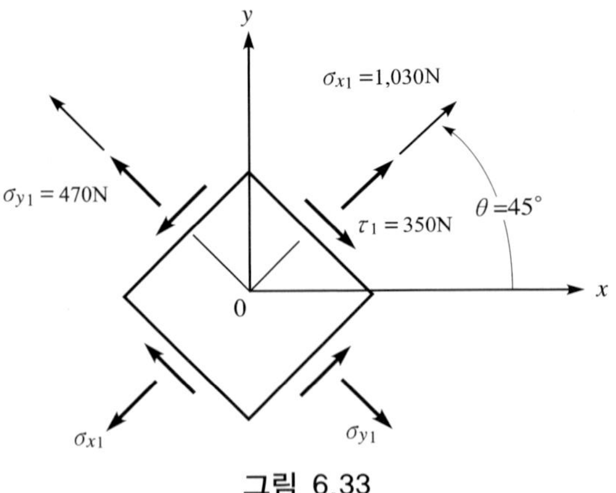

그림 6.33

$$\frac{\sigma_x + \sigma_y}{2} = 750\text{N}$$

$$\frac{\sigma_x - \sigma_y}{2} = 350\text{N}$$

$$\sin 2\theta = \sin 90° = 1$$

$$\cos \theta = \cos 90° = 0$$

이를 응력변환식에 대입하면

$$\sigma_{x1} = \frac{\sigma_x + \sigma_y}{2} + \frac{\sigma_x - \sigma_y}{2} cos2\theta - \tau \sin 2\theta$$

$$= 750N + 350N \cdot 0 - 280N \cdot 1$$

$$= 470N$$

$$\sigma_{y1} = \frac{\sigma_x + \sigma_y}{2} - \frac{\sigma_x - \sigma_y}{2} \cdot \cos 2\theta + \tau \sin 2\theta$$

$$= 750N - 350N \cdot 0 + 280N \cdot 1$$

$$= 1,030N$$

$$\tau_1 = -\frac{\sigma_x + \sigma_y}{2} \cdot \sin 2\theta + \tau \cos 2\theta = \tau_\theta$$

$$= 350N \cdot 1 + 280 \cdot 0 = 350N$$

6.7 모어의 응력원

두 축 방향의 힘을 받는 부재의 임의의 단면(a-a면)의 수직응력 σ_n과 전단응력도 τ는

$$\sigma_n = \sigma_x \cdot \cos^2\alpha + \sigma_y \cdot \sin^2\alpha$$

$$\tau = \frac{\sigma_x - \sigma_y}{2} sin2\alpha$$

로 표시되는 것을 알았다. 이것의 응력도의 관계를 그림으로 표현한 것이 모어의 응력원이다.

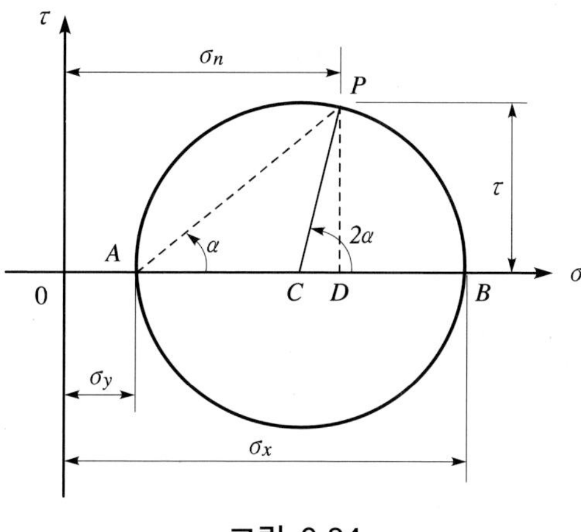

그림 6.34

작도순서

$\sigma_x > \sigma_y$라 하면

1) 직교좌표축(σ축, τ축)을 취한다.

⬇

2) 일정한 축척으로 σ축상에 σ_x, σ_y를 취하고 점 A, B를 정한다.

⬇

3) $\overline{AB}=(\sigma_x-\sigma_y)$를 직경으로 하는 원을 그린다.

⬇

4) 중심 C에서 반시계방향으로 $2\alpha°$를 잡고 점 P를 정한다.

⬇

5) 점 P의 좌표가 a-a면($\alpha°$)의 응력도 σ_n과 전단응력도 τ이다.

이상의 방법으로 그린 모어의 원의 점 P의 좌표가 앞의 σ_n, τ의 식과 일치하면 모어의 응력원은 바른 것이므로 그림 6.34에서

$$\tau=\overline{DP}=\overline{CP}\cdot\sin 2\alpha=\frac{1}{2}(\sigma_x-\sigma_y)\sin 2\alpha$$

$$\sigma_n=\overline{OA}+\overline{AD}=\overline{OA}+\overline{PD}\cdot\cot\alpha$$

$$=\sigma_y+\tau\cdot\cot\alpha$$

$$=\sigma_y+\frac{1}{2}(\sigma_x-\sigma_y)\sin 2\alpha\cdot\frac{\cos\alpha}{\sin\alpha}$$

$$=\sigma_y+(\sigma_x-\sigma_y)\cos^2\alpha \quad (\because \sin 2\alpha=2\sin\alpha\cdot\cos\alpha)$$

$$=\sigma_x\cdot\cos^2\alpha+\sigma_y(1-\cos^2\alpha)$$

$$=\sigma_x\cdot\cos^2\alpha+\sigma_y\cdot\sin^2\alpha$$

$$(\because \sin^2\alpha+\cos^2\alpha=1,\ 1-\cos^2\alpha=\sin^2\alpha)$$

따라서, 모어의 응력원은 바른 것이다.

여기서, 주응력도를 모어의 응력원에 의해 검토하면

표 6.1

주응력도	주응력면	τ의 값
$\sigma_{n(\max)}=\overline{OB}=\sigma_x$	$\alpha=0$	0
$\sigma_{n(\min)}=\overline{OA}=\sigma_y$	$2\alpha=180°\ \therefore\alpha=90°$	0

가 되는 것을 알 수 있다.

▌연습문제▐

6.1 그림과 같은 단면의 단주가 $N=25\text{kN}$의 압축력이 도심축에 작용할 때 압축응력도를 구하라.

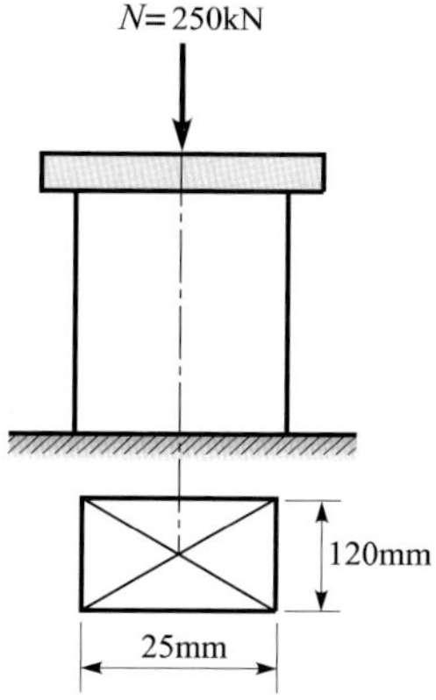

6.2 단면의 폭이 150mm, 춤이 300mm인 나무보에 휨모멘트 $M=12{,}000\text{N}\cdot\text{m}$, 압축력 $N=50{,}000\text{N}$이 동시에 작용할 때의 최대압축응력도를 구하라.

6.3 길이가 8m, 단면적이 100mm^2인 어떤 재료를 200kN의 힘으로 당겨 10mm가 늘어났을 때 이 재료의 탄성계수의 크기를 구하라.

6.4 그림과 같은 단면 $100\text{mm}\times100\text{mm}$, 길이 $l=600\text{mm}$인 각재에 100kN의 압축력이 작용하여 595mm로 되었다. 이 때 압축응력도와 변형도 및 영계수를 구하라.

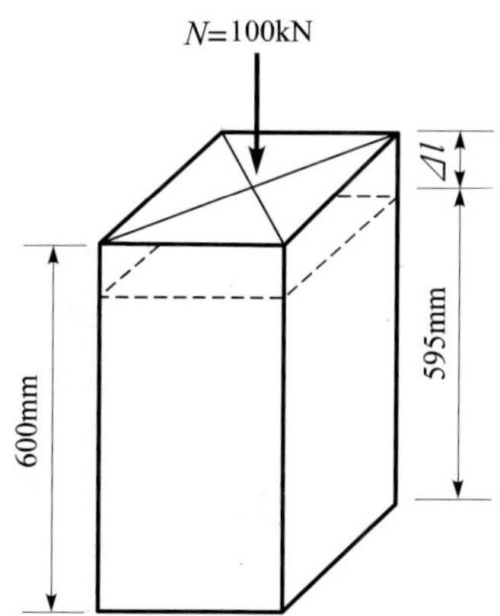

6.5 그림과 같은 휨모멘트 $M = 18\text{kN} \cdot \text{m}$를 받는 보 단면의 필요한 춤 h는 얼마인가? 단, 허용휨응력도 $f_b = 8\text{N/mm}^2$이다.

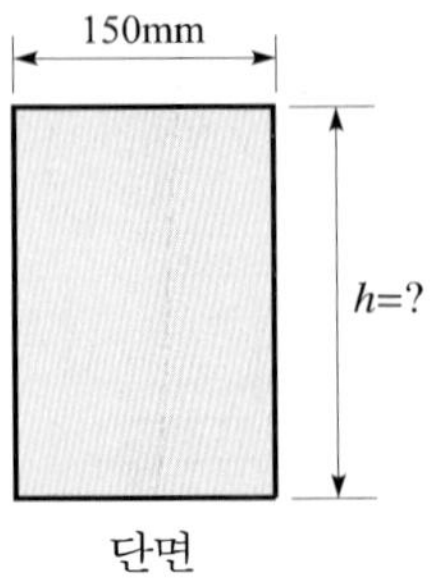

단면

제7장
구조물의 탄성변형

7.1 서 론

보에 하중이 가해지면 보는 변형을 일으키게 된다. 이때 생긴 보의 변형은 주로 모멘트에 의한 휨변형과 전단력에 의한 전단변형으로 이루어져 있으나 일반적인 보의 경우 전단변형은 휨변형에 비해 무시할 수 있을 정도로 작다.

또한 변형의 정도를 나타내기 위해 처짐(deflection)과 처짐각(deflection angle)이 사용된다. 그림 7.1과 같은 단순보에서 C점의 경우 변형 전의 위치로부터의 수직거리 δ_C를 C점의 처짐이라 한다. 처짐은 지지점에서는 0이며 대부분의 경우 보의 중앙부 근처에서 최대가 된다. 그림에서 C 점에서 그은 접선이 변형전 보의 축과 이루는 각 θ_C를 C점의 처짐각이라 한다. 단순보의 경우 지점에서 처짐각은 최대가 되며 또한 최대 처짐이 발생하는 위치에서의 처짐각은 0이 된다.

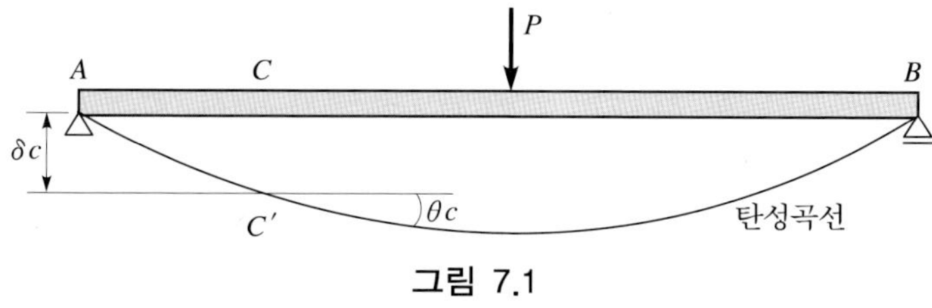

그림 7.1

구조적으로는 안전성이 확보된 경우라 할지라도 보에 어느 정도 이상의 처짐이 발생하게 되면 보에 의해 지지된 비내력이 벽이나 마감재 등에 균열을 발생시는 경우나 사람에 의한 이동하중이나 기계장비 등에 의한 진동이 발생하므로 구조부재로서의 사용성에 문제가 있기 때문에 구조부재로서 사용할 수 없다. 따라서 각 나라별로 설계 기준에서는 최대 처짐값이 일정한 한계 값을 넘지 않도록 처짐에 대한 제한을 두고 있다.

부재의 휨변형을 결정하기 위해서 사용되는 부호는 아래의 기준에 따른다.

(1) X축은 우측을 정(+)으로 하고, Y축은 하향을 정(+)으로 한다.

(2) 처짐각은 X축을 기준으로 시계방향을 정(+)으로 하고, 처짐은 하향으로 처짐이 발생하는 경우를 정(+)으로 한다.

7.2 탄성곡선법

7.2.1 탄성곡선법

탄성곡선법은 탄성곡선의 미분방정식을 처짐이론에서 구한 곡률의 식과 미분학에서 얻어지는 곡률의 식을 결합함으로써 처짐과 처짐각은 구할 수 있다.

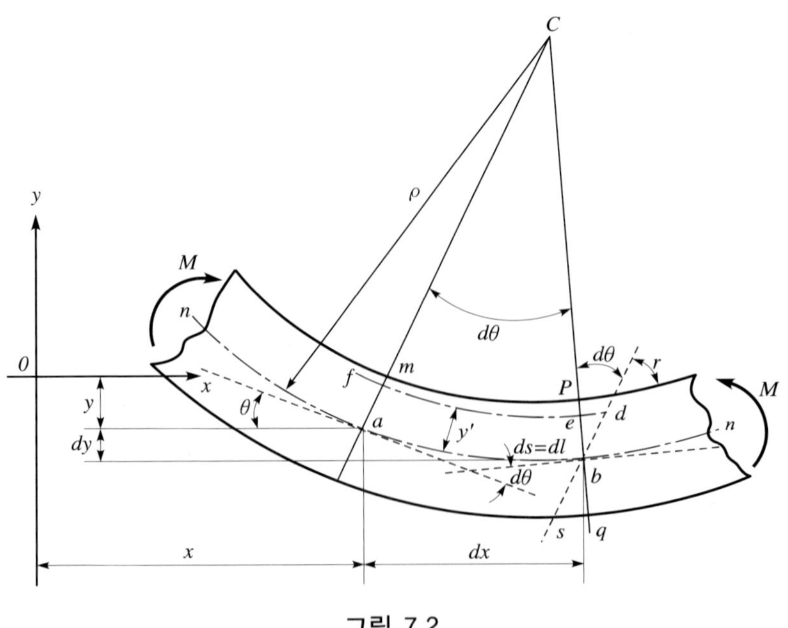

그림 7.2

보를 탄성체로 간주하고 휨모멘트에 의해 그림 7.2와 같이 탄성변형을 한다고 가정하면 a점의 접선과 b점에서의 접선으로 이루어진 각을 $d\theta$로 나타난다.

중립축에서 y'만큼 떨어진 위치의 변형도(ε)는

$$\varepsilon = \frac{\overline{ed}}{dl} = \frac{y'd\theta}{\rho d\theta} = \frac{y'}{\rho} \tag{7.1}$$

또한

$$\sigma = E \cdot \varepsilon = \frac{My'}{I} \text{ 으로부터}$$

$$\varepsilon = \frac{My'}{EI} \tag{7.2}$$

식 (7.1)과 식 (7.2)로부터

$$\varepsilon = \frac{y'}{\rho} = \frac{My'}{EI} \text{ 이므로}$$

$$\frac{1}{\rho} = \frac{M}{EI} \tag{7.3}$$

또한 직각좌표에서의 곡률 $\left(\frac{1}{\rho}\right)$은

$$ds = \rho d\theta$$

$$= \sqrt{dx^2 + dy^2}$$

$$= dx\sqrt{1 + \left(\frac{dy}{dx}\right)^2} \text{ 으로부터}$$

$$\frac{1}{\rho} = \frac{1}{\sqrt{1 + \left(\frac{dy}{dx}\right)^2}} \frac{d\theta}{dx} \tag{7.4}$$

또한 $\frac{dy}{dx} = \tan\theta$

$$\frac{d^2y}{dx^2} = \sec^2\theta \frac{d\theta}{dx}$$

$$= (1 + \tan^2\theta)\frac{d\theta}{dx} \text{ 로부터}$$

$$\frac{d\theta}{dx} = \frac{1}{1+\tan^2\theta}\frac{d^2y}{dx^2}$$

$$= \frac{1}{1+\left(\frac{dy}{dx}\right)^2}\frac{d^2y}{dx^2} \tag{7.5}$$

식 (7.5)를 식 (7.4)에 대입하면

$$\frac{1}{\rho} = \frac{1}{\sqrt{1+\left(\frac{dy}{dx}\right)^2}}\frac{1}{1+\left(\frac{dy}{dx}\right)^2}\frac{d^2y}{dx^2} \tag{7.6}$$

식 (7.3)과 식 (7.6)으로부터

$$\frac{\frac{d^2y}{dx^2}}{\left[1+\left(\frac{dy}{dx}\right)^2\right]^{\frac{3}{2}}} = \frac{M}{EI} \tag{7.7}$$

$\frac{dy}{dx}$는 미소하기 때문에 $\left(\frac{dy}{dx}\right)^2 \fallingdotseq 0$이다.

따라서,

$$\frac{d^2y}{dx^2} = \frac{M}{EI} \tag{7.8}$$

여기서, M이 (+)이면 (⌒), 보는 아래로 처진다. 즉 $\left(\frac{d^2y}{dx^2} < 0\right)$이 된다. 따라서, 아래로 처짐을 (+)라 하면 식 (7.8)을

$$\frac{d^2y}{dx^2} = -\frac{M}{EI} \tag{7.9}$$

라고 해야 부호가 일치하게 된다.

식 (7.9)를 적분하면 처짐각(θ)은

$$\theta = \frac{dy}{dx} = -\int \frac{M}{EI}dx + C_1 \tag{7.10}$$

또한 식 (7.10)을 적분하면 처짐(δ)은

$$\delta = y = -\int\int \frac{M}{EI}dx \cdot dx + C_1 x + C_2 \tag{7.11}$$

와 같이 구할 수 있다.

예제 7.1

그림 7.3과 같이 자유단에 집중하중을 받고 있는 캔틸레버보에서 자유단의 처짐과 처짐각을 구하라.

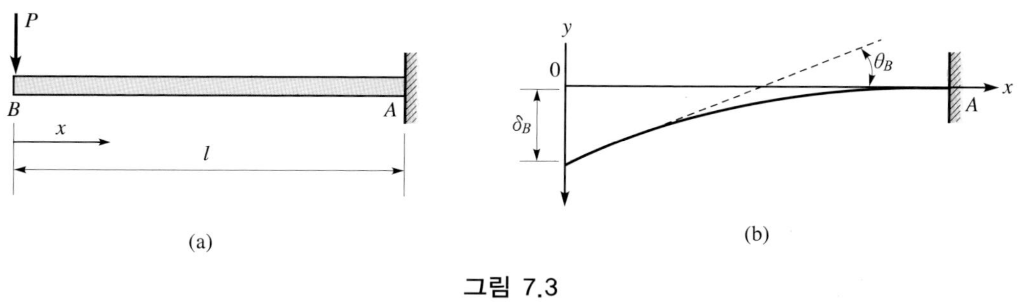

그림 7.3

풀이

왼쪽 자유단으로부터의 임의의 거리 x에서의 모멘트식은 M_x

$$M_x = -Px \tag{a}$$

따라서, 이와 같은 켄틸레버 보에 대한 탄성곡선의 미분방정식은

$$EI\frac{d^2y}{dx^2} = -M_x = Px \tag{b}$$

식 (b)를 적분하면

$$EI\frac{dy}{dx} = \frac{Px^2}{2} + C_1 \tag{c}$$

여기서, C_1은 적분상수이다.

고정단에서 처짐각은 0이므로, 즉 $x = l$일 때 $\theta = \frac{dy}{dx} = 0$이다. 따라서, 적분상수 $C_1 = -\frac{Pl^2}{2}$이다.

이 값을 식 (c)에 대입하면

$$EI\frac{dy}{dx} = \frac{Px^2}{2} - \frac{Pl^2}{2} \tag{d}$$

또한 식 (d)를 적분하면

$$EIy = \frac{Px^3}{6} - \frac{Pl^2}{2}x + C_2 \tag{e}$$

여기서, C_2는 적분상수이다.

고정단의 처짐은 0이므로, 즉 $x = l$ 일 때 $\delta = y = 0$이다.

따라서, 적분상수 $C_2 = \frac{Pl^3}{3}$ 이다.

이 값을 식 (e)에 대입하면

$$EIy = \frac{Px^3}{6} - \frac{Pl^2}{2}x + \frac{Pl^3}{3} \tag{f}$$

$$\text{처짐각}(\theta) = \frac{dy}{dx} = \left(\frac{Px^2}{2} - \frac{Pl^2}{2}\right)/EI \tag{g}$$

$$\text{처짐}(\delta) = y = \left(\frac{Px^3}{6} - \frac{Pl^2}{2}x + \frac{Pl^3}{3}\right)/EI \tag{h}$$

B점의 처짐각(θ_B)과 처짐(δ_B)을 구하기 위해 식 (g)와 식 (h)에 $x = 0$을 대입하면 $\theta_B = -\frac{Pl^2}{2EI}$, $\delta_B = \frac{Pl^3}{3EI}$

예제 7.2

다음 그림 7.4와 같은 캔틸레버보에서 자유단의 처짐과 처짐각을 구하시오.

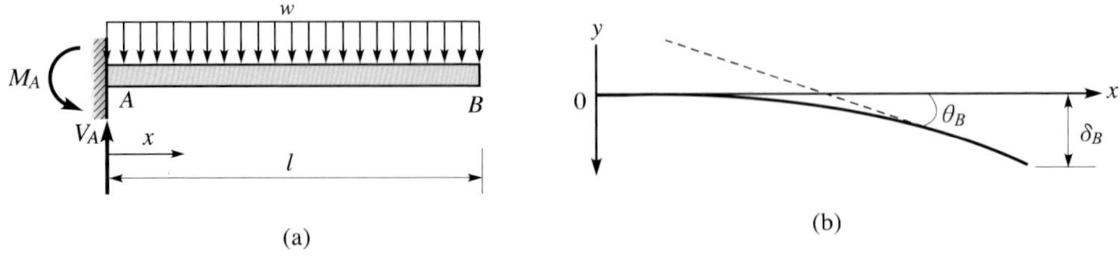

그림 7.4

풀이

임의의 x에서의 모멘트(M_x)는

$$M_x = -w\frac{l^2}{2} + wlx - \frac{wx^2}{2} \tag{a}$$

따라서 보에 대한 탄성곡선의 미분방정식은

$$EI\frac{d^{2y}}{dx^2} = -M_x = \frac{wl^2}{2} - wlx + \frac{wx^2}{2} \tag{b}$$

식 (b)를 적분하면

$$EI\frac{dy}{dx} = \frac{wl^2}{2}x - \frac{wl}{2}x^2 + \frac{w}{6}x^3 + C_1 \tag{c}$$

고정단에서 처짐각은 0이므로 $x=0$일 때 $\frac{dy}{dx}=0$. 따라서 적분상수 $C_1=0$이다.

이 값을 식 (c)에 대입하면

$$EI\frac{dy}{dx} = \frac{wl^2}{2}x - \frac{wl}{2}x^2 + \frac{w}{6}x^3 \tag{d}$$

식 (d)를 적분하면

$$EIy = \frac{wl^2}{4}x^2 - \frac{wl}{6}x^3 + \frac{w}{24}x^4 + C_2 \tag{e}$$

고정단에서 처짐은 0이므로 $x=0$일 때 $y=0$이므로 따라서 적분상수 $C_2=0$이다. 이 값을 식 (e)에 대입하면

$$EIy = \frac{wl^2}{4}x^2 - \frac{wl}{6}x^3 + \frac{w}{24}x^4 \tag{f}$$

그러므로 캔틸레버보에 등분포하중이 작용할 때

$$\text{처짐각}(\theta) = \frac{dy}{dx} = \left(\frac{wl^2}{2}x - \frac{wl}{2}x^2 + \frac{w}{6}x^3\right) / EI \tag{g}$$

$$\text{처짐}(\delta) = y = \left(\frac{wl^2}{4}x^2 - \frac{wl}{6}x^3 + \frac{w}{24}x^4\right) / EI \tag{h}$$

따라서, 자유단의 처짐각(θ_B)과 처짐(δ_B)을 구하기 위해 식 (g)와 식 (f)에 $x=l$을 대입하면

$$\theta_B = \frac{wl^3}{6EI}, \qquad \delta_B = \frac{wl^4}{8EI}$$

예제 7.3

그림 7.5와 같이 중앙집중하중을 받는 단순보의 처짐(δ_C)과 처짐각(θ_A, θ_B)을 구하시오.

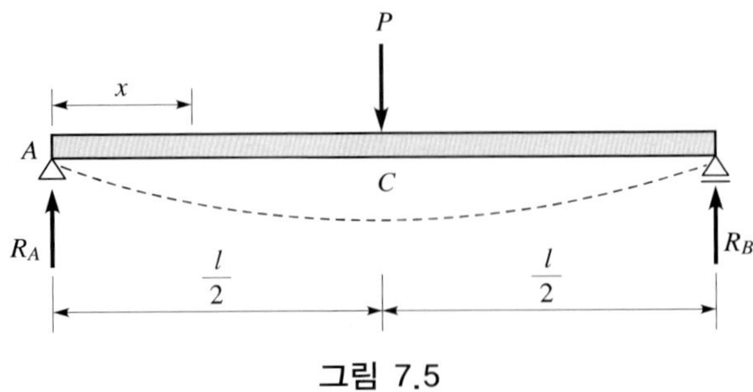

그림 7.5

풀이

반력 $R_A = R_B = \dfrac{P}{2}$

A점으로부터 임의의 거리 x에서의 모멘트(M_x)는

$0 \leqq x \leqq \dfrac{l}{2}$일 때

$$M_x = \frac{P}{2}x \tag{a}$$

$\dfrac{l}{2} \leqq x \leqq l$일 때

$$M_x = \frac{P}{2}x - P\left(x - \frac{l}{2}\right) = -\frac{P}{2}x + \frac{Pl}{2} \tag{b}$$

$0 \leqq x \leqq \dfrac{l}{2}$일 때 이와 같은 단순 보에 대한 탄성곡선의 미분방정식은

$$EI\frac{d^2y}{dx^2} = -M_x = -\frac{P}{2}x \tag{c}$$

식 (c)를 적분하면

$$EI\frac{dy}{dx} = -\frac{P}{4}x^2 + C_1 \tag{d}$$

여기서, C_1은 적분상수이다.

대칭하중일 때 $x = \dfrac{l}{2}$에서 처짐각 $\left(\dfrac{dy}{dx}\right) = 0$이므로 이를 식 (d)에 대입하면

$-\dfrac{P}{4}\left(\dfrac{l}{2}\right)^2 + C_1 = 0$이다. 따라서, 적분상수 $C_1 = \dfrac{Pl^2}{16}$이다.

이 값을 식 (d)에 대입하면

$$EI\frac{dy}{dx}=EI\theta=-\frac{P}{4}x^2+\frac{Pl^2}{16} \tag{e}$$

식 (e)로부터 $x=0$에서의 처짐각(θ_A)은

$$\theta_A=\frac{Pl^2}{16EI}$$

식 (e)를 적분하면

$$EIy=-\frac{P}{12}x^3+\frac{Pl^2}{16}x+C_2 \tag{f}$$

여기서, C_2는 적분상수이다.

A지점($x=0$)에서 처짐(y)=0이므로 이를 식 (f)에 대입하면 $C_2=0$이다.

이 값을 식 (f)에 대입하면

$$EIy=EI\delta=-\frac{P}{12}x^3+\frac{Pl^2}{16}x \tag{g}$$

식 (g)로부터 $x=\frac{l}{2}$에서의 처짐 (δ_c)은

$$EI\delta_c=-\frac{P}{12}\left(\frac{l}{2}\right)^3+\frac{Pl^2}{16}\left(\frac{l}{2}\right)=\frac{Pl^3}{48}$$ 이므로

$$\delta_c=\frac{Pl^3}{48EI}$$

또한 $\frac{l}{2}\leq x\leq l$ 일 때 보에 대한 탄성곡선의 미분방정식은

$$EI\frac{d^2y}{dx^2}=-M_x=\frac{P}{2}x-\frac{Pl}{2} \tag{h}$$

식 (h)를 적분하면 여기서, C_1는 적분상수이다.

$$EI\frac{dy}{dx}=EI\theta=\frac{P}{4}x^2-\frac{Pl}{2}x+C_1 \tag{j}$$

대칭하중이므로 $x=\frac{l}{2}$에서 처짐각 $\left(\frac{dy}{dx}\right)=0$ 이를 식 (j)에 대입하면

$$\frac{P}{4}\left(\frac{l}{2}\right)^2-\frac{Pl}{2}\left(\frac{l}{2}\right)+C_1=\frac{Pl^2}{16}-\frac{Pl^2}{4}+C_1=0$$ 이므로

적분상수 $C_1=\frac{3Pl^2}{16}$이다. 이 값을 식 (j)에 대입하면

$$EI\frac{dy}{dx} = EI\theta = \frac{P}{4}x^2 - \frac{Pl}{2}x + \frac{3Pl^2}{16} \tag{i}$$

식 (i)로부터 $x = l$ 에서의 처짐각 (θ_B)은

$$EI\theta_B = \frac{P}{4}l^2 - \frac{Pl}{2}l + \frac{3Pl^2}{16}$$

$$= \frac{(4-8+3)Pl^2}{16} = -\frac{Pl^2}{16}$$ 이므로

$$\theta_B = -\frac{Pl^2}{16EI}$$

예제 7.4

그림 7.6과 같이 등분포 하중을 받는 단순보의 처짐(δ_C)과 처짐각(θ_A, θ_B)을 구하시오.

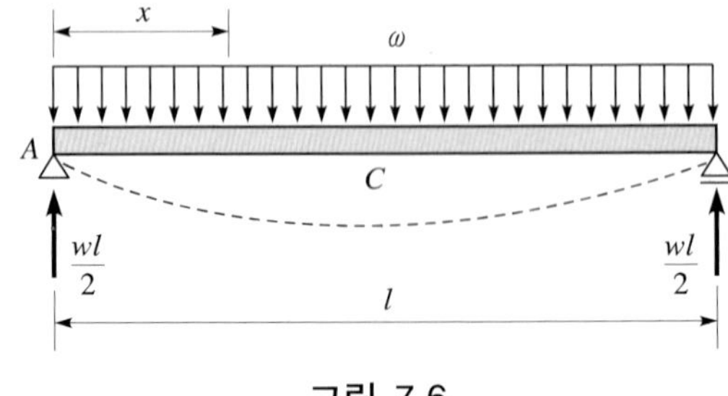

그림 7.6

풀이

이와 같은 단순보에 대한 탄성곡선의 미분방정식은

$$EI\frac{d^2y}{dx^2} = -M_x = -\left(\frac{wl}{2}x - \frac{wx^2}{2}\right) \tag{a}$$

식 (a)를 적분하면

$$EI\frac{dy}{dx} = EI\theta = -\int\left(\frac{wl}{2}x - \frac{wx^2}{2}\right)dx + C_1$$

$$= \int\left(-\frac{wl}{2}x + \frac{w}{2}x^2\right)dx + C_1$$

$$= -\frac{wl}{4}x^2 + \frac{w}{6}x^3 + C_1 \tag{b}$$

대칭하중이므로 $x=\frac{l}{2}$에서 $\left(\frac{dy}{dx}\right)=0$이므로 이를 식 (b)에 대입을 하면

$$0=-\frac{wl}{4}\left(\frac{l}{2}\right)^2+\frac{w}{6}\left(\frac{l}{2}\right)^3+C_1$$

$$=-\frac{wl^3}{16}+\frac{wl^3}{48}+C_1 \text{이므로}$$

적분상수 $C_1=\frac{wl^3}{24}$이다. 이 값을 식 (b)에 대입하면

$$EI\theta=-\frac{wl}{4}x^2+\frac{w}{6}x^3+\frac{wl^3}{24} \quad \text{(c)}$$

식 (c)로부터 $x=0$일 때 처짐각(θ_A)은

$$EI\theta_A=\frac{wl^3}{24} \text{이므로}$$

$$\theta_A=\frac{wl^3}{24EI}$$

또한 $x=l$일 때 처짐각(θ_B)은

$$EI\theta_B=-\frac{wl^3}{4}+\frac{wl^3}{6}+\frac{wl^3}{24}$$

$$=\frac{(-6+4+1)wl^3}{24}=-\frac{wl^3}{24} \text{이므로}$$

$$\theta_B=-\frac{wl^3}{24EI}$$

그리고 식 (c)를 적분하면

$$EIy=EI\delta=\int\left(-\frac{wl}{4}x^2+\frac{w}{6}x^3+\frac{wl^3}{24}\right)dx+C_2$$

$$=-\frac{wl}{12}x^3+\frac{w}{24}x^4+\frac{wl^3}{24}x+C_2 \quad \text{(d)}$$

여기서, C_2는 적분상수이다.

A지점($x=0$)에서 처짐($y=0$)이므로 이를 식 (d)에 대입하면

$C_2=0$

따라서, $EI\delta=-\frac{wl}{12}x^3+\frac{w}{24}x^4+\frac{wl^3}{24}x$ (e)

또한 $x=\frac{l}{2}$에서 처짐(δ_C)은

$$EI\delta_C=-\frac{wl}{12}\left(\frac{l}{2}\right)^3+\frac{w}{24}\left(\frac{l}{2}\right)^4+\frac{wl^3}{24}\left(\frac{l}{2}\right)$$

$$=-\frac{wl}{12}\left(\frac{l^3}{8}\right)+\frac{w}{24}\left(\frac{l^4}{16}\right)+\frac{wl^3}{24}\left(\frac{l}{2}\right)$$

$$=-\frac{wl^4}{96}+\frac{wl^4}{384}+\frac{wl^4}{48}$$

$$=\frac{(-4+1+8)wl^4}{384}=\frac{5wl^4}{384}$$ 이므로

$$\delta_C=\frac{5wl^4}{384EI}$$

7.2.2 처짐각과 처짐에 대한 식

처짐각이나 처짐은 탄성곡선의 미분방정식에 의한 방법으로 구한다는 것을 알 수 있다. 이들 방법으로 구한 처짐각과 처짐에 대한 식을 정리하면 표 7.1과 같다.

표 7.1

하 중 상 태	처짐의 일반식	처 짐	처 짐 각
P, A, C, B, x, $\frac{l}{2}$, $\frac{l}{2}$	$y_x=\frac{Px}{48EI}(3l^2-4x^2)$ $(0\le x\le\frac{l}{2})$	$y_{max}=y_c$ $=\frac{Pl^3}{48EI}$	$\theta_A=\theta_B=\frac{Pl^2}{16EI}$
P, a, b, A, B, x, C, x, l	$y_x=\frac{Pbx}{6lEI}(l^2-b^2-x^2)$ $(0\leqq x\leqq a)$	$a\ge b,$ $y_c=\frac{Pb(3l^2\times 4b^2)}{48EI}$ $a\le b,$ $y_c=\frac{Pa(3l^2\times 4a^2)}{48EI}$	$\theta_A=\frac{Pab(l+b)}{6EIl}$ $\theta_B=\frac{Pab(l+a)}{6EIl}$
ω, A, B, x, C, $\frac{l}{2}$, $\frac{l}{2}$, l	$y_x=\frac{w\cdot x}{24EI}$ $(l^3-2lx^2+x^3)$	$y_{max}=y_c$ $=\frac{5wl^4}{384EI}$	$\theta_A=\theta_B=\frac{wl^3}{24EI}$

하 중 상 태	처짐의 일반식	처 짐	처 짐 각
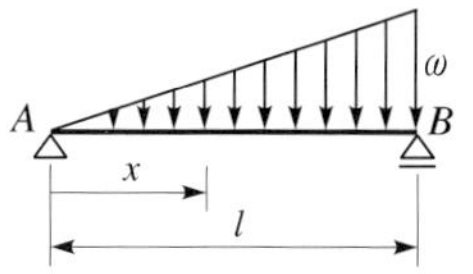	$y_x = \dfrac{wx}{360lEI}$ $(7l^4 - 10l^2x^2 + 3x^4)$	$x = 0.5193l$ $y_{\max} = 0.00652$ $\dfrac{wl^4}{EI}$	$\theta_A = \dfrac{7wl^3}{360EI}$ $\theta_B = \dfrac{wl^3}{45EI}$
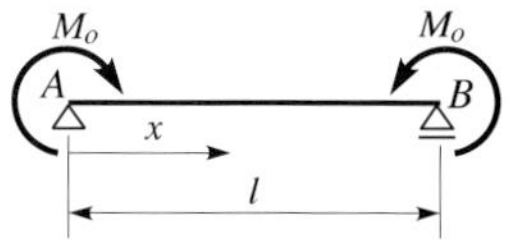	$y_x = \dfrac{M_0x}{2EI}(l-x)$	$y_{\max} = y_c$ $= \dfrac{M_0l^2}{8EI}$	$\theta_A = \theta_B = \dfrac{M_0l}{2EI}$
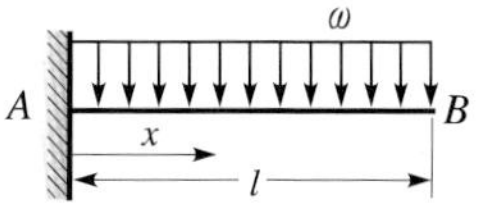	$y_x = \dfrac{wx^2}{24EI}$ $(6l^2 - 4lx + x^2)$	$y_{\max} = \dfrac{wl^4}{8EI}$	$\theta_B = \dfrac{wl^3}{6EI}$
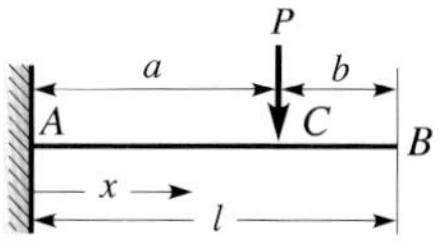	$y_x = \dfrac{Px^2}{6EI}(3a-x)$ $0 \le x \le a$ $y_x = \dfrac{Pa^2}{6EI}(3x-a)$ $(a \le x \le L)$	$y_B = \dfrac{pa^2}{6EI}(3l-a)$	$\theta_B = \dfrac{Pa^2}{2EI}$
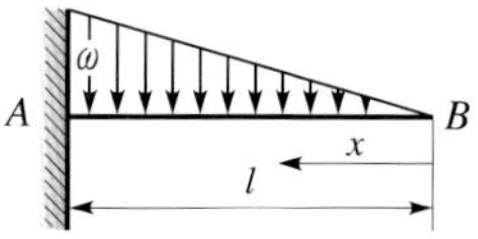	$y_x = \dfrac{wx}{120lEI}$ $(10l^3 - 10l^2x + 5lx^2 - x^3)$	$y_B = \dfrac{wl^4}{30EI}$	$\theta_B = \dfrac{wl^3}{24EI}$
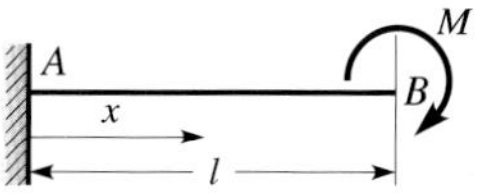	$y_x = \dfrac{Mx^2}{2EI}$	$y_B = \dfrac{Ml^2}{2EI}$	$\theta_B = \dfrac{Ml}{EI}$

7.3 모멘트면적법

모멘트면적법은 집중하중을 받거나 상이한 단면2차모멘트를 갖는 경우 처짐각이나 처짐을 구하기 위한 효과적인 방법 중의 하나이다.

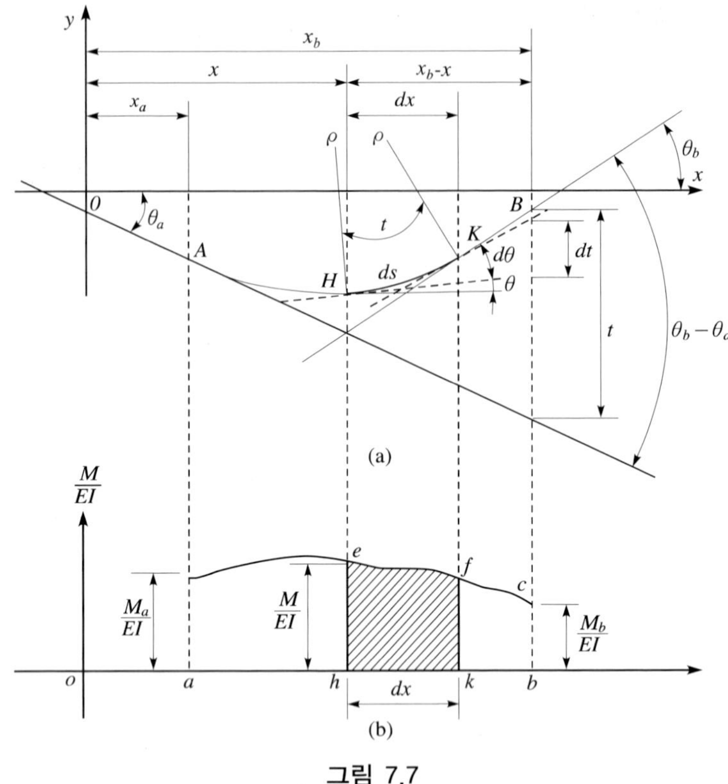

그림 7.7

보에 대한 탄성곡선의 미분 방정식이

$$\frac{M}{EI}=\frac{d^2y}{dx^2}=\frac{d(dy/dx)}{dx} \text{ 이고}$$

여기서, $\frac{dy}{dx}=\tan\theta \fallingdotseq \theta$($\theta$가 미소하므로)이므로

$$\frac{M}{EI}=\frac{d\theta}{dx} \tag{7.12}$$

$d\theta$에 대해 정리하면

$$d\theta=\frac{M}{EI}dx \tag{7.13}$$

식 (7.13)을 적분하면

$$\int_{\theta_a}^{\theta_b}d\theta=\int_{x_a}^{x_b}\frac{M}{EI}dx=\theta_b-\theta_a \tag{7.14}$$

이와 같은 관계를 정리하면 다음과 같다.

정리1

보의 탄성곡선상의 임의의 두 점 A, B에서 접선각의 차이는 두 점 사이의 $\frac{M}{EI}$도 면적과 같다.

그림 7.7에서 미소한 호 ds 위에 점 H와 K에서 접선을 긋고 θ를 H점에서의 접선의 경사각이라 하고 $d\theta$를 호 ds에서의 경사각의 변화라 하면

$$d\theta = \frac{M}{EI}dx \tag{7.15}$$

dt를 B점을 지나는 y좌표 위에서 2개의 접선에 의해 잘리는 선의 길이라 하면

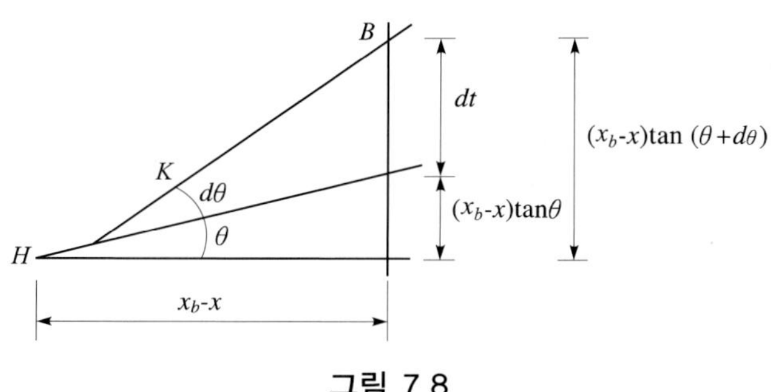

그림 7.8

$$dt = (x_b - x)\tan(\theta + d\theta) - (x_b - x)\tan\theta$$

$$= (x_b - x)\left(\frac{\tan\theta + \tan d\theta}{1 - \tan\theta \tan d\theta} - \tan\theta\right)$$

$$= (x_b - x)(\tan\theta + \tan d\theta - \tan\theta)$$

$$= (x_b - x)\tan d\theta.\ \text{여기서}\ (\tan d\theta \fallingdotseq d\theta\ \text{이므로})$$

$$= (x_b - x)\frac{M}{EI}dx \tag{7.16}$$

이를 적분하면

$$t = \int_0^t dt = \int_{x_a}^{x_b} (x_b - x) \frac{M}{EI} dx \qquad (7.17)$$

따라서, 이 식의 우변은 B점을 지나는 y축에 대한 면적 abcd의 1차 모멘트 값이 된다.

정리2

보의 탄성곡선상의 임의의 두 점 A, B에서의 접선이 그 중 한 점 B에서 연직으로 그은 수직선과 만나는 길이는 두 점 사이의 $\frac{M}{EI}$도가 B점에 대한 1차모멘트와 같다.

예제 7.5

그림 7.9와 같은 캔틸레버보에서 자유단의 처짐각(θ_B)과 처짐(δ_B)을 구하시오.

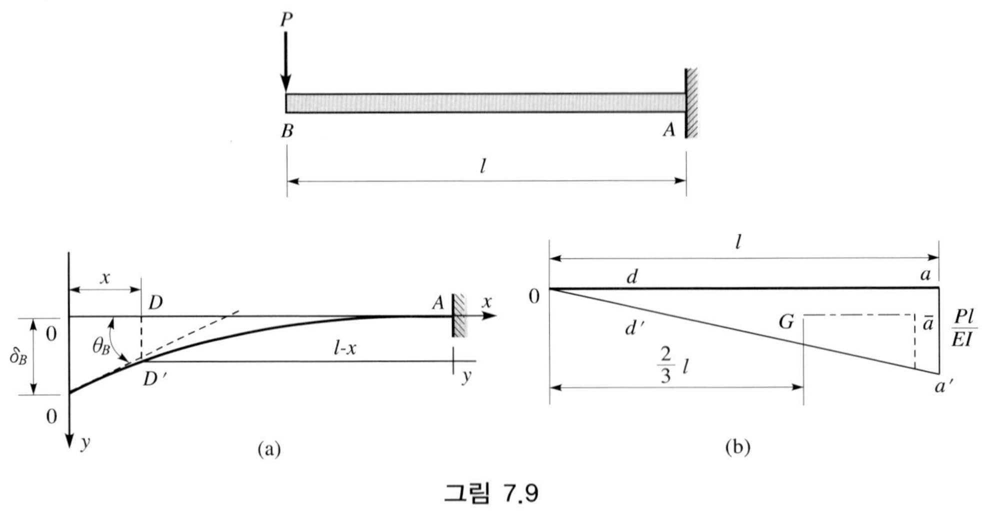

그림 7.9

풀이

A점과 B점에서 접선각의 차이 $(\theta_B - \theta_A)$는 $\frac{M}{EI}$도의 면적 Oaa'이고 고정단에서의 처짐각(θ_A)은 0이므로

$$\theta_B - \theta_A = \theta_B = \text{면적 } Oaa'$$

$$= \frac{1}{2}l \times -\frac{Pl}{EI}$$

$$= -\frac{Pl^2}{2EI}$$

B점의 처짐(δ_B)은 $\frac{M}{EI}$도의 면적 Oaa'의 B점에 대한 1차모멘트이므로

$$\delta_B = OO' = \frac{2}{3}l(\text{면적} Oaa')$$

$$= \frac{2}{3}l\left(-\frac{Pl^2}{2EI}\right) = -\frac{Pl^3}{3EI}$$

예제 7.6

그림 7.10과 같은 캔틸레버 보에서 자유단의 처짐각(θ_B)과 처짐(δ_B)을 구하라.

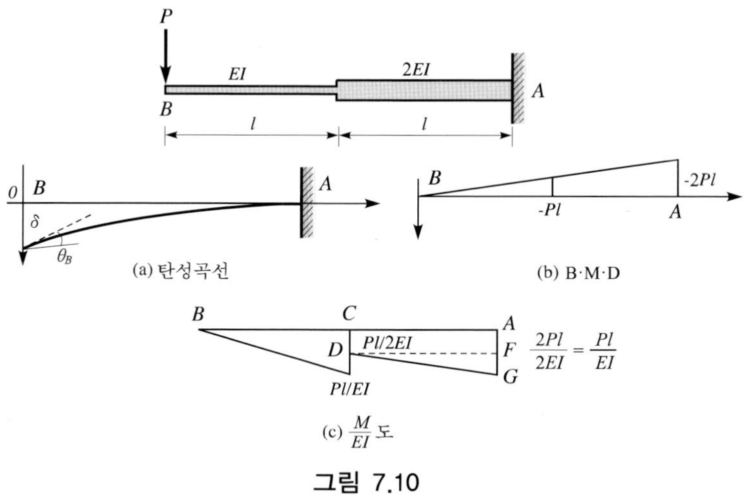

(a) 탄성곡선 (b) B·M·D

(c) $\frac{M}{EI}$도

그림 7.10

풀이

A점과 B점에서 접선각의 차이($\theta_B - \theta_A$)는 $\frac{M}{EI}$도의 면적(면적 BCE+면적 ACDF+면적 DFG)이고 고정단에서 처짐각(θ_A)은 0이므로

$$\theta_B - \theta_A = \theta_B$$

$$= -\frac{1}{2}\frac{Pl}{EI}l - \frac{Pl}{2EI}l - \frac{1}{2}\frac{Pl}{2EI}l$$

$$= -\frac{5Pl^2}{4EI}$$

B점의 처짐(δ_B)는 $\frac{M}{EI}$도의 B점에 대한 1차모멘트이므로

$$\delta_B = OO' = \left(\frac{2}{3}l\right)\left(-\frac{1}{2}\frac{Pl^2}{EI}\right) + \left(l + \frac{l}{2}\right)\left(-\frac{Pl^2}{2EI}\right) + \left(l + \frac{2}{3}l\right)\left(-\frac{1}{2}\frac{Pl^2}{2EI}\right)$$

$$= -\left(\frac{1}{3} + \frac{3}{4} + \frac{5}{12}\right) - \frac{Pl^3}{EI} = \frac{3Pl^3}{2EI}$$

예제 7.7

그림 7.11과 같은 보에서 C점의 처짐을 구하여라.

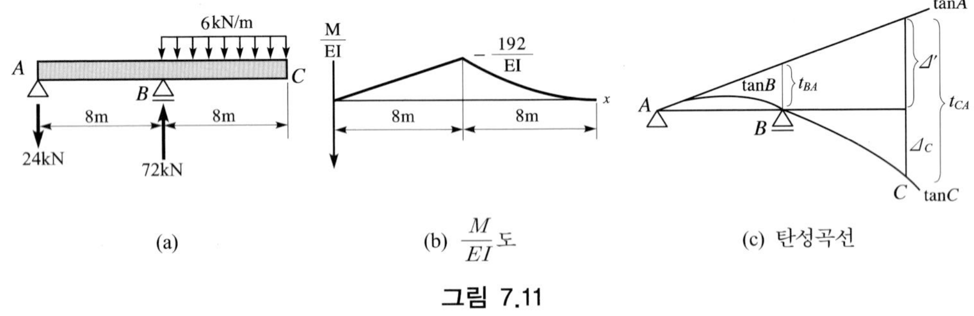

(a) (b) $\frac{M}{EI}$도 (c) 탄성곡선

그림 7.11

풀이

• $\frac{M}{EI}$도

그림 7.11(b)에 있는 것처럼 $\frac{M}{EI}$도는 삼각형 부분과 포물선 부분으로 되어 있다.

•탄성곡선

보에 하중이 작용하면 그림 7.11(c)처럼 변형한다. A, B, C점의 접선으로부터 $\Delta_C = t_{CA} - \Delta'$는 삼각형비례 관계로부터, 즉 $\frac{\Delta'}{16} = \frac{t_{BA}}{8}$, $\Delta' = 2t_{BA}$이다. 그러므로

$$\Delta_C = t_{CA} - 2t_{BA} \qquad \text{(a)}$$

•모멘트면적법

정리 2로부터 t_{CA}, t_{BA}를 구할 수 있다.

$$t_{CA}=\left\{\frac{3}{4}\times 8\right\}\left\{\frac{1}{3}\times 8\times\left(-\frac{192}{EI}\right)\right\}+\left\{\frac{1}{3}\times 8+8\right\}\left\{\frac{1}{2}\times 8\times\left(-\frac{192}{EI}\right)\right\}=-\frac{11264}{EI}$$

$$t_{BA}=\left\{\frac{1}{3}\times 8\right\}\left\{\frac{1}{2}\times 8\times\left(-\frac{192}{EI}\right)\right\}=-\frac{2048}{EI}$$

위의 결과를 식 (a)에 대입하면

$$\Delta_C=-\frac{11264}{EI}-2\times\left(-\frac{2048}{EI}\right)=-\frac{7168}{EI}$$

7.4 공액보법(Conjugate beam method)

공액보법은 처짐과 처짐각, 모멘트, 전단력 그리고 하중 사이의 관계를 이용하는 방법 중의 하나이다.

구조물에 있어서 보에 작용하는 분포하중과 부재력은 아래와 같은 관계가 성립한다.

$$\frac{dV}{dx}=\frac{d^2M}{dx^2}=-w$$

따라서, 전단력(V)과 휨모멘트(M)는 아래와 같다.

$$V=-\int w\,dx$$

$$M=-\iint w\,dx\,dx$$

한편, 하중에 의한 처짐방정식 및 처짐각(θ)과 처짐(δ)은 아래와 같다.

$$\frac{d^2y}{dx^2}=-\frac{M}{EI}$$

$$\frac{dy}{dx}(=\theta)=-\int\frac{M}{EI}\,dx$$

$$y(=\delta)=-\iint\frac{M}{EI}\,dx\,dx$$

위의 식에서부터 부재력(전단력과 휨모멘트)과 처짐각 및 처짐사이에는 동일한 형태의 적분식이 적용되고, 분포하중만이 상이함을 알 수 있다. 따라서, 분포하중으로서 w 대신에 $\frac{M}{EI}$를 적용하게 되면 보의 분포하중에 대해 전단력과 휨모멘트를 산정하는 것과 동일한 방법으로 처짐각과 처짐을 산정할 수 있다. 이때, $\frac{M}{EI}$을 탄성하중(또는 가상하중)이라 하고 이 탄성하중이 작용한다고 가정한 보를 공액보라 한다. 탄성하중의 작용방향은 실제 구조물의 휨모멘트가 정(+)이면 구조물 상부에서 하향으로 작용하고 휨모멘트가 부(−)이면 구조물의 하부에서 상부방향으로 작용한다.

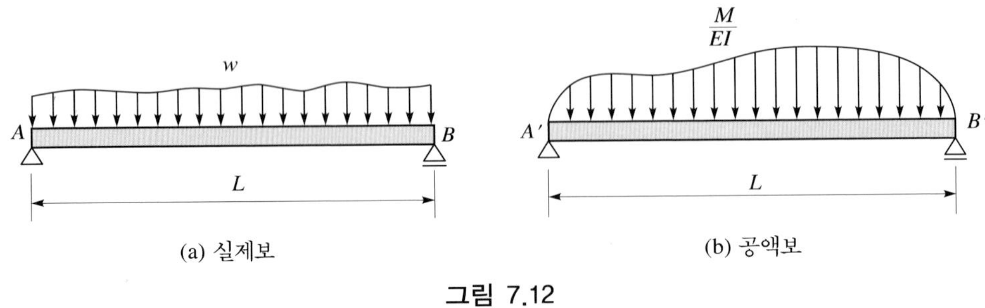

그림 7.12

정리1

실제보의 한 점에서 기울기의 크기는 공액보의 해당 점에서의 전단력의 크기와 같다.

정리2

실제보의 한 점에서의 처짐은 공액보의 해당 점의 모멘트와 같다.

단순보 이외의 다른 경우에 대해 공액보를 적용하려면 공액보의 지점에서의 전단력과 모멘트는 정리 1, 2로부터 실제보의 기울기와 처짐에 해당함을 알아야 한다. 실제보가 고정단일 때는 기울기와 처짐이 모두 0이다. 이 단에서 공액보의 전단력과 모멘트가 0이 되어야 하기 때문에 공액보는 자유단을 갖는다. 실제보와 공액보의 관계가 그림 7.13에 나타낸다.

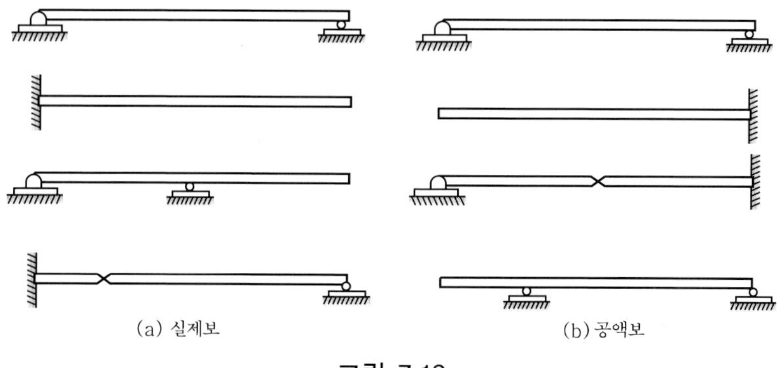

그림 7.13

예제 7.8

그림 7.14의 캔틸레버보의 EI가 일정할 때 점 C의 처짐각 θ_C와 처짐 y_C 및 점 B의 처짐각 θ_B와 처짐 y_B를 구하라.

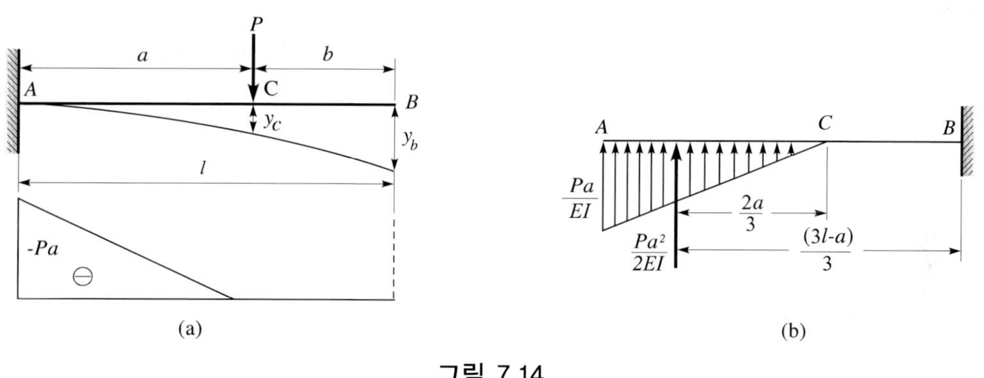

그림 7.14

풀이

EI가 일정하므로 공액보에 휨모멘트를 가상하중으로 하여 올려놓는다. 그림 7.14(a) 이때 휨모멘트도는 부(−)이므로 이것을 밑에서 상향으로 작용시킨다. 그림 7.14(b) 가상하중의 합력(면적)과 점 C, B로부터의 거리는 그림 7.14(b)에서와 같이 된다. 따라서, 가상하중에 의한 C점의 전단력 V_C'와 휨모멘트 M_C'는

$$V_C' = \frac{Pa^2}{2EI}$$

$$M_C' = \frac{Pa^2}{2EI} \times \frac{2a}{3} = \frac{Pa^3}{3EI}$$

가상하중에 의한 B점의 전단력 V_B'과 휨모멘트 M_B'은

$$V_B' = \frac{Pa^2}{2EI} = V_C'$$

$$M_B' = \frac{Pa^2}{2EI} \times \frac{(3l-a)}{3} = \frac{Pa^2(3l-a)}{6EI}$$

따라서, 점 C, B의 처짐각과 처짐은 아래와 같다.

$$\theta_C = V_C' = \frac{Pa^2}{2EI}, \ y_C = M_C' = \frac{Pa^3}{3EI}$$

$$\theta_B = V_B' = \frac{Pa^2}{2EI} = \theta_C, \ y_B = M_B' = \frac{Pa^2(3l-a)}{6EI}$$

예제 7.9

그림 7.15의 단순보는 H형강, H—200×200×8×12($I_x = 4.72 \times 10^7 \mathrm{mm}^4$, $E = 206\mathrm{kN/mm}^2$)로 만들었다. 보중앙 C점에 $M = 120\mathrm{kN \cdot m}$이 작용할 때 다음 물음에 답하라.

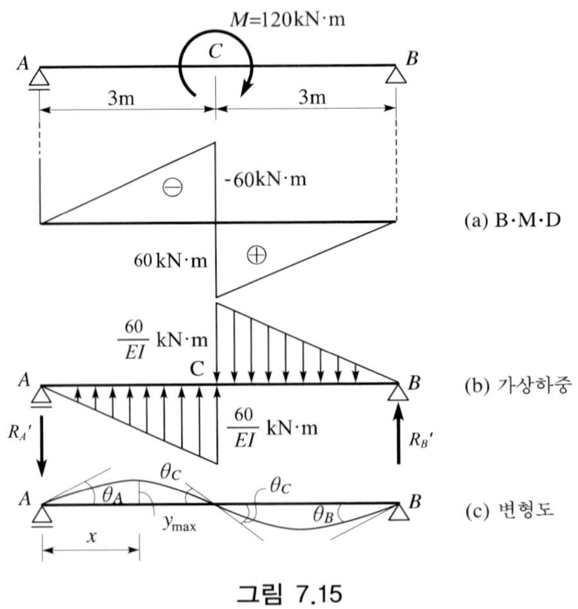

그림 7.15

1. 지점 A, B의 처짐각 θ_A, θ_B를 구하라.
2. C점의 처짐각 θ_C, 처짐 y_c를 구하라.
3. A~C구간의 최대처짐 $y_{\max}$를 구하라.

풀이

1. 휨모멘트도는 그림 7.15(a)와 같고 EI가 일정하므로 휨모멘트를 가상하중으로 작용시킨다.

•그림 7.15(b)에 있어서 반력 R_A', R_B'를 구하면

$$\sum M_B = 0$$

$$6R_A' + \left(\frac{1}{2}\times\frac{60}{EI}\times 3\right)\times\left(3+\frac{3}{3}\right) - \left(\frac{1}{2}\times\frac{60}{EI}\times 3\right)\times\frac{2\times 3}{3} = 0$$

$$\therefore R_A' = -\frac{30}{EI}\text{kN}\cdot\text{m}^2(\downarrow)$$

$\sum V = 0$에서 $R_B' = \dfrac{30}{EI}\text{kN}\cdot\text{m}^2(\uparrow)$

•그림 7.15(b)에 있어서 전단력 V_A', V_B'를 구하면

$$V_A' = R_A' = -\frac{30}{EI}\text{kN}\cdot\text{m}^2 = -\frac{3\times 10^{10}}{EI}\text{N}\cdot\text{mm}^2$$

$$V_B' = R_B' = -\frac{30}{EI}\text{kN}\cdot\text{m} = -\frac{3\times 10^{10}}{EI}\text{N}\cdot\text{mm}^2$$

•지점의 처짐각 θ_A와 θ_B는

$$\theta_A = V_A' = -\frac{3\times 10^{10}}{2.06\times 10^5\times 4.72\times 10^7} = -0.0031\text{rad}$$

$$\theta_B = -0.0031\text{rad}$$

2. 중앙부 C점의 전단력과 휨모멘트를 산정하여 C점의 처짐각과 처짐을 산정한다.

•그림 7.15(b)에 있어서 전단력과 휨모멘트 V_C', M_C'는

$$V_C' = -\frac{30}{EI} + \frac{1}{2}\times\frac{60}{EI}\times 3 = \frac{60}{EI}\text{kN}\cdot\text{m}^2 = \frac{6\times 10^{10}}{EI}\text{N}\cdot\text{mm}^2$$

$$M_C' = -\frac{30}{EI}\times 3 + \left(\frac{1}{2}\times\frac{60}{EI}\times 3\right)\times\frac{3}{3} = 0$$

•C점의 처짐각 θ_C, 처짐 y_C는

$$\theta_C = \frac{6\times 10^{10}}{2.06\times 10^5\times 4.72\times 10^7} = 0.006\text{rad}$$

$y_C = 0$

3. $y_{\max}$는 $\theta = 0$인 점에서 생기므로 그림 7.15(b)에 있어서 A~C 구간의 전단력 $V_x' = 0$의 점에서 생긴다.

따라서, 그림 7.17에 있어서

$$V_x' = -\frac{30}{EI} + \frac{1}{2} \cdot \frac{20}{EI} x \cdot x = -\frac{30}{EI} + \frac{10}{EI} x^2 = 0$$

$\therefore x = 1.73\mathrm{m}$

따라서, 그림 7.15(b)에 있어서 이 점의 휨모멘트 M_x'를 구하면 그림 7.16에서

$$M_x' = -\frac{30}{EI} \cdot x + \frac{1}{2} \cdot \frac{20}{EI} x \cdot x \cdot \frac{x}{3}$$

$$= -\frac{30}{EI} \times 1.73 + \frac{10}{3EI} \times 1.73^3 = -\frac{34.6}{EI} \mathrm{kN \cdot m^3}$$

$$= \frac{3.46 \times 10^{13}}{EI} \mathrm{N \cdot mm^3}$$

그러므로 $y_{\max}$는

$$y_{\max} = -\frac{3.46 \times 10^{13}}{2.06 \times 10^5 \times 4.72 \times 10^7} = -3.49\mathrm{mm}$$

이상에 있어서 처짐곡선은 그림 7.16(c)가 된다.

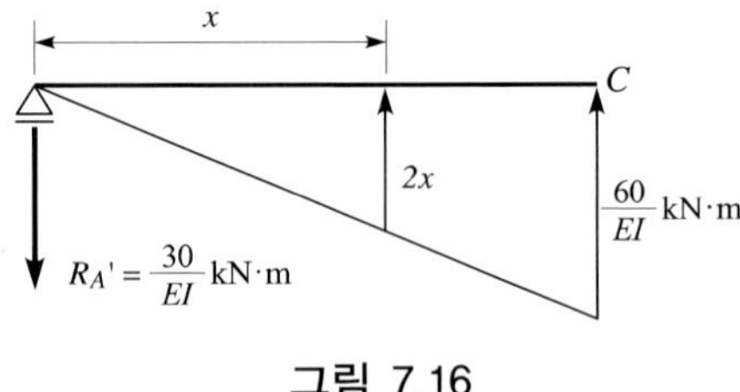

그림 7.16

예제 7.10

다음과 같은 보의 지점 A의 처짐각과 중앙부 C점의 처짐을 구하라.

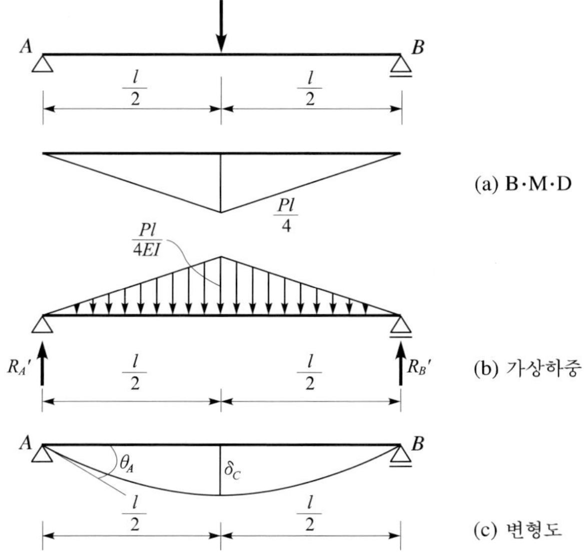

풀이

휨모멘트도는 그림 (a)와 같고 EI가 보 전체에 걸쳐 일정하므로 휨모멘트를 가상하중으로 작용시킨다.

- 그림 (b)에 있어서 반력 R_A', R_B'를 구하면,

$$R_A' = R_B' = \frac{1}{2}\left(\frac{l}{2}\right)\left(\frac{Pl}{4EI}\right) = \frac{Pl^2}{16EI}$$

- 지점 A의 처짐각은 지점의 전단력이므로

$$\theta_A = R_A' = \frac{Pl^2}{16EI}$$

- 보 중앙점 C의 처짐 δ_C는 정리2에 의해 가상하중에 의한 휨모멘트가 된다.

$$\delta_C = M_C' = R_A' \cdot \frac{l}{2} - \frac{Pl^2}{16EI} \cdot \left(\frac{l}{2} \times \frac{1}{3}\right)$$

$$= \frac{Pl^3}{32EI} - \frac{Pl^3}{96EI}$$

$$= \frac{Pl^3}{48EI}$$

7.5 중첩의 원리

각각의 힘을 차례로 작용할 때 같은 단면에 생기는 각각의 처짐각과 처짐을 합산해서 구할 수 있다. 이것을 중첩의 원리라고 한다.

예를 들어 보에 n개의 하중이 차례로 작용할 때 원점으로부터 거리 x만큼 떨어진 곳의 단면에 생기는 휨모멘트를 M_1, $M_2,\cdots$, M_n라고 하면 바리니온(Varignon)의 정리에 의하여 합성 휨모멘트(M)은 다음과 같다.

$$M = M_1 + M_2 + \cdots\cdots + M_n \tag{7.18}$$

또한 $M = EI \cdot \dfrac{d^2y}{dx^2}$이므로 M_1, $M_2,\cdots,M_n$을 다음과 같이 표시하면

$$M_1 = EI \cdot \left(\frac{d^2y}{dx^2}\right)_1, \; M_2 = EI \cdot \left(\frac{d^2y}{dx^2}\right)_2,$$

$$M_n = EI \cdot \left(\frac{d^2y}{dx^2}\right)_n \tag{7.19}$$

이 되고 식 (7.18)은

$$EI \cdot \left(\frac{d^2y}{dx^2}\right) = EI \cdot \left(\frac{d^2y}{dx^2}\right)_1 + EI \cdot \left(\frac{d^2y}{dx^2}\right)_2 + \ldots + EI \cdot \left(\frac{d^{2y}}{dx^2}\right)_n \tag{7.20}$$

이 된다.

식 (7.20)을 x에 대하여 1차 적분하면

$$\left(\frac{dy}{dx}\right) = \left(\frac{dy}{dx}\right)_1 + \left(\frac{dy}{dx}\right)_2 + \ldots + \left(\frac{dy}{dx}\right)_n \tag{7.21}$$

위 식으로부터 보의 임의의 단면에 생기는 처짐각 $\left(\dfrac{dy}{dx}\right)$은 각각의 하중이 차례로 작용할 때 같은 단면에 생기는 처짐각을 합산함으로서 구할 수 있다는 것을 알 수 있다.

마찬가지로, 보의 임의의 단면에 생기는 처짐 y는 각각의 하중이 차례로 작용할 때 같은 단면에 생기는 처짐을 합산함으로서 구할 수 있다.

$$y = y_1 + y_2 + \ldots + y_n \tag{7.22}$$

예제 7.11

그림과 같은 캔틸레버보에 2개의 집중이 작용할 경우 자유단 B의 처짐각 및 처짐을 구하라.

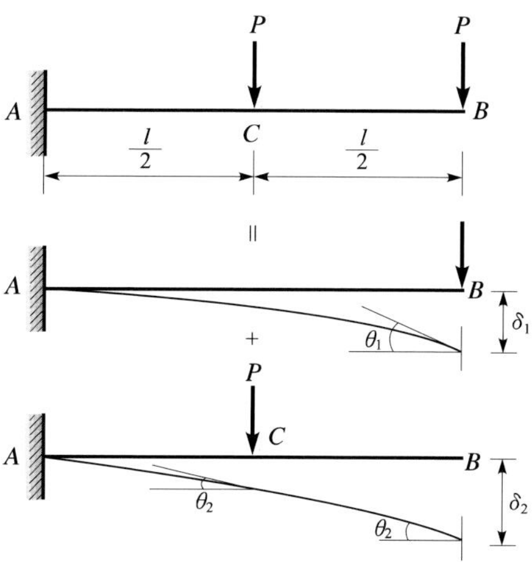

풀이

(1) 점 B에서의 처짐각은 B점에 작용하는 하중 P에 의한 처짐각 θ_1과 C점에 작용하는 하중 P에 의한 B점의 처짐각 θ_2와의 합으로 나타낸다.

- B점에 작용하는 하중 P에 의한 처짐각

$$\theta_1 = \frac{Pl^2}{2EI}$$

- C점에 작용하는 하중 P에 의한 처짐각

$$\theta_2 = \frac{Pl^2}{8EI}$$

따라서, $\theta_B = \theta_1 + \theta_2 = \dfrac{Pl^2}{2EI} + \dfrac{Pl^2}{8EI} = \dfrac{5Pl^2}{8EI}$

(2) 점 B에서의 처짐도 처짐각 산정 방법과 같이 중첩에 의한 방법으로 산정할 수 있다.

- B점에 작용하는 하중 P에 의한 처짐

$$\delta_1 = \frac{Pl^3}{3EI}$$

- C점의 하중에 의한 처짐

$$\delta_2 = \frac{5Pl^3}{48EI}$$

따라서,

$$\delta_B = \delta_1 + \delta_2 = \frac{Pl^3}{3EI} + \frac{5Pl^3}{48EI} = \frac{7Pl^3}{16EI}$$

예제 7.12

그림 7.15와 같이 양지점에 모멘트 M_A, M_B가 작용하는 경우의 지점의 처짐각 θ_A, θ_B를 구하라.

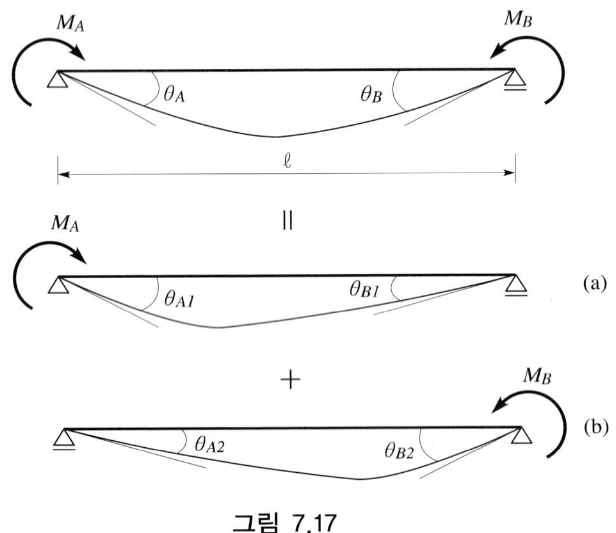

그림 7.17

풀이

그림 7.17(a)에서와 같이 M_A만이 작용할 경우의 처짐각(θ_{A1}, θ_{B1})과 그림 7.17(b)에 표시한 것처럼 M_B만이 작용하는 경우의 처짐각(θ_{A2}, θ_{B2})을 더한 것이M_A, M_B가 동시에 작용할 경우의 처짐각 θ_A, θ_B이다(중첩의 원리).

M_A에 의한 처짐각 θ_{A1}, θ_{B1}는

$$\theta_{A1} = \frac{M_A l}{3EI}, \quad \theta_{B1} = -\frac{M_A l}{6EI}$$

M_B에 의한 처짐각 θ_{A2}, θ_{B2}는 M_A는 M_B로 θ_A는 θ_B로 바꾸어 놓으면 되므로

$$\theta_{A2} = \frac{M_B l}{6EI}, \quad \theta_{B2} = -\frac{M_B l}{3EI}$$

따라서, θ_A, θ_B는 위 식을 각각 더해서

$$\theta_A = \theta_{A1} + \theta_{A2} = \frac{M_A l}{3EI} + \frac{M_B l}{6EI} = \frac{(2M_A + M_B)l}{6EI} \quad \text{(a)}$$

$$\theta_B = \theta_{B1} + \theta_{B2} = -\frac{M_A l}{6EI} - \frac{M_B l}{3EI} = -\frac{(M_A + 2M_B)l}{6EI} \quad \text{(b)}$$

7.6 외력이 하는 일과 응력이 하는 일

탄성체에 외력이 작용하면 탄성체는 변형을 일으킨다. 이 현상을 "일"이라는 관점에서 분석하면 다음과 같이 2가지로 분류된다.

(1) 탄성체에 외력이 작용할 때 외력의 작용방향으로 변위가 발생하면 외력은 일을 한다고 한다. 이와 같은 일을 외력의 일(external work)이라고 한다.

(2) 탄성체에 작용한 외력에 저항하여 그 탄성체 내부에는 응력이 생긴다. 이 응력에 대응해서 탄성체 때문에 변형도 생기므로 응력은 일을 하는 것이 된다. 외력에 의해서 생기는 응력과 변형이 탄성한도 내에서라면, 이 외력이 하는 일은 모두 에너지로서 물체의 내부에 축적되고 외력을 제거하면 축적된 에너지를 방출해서 본래의 형태를 되돌아오게 된다. 이와 같이 탄성체가 탄성변형을 함으로써 내부에 축적된 에너지를 변형에너지(strain energy)라고 한다.

이상으로부터 외력이 탄성체에 한 일은 탄성체 내에 축적된 변형에너지와 같다는 에너지보존의 법칙이 성립되고 있다.

7.6.1 외력이 하는 일

외력과 변위인 처짐은 비례하므로 비례상수를 C라고 하면

$$P_x = C \cdot \delta_x$$

그림 7.19와 같이 외력이 P_x일 때 그 순간의 처짐을 $d\delta_x$로 하면 그 순간의 일량(dW) 은

$$dW = P_x \cdot d\delta_x = C\delta_x \cdot d\delta_x \quad (7.23)$$

이 된다.

전체 일량은 식 (7.23)을 δ까지 적분하면 되므로

$$W = \int_0^{\delta} C \cdot \delta_x \cdot d\delta_x = \frac{C \cdot \delta^2}{2} \quad (7.24)$$

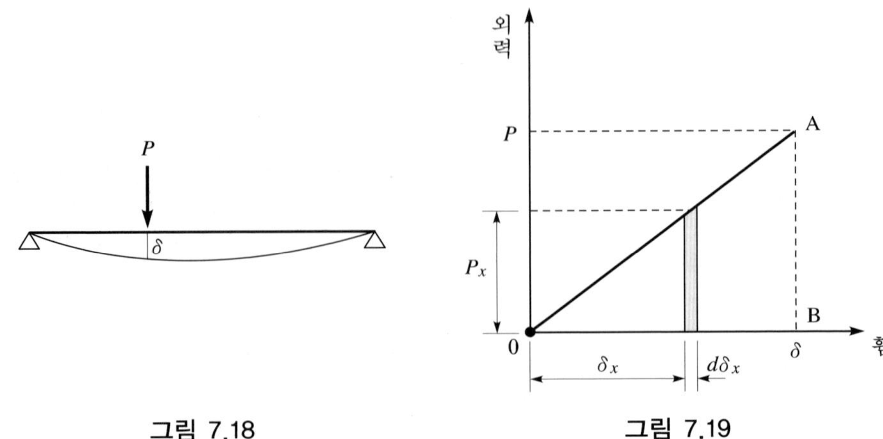

그림 7.18　　그림 7.19

여기서, $P_x = C \cdot \delta$이므로

$$W = \frac{C\delta^2}{2} = \frac{P\delta}{2} \tag{7.25}$$

가 된다. 결국 외력과 변위(처짐)가 평형을 이루면서 증가할 때의 일은 외력의 최대값 P와 변위의 최대값 δ의 곱의 1/2이므로 그림 7.19의 삼각형 OAB의 면적에 해당된다는 것을 알 수 있다.

7.6.2 응력이 하는 일(변형에너지)

1. 축방향력에 의한 변형에너지

그림 7.20과 같이 길이 l이고 단면적이 A인 탄성체에 축방향력이 0에서 P까지 천천히 증가하면서 작용한 경우 단위체적에 대해서 응력은

$$\sigma_x = \frac{P_x}{A}$$

변형도는 $\varepsilon_x = \dfrac{\delta_x}{l}$

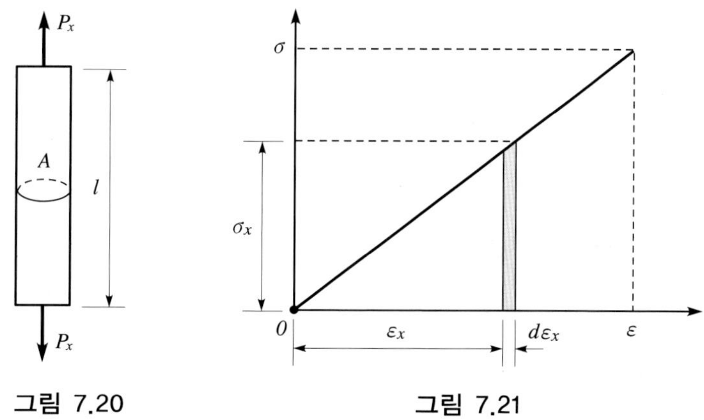

그림 7.20　　　　그림 7.21

이므로 외력에 의한 일의 $P_x \to \sigma_x$, $\delta_x \to \varepsilon_x$에 각각 대응한다고 생각되므로 단위체적 당의 변형에너지 w_n는 다음과 같다.

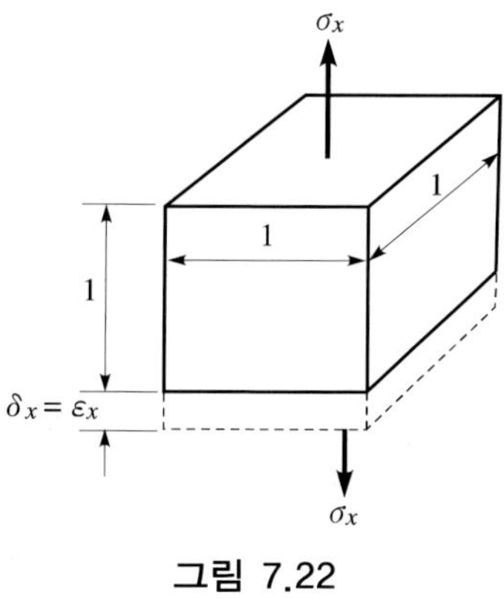

그림 7.22

응력도가 σ_x에 달한 순간의 변형에너지 dw_n는

$$dw_n = \sigma_x \cdot d\epsilon_x$$

이고 이를 적분하면

$$w_n = \int_0^{\varepsilon} dw_n = \int_0^{\varepsilon} \sigma_x \cdot d\varepsilon_x$$

여기서, 후크의 법칙 $\sigma_x = E \cdot \varepsilon_x$이므로

$$w_n = \int_0^{\varepsilon} E \cdot \varepsilon_x \cdot d\varepsilon_x$$

$$= \frac{E \cdot \varepsilon^2}{2} = \frac{\sigma \cdot \varepsilon}{2} = \frac{\sigma^2}{2E} \tag{7.26}$$

가 된다.

식 (7.26)은 단위체적에 축적되는 변형에너지이므로 모든 체적에 대해서는 이것을 $V = Al$ 을 곱하면 되므로

$$W_n = w_n \cdot V = \frac{\sigma^2 Al}{2E} = \frac{P^2 l}{2EA} \tag{7.27}$$

2. 휨모멘트에 의한 변형에너지

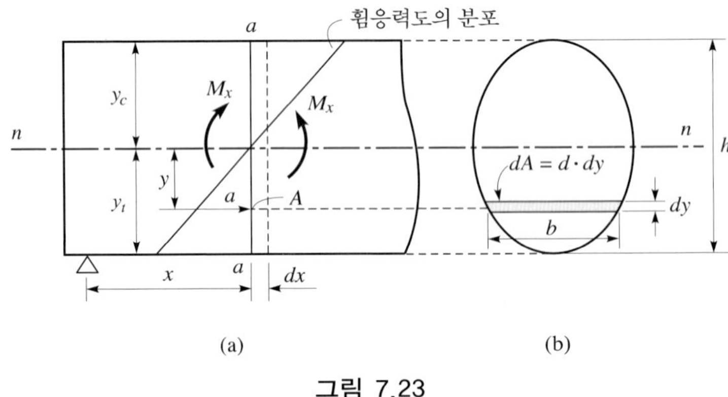

그림 7.23

그림 7.23은 길이가 l 인 보의 지점에서 임의의 거리, x의 위치의 단면(a–a)에 생기는 휨모멘트 M_x와 그에 따른 휨응력도의 분포를 나타내고 있다. 이 그림의 중립축에서 거리 y의 점 A의 휨응력도를 σ로 한다. 여기서 미소구간 dx를 생각하면 σ에 의한 이 점의 신장 Δdx는 후크의 법칙에 의해서

$$\Delta dx = \frac{\sigma}{E} \cdot dx$$

그림 7.24와 같이 단면적 dA, 길이 dx의 탄성체가 힘 $\Delta P = \sigma \cdot dA$의 증가를 받은 순간에 Δdx의 변위량이 있었다고 생각하면 미소단면 dA에 대한 변형에너지는 $w = P \cdot \delta = P \cdot l\cos\theta$를 사용하면 된다.

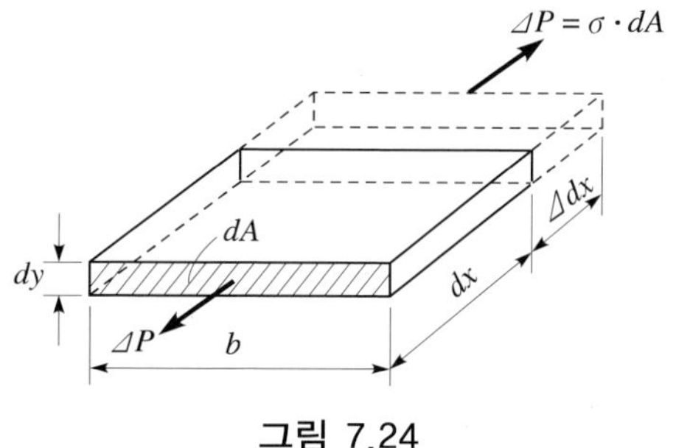

그림 7.24

$$dw_m = \frac{1}{2}(\Delta P)(\Delta dx)$$

$$\frac{1}{2} \cdot (\sigma \cdot dA) \cdot \Delta dx = \frac{1}{2} \cdot (\sigma \cdot b \cdot dy)\frac{\sigma}{E}dx$$

$$= \frac{1}{2} \cdot \frac{\sigma^2}{E} b \cdot dy \cdot dx$$

$\sigma = \dfrac{M_x}{I} \cdot y$이므로

$$= \frac{1}{2}\frac{M_x^2}{I^2 E}dx \cdot b \cdot y^2 \cdot dy \tag{7.28}$$

식 (7.28)을 높이방향에 대해서 적분하면 되므로

$$dw_m = \frac{1}{2}\frac{M_x^2}{I^2 E}dx \int_{y_t}^{y_c} b \cdot y^2 dy$$

여기서, $\displaystyle\int_{y_t}^{y_c} b \cdot y^2 dy = I$ 이므로

$$dw_m = \frac{M_x^2}{2EI}dx \tag{7.29}$$

식 (7.29)를 보의 전길이 l에 대해서 적분하면 되므로
따라서, 보는 전체에 대한 변형에너지

$$W_m = \int_0^l dw_m = \int_0^l \frac{M_x^2}{2EI}dx \tag{7.30}$$

3. 전단력에 의한 변형에너지

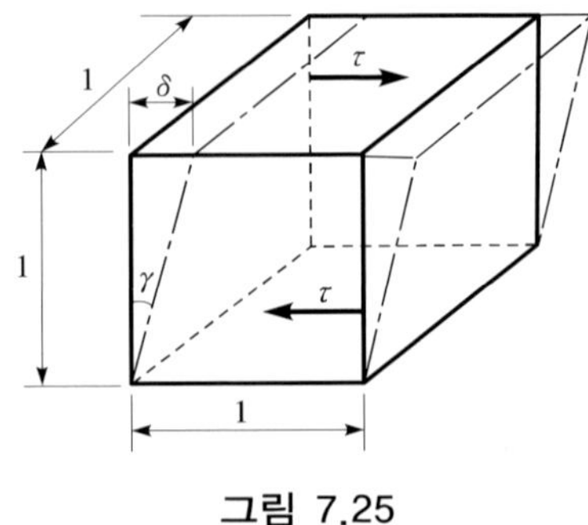

그림 7.25

그림 7.25와 같이 단위체적의 탄성체에 작용하는 전단응력도 τ, 전단변형에 의한 변위량을 δ라고 하면 τ에 의한 일 w은

$$w = \frac{\tau\delta}{2} \tag{7.31}$$

전단변형도 γ는

$$\gamma = \frac{\delta}{1} = \frac{\tau}{G} \tag{7.32}$$

그러므로 식 (7.31)은

$$\frac{\tau\delta}{2} = \frac{\tau^2}{2G} \tag{7.33}$$

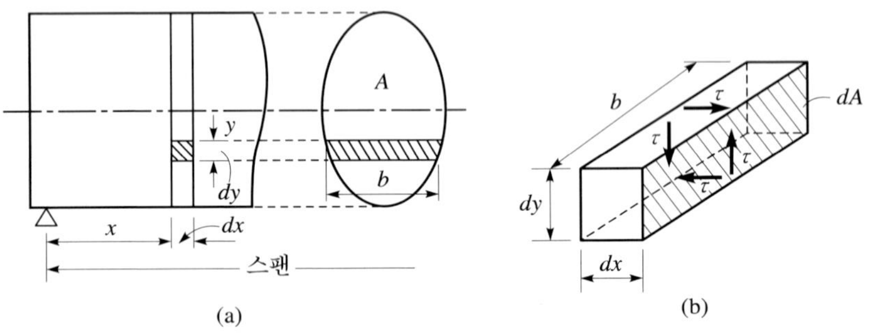

그림 7.26

부재의 길이 방향으로 x를 잡고 여기에 그림과 같은 미소육면체를 생각하면 미소육면체의 체적 $dA \cdot dx$의 일 dW는 식 (7.33)에 체적을 곱하면 되므로

$$dW = \frac{\tau^2}{2G} \cdot dA \cdot dx \tag{7.34}$$

보 전체에 대한 일 변형에너지 W는 식 (7.34)를 보의 전 체적에 대해서 적분하면 되기 때문에

$$W = \frac{1}{2}\int_0^l \int_A \frac{\tau^2}{G} dA \cdot dx$$

$$= \frac{1}{2}\int_0^l \frac{1}{G}\int_A \tau^2 dA \cdot dx \tag{7.35}$$

여기서, τ의 분포는 단면형상에 따라서 일정하지 않으므로 이 단면에 작용하는 전단력을 V_x라 하면 전단응력도 τ는

$$\tau = k\frac{V_x}{A} \tag{7.36}$$

식 (7.36)에서 $\int_A \tau \cdot dA = V_x$이므로

$$\int_A \tau^2 \cdot dA = \int_A k\frac{V_x}{A} \cdot \tau \cdot dA = k\frac{V_x}{A}\int_A \tau \cdot dA = k\frac{V_x^2}{A} \tag{7.37}$$

따라서, 식 (7.37)을 식 (7.38)에 대입하면

$$W_s = k\int_0^l \frac{V_x^2}{2GA}dx \tag{7.38}$$

위 식 중의 k는 단면의 형상에 의해서 정해지는 상수가 되며 직사각형에서는 1.20, 원형에서는 $\frac{10}{9}$이다.

예제 7.13

직경 20mm, 길이 1.5m의 강봉이 200kN의 인장력을 받을 때, 다음 물음에 답하여라. 단, $E = 2.06\times10^5 \text{N/mm}^2$으로 한다.

1. 외력에 의한 일을 구하라. (단 변형을 Δl로 한다.)
2. 전 변형에너지를 구하라.
3. 1과 2에서 변형 Δl을 구하라.
4. 단위체적 1mm^3에 축적되는 변형에너지를 구하여라.

풀이

1. $W = \frac{P \cdot \Delta l}{2} = \frac{200{,}000}{2}\Delta l = 100{,}000 \cdot \Delta l (\text{N} \cdot \text{mm})$
2. $W_n = \frac{P^2 l}{2EA} = \frac{200{,}000^2 \times 1500}{2\times 2.06\times10^5\times\pi\times 20^2/4} = 463558 (\text{N} \cdot \text{mm})$

3. 외력에 의한 일은 변형에너지와 같으므로

$W = W_n$에서

$100{,}000 \cdot \Delta l = 463558$

$\therefore \Delta l = 4.63(\mathrm{mm})$

4. 전변형에너지는 식 (7.27)에서 $W_n = \dfrac{P^2 l}{2EA}$

부재의 체적은 $V = A \cdot l$

따라서, $1\mathrm{mm}^3$에 축적되는 변형에너지는

$$\frac{W_n}{V} = \frac{P^2 l}{2EA}\frac{1}{Al} = \frac{P^2}{2EA^2} = \frac{\sigma^2}{2E} = \frac{200{,}000^2}{2 \times 2.06 \times 10^5 \times (100\pi)^2}$$

$$= 0.984\mathrm{N} \cdot \mathrm{mm}/\mathrm{mm}^3$$

예제 7.14

그림 7.27과 같은 일단고정보에 있어서 하중의 작용점 B의 처짐을 (δ_B)로 할 때 다음 물음에 답하라.

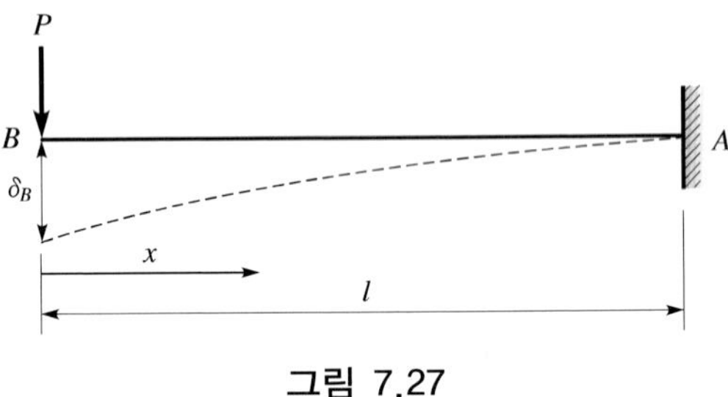

그림 7.27

1. 외력에 의한 일을 구하라.
2. 변형에너지를 구하라.
3. B점의 처짐(δ_B)을 구하라.

풀이

1. 식 (7.30)에서 $W = \dfrac{P \cdot \delta_B}{2}$

2. 임의의 점의 전단력 V_x, 휨모멘트 M_x는

$V_x = -P$, $M_x = -Px$

따라서, 변형에너지는 식 (7.38), 식 (7.30)에 의해

$W' =$(전단력에 의한 변형에너지) + (휨모멘트에 의한 변형에너지)

$$= k\int_0^l \frac{V_x^2}{2GA}dx + \int_0^l \frac{M_x^2}{2EI}dx = \frac{k}{2GA}\int_0^l P^2 dx + \frac{P^2}{2EI}\int_0^l x^2 dx$$

$$= \frac{kP^2 l}{2GA} + \frac{P^2 l^3}{6EI}$$

3. 외력에 의한 일과 변형에너지는 같으므로

$$\frac{P \cdot \delta_B}{2} = \frac{kP^2 l}{2GA} + \frac{P^2 l^3}{6EI} \quad \therefore \delta_B = \frac{kPl}{GA} + \frac{Pl^3}{3EI}$$

가 된다. $\frac{kPl}{GA}$은 전단력에 의한 처짐이며 $\frac{Pl^3}{3EI}$은 휨모멘트에 의한 처짐이다. 그러나 전단력에 의한 처짐은 극히 작으므로 일반적으로는 무시하고 있다.

예제 7.15

그림 7.28의 캔틸레버보의 휨 모멘트에 대한 변형에너지를 구하라.

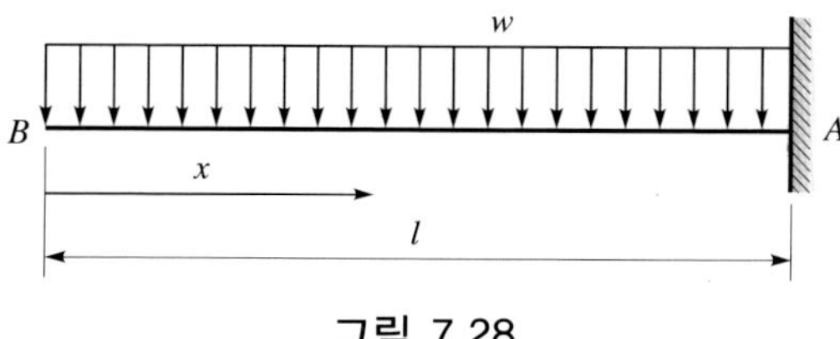

그림 7.28

풀이

임의의 점의 휨모멘트는

$$M_x = -\frac{wx^2}{2}$$

따라서, 변형에너지는

$$W = \int_0^l \frac{M_x^2}{2EI}dx = \frac{1}{2EI}\int_0^l \frac{w^2 x^4}{4}dx = \frac{w^2}{8EI}\left[\frac{x^5}{5}\right]_o^l = \frac{w^2 l^5}{40EI}$$

예제 7.16

그림 7.29의 단순보에 대해서 물음에 답하라.

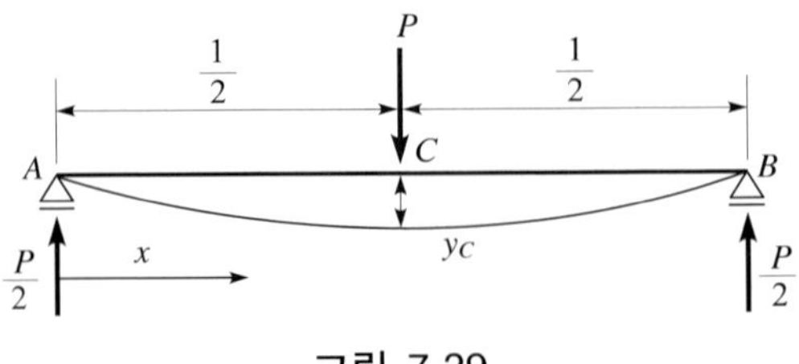

그림 7.29

1. 하중의 작용점 C의 처짐을 y_C로 하고, 외력에 의한 일을 구하라.
2. 변형에너지를 구하라.
3. C점의 처짐(y_C)을 구하라.

풀이

1. 변형에너지 W는

$$W = \frac{P \cdot y_C}{2}$$

2. 임의의 점의 전단력 V_x, 휨모멘트 M_x는

$$V_x = \frac{P}{2}\left(0 \leq x \leq \frac{l}{2}\right), \quad M_x = \frac{P}{2}x\left(0 \leq x \leq \frac{l}{2}\right)$$

좌우대칭이므로 $A \sim C$구간의 일을 2배하면 되므로

$$W = 2\left[k\int_0^{\frac{l}{2}} \frac{V_x^2}{2GA}dx + \int_0^{\frac{l}{2}} \frac{M_x^2}{2EI}dx\right]$$

$$= 2\left[\frac{k}{2GA}\int_0^{\frac{l}{2}} \frac{P^2}{4}dx + \frac{1}{2EI}\int_0^{\frac{l}{2}} \frac{P^2x^2}{4}dx\right] = \frac{kP^2l}{8GA} + \frac{P^2l^3}{96EI}$$

3. 외력에 의한 일은 변형에너지와 같으므로

$$\frac{P \cdot y_C}{2} = \frac{kP^2l}{8GA} + \frac{P^2l^3}{96EI} \quad \therefore y_C = \frac{kPl}{4GA} + \frac{Pl^3}{48EI}$$ 가 된다.

$\frac{kPl}{4GA}$은 전단력에 의한 처짐을 나타내고 $\frac{Pl^3}{48EI}$은 휨모멘트에 의한 처짐이다.

예제 7.17

그림 7.30의 단순보에 대해서 물음에 답하라.

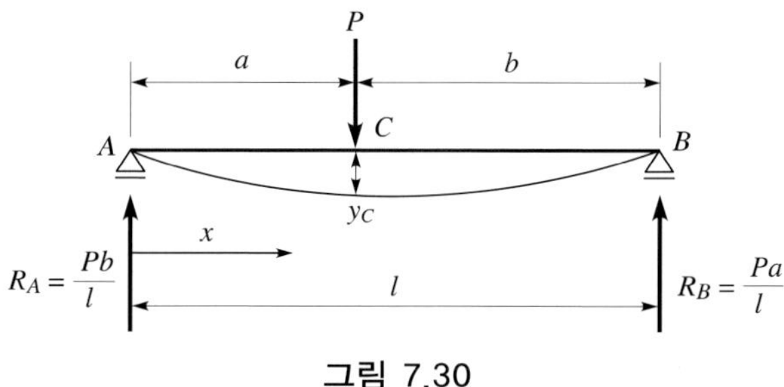

그림 7.30

1. 휨모멘트에 의한 변형에너지를 구하여라.
2. 점 C의 처짐 y_C는 휨모멘트만 따르는 것으로 하고 y_C를 구하여라.

풀이

1. 임의 점의 휨모멘트는

$$M_x = \frac{Pb}{l}x \quad (0 \leqq x \leqq a), \qquad M_x = \frac{Pa}{l}(l-x) \quad (a \leqq x \leqq l)$$

식 (7.30)에서

$$W = \frac{1}{2EI}\left[\int_0^a \frac{P^2b^2}{l^2}x^2dx + \int_a^l \frac{P^2a^2}{l^2}(l-x)^2dx\right] = \frac{P^2a^2b^2}{6EIl}$$

2. 외력에 의한 일$= \dfrac{Py_c}{2}$

외력에 의한 일은 변형에너지와 같기 때문에

$$\frac{P \cdot y_C}{2} = \frac{P^2a^2b^2}{6EIl} \qquad \therefore y_C = \frac{Pa^2b^2}{3EIl}$$

7.7 카스틸리아노의 정리

7.7.1 카스틸리아노의 제1정리

카스틸리아노의 제1정리는 구조물의 임의의 하중작용점의 변위량을 구하기 위하여 사용되는 식으로 임의 점(a)에 작용하고 있는 외력 P_a의 작용방향의 변위량 δ_a는 변형에너지를 이 외력으로 편미분한 값과 같다는 정리이다.

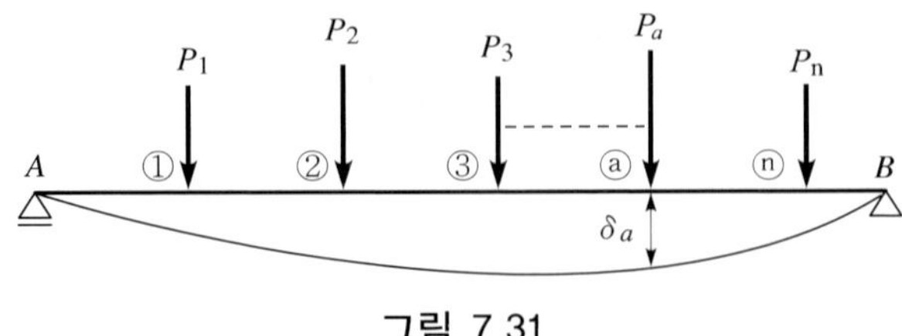

그림 7.31

그림 7.31과 같은 탄성체에 많은 외력 P_1, P_2, P_3, …, P_a, P_n이 작용하여 그림과 같이 탄성변형을 하여 평형의 상태에 있을 때 외력 P_a의 작용방향의 변위량 δ_a를 구하는 것을 생각하자.

이때 δ_a는 중첩원리에서 각각의 외력이 단독으로 작용했을 때의 a점의 P_a방향의 변위의 합과 같다. 그러므로 $P_1=1$, $P_2=1$, …, $P_a=1$, $P_n=1$이 각각 단독으로 작용할 때의 a점의 변위를 각각 δ_{a1}, δ_{a2}, δ_{aa}, δ_{an}으로 하면 δ_a는

$$\delta_a = P_1\delta_{a1} + P_2\delta_{a2} + P_3\delta_{a3} + \cdots\cdots + P_a\delta_{aa} + P_n\delta_{an} \tag{7.39}$$

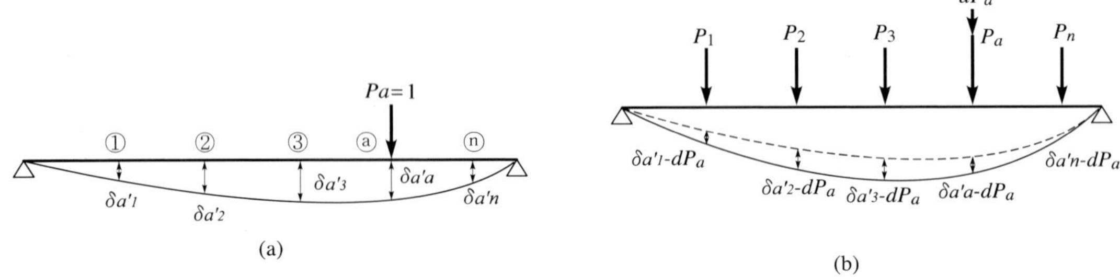

그림 7.32

다음에 생각을 바꿔서 그림 7.32(a)와 같이 a점에 $P_a=1$이 작용할 때의 각 점의 변위를 $\delta_{a'1}$, $\delta_{a'2}$, …, $\delta_{a'a}$으로 한다. 여기서 그림 7.31의 상태에서 P_a만을 미소량 dP_a만큼 증가시켰을 경우 그림 7.32(b)와 같이 휨곡선은 점선에서 실선과 같이 변화한다. 이때 전외력이 한 일은

$$dW = P_1(\delta_{a'1}dP_a) + P_2(\delta_{a'2}dP_a) + \cdots + P_a(\delta_{a'a}dP_a) + \frac{1}{2}dP_a(\delta_{a'a}dP_a) + P_n(\delta_{n'n}dP_a)$$

여기서, $\frac{1}{2}dP_a(\delta_{a'a}dP_a)$는 미소하므로 무시하면

$$dW = P_1(\delta_{a'1}dP_a) + P_2(\delta_{a'2}dP_a) + P_3(\delta_{a'3}dP_a) + \cdots + P_a(\delta_{a'a}dP_a) + P_n(\delta_{a'n}dP_a) \tag{7.40}$$

$$\frac{dW}{dP_a} = P_1\delta_{a'1} + P_2\delta_{a'2} + P_3\delta_{a'3} + \cdots\cdots\cdots + P_a\delta_{a'a} + P_n\delta_{a'n} \tag{7.41}$$

식 (7.39)과 식 (7.41)은 $\delta_{ai} = \delta_{a'i}$이므로 같게 된다. 따라서

$$\delta_a = \frac{dW}{dP_a} \tag{7.42}$$

식 (7.42)의 일은 외력에 의한 일이므로, 이것은 변형에너지와 같고 또 P_n만을 변수로서 유도했으므로 일반적으로는 편미분을 사용하여 나타내면

$$\delta_a = \frac{\partial W}{\partial P_a} \tag{7.43}$$

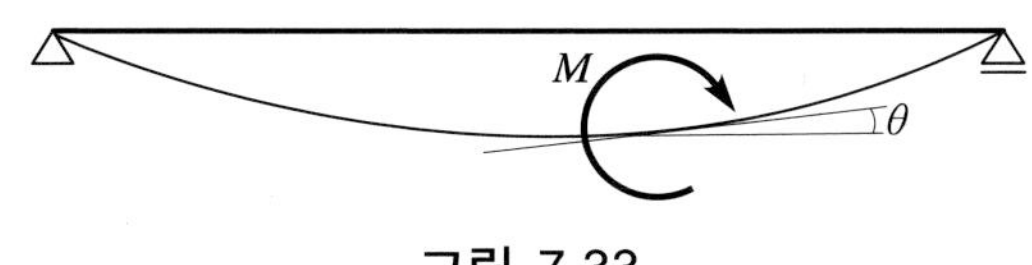

그림 7.33

(1) 그림 7.33과 같이 임의 점의 작용모멘트로 변형에너지를 편미분하면 이 점의 회전 θ가 된다.

$$\theta = \frac{\partial W}{\partial M}$$

(2) 하중의 작용하지 않는 점의 지정방향의 변위 δ를 구하려면, 우선 지정방향에 가상의 하중 P'를 작용시켜, 다른 하중과 함께 변형에너지 W를 계산하고 이 W를 P'로 편미분한 뒤에 $P'=0$으로 놓으면 된다.

예제 7.18

그림 7.34와 같이 길이 l, 단면적 A, 탄성계수 E의 부재에 하중 P가 작용할 때의 신장 Δl을 구하여라.

풀이

축방향력에 의한 변형에너지는 $W = \dfrac{P \cdot \delta}{2}$에서

$$W = \frac{P^2 l}{2EA}$$

따라서, Δl은 카스틸리아노의 정리에서

$$\Delta l = \frac{\partial W}{\partial P} = \frac{Pl}{EA}$$

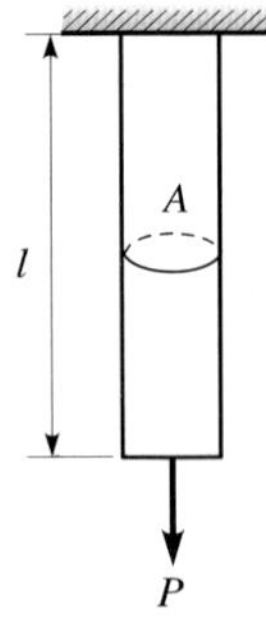

그림 7.34

예제 7.19

그림 7.35의 캔틸레버보의 B점에서의 처짐을 구하여라.

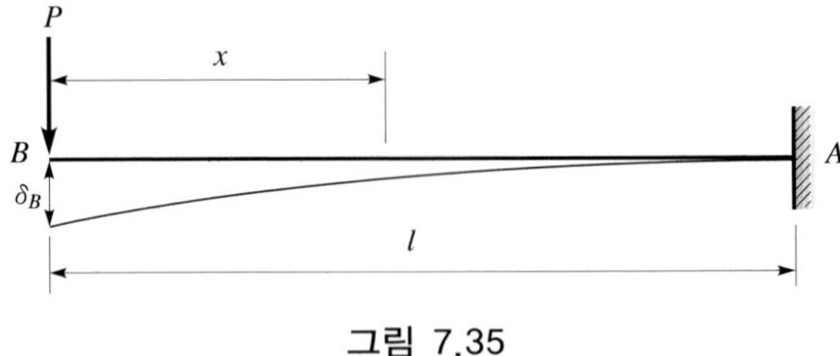

그림 7.35

풀이

전단력에 의한 변형은 미소이므로 휨모멘트에 의한 처짐을 생각하는 것으로 한다.

임의의 점의 모멘트는 $M_x = -P \cdot x$

따라서, 휨모멘트에 의한 변형에너지 W_m은 $W_m = \int_0^l \frac{M_x^2}{2EI} dx = \int_0^l \frac{P^2 x^2}{2EI} dx$

카스틸리아노의 제1정리에서 점 B의 휨은 변형에너지를 이 점의 하중으로 편미분하면 되므로

$$\delta_B = \frac{\partial W_m}{\partial P} = \frac{1}{2EI} \int_0^l 2Px^2 dx = \frac{1}{2EI} \left[\frac{2Px^3}{3} \right]_0^l = \frac{Pl^3}{3EI}$$

예제 7.20

그림 7.36과 같이 캔틸레버보의 선단에 하중 P와 모멘트 M이 작용할 때 작용점 B에서의 처짐 δ_B와 처짐각 θ_B를 구하여라.

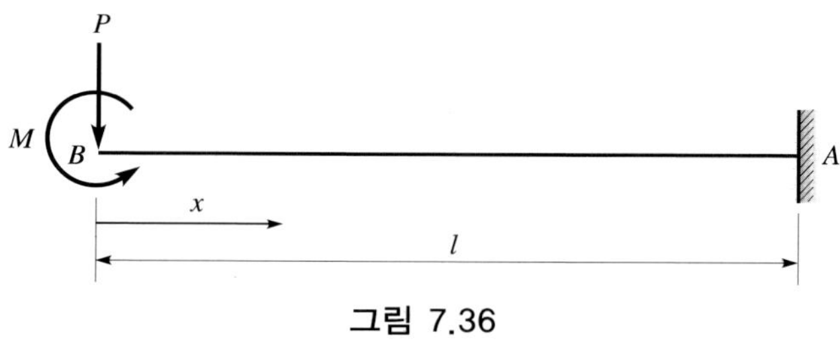

그림 7.36

풀이

임의의 점의 휨모멘트는

$$M_x = -P \cdot x - M$$

따라서, 휨모멘트에 의한 변형에너지 W_m은

$$W_m = \int_0^l \frac{M_x^2}{2EI} dx = \frac{1}{2EI} \int_0^l (Px + M)^2 dx$$

카스틸리아노의 제1정리에서 δ_B는 윗 식을 P로, θ_B는 M으로 편미분하면 되므로

$$\begin{aligned}
\delta_B &= \frac{\partial W_m}{\partial P} \\
&= \frac{1}{EI} \int_0^l (Px + M) \cdot x \cdot dx \\
&= \frac{1}{EI} \left[\frac{Px^3}{3} + \frac{Mx^2}{2} \right]_0^l \\
&= \frac{l^2}{EI} \left(\frac{Pl}{3} + \frac{M}{2} \right)
\end{aligned}$$

$$\begin{aligned}
\theta_B &= \frac{\partial W_m}{\partial M} \\
&= \frac{1}{EI} \int_0^l (Px + M) dx \\
&= \frac{1}{EI} \left[\frac{Px^2}{2} + Mx \right]_0^l \\
&= \frac{l}{EI} \left(\frac{Pl}{2} + M \right)
\end{aligned}$$

예제 7.21

그림 7.37과 같은 단순보의 C점에서의 처짐 δ_C를 구하라.

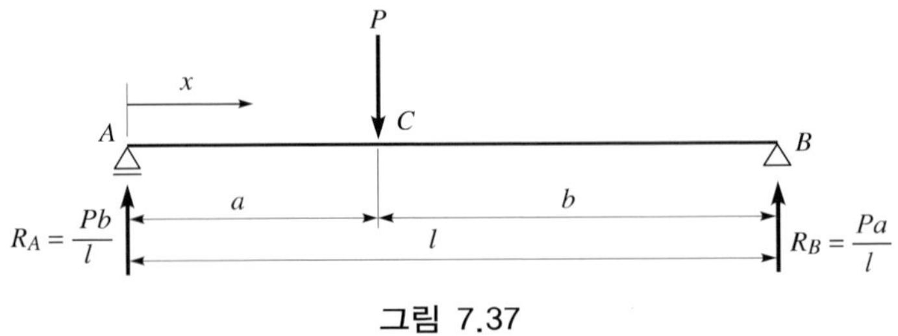

그림 7.37

풀이

임의의 점의 휨모멘트는

$$M_x = \frac{Pb}{l}x \ (0 \leq x \leq a)$$

$$M_x = \frac{Pa}{l}(l-x) \ (a \leq x \leq l)$$

따라서, 변형에너지 W_m은

$$W_m = \frac{1}{2EI}\left[\int_0^a \frac{P^2b^2}{l^2}x^2 \cdot dx + \int_a^l \frac{P^2a^2}{l^2}(l-x)^2 dx\right]$$

$$= \frac{P^2a^2b^2}{6EIl}$$

카스틸리아노의 제1정리에서 $\delta_C = \frac{\partial W_m}{\partial P} = \frac{Pa^2b^2}{3EIl}$

예제 7.22

그림 7.38과 같은 단순보의 스팬중앙점 C의 처짐 δ_C와 지점 A의 처짐각 θ_A를 구하여라.

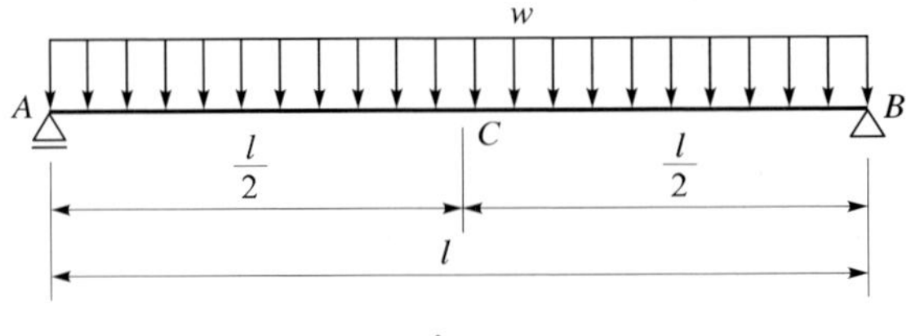

그림 7.38

풀이

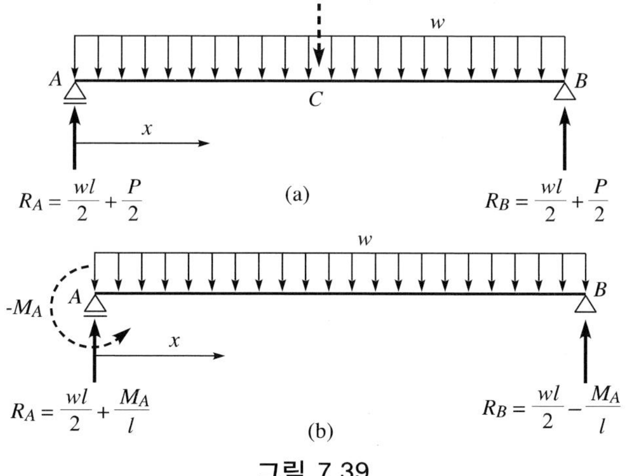

그림 7.39

• δ_C : 카스틸리아노의 정리에서는 처짐은 $\partial W/\partial P$ 이지만 점 C에는 하중 P가 작용하고 있지 않으므로 우선 그림 7.39(a)와 같이 점 C에 가상하중 P를 가했다고 생각한다. 다음에 가상하중 P와 주어진 등분포하중에서 변형에너지를 구하고 $\partial W/\partial P$를 구한 후 $P=0$로 놓고 δ_C를 구한다. 그림 (a)에서

• 휨모멘트 M_x는

$$M_x = \left(\frac{wl}{2} + \frac{P}{2}\right)x - \frac{wx^2}{2} \quad \left(0 \leq x \leq \frac{l}{2}\right)$$

변형에너지 W는

$$W = \frac{2}{2EI}\int_0^{\frac{l}{2}} M_x^2 dx = \frac{1}{EI}\int_0^{\frac{l}{2}} \left\{\left(\frac{wl}{2} + \frac{P}{2}\right)x - \frac{wx^2}{2}\right\}^2 dx$$

이것을 P에 대해서 편미분하면

$$\frac{\partial W}{\partial P} = \frac{1}{EI}\int_0^{\frac{l}{2}} \left(\frac{wlx^2}{2} + \frac{Px^2}{2} - \frac{wx^3}{2}\right)dx$$

$$= \frac{1}{EI}\left[\frac{wlx^3}{6} + \frac{Px^3}{6} - \frac{wx^4}{8}\right]_0^{\frac{l}{2}}$$

여기서, $P=0$로 놓으면

$$\delta_C = \frac{1}{EI}\left[\frac{wlx^3}{6} - \frac{wx^4}{8}\right]_0^{\frac{l}{2}} = \frac{5wl^4}{384EI}$$

• θ_A : 처짐각은 $\partial W/\partial M$이지만 점 A에는 모멘트 M이 작용하고 있지 않으므로 그림

7.39(b)와 같이 지점 A에 가상의 모멘트($-M_A$)를 가하여 $\partial W/\partial M_A$를 구한 후 $M_A=0$로 하고 θ_A를 얻는다.

그림 7.39(b)에서 임의 점의 휨모멘트 M_x는

$$M_x=\left(\frac{wl}{2}+\frac{M_A}{l}\right)x-\frac{wx^2}{2}-M_A=\frac{w}{2}(lx-x^2)+M_A\left(\frac{x}{l}-1\right)$$

변형에너지 W는

$$W=\frac{1}{2EI}\int_0^l M_x^2dx=\frac{1}{2EI}\int_0^l\left\{\frac{w}{2}(lx-x^2)+M_A\left(\frac{x}{l}-1\right)\right\}^2dx$$

이것을 M_A에 대해서 편미분하면

$$\frac{\partial W}{\partial M_A}=\frac{1}{EI}\int_0^l\left\{\frac{w}{2}(lx-x^2)+M_A\left(\frac{x}{l}-1\right)\right\}\left(\frac{x}{l}-1\right)dx$$

여기서, $M_A=0$놓으면 θ_A가 되므로

$$\theta_A=\frac{1}{EI}\int_0^l\frac{w}{2}(lx-x^2)\left(\frac{x}{l}-1\right)dx$$

$$=\frac{w}{2EI}\int_0^l\left(2x^2-lx-\frac{x^3}{l}\right)dx$$

$$=\frac{w}{2EI}\left[\frac{2x^3}{3}-\frac{lx^2}{2}-\frac{x^4}{4l}\right]_0^l=-\frac{wl^3}{24EI}$$

여기서, (−)기호는 θ_A가 가상한 모멘트의 방향과 반대라는 것을 의미하고 있다.

7.7.2 카스틸리아노의 제2정리(최소일의 원리)

카스틸리아노의 제1정리는 구조물의 외력의 작용점에 있어서의 외력의 작용방향의 변위량을 나타내는 식이었다. 변형에너지를 반력과 같이 변위하지 않는 점에 작용하는 외력으로 편미분하면 $\delta=0$이므로

$$\frac{\partial W}{\partial P}=0 \tag{7.44}$$

로 되어야 한다. 이것을 이용하면 부정정구조물의 부정정 반력 X를 구할 경우 $\dfrac{\partial W}{\partial X}=0$을 만족하는 X의 값을 구하면 된다. 식 (7.44)를 수학적으로 보면 P는 변형에너지를 최대 또는 최소로 하는 값이지만 식 (7.44)의 2차도함수를 구하면 $\dfrac{\partial^2 W}{\partial P^2}>0$이 되므로 변형 에너지가 P에 관해서 최소가 되는 것을 의미한다. 이것을 최소일의 원리(principle of least work)라고 부르고 있다.

$\frac{\partial^2 W}{\partial P^2} > 0$이 되는 이유

변형에너지를 축방향력 N과 휨모멘트 M에 따르는 것이라고 하면

$$W = \frac{1}{2}\int_0^l \frac{M^2}{EI}dx + \frac{1}{2}\int_0^l \frac{N^2}{EA}dx$$

로 표시된다. $P_1 = 1$, $P_2 = 1$, $P_3 = 1$, ……, $P_n = 1$에 의한 축방향력, 휨모멘트를 N_1, M_1, N_2, M_2, N_3, M_3, ……, N_n, M_n으로 하면 N, M은 외력의 1차함수로 표시되므로

$$N = P_1N_1 + P_2N_2 + P_3N_3 + \cdots\cdots + P_nN_n \quad M = P_1M_1 + P_2M_2 + P_3M_3 + \cdots\cdots + P_nM_n$$

각각을 P_n에 대해서 편미분하면

$$\frac{\partial N}{\partial P_n} = N_n, \qquad \frac{\partial M}{\partial P_n} = M_n$$

여기서 변형에너지 W를 P_n에 대해서 편미분하면

$$\frac{\partial W}{\partial P_n} = \int_0^l \frac{M}{EI}\left(\frac{\partial M}{\partial P_n}\right)dx + \int_0^l \frac{N}{EA}\left(\frac{\partial N}{\partial P_n}\right)dx$$

여기에 위 식을 대입하면

$$\frac{\partial W}{\partial P_n} = \int_0^l \frac{M \cdot M_n}{EI}dx + \int_0^l \frac{N \cdot N_n}{EA}dx$$

다시 P_n에 대해서 편미분하면

$$\frac{\partial^2 W}{\partial P_n^2} = \int_0^l \frac{M_n}{EI}\left(\frac{\partial M}{\partial P_n}\right)dx + \int_0^l \frac{N_n}{EA}\left(\frac{\partial N}{\partial P_n}\right)dx = \int_0^l \frac{M_n^2}{EI}dx + \int_0^l \frac{N_n^2}{EA}dx \quad > \quad 0$$

예제 7.23

그림 7.40과 같은 부정정보의 반력을 구하여라.

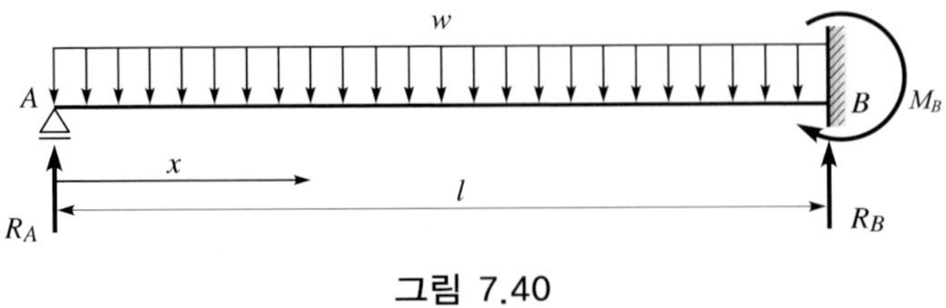

그림 7.40

풀이

1차의 부정정보이다. 부정정력에 R_A를 선정하여 카스틸리아노의 제2정리를 사용하여 푼다.

임의의 점의 휨모멘트는

$$M_x = R_A x - \frac{w}{2}x^2 \ (0 \leq x \leq l)$$

휨모멘트에 의한 변형에너지는

$$W = \frac{1}{2EI}\int_0^l \left(R_A x - \frac{w}{2}x^2\right)^2 dx$$

지점 A는 변위가 발생하지 않으므로 카스틸리아노의 제2정리에 의해서

$$\frac{\partial W}{\partial R_A} = \frac{1}{2EI}\int_0^l 2\left(R_A x - \frac{w}{2}x^2\right)x \cdot dx$$

$$= \frac{1}{EI}\left[\frac{R_A}{3}x^3 - \frac{w}{8}x^4\right]_0^l$$

$$= \frac{1}{EI}\left(\frac{R_A l^3}{3} - \frac{wl^4}{8}\right) = 0$$

따라서,

$$\frac{R_A l^3}{3} - \frac{wl^4}{8} = 0 \quad \therefore R_A = \frac{3wl}{8}$$

다른 반력 R_B, M_A는 평형조건식에 의해 다음과 같다.

$\Sigma V = 0$에서

$$R_B = wl - R_A = wl - \frac{3wl}{8} = \frac{5wl}{8}$$

$\Sigma M_B = 0$에서 $\rightarrow l \cdot R_A - \dfrac{wl^2}{2} + M_B = 0$

$$\therefore M_B = \frac{wl^2}{8}$$

예제 7.24

그림 7.41과 같은 일단고정타단이동보의 반력을 구하여라.

단, 보는 I-300×150×10($I_x = 1.27 \times 10^8 \text{mm}^4$, 단위중량 840N/m),

$E = 2.1 \times 10^5 \text{N/mm}^2$이다.

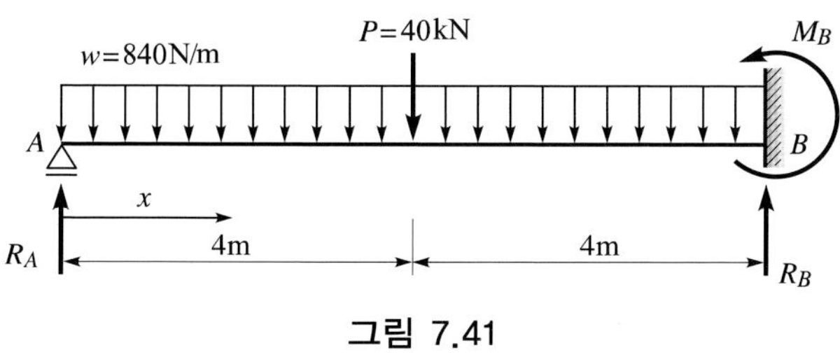

그림 7.41

풀이

반력 R_A를 부정정력으로 선정

$$M_x = R_A x - \frac{w}{2}x^2 = R_A x - 420x^2 \ (0 \leqq x \leqq 4)$$

$$M_x = R_A x - \frac{w}{2}x^2 - P(x-4)$$

$$= R_A x - 40000x - 420x^2 + 160000 \ (4 \leqq x \leqq 8)$$

따라서, 휨모멘트에 의한 변형에너지는

$$W = \frac{1}{2EI}\left[\int_0^4 (R_A x - 420x^2)^2 dx + \int_4^8 (R_A x - 40000x - 420x^2 + 160000)^2 dx\right]$$

지점 A는 변위가 발생하지 않으므로 카스틸리아노의 제2정리에 의해서

$$\frac{\partial W}{\partial R_A} = \frac{1}{EI}\left[\int_0^4 (R_A x - 420x^2)x dx + \int_4^8 (R_A x - 40000x - 420x^2 + 160000)x \cdot dx\right]$$

$$= \frac{1}{EI}\left\{\left[\frac{R_A}{3}x^3 - \frac{420}{4}x^4\right]_0^4 + \left[\frac{R_A}{3}x^3 - \frac{40000}{3}x^3 - \frac{420}{4}x^4 + \frac{160000}{2}x^2\right]_4^8\right\}$$

$$= \frac{1}{EI}(170.67R_A - 2563411.84) = 0 \text{으로부터}$$

$$\therefore R_A = \frac{2563411.84}{170.67} = 15{,}020(\text{N})$$

$$\Sigma V = 0 \text{에서} \ R_B = (40000 + 840 \times 8) - 15020 = 31700(\text{N})$$

$$\Sigma M_B = 0 \text{에서} \ 8R_A - \frac{w}{2} \times 8^2 - 4P - M_B = 0$$

$$\therefore M_B = 8 \times 15020 - \frac{840}{2} \times 8^2 - 4 \times 40000 = -66720(\text{N} \cdot \text{m})$$

예제 7.25

그림 7.42와 같은 양단고정보의 반력을 구하여라.

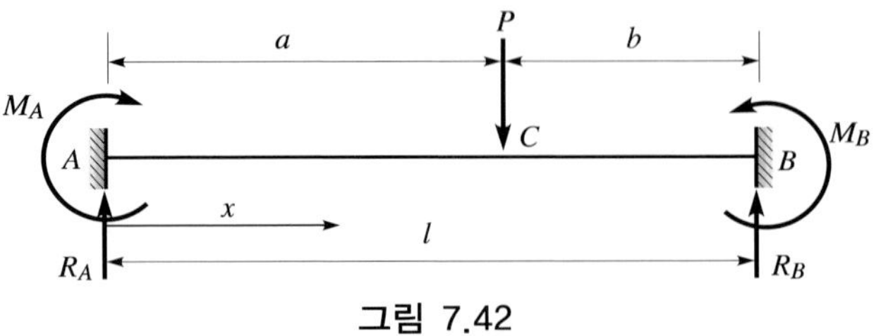

그림 7.42

풀이

반력은 R_A, R_B, 및 M_A, M_B이다. 먼저 부정정력에 M_A, M_B를 선정하고

$$R_A = \frac{1}{l}(Pb - M_A + M_B)$$

다음 지점 A에서의 거리를 x로 하면 임의 점의 휨모멘트는

$$M_x = R_A x + M_A = \frac{1}{l}(Pb - M_A + M_B)x + M_A$$

$$= \frac{Pb}{l}x + M_A\frac{l-x}{l} + M_B\frac{x}{l} \quad (0 \leq x \leq a)$$

$$M_x = R_A x + M_A - P(x-a)$$

$$= P\frac{a}{l}(l-x) + M_A\frac{l-x}{l} + M_B\frac{x}{l} \quad (a \leq x \leq l)$$

따라서, 휨모멘트에 의한 변형에너지 W는

$$W = \frac{1}{2EI}\left[\int_0^a\left(\frac{Pb}{l}x + M_A\frac{l-x}{l} + M_B\frac{x}{l}\right)^2 dx + \int_a^l\left(P\frac{a}{l}(l-x) + M_A\frac{l-x}{l} + M_B\frac{x}{l}\right)^2 dx\right]$$

고정단의 회전각은 0이므로

$$\frac{\partial W}{\partial M_A} = \theta_A = \frac{1}{EI}\left[\int_0^a\left(\frac{Pb}{l}x + M_A\frac{l-x}{l} + M_B\frac{x}{l}\right)\frac{l-x}{l}dx\right.$$

$$\left. + \int_a^l\left(P\frac{a}{l}(l-x) + M_A\frac{l-x}{l} + M_B\frac{x}{l}\right)\frac{l-x}{l} \cdot dx\right]$$

$$= \frac{1}{EI}\left[\int_0^a\frac{Pb}{l^2}x(l-x)dx + \int_a^l\frac{Pa}{l^2}(l-x)^2 dx\right.$$

$$\left. + \int_0^l M_A\frac{(l-x)^2}{l^2}dx + \int_0^l M_B\frac{x(l-x)}{l^2}dx\right]$$

$$= \frac{1}{6EI}\left[(2M_A + M_B)l + \frac{Pab(l+b)}{l}\right] = 0$$

$$\therefore 2M_A + M_B = -\frac{Pab(l+b)}{l^2} \qquad \text{(a)}$$

$$\frac{\partial W}{\partial M_B} = \theta_B = \frac{1}{EI}\left[\int_0^a \left(\frac{Pb}{l}x + M_A\frac{l-x}{l} + M_B\frac{x}{l}\right)\frac{x}{l}dx\right.$$

$$\left. + \int_a^l \left(P\frac{a}{l}(l-x) + M_A\frac{l-x}{l} + M_B\frac{x}{l}\right)\frac{x}{l}dx\right]$$

$$= \frac{1}{EI}\left[\int_0^a \frac{Pb}{l^2}x^2dx + \int_a^l \frac{Pa}{l^2}x(l-x)dx\right.$$

$$\left. + \int_0^l M_A\frac{x(l-x)}{l^2}dx + \int_0^l M_B\frac{x^2}{l^2}dx\right]$$

$$= \frac{1}{6EI}\left[(M_A + 2M_B)l + \frac{Pab(l+a)}{l}\right] = 0$$

$$\therefore M_A + 2M_B = -\frac{Pab(l+a)}{l^2} \qquad \text{(b)}$$

식 (a), (b)의 연립방정식을 풀면

$$M_A = -\frac{Pab^2}{l^2}, \quad M_B = -\frac{Pa^2b}{l^2}, \quad \therefore R_A = \frac{1}{l}(Pb - M_A + M_B) = P\frac{b^2}{l^3}(l+2a)$$

$$R_B = P - R_A = P\frac{a^2}{l^2}(l+2b)$$

예제 7.26

그림 7.43과 같은 연속보의 지점 B의 반력 R_B를 구하여라.
단, EI는 전스팬에 걸쳐서 일정하다.

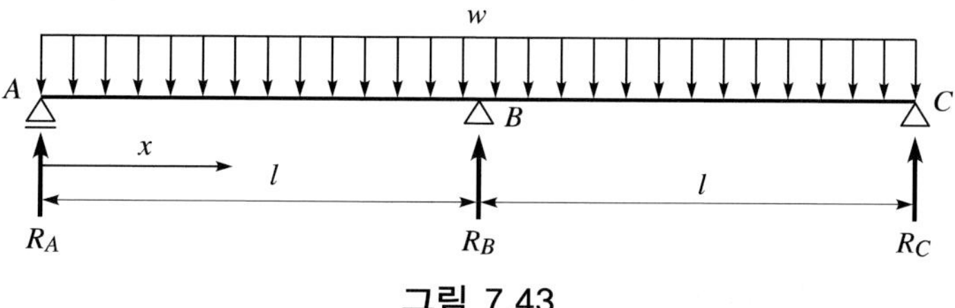

그림 7.43

풀이

R_B를 부정정력으로 선정하면 $\Sigma V=0$에서 $R_A=wl-\dfrac{R_B}{2}$이므로 임의 점의 휨모멘트 M_x는

$$M_x=R_Ax-\frac{w}{2}x^2=wlx-\frac{R_B}{2}x-\frac{w}{2}x^2 \ (0\le x\le l)$$

전단력을 무시(영향이 작으므로)하면 휨모멘트에 의한 일은

$$W=2\left(\frac{1}{2EI}\int_0^l M_x^2\cdot dx\right)=\frac{1}{EI}\int_0^l\left(wlx-\frac{R_B}{2}x-\frac{w}{2}x^2\right)^2dx$$

지점 B는 침하하지 않으므로 카스틸리아노의 제2정리에 의해서

$$\frac{\partial W}{\partial R_B}=\frac{2}{EI}\int_0^l\left(wlx-\frac{R_B}{2}x-\frac{w}{2}x^2\right)\left(-\frac{x}{2}\right)dx$$

$$=\frac{2}{EI}\left[-\frac{wl}{6}x^3+\frac{R_B}{12}x^3+\frac{w}{16}x^4\right]_0^l$$

$$=\frac{l^3}{6EI}\left(R_B-\frac{5wl}{4}\right)=0$$

따라서, $R_B-\dfrac{5wl}{4}=0 \quad \therefore R_B=\dfrac{5wl}{4}$

7.8 가상일의 원리

7.8.1 외력이 하는 가상일

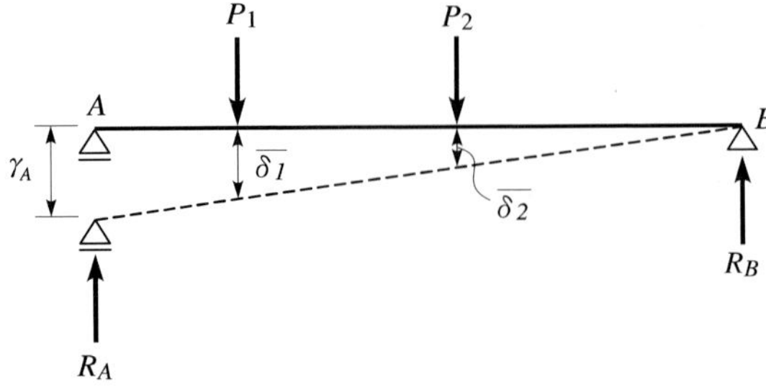

그림 7.44

그림 7.44에서 실선으로 표시한 단순보 AB는 하중 P_1, P_2가 작용할 때 R_A, R_B에 의한 평형상태를 나타내고 있다.

이들의 힘이 평형상태를 유지하며 미소변위가 점선과 같이 되었다고 가정하면 각각의 힘은 변위에 따라서 일을 한다. 이와 같이 보에 작용하는 외력과는 직접 관계가 없는 미소변위를 가상변위(virtual displacement)라고 하며 가상변위에 따라서 각각의 외력이 하는 일을 가상일(virtual work)이라고 한다. 따라서 외력이 하는 가상일(W_0)은

$$W_0 = \sum P \cdot \bar{\delta} + \sum R \cdot \bar{\gamma} \tag{7.45}$$

여기서, P : 하중

R : 반력

$\bar{\delta}$: 가상변위

$\bar{\gamma}$: 반력방향의 가상변위

(일반적으로 가상하중과 가상변위는 문자 위에 －(bar)를 붙여 나타낸다.)

이 경우 외력들은 평형상태에 있으므로 그 합력은 0이고 그 일도 0이 된다. 따라서, 평형상태에 있는 강체가 가상변위를 할 때 이 강체에 작용하는 외력이 하는 가상일의 합은 0이 된다고 할 수 있다. 이 원리를 가상일의 원리라고 한다. 즉

$$\sum P \cdot \bar{\delta} + \sum R \cdot \bar{\gamma} = 0 \tag{7.46}$$

7.8.2 탄성체의 가상일

외력을 받아서 평형상태에 있는 탄성체에 가상변위를 주면 이에 작용하는 외력과 내력은 평형을 유지한 상태로 변위하는 것이므로 모두 가상일을 하는 것이 되지만 양자가 하는 가상일의 합은 상쇄되어 0이 된다.

따라서, 외력이 하는 가상일을 W_0이라 하고 내력이 하는 가상일을 W_i 이라 하면 이와 같은 탄성체에 대한 가상일의 합은 원리는 다음과 같이 쓸 수 있다.

$$W_0 + W_i = 0 \tag{7.47}$$

W_i를 구하기 위하여 탄성체 내에 있는 미소부분 dx, dy, dz를 택하여 각 면에 작용하는 수직응력도를 σ_x, σ_y, σ_z, 전단응력도를 τ_{yz}, τ_{zx}, τ_{xy}($\tau_{yz} = \tau_{zy}$, $\tau_{zx} = \tau_{xz}$, $\tau_{xy} = \tau_{yx}$)로 한다.

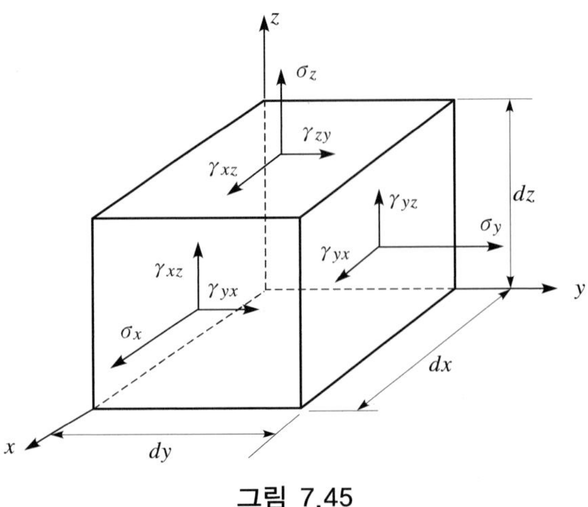

그림 7.45

이들의 응력을 미소육면체에 작용하는 외력이라고 생각하고 한편 가상변위(변형)에 의한 수직변형도를 $\overline{\varepsilon_x}$, $\overline{\varepsilon_y}$, $\overline{\varepsilon_z}$, 전단변형도를 $\overline{\gamma_{yz}}$, $\overline{\gamma_{zx}}$, $\overline{\gamma_{xy}}$로 하면 이 미소육면체의 외력에 의한 가상일(dW_0)은 다음과 같다.

$$dW_0 = (\sigma_x \cdot \overline{\varepsilon_x} + \sigma_y \cdot \overline{\varepsilon_y} + \sigma_z \cdot \overline{\varepsilon_z} + \tau_{yz} \cdot \overline{\gamma_{yz}} + \tau_{zx} \cdot \overline{\gamma_{zx}} + \tau_{xy} \cdot \overline{\gamma_{xy}}) dx \cdot dy \cdot dz \tag{7.48}$$

이 미소육면체에 대한 내력이 하는 가상일을 dW_i라고 하면

$$dW_0 + dW_i = 0 \tag{7.49}$$

가 되므로 이것에 식 (7.48)을 대입하여

$$\begin{aligned} dW_i &= -dW_0 \\ &= -(\sigma_x \cdot \overline{\varepsilon_x} + \sigma_y \cdot \overline{\varepsilon_y} + \sigma_x \cdot \overline{\varepsilon_z} \\ &\quad + \tau_{yz} \cdot \overline{\gamma_{yz}} + \tau_{zx} \cdot \overline{\gamma_{zx}} + \tau_{xy} \cdot \overline{\gamma_{xy}}) dx \cdot dy \cdot dz \end{aligned}$$

따라서, 탄성체 전체에 대해서는 이것을 전체적에 대하여 적분하면 되므로

$$W_i = -\int\int\int (\sigma_x \cdot \overline{\varepsilon_x} + \sigma_y \cdot \overline{\varepsilon_y} + \sigma_z \cdot \overline{\varepsilon_z} + \tau_{yz} \cdot \overline{\gamma_{yz}} + \tau_{zx} \cdot \overline{\gamma_{zx}} + \tau_{xy} \cdot \overline{\gamma_{xy}}) dx \cdot dy \cdot dz \tag{7.50}$$

식 (7.45)과 식 (7.50)을 식 (7.47)에 대입해서 탄성체의 가상일은 다음과 같이 나타낼 수 있다.

$$\Sigma P \cdot \bar{\delta} + \Sigma R \cdot \bar{\gamma}$$

$$= \iiint (\sigma_x \cdot \overline{\varepsilon_x} + \sigma_y \cdot \overline{\varepsilon_y} + \sigma_z \cdot \overline{\varepsilon_z} + \tau_{yz} \cdot \overline{\gamma_{yz}} + \tau_{zx} \cdot \overline{\gamma_{zx}} + \tau_{xy} \cdot \overline{\gamma_{xy}}) dx \cdot dy \cdot dz \qquad (7.51)$$

윗 식의 σ, τ는 외력 P 또는 R에 의한 응력이며, 가상변위 $\bar{\varepsilon}$, $\bar{\gamma}$와는 관계가 없으므로 반대로 가상하중 $\overline{P}$, $\overline{R}$, $\bar{\sigma}$, $\bar{\tau}$와 실제의 외력에 의한 변위 δ, γ, ε, γ를 바꾸어도 된다.

$$\Sigma \overline{P} \cdot \delta + \Sigma \overline{R} \cdot \gamma$$

$$= \iiint (\overline{\sigma_x} \cdot \varepsilon_x + \overline{\sigma_y} \cdot \varepsilon_y + \overline{\sigma_z} \cdot \varepsilon_z + \overline{\tau_{yz}} \cdot \gamma_{yz} + \overline{\tau_{zx}} \cdot \gamma_{zx} + \overline{\tau_{xy}} \cdot \gamma_{xy}) dx \cdot dy \cdot dz \qquad (7.52)$$

7.8.3 축방향력, 휨모멘트를 받는 부재의 가상일의 일반식

1. 축방향력만을 받는 부재의 경우

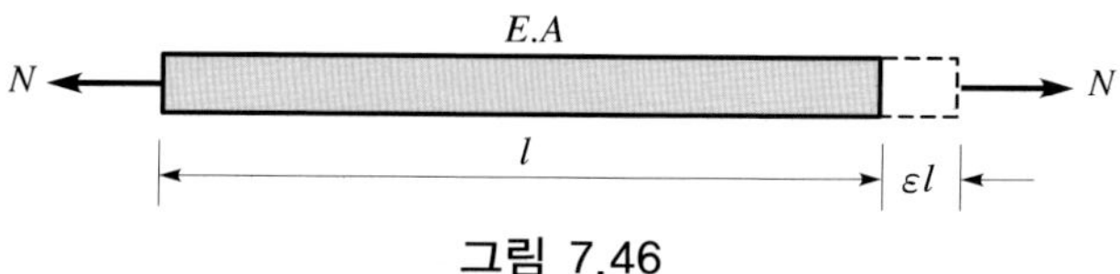

그림 7.46

축방향력 N만을 받는 부재의 경우는 변형에 대해서 영향을 주는 내력은 축방향응력 σ 뿐이다. 가상변형을 $\bar{\varepsilon}$이라고 하면 부재 단면이 길이 방향에 일정할 때 σ와 $\bar{\varepsilon}$은 부재의 전 길이를 통하여 일정하므로 식 (7.51)은 다음과 같이 된다.

$$\Sigma P \cdot \bar{\delta} + \Sigma R \cdot \bar{\gamma} = \iiint \sigma \cdot \bar{\varepsilon} \cdot dx \cdot dy \cdot dz$$

여기서, $dy \cdot dz = dA$ 이므로

$$\Sigma P \cdot \bar{\delta} + \Sigma R \cdot \bar{\gamma} = \int dx \cdot \int \sigma \cdot \bar{\varepsilon} \cdot dA = \int dx \cdot (\sigma \cdot \bar{\varepsilon} \cdot A) \qquad (7.53)$$

여기서, 부재에 생기는 축력을 N, 탄성계수를 E라 하면

$$\sigma = \frac{N}{A}, \quad \bar{\varepsilon} = \frac{\overline{N}}{EA}$$

이므로 식 (7.53)은

$$\Sigma P \cdot \bar{\delta} + \Sigma R \cdot \bar{\gamma} = \int N\left(\frac{\overline{N}}{EA}\right)dx = \int \frac{N\overline{N}}{EA}dx \tag{7.54}$$

또 가상응력 $\bar{\sigma}$와 실제의 변형도 ε을 구하면

$$\bar{\sigma} = \frac{\overline{N}}{A}, \quad \varepsilon = \frac{N}{EA}$$

이므로 식 (7.52)에서 이상과 같은 방법으로 구하면

$$\Sigma \overline{P} \cdot \delta + \Sigma \overline{R} \cdot \gamma = \int \frac{\overline{N}N}{EA}dx \tag{7.55}$$

가 되고 축방향력을 받는 부재 가상일식은 식 (7.54), 식 (7.55)와 같이 얻어진다.

2. 휨을 받는 부재의 경우

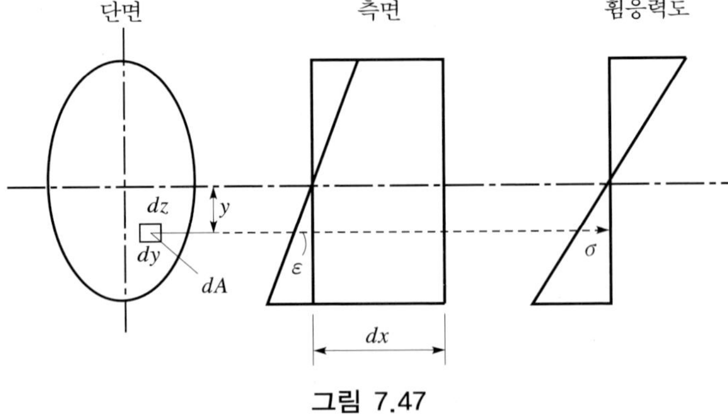

그림 7.47

휨응력도만의 영향을 생각하여 그림 7.47에서

$$\sigma = \frac{M}{I}y, \quad \bar{\varepsilon} = \frac{\overline{M}}{EI}y$$

이것을 식 (7.51)에 대입하면

$$\Sigma P \cdot \bar{\delta} + \Sigma R \cdot \bar{\gamma} = \int\int\int \sigma \cdot \bar{\varepsilon} \cdot dx \cdot dy \cdot dz$$
$$= \int\int\int \left(\frac{M}{I}y\right)\left(\frac{\overline{M}}{EI}y\right) dx \cdot dA = \int \frac{M\overline{M}}{EI^2} dx \cdot \int y^2 dA$$

$\int y^2 dA = I$ 이므로

$$\int \frac{M\overline{M}}{EI} dx \tag{7.56}$$

또 $\bar{\sigma}$와 ε을 취하여 유도하면

$\bar{\sigma} = \dfrac{\overline{M}}{I} y$, $\varepsilon = \dfrac{M}{EI} y$이므로 식 (7.52)에서 이상과 같은 방법으로 구하면

$$\Sigma \overline{P} \cdot \delta + \Sigma \overline{R} \cdot \gamma = \int \frac{\overline{M}M}{EI} dx \tag{7.57}$$

가 되고 휨을 받는 부재의 가상일식이 식 (7.56), 식 (7.57)과 같이 얻어진다.

표 7.2

가상일식의 구조나 기타조건에 따른 분류	
일반식	$\overline{P} \cdot \delta = 1 \cdot \delta = \delta = \int \frac{\overline{N}N}{AE} dx + \int \frac{\overline{M}M}{EI} dx$
보나 라멘과 같이 축방향력의 영향을 무시할 수 있는 경우	$\delta = \int \frac{\overline{M}M}{EI} dx$
트러스 구조의 경우 축방향력만 작용하고 각 부재의 길이를 s라고 하면	$\delta = \sum \frac{\overline{N}N}{AE} s$

예제 7.27

그림 7.48과 같은 트러스구조의 점 C에 있어서의 하중 P방향의 변위 δ를 구하여라. 단, 부재의 탄성계수 E, 단면적 A는 일정하며 온도변화는 무시한다.

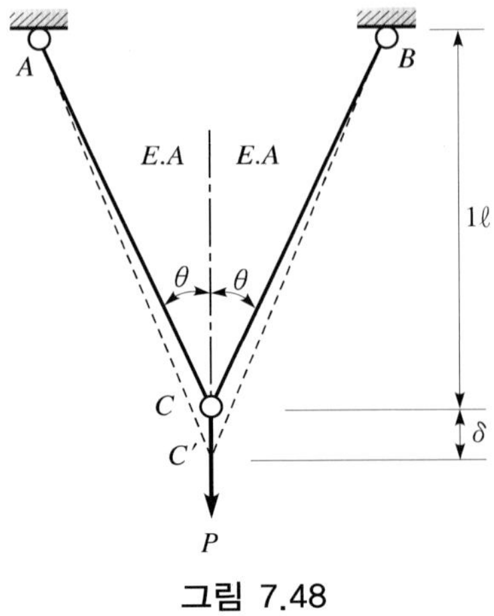

그림 7.48

풀이

주어진 하중 P에 의한 양부재응력(축방향력) N은 좌우대칭이므로

$$N=\frac{P}{2\cos\theta}$$

점 C에 가상하중 $\overline{P}=1$을 δ를 구하는 방향(P와 같은 방향)에 작용시켰을 때 양부재의 가상응력 $\overline{N}$은

$$\overline{N}=\frac{1}{2\cos\theta}$$

부재길이 s는 $s=\dfrac{l}{\cos\theta}$

표 7.2에 의해서 $\delta=\Sigma\dfrac{\overline{N}N}{AE}s$

따라서, $\delta=\Sigma\dfrac{\overline{N}N}{AE}s=2\left(\dfrac{1}{AE}\times\dfrac{1}{2\cos\theta}\times\dfrac{P}{2\cos\theta}\times\dfrac{l}{\cos\theta}\right)=\dfrac{Pl}{2AE\cos^3\theta}$

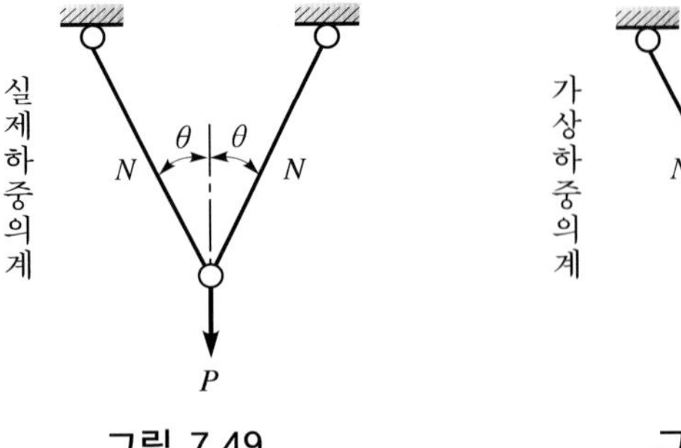

그림 7.49 그림 7.50

θ의 변화에 의해서 변위 δ는 다음과 같이 변화한다.

$\theta=0°$일 때 $\delta=\frac{Pl}{2EA}$, $\theta=45°$일 때 $\delta=\frac{\sqrt{2}\,Pl}{AE}$, $\theta=90°$일 때 $\delta=\infty$

예제 7.28

그림 7.51과 같은 트러스구조의 점 C에 있어서의 하중 방향의 변위 δ를 구하여라. 단, EA는 일정하다고 하고 온도변화는 무시한다.

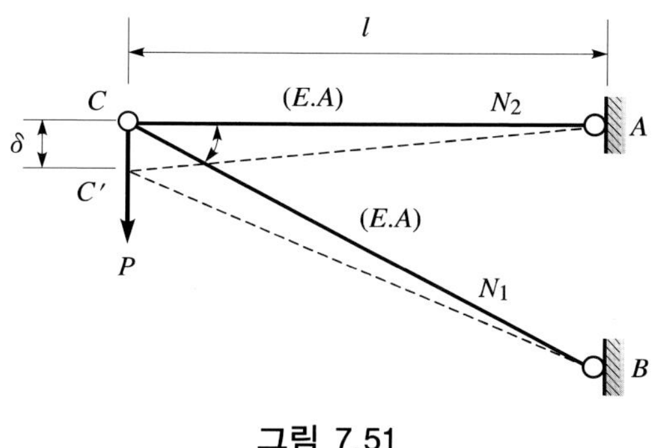

그림 7.51

풀이

하중에 의한 양부재의 응력 N_1, N_2를 구하면

$$N_1=-\frac{P}{\sin\theta}$$

$$N_2=\frac{P}{\tan\theta}$$

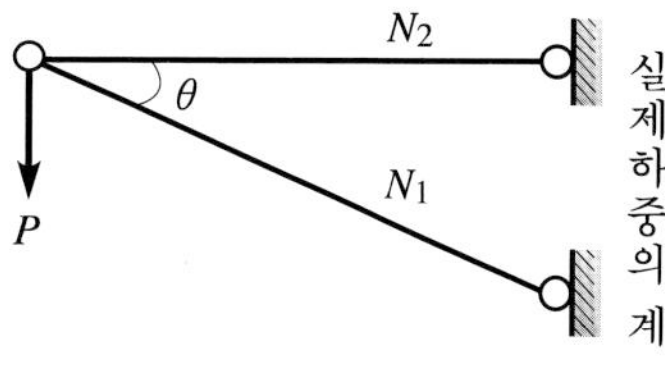

그림 7.52

점 C에 가상단위하중 $\overline{P}=1$을 작용시켰을 때의 부재응력 $\overline{N_1}$, $\overline{N_2}$를 구하면

$$\overline{N_1}=-\frac{1}{\sin\theta}$$

$$\overline{N_2}=\frac{1}{\tan\theta}$$

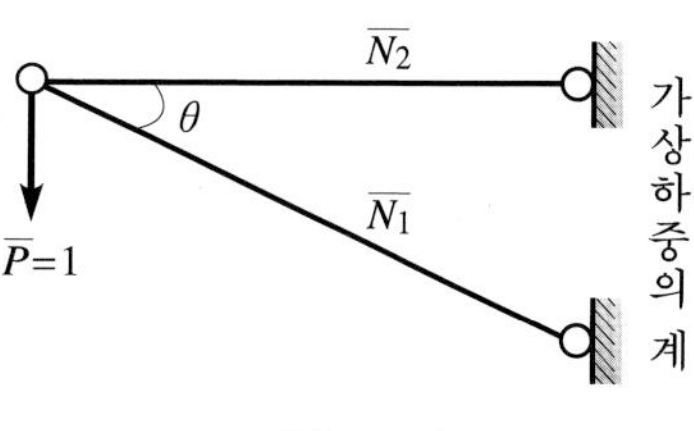

그림 7.53

AC의 부재길이 $s_2=l$

BC의 부재길이 $s_1 = \dfrac{l}{\cos\theta}$

따라서,

$$\delta = \frac{\overline{N_1}N_1}{AE}s_1 + \frac{\overline{N_2}N_2}{AE}s_2$$

$$= \frac{1}{AE}\left(-\frac{1}{\sin\theta}\right)\left(-\frac{P}{\sin\theta}\right)\frac{l}{\cos\theta} + \frac{1}{AE}\cdot\frac{P}{\tan\theta}\cdot\frac{1}{\tan\theta}\cdot l$$

$$= \frac{Pl}{AE\sin^2\theta\cdot\cos\theta} + \frac{Pl\cdot\cos^3\theta}{AE\sin^2\theta\cdot\cos\theta} = \frac{Pl}{AE\sin^2\theta\cdot\cos\theta}(1+\cos^3\theta)$$

예제 7.29

그림 7.54와 같은 캔틸레버보의 점 B에 있어서의 변위 δ_B를 구하여라.

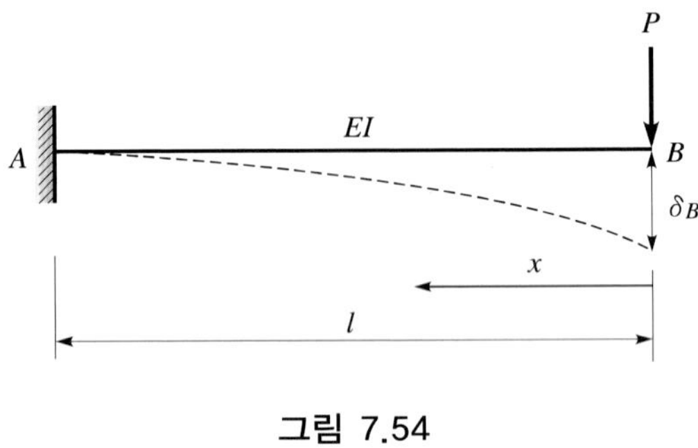

그림 7.54

풀이

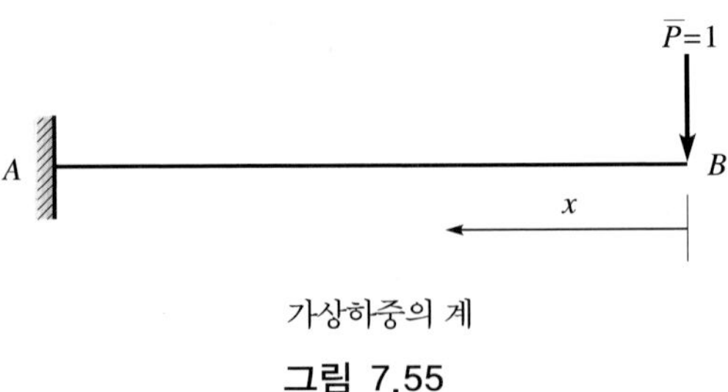

가상하중의 계

그림 7.55

처짐은 휨모멘트만에 의한 것이라고 생각하면 표 7.2에서

$\delta_B = \displaystyle\int \frac{\overline{M}M}{EI}dx = \int_0^l \frac{\overline{M_x}M_x}{EI}dx$에 의해서 구해진다.

우선 실제 하중 P에 의한 임의점의 휨모멘트 M_x는

$M_x = -Px$

다음에 점 B에 P와 같은 방향으로 가상단위하중 $\overline{P}=1$을 작용시켰을 때의 임의 점의 휨모멘트 $\overline{M_x}$는

$\overline{M_x}=-1 \cdot x=-x$

따라서, 점 B의 처짐 δ_B는 표 7.2에서

$$\delta_B=\int_0^l \frac{\overline{M_x}M_x}{EI}dx=\int_0^l -\frac{x(-Px)}{EI}dx=\frac{P}{EI}\int_0^l x^2dx=\frac{Pl^3}{3EI}$$

예제 7.30

그림 7.56의 단순보의 집중하중 P의 작용점 C의 변위 δ_C를 구하여라.

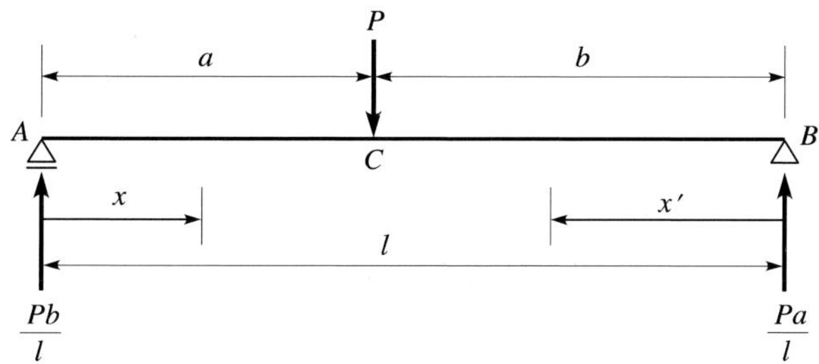

그림 7.56

풀이

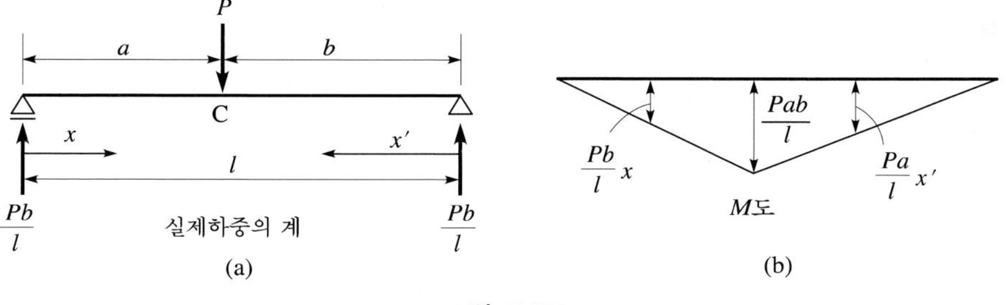

그림 7.57

그림 7.58(a)에서 실제 하중에 의한 휨모멘트 M_x를 구하면

$$M_x=\frac{Pb}{l}x\ (0 \leqq x \leqq a)$$

$$M_x'=\frac{Pa}{l}x'\ (0 \leqq x' \leqq b)$$

M도는 그림 7.57(b)와 같다.

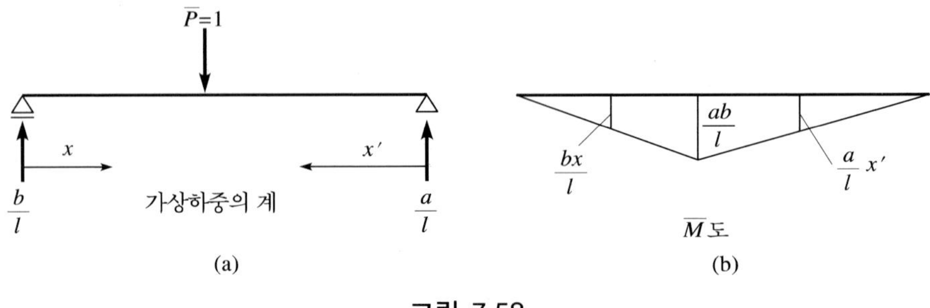

그림 7.58

그림 7.58(a)에서 가상 하중에 의한 휨모멘트 $\overline{M_x}$를 구하면

$$\overline{M_x}=\frac{b}{l}x \ (0 \leqq x \leqq a)$$

$$\overline{M_x}'=\frac{a}{l}x' \ (0 \leqq x' \leqq b)$$

$\overline{M}$도는 그림 7.58(b)와 같다.

$\overline{M}M$도는 그림 그림 7.59와 같이 되므로,

$$\delta_C=\frac{1}{EI}\left[\int_0^a \overline{M_x}M_x dx+\int_0^b \overline{M_x}' \cdot M_x' \cdot dx'\right]$$

$$=\frac{1}{EI}\left[\int_0^a \frac{Pb^2}{l^2}x^2 \cdot dx+\int_0^b \frac{Pa^2}{l^2}x'^2 \cdot dx'\right]$$

$$=\frac{1}{EI}\left[\frac{Pb^2a^3}{3l^2}+\frac{Pa^2b^3}{3l^2}\right]=\frac{Pa^2b^2}{3EIl}$$

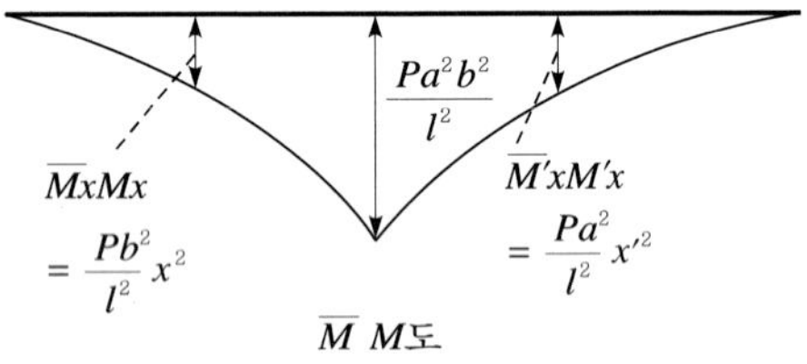

$\overline{M}xMx=\frac{Pb^2}{l^2}x^2$, $\frac{Pa^2b^2}{l^2}$, $\overline{M}'xM'x=\frac{Pa^2}{l^2}x'^2$

$\overline{M}\ M$도

그림 7.59

7.9 상반작용의 정리

상반작용의 정리는 베티(Betti)의 정리와 맥스웰(Maxwell)의 정리라고 하는 두 개의 정리를 총칭한 것으로 부정정구조의 반력의 계산이나 각종 구조물의 영향선 해석에 이용되고 있다.

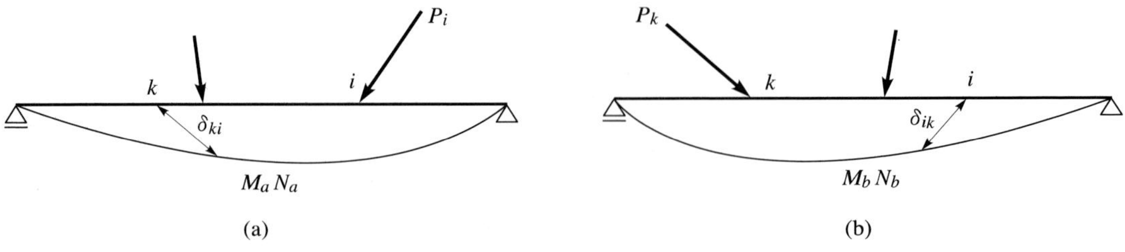

그림 7.60

그림 7.60은 동일한 구조물에 서로 관계없는 두 개의 하중군이 작용하여 탄성변형을 일으킨 상태를 나타낸다. 여기서, P_i, P_k는 그림 (a) 및 그림 (b)의 하중군 중의 임의의 하중이고 δ_{ki}, δ_{ik}는 그림 (b)에 있어서의 점 i의 P_i방향의 변위량 및 그림 (a)의 점 k의 P_k방향의 변위량으로 한다. 또한 δ에 붙이는 첨자 중 첫 번째 첨자는 변위를 일으키는 점을 나타내고 두 번째 첨자는 그 변위를 일으키는 원인이 된 힘의 작용점이다.

여기서 그림 (a)를 가상하중의 계, 그림 (b)를 실제 하중의 계라고 생각하고 가상일의 식을 세우면 식 (7.57)에 있어서

$$\overline{P} = P_i \qquad \delta = \delta_{ik}$$

$$\overline{M},\ \overline{N} = M_a,\ N_a$$

$$M,\ N = M_b,\ N_b$$

가 되므로

$$P_i \cdot \delta_{ik} = \int_0^l \frac{M_a \cdot M_b}{EI} dx + \int_0^l \frac{N_a \cdot N_b}{EA} dx \tag{7.58}$$

가 된다.

다음에 이것을 반대로 그림 (a)를 실제 하중의 계, 그림 (b)를 가상하중의 계라고 생각하고 가상일의 식을 세우면

$$P_k \cdot \delta_{ki} = \int_0^l \frac{M_b \cdot M_a}{EI} dx + \int_0^l \frac{N_b \cdot N_a}{EA} dx \tag{7.59}$$

가 된다.

여기서, 식 (7.58)과 식 (7.59)는 같으므로

$$P_i \cdot \delta_{ik} = P_k \cdot \delta_{ki} \tag{7.60}$$

$P_i \cdot \delta_{ik}$: P_i가 그림 (b)의 점 i에 한 일

$P_k \cdot \delta_{ki}$: P_k가 그림 (a)의 점 k에 한 일

식 (7.60)은 단일의 하중에 대해서이지만 이것을 하중군에 대해서 확장하면

$$\Sigma P_i \cdot \delta_{ik} = \Sigma P_k \cdot \delta_{ki} \tag{7.61}$$

여기서, 식 (7.60), 식 (7.61)과 같은 관계를 베티의 정리(Betti's theorem)라 한다.

이를 $P_i = P_k$ 또는 $P_i = P_k = 1$(단위하중)로 하면 식 (7.60)은

$$\delta_{ik} = \delta_{ki} \tag{7.62}$$

로 나타낼 수가 있는데 이를 맥스웰의 정리(Maxwell's theorem)라 한다.

예제 7.31

그림 7.61과 같이 캔틸레버보의 점 ①에 작용하는 하중 $P_1 = 200\text{N}$에 의한 그 점의 처짐을 측정하면 1.5mm였다. 또 다른 두 점 ②, ③의 처짐은 2.0mm, 2.5mm였다. 다음에 점 ②, ③에 그림 7.62와 같이 $P_2 = 100\text{N}$, $P_3 = 150\text{N}$을 작용시켰을 때 점 ①의 처짐 δ_1을 구하여라.

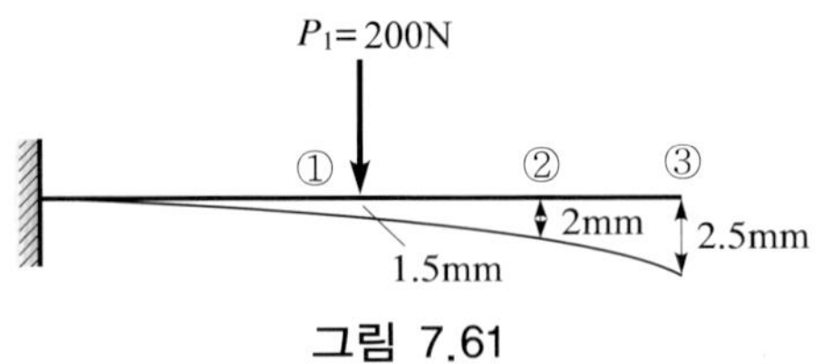

그림 7.61

풀이

베티의 정리에서

$$P_1\delta_1 = P_2 \times 2.0 + P_3 \times 2.5$$

$$\therefore \delta_1 = \frac{100 \times 2.0 + 150 \times 2.5}{200} = 2.9\text{mm}$$

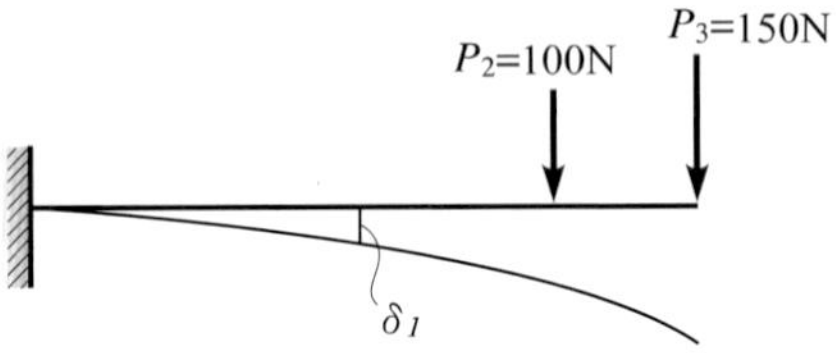

그림 7.62

예제 7.32

그림 7.63과 같은 연속보의 반력을 구하라. 단, EI는 일정하다.

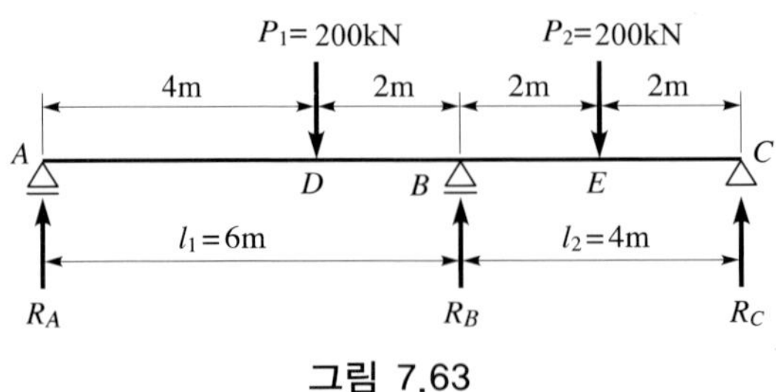

그림 7.63

풀이

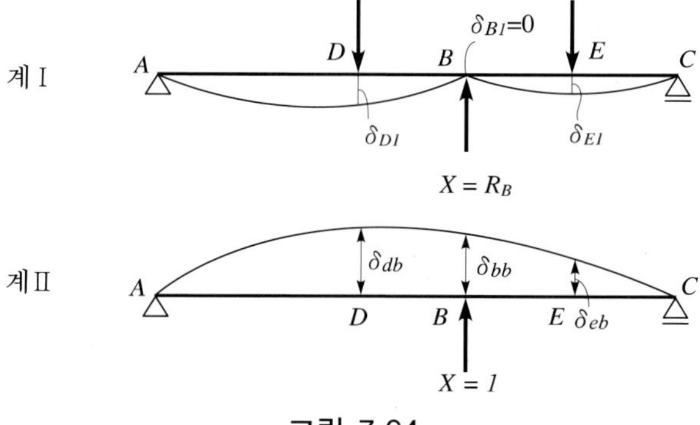

그림 7.64

지점 B를 없애고 단순보 AC를 정정기본계로 하고 $X=R_B$를 부정정력으로 선정한다.

(a) : 단순보 AC에 실제 하중 P_1, P_2 및 $X=R_B$가 작용한 상태이며 X의 작용점의 변위 δ_{B1}은 0이어야 한다. 더욱이 점 D, E의 변위를 δ_{D1}, δ_{E1}로 한다.

(b) : 점 B에 단위하중 $X=1$을 작용시킨 상태이며 각 점의 변위를 δ_{db}, δ_{bb}, δ_{eb}로 한다.

(a)와 (b)를 상반작용의 정리를 적용하면

$$P_1 \times \delta_{db} + (-X) \times \delta_{bb} + P_2 \times \delta_{eb} = 0 \times \delta_{D1} + (-1) \times 0 + 0 \times \delta_{E1} = 0$$

$$\therefore X = \frac{\delta_{db}P_1 + \delta_{eb}P_2}{\delta_{bb}}$$

그리고 위 식에서 δ_{db}, δ_{bb}, δ_{eb}는 표 7.1의 공식에서

$$\delta_{db} = -\frac{1\times4\times4}{6EI\times10}(10^2-4^2-4^2) = -\frac{272}{15EI}$$

$$\delta_{bb} = -\frac{1\times6^2\times4^2}{3EI\times10} = -\frac{96}{5EI}$$

$$\delta_{eb} = -\frac{1\times6\times2}{6EI\times10}(10^2-6^2-2^2) = -\frac{12}{EI}$$

$$\therefore X = R_B = \frac{\delta_{db}\cdot P_1 + \delta_{eb}\cdot P_2}{\delta_{bb}}$$

$$= \frac{-\frac{272}{15EI}\times200 - \frac{12}{EI}\times200}{-\frac{96}{5EI}} = 313.89\text{kN}$$

다른 반력 R_A, R_C는 평형조건식에서 얻어진다.

$\sum M_C = 0$에서 $R_A = \dfrac{1}{l_1 + l_2}(6P_1 + 2P_2 - 4R_B) = 34.44\text{kN}$

$\sum V = 0$에서 $R_C = (P_1 + P_2) - (R_A + R_B) = 51.67\text{kN}$

또 지점 B의 모멘트 M_B는

$M_B = R_A \cdot l_1 - 2P_1 = -193.36\text{kN} \cdot \text{m}$

예제 7.33

그림 7.65와 같은 EI가 일정한 연속보의 반력을 구하라.

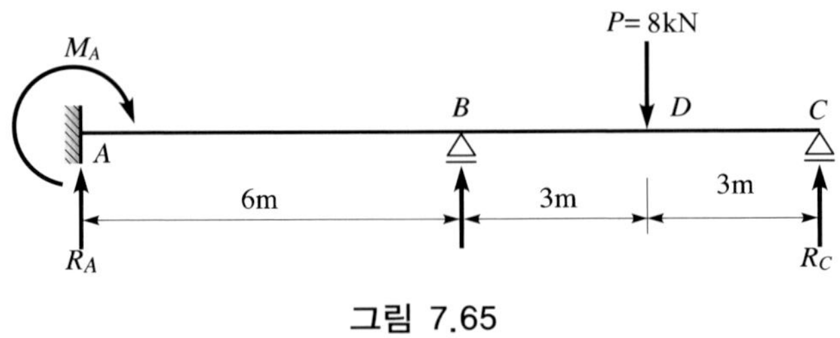

그림 7.65

풀이

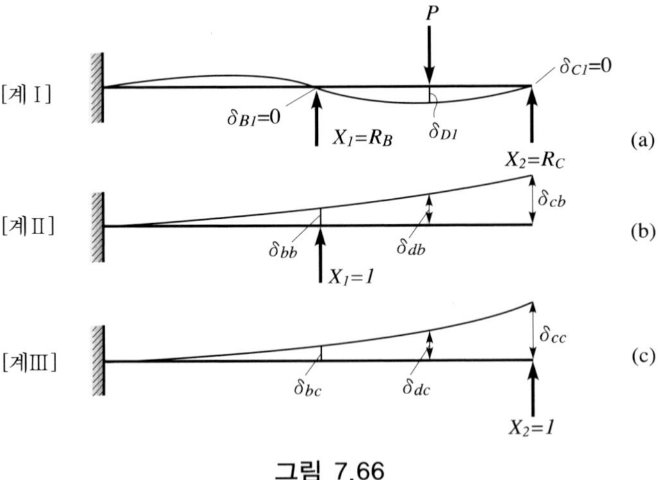

그림 7.66

지점 B, C를 없애고 캔틸레버보 AC를 정정기본계로 하고 부정정력을 $X_1 = R_B$, $X_2 = R_C$로 하여 그림 7.66과 같이 그림 (a), (b), (c)를 생각한다.

• (a)와 (b)를 조합하여 상반작용의 정리를 사용하면

$$P\times\delta_{db}+(-X_1)\times\delta_{bb}+(-X_2)\times\delta_{cb}=(-1)\times 0+0\times\delta_{D1}+0\times 0=0$$

$$\therefore \delta_{bb}\cdot X_1+\delta_{cb}\cdot X_2=\delta_{db}\cdot P \qquad \text{(a)}$$

• (a)와 (c)를 조합하여 상반작용의 정리를 사용하면

$$P\times\delta_{dc}+(-X_1)\times\delta_{bc}+(-X_2)\times\delta_{cc}=0\times 0+0\times\delta_{D1}+(-1)\times 0=0$$

$$\therefore \delta_{bc}\cdot X_1+\delta_{cc}\cdot X_2=\delta_{dc}\cdot P \qquad \text{(b)}$$

미지량 $X_1=R_B$, $X_2=R_C$는 위의 식 (a), (b)의 연립방정식을 풀면 얻어진다.

여기서, δ의 값은 표 7.1에서

$$\delta_{bb}=-\frac{1\times 6^3}{3EI}=-\frac{72}{EI}$$

$$\delta_{db}=-\frac{1\times 6^2(3\times 9-6)}{6EI}=-\frac{126}{EI}$$

$$\delta_{cb}=-\frac{1\times 6^2(3\times 12-6)}{6EI}=-\frac{180}{EI}=\delta_{bc}$$

$$\delta_{dc}=-\frac{1\times 9^2(3\times 12-9)}{6EI}=-\frac{364.5}{EI}$$

$$\delta_{cc}=-\frac{1\times 12^3}{3EI}=-\frac{576}{EI}$$

이상의 값을 식 (a), (b)에 대입하여 연립방정식을 풀면

$X_1=6.14\text{kN}(=R_B)$, $X_2=3.14\text{kN}(=R_C)$가 얻어진다.

반력 R_A는 $\Sigma V=0$에서

$$R_A=8-(6.14+3.14)=-1.28\text{kN}$$

지점 A의 반력으로서의 모멘트 M_A는 $\Sigma M_A=0$에서

$$M_A=6R_B-9P+12R_C$$

$$=6\times 6.14-9\times 8+12\times 3.14=2.52\text{kN}\cdot\text{m}$$

▌연습문제 ▌

7.1 그림과 같은 캔틸레버보의 중앙점 C에서의 처짐 및 처짐각을 탄성곡선법으로 구하라. 단, EI는 일정

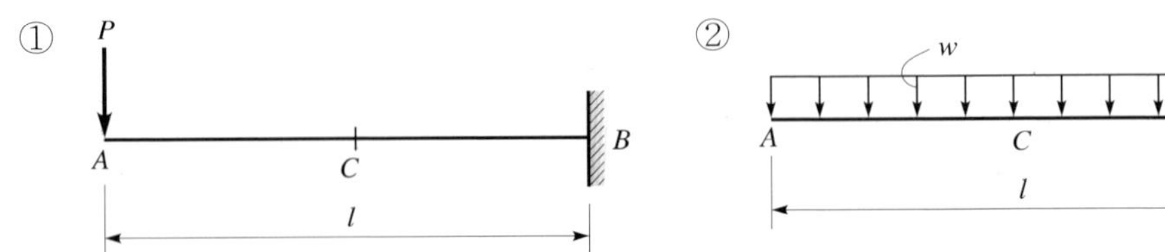

7.2 그림과 같은 캔틸레버보의 A점에서의 처짐 및 처짐각을 모멘트면적법을 이용하여 구하라. 단, EI는 일정

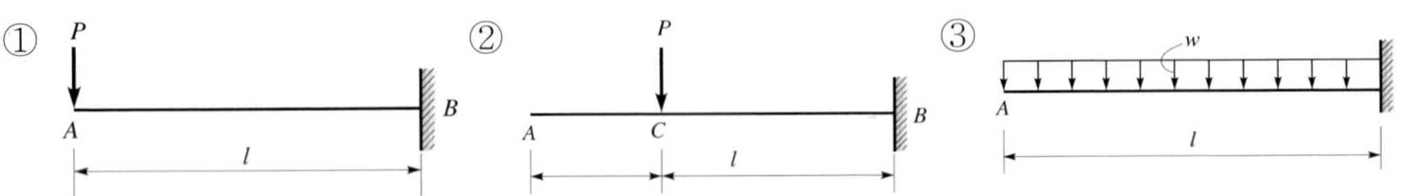

7.3 그림과 같은 단순보에서 양단 A, B점에서의 처짐각과 최대처짐을 모멘트면적법을 이용하여 구하라. 단, EI는 일정

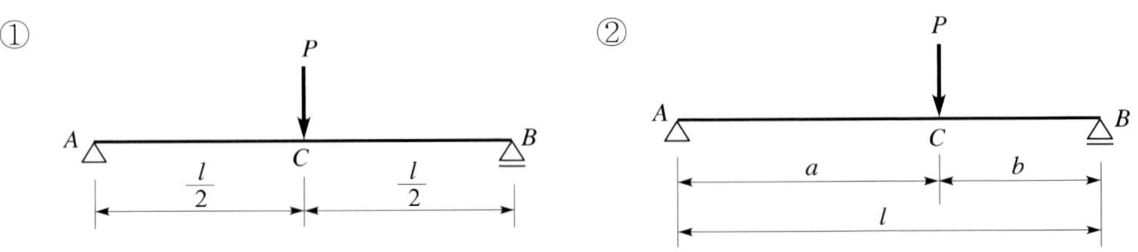

7.4 그림과 같은 단순보에서 C점의 처짐을 카스틸리아노의 정리를 이용하여 구하라. 단, EI는 일정하고, 전단변형은 고려하지 않는다.

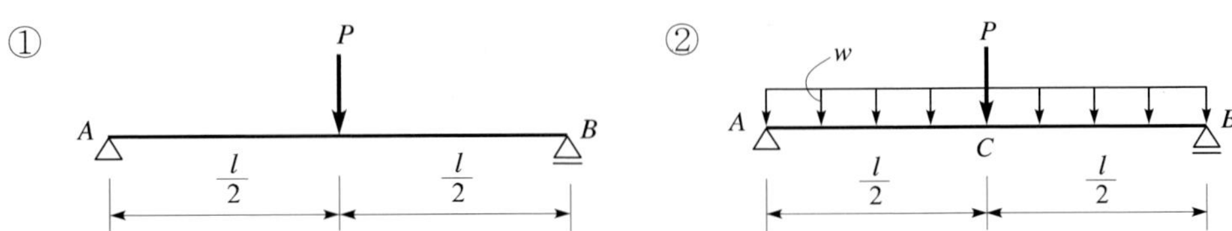

8.1 정정기본계

본 절에서는 여러 부정정보 중에서 일단고정 타단이동보, 양단고정보 및 간단한 연속보에 대하여 설명하고자 한다.

이들을 푸는 방법에는 여러 가지 방법이 있는데 여기서는 앞에서 구한 처짐이나 처짐각의 공식을 이용해서 푸는 방법, 즉 정정기본계에 의한 해법에 대해서 설명한다.

8.1.1 부정정보의 정의

부정정보의 대표적인 종류의 몇 가지 예를 들면 그림 8.1과 같다. 이들은 지점 반력이 모두 4개 이상으로 힘의 평형조건식($\Sigma V=0$, $\Sigma H=0$, $\Sigma M=0$)만으로 반력을 결정할 수 없다.

예를 들어 일단고정 타단이동보에서는 반력수(미지수)는 모두 4개이므로 평형 조건식을 사용하면 미지수가 1개가 많으므로 반력을 구할 수 없다. 이와 같이 평형조건식만으로 모든 반력을 구할 수 없는 보를 부정정보(statically indeterminate beam)라 한다.

이와 같은 부정정보의 반력을 구하려면 다음과 같이 생각하면 된다. 즉, 4개 이상의 반력(미지수)중 3개는 평형 조건식을 적용하고 나머지 반력에 대해서는 지점에 있어서 처짐이나 처짐각의 구속에 대한 탄성변형의 경계조건식을 사용하여 구한다.

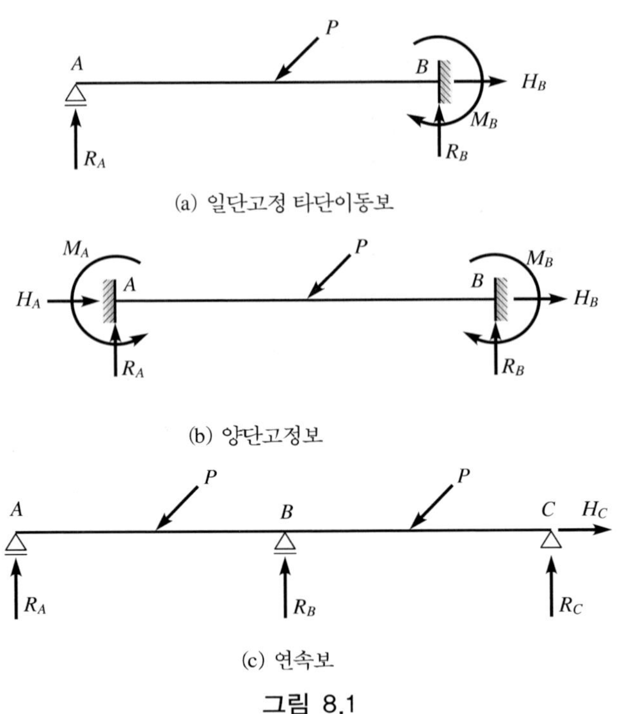

(a) 일단고정 타단이동보

(b) 양단고정보

(c) 연속보

그림 8.1

8.1.2 정정기본계에 의한 해법

1. 일단고정 타단이동보

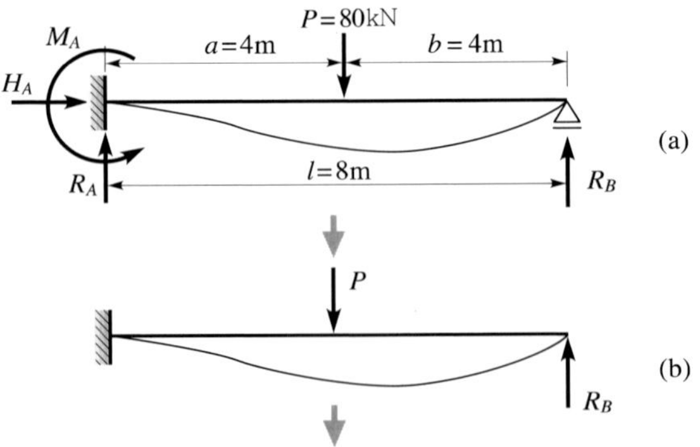

그림 8.2(a)와 같은 보의 반력수는 고정지점에서 3개(R_A, H_A, M_A), 이동지점에서 1개(R_B)로 모두 4개이므로 1차부정정구조물이다. 따라서 이들 중 1개는 지점에 있어서의 처짐이나 처짐각의 구속에 대한 조건으로 구하고 다른 3개는 평형조건식으로 구하면 된다.

보(EI가 일정)는 하중 P가 작용하여도 이동지점이므로 B에서 수직처짐은 0이다. 즉

$y_B = 0$이다.

원래 보의 이동지점 B를 제거해서 그림 8.2(b)와 같이 캔틸레버로 하면 P에 의한 B점의 처짐(y_{B1})과 R_B에 의한 B점의 처짐(y_{B2})의 합(y_B)은 0이다. 즉

$y_B = y_{B1} + y_{B2} = 0$에 의해서

$$\frac{Pa^2(3l-a)}{6EI} + \frac{(-R_B \cdot l^3)}{3EI} = 0$$

$$\therefore R_B = \frac{Pa^2(3l-a)}{2l^3}$$

$$= \frac{80 \times 4^2(3 \times 8 - 4)}{2 \times 8^3} = 25\text{kN}$$

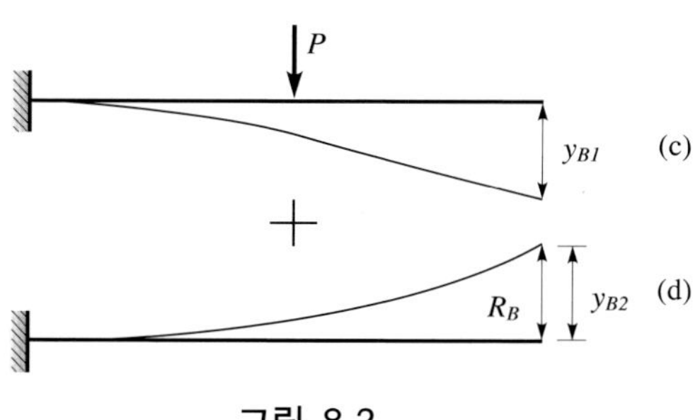

그림 8.2

이상으로부터 R_B를 구하고 다른 미지수는 고정지점에 생기는 3개의 반력(M_A, H_A, R_A)이므로 평형조건식($\Sigma M = 0$, $\Sigma V = 0$, $\Sigma H = 0$)에 의해서 구한다.

$\Sigma M_A = -M_A + 80 \times 4 - 25 \times 8 = 0$으로부터

$M_A = 120\text{kN} \cdot \text{m}$

$\Sigma V = R_A + 25 - 80 = 0$으로부터

$R_A = 55\text{kN}$

$\Sigma H = H_A = 0$으로부터

$H_A = 0$

여기서, R_B와 같이 미지반력을 외력으로 가정한 힘(또는 모멘트)을 부정정력(statically indeterminate force)이라 하고 이것을 풀기 위해 사용한 정정보(위의 경우는 캔틸레버)

를 정정기본계(staically determinate elementary system)라 한다.

예제 8.1

일단고정 타단이동보를 풀어라(부정정력으로 R_A를 이용).

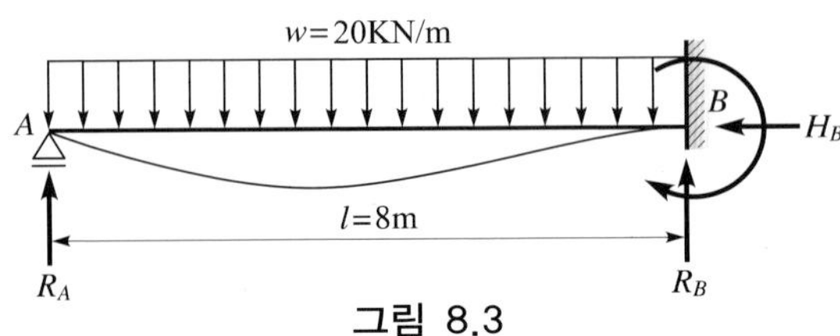

그림 8.3

풀이

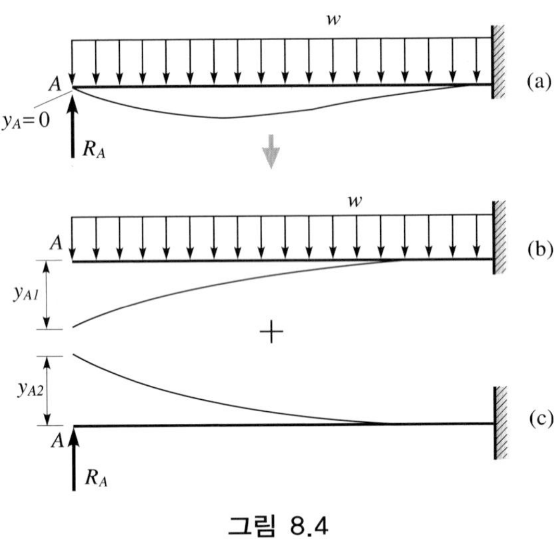

그림 8.4

A점의 수직처짐 $y_A=0$이므로 정정기본계에 있어서 하중 w에 의한 A점의 처짐(y_{A1})과 부정정력 R_A에 의한 처짐(y_{A2})의 합은 0이다. 즉

$y_A=y_{A1}+y_{A2}=0$에 의해서

$$\frac{wl^4}{8EI}+\left(-\frac{R_Al^3}{3EI}\right)=0$$

$$\therefore R_A=\frac{3}{8}wl=\frac{3\times20\times8}{8}=60\text{kN}$$

• 평형조건식에 의해

$$\Sigma M_B=R_Al-\frac{wl^2}{2}+M_B$$

$= 60 \times 8 - \dfrac{20 \times 8^2}{2} + M_B = 0$으로부터 $M_B = 160\text{kN} \cdot \text{m}$

$\sum V = R_A - wl + R_B$

$= 60 - 20 \times 8 + R_B = 0$으로부터 $R_B = 100\text{kN}$

$\sum H = H_B$으로부터 $H_B = 0$

• 전단력은

$V_x = R_A - w \cdot x = 60 - 20x \ (0 \le x \le 8)$

$x = 0$일 때 $V_A = 60\text{kN}$

$x = 8\text{m}$일 때 $V_B = -100\text{kN}$

$V = 0$인 위치

$V_x = 60 - 20x = 0$에서로부터 $x = 3\text{m}$

• 휨모멘트는

$M_x = R_A x - \dfrac{wx^2}{2} = 60x - 10x^2 \ (0 \le x \le 8)$

$x = 0$일 때 $M_A = 0$

$x = 8\text{m}$일 때 $M_B = 60 \times 8 - 10 \times 8^2 = -160\text{kNm}$

$x = 3\text{m}$일 때 $M_{\max} = 60 \times 3 - 10 \times 3^2 = 90\text{kNm}$

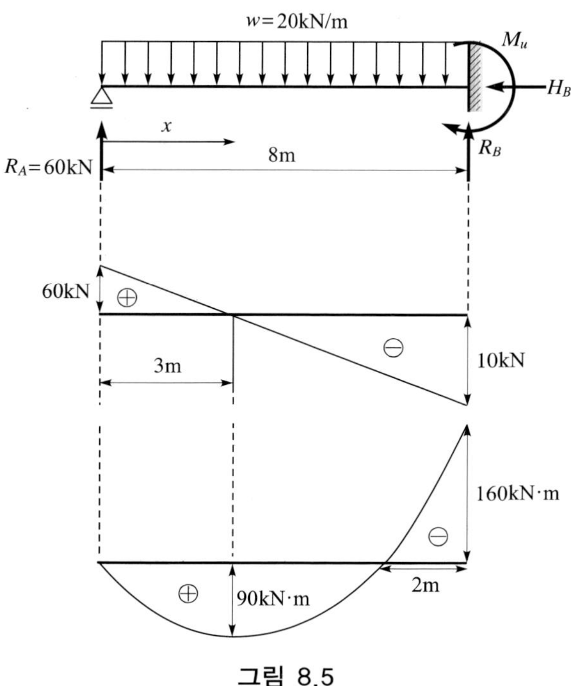

그림 8.5

예제 8.2

부정정보를 풀어라(부정정력으로 M_B를 이용).

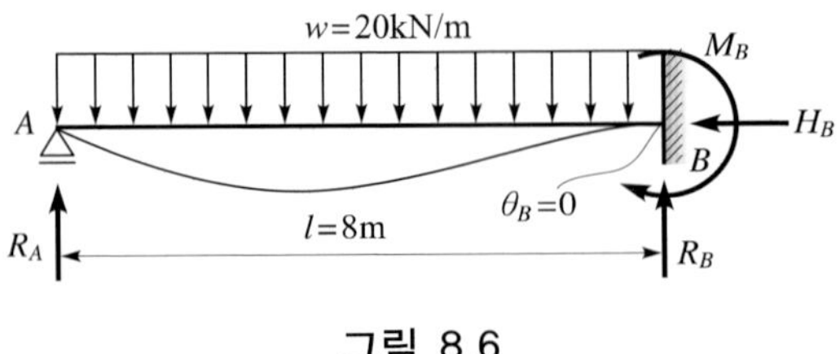

그림 8.6

풀이

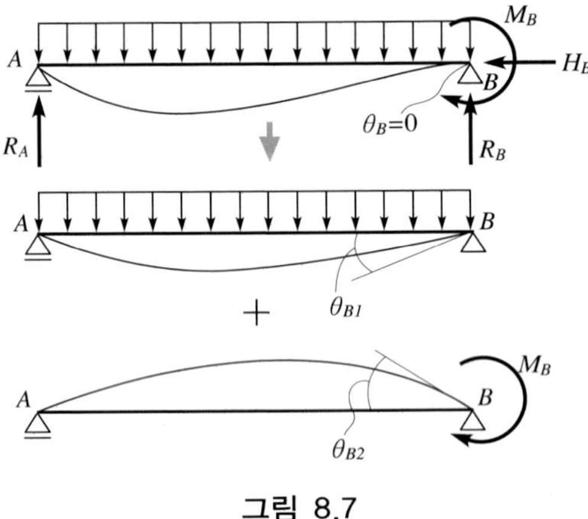

그림 8.7

절점 B에서의 처짐각 $\theta_B = 0$이므로 정정기본계에 있어서 하중 w에 의한 B점의 처짐각 θ_{B1}과 처짐각 θ_{B2}의 합은 0이다. 즉

$$\theta_B = \theta_{B1} + \theta_{B2} = -\frac{wl^3}{24EI} + \frac{M_B l}{3EI} = 0$$

$$\therefore M_B = \frac{wl^2}{8} = \frac{20 \times 8^2}{8} = 160\text{kN} \cdot \text{m}$$

• 평형조건식에 의해서

$$\Sigma M_B = 8R_A - \frac{wl^2}{2} + M_B = 8R_A - \frac{20 \times 8^2}{2} + 160 = 0 \text{으로부터}$$

$$R_A = 60\text{kN}$$

$$\Sigma V = R_A - wl + R_B = 60 - 20 \times 8 + R_B = 0 \text{으로부터}$$

$R_B = 100\text{kN}$

$\Sigma H = H_B = 0$으로부터

$H_B = 0$

2. 양단고정보

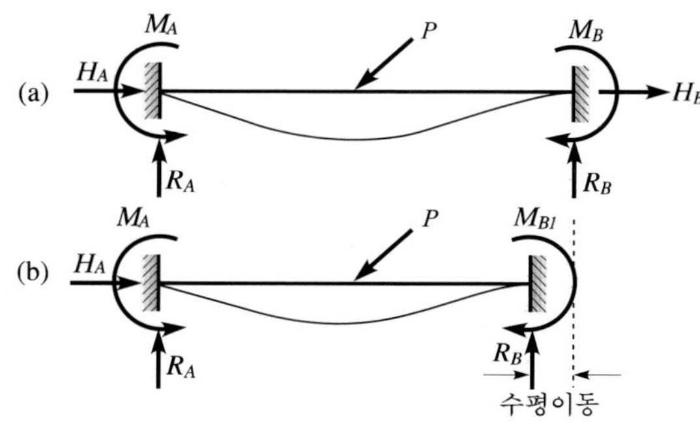

그림 8.8

그림 8.8과 같이 보의 양단이 고정지점인 것을 양단고정보라 한다. 이때 그림 8.8(a)와 같이 양단의 수평이동을 허용하지 않으면 보가 굽어지는 것과 하중의 수평분력에 의해 수평반력 H_A, H_B가 생겨서 해법이 대단히 복잡해진다. 여기서 그림 8.8(b)에서와 같이 미소한 수평이동을 허용하는 것으로 생각한다면 수평반력 1개가 감소한 부정정차수 $n = 5 - 3 = 2$인 부정정보로 취급한다.

따라서 그림 8.8(a)의 경우를 완전고정보, 그림 8.8(b)의 경우를 불완전고정보라고 한다. 여기서는 불완전고정보로서 생각한다.

예제 8.3

양단고정보를 풀어라(부정정력으로는 M_A, M_B를 이용).

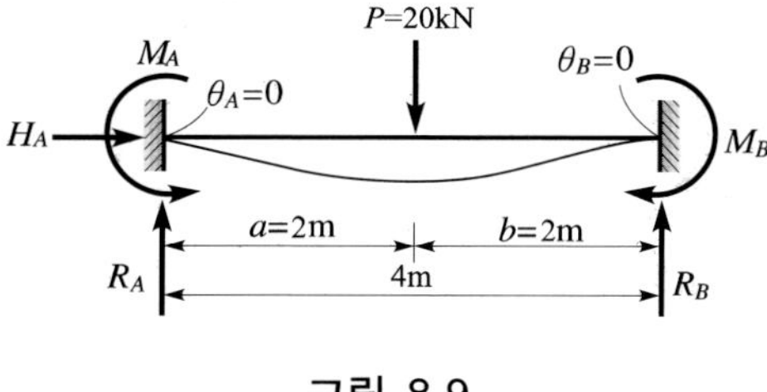

그림 8.9

풀이

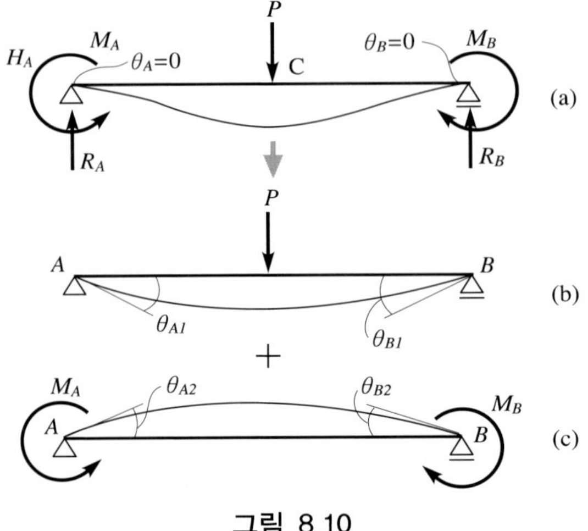

그림 8.10

부정정력으로서 M_A, M_B(반력모멘트)를 선택하면 정정기본계는 단순보가 된다. 지점 A, 지점 B에서의 처짐각은 0이다. 즉, $\theta_A = \theta_B = 0$이므로 하중(P)에 의해 생기는 지점 A의 처짐각 θ_{A1} 부정정력 M_A에 의해 생기는 지점 A의 처짐각 θ_{A2}의 합은 0이다. 즉

$$\theta_A = \theta_{A1} + \theta_{A2}$$

$$= \frac{Pl^2}{16EI} + \frac{M_A l}{2EI} = 0 \text{으로부터}$$

$$M_A = -\frac{Pl}{8}$$

$$M_A = -10\text{kN} \cdot \text{m}$$

$$M_B = +10\text{kN} \cdot \text{m} \quad (\because \text{좌우대칭이므로})$$

• 평형조건식에 의해

주어진 보는 좌우대칭이므로 $R_A = R_B$ 이고 따라서

$\Sigma V = 2R_A - P = 0$으로부터

$$R_A = \frac{P}{2} = 10\text{kN} = R_B$$

• 전단력

$$V_{A-C} = R_A = 10\text{kN}$$

$$V_{C-B} = -R_B = -10\text{kN}$$

• 휨모멘트

〈A－C구간〉

$M_x = R_A \cdot x + M_A = 10x - 10 \ (0 \le x \le 2)$

$x = 0$일 때 $\quad M_A = -10\text{kN} \cdot \text{m}$

$x = 2\text{m}$일 때 $M_C = 10\text{kN} \cdot \text{m}$

⟨C－B구간⟩

$M_x = R_A x + M_A - P(x-2)$

$\quad = -10x + 30 \ (2 \le x \le 4)$

$x = 2\text{m}$일 때 $\quad M_C = 10\text{kN} \cdot \text{m}$

$x = 4\text{m}$일 때 $\quad M_B = -10\text{kN} \cdot \text{m}$

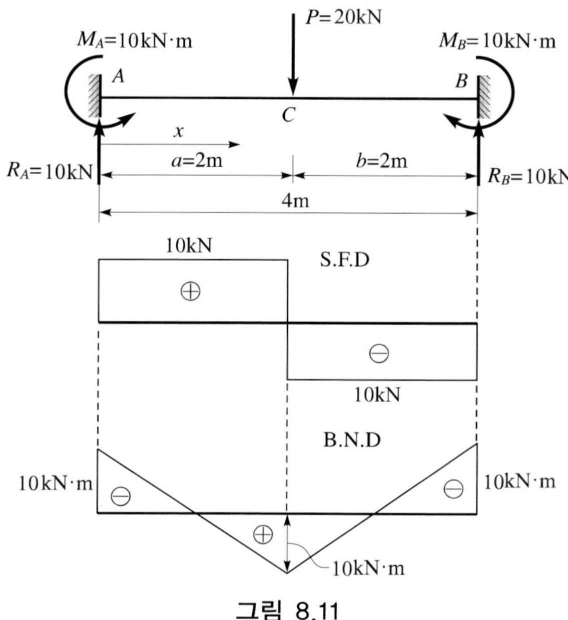

그림 8.11

예제 8.4

양단고정보를 풀어라(부정정력으로 M_B, R_B를 이용).

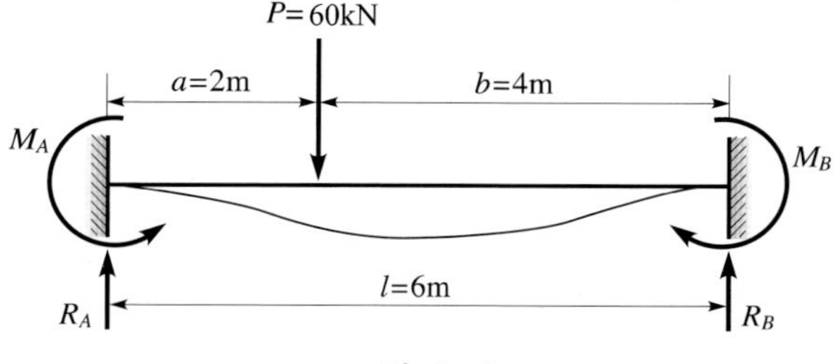

그림 8.12

풀이

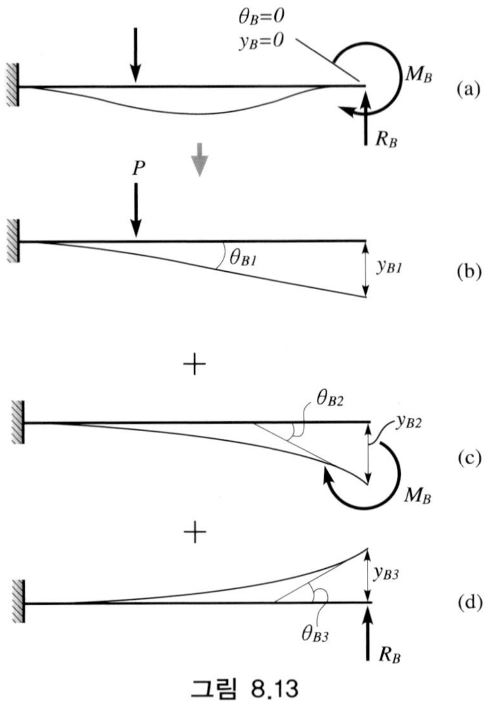

그림 8.13

부정정력으로 M_B, R_B를 선택하면 정정기본계는 캔틸레버가 된다. B점의 처짐각 $\theta_B=0$이므로 하중 P에 의해 생기는 지점 B의 처짐각 θ_{B1}와 부정정력 M_B에 의해 생기는 지점 B의 처짐각 θ_{B2}와 부정정력 R_B에 의해 생기는 지점 B의 처짐각 θ_{B3}의 합은 0이다. 즉

$$\theta_B=\theta_{B1}+\theta_{B2}+\theta_{B3}=0=\frac{Pa^2}{2EI}+\frac{M_Bl}{EI}+\left(-\frac{R_Bl^2}{2EI}\right)=0\text{으로부터}$$

$$M_B-3R_B=-20 \qquad \text{(a)}$$

B점의 처짐 $y_B=0$이므로 하중 P에 의해 생기는 지점 B의 처짐 y_{B1}과 부정정력 M_B에 의해 생기는 지점 B의 처짐 y_{B2}와 부정정력 R_B에 의해 생기는 지점 B의 처짐 y_{B3}의 합은 0이다. 즉

$$y_B=y_{B1}+y_{B2}+y_{B3}=\frac{Pa^2(3l-a)}{6EI}+\frac{M_Bl^2}{2EI}+\left(-\frac{R_Bl^3}{3EI}\right)=0\text{으로부터}$$

$$9M_B-36R_B=-320 \qquad \text{(b)}$$

(a), (b)의 연립방정식을 풀면

$M_B=26.68\text{kN}\cdot\text{m}$, $R_B=15.56\text{kN}$

• 평형조건식에서

$\sum V = R_A + R_B - P = 0$ 으로부터

$R_A = P - R_B = 60 - 15.56 = 44.44\text{kN}$

$\sum M_B = 6R_A - M_A - 4P + M_B = 0$ 으로부터

$M_A = 6R_A - 4P + M_B$

$\quad = 6 \times 44.44 - 4 \times 60 + 26.68 = 53.32\text{kN} \cdot \text{m}$

3. 연속보

3개 이상의 지점에 의해 지지되고 있는 직선보를 연속보(continu-ous beam)라 하고 일반적으로 지점의 하나는 힌지지점이고 다른 지점들은 이동지점이다. 여기서는 간단한 연속보에 대해서 처짐각이나 처짐공식을 이용해서 풀어본다.

예제 8.5

2스팬(span) 연속보의 반력을 구하라.

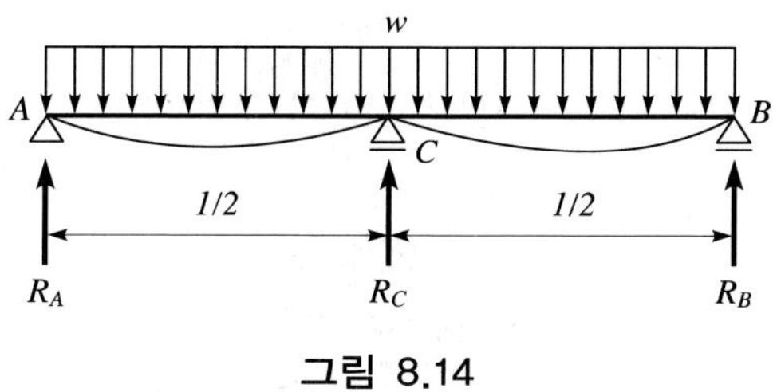

그림 8.14

풀이

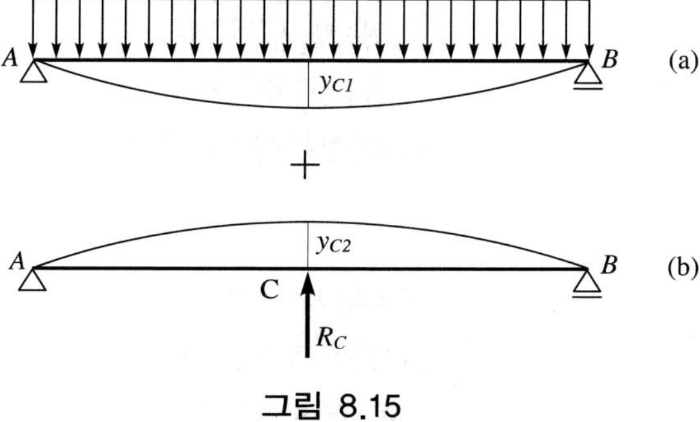

그림 8.15

반력은 모두 4개이므로 부정정차수 $n=4-3=1$로서 1차부정정보이다. 따라서, 부정정력은 1개만 정하면 된다. 지점 C의 반력 R_C를 부정정력이라 하면 지점 C의 처짐 $y_c=0$이므로 하중에 의한 C점의 처짐 y_{C1}과 부정정력 R_C에 의한 C점의 처짐 y_{C2}의 합은 0이다. 즉

$$y_C = y_{C1} + y_{C2} = \frac{5wl^4}{384EI} + \left(-\frac{R_c l^3}{48EI}\right) = 0 \text{이므로}$$

$$R_C = \frac{5}{8}wl$$

좌우대칭이므로 $R_A = R_B$이고

$$\sum V = R_A + R_B + R_C - wl = 2R_A + \frac{5}{8}wl - wl = 0 \text{으로부터}$$

$$R_A = R_B = \frac{3}{16}wl$$

예제 8.6

연속보를 풀어라.

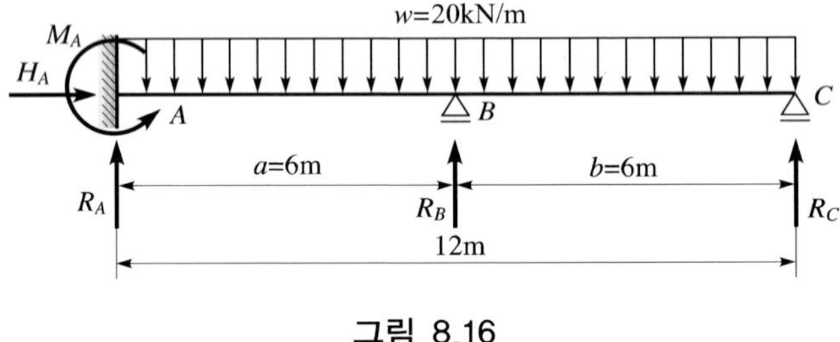

그림 8.16

풀이

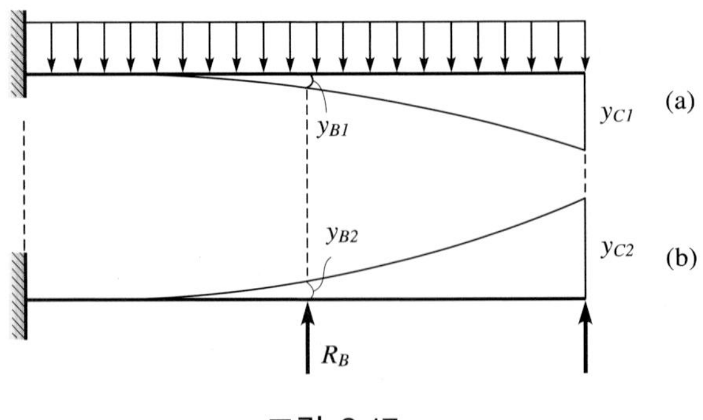

그림 8.17

• 반력의 계산

반력의 총수는 5개이므로 부정정차수 n은 $n=5-3=2$으로 2차의 부정정보가 된다. 따라서 부정정력은 2개 고르면 된다.

부정정력으로 지점 B 및 C의 반력 R_B, R_C를 선택하면 정정기본계는 캔틸레버보 A-C가 된다.

지점 B 및 C의 처짐이 모두 0이다. 즉

$y_B = y_C = 0$이므로

하중 w에 의한 지점 B, C의 처짐 y_{B1}, y_{C1}, 부정정력 R_B, R_C에 의한 지점 B, C의 처짐 y_{B2}, y_{C2}의 각각의 합은 0이다. 즉

$y_B = y_{B1} + y_{B2} = 0$

$y_C = y_{C1} + y_{C2} = 0$이다. 여기서,

$$y_{B1} = \frac{w}{2EI}\left(\frac{l^2}{2}a^2 - \frac{l}{3}a^3 + \frac{1}{12}a^4\right)$$

$$= \frac{20}{2EI}\left(\frac{12^2}{2}\times 6^2 - \frac{12}{3}\times 6^3 + \frac{1}{12}\times 6^4\right) = \frac{18360}{EI}$$

$$y_{C1} = \frac{wl^4}{8EI} = \frac{20\times 12^4}{8EI} = \frac{51840}{EI}$$

$$y_{B2} = -\left\{\frac{R_B a^3}{3EI} + \frac{R_C}{6EI}(3la^2 - a^3)\right\}$$

$$= -\left\{\frac{R_B 6^3}{3EI} + \frac{R_C}{6EI}(3\times 12\times 6^2 - 6^3)\right\}$$

$$= -\left(\frac{72R_B}{EI} + \frac{180R_C}{EI}\right)$$

$$y_{C2} = -\left\{\frac{R_B a^2(3l-a)}{6EI} + \frac{R_C l^3}{3EI}\right\}$$

$$= -\left\{\frac{R_B\times 6^2\times 30}{6EI} + \frac{R_C\times 12^3}{3EI}\right\}$$

$$= -\left\{\frac{180R_B}{EI} + \frac{576R_C}{EI}\right\}$$

따라서,

$y_B = y_{B1} + y_{B2} = \dfrac{18360}{EI} + \left\{-\left(\dfrac{72R_B}{EI} + \dfrac{180R_C}{EI}\right)\right\} = 0$이므로

$6R_B + 15R_C = 1530$ (a)

$y_C = y_{C1} + y_{C2} = \frac{51840}{EI} + \left\{ -\left(\frac{180R_B}{EI} + \frac{576R_C}{EI} \right) \right\} = 0$이므로

$5R_B + 16R_C = 1440$ (b)

(a), (b)의 연립방정식을 풀면

$R_B = 137.14\text{kN}$, $R_C = 47.14\text{kN}$

• 평형조건식에서

$\Sigma V = R_A + R_B + R_C - wl = 0$으로부터

$R_A = wl - R_B - R_C = 20 \times 12 - (47.1 + 137.3) = 55.6\text{kN}$

$\Sigma M_A = - M_A - R_C l - R_B a + \frac{wl^2}{2} = 0$으로부터

$M_A = \frac{wl^2}{2} - R_C l - R_B a$

$= \frac{20 \times 12^2}{2} - 47.1 \times 12 - 137.3 \times 6 = 51.43\text{kN} \cdot \text{m}$

$\Sigma H = H_A = 0$으로부터

$H_A = 0$

• 전단력의 계산

〈A－B 구간〉

A로부터 B로 향하는 거리를 x로 하면

$V_x = R_A - \omega x = 55.6 - 20x \ (0 \le x \le 6)$

$x = 0$일 때 $V_A = 55.6\text{kN}$

$x = 6\text{m}$ 일 때 $V_B = -64.4\text{kN}$

$V = 0$가 되는 위치는

$V_x = 55.6 - 20x = 0$으로부터

$x = 2.78\text{m}$

〈B－C구간〉

C에서 B로 향하는 거리를 x'로 하면

$V_{x'} = - R_C + \omega \times x' = - 47.1 + 20x' \ (0 \le x' \le 6)$

$x' = 0$일 때 $V_C = -47.1\text{kN}$

$x' = 6\text{m}$ 일 때 $V_B = 72.9\text{kN}$

$V = 0$가 되는 위치는

$V_{x'} - 47.1 + 20x' = 0$으로부터

$x' = 2.36\text{m}$

• 휨모멘트의 계산

〈A－B구간〉

$$M_x = -M_A + R_A x - \frac{wx^2}{2} = -51 + 55.6x - 10x^2 \quad (0 \le x \le 6)$$

$x = 0$일 때　　$M_A = -51\text{kN}\cdot\text{m}$

$x = 6\text{m}$ 일 때　　$M_B = -77.4\text{kN}\cdot\text{m}$

$x = 2.78\text{m}$ 일 때　$M = 26.3\text{kN}\cdot\text{m}$

〈B－C구간〉

$$M_{x'} = R_C x' - \frac{wx'^2}{2} = 47.1x' - 10x'^2 \quad (0 \le x' \le 6)$$

$x' = 0$일 때　　$M_C = 0$

$x' = 6\text{m}$ 일 때　　$M_B = -77.4\text{kN}\cdot\text{m}$

$x' = 2.36\text{m}$ 일 때　$M = 55.5\text{kN}\cdot\text{m}$

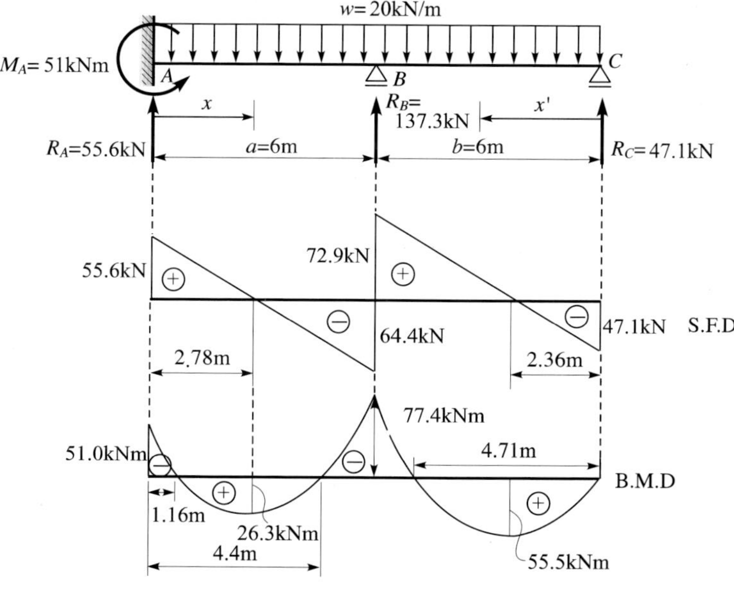

그림 8.18

표 8.1 일단고정 타단이동, 양단고정보의 공식

보	반력 · 전단력	휨모멘트
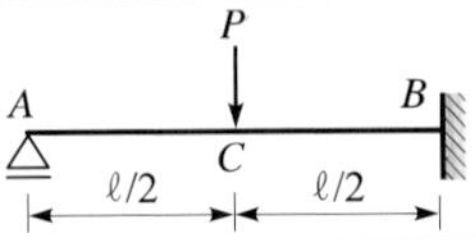 P A B C ℓ/2 ℓ/2	$R_A = \frac{5}{16}P = S_{A\sim C}$ $R_B = \frac{11}{16}P = S_{C\sim B}$	$M_C = \frac{5}{32}Pl$ $M_B = -\frac{3}{16}Pl$
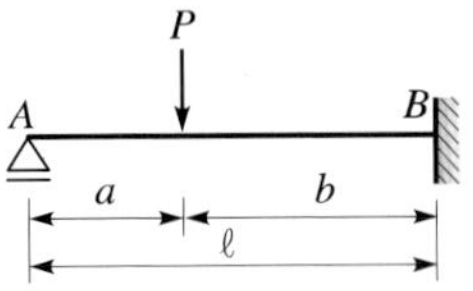 P A B a b ℓ	$R_A = \frac{Pb^2}{2l^3}(a+2l) = S_{A\sim C}$ $R_B = \frac{P}{2}(\frac{3a}{l} - \frac{a^3}{l^3})$ $= -S_{C\sim B}$	$M_B = -\frac{Pa(l^2-a^2)}{2l^2}$ $M_C = \frac{Pa}{2}(2 - \frac{3a}{l} + \frac{a^3}{l^3})$
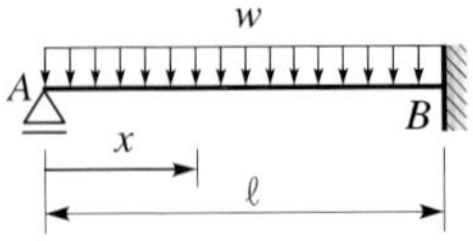 w A B x ℓ	$R_A = \frac{3}{8}wl$, $R_B = \frac{5}{8}wl$ $S_x = wl(\frac{3}{8} - \frac{x}{l})$	$M_x = \frac{wlx}{2}(\frac{3}{4} - \frac{x}{l})$ 부 $M_{max} = M_B = -\frac{wl^2}{8}$ 정 $M_{max} = \frac{9}{128}wl^2$ $(x = 3/8 \cdot l)$
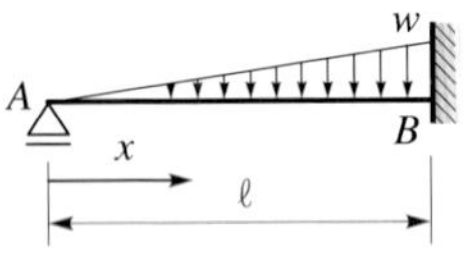 w A B x ℓ	$R_A = \frac{wl}{10}$, $R_B = \frac{4wl}{10}$ $S_x = \frac{wl}{2}(\frac{1}{5} - \frac{x^2}{l^2})$	$M_x = \frac{wlx}{2}(\frac{1}{5} - \frac{x^2}{3l^2})$ 부 $M_{max} = M_B = -\frac{wl^2}{15}$ 정 $M_{max} = 0.03wl^2$
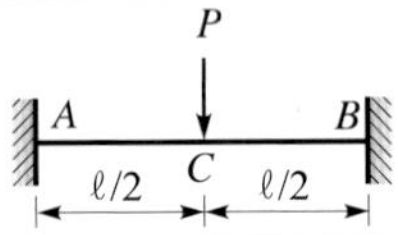 P A B C ℓ/2 ℓ/2	$R_A = \frac{P}{2} = S_{A\sim C}$ $R_B = \frac{P}{2} = -S_{C\sim B}$	$M_A = M_B = -\frac{Pl}{8}$ $M_C = \frac{Pl}{8}$
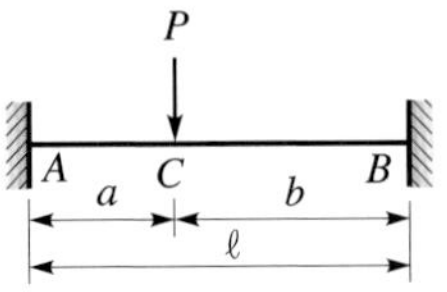 P A C B a b ℓ	$R_A = P\frac{b}{l^3}(l^2 - a^2 + ab)$ $R_b = P\frac{a}{l^3}(l^2 - b^2 + ab)$	$M_A = -P\frac{ab^2}{l^2}$ $M_C = 2P\frac{a^2b^2}{l^3}$ $M_B = -P\frac{ba^2}{l^2}$
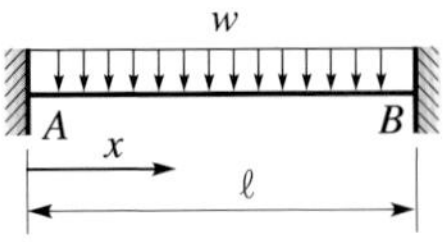 w A B x ℓ	$R_A = R_B = \frac{wl}{2}$ $S_x = \frac{wl}{2}(1 - 2\frac{x}{l})$	$M_x = -\frac{wl^2}{2}(\frac{1}{6} - \frac{x}{l} + \frac{x^2}{l^2})$ $M_A = M_B = -\frac{wl^2}{12}$ $M_C = \frac{wl^2}{24}$
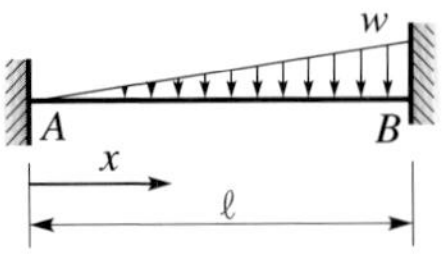 w A B x ℓ	$R_A = \frac{3}{20}wl$, $R_B = \frac{7}{20}wl$ $S_x = \frac{wl}{2}(\frac{3}{20} - \frac{x^2}{l^2})$	$M_x = -\frac{wl^2}{60} \times (10\frac{x^3}{l^3} - 9\frac{x}{l} + 2)$ M_{max} ; $x = 0.548l$ $M_A = -\frac{wl^2}{30}$, $M_B = -\frac{wl^2}{20}$

8.2 3연모멘트 방정식

8.2.1 3연모멘트의 정의

1855년 프랑스인 Berot에 의해 창안된 3연모멘트 방정식은 연속한 부정정보를 해석하는 고전적인 방법 중의 하나이다. 이 방법은 1857년에 Clapeyron, 1862년에 Bress에 의해 오늘날 사용되는 형태로 다듬어졌다.

이 방법은 연속보에서 임의의 연속된 3개 지점의 휨모멘트 상호간의 관계식이다.

8.2.2 연속보

연속보는 2스팬 이상의 연속한 직선보를 말하고 지점의 하나는 힌지지점이고 다른 쪽은 이동지점이다.

그림 8.19(a)의 연속보의 경우 모두 4개의 지점반력을 (b)의 연속보의 경우 모두 5개의 지점반력을 가지고 있다. 다시 말해 지점의 수를 m이라 하면 (m+1)개의 지점반력을 갖게 되고 부정정차수는 n=(m+1)−3=m−2로서 (m−2)차 부정정구조이다.

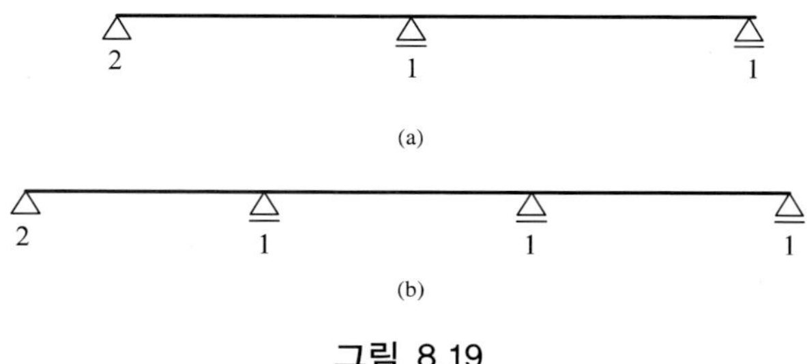

그림 8.19

이것을 푸는 데는 부정정력으로서 지점반력이나 지점휨모멘트를 선정하고 정정기본계로서 단순보를 사용하여 풀 수는 있지만 지점수가 많아지면 해법이 복잡해지므로 다음에 설명하는 클라페이론이 고안한 3연모멘트 식을 이용하면 더욱 편리하다.

8.2.3 클라페이론의 3연모멘트의 정리

지점상의 휨모멘트를 부정정력으로 골라 단순보의 집합을 정정기본계에 있어서 지점에 대한 처짐각의 연속조건을 사용한 것을 클라페이론의 3연모멘트식(Clapeyron's three moment equation)이라 한다.

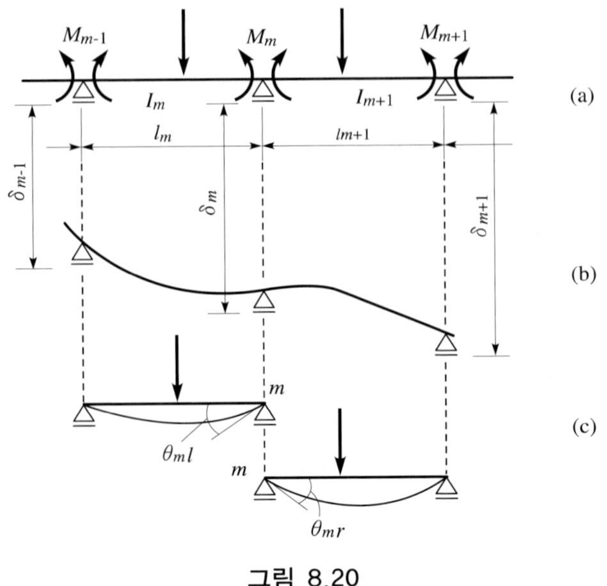

그림 8.20

그림 8.20(a)와 같은 연속보가 하중에 의해 (b)와 같이 변형하고 또한 각 지점이 δ_{m-1}, δ_m, δ_{m+1}만큼 침하한 것으로 가정하고 부정정력으로 지점모멘트 M_{m-1}, M_m, M_{m+1}을 선정하면 정정기본계는 그림 (c)와 같이 2개의 단순보가 된다.

절점각 i_{ml}, i_{mr}을 정정기본계인 2개의 단순보로부터 구하면

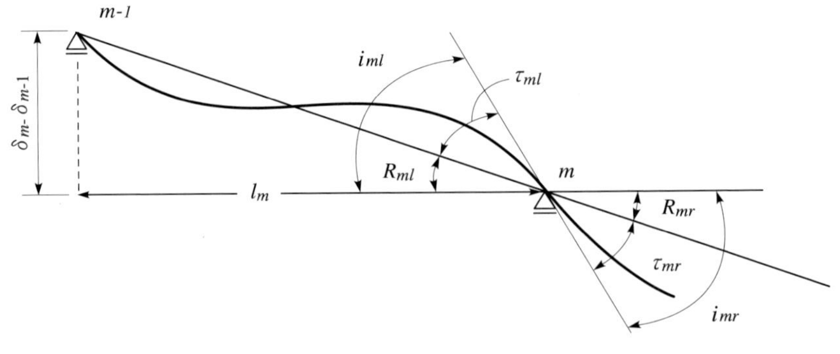

그림 8.21

여기서, R : 지점의 침하에 의해 생긴 부재각

τ : 중간하중과 지점모멘트에 의해 생기는 회전각인 접선각

i : m점의 전회전각인 절점각

- 단순보 $(m-1) \sim m$에서

$$i_{ml} = \tau_{ml} + R_{ml}$$
$$= \theta_{ml} - \frac{(M_{m-1} + 2M_m)l_m}{6EI_m} + \frac{\delta_m - \delta_{m-1}}{l_m}$$

- 단순보 $m \sim (m+1)$에서

$$i_{mr} = \tau_{mr} + R_{mr}$$
$$= \theta_{mr} + \frac{(2M_m + M_{m+1})l_{m+1}}{6EI_{m+1}} + \frac{\delta_{m+1} - \delta_m}{l_{m+1}}$$

$i_{ml} = i_{mr}$이므로 대입하여 정리하면

- 3연모멘트식

$$\frac{l_m}{I_m}M_{m-1} + 2\left(\frac{l_m}{I_m} + \frac{l_{m+1}}{I_{m+1}}\right)M_m + \frac{l_{m+1}}{I_{m+1}}M_{m+1}$$
$$= 6E\left[(\theta_{ml} - \theta_{mr}) + \left\{-\frac{\delta_{m-1}}{l_m} + \left(\frac{1}{l_m} + \frac{1}{l_{m+1}}\right)\delta_m - \frac{\delta_{m+1}}{l_{m+1}}\right\}\right]$$

이 된다.

지점침하가 없는 경우에는

$\delta_{m-1} = \delta_m = \delta_{m+1} = 0$이므로

$$\frac{l_m}{I_m}M_{m-1} + 2\left(\frac{l_m}{I_m} + \frac{l_{m+1}}{I_{m+1}}\right)M_m + \frac{l_{m+1}}{I_{m+1}}M_{m+1} = 6E(\theta_{ml} - \theta_{mr})$$

이 된다.

지점침하가 없고 단면2차모멘트가 일정한 경우에는

$\delta_{m-1} = \delta_m = \delta_{m+1} = 0$, $I_m = I_{m+1} = I$ 이므로

$$l_m \cdot M_{m-1} + 2(l_m + l_{m+1})M_m + l_{m+1}M_{m+1} = 6EI(\theta_{ml} - \theta_{mr})$$

이 된다.

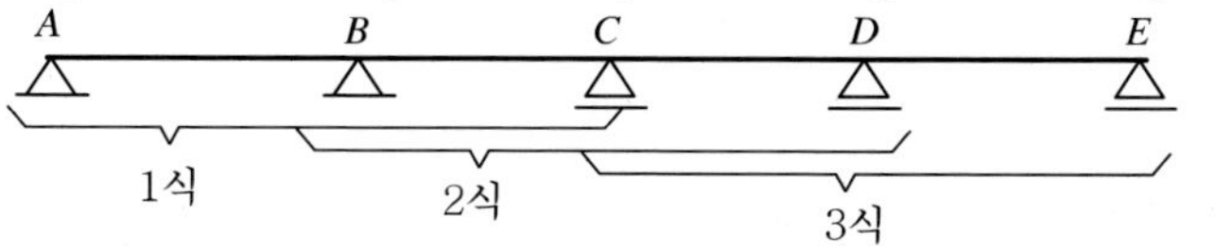

$M_A=0$ M_B M_C M_D $M_E=0$
A B C D E
1식 2식 3식

그림 8.22

그림 8.22와 같이 지점이 모두 이동지점과 힌지지점인 경우에는 $A \sim B$, $B \sim C$, $C \sim D$ 구간에 각각 적용하여 세 개의 방정식을 얻고 $M_A = M_E = 0$이므로 M_B, M_C, M_D의 세 개의 미지수를 풀 수 있다.

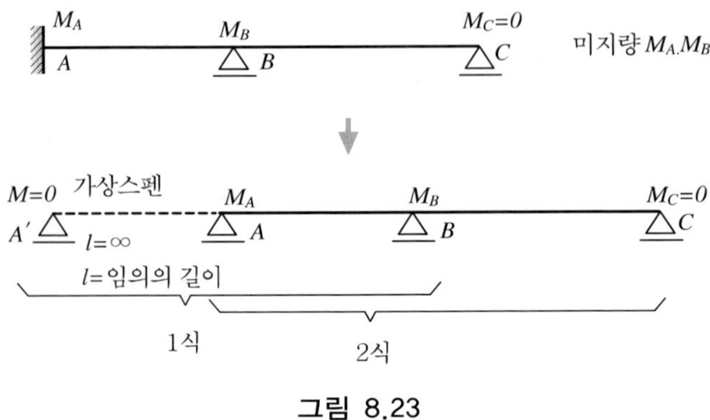

그림 8.23

그림 8.23과 같이 지점이 일단 또는 양단이 고정지점인 경우에는 고정지점을 이동지점으로 바꿔 가상스팬의 선단을 힌지지점으로 생각한 새로운 연속보를 가상하여 3연모멘트식을 적용하면 된다. 이 때 가상스팬은 본래 고정지점이므로 $I = \infty$이다.

예제 8.7

연속보를 3연모멘트식에 의해 풀고 전단력도와 휨모멘트도를 그려라. 단, EI는 일정하고 지점침하는 없는 것으로 한다.

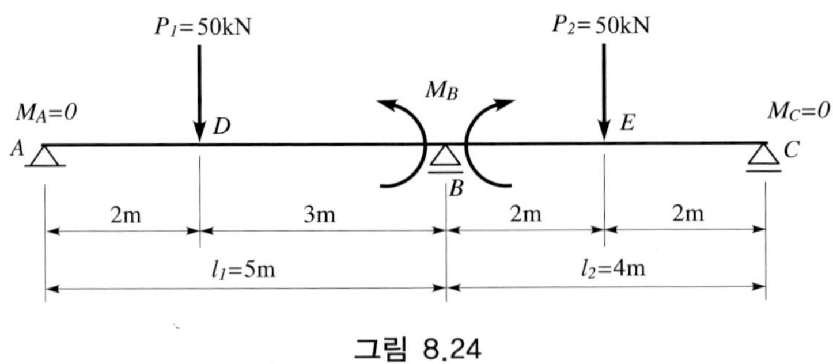

그림 8.24

풀이

지점침하 $\delta = 0$이므로 지점모멘트 $M_A = M_C = 0$이다. 또한 I가 일정하므로 3연모멘트식은 다음과 같다.

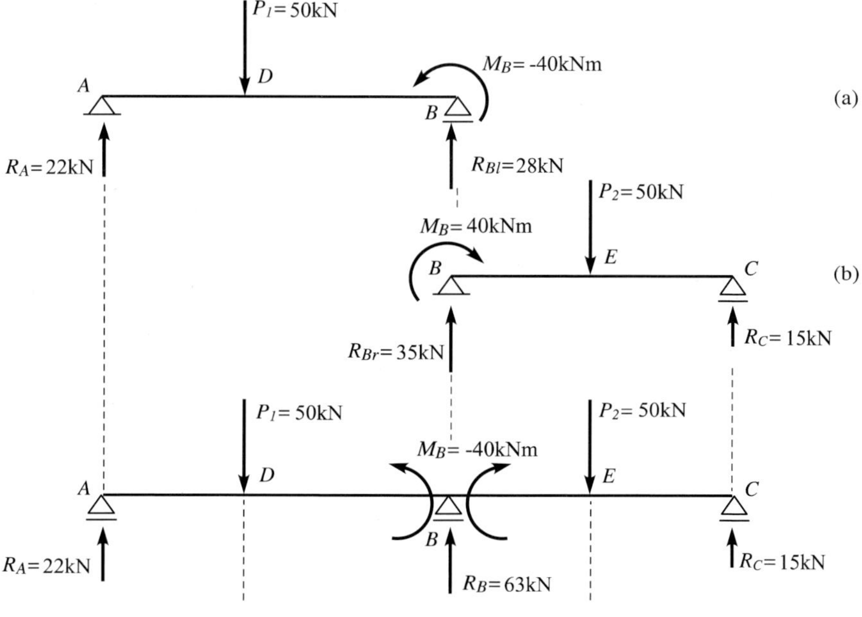

그림 8.25

$$2(l_1 + l_2)\, M_B = 6EI(\theta_{Bl} - \theta_{Br})$$

$$2(5+4)\, M_B = 6EI\left(-\frac{50\times 2\times 3(5+2)}{6EI\times 5} - \frac{50\times 4^2}{16EI}\right)$$

$$\therefore\ M_B = -40\text{kN}\cdot\text{m}$$

그림 8.25(a)에서

$\Sigma M_B = 5R_A - 50\times 3 - (-40) = 0$으로부터

$R_A = 22\text{kN}$

$\Sigma V = 0$으로부터

$R_{Bl} = 50 - 22 = 28\text{kN}$

그림 8.25(b)에서

$\Sigma M_C = 4R_{Br} - 50\times 2 + (-40) = 0$으로부터

$R_{Br} = 35\text{kN}$

$\Sigma V = 0$으로부터

$R_C = 50 - 35 = 15\text{kN}$

$R_B = R_{Bl} + R_{Br} = 28 + 35 = 63\text{kN}$

그림 8.25(a)에서

• 전단력

$V_{A-D} = 22\text{kN} \quad V_{D-B} = -28\text{kN}$

• 휨모멘트

$M_A = 0 \quad M_D = 2 \times 22 = 44\text{kN} \cdot \text{m} \quad M_B = -40\text{kN} \cdot \text{m}$

그림 8.25(b)에서

$V_{B-E} = 35\text{kN}$

$V_{E-C} = -15\text{kN}$

$M_B = -40\text{kN} \cdot \text{m}$

$M_E = 15 \times 2 = 30\text{kN} \cdot \text{m}$

$M_C = 0$

전단력도와 휨모멘트도는 그림 8.26과 같다.

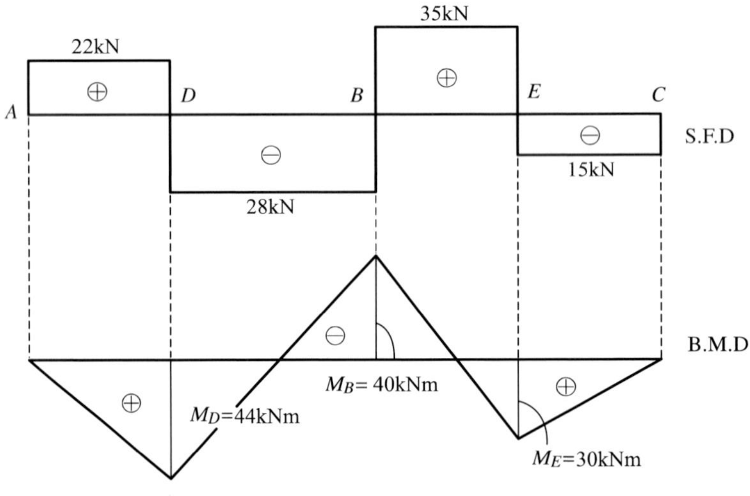

그림 8.26

예제 8.8

3스팬(span) 연속보를 풀어 전단력도와 휨모멘트를 그려라(단, EI는 일정하게 하고 지점침하는 없는 것으로 한다).

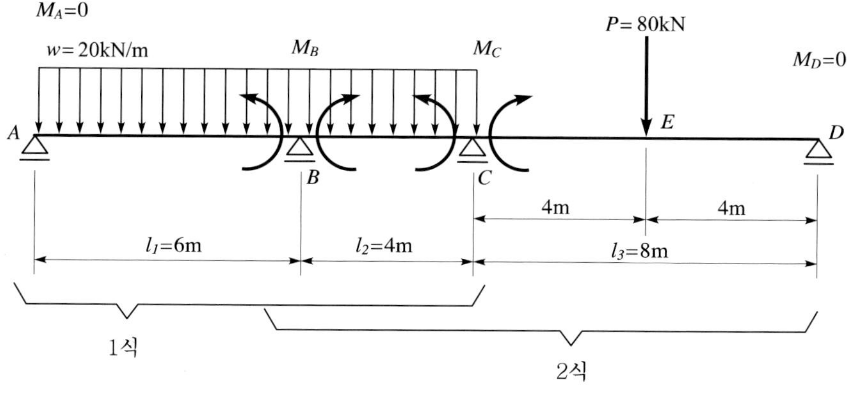

그림 8.27

풀이

• 지점모멘트의 계산

〈A－C구간〉

$$2\left(\frac{l_1}{I}+\frac{l_2}{I}\right)M_B+\frac{l_2}{I}M_C=6E(\theta_{Bl}-\theta_{Br})$$

$$\therefore\ 2\left(\frac{6}{I}+\frac{4}{I}\right)M_B+\frac{4}{I}M_C=6E\left(-\frac{wl_1^3}{24EI}-\frac{wl_2^3}{24EI}\right)$$

위 식을 정리하면

$$5M_B+M_C=-350\text{kN}\cdot\text{m} \qquad \text{(a)}$$

〈B－D구간〉

$$\frac{l_2}{I}M_B+2\left(\frac{l_2}{I}+\frac{l_3}{I}\right)M_C=6E(\theta_{Cl}-\theta_{Cr})$$

$$\therefore\ \frac{4}{I}M_B+2\left(\frac{4}{I}+\frac{8}{I}\right)M_C=6E\left(-\frac{wl_2^3}{24EI}-\frac{Pl^2}{16EI}\right)$$

위 식을 정리하면

$$M_B+6M_C=-560\text{kN}\cdot\text{m} \qquad \text{(b)}$$

(a), (b)의 연립방정식을 풀면

$M_B=-53.12\text{kN}\cdot\text{m}$, $\quad M_C=-84.48\text{kN}\cdot\text{m}$

• 반력·전단력 휨모멘트의 계산

각 스팬을 절단해서 위에서 얻은 지점모멘트를 작용시켜 부재력을 구하고 전단력도, 휨모멘트도는 이 결과를 연속시켜 그리면 된다.

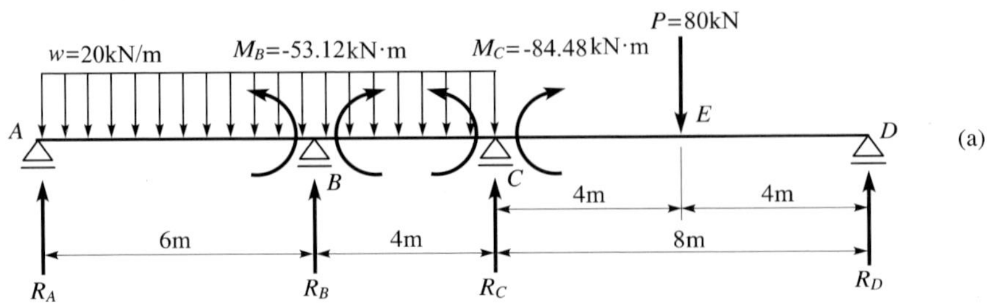

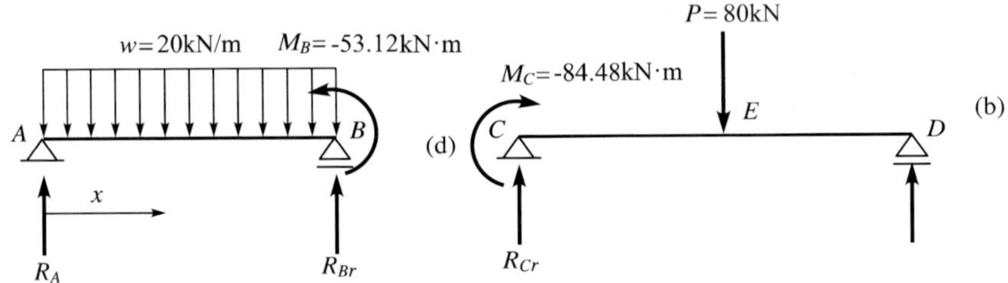

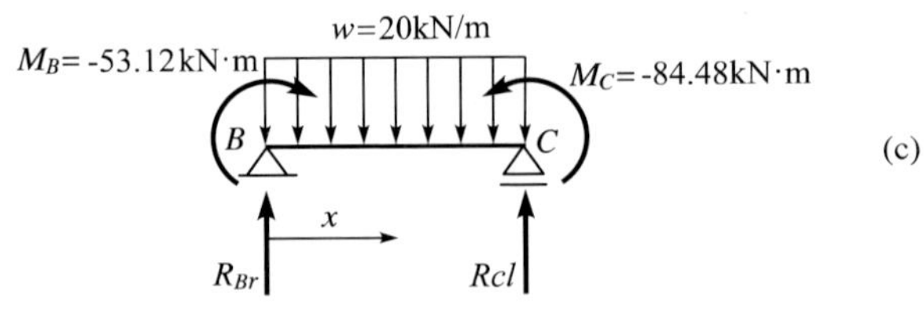

그림 8.28

그림 (b)에서

$\Sigma M_B = 6R_A - 20\times 6\times 3 - (-53.12) = 0$

$\therefore\ R_A = 51.15\text{kN}$

$\Sigma V = 0$에서

$R_{Bl} = 20\times 6 - 51.15 = 68.85\text{kN}$

•전단력

$V_x = 51.15 - 20x \ \ (0 \le x \le 6)$

전단력이 0인 점은

$V_x = 0$으로부터 $x = 2.56\text{m}$

$V_A = R_A = 51.15\text{kN}$

$V_B = -R_{Bl} = -68.85\text{kN}$

•휨모멘트

$M_x = 51.15x - 10x^2 \ \ (0 \le x \le 6)$

$x = 0$일 때 $M_A = 0$

$x = 2.56$m 일 때

$M_{\max} = 51.15 \times 2.56 - 10 \times 2.56^2 = 65.40$kN · m

$x = 6$m 일 때

$M_B = -53.12$kN · m

그림 (c)에서

$\Sigma M_C = 4R_{Br} + (-53.12) - 20 \times 4 \times 2 - (-84.48) = 0$으로부터

$R_{Br} = 32.16$kN

$\Sigma V = 0$으로부터

$R_{Cl} = 20 \times 4 - 32.16 = 47.84$kN

$R_B = R_{Br} + R_{Bl} = 32.16 + 68.85 = 101.01$kN

$V_x = 32.16 - 20x \quad (0 \leq x \leq 4)$

전단력이 0인 점은

$V_x = 32.16 - 20x = 0$으로부터 $x = 1.608$m

$V_B = R_{Br} = 32.16$kN

$V_C = -R_{Cl} = -47.84$kN

$M_x = 32.16x + (-53.12) - 10x^2$

$= -x^2 + 32.16x - 53.12 \quad (0 \leq x \leq 4)$

$x = 0$일 때 $M_B = -53.21$kN · m

$x = 1.608$m 일 때 $M_{\max} = -27.26$kN · m

$x = 4$m 일 때 $M_C = -84.48$kN · m

그림 (d)에서

$\Sigma M_D = 8R_{Cr} + (-84.48) - 80 \times 4 = 0$으로부터

$R_{Cr} = 50.56$kN

$\Sigma V = 0$으로부터

$R_D = 80 - 50.56 = 29.44$kN

$R_C = R_{Cl} + R_{Cr} = 47.84 + 50.56 = 98.4$kN

$V_{C-E} = R_{Cr} = 50.56$kN

$V_{E-D} = -R_D = -29.44$kN

$M_C = -84.48$kN · m

$M_E = 29.44 \times 4 = 117.76$kN · m

$M_D = 0$

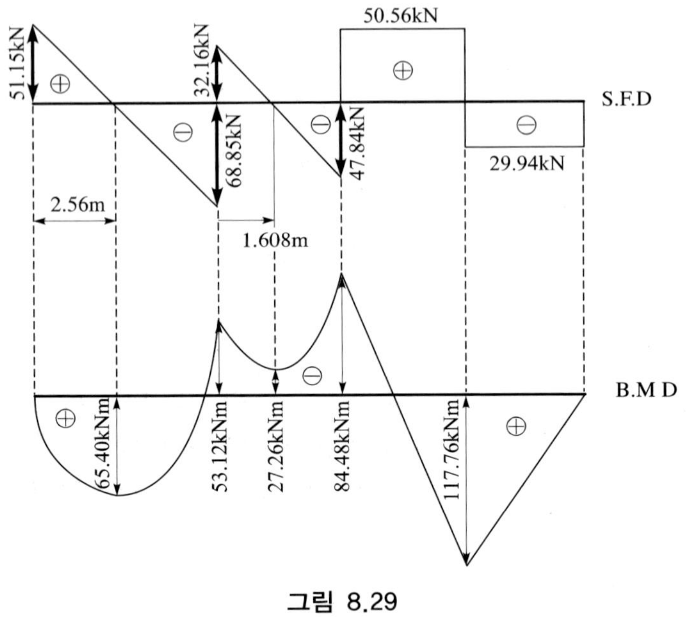

그림 8.29

8.3 처짐각법

8.3.1 개 론

1915년 미국 미네소타대학교의 G.A. Maney 교수는 라멘(rigid frame)의 해석에 일반적으로 적용될 수 있는 처짐각법을 제시하였다.

처짐각법(slope-deflection method)은 처짐방정식을 연속보나 라멘과 같은 모멘트 저항부재의 해석에 적용하는 정확한 해법이라고 할 수 있으며, 휨모멘트에 의해 일어나는 변형은 고려하고 축방향변형과 전단변형의 영향은 매우 작기 때문에 무시한다. 그리고 처짐방정식은 한 부재의 재단모멘트를 그 부재의 양단의 절점의 회전각, 부재의 회전각, 그 부재에 작용하는 하중에 의한 고정단 모멘트 등 4개의 항으로 표시한 것이다.

또한 처짐각법은 단면의 균일, 비균일을 막론하고 어떠한 연속보나 부정정라멘의 해석에도 적용될 수 있다.

따라서, 처짐각법의 특징은 다음과 같다.

(1) 처짐각법은 몇 가지 특정된 부정정구조물에 대해서는 매우 편리한 해법이다.

(2) 처짐각법을 알아야만 모멘트분배법을 이해할 수 있다.

(3) 처짐각법은 연속보나 부정정라멘을 해석하는 데 있어서 다른 어떤 방법보다도 적용 범위가 넓다.

8.3.2 처짐각법의 공식

1. 해법상의 가정

처짐각법에 의해 라멘을 푸는데 필요한 세 가지의 가정은 다음과 같다.

[가정 1] 각 부재는 완전강접되어 있으므로 변형 전 교각은 변형 후 변화가 없다.

[가정 2] 부재의 변형은 휨모멘트만에 의한 것으로 전단력이나 축방향력에 의한 변형은 무시한다.

[가정 3] 부재는 변형 후에도 길이의 변화는 없는 것으로 한다.

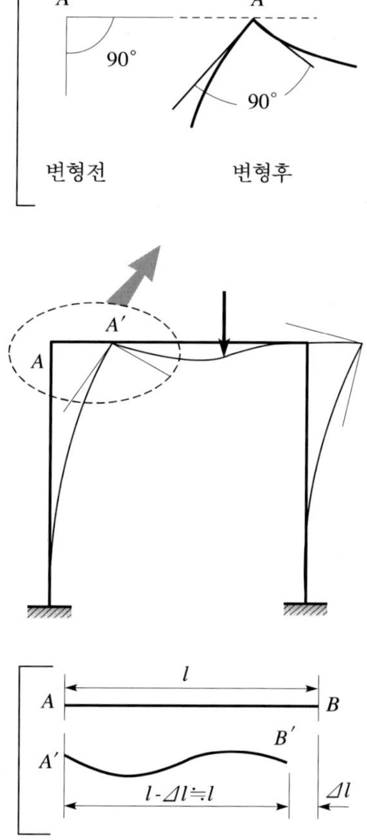

그림 8.30

2. 라멘의 변형

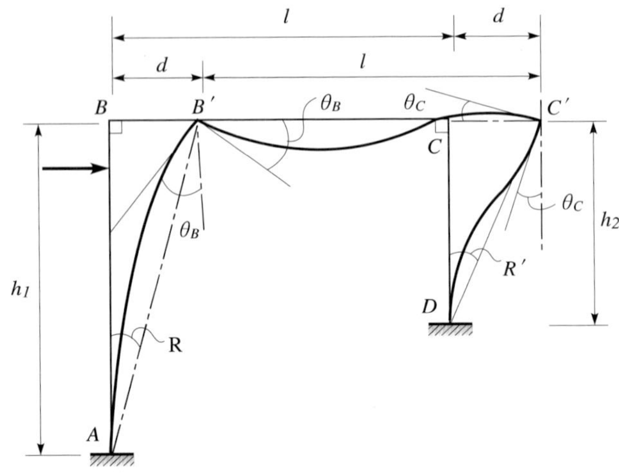

그림 8.31

(1) 절점회전각(angle of rotation of joint)

그림 8.31에서 최초 점선으로 표시한 라멘이 하중을 받아 굵은 선과 같이 탄성 변형한 것으로 가정한다. 예를 들어 절점 B를 살펴보면

[가정 1]로부터 $\angle B$는 변형전후로 일정하므로 $\angle B = \angle B'$이다. 이로부터 변형 후 절점 B는 그림과 같이 θ_B만큼 회전했다고 생각할 수 있다. 이와 같은 절점의 회전각을 절점회전각 또는 절점각이라 한다. 또 이상으로부터 절점회전각은 그 절점에 모이는 각각의 부재의 회전각과 같다는 것을 알 수 있다. 다시 말해 임의의 절점에 모이는 모든 부재의 그 절점에 대한 회전각은 모두 같고 그 절점의 절점회전각과 같다. 또한 절점회전각의 부호는 변형전의 부재의 축을 기준으로 하여 우회전(↷)은 정(+), 좌회전(↶)을 부(−)로 한다.

(2) 부재회전각(revolution or deflection angle)

그림 8.31에 있어서 부재 AB의 점 B는 B'로 이동했기 때문에 AB의 방향은 BAB'만큼 기울고 있다. 이 각을 부재 AB의 부재회전각 또는 부재각이라 한다. [가정 3]으로부터 $AB = AB'$, $DC = DC'$ 또는 $BC = B'C'$이므로 점 B의 변위량 $BB' = d$로 하면 점 C의 변위량 $CC' = d$가 된다. 따라서,

부재 AB의 부재각 $R=\dfrac{d}{h_1}$(라디안) (8.1)

부재 CD의 부재각 $R'=\dfrac{d}{h_2}=\dfrac{h_1}{h_2}R$ (8.2)

다음 부재 BC에 대해서는 [가정 3]으로부터 $AB=AB'$, $DC=DC'$이므로 부재각은 생기지 않는다. 일반적으로 수평부재에는 부재각은 생기지 않는다고 할 수 있다. 더욱이 부재각의 부호는 변형 전의 부재의 축을 기준으로 하여 시계방향(↷)은 정(+), 반시계방향(↶)은 부(−)로 한다.

8.3.3 처짐각법의 기본식

1. 양절점이 고정인 경우

절점회전각 θ_A, $\theta_B(P=0,\ R=0)$만을 일으키는 재단모멘트를 $M_{A(\theta)}$, $M_{B(\theta)}$라면

$$\theta_{A_1}=\frac{M_{A(\theta)}l}{3EI},\quad \theta_{B_1}=-\frac{M_{A(\theta)}l}{6EI}$$

$$\theta_{A_2}=-\frac{M_{B(\theta)}l}{6EI},\quad \theta_{B_2}=\frac{M_{B(\theta)}l}{3EI}\text{이므로}$$

$$\theta_A=\theta_{A1}+\theta_{A2}=\frac{M_{A(\theta)}l}{3EI}-\frac{M_{B(\theta)}\cdot l}{6EI}$$

$$=\frac{(2M_{A(\theta)}-M_{B(\theta)})l}{6EI} \qquad (8.3)$$

$$\theta_B=\theta_{B1}+\theta_{B2}=-\frac{M_{A(\theta)}l}{6EI}+\frac{M_{B(\theta)}l}{3EI}$$

$$=\frac{(-M_{A(\theta)}+2M_{B(\theta)})l}{6EI} \qquad (8.4)$$

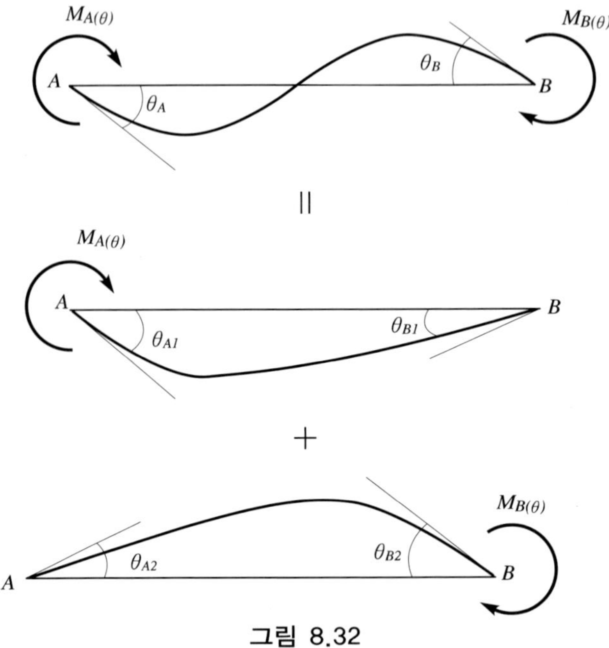

그림 8.32

식 (8.3)과 식 (8.4)를 이용하여 모멘트에 대해 정리하면 다음과 같은 처짐각 식을 구할 수 있다.

$$M_{A(\theta)} = 2E\frac{I}{l}(2\theta_A + \theta_B) = 2EK_{AB}(2\theta_A + \theta_B) \tag{8.5}$$

$$M_{B(\theta)} = 2E\frac{I}{l}(\theta_A + 2\theta_B) = 2EK_{AB}(\theta_A + 2\theta_B) \tag{8.6}$$

또한 부재회전각 $R\,(P=0,\ \theta_A = \theta_B = 0)$만을 일으키게 하는 재단모멘트를 $M_{A(R)}$, $M_{B(R)}$이라고 하면

$\theta_A = \theta_B = -R$ 이므로

$$M_{A(R)} = 2EK_{AB}(2(-R) + (-R)) = 2EK_{AB}(-3R) \tag{8.7}$$

$$M_{B(R)} = 2EK_{AB}\{(-R) + 2(-R)\} = 2EK_{AB}(-3R) \tag{8.8}$$

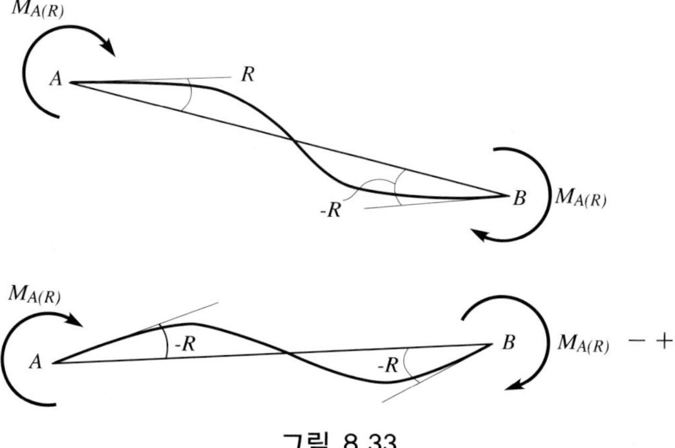

그림 8.33

그리고 중간하중 $P(\theta_A = \theta_B = 0, \; R = 0)$만에 의한 재단모멘트는 $M_{A(P)}$, $M_{B(P)}$이라 하면

$$M_{A(P)} = C_{AB}, \; M_{B(P)} = C_{BA}$$ 이므로

재단모멘트 M_{AB}는

$$\begin{aligned} M_{AB} &= M_{A(\theta)} + M_{A(R)} + M_{A(P)} \\ &= 2EK_{AB}(2\theta_A + \theta_B) + 2EK_{AB}(-3R) + C_{AB} \\ &= 2EK_{AB}(2\theta_A + \theta_B - 3R) + C_{AB} \\ &= k_{AB}(2\phi_A + \phi_B + \psi) + C_{AB} \end{aligned}$$

재단모멘트 M_{BA}는

$$\begin{aligned} M_{BA} &= M_{B(\theta)} + M_{B(R)} + M_{B(P)} \\ &= 2EK_{AB}(\theta_A + 2\theta_B) + 2EK_{AB}(-3R) + C_{BA} \\ &= 2EK_{AB}(\theta_A + 2\theta_B - 3R) + C_{BA} \\ &= k_{AB}(\phi_A + 2\phi_B + \psi) + C_{BA} \end{aligned}$$

여기서, $\phi_A = 2EK_0\theta_A$, $\phi_B = 2EK_0\theta_B$, $\psi = -6EK_0R$, $k_{AB} = \dfrac{K_{AB}}{K_0}$

2. 일단 고정, 타단 힌지인 경우

부재 AB의 A단이 고정이고 B단이 힌지라면 $M_{BA}=0$가 된다.

$$M_{AB}=2EK_{AB}(2\theta_A+\theta_B-3R)+C_{AB} \quad \cdots\cdots\cdots ①$$

$$M_{BA}=2EK_{AB}(\theta_A+2\theta_B-3R)+C_{BA}=0 \quad \cdots\cdots\cdots ②$$

윗 식에서 θ_B를 소거하면(①$-\frac{1}{2}$②)

$$M_{AB}=3EK_{AB}(\theta_A-R)+\left(C_{AB}-\frac{C_{BA}}{2}\right)$$

여기서, $\left(C_{AB}-\frac{C_{BA}}{2}\right)=H_{AB}$라 하면

$M_{AB}=3EK_{AB}(\theta_A-R)+H_{AB}$가 된다.

여기서, $2EK_0\theta_A=\phi_A$

$-6EK_0R=\psi$

$k_{AB}=\dfrac{K_{AB}}{K_0}$라 하면

$M_{AB}=k_{AB}(1.5\phi_A+0.5\psi)+H_{AB}$가 된다.

3. 강도와 강비의 계산

강비 $k_{AB}=\dfrac{K_{AB}}{K_0}$

여기서, k_{AB} : 강비

K_{AB} : 강도

K_0 : 표준강도

강도 K는 부재가 휨에 대해 저항 할 수 있는 크기를 나타낸 것으로 길이를 일정하게 하면 부재의 단면 2차모멘트 I는 큰 것일수록 잘 휘어지지 않는다. 따라서 강도는 I에 비례한다. 그리고 I를 일정하게 하면 길이 l이 길수록 휘어지기 쉽다. 따라서 강도는 l에 반비례한다. 이러한 점에서 강도 K는 다음과 같이 표시될 수 있다.

$$K_{AB}=\frac{I_{AB}}{l_{AB}},\ K_{AC}=\frac{I_{AC}}{l_{AC}},\ K_{AD}=\frac{I_{AD}}{l_{AD}}$$

그림 8.34에서 다음 강비 k는 라멘을 구성하는 어떤 하나의 부재강도를 기준으로 하여 이 강도의 값을 K_0(기준강도 또는 표준강도)로 하면 이 밖의 부재의 강도와 이 표준강도 K_0와의 비를 그 부재의 강비라 하며 k로 표시한다.

그림 8.35에서

$K_{AB}=K_0$로 하면 $k_{AB}=\dfrac{K_{AB}}{K_0}=1,\ k_{AC}=\dfrac{K_{AC}}{K_0},\ k_{AD}=\dfrac{K_{AD}}{K_0}$가 된다.

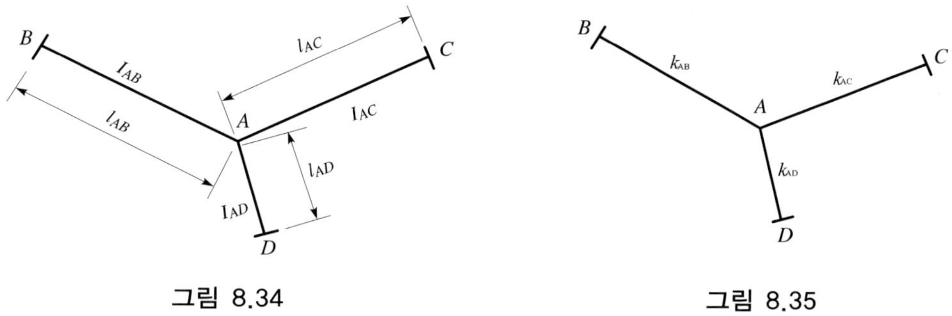

그림 8.34 그림 8.35

4. 하중항(C)의 부호를 정하는 법

하중에 의한 재단모멘트, 즉 하중항은 하중의 방향에 따라 부호가 달라진다.

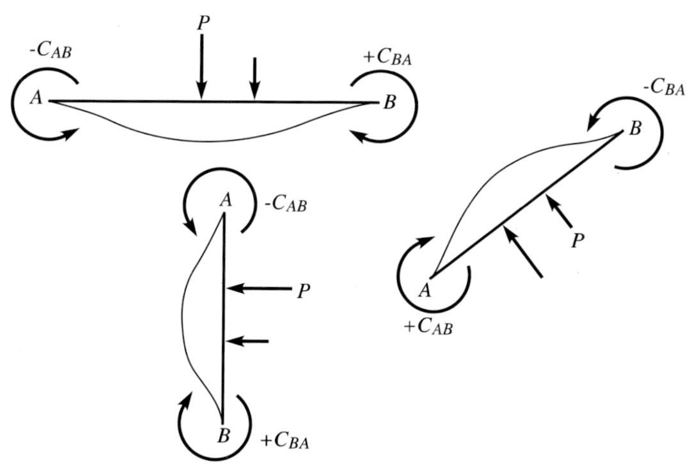

그림 8.36

예제 8.9

그림 8.37과 같은 양단고정보의 휨모멘트도를 구하시오.

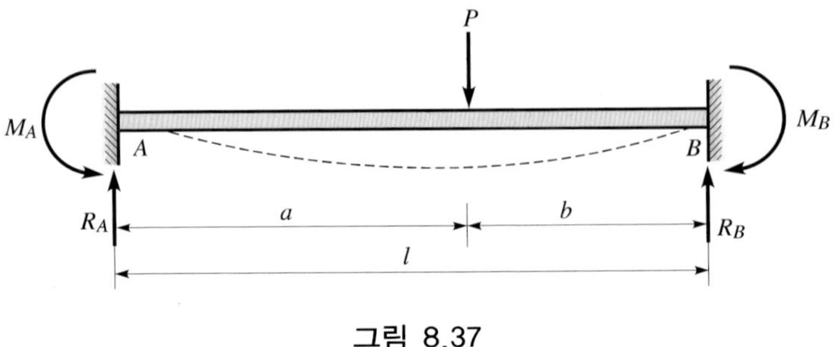

그림 8.37

풀이

양단이 완전고정이므로

$\phi_A=0$, $\phi_B=0$, $\psi=0$이고

$M_{AB}=k_{AB}(2\phi_A+\phi_B+\psi)-C_{AB}$

$M_{BA}=k_{AB}(2\phi_B+\phi_A+\psi)+C_{BA}$

위 식에 의해서

$M_{AB}=-C_{AB}$, $M_{BA}=+C_{BA}$

즉 부재의 양단이 완전고정이고 절점의 이동이 없을 때의 재단모멘트는 하중항과 같은 값이다. 따라서, 이 경우의 하중항을 산정하기 위하여 단순보로서의 휨모멘트도의 면적을 A라 하면

$$A=P\frac{ab}{l}\times\frac{l}{2}=\frac{Pab}{2}$$

도심의 위치 x_A를 A점에 대한 휨모멘트도의 1차모멘트에서 구하면

$$Ax_A=\frac{2}{3}a\cdot\frac{Pa^2b}{2l}+\left(a+\frac{b}{3}\right)\frac{Pab^2}{2l}$$

$$\therefore x_A=\frac{2}{3}a\cdot\frac{a}{l}+\left(a+\frac{b}{3}\right)\frac{b}{l}=\frac{1}{3}(l+a)$$

같은 방법으로 B점에 대한 1차모멘트를 취하여 도심의 위치 x_B를 구하면

$$x_B=\frac{1}{3}(l+b)$$

따라서,

$$-\frac{2A(2l-3x_A)}{l^2}=-C_{AB}$$

$\dfrac{2A(3x_A - l)}{l^2} = +C_{BA}$을 이용해서

$$C_{AB} = \frac{2A(2l - 3x_A)}{l^2} = \frac{Pab^2}{l^2},\quad C_{BA} = \frac{2A(3x_A - l)}{l^2} = \frac{Pa^2b}{l^2}$$

가 된다. 재단모멘트 M_{AB}, M_{BA}에 의한 부의 모멘트와 하중 P에 의한 정의모멘트를 합하면 상쇄되어 해치한 부분만 남게 되고 이것이 구하고자 하는 휨모멘트도이다.

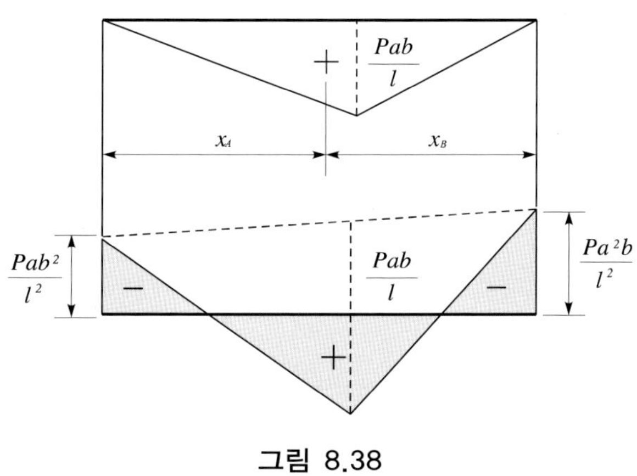

그림 8.38

예제 8.10

그림 8.39와 같은 1단고정, 타단자유단보의 휨모멘트도를 구하라.

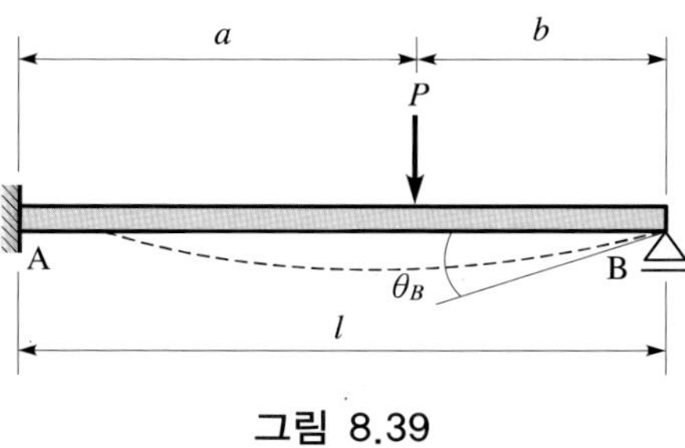

그림 8.39

풀이

그림에서 A단이 고정이므로 $\theta_A = 0(\phi_A = 0)$, 또 양단의 이동이 없으므로 $R = 0(\psi = 0)$이 되어

$M_{AB} = k_{AB}\left(\dfrac{3}{2}\psi_A + \dfrac{1}{2}\psi\right) - H_{AB}$, $M_{BA} = 0$을 이용하여

$$M_{AB} = -H_{AB} = -\left(C_{AB} + \frac{C_{BA}}{2}\right)$$

$$M_{BA} = 0$$

〈예제 8.9〉와 같은 방법으로 그림 8.40과 같은 휨모멘트도를 얻는다.

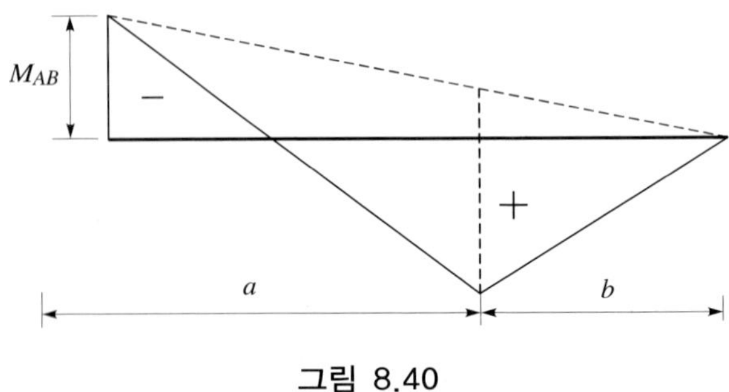

그림 8.40

예제 8.11

그림 8.41과 같은 고정보의 휨모멘트를 구하라.

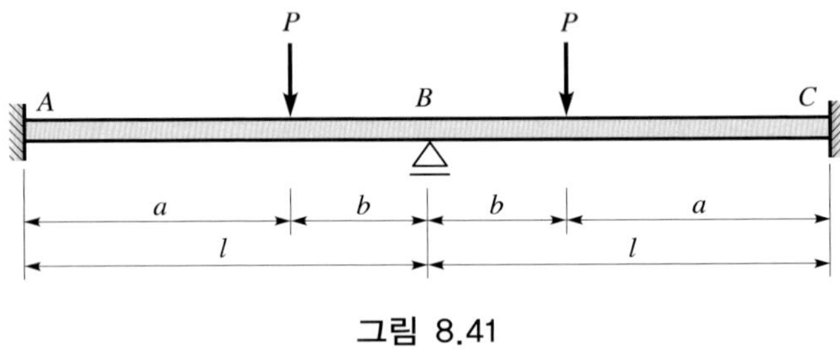

그림 8.41

풀이

A 및 C단이 완전고정이고 절점의 이동이 없으므로

$\phi_A = 0, \qquad \phi_C = 0, \qquad \psi = 0$

또 하중과 보가 모두 대칭이므로 변형도 대칭이 되어 $\phi_B = 0$이 된다. $\phi_B = 0$이라는 것은 B단이 완전고정이 된다는 뜻이므로 〈예제 8.9〉와 같은 방법으로 휨모멘트의 크기를 구하면

$$M_{AB} = -C_{AB} = -\frac{Pab^2}{l^2} \qquad M_{BA} = -C_{BA} = \frac{Pa^{2b}}{l^2}$$

$$M_{BC} = -C_{BC} = -\frac{Pab^2}{l^2} \qquad M_{CB} = -C_{CB} = \frac{Pa^2b}{l^2}$$

이 되고 이를 도시하면 그림 8.42와 같은 휨모멘트도를 얻는다.

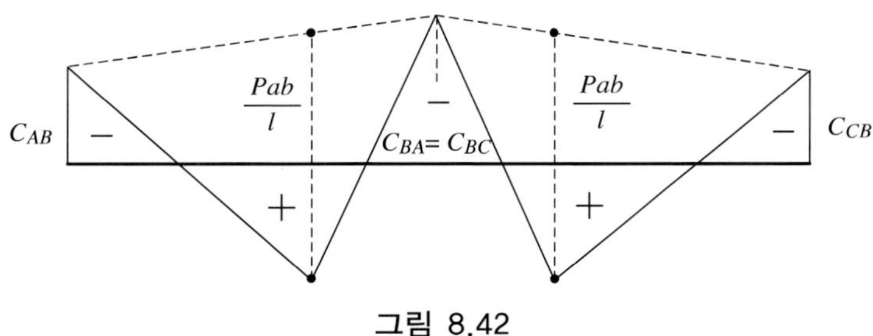

그림 8.42

표 8.2 처짐각법의 하중항

하 중	C_{AB}	C_{BA}	H_{AB}	H_{BA}
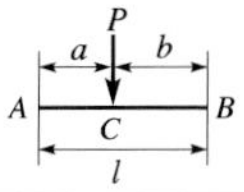	$-\frac{Pab^2}{l^2}$	$+\frac{Pa^2b}{l^2}$	$-\frac{Pab}{2l^2}(l+b)$	$+\frac{Pab}{2l^2}(l+a)$
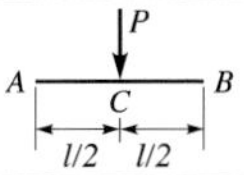	$-\frac{Pl}{8}$	$+\frac{Pl}{8}$	$-\frac{3}{16}Pl$	$+\frac{3}{16}Pl$
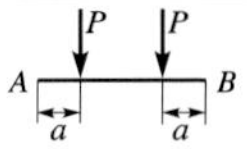	$-\frac{Pa}{l}(l-a)$	$+\frac{Pa}{l}(l-a)$	$-\frac{3}{2}\frac{Pa}{l}(l-a)$	$+\frac{3}{2}\frac{Pa}{l}(l-a)$
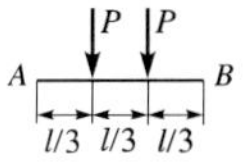	$-\frac{2}{9}Pl$	$+\frac{2}{9}Pl$	$-\frac{1}{3}Pl$	$+\frac{1}{3}Pl$
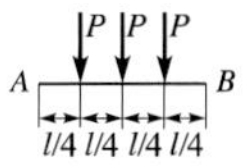	$-\frac{5}{16}Pl$	$+\frac{5}{16}Pl$	$-\frac{15}{32}Pl$	$+\frac{15}{32}Pl$
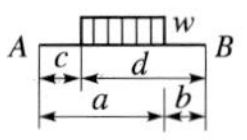	$-\frac{w}{12l^2}[a^3(4l-3d)$ $-b^3(4l-b^3)]$	$+\frac{w}{12l^3}[a^3(4l-3a)$ $-c^3(4l-3c)]$	$-\frac{w}{8l^2}(a^2-b^2)$ $\times(2l^2-b^2-a^2)$	$+\frac{w}{8l^2}(a^2-l^2)$ $\times(2l^2-a^2-c^2)$
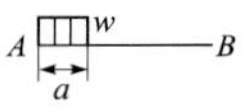	$-\frac{wa^2}{12l^2}(3a^2$ $-8al+6l^2)$	$+\frac{wa^3}{12l^2}(4l-3a)$	$-\frac{wa^2}{12l^2}(2l-a)^2$	$+\frac{wa^2}{8l^2}(2l^2-a^2)$
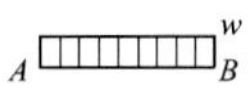	$-\frac{1}{12}wl^2$	$+\frac{1}{12}wl^2$	$-\frac{1}{8}wl^2$	$+\frac{1}{8}wl^2$
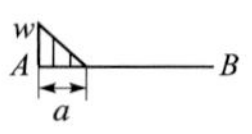	$-\frac{wa^2}{60l^2}(3a^2$ $-10al+10l^2)$	$+\frac{wa^3}{60l^2}(5l-3a)$	$-\frac{wa^2}{120l^2}(3a^2$ $-15al+20l^2)$	$+\frac{wa^2}{120l^2}(10l^2$ $-3a^2)$
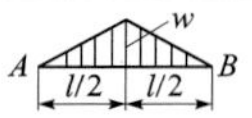	$-\frac{5}{96}wl^2$	$+\frac{5}{96}wl^2$	$-\frac{5}{64}wl^2$	$+\frac{5}{64}wl^2$

하 중	C_{AB}	C_{BA}	H_{AB}	H_{BA}
A w B l/2 l/2	$-\frac{1}{32}wl^2$	$+\frac{1}{32}wl^2$	$-\frac{3}{64}wl^2$	$+\frac{3}{64}wl^2$
A w B	$-\frac{1}{30}wl^2$	$+\frac{1}{20}wl^2$	$-\frac{7}{120}wl^2$	$+\frac{1}{15}wl^2$
A w B a a	$+\frac{w}{12l}(l^3-2a^2l+a^3)$	$-\frac{w}{12l}(l^3-2a^2l+a^3)$	$-\frac{w}{8l}(l^3-2a^2l+a^3)$	$+\frac{w}{8l}(l^3-2a^2l+a^3)$
A w B l/2 l/2	$-\frac{1}{15}wl^2$	$+\frac{1}{15}wl^2$	$-\frac{1}{10}wl^2$	$+\frac{1}{10}wl^2$

8.3.4 처짐각법에 대한 미지량(ϕ, ψ)의 산정

라멘이 임의의 하중을 받을 때는 하나의 절점에서는 하나의 절점회전각 $\phi(\theta)$가 생긴다. 라멘의 한 층에 대해서는 하나의 부재각 $\psi(R)$가 생긴다.

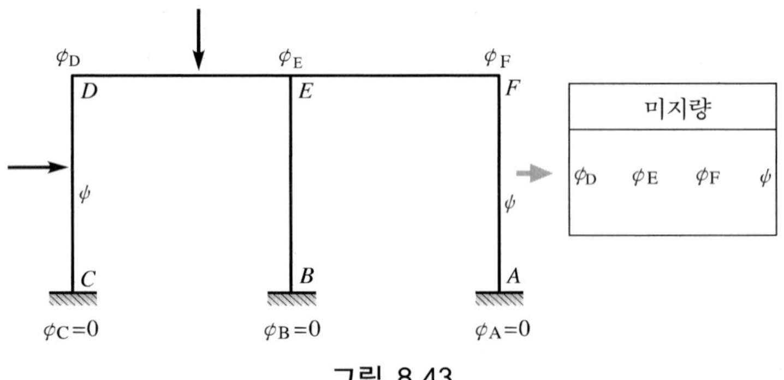

그림 8.43

그림 8.43을 살펴보면 $\phi(\theta)$는 지반에 고정되어 있는 점에서는 절점회전각은 생기지 않는다. 따라서 $\phi=0$이다. $\psi(R)$은 수평부재는 부재각이 생기지 않는다. 따라서 $\psi=0$이다.

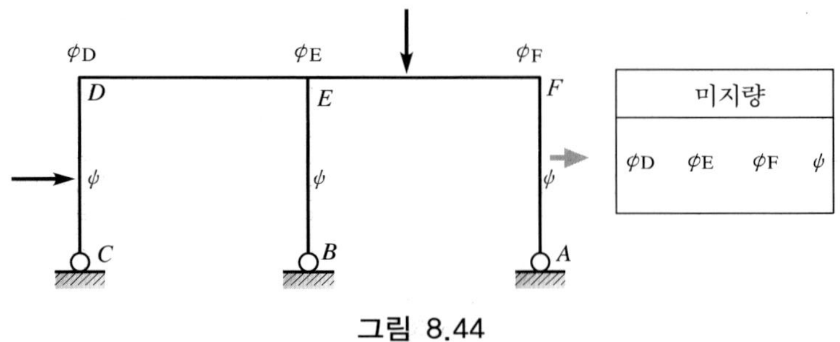

그림 8.44

그림 8.44를 살펴보면 $\phi(\theta)$는 힌지단에서는 절점회전각을 생기지만 기본 식에서 보면 이것을 고려할 필요는 없다.

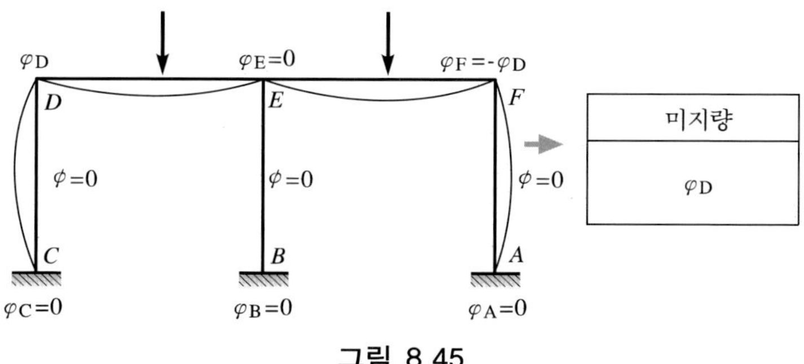

그림 8.45

그림 8.45를 살펴보면 $\phi(\theta)$는 대칭구조, 대칭하중인 짝수 스팬일 경우에는 대칭축상의 $\phi=0$이고 대칭위치에 있는 절점회전각은 서로 크기는 같고 부호는 반대이다.

$\psi(R)$은 대칭구조, 대칭하중인 라멘의 경우 수평이동이 생기지 않으므로 $\psi=0$이다.

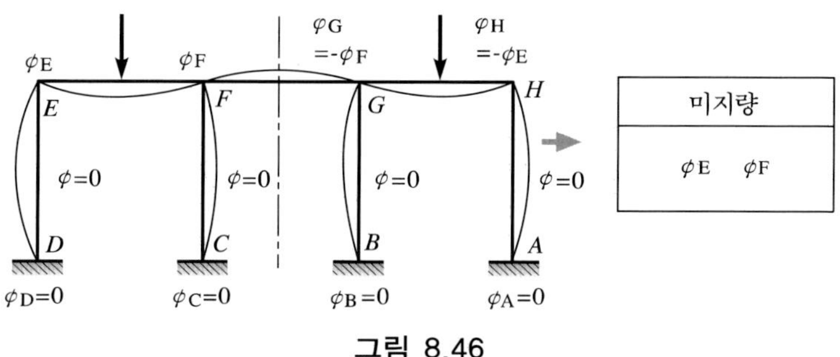

그림 8.46

그림 8.46을 살펴보면 $\phi(\theta)$는 대칭구조, 대칭하중인 라멘의 경우에는 대칭위치에 있는 절점회전각은 서로 크기는 같고 부호는 반대이다.

$\psi(R)$은 대칭구조, 대칭하중인 라멘의 경우에는 $\psi=0$이다.

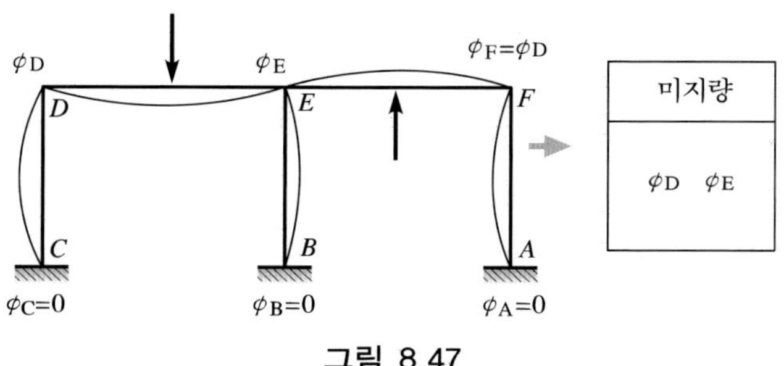

그림 8.47

$\phi(\theta)$는 대칭구조, 역대칭하중인 라멘의 경우에는 대칭위치의 φ는 크기와 부호가 같다.

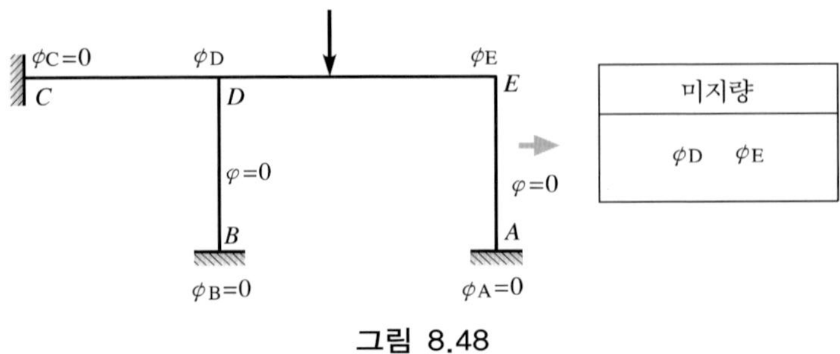

그림 8.48

$\psi(R)$는 수평부재의 최소 한단을 고정하고 있는 라멘의 경우에는 수평이동이 생기지 않으므로 $\psi=0$이다.

예제 8.12

다음 그림 8.49의 라멘에서 AB부재의 부재각을 R로 하면 CD, FE 부재의 부재각은 어떻게 되는가?

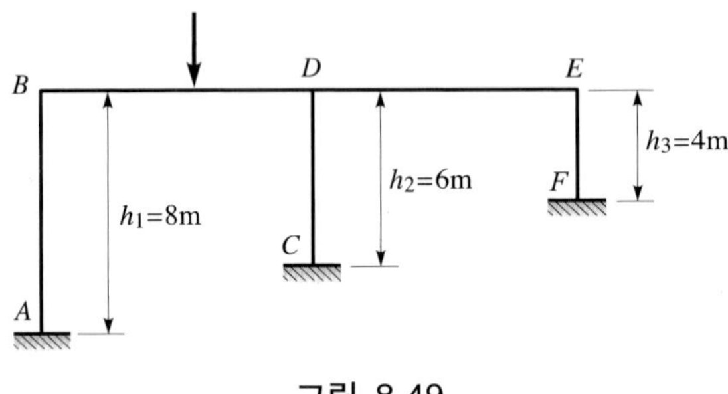

그림 8.49

풀이

$R=\dfrac{d}{h_1}$, $R'=\dfrac{h_1}{h_2}R$이므로

CD부재의 부재각$=\dfrac{h_1}{h_2}\cdot R=\dfrac{8}{6}R$, FE부재의 부재각$=\dfrac{h_1}{h_3}\cdot R=\dfrac{8}{4}R$

결국 동일 층에 있어서는 하나의 기둥부재각을 기준으로 하면 다른 기둥의 부재각은 부재길이의 비로 나타낸다.

또 AB부재의 부재각에 관한 미지량을 ψ로 하면 위와 같이 해서

CD부재의 부재각$=\frac{8}{6}\psi$

EF부재의 부재각$=\frac{8}{4}\psi=2\psi$

예제 8.13

그림 8.50의 라멘에서 각 부재의 단면2차모멘트가 그림에 나타난 값을 가지고 있을 때 AB부재의 강도를 기준강도로 하여 각 부재의 강비를 구하라.

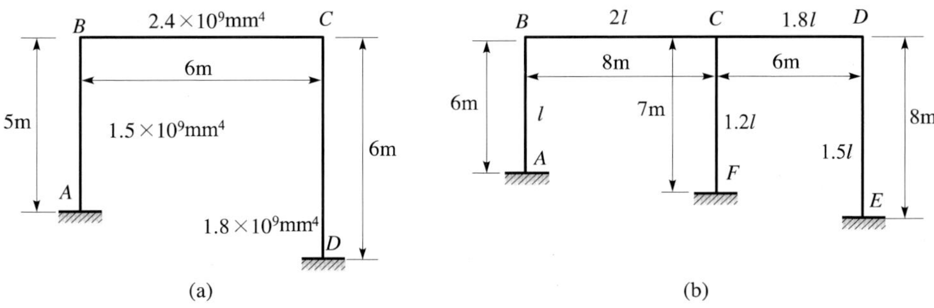

그림 8.50

풀이

•그림 (a)의 경우

강도의 계산은 $K_{AB}=\frac{I_{AB}}{l_{AB}}$, $K_{AC}=\frac{I_{BC}}{l_{BC}}$, $K_{AD}=\frac{I_{CD}}{l_{CD}}$을 이용한다.

$$K_{AB}=\frac{1.5\times10^9}{5000}=3.0\times10^5(\text{mm}^3)$$

$$K_{BC}=\frac{2.4\times10^9}{6000}=4.0\times10^5(\text{mm}^3)$$

$$K_{CD}=\frac{1.8\times10^9}{6000}=3.0\times10^5(\text{mm}^3)$$

강비의 계산

$K_{AB}=K_0$(기준강도)에 의하면

$$k_{AB}=\frac{K_{AB}}{K_0}=1,\ k_{CD}=\frac{K_{CD}}{K_0}=1,\ k_{BC}=\frac{K_{BC}}{K_0}=\frac{4}{3}$$

•그림 (b)의 경우

강도의 계산 강비의 계산 : $K_{AB}=K_0$로 하면

$$K_{AB} = \frac{I}{6} \qquad k_{AB} = \frac{K_{AB}}{K_0} = 1$$

$$K_{BC} = \frac{2I}{8} \qquad k_{BC} = \frac{K_{BC}}{K_0} = 1.5$$

$$K_{CD} = \frac{1.8I}{6} \qquad k_{CD} = \frac{K_{CD}}{K_0} = 1.8$$

$$K_{DE} = \frac{1.5I}{8} \qquad k_{DE} = \frac{K_{DE}}{K_0} = 1.125$$

$$K_{CF} = \frac{1.2I}{7} \qquad k_{CF} = \frac{K_{CF}}{K_0} = 1.029$$

예제 8.14

그림 8.51의 라멘에서의 미지량 φ, ψ를 선정하라.

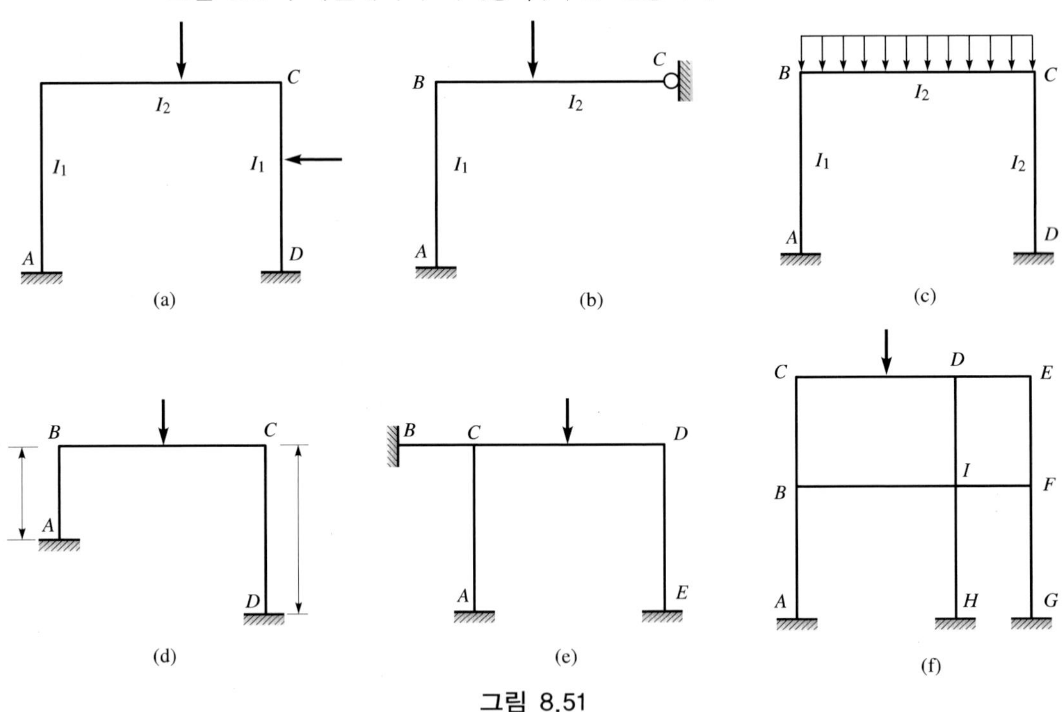

그림 8.51

풀이

•그림 (a)의 경우

대칭구조이나 비대칭하중이므로 연직재 AB, CD에 부재각이 생긴다. 따라서, 미지량은 ψ, ϕ_B, ϕ_C의 3개이다(A 및 D점은 고정단이므로 $\varphi_A = \varphi_D = 0$).

•그림 (b)의 경우

수평부재의 일단 C를 고정시키고 있으므로 부재각은 생기지 않는다. 또 C점은 힌지이므로 ϕ_C는 생각할 필요가 없다. 그러므로 미지량은 ϕ_B 1개이다.

•그림 (c)의 경우

대칭하중이지만 각 부재의 I가 달라지므로 비대칭구조이다. 그러므로 부재 AB, DC에서는 부재각이 생긴다. 따라서 미지량은 ϕ_B, ϕ_C, ψ의 3개이다.

•그림 (d)의 경우

비대칭구조이므로 당연히 수직부재에서는 부재각이 생긴다. 그러나 부재길이가 달라지므로 부재각은 다른 크기를 갖는다. 부재 AB의 부재각 $R = \dfrac{d}{h_1}$, $\therefore R' = \dfrac{h_1}{h_2}R$에서 AB부재의 부재각을 ψ로 하면 CD부재에서는 $h_1/h_2 \cdot \psi$이다. 따라서, 미지수는 ϕ_B, ϕ_C, ψ의 3개이다.

•그림 (e)의 경우

수평부재의 일단을 고정구속하고 있으므로 부재각은 생기지 않는다. 따라서 미지량은 ϕ_C, ϕ_D의 2개이다.

•그림 (f)의 경우

비대칭구조이므로 제1층(AB, HI, GF)의 부재각(ψ_1)과 제2층(BC, ID, FE)의 부재각(ψ_2)이 생긴다. 미지량은 ψ_1, ψ_2, ϕ_C, ϕ_D, ϕ_E, ϕ_F, ϕ_I, ϕ_B의 8개이다.

예제 8.15

다음 그림 8.52의 라멘의 재단모멘트식을 만들어라.

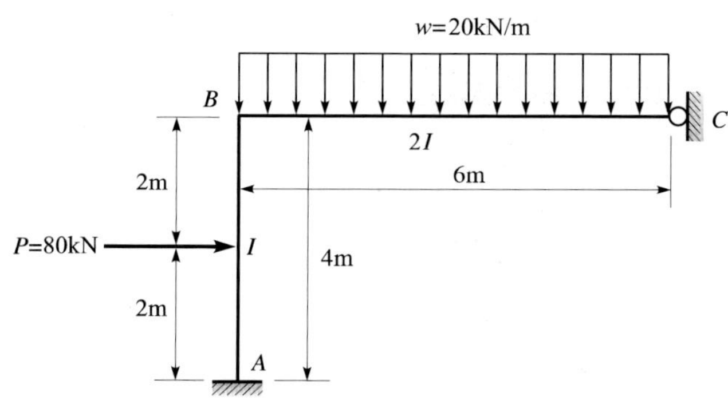

그림 8.52

풀이

• 강도

$K_{AB}=\frac{I}{4}$, $K_{BC}=\frac{2I}{6}=\frac{I}{3}$

• 강비

$K_{AB}=K_0$(기준강도)로 하면

$k_{AB}=\frac{K_{AB}}{K_0}=1$, $k_{BC}=\frac{K_{BC}}{K_0}=\frac{4}{3}$

• 하중항

부재 AB는 양단고정이므로 C, 부재 BC는 일단힌지가 있으므로 H이다.

앞의 표 8.2를 이용하면

$C_{AB}=-\frac{80\times 4}{8}=-40\text{kN}\cdot\text{m}$

$C_{BA}=40\text{kN}\cdot\text{m}$

$H_{BC}=-\frac{20\times 6^2}{8}=-90\text{kN}\cdot\text{m}$

• 미지량 선정

$\phi_A=0$, $\psi=0$, ϕ_C는 고려할 필요가 없다(힌지이므로).

따라서, 미지량은 ϕ_B 1개이다.

• 재단모멘트

부재 AB는 양단고정이므로

$M_{AB}=k_{AB}(2\phi_A+\phi_B+\psi)+C_{AB}=1(0+\phi_B+0)-40=\phi_B-40$

$M_{BA}=k_{AB}(\phi_A+2\phi_B+\psi)+C_{BA}=1(0+2\varphi_B+0)+40=2\varphi_B+40$

부재 BC는 일단이 힌지이므로

$M_{BC}=k_{BC}(1.5\phi_B+0.5\psi)+H_{BC}=\frac{4}{3}(1.5\phi_B+0)-90=2\phi_B-90$

$M_{CB}=0$

예제 8.16

다음 그림 8.53의 라멘의 재단모멘트식을 만들어라

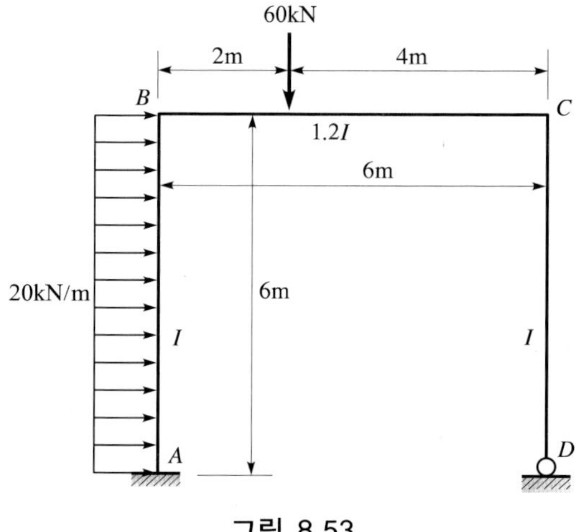

그림 8.53

풀이

• 강도

$$K_{AB}=\frac{I}{6},\ K_{BC}=\frac{1.2I}{6},\ K_{CD}=\frac{I}{6}$$

• 강비

$K_{AB}=K_0$로 하면

$$k_{AB}=\frac{K_{AB}}{K_0}=1=k_{CD},\ k_{BC}=\frac{K_{BC}}{K_0}=1.2$$

• 하중항

표 8.2를 이용하면

$$C_{AB}=-\frac{20\times6^2}{12}=-60\text{kN}\cdot\text{m}$$

$$C_{BA}=60\text{kN}\cdot\text{m}$$

$$C_{BC}=-\frac{60\times2\times4^2}{6^2}=-53.33\text{kN}\cdot\text{m}$$

$$C_{CB}=\frac{60\times2^2\times4}{6^2}=26.67\text{kN}\cdot\text{m}$$

• 미지량 선정

$\phi_A=0$, ϕ_D는 힌지단이므로 고려할 필요가 없다. 따라서, 미지량은 ϕ_B, ϕ_C 및 부재

AB, CD의 ψ의 3개이다.

• 재단모멘트

부재 AB, BC는 양단 고정이므로

$$M_{AB} = k_{AB}(2\phi_A + \phi_B + \psi) + C_{AB}$$
$$= 1(0 + \phi_B + \psi) - 60 = \phi_B + \psi - 60$$
$$M_{BA} = k_{AB}(\phi_A + 2\phi_B + \psi) + C_{BA}$$
$$= 1(0 + 2\phi_B + \psi) + 60 = 2\phi_B + \psi + 60$$
$$M_{BC} = k_{BC}(2\phi_B + \phi_C + \psi) + C_{BC}$$
$$= 1.2(2\phi_B + \phi_C + 0) - 53.33 = 2.4\phi_B + 1.2\phi_C - 53.33$$
$$M_{CB} = k_{BC}(\phi_B + 2\phi_C + \psi) + C_{CB}$$
$$= 1.2(\phi_B + 2\phi_C + 0) + 26.67 = 1.2\phi_B + 2.4\phi_C + 26.67$$

부재 CD는 일단힌지이므로

$$M_{CD} = k_{CD}(1.5\phi_C + 0.5\psi) + H_{CD}$$
$$= 1(1.5\phi_C + 0.5\psi) + 0 = 1.5\phi_C + 0.5\psi$$
$$M_{DC} = 0$$

예제 8.17

다음 그림 8.54의 라멘의 재단모멘트식을 만들어라.

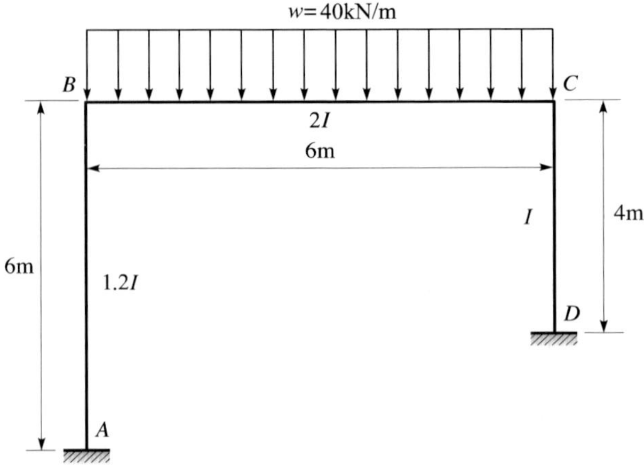

그림 8.54

풀이

• 강도

$$K_{AB}=\frac{1.2I}{6},\ K_{BC}=\frac{2I}{6},\ K_{CD}=\frac{I}{4}$$

• 강비

$K_{AB}=K_0$로 하면 $k_{AB}=\dfrac{K_{AB}}{K_0}=1,\quad k_{BC}=\dfrac{K_{BC}}{K_0}=1.667,\ k_{CD}=\dfrac{K_{CD}}{K_0}=1.25$

• 하중항

표 8.2에 의해

$$C_{BC}=-\frac{40\times6^2}{12}=-120\text{kN}\cdot\text{m},\ C_{CB}=120\text{kN}\cdot\text{m}$$

• 미지량 선정

$\phi_A=\phi_D=0$. 부재 AB와 CD에서는 부재각이 생기지만 부재길이가 달라지므로 부재각은 다른 크기를 가진다. 부재 AB의 부재각을 ψ로 하면 부재 CD는 $R'=\dfrac{d}{h_2}=\dfrac{h_1}{h_2}R$에 의해서 $\dfrac{6}{4}\cdot\psi=1.5\psi$가 된다. 결국 미지량은 ϕ_B, ϕ_C, ψ의 3개이다.

• 재단모멘트식

전 부재 모두 양단고정이므로

부재 AB

$$M_{AB}=1(0+\phi_B+\psi)=\phi_B+\psi$$

$$M_{BA}=1(0+2\phi_B+\psi)=2\phi_B+\psi$$

부재 BC

$$M_{BC}=1.667(2\phi_B+\phi_C+0)-120=3.334\phi_B+1.667\phi_C-120$$

$$M_{CB}=1.667(\phi_B+2\phi_C+0)+120=1.667\phi_B+3.334\phi_C+120$$

부재 CD

$$M_{CD}=1.25(2\phi_C+0+1.5\psi)=2.5\phi_C+1.875\psi$$

$$M_{DC}=1.25(\phi_C+0+1.5\psi)=1.25\phi_C+1.875\psi$$

예제 8.18

다음 그림 8.55의 라멘의 재단모멘트식을 만들어라.

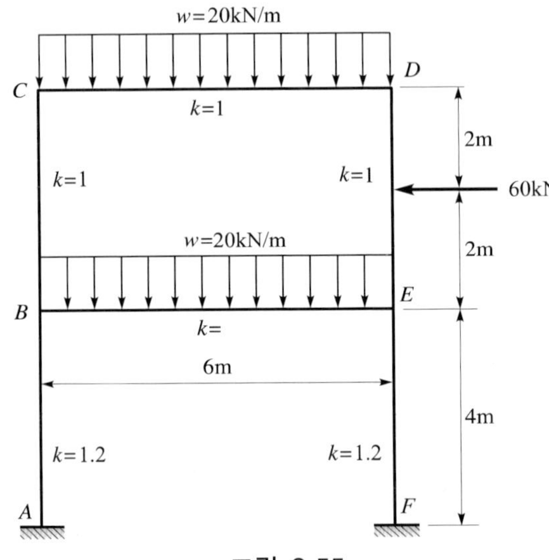

그림 8.55

풀이

• 미지량 선정

$\varphi_A = \varphi_F = 0$. 부재각은 제1층(부재 AB, FE)의 부재각 ψ_1 및 제2층(부재 BC, ED)의 부재각 ψ_2가 생긴다. 따라서, 미지량은 ψ_1, ψ_2, φ_B, φ_C, φ_D, φ_E의 6개이다.

• 재단모멘트

$$M_{AB} = 1.2(0 + \phi_B + \psi_1) = 1.2\phi_B + 1.2\psi_1$$

$$M_{BA} = 1.2(0 + 2\phi_B + \psi_1) = 2.4\phi_B + 1.2\psi_1$$

$$M_{BC} = 1(2\phi_B + \phi_C + \psi_2) = 2\phi_B + \phi_C + \psi_2$$

$$M_{CB} = 1(\phi_B + 2\phi_C + \psi_2) = \phi_B + 2\phi_C + \psi_2$$

$$M_{CD} = 1(2\phi_C + \phi_D + 0) - \frac{20 \times 6^2}{12} = 2\phi_C + \phi_D - 60$$

$$M_{DC} = 1(\phi_C + 2\phi_D + 0) + \frac{20 \times 6^2}{12} = \phi_C + 2\phi_D + 60$$

$$M_{DE} = 1(2\phi_D + \phi_E + \psi_2) - \frac{60 \times 4}{8} = 2\phi_D + \phi_E + \psi - 30$$

$$M_{ED} = 1(\phi_D + 2\phi_E + \psi_2) + \frac{60 \times 4}{8} = \phi_D + 2\phi_E + \psi + 30$$

$$M_{EF}=1.2(2\phi_E+0+\psi_1)=2.4\phi_E+1.2\psi_1$$

$$M_{FE}=1.2(\phi_E+0+\psi_1)=1.2\phi_E+1.2\psi_1$$

$$M_{BE}=1(2\phi_B+\phi_E+0)-\frac{20\times 6^2}{12}=2\phi_B+\phi_E-60$$

$$M_{EB}=1(\phi_B+2\phi_E+0)+\frac{20\times 6^2}{12}=\phi_B+2\phi_E+60$$

예제 8.19

다음 그림 8.56의 라멘의 재단모멘트식을 만들어라.

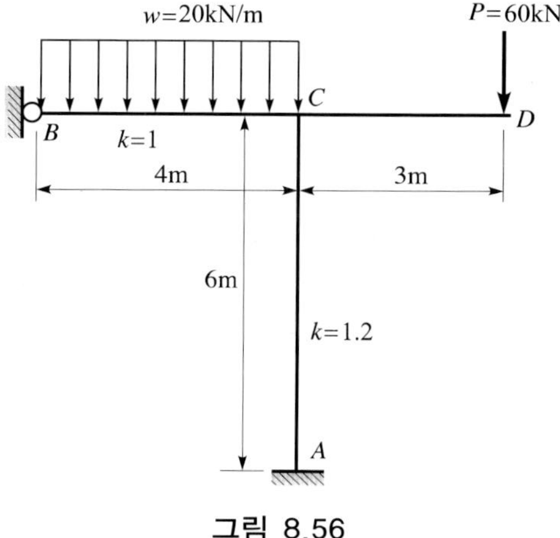

그림 8.56

풀이

• 미지량 선정

$\phi_A=0$, $\psi=0$, ϕ_B는 고려할 필요가 없다. 따라서, 미지량은 ϕ_C 1개이다.

• 재단모멘트식

부재 AC

$$M_{AC}=1.2(0+\phi_C+0)=1.2\phi_C$$

$$M_{CA}=1.2(0+2\phi_C+0)=2.4\phi_C$$

부재 BC

$$M_{BC}=0$$

$$M_{CB}=1(1.5\phi_C+0)+\frac{20\times 4^2}{8}=1.5\phi_C+40$$

부재 CD

$M_{CD}=-60\times3=-180\text{kN}\cdot\text{m}$

주의할 점은 부재 CD의 C점에서는 외력의 모멘트 $M=+180\text{kN}\cdot\text{m}$가 작용하지만 재단모멘트로 하면 $M_{CD}=-180\text{kN}\cdot\text{m}$가 된다는 것이다. 그 이유는 C점 부근에서 가상적으로 절단시키면 우측으로는 $+180\text{kN}\cdot\text{m}$이 작용하고, 이것과 균형을 유지하기 위해 $-180\text{kN}\cdot\text{m}$이 생긴다. 이것이 재단모멘트 M_{CD}이다.

즉, 하중항의 부호를 정하는 것과 같다.

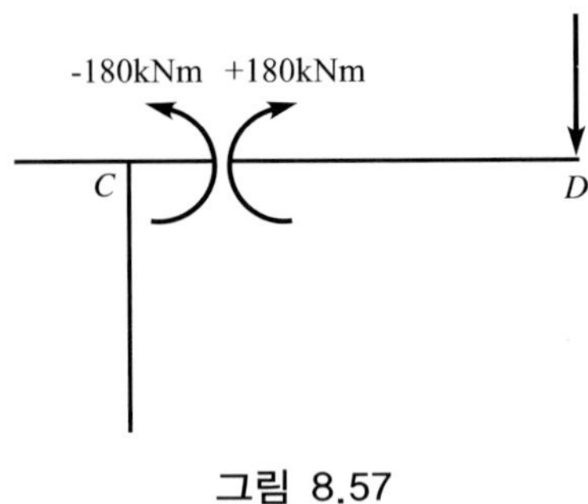

그림 8.57

8.3.5 처짐각법의 평형조건식

이상에서 얻어진 재단모멘트의 식 중에 포함되는 강비나 하중항은 일반적인 값이다. 그러나 ϕ나 ψ는 미지수이므로 재단모멘트의 값을 정할 수 없다. 그래서 이 미지량을 결정하는 데는 미지량의 수만큼 조건식을 세울 필요가 있다. 이 조건식에서는 다음에 말하는 모멘트의 평형조건식(절점방정식)과 전단력의 평형조건식(층방정식)이 있다.

1. 절점방정식(Joint equilibrium equation)

절점방정식은 임의의 절점에서 작용하는 모멘트의 총합이 0이다.

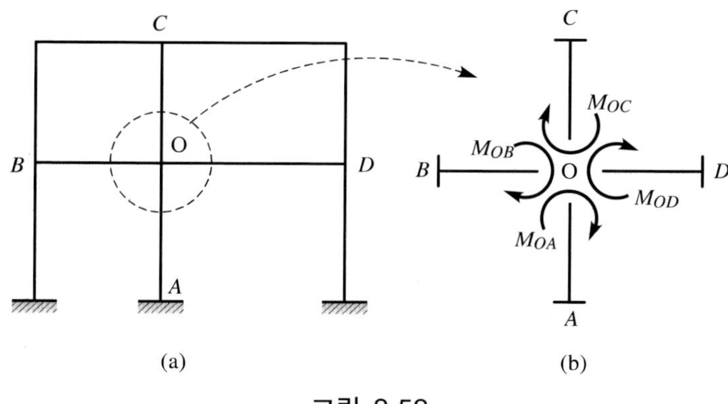

그림 8.58

그림 8.58(a)의 라멘절점 O을 추출하여 그림 8.58(b)처럼 생각한다. 이때 절점 O에 모아지는 재단 모멘트의 총합(ΣM_O)은 모멘트의 균형에서 $\Sigma M = 0$이어야 한다. 즉

$$\Sigma M_O = M_{OA} + M_{OB} + M_{OC} + M_{OD} = 0$$

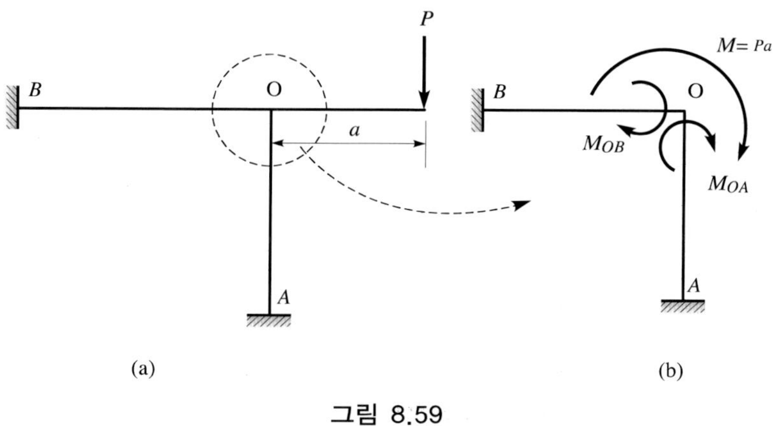

그림 8.59

그림 8.59(a)에 라멘이 절점 O에 대해서 생각하면 M_{OA}, M_{OB}와 외력에 의한 모멘트 $M = P \times a$가 작용하고 있다. 이 경우에도 재단모멘트의 총합과 밖으로부터의 모멘트는 평형을 이루어야 하므로 $M = M_{OA} + M_{OB}$가 된다.

2. 층 방정식(Story equilibrium equation)

임의의 층에 작용하는 각 기둥의 전단력(재단 반력)의 합계와 그보다 위층의 수평력의 총합과의 평형을 나타내는 방정식이다.

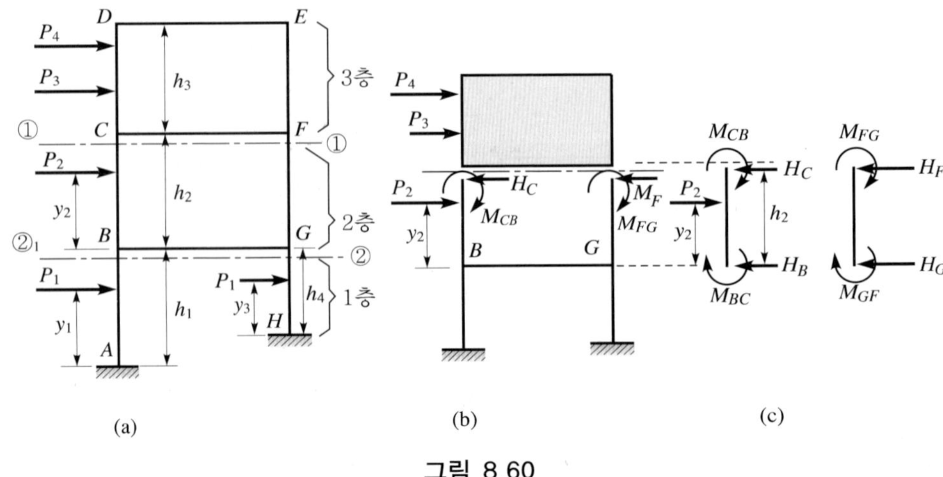

그림 8.60

(1) 기둥길이가 같은 경우(2층)

①-①단면보다 위층의 수평력의 총합(P_3+P_4)+기둥상단에 생기는 재단반력의 총합 $(H_C+H_F)=0$

$$\Sigma H=(P_3+P_4)+(H_C+H_F)$$

$$=(P_3+P_4)+\left(\frac{1}{h_2}(M_{CB}+M_{BC}+P_2y_2)+\frac{1}{h_2}(M_{FG}+M_{GF})\right)=0$$

$$(M_{CB}+M_{BC}+M_{FG}+M_{GF})+P_2y_2+(P_3+P_4)h_2=0$$

참고로 위 식은

$\left[\begin{array}{c}\text{2층 기둥상하의}\\\text{재단모멘트 총합}\end{array}\right]+\left[\begin{array}{c}\text{2층의 수평외력}\\\times\text{하단에서의 거리}\end{array}\right]+\left[\begin{array}{c}\text{2층에서 위층의 수평외}\\\text{력 총합}\times\text{기둥의 높이}\end{array}\right]=0$

에 의해 성립된다.

(2) 기둥길이가 다를 경우(1층)

②-②단면보다 윗층의 수평력의 총합$(P_2+P_3+P_4)$
+기둥상단에 생기는 재단반력의 총합$(H_B+H_G)=0$

$$\Sigma H=(P_2+P_3+P_4)+(H_B+H_G)$$

$$= (P_2 + P_3 + P_4) + \left(\frac{1}{h_1}(M_{AB} + M_{BA} + P_1 y_1)\right) + \frac{1}{h_4}(M_{HG} + M_{GH} + P_5 y_3) = 0$$

$$\left(\frac{M_{AB} + M_{BA}}{h_1} + \frac{M_{HG} + M_{GH}}{h_4}\right) + \left(P_1 \frac{y_1}{h_1} + P_5 \frac{y_3}{h_4}\right) + (P_2 + P_3 + P_4) = 0$$

참고로 위 식은

$$\left[\frac{\text{기둥양단의 재단모멘트합}}{\text{기둥길이}}\right] + \left[\frac{\text{기둥하단에서 구한 수평력모멘트}}{\text{기둥길이}}\right] + \left[\text{2층보다 위층에 작용하는 수평력의 합}\right] = 0$$

에 의해 성립된다.

예제 8.20

다음 그림 8.61의 라멘의 재단모멘트를 구하라.

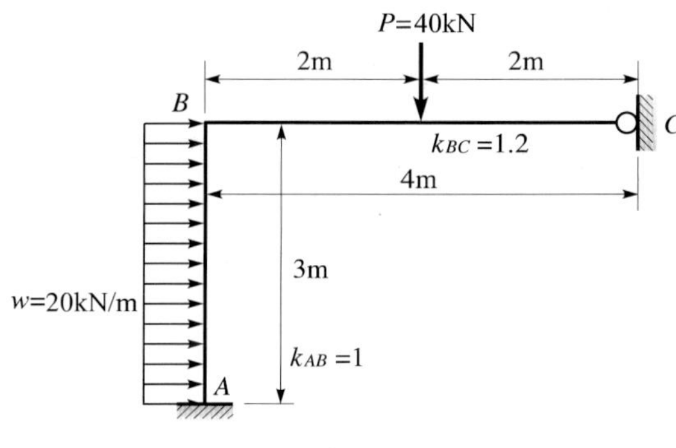

그림 8.61

풀이

- 미지량 산정

$\phi_A = 0$, C점은 힌지이므로 ϕ_C는 고려할 필요가 없다.

수평부재의 일단 C를 고정하고 있으므로 부재각(ψ)도 생기지 않는다. 따라서 미지수는 ϕ_B 1개이다.

- 하중항

앞의 표 8.2를 이용하여

$$C_{AB} = -\frac{wl^2}{12} = -\frac{20 \times 3^2}{12} = -15\text{kN}\cdot\text{m},\ C_{BA} = 15\text{kN}\cdot\text{m}$$

$$H_{BC}=-\frac{3PL}{16}=-\frac{3\times 40\times 4}{16}=-30\text{kN}\cdot\text{m}$$

• 재단모멘트

$$M_{AB}=k_{AB}(2\phi_A+\phi_B+\psi)+C_{AB}=1(0+\phi_B+0)-15=\phi_B-15$$

$$M_{BA}=k_{AB}(\phi_A+2\phi_B+\psi)+C_{BA}=1(0+2\phi_B+0)+15=2\phi_B+15$$

$$M_{BC}=k_{BC}(1.5\phi_B+0.5\psi)+H_{BC}=1.2(1.5\phi_B+0)-30=1.8\phi_B-30$$

$$M_{CB}=0$$

• 평형조건식과 미지량의 결정

부재각(ψ)가 생기지 않으므로 평형조건은 절정방정식뿐이다. 즉 미지량은 φ_B 1개이므로 그것을 풀기 위한 방정식도 절점 B의 절점방정식 1개면 된다.

$$M_{BA}+M_{BC}=0$$

$$\therefore\ 2\phi_B+15+1.8\phi_B-30=3.8\phi_B-15=0$$

$$\therefore\ \phi_B=\frac{15}{3.8}=3.947\text{kN}\cdot\text{m}$$

• 재단모멘트의 계산

위에서 구한 미지량의 값을 재단모멘트의 식에 대입하여 재단모멘트를 구한다.

$$M_{AB}=\phi_B-15=3.947-15=-11.05\text{kN}\cdot\text{m}$$

$$M_{BA}=2\phi_B+15=2\times 3.947+15=22.89\text{kN}\cdot\text{m}$$

$$M_{BC}=1.8\phi_B-30=1.8\times 3.947-30=-22.89\text{kN}\cdot\text{m}$$

$$M_{CB}=0$$

• 검산

구한 재단모멘트의 값이 평형조건식을 만족하고 있는지를 체크한다.

$M_{BA}+M_{BC}=22.89-22.89=0$ *OK*

예제 8.21

다음 그림 8.62의 라멘의 재단모멘트를 구하라.

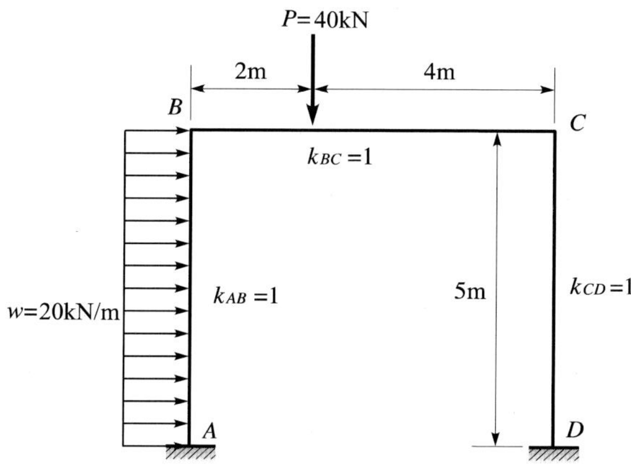

그림 8.62

풀이

•미지량 산정

$\phi_A = \phi_D = 0$

미지량은 ϕ_B, ϕ_C 및 기둥 AB, DC의 부재각(ψ)의 세 개이다.

•하중항

$$C_{AB} = -\frac{20\times 5^2}{12} = -41.67\text{kN}\cdot\text{m}$$

$$C_{BA} = \frac{20\times 5^2}{2} = 41.67\text{kN}\cdot\text{m}$$

$$C_{CB} = \frac{40\times 2^2\times 4}{6^2} = 17.78\text{kN}\cdot\text{m}$$

$$C_{BC} = -\frac{40\times 2\times 4^2}{6^2} = -35.56\text{kN}\cdot\text{m}$$

•재단모멘트

$$M_{AB} = k_{AB}(2\phi_A + \phi_B + \psi) + C_{AB} = 1(0 + \phi_B + \psi) - 41.67$$
$$= \phi_B + \psi - 41.67$$

$$M_{BA} = k_{AB}(\phi_A + 2\phi_B + \psi) + C_{BA} = 1(0 + 2\phi_B + \psi) + 41.67$$
$$= 2\phi_B + \psi + 41.67$$

$$M_{BC} = k_{BC}(2\phi_B + \phi_C + \psi) + C_{BC} = 1(2\phi_B + \phi_C + 0) - 35.56$$

$= 2\phi_B + \phi_C - 35.56$

$M_{CB} = k_{BC}(\phi_B + 2\phi_C + \psi) + C_{CB} = 1(\phi_B + 2\phi_C + 0) + 17.78$

$= \phi_B + 2\phi_C + 17.78$

$M_{CD} = k_{CD}(2\phi_C + \phi_D + \psi) + C_{CD} = 1(2\phi_C + 0 + \psi) + 0$

$= 2\phi_C + \psi$

$M_{DC} = k_{CD}(\phi_C + 2\phi_D + \psi) + C_{CD} = 1(\phi_C + 0 + \psi) + 0$

$= \phi_C + \psi$

•평형조건식과 미지량의 결정

미지량은 ϕ_B, ϕ_C, ψ의 세 개가 있으므로 그것을 풀기 위해 평형방정식도 세 개가 필요하다. 즉 절정방정식을 절점 B, C로 만들고 다시 층방정식을 만들어 세 개의 식들을 얻는다.

•절점B

$M_{BA} + M_{BC} = 2\phi_B + \psi + 41.67 + 2\phi_B + \phi_C - 35.56 = 0$

$\therefore\ 4\phi_B + \phi_C + \psi = -6.11$ (a)

•절점C

$M_{CB} + M_{CD} = \phi_B + 2\phi_C + 17.78 + 2\phi_C + \psi = 0$

$\therefore\ \phi_B + 4\phi_C + \psi = -17.78$ (b)

•층방정식

$(M_{AB} + M_{BA} + M_{CD} + M_{DC}) + w \times \frac{5^2}{2} + 0$

$= \phi_B + \phi - 41.67 + 2\phi_B + \psi + 41.67 + 2\phi_C + \psi + \phi_C + \psi + 250 = 0$

$\therefore\ 3\phi_B + 3\phi_C + 4\psi = -250$ (c)

식 (a), (b), (c)의 연립방정식을 풀면

$\phi_B = 16.38\text{kN} \cdot \text{m}$

$\phi_C = 12.50\text{kN} \cdot \text{m}$

$\psi = -84.16\text{kN} \cdot \text{m}$

•재단모멘트의 계산

위에서 얻은 미지량의 값을 재단모멘트의 식에 대입하여 재단모멘트를 구한다.

$M_{AB} = \phi_B + \psi - 41.67 = 16.38 - 84.16 - 41.67$

$= -109.45\text{kN} \cdot \text{m}$

$$M_{BA}=2\phi_B+\psi+41.67=2\times16.38-84.16+41.67$$
$$=-9.7\text{kN}\cdot\text{m}$$
$$M_{BC}=2\phi_B+\phi_C-35.56=2\times16.38+12.50-35.56$$
$$=9.7\text{kN}\cdot\text{m}$$
$$M_{CB}=\phi_B+2\phi_C+17.78=16.38+2\times12.50+17.78$$
$$=59.16\text{kN}\cdot\text{m}$$
$$M_{CD}=2\phi_C+\psi=2\times12.50-84.16$$
$$=-59.16\text{kN}\cdot\text{m}$$
$$M_{DC}=\phi_C+\psi=12.50-84.16$$
$$=-71.66\text{kN}\cdot\text{m}$$

• 검산

절점방정식의 검산을 하면

$M_{BA}+M_{BC}=-9.7+9.7=0$ *OK*

$M_{CB}+M_{CD}=59.16-59.16=0$ *OK*

층방향의 검산을 하면

$M_{AB}+M_{BA}+M_{CD}+M_{DC}+250$

$=109.45-9.7-59.16-71.66+250\fallingdotseq 0$ *OK*

예제 8.22

다음 그림 8.63의 라멘의 재단모멘트를 구하라.

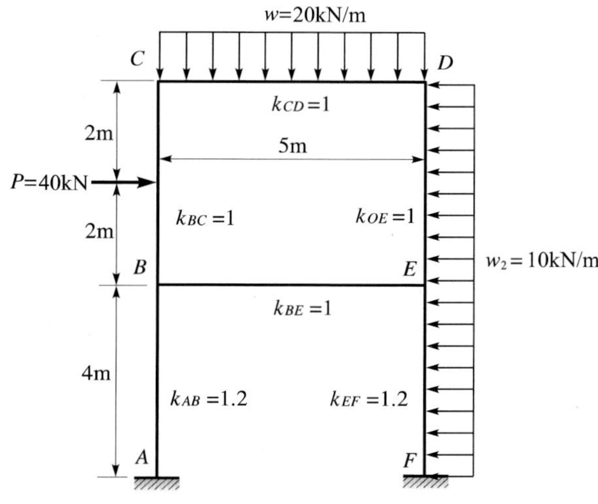

그림 8.63

풀이

• 미지량의 선정

비대칭하중이므로 제1층 및 제2층의 부재각 ψ_1, ψ_2 및 각 절점의 절점각 ϕ_B, ϕ_C, ϕ_D, ϕ_E의 6개의 미지량이 생긴다.

더욱이 $\phi_A = \phi_F = 0$이다.

• 재단모멘트의 식

$$M_{AB} = 1.2(0+\phi_B+\psi_1) = 1.2\phi_B + 1.2\psi_1$$

$$M_{BA} = 1.2(0+2\phi_B+\psi_1) = 2.4\phi_B + 1.2\psi_1$$

$$M_{BC} = 1(2\phi_B+\phi_C+\psi_2) - \frac{40\times 4}{8} = 2\phi_B + \phi_C + \psi_2 - 20$$

$$M_{CB} = 1(\phi_B+2\phi_C+\psi_2) + \frac{40\times 4}{8} = \phi_B + 2\phi_C + \psi_2 + 20$$

$$M_{CD} = 1(2\phi_C+\phi_D+0) - \frac{20\times 5^2}{12} = 2\phi_C + \phi_D - 41.67$$

$$M_{DC} = 1(\phi_C+2\phi_D+0) + \frac{20\times 5^2}{12} = \phi_C + 2\phi_D + 41.67$$

$$M_{BE} = 1(2\phi_B+\phi_E+0) = 2\phi_B + \phi_E$$

$$M_{EB} = 1(\phi_B+2\phi_E+0) = \phi_B + 2\phi_E$$

$$M_{DE} = 1(2\phi_D+\phi_E+\psi_2) - \frac{10\times 4^2}{12}$$

$$= 2\phi_D + \phi_E + \psi_2 - 13.33$$

$$M_{ED} = 1(\phi_D+2\phi_E+\psi_2) + \frac{10\times 4^2}{12}$$

$$= \phi_D + 2\phi_E + \psi_2 + 13.33$$

$$M_{EF} = 1.2(2\phi_E+0+\psi_1) - \frac{10\times 4^2}{12}$$

$$= 2.4\phi_E + 1.2\psi_1 - 13.33$$

$$M_{FE} = 1.2(\phi_E+0+\psi_1) + \frac{10\times 4^2}{12}$$

$$= 1.2\phi_E + 1.2\psi_1 + 13.33$$

• 평형방정식

• 절점방정식

– 절점B

$$M_{BA}+M_{BC}+M_{BE}=2.4\phi_B+1.2\psi_1+2\phi_B+\phi_C+\psi_2-20+2\phi_B+\phi_E=0$$

$$\therefore\ 6.4\phi_B+\phi_C+\phi_E+1.2\psi_1+\psi_2=20 \qquad \text{(a)}$$

- 절점C

$$M_{CB}+M_{CD}=\phi_B+2\phi_C+\psi_2+20+2\phi_C+\phi_D-41.67=0$$

$$\therefore\ \phi_B+4\phi_C+\phi_D+\psi_2=21.67 \qquad \text{(b)}$$

- 절점D

$$M_{DC}+M_{DE}=\phi_C+2\phi_D+41.67+2\phi_D+2\phi_E+\psi_2-13.33=0$$

$$\therefore\ \phi_C+4\phi_D+\phi_E+\psi_2=-28.34 \qquad \text{(c)}$$

- 절점E

$$M_{EB}+M_{ED}+M_{EF}=\phi_B+2\phi_E+\phi_D+2\phi_E+\psi_2+13.33+2.4\phi_E+1.2\psi_1-13.33=0$$

$$\therefore\ \phi_B+\phi_D+6.4\phi_E+1.2\psi_1+\psi_2=0 \qquad \text{(d)}$$

•층 방정식

- 제1층

$$(M_{AB}+M_{BA}+M_{EF}+M_{FE})-4w_2\times 2+(40-4w_2)\times 4$$

$$=1.2\phi_B+1.2\psi_1+2.4\phi_B+1.2\psi_1+2.4\phi_E+1.2\psi_1-13.33$$

$$+1.2\phi_E+1.2\psi_1+13.33-80+(0)=0$$

$$\therefore\ 3.6\phi_B+3.6\phi_E+4.8\psi_1=80 \qquad \text{(e)}$$

- 제2층

$$(M_{BC}+M_{CB}+M_{ED}+M_{DE})+(40-4w_2)\times 2+0$$

$$=2\varphi_B+\phi_C+\psi_2-20+\phi_B+2\phi_C+\psi_2+20+\phi_D+2\phi_E+\psi_2+13.33$$

$$+2\phi_D+\phi_E+\psi_2-13.33+(0)+0=0$$

$$\therefore\ 3\phi_B+3\phi_C+3\phi_D+3\phi_E+4\psi_2=0 \qquad \text{(f)}$$

예제 8.23

그림 8.64에 표시한 라멘의 미지량을 선정하여 재단모멘트식을 써라.

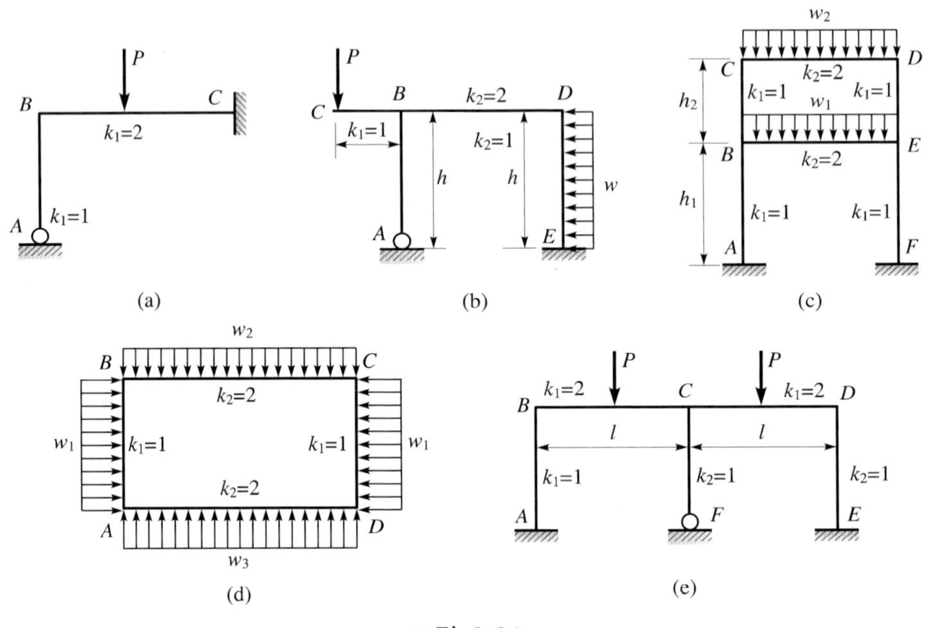

그림 8.64

풀이

• 그림 (a)의 경우

미지량 산정

미지량은 수평부재의 일단 C를 고정하고 있으므로 $\psi=0$ 또 C는 고정이므로 $\phi_C=0$이다. A점은 힌지이므로 ϕ_A는 고려할 필요가 없다. 따라서, 미지량은 ϕ_B의 1개이다.

재단모멘트

$$M_{AB}=0$$

$$M_{BA}=k_1(1.5\phi_B+0)+0=1.5\phi_B$$

$$M_{BC}=k_2(2\phi_B+0+0)+C_{BC}=4\phi_B+C_{BC}$$

$$M_{CB}=k_2(\phi_B+0+0)+C_{CB}=2\phi_B+C_{CB}$$

• 그림 (b)의 경우

미지량 산정

ϕ_B, ϕ_D, ψ(부재 AB, ED)의 3개이다. $\phi_E=0$이다.

재단모멘트식

$M_{AB}=0$

$M_{BA}=k_1(1.5\phi_B+0.5\psi)+0=1.5\phi_B+0.5\psi$

$M_{BC}=Pa$

$M_{BD}=k_2(2\phi_B+\phi_D+0)+0=4\phi_B+2\phi_D$

$M_{DB}=k_2(\phi_B+2\phi_D+0)+0=2\phi_B+4\phi_D$

$M_{DE}=k_1(2\phi_D+0+\psi)+C_{DE}=2\phi_D+\psi+C_{DE}$

$M_{ED}=k_1(\phi_D+0+\psi)+C_{ED}=\phi_D+\psi+C_{ED}$

•그림 (c)의 경우

미지량 산정

대칭구조, 대칭하중이므로 $\psi=0$이다. 또 $\phi_A=\phi_F=0$이므로 미지량은 ϕ_B, ϕ_C의 2개이다(여기서 주의할 점은 좌우대칭이므로 $\phi_E=-\phi_B$, $\phi_D=-\phi_C$이라는 점이다).

•재단모멘트

대칭라아멘의 대응하는 부재단의 모멘트는 크기가 같고, 부호가 반대이므로 좌반분의 재단모멘트식만으로 만든다.

$M_{AB}=k_1(0+\phi_B+0)+0=\phi_B$

$M_{BA}=k_1(0+2\phi_B+0)+0=2\phi_B$

$M_{BE}=k_2(2\phi_B-\phi_B+0)+C_{BE}=2\phi_B+C_{BE}$

$M_{BC}=k_1(2\phi_B+\phi_C+0)+0=2\phi_B+\phi_C$

$M_{CB}=k_1(\phi_B+2\phi_C+0)+0=\phi_B+2\phi_C$

$M_{CD}=k_2(2\phi_C-\phi_C+0)+C_{CD}=2\phi_C+C_{CD}$

•그림 (d)의 경우

미지량 산정

대칭구조, 대칭하중이므로 $\psi=0$, $\phi_A=-\phi_D$, $\phi_B=-\phi_C$이므로 미지량은 ϕ_A, ϕ_B의 2개이다.

•재단모멘트식

(c)와 같이 좌반분의 재단모멘트를 구해두면 된다.

$M_{AD}=k_2(2\phi_A-\phi_A+0)+C_{AD}=2\phi_A+C_{AD}$

$M_{AB}=k_1(2\phi_A+\phi_B+0)+C_{AB}=2\phi_A+\phi_B+C_{AB}$

$M_{BA}=k_1(\phi_A+2\phi_B+0)+C_{BA}=\phi_A+2\phi_B+C_{BA}$

$M_{BC}=k_2(2\phi_B-\phi_B+0)+C_{BC}=2\phi_B+C_{BC}$

•그림 (e)의 경우

미지량 산정

대칭라멘이므로 $\psi=0$, $\phi_B=-\phi_D$. 또 짝수 스팬이므로 $\phi_C=0$. 따라서 미지량은 ϕ_B의 1개이다.

재단모멘트

$M_{AB}=k_2(0+\phi_B+0)+0=\phi_B$

$M_{BA}=k_2(0+2\phi_B+0)+0=2\phi_B$

$M_{BC}=k_1(2\phi_B+0+0)+C_{BC}=4\phi_B+C_{BC}$

$M_{CB}=k_1(\phi_B+0+0)+C_{CB}=2\phi_B+C_{CB}$

$M_{CF}=M_{FC}=0$

예제 8.24

다음 그림 8.65에서 라멘을 풀어라.

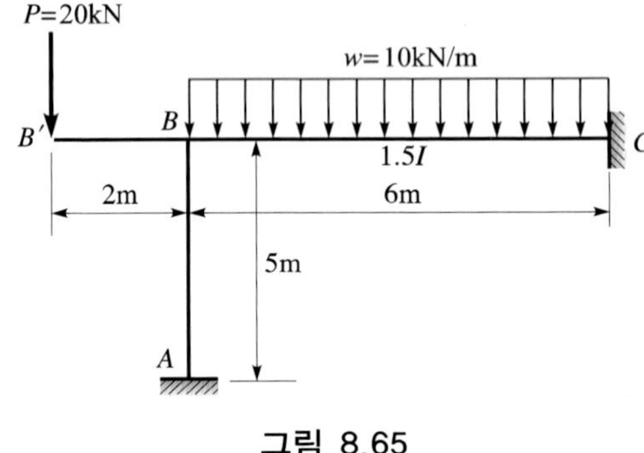

그림 8.65

풀이

•강도의 계산

$$K_{AB}=\frac{I}{5},\quad K_{BC}=\frac{1.5I}{6}$$

•강비계산

$K_{AB}=K_0$로 하면

$$k_{AB}=1,\quad k_{BC}=\frac{K_{BC}}{K_0}=1.25$$

• 하중항의 계산

$C_{BC} = -\dfrac{wl^2}{12} = -\dfrac{10 \times 6^2}{12} = -30\text{kN} \cdot \text{m}$

$C_{CB} = 30\text{kN} \cdot \text{m}$

• 재단모멘트

미지량은 ϕ_B 1개 ($\phi_A = \phi_C = 0$, $\psi = 0$)

$M_{AB} = k_{AB}(0 + \phi_B + 0) + 0 = \phi_B$

$M_{BA} = k_{AB}(0 + 2\phi_B + 0) + 0 = 2\phi_B$

$M_{BC} = k_{BC}(2\phi_B + 0 + 0) + C_{BC} = 2.5\phi_B - 30$

$M_{CB} = k_{BC}(\phi_B + 0 + 0) + C_{CB} = 1.25\phi_B + 30$

$M_{BB}' = 2P = 2 \times 20 = 40\text{kN} \cdot \text{m}$

• 평형방정식

절점 B에 있어서 절점방정식을 세운다.

$\sum M_B = 0$

$M_{BA} + M_{BC} + M_{BB}' = 2\phi_B + 2.5\phi_B - 30 + 40 = 0$

$4.5\phi_B = -10$

$\therefore \phi_B = -2.222\text{kN} \cdot \text{m}$

• 재단모멘트의 계산

$M_{AB} = \phi_B = -2.222\text{kN} \cdot \text{m}$

$M_{BA} = 2\phi_B = 2 \times (-2.222) = -4.444\text{kN} \cdot \text{m}$

$M_{BC} = 2.5\phi_B - 30 = 2.5 \times (-2.222) - 30 = -35.555\text{kN} \cdot \text{m}$

$M_{CB} = 1.25\phi_B + 30 = 1.25 \times (-2.222) + 30 = 27.23\text{kN} \cdot \text{m}$

$M_{BB}' = 40\text{kN} \cdot \text{m}$

• 검산

평형방정식(절점방정식)을 만족시키고 있는지를 검토한다.

$\sum M_B = M_{BA} + M_{BC} + M_{BB}'$

$= -4.444 - 35.555 + 40 = 0.001 \fallingdotseq 0 \qquad OK$

예제 8.25

다음 라멘을 풀어라. 단, $I_1 = 18\times10^7\text{mm}^4$ $I_2 = 54\times10^7\text{mm}^4$로 한다.

풀이

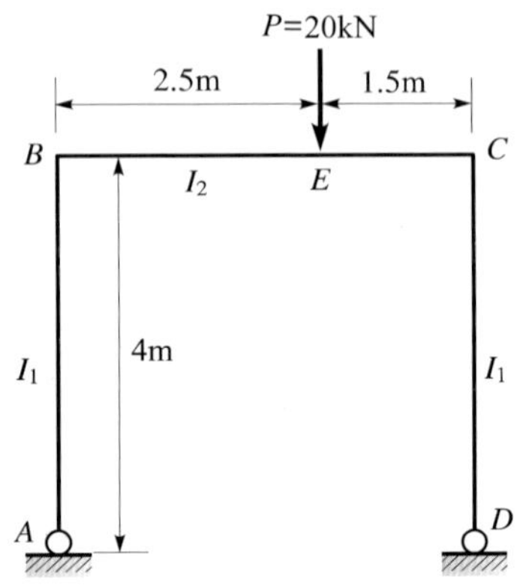

그림 8.66

•강도의 계산

$$K_{AB} = K_{CD} = 18\times\frac{10^7}{4000} = 45000\text{mm}^3$$

$$K_{BC} = 54\times\frac{10^7}{4000} = 135000\text{mm}^3$$

•강비의 계산

$K_{AB} = K_{CD} = K_0$로 하면

$$k_{AB} = k_{CD} = 1,\ k_{BC} = \frac{K_{BC}}{K_0} = \frac{135000}{45000} = 3$$

•하중항의 계산

$$C_{BC} = -\frac{20\times2.5\times1.5^2}{4^2} = -7.0313\text{kN}\cdot\text{m}$$

$$C_{CB} = \frac{20\times2.5^2\times1.5}{4^2} = 11.719\text{kN}\cdot\text{m}$$

•재단모멘트식

미지량은 ϕ_B, ϕ_C, ψ의 3개이다.

$M_{AB} = M_{DC} = 0$

$M_{BA} = k_{AB}(1.5\phi_B + 0.5\psi) + 0 = 1.5\phi_B + 0.5\psi$

$M_{BC} = k_{BC}(2\phi_B + \phi_C + 0) + C_{BC} = 6\phi_B + 3\phi_C - 7.0313$

$M_{CB} = k_{BC}(\phi_B + 2\phi_C + 0) + C_{CB} = 3\phi_B + 6\phi_C + 11.719$

$M_{CD} = k_{CD}(1.5\phi_C + 0.5\psi) + 0 = 1.5\phi_C + 0.5\psi$

•평형방정식

절점방정식

절점 B, C에 대하여 절점방정식을 세운다.

$\Sigma M_B = M_{BA} + M_{BC} = 0$으로부터

$= 1.5\phi_B + 0.5\psi + 6\phi_B + 3\phi_C - 7.0313$

$\therefore\ 7.5\phi_B + 3\phi_C + 0.5\psi = 7.0313$ (a)

$\Sigma M_C = M_{CB} + M_{CD} = 0$으로부터

$= 3\phi_B + 6\phi_C + 11.719 + 1.5\phi_C + 0.5\psi$

$\therefore\ 3\phi_B + 7.5\phi_C + 0.5\psi = -11.719$ (b)

• 층방정식

$M_{AB} + M_{BA} + M_{DC} + M_{CD} = 0$

$1.5\phi_B + 0.5\psi + 1.5\phi_C + 0.5\psi = 0$

$\therefore\ 1.5\phi_B + 1.5\phi_C + \psi = 0$ (c)

• 평형방정식의 해법

식 (a), (b), (c)의 연립방정식을 계수배열하여 소거법으로 풀면 아래와 같다.

계수 / 식 번호	좌 변			우 변
	ϕ_B	ϕ_C	ψ	상수항
(a)	7.5	3	0.5	7.0313
(b)	3	7.5	0.5	−11.719
(c)	1.5	1.5	1.0	0
(a)÷7.5 ………… (d)	1	0.40	0.0667	0.9375
(b)÷3 ……………… (e)	1	2.50	0.1667	−3.9063
(c)÷1.5 …………… (f)	1	1	0.6667	0
(d)−(e) ………… (g)		−2.1	−0.100	4.8438
(e)−(f) ………… (h)		1.50	−0.500	−3.9063
(g)÷(−2.10) …… (j)		1	0.0476	−2.3066
(h)÷1.50 ………… (j)		1	−0.3333	−2.6042
(i)−(j) …………… (k)			0.3809	0.2976

$\therefore\ \psi = \dfrac{0.2976}{0.3809} = 0.7813\text{kN}\cdot\text{m}$

식 (j)에서

$\phi_C = -2.6042 + 0.3333 \times 0.7813 = -2.3438\text{kN}\cdot\text{m}$

식 (f)에서

$\phi_B = -2.3438 - 0.6667 \times 0.07813 = 1.822\text{kN}\cdot\text{m}$

• 재단모멘트의 계산

위에서 얻은 값을 재단모멘트식에 대입하여 재단모멘트식의 값을 구한다.

$M_{AB} = M_{DC} = 0$

$M_{BA} = 1.5\phi_B + 0.5\psi$

$= 1.5 \times 1.822 + 0.5 \times 0.7813 = 3.1237\text{kN}\cdot\text{m}$

$M_{BC} = 6\phi_B + 3\phi_C - 7.0313$

$= 6 \times 1.822 + 3 \times (-2.3438) - 7.0313 = -3.1307\text{kN}\cdot\text{m}$

$M_{CB} = 3\phi_B + 6\phi_C + 1.1719$

$= 3 \times 1.822 + 6 \times (2.3438) + 11.719 = 3.1222\text{kN} \cdot \text{m}$

$M_{CD} = 1.5\phi_C + 0.5\psi$

$= 1.5 \times (-2.3438) + 0.5 \times 0.7813 = -3.1251\text{kN} \cdot \text{m}$

•검산

$M_{BA} + M_{BC} = 3.1237 - 3.1307 = -0.004 \fallingdotseq 0$

$M_{CB} + M_{CD} = 3.1222 - 3.1251 = -0.0029 \fallingdotseq 0$

$M_{BA} + M_{CD} = 3.1237 - 3.1251 = -0.0014 \fallingdotseq 0$

검산 중에서 0이 안 되는 부분은 계산시 반올림에 따른 오차이다.

이하의 계산에서는 각 재단모멘트를 밑에 표기하는 값으로 한다.

$M_{AB} = M_{DC} = 0$

$M_{BA} = 3.124\text{kN} \cdot \text{m} = -M_{BC}$,

$M_{CB} = 3.122\text{kN} \cdot \text{m} = -M_{CD}$

예제 8.26

다음 그림 8.67에서 라멘의 재단모멘트를 구하라.

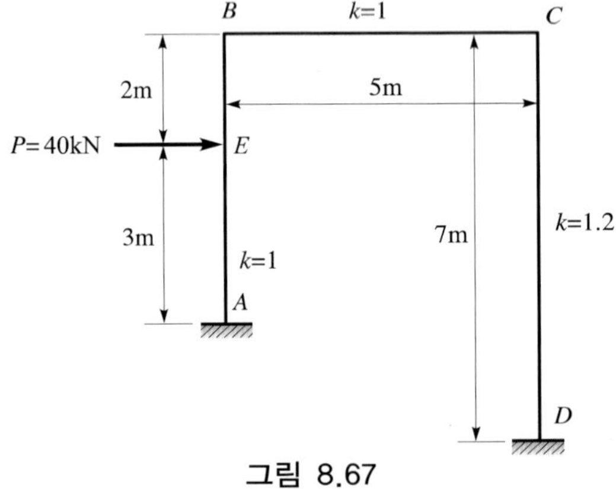

그림 8.67

풀이

•미지량 선정

비대칭구조이므로 ϕ_B, ϕ_C와 기둥AB의 부재각을 ψ로 하면 CD부재는 $\frac{5}{7} \cdot \psi$이므로 결국 ϕ_B, ϕ_C, ψ의 3개이다.

•하중항

$C_{AB} = -\frac{40 \times 3 \times 2^2}{5^2} = -19.2\text{kN} \cdot \text{m}$

$$C_{BA}=\frac{40\times 3^2\times 2}{5^2}=28.8\text{kN}\cdot\text{m}$$

• 재단모멘트식

$M_{AB}=k_{AB}(0+\phi_B+\psi)+C_{AB}=\phi_B+\psi-19.2$

$M_{BA}=k_{AB}(0+2\phi_B+\psi)+C_{BA}=2\phi_B+\psi+28.8$

$M_{BC}=k_{BC}(2\phi_B+\phi_C+0)+0=2\phi_B+\phi_C$

$M_{CB}=k_{BC}(\phi_B+2\phi_C+0)+0=\phi_B+2\phi_C$

$M_{CD}=k_{CD}\left(2\phi_C+0+\frac{5}{7}\psi\right)+0=2.4\phi_C+0.857\psi$

$M_{DC}=k_{CD}\left(\phi_C+0+\frac{5}{7}\psi\right)+0=1.2\phi_C+0.857\psi$

• 평형방정식

절점방정식

절점 B는 $M_{BA}+M_{BC}=0$이므로

$\therefore\ 4\phi_B+\phi_C+\psi=-28.8$ (a)

절점 C는 $M_{CB}+M_{CD}=0$이므로

$\therefore\ \phi_B+4.4\phi_C+0.857\psi=0$ (b)

• 층 방정식에서

$\Sigma\left(\frac{\text{기둥상하단의 재단모멘트의 합}}{\text{기둥의 길이}}\right)+$

$\Sigma\left(\frac{\text{기둥하단에서 취한그층의 수평력의 모멘트}}{\text{기둥의 길이}}\right)$

+(그 층보다 상층으로 작용하는 수평력의 대수합) = 0에 의해서

$$\frac{M_{AB}+M_{BA}}{5}+\frac{M_{CD}+M_{DC}}{7}+\frac{40\times 3}{5}=0$$

$\therefore\ 21\phi_B+18\phi_C+22.59\psi=-907.2$ (c)

• 평형방정식의 해법

식 (a), (b), (c)의 연립방정식에서 계수들을 배열하면 다음과 같다.

식 번호 \ 계수	ϕ_B	ϕ_C	ψ	우 변
(a)	4	1	1	-28.8
(b)	1	4.4	0.857	0
(c)	21	18	22.59	-907.2

앞 문제와 같이하여 위 식을 풀면 다음과 같이 얻어진다.

$\phi_B=3.098,\ \phi_C=9.089,\ \psi=-50.282$

• 재단모멘트의 계산

$M_{AB} = \phi_B + \psi - 19.2 = 3.098 - 50.282 - 19.2 = -66.384\text{kN} \cdot \text{m}$

$M_{BA} = 2\phi_B + \psi + 28.8 = 2 \times 3.098 - 50.282 + 28.8 = -15.286\text{kN} \cdot \text{m}$

$M_{BC} = 2\phi_B + \phi_C = 2 \times 3.098 + 9.089 = 15.285\text{kN} \cdot \text{m}$

$M_{CB} = \phi_B + 2\phi_C = 3.098 + 2 \times 9.089 = 21.276\text{kN} \cdot \text{m}$

$M_{CD} = 2.4\phi_C + 0.875\psi = 2.4 \times 9.089 + 0.857 \times (-50.282) = -21.278\text{kN} \cdot \text{m}$

$M_{DC} = 1.2\phi_C + 0.875\psi = 1.2 \times 9.089 + 0.857 \times (-50.282) = -32.184\text{kN} \cdot \text{m}$

• 검산

$M_{BA} + M_{BC} = -15.286 + 15.285 = 0.001 \fallingdotseq 0$

$M_{CB} + M_{CD} = 21.276 - 21.278 = -0.002 \fallingdotseq 0$

$$\frac{M_{AB} + M_{BA}}{5} + \frac{M_{CD} + M_{DC}}{7} + \frac{40 \times 3}{5} = 0$$

$$= \frac{-66.384 + (-15.286)}{5} + \frac{-21.278 + (-32.184)}{7} + \frac{40 \times 3}{5} = 0.028 \fallingdotseq 0$$

예제 8.27

다음 그림 8.68의 라멘을 풀어라.

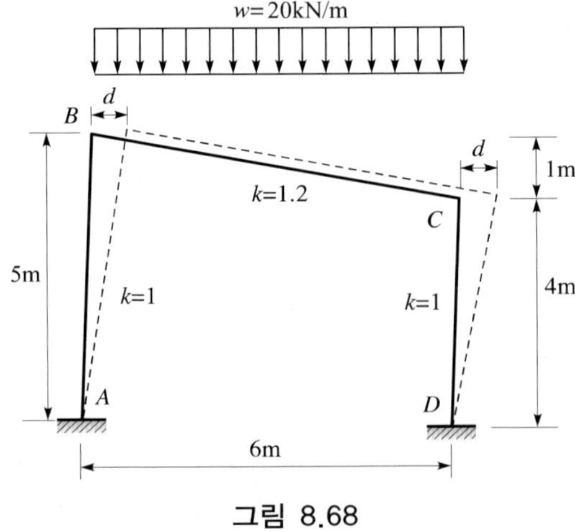

그림 8.68

풀이

• 미지량 선정

비대칭구조이므로 ϕ_B, ϕ_C 및 부재 AB의 ψ

(부재CD는 5/4· $\psi = 1.25\psi$) 3개이다.

•하중항

사재 BC에 대하여 스팬은 수평투사길이로 $l = 6\text{m}, w = 20\text{kN/m}$ 으로 하면 된다.

$$C_{BC} = -\frac{wl^2}{12} = -\frac{20 \times 6^2}{12} = -60\text{kN} \cdot \text{m}$$

$$C_{CB} = 60\text{kN} \cdot \text{m}$$

•재단모멘트식

$$M_{AB} = k_{AB}(0 + \phi_B + \psi) = \phi_B + \psi$$

$$M_{BA} = k_{AB}(0 + 2\phi_B + \psi) = 2\phi_B + \psi$$

$$M_{BC} = k_{BC}(2\phi_B + \phi_C + 0) + C_{BC} = 2.4\phi_B + 1.2\phi_C - 60$$

$$M_{CB} = k_{BC}(\phi_B + 2\phi_C + 0) + C_{CB} = 1.2\phi_B + 2.4\phi_C + 60$$

$$M_{CD} = k_{CD}(2\phi_C + 0 + 1.25\psi) + 0 = 2\phi_C + 1.25\psi$$

$$M_{DC} = k_{CD}(\phi_C + 0 + 1.25\psi) + 0 = \phi_C + 1.25\psi$$

•평형방정식과 미지량의 결정

절점방정식

절점B는 $M_{BA} + M_{BC} = 0$이므로

$$\therefore 4.4\phi_B + 1.2\phi_C + \psi = 60 \qquad \text{(a)}$$

절점C는 $M_{CB} + M_{CD} = 0$이므로

$$\therefore 1.2\phi_B + 4.4\phi_C + 1.25\psi = -60 \qquad \text{(b)}$$

층방정식

$$\frac{M_{AB} + M_{BA}}{5} + \frac{M_{CD} + M_{DC}}{4} = 0$$

$$\therefore 12\phi_B + 15\phi_C + 20.5\psi = 0 \qquad \text{(c)}$$

이상의 연립방정식에서 계수들을 배열하면 다음 표처럼 된다.

식 번호 \ 계수	ϕ_B	ϕ_C	ψ	우 변
(a)	4.4	1.2	1	60
(b)	1.2	4.4	1.25	−60
(c)	12	15	20.5	0

연립방정식을 풀면

$\phi_B = 18.148$, $\phi_C = -19.652$, $\psi = 3.757$

• 재단모멘트의 계산

위에서 얻은 ϕ_B, ϕ_C, ψ의 값을 재단모멘트의 식에 대입하여 그 값을 구하면 다음과 같다.

$M_{AB} = 21.905\text{kN} \cdot \text{m}$, $M_{BA} = 40.053\text{kN} \cdot \text{m}$

$M_{BC} = -40.027\text{kN} \cdot \text{m}$, $M_{CB} = 34.613\text{kN} \cdot \text{m}$

$M_{CD} = -34.608\text{kN} \cdot \text{m}$, $M_{DC} = -14.956\text{kN} \cdot \text{m}$

예제 8.28

다음 그림 8.69의 1스팬 2층 라멘의 재단모멘트를 구하라. 단, 각 부재의 강비는 다음과 같다. $k_1 = 1$, $k_2 = 1.4$, $k_3 = 1.2$, $k_4 = 1.5$

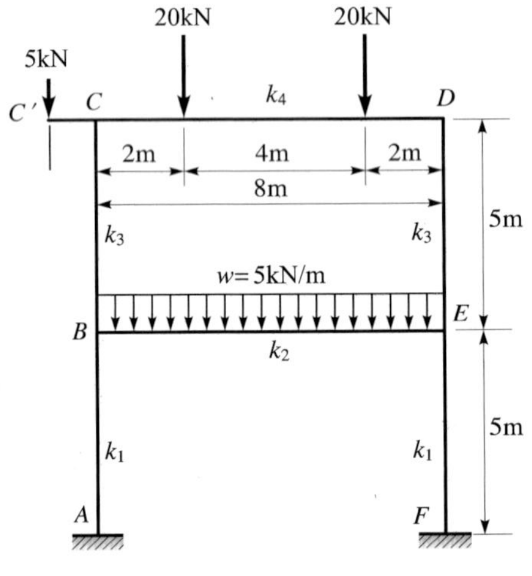

그림 8.69

풀이

• 하중항

$$C_{BE} = -\frac{5 \times 8^2}{12} = -26.667\text{kN} \cdot \text{m} = -C_{EB}$$

$$C_{CD} = -\frac{20 \times 2}{8}(8-2) = -30\text{kN} \cdot \text{m} = -C_{DC}$$

•재단모멘트식

미지량은 ϕ_B, ϕ_C, ϕ_D, ϕ_E와 제1층의 ϕ_1, 제2층의 ϕ_2의 6개이다.

$(\phi_A = \phi_F = 0)$

$M_{AB} = k_1(\phi_B + \psi_1) = \phi_B + \psi_1$

$M_{BA} = k_1(2\phi_B + \psi_1) = 2\phi_B + \psi_1$

$M_{BC} = k_3(2\phi_B + \phi_C + \psi_2) = 2.4\phi_B + 1.2\phi_C + 1.2\psi_2$

$M_{CB} = k_3(\phi_B + 2\phi_C + \psi_2) = 1.2\phi_B + 2.4\phi_C + 1.2\psi_2$

$M_{CD} = k_4(2\phi_C + \phi_D) + C_{CD} = 3.0\phi_C + 1.5\phi_D - 30$

$M_{DC} = k_4(\phi_C + 2\phi_D) + C_{DC} = 1.5\phi_C + 3.0\phi_D + 30$

$M_{DE} = k_3(2\phi_D + \phi_E + \psi_2) = 2.4\phi_D + 1.2\phi_E + 1.2\psi_2$

$M_{ED} = k_3(\phi_D + 2\phi_E + \psi_2) = 1.2\phi_D + 2.4\phi_E + 1.2\psi_2$

$M_{EF} = k_1(2\phi_E + \psi_1) = 2\phi_E + \psi_1$

$M_{FE} = k_1(\phi_E + \psi_1) = \phi_E + \psi_1$

$M_{BE} = k_2(2\phi_B + \phi_E) + C_{BE} = 2.8\phi_B + 1.4\phi_E - 26.667$

$M_{EB} = k_2(\phi_B + 2\phi_E) + C_{EB} = 1.4\phi_B + 2.8\phi_E + 26.667$

$M_{CC'} = 5 \times 1 = 5\text{kN} \cdot \text{m}$

•평형방정식

절점방정식

절점B는 $M_{BA} + M_{BC} + M_{BE} = 0$이므로

$\therefore\ 7.2\phi_B + 1.2\phi_C + 1.4\phi_E + \psi_1 + 1.2\psi_2 = 26.667$ (a)

절점C은 $M_{CB} + M_{CD} + M_{CC}' = 0$이므로

$\therefore\ 1.2\phi_B + 5.4\phi_C + 1.5\phi_D + 1.2\psi_2 = 25$ (b)

절점D는 $M_{DC} + M_{DE} = 0$이므로

$\therefore\ 1.5\phi_C + 5.4\phi_D + 1.2\phi_E + 1.2\psi_2 = -30$ (c)

절점E는 $M_{ED} + M_{EB} + M_{EF} = 0$이므로

$\therefore\ 1.4\phi_B + 1.2\phi_D + 7.2\phi_E + \psi_1 + 1.2\psi_2 = -26.667$ (d)

•층 방정식

제1층 : $(M_{AB} + M_{BA}) + (M_{EF} + M_{FE}) = 0$

$\therefore\ 3\phi_B + 3\phi_E + 4\psi_1 = 0$ (e)

제2층 : $(M_{BC} + M_{CB}) + (M_{DE} + M_{ED}) = 0$

$\therefore\ 3.6\phi_B + 3.6\phi_C + 3.6\phi_D + 3.6\phi_E + 4.8\psi_2 = 0$ (f)

•평형방정식의 해법

이상의 6원 1차연립방정식의 계수배열을 하면 다음 표처럼 된다.

방정식 번 호	좌변						우변
	ϕ_B	ϕ_C	ϕ_D	ϕ_E	ψ_1	ψ_2	상수항
(a)	7.2	1.2		1.4	1	1.2	26.667
(b)	1.2	5.4	1.5			1.2	25
(c)		1.5	5.4	1.2		1.2	−30
(d)	1.4		1.2	7.2	1	1.2	−26.667
(e)	3.0			3.0	4		0
(f)	3.6	3.6	3.6	3.6		4.8	0

이와 같이 미지량의 수가 많아지면 소거법으로 계산하는 것이 대단히 곤란하다. 오차도 커지게 되므로 이와 같은 경우에는 다음에 나타내는 반복법으로 사용하는 것이 좋다. 반복법이라 우선 미지량의 가정값을 결정하고 이것을 방정식에 대입해서 제1근사값을 얻고 그것을 다시 방정식으로 대입해서 제2근사값을 얻는다. 이와 같이 하여 점차 참값에 접근시켜 진짜 값을 얻는 것이다.

이하에 위 표의 연립방정식에 대해 그 예를 나타낸다.

•가정값

식 (a)에서 ϕ_C, ϕ_E, ψ_1, ψ_2를 무시하면

$7.2\phi_B = 26.667 \qquad \therefore \phi_B = 3.704$

식 (b)에서 $\phi_B = 3.704$으로 ϕ_D, ψ_2를 무시하면

$1.2 \times 3.704 + 5.4\phi_C = 25 \qquad \therefore \phi_C = 3.807$

식 (c)에서 $\phi_C = 3.807$로 ϕ_E, ψ_2를 무시하면

$1.5 \times 3.807 + 5.4\phi_D = -30 \qquad \therefore \phi_D = 0.661 - 6.613$

식 (d)에서 $\phi_B = 3.704$, $\phi_D = -6.613$로 ψ_1, ψ_2를 무시하면

$1.4 \times 3.704 + 1.2 \times (-6.613) + 7.2\phi_E = -26.667$

$\therefore \phi_E = -3.322$

식 (e)에서 $\phi_B = 3.704$, $\phi_E = -3.322$를 대입하면

$3.0 \times 3.704 + 3.0 \times (-3.322) + 4\psi_1 = 0$

$\therefore \psi_1 = -0.287$

식 (f)에서 $\phi_B = 3.704$으로 $\phi_C = 3.807, \phi_D = -6.613$,

$\phi_E = -3.322$를 대입하면

$3.6(3.704 + 3.807 - 6.613 - 3.322) + 4.8\phi_2 = 0$

$\therefore \psi_2 = 1.818$

•제1근사값

– 식 (a)에서

$$\phi_B = \frac{1}{7.2}(26.667 - 1.2\phi_C - 1.4\phi_E - \psi_1 - 1.2\psi_2)$$

$$= \frac{1}{7.2}[26.667 - 1.2 \times 3.807 - 1.4 \times (-3.322) - (-0.287) - 1.2 \times 1.818] = 3.452$$

- 식 (b)에서

$$\phi_C = \frac{1}{5.4}(25 - 1.2\phi_B - 1.5\phi_D - 1.2\psi_2)$$

$$= \frac{1}{5.4}[25 - 1.2 \times 3.452 - 1.5 \times (-6.613) - 1.2 \times 1.818] = 5.296$$

- 식 (c)에서

$$\phi_D = \frac{1}{5.4}(-30 - 1.5\phi_C - 1.2\phi_E - 1.2\psi_2)$$

$$= \frac{1}{5.4}[-30 - 1.5 \times 5.296 - 1.2 \times (-3.322) - 1.2 \times 1.818] = -6.693$$

- 식 (d)에서

$$\phi_E = \frac{1}{7.2}(-26.667 - 1.4\phi_B - 1.2\phi_D - \psi_1 - 1.2\psi_2)$$

$$= \frac{1}{7.2}[-26.667 - 1.4 \times 3.452 - 1.2 \times (-6.693) - (-0.287) - 1.2 \times 1.818] = 3.523$$

- 식 (e)에서

$$\psi_1 = \frac{1}{4}(-3\phi_B - 3\phi_E)$$

$$= \frac{1}{4}[-3 \times 3.452 - 3 \times (-3.523)] = 0.053$$

- 식 (f)에서

$$\psi_2 = \frac{1}{4.8}[-3.6(\phi_B + \phi_C + \phi_D + \phi_E)]$$

$$= \frac{1}{4.8}[-3.6(3.452 + 5.296 - 6.693 - 3.523)] = 1.101$$

이하의 것을 같은 방법으로 구하면 다음 표의 결과가 나타난다.

	ϕ_B	ϕ_C	ϕ_D	ϕ_E	ψ_1	ψ_2
가정값	3.704	3.807	−6.613	−3.322	−0.287	1.818
제1근사값	3.452	5.296	−6.693	−3.523	0.053	1.101
제2근사값	3.315	5.508	−6.547	−3.448	0.1	0.879
제3근사값	3.296	5.521	−6.518	−3.419	0.092	0.84
제4근사값	3.296	5.521	−6.516	−3.411	0.086	0.833
제5근사값	3.296	5.522	−6.517	−3.409	0.085	0.831
제6근사값	3.296	5.523	−6.517	−3.409	0.085	0.830

• 재단모멘트의 계산

$\phi_B = 3.296$, $\phi_C = 5.523$, $\phi_D = -6.517$

$\phi_E = -3.409$, $\psi_1 = 0.085$, $\psi_2 = 0.830$

를 재단모멘트식에 대입하여 다음 값을 얻는다.

$M_{AB} = 3.381\text{kN}\cdot\text{m}$, $M_{BA} = 6.677\text{kN}\cdot\text{m}$

$M_{BC} = 15.534\text{kN}\cdot\text{m}$, $M_{CB} = 18.206\text{kN}\cdot\text{m}$

$M_{CD} = -23.207\text{kN}\cdot\text{m}$, $M_{DC} = 18.734\text{rkN}\cdot\text{m}$

$M_{DE} = -18.736\text{kN}\cdot\text{m}$, $M_{ED} = -15.006\text{kN}\cdot\text{m}$

$M_{EB} = 21.736\text{kN}\cdot\text{m}$, $M_{BE} = -22.211\text{kN}\cdot\text{m}$

$M_{EF} = -6.733\text{kN}\cdot\text{m}$

$M_{FE} = -3.324\text{kN}\cdot\text{m}$

$M_{CC'} = 5\text{kN}\cdot\text{m}$

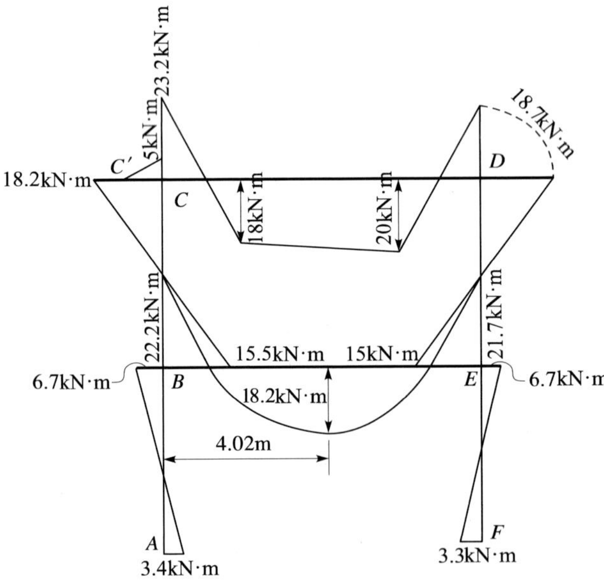

그림 8.70

8.4 모멘트분배법

8.4.1 개 론

1932년 미국의 Hardy Cross교수는 '고정단모멘트의 분배에 의한 연속뼈대의 해석'이라는 미국 토목학회지에 실린 논문에서 모멘트분배법(moment distribution method)을 발표하였다. 이 방법은 일종의 반복법이며 비교적 간단한 손계산으로 부정정인 보와 라멘의 재단모멘트를 얻을 수 있는 근사해법이다.

1915년 처짐각법이 발표되었으나 이 방법으로 고차의 부정정구조물을 해석하기 위해서는 절점회전각에 현회전각을 더한 수효만큼의 연립방정식을 풀어야 하는 엄청나게 귀찮은 작업이 뒤따라야 한다.

모멘트분배법은 처짐각법의 과정을 연립방정식을 연립방정식으로 풀어가는 것이 아니라 반복에 의해서 근사적으로 풀어가는 방법이다. 그러나 이 근사해법의 결과값은 모멘트분배의 반복을 거듭하여 감에 따라 기하급수적으로 정확한 해법의 결과에 수렴하여 간다. 2~3회의 반복이 끝나면 재단모멘트에 대한 훌륭한 근사값을 얻을 수 있으므로 계산을 끝낼 수 있지만 더 좋은 결과를 얻으려면 모멘트분배 과정을 몇 번 더 반복하면 될 것이다. 그러므로 모멘트 분배법은 정밀해에 아주 가까운 근사해법이라고 할 수 있다.

이 해법의 장점은

(1) 부정정구조물이면 어떤 구조물이든 풀 수 있다.

(2) 해법의 대부분의 과정이 산술적이다.

(3) 고층 다스팬 라멘에서는 타 해법에 비하여 노력과 시간이 현저히 적게 든다.

(4) 계산 도중에 계산착오를 수시로 확인할 수 있다.

8.4.2 모멘트분배법의 용어

1. 유효강비(등가강비, 기호 : k_e)

강비는 부재의 양단이 고정인 경우를 기준으로 하여 정한 것인데 부재의 일단이 힌지(pin)인 경우 또는 대칭변형인 경우에는 위의 강비를 수정하여 양단이 고정인 경우와 같이 취급한다. 이때 수정된 강비를 유효강비(k_e)라 한다.

표 8.3 기준강비와 도달율표

부재의 조건	휨모멘트분포	강비(k)	도달율(CF)
타단고정인 경우		k	$\frac{1}{2}$

표 8.4 유효강비와 도달율표

부재의 조건	휨모멘트분포	유효강비(k_e)	도달율(CF)
타단힌지인 경우		$\frac{3}{4}k = 0.75k$	0
타단자유인 경우		0	0
대칭변형인 경우		$\frac{1}{2}k = 0.5k$	−1
역대칭변형인 경우		$\frac{3}{2}k = 1.5k$	1

2. 불평형모멘트(고정모멘트, 절점회전구속모멘트, 기호 : M_u)

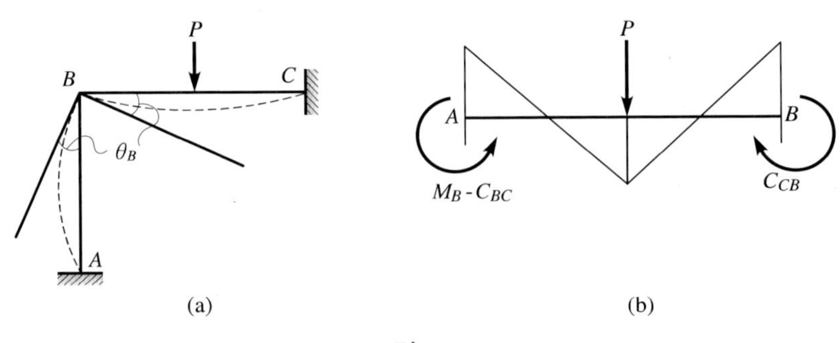

그림 8.71

그림 8.71(a)와 같이 하중 P가 작용하면 B절점은 회전할 것이지만 인위적으로 회전을

못하도록 구속시키는데 모멘트가 필요하다.

즉, 그림 8.71(b)와 같이 절점을 구속시키기 위하여 가해진 모멘트를 고정모멘트 또는 절점회전구속모멘트(locking moment)라 한다.

한편, 절점을 구속함으로써 $\sum M=0$을 만족하지 않고 남은 모멘트이므로 불평형모멘트(unbalanced moment)라 부르기도 한다.

불평형모멘트 M_u의 크기는

$$M_u = \sum C \tag{8.9}$$

여기서 C는 고정단모멘트(FEM)이며 처짐각법의 하중항표를 이용하면 유리하다.

3. 해제모멘트(해방모멘트, 기호 : $\overline{M}$)

고정상태로 구속된 절점을 원래의 상태로 해제하기 위하여 불평형모멘트와 크기가 같고 반대방향으로 가해진 모멘트를 해제모멘트(releasing moment) 또는 해방모멘트라 한다.

해제모멘트 $\overline{M}$는

$$\overline{M} = -M_u = -\sum C \tag{8.10}$$

4. 분배율과 분배모멘트

(1) 분배율(DF, 기호 : μ)

여러 부재가 강접합된 한 절점에 모멘트 M이 작용하면 M은 각 부재의 유효강비에 비례하여 각 재단에 분배된다. 이 모멘트 M이 분배되는 율을 분배율(Distribution factor)이라 하고 분배율의 산출은 그 부재의 유효강비를 그 절점에 강접합된 모든 부재의 유효강비의 합으로 나눈다. 즉,

$$\mu = \frac{k}{\Sigma k} \tag{8.11}$$

(2) 분배모멘트(DM, 기호 : M')

각 재단의 분배율에 의해 분배된 모멘트를 분배모멘트(distributed moment)라 한다. 즉,

$$M' = \mu \times M = \frac{k}{\Sigma k} \times M \tag{8.12}$$

5. 도달율과 도달모멘트(mm, 기호 : M'')

타단이 고정인 부재의 고정단에는 분배모멘트의 $\frac{1}{2}$이 도달된다. 이것을 도달모멘트(carry-over moment)라 하며 $\frac{1}{2}$을 도달율(carry-over factor)이라 한다.

이 도달모멘트의 계산은 다음과 같다.

$$M'' = \frac{1}{2} \times M' \tag{8.13}$$

타단이 힌지이거나 자유단이면 모멘트는 도달되지 않으며 도달율은 유효강비표에서 표시하였다.

8.4.3 해법 순서

1. 기본사항

(1) 수식해법의 순서

① 분배율(μ)의 계산

$$\mu = \frac{k}{\Sigma k} \qquad \text{(8.11 참조)}$$

② 고정단모멘트(C)의 계산

처짐각법의 하중항표를 이용한다.

③ 불평형모멘트(M_u) 및 해제모멘트($\overline{M}$)의 계산

불평형모멘트 : $M_u = \Sigma C$ (8.9 참조)

해제모멘트는 불평형모멘트와 크기가 같고 부호만이 반대이다. 즉

$$\overline{M} = -M_u = -\Sigma C \qquad \text{(8.10 참조)}$$

④ 분배모멘트(M')의 계산

해제모멘트 $\overline{M}$에 분배율 μ를 곱한다.

$$M' = \mu \times \overline{M} \qquad \text{(8.12 참조)}$$

⑤ 도달모멘트(M'')의 계산

분배모멘트 M'에 도달율을 곱한다.

$$M'' = \frac{1}{2}M' \qquad (8.13 \text{ 참조})$$

⑥ 재단모멘트(M)의 계산

각 재단에서의 고정단모멘트(FEM)와 분배모멘트(DM) 및 도달모멘트(CM)를 합계한다.

$$M = (FEM) + (DM) + (CM)$$

$$M = C + M' + M'' \qquad (8.14)$$

⑦ 휨모멘트도의 작도

재단모멘트를 가했을 때 부재가 굽혀지는데 그 부재가 휘는 인장측에 휨모멘트도를 작도한다.

예제 8.29

그림 8.72와 같은 라멘의 휨모멘트도를 구하시오.

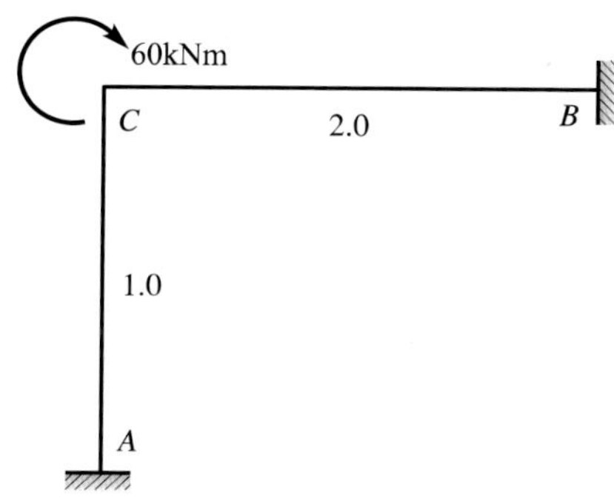

그림 8.72

풀이

•분할계수

$$m_{CA} = \frac{1}{1+2} = \frac{1}{3}$$

$$m_{CB} = \frac{2}{1+2} = \frac{2}{3}$$

분할계수의 합은 1이다.

•분할모멘트

$$M_{CA} = \frac{1}{3} \times 60 = 20\text{kN} \cdot \text{m}$$

$$M_{CB} = \frac{2}{3} \times 60 = 40\text{kN} \cdot \text{m}$$

•도달모멘트

$$M_{AC} = \frac{1}{2} \times 20 = 10\text{kN} \cdot \text{m}$$

$$M_{BC} = \frac{1}{2} \times 40 = 20\text{kN} \cdot \text{m}$$

따라서, 휨모멘트도를 그리면 그림 8.73과 같다.

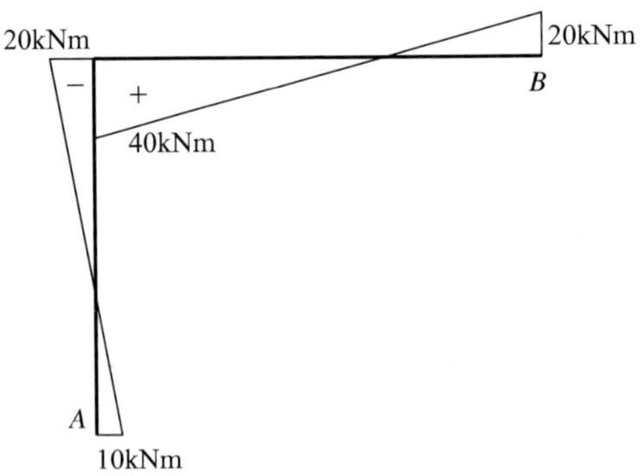

그림 8.73

예제 8.30

그림 8.74와 같은 라멘의 휨모멘트도를 구하라.

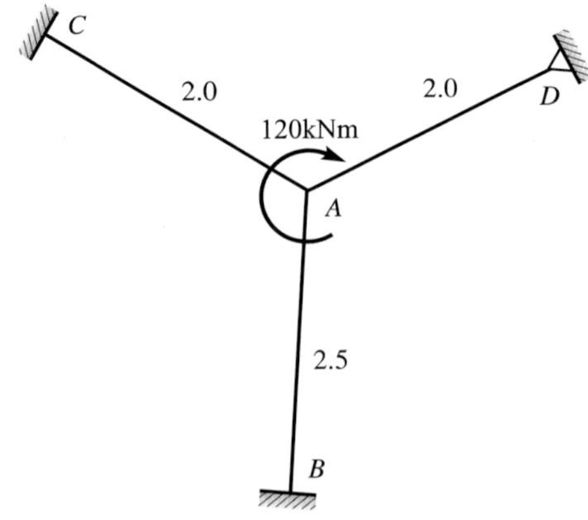

그림 8.74

풀이

D점은 회전단이므로 AD부재에 대하여는 등가강비를 사용한다. 즉

$$\Sigma K = 2.5 + 2.0 + \frac{3}{4} \times 2.0 = 6.0$$

• 분할계수

$$m_{AB} = \frac{2.5}{6}$$

$$m_{AC} = \frac{2.0}{6} = \frac{1}{3}$$

$$m_{AD} = \frac{1.5}{6}$$

• 분할모멘트

$$M_{AB} = \frac{2.5}{6} \times 120 = 50\text{kN} \cdot \text{m}$$

$$M_{AC} = \frac{1}{3} \times 120 = 40\text{kN} \cdot \text{m}$$

$$M_{AD} = \frac{1.5}{6} \times 120 = 30\text{kN} \cdot \text{m}$$

• 도달모멘트

$$M_{BA} = \frac{1}{2} \times 50 = 25\text{kN} \cdot \text{m} \qquad M_{CA} = \frac{1}{2} \times 40 = 20\text{kN} \cdot \text{m}$$

따라서, 휨모멘트도를 그리면 그림 8.75와 같다.

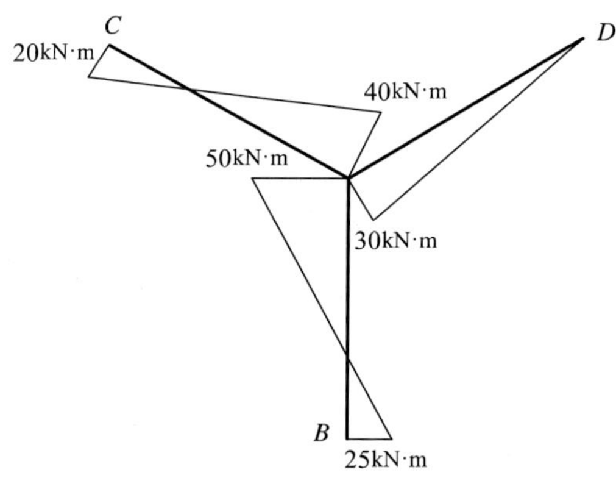

그림 8.75

예제 8.31

그림 8.76과 같은 라멘에서 D점에 $M = 90\text{kN} \cdot \text{m}$의 모멘트가 작용하는 경우 휨모멘트를 구하라.

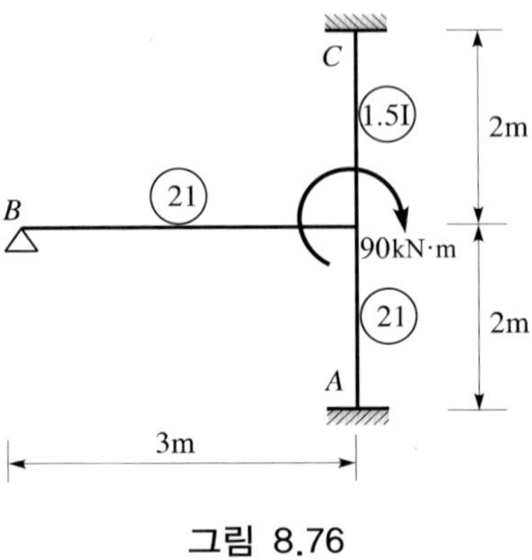

그림 8.76

풀이

각 재단의 강도($K = \frac{I}{l}$)를 구하면

AD부재 : $K_{AD} = \frac{2I}{2} = I$

BD부재 : $K_{BD} = \frac{2I}{3}$

CD부재 : $K_{CD} = \frac{1.5}{2}I$

표준강도 $K_0 = \frac{I}{2}$로 하여 각 부재의 강비를 구하되 BD부재의 B단은 힌지이므로 유효강비 $k_e = \frac{3}{4}k$로 한다.

AD부재 : $k_{AD} = \frac{K_{AD}}{K_0} = I \times \frac{2}{I} = 2$

BD부재 : $k_{BD} = \frac{K_{BD}}{K_0} = \frac{2I}{3} \times \frac{2}{I} \times \left(\frac{3}{4}\right) = 1$

CD부재 : $k_{CD} = \frac{K_{CD}}{K_0} = \frac{1.5}{2}I \times \frac{2}{I} = 1.5$

D절점의 분배모멘트 M'은 식 (8.12)에서

AD부재 : $M'_{DA} = \frac{k_{AD}}{\sum k} \times M = \frac{2}{2+1+1.5} \times 90\text{kN} \cdot \text{m} = 40\text{kN} \cdot \text{m}$

BD부재 : $M'_{DB} = \frac{k_{BD}}{\sum k} \times M = \frac{1}{2+1+1.5} \times 90\text{kN} \cdot \text{m} = 20\text{kN} \cdot \text{m}$

CD부재 : $M'_{DC}=\frac{k_{CD}}{\sum k}\times M=\frac{1.5}{2+1+1.5}\times 90\text{kN}\cdot\text{m}=30\text{kN}\cdot\text{m}$

각 재단의 도달모멘트 M''은 식 (8.13)에서 구하되 A, C단은 고정단이므로 도달율 $CF=\frac{1}{2}$이고, B단은 힌지이므로 도달율 $CF=0$이다.

AD부재 : $M''_{AD}=\frac{1}{2}\times M'_{DA}=\frac{1}{2}\times 40\text{kN}\cdot\text{m}=20\text{kN}\cdot\text{m}$

BD부재 : $M''_{BD}=0\times M'_{DB}=0$

CD부재 : $M''_{CD}=\frac{1}{2}\times M'_{DC}=\frac{1}{2}\times 30\text{kN}\cdot\text{m}=15\text{kN}\cdot\text{m}$

분배모멘트와 도달모멘트를 이용하여 B.M.D를 그리면 그림 8.77과 같다.

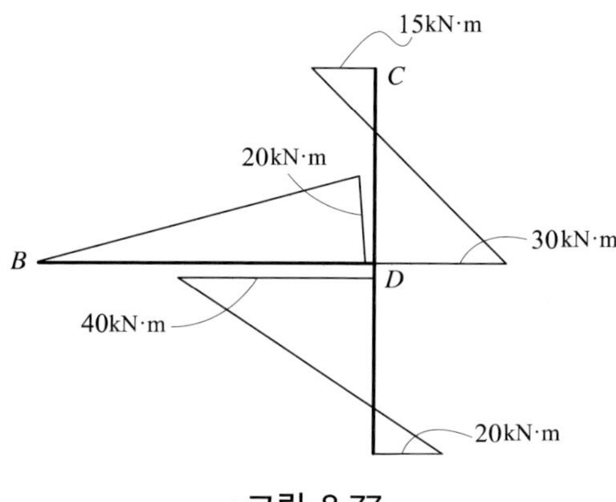

그림 8.77

예제 8.32

그림 8.78과 같은 대칭라멘의 휨모멘트를 구하라. 단, ○내의 수치는 강비이다.

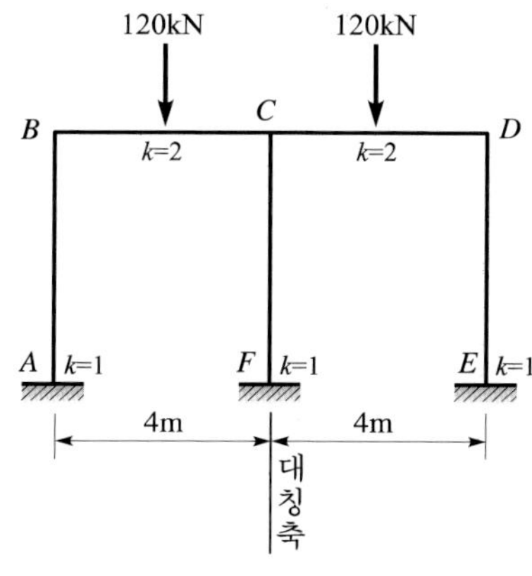

그림 8.78

대칭라멘에 대칭하중이 작용하였으므로 대칭성을 이용하여 대칭축 CF의 좌측반분만을 풀이하고 우측반분은 대칭처리하기로 한다.

풀이

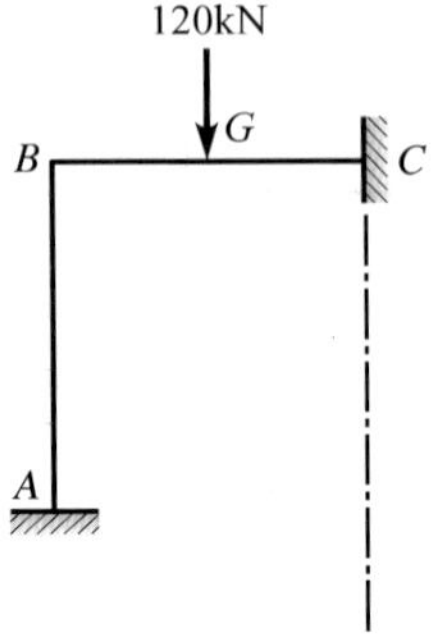

그림 8.79

• 분배율

식 (8.11)에서

$$\mu_{AB}=\frac{k_{AB}}{\sum k}=\frac{1}{1+2}=\frac{1}{3},\ \mu_{BC}=\frac{k_{BC}}{\sum k}=\frac{2}{1+2}=\frac{2}{3}$$

• 고정단모멘트

하중항표에서

$$C_{BC}=-\frac{Pl}{8}=-\frac{120\times 4}{8}=-60\text{kN}\cdot\text{m},\ C_{CB}=\frac{Pl}{8}=+60\text{kN}\cdot\text{m}$$

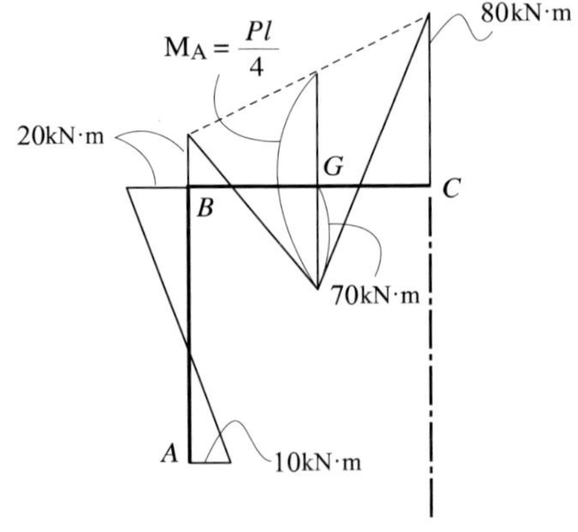

그림 8.80

• 해제모멘트

식 (8.10)에서

$\overline{M} = -\Sigma C = -(-60\text{kN}\cdot\text{m}) = 60\text{kN}\cdot\text{m}$

• 분배모멘트

식 (8.12)에서

$$M'_{BA} = \mu_{BA} \times \overline{M} = \frac{1}{3} \times 60\text{kN}\cdot\text{m} = 20\text{kN}\cdot\text{m}$$

$$M'_{BC} = \mu_{BC} \times \overline{M} = \frac{2}{3} \times 60\text{kN}\cdot\text{m} = 40\text{kN}\cdot\text{m}$$

• 도달모멘트

식 (8.13)에서

$$M''_{AB} = \frac{1}{2} \times M'_{BA} = \frac{1}{2} \times 20\text{kN}\cdot\text{m} = 10\text{kN}\cdot\text{m}$$

$$M''_{CB} = \frac{1}{2} \times M'_{BC} = \frac{1}{2} \times 40\text{kN}\cdot\text{m} = 20\text{kN}\cdot\text{m}$$

• 재단모멘트

식 (8.14)에서

$$M_{AB} = C_{AB} + M'_{AB} + M''_{AB} = M''_{AB} = 10\text{kN}\cdot\text{m}$$

$$M_{BA} = C_{BA} + M'_{BA} + M''_{BA} = M'_{BA} = 20\text{kN}\cdot\text{m}$$

$$M_{BC} = C_{BC} + M'_{BC} + M''_{BC} = C_{BC} + M'_{BC}$$
$$= (-60\text{kN}\cdot\text{m}) + 40\text{kN}\cdot\text{m} = -20\text{kN}\cdot\text{m}$$

$$M_{CB} = C_{CB} + M'_{CB} + M''_{CB} = C_{CB} + M''_{CB}$$
$$= 60\text{kN}\cdot\text{m} + 20\text{kN}\cdot\text{m} = 80\text{kN}\cdot\text{m}$$

• G점에서의 휨모멘트 M_G는

$$M_G = \frac{Pl}{4} - \frac{|M_{BC}| + |M_{CB}|}{2} = \frac{120 \times 4}{4} - \frac{20 + 80}{2} = 70\text{kN}\cdot\text{m}$$

재단모멘트의 크기와 부호를 이용하여 휨모멘트도를 그리면 그림 8.81과 같다.

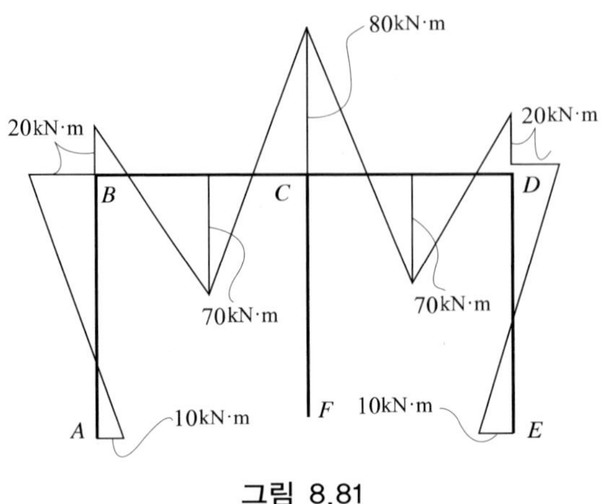

그림 8.81

예제 8.33

그림 8.82와 같은 라멘의 휨모멘트도를 구하라.

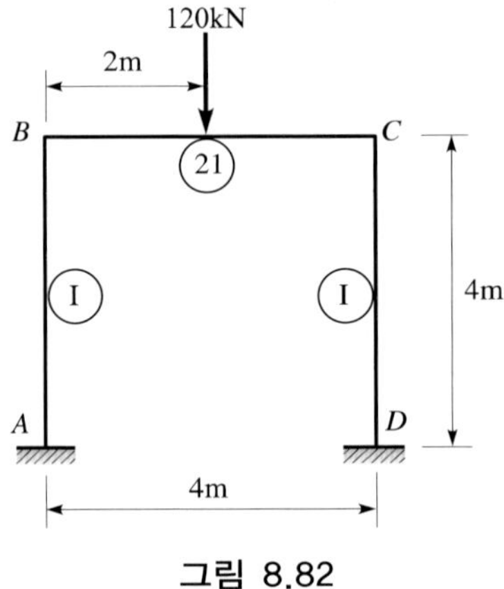

그림 8.82

풀이

각 재단의 강도 K를 구하여

$$K_{AB}=\frac{I}{4},\ K_{BC}=\frac{2I}{4},\ K_{CD}=\frac{I}{4}$$

표준강도 $K_0=\frac{I}{4}$로 하고 BC부재는 대칭변형재(그림 8.83 참조)로 유효강비 $k_e=\frac{1}{2}k$로 하여 각 부재의 강비를 구하면

$$k_{AB}=\frac{I}{4}\times\frac{4}{I}=1,\ k_{BC}=\frac{2I}{4}\times\frac{4}{I}\times\frac{1}{2}=1,\ k_{CD}=\frac{I}{4}\times\frac{4}{I}=1$$

각 부재의 강비는 모두 1이 된다.

대칭라멘이므로 대칭축의 좌측반분을 계산하여 우측반분은 대응계수에 있는 휨모멘트에 부호만 바꾸면 된다.

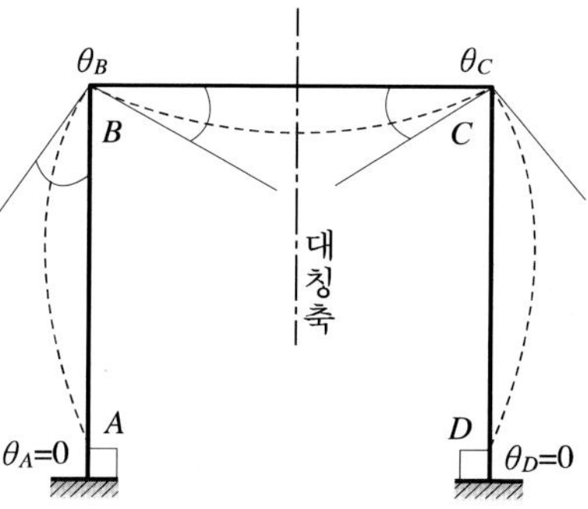

그림 8.83

•분배율 $\mu_{BA}=\mu_{BC}=\dfrac{k}{\Sigma k}=\dfrac{1}{1+1}=0.5$

•고정단모멘트

$$C_{BC}=-\frac{Pl}{8}=-120\times\frac{4}{8}=-60\text{kN}\cdot\text{m}$$

$$C_{CB}=\frac{Pl}{8}=120\times\frac{4}{8}=60\text{kN}\cdot\text{m}$$

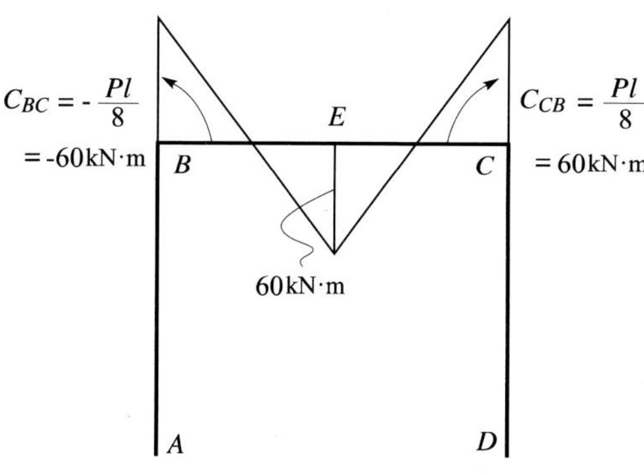

그림 8.84

•B점의 해제모멘트

$\overline{M} = -C_{BC} = -(-60\text{kN}\cdot\text{m}) = 60\text{kN}\cdot\text{m}$

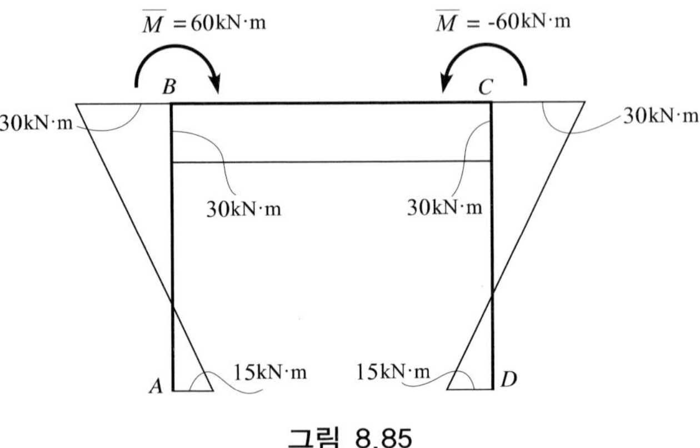

그림 8.85

•B점의 분배모멘트

$M'_{BA} = \mu_{BC} \times \overline{M} = 0.5 \times 60\text{kN}\cdot\text{m} = 30\text{kN}\cdot\text{m}$

$M'_{BC} = \mu_{BC} \times \overline{M} = 0.5 \times 60\text{kN}\cdot\text{m} = 30\text{kN}\cdot\text{m}$

•A단의 도달모멘트

$M''_{AB} = \frac{1}{2} M'_{BA} = \frac{1}{2} \times 30\text{kN}\cdot\text{m} = 15\text{kN}\cdot\text{m}$

•재단모멘트

$M_{AB} = M''_{AB} = 15\text{kN}\cdot\text{m}$

$M_{BA} = M'_{BA} = 30\text{kN}\cdot\text{m}$

$M_{BC} = C_{BC} + M'_{BC} = -60\text{kN}\cdot\text{m} + 30\text{kN}\cdot\text{m} = -30\text{kN}\cdot\text{m}$

대칭축의 좌측반분의 재단모멘트는 대응점에 있는 좌측 재단모멘트와 크기가 같고 부호만 반대로 하면 된다.

$M_{DC} = -M_{AB} = -15\text{kN}\cdot\text{m}$

$M_{CD} = -M_{BA} = -30\text{kN}\cdot\text{m}$

$M_{CB} = -M_{BC} = -(-30\text{kN}\cdot\text{m}) = 30\text{kN}\cdot\text{m}$

• 휨모멘트도의 작도

하중이 작용한 E점의 휨모멘트 M_E는

$$M_E = \frac{Pl}{4} - \frac{|M_{BC}| + |M_{CB}|}{2} = \frac{120 \times 4}{4} - \frac{30+30}{2} = 90\text{kN} \cdot \text{m}$$

휨모멘트 작용법에 따라 B.M.D를 그리면 그림 8.86과 같다.

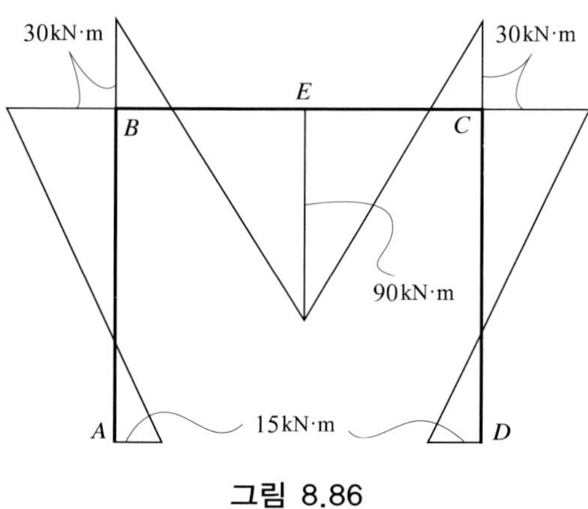

그림 8.86

예제 8.34

그림 8.87과 같은 부정정보의 휨모멘트를 구하라. 단, 부재의 단면 2차 모멘트와 길이는 모두 같다.

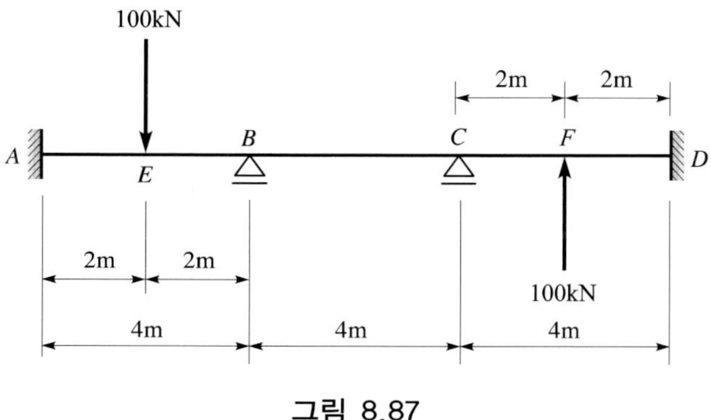

그림 8.87

풀이

부재의 단면 2차 모멘트와 길이가 모두 같으므로 강도 K가 같고 강비 k도 모두 같게 되나 BC부재는 역대칭변형을 하므로 유효강비는 $k_e = \frac{3}{2}k$를 사용해야 한다.

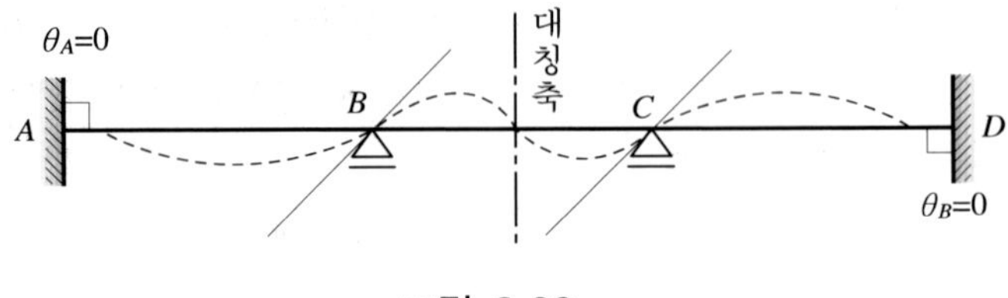

그림 8.88

• 강비

표준강도 $K_0 = \frac{I}{4}$로 하고 역대칭변형을 하는 BC부재의 유효강비를 $\frac{3}{2}k$로 하면

AB부재 : $k_{AB} = \frac{I}{4} \times \frac{4}{I} = 1$

BC부재 : $k_{BC} = \frac{3}{2} \times \frac{I}{4} \times \frac{4}{I} = 1.5$

CD부재 : $k_{CD} = \frac{I}{4} \times \frac{4}{I} = 1$

• 고정단모멘트

AB부재 : $C_{AB} = -\frac{Pl}{8} = -\frac{100 \times 4}{8} = -50\text{kN} \cdot \text{m}$

$C_{BA} = +50\text{kN} \cdot \text{m}$

CD부재 : $C_{CD} = +\frac{Pl}{8} = +50\text{kN} \cdot \text{m}$

$C_{DC} = -50\text{kN} \cdot \text{m}$

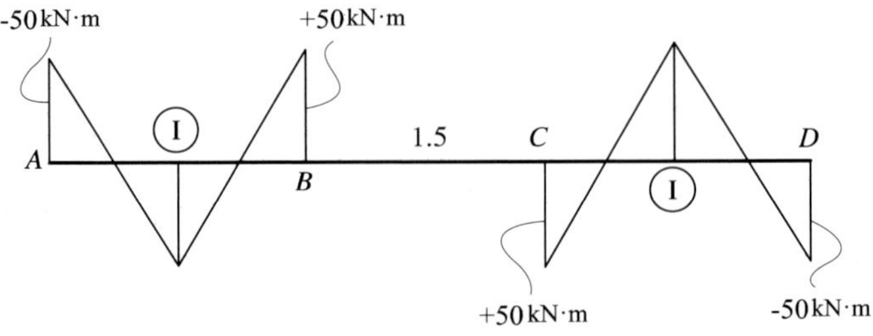

그림 8.89

•분배모멘트

B점 : $M'_{BA} = \dfrac{1}{1+1.5} \times (-50\text{kN}\cdot\text{m}) = -20\text{kN}\cdot\text{m}$

$M'_{BC} = \dfrac{1.5}{1+1.5} \times (-50\text{kN}\cdot\text{m}) = -30\text{kN}\cdot\text{m}$

C점 : $M'_{CB} = \dfrac{1.5}{1+1.5} \times (-50\text{kN}\cdot\text{m}) = -30\text{kN}\cdot\text{m}$

$M'_{CD} = \dfrac{1}{1+1.5} \times (-50\text{kN}\cdot\text{m}) = -20\text{kN}\cdot\text{m}$

•도달모멘트

A점 : $M''_{AB} = \dfrac{1}{2} \times M'_{BA} = \dfrac{1}{2} \times (-20\text{kN}\cdot\text{m}) = -10\text{kN}\cdot\text{m}$

D점 : $M''_{DC} = \dfrac{1}{2} \times M'_{CD} = \dfrac{1}{2} \times (-20\text{kN}\cdot\text{m}) = -10\text{kN}\cdot\text{m}$

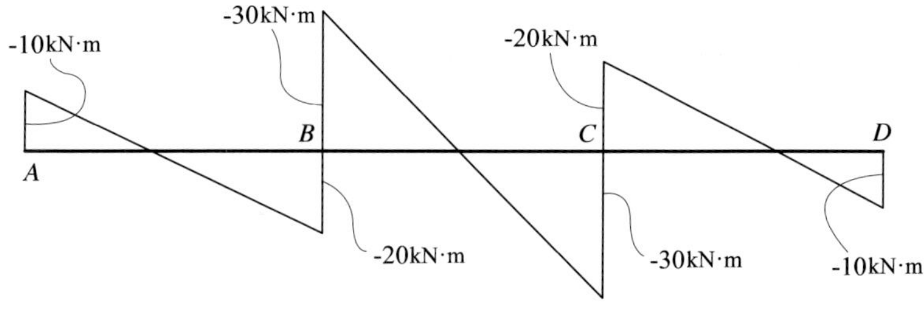

그림 8.90

•재단모멘트

$M_{AB} = C_{AB} + M''_{AB} = -50\text{kN}\cdot\text{m} - 10\text{kN}\cdot\text{m} = -60\text{kN}\cdot\text{m}$

$M_{BA} = C_{BA} + M'_{BA} = +50\text{kN}\cdot\text{m} - 20\text{kN}\cdot\text{m} = 30\text{kN}\cdot\text{m}$

$M_{BC} = M'_{BC} = -30\text{kN}\cdot\text{m}$

$M_{CB} = M'_{CB} = -30\text{kN}\cdot\text{m}$

$M_{CD} = C_{CD} + M'_{CD} = +50\text{kN}\cdot\text{m} - 20\text{kN}\cdot\text{m} = 30\text{kN}\cdot\text{m}$

$M_{DC} = C_{DC} + M''_{DC} = -50\text{kN}\cdot\text{m} - 10\text{kN}\cdot\text{m} = -60\text{kN}\cdot\text{m}$

•휨모멘트도의 작도

하중 작용점 E, F의 휨모멘트는

$$M_E = \frac{Pl}{4} - \frac{|M_{AB}| + |M_{BA}|}{2} = \frac{100\text{kN} \times 4\text{m}}{4} - \frac{60+30}{2} = 55\text{kN}\cdot\text{m}$$

재단모멘트의 크기와 부호를 이용하여 B.M.D를 그리면 그림 8.91과 같다.

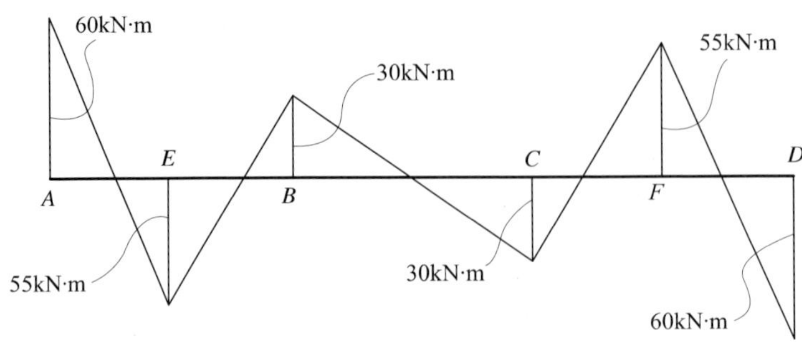

그림 8.91

8.4.4 라멘도

1. 도상계산법의 순서

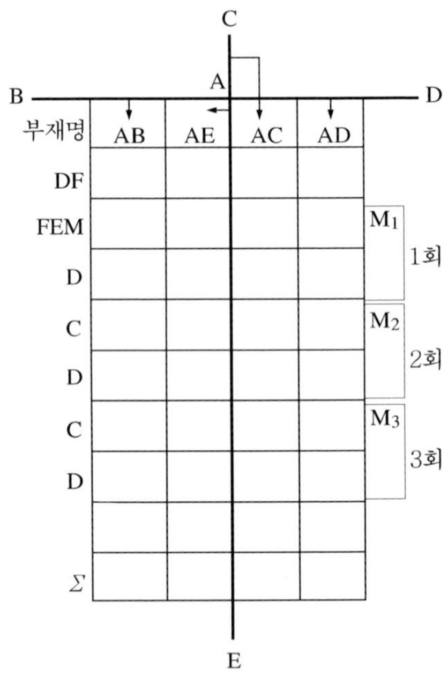

그림 8.92

(1) 라멘도의 각 절점에 다음과 같은 계산상 기입란을 만들어 부재명을 기입한다. 이때 부재명 대신 화살표로 표시해도 된다.

(2) 분배율을 계산하여 DF란에 기입하고 ( )로 묶는다. 이때 $\Sigma(DF)=1$임을 확인한다.

(3) 고정단 모멘트 C를 계산하여 FEM란에 기입한다.

(4) 고정단 모멘트를 합계하여 부호를 반대로 바꾼 해제모멘트($\overline{M}=-\Sigma C$)를 FEM란 외측 우단$\overline{M_1}$의 위치에 기입한다.

(5) $\overline{M_1}$에 각 부재의 분배율을 곱하여 구한 제1차 분배모멘트 $D_1=\mu\overline{M_1}$를 D_1란에 기입한다.

※ 이로써 1회분배가 완료된다.

(6) 각 재단에 그 부재의 타단에서 도달되는 제1차 도달모멘트 $C_1=\frac{1}{2}D_1$를 C_1란에 기입한다.

(7) C_1을 합계하여 부호를 반대로 바꾼 해제모멘트 $\overline{M_2}=-\Sigma C_1$를 각 절점마다의 C_1란 외 우단 $\overline{M_2}$위치에 기입한다.

(8) $\overline{M_2}$에 각 부재의 분배율을 곱하여 구한 제2차 분배모멘트 $D_2=\mu\overline{M_2}$를 D_2란에 기입한다.

※ 이로써 2회분배가 완료된다.

반복해서 위의 2회분배와 같은 방법으로 구해나간다.

반복횟수를 많이 하면 할수록 정해치에 가까운 값을 얻게 되나 실용상 2회 또는 3회분배로써 족하다.

참고로 5회분배에 의한 M값을 정확치로 보면

1회분배 …… 약 72% 수렴

2회분배 …… 약 97% 수렴

∴ 2회 또는 3회분배로써 족하다.

3회분배 …… 약 98% 수렴

4회분배 …… 약 99.8% 수렴

5회분배 …… 약 100% 수렴

(9) 각 재단의 란마다 FEM에서 $D_{n=1,2,3}$까지 세로로 합계하면 각 부재의 재단모멘트가 구해진다.

이때 ( )속에 있는 분배율 DF의 값을 합계하면 안 되므로 주의를 요한다.

2. 대칭성의 이용

(1) 대칭라멘이 대칭연직하중을 받을 때

대칭축상의 E절점은 변위하지 않으므로 고정단으로 생각할 수 있으며 BE재의 유효강비 $k_e = 0$이므로 그림 8.93과 같이 라멘의 좌측부분만 계산하면 된다.

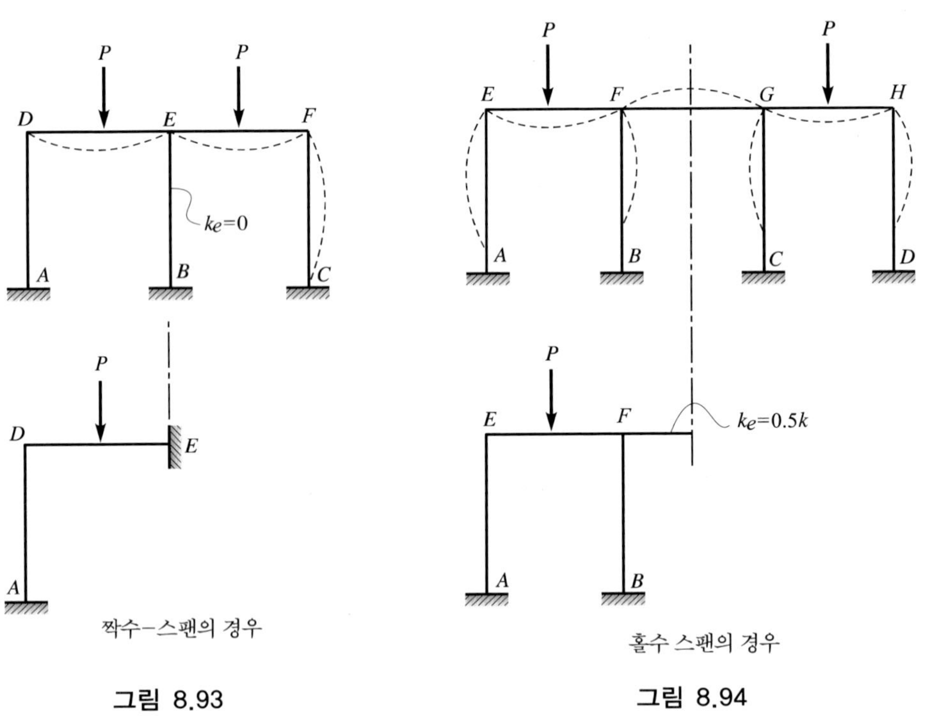

그림 8.93

그림 8.94

대칭축상의 FG부재는 대칭변형재이므로 유효강비 $k_e = 0.5k$로 하여 그림 8.94와 같이 라멘의 좌측반분만 계산하면 된다.

(2) 대칭재가 역대칭하중을 받을 때

대칭축상의 BC부재의 유효강비 $k_e = \frac{3}{2}k$로 하여 구조물의 좌측반분만 풀면 된다.

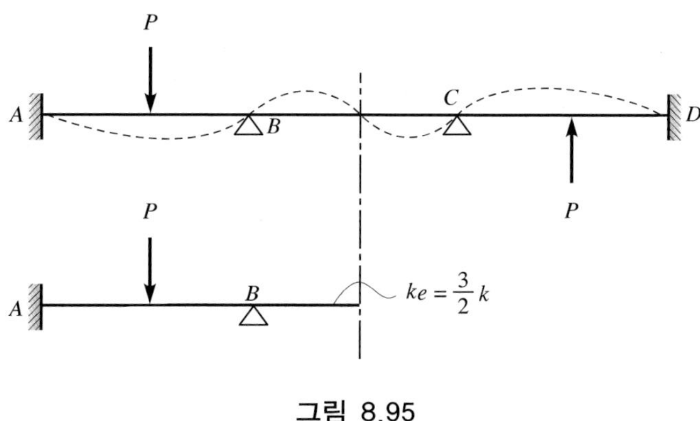

그림 8.95

(3) 대칭라멘이 수평하중을 받을 때

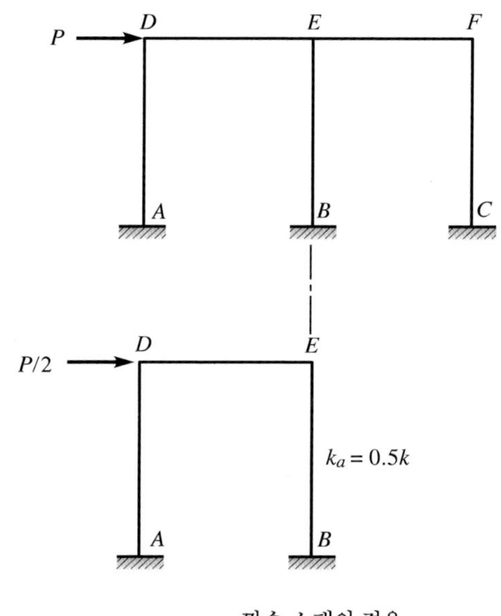

짝수 스팬의 경우

그림 8.96

그림 8.96의 라멘은 수평하중 P를 $\frac{1}{2}P$로 하고 대칭축상의 BE재의 유효강비 $k_e = 0.5k$로 하여 풀이한 다음 CF재의 휨모멘트는 AD재와 같게 하면 된다.

그림 8.97의 라멘은 수평하중 P를 $\frac{1}{2}P$로 하고 대칭축상의 FG부재는 유효강비를 $k_e = 1.5k$로 하여 한쪽 절반만 풀면 된다.

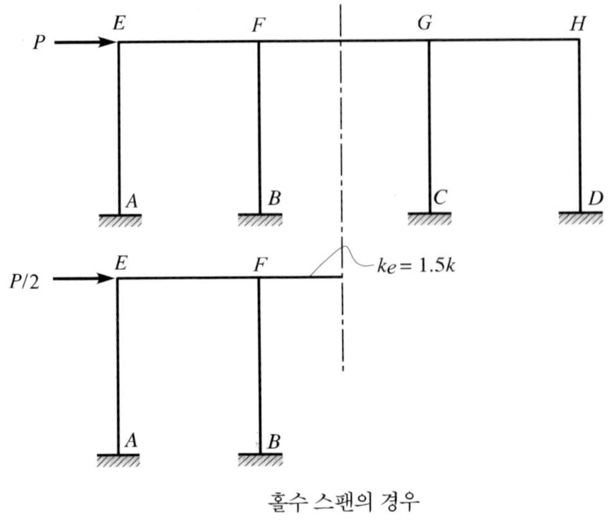

홀수 스팬의 경우

그림 8.97

예제 8.35

그림 8.98과 같은 라멘의 휨모멘트를 도상계산법으로 구하라. 단, ○내의 수치는 그 부재의 강비이다.

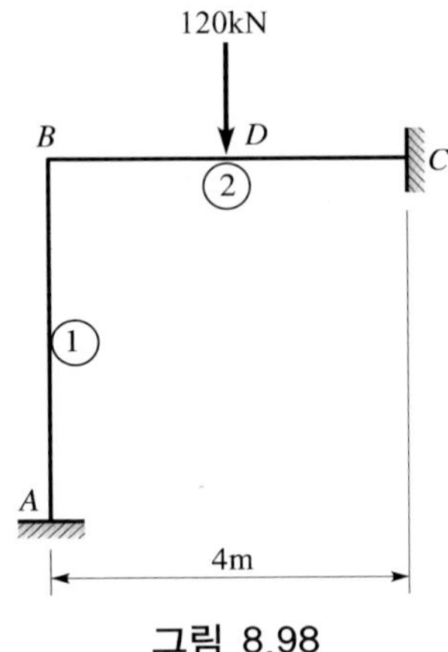

그림 8.98

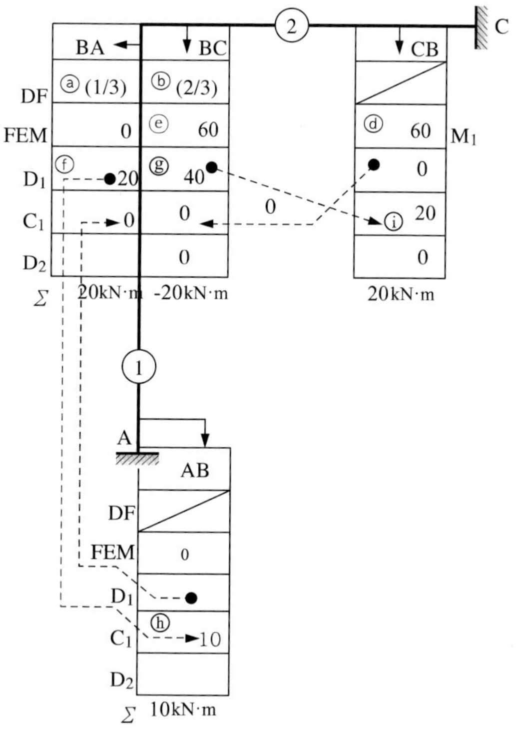

그림 8.99

풀이

• 기준도의 작성

그림 8.99와 같은 라멘 기준도의 부재중간 ○란에 그 부재의 강비 ①, ②를 기입하고 기입란 상부에 부재명을 기입한다.

• 분배율(DF란에 기입)

$$\mu_{BA} = \frac{1}{1+2} = \frac{1}{3} \quad ⓐ$$

DF란에 기입하고 ( )로 묶는다.

$$\mu_{BC} = \frac{2}{1+2} = \frac{2}{3} \quad ⓑ$$

※ AB와 CB의 DF란에 빗금을 긋는다.

• 고정단모멘트(FEM란에 기입한다)

$$C_{BC} = -\frac{Pl}{8} = -\frac{120 \times 4}{8} = -60\text{kN} \cdot \text{m} \quad ⓒ$$

$C_{CB} = +\frac{Pl}{8} = +60\text{kN}\cdot\text{m}$ ⓓ

※ AB와 BA의 FEM란에는 0을 기입한다.

• 제1차 해제모멘트(FEM란 외 우단에 기입한다)

B절점의 불평형모멘트의 부호를 반대로 바꾼 해제모멘트의 값 60kN · m를 ⓔ에 기입한다.

※ AB와 CB는 분배율이 없으므로 해제모멘트를 구하지 않는다.

• 제1차 분배모멘트(D_1란에 기입한다)

ⓔ의 $60\text{kN}\cdot\text{m} \times \frac{1}{3} = 20\text{kN}\cdot\text{m}$는 ⓕ에 기입

ⓔ의 $60\text{kN}\cdot\text{m} \times \frac{2}{3} = 40\text{kN}\cdot\text{m}$는 ⓖ에 기입

※ AB와 CB의 D_1란에는 0을 기입한다. 이로써 1cycle이 완료된다.

• 제1차 전달모멘트(그 부재의 타단 C_1란에 기입한다)

ⓕ의 $20\text{kN}\cdot\text{m} \times \frac{1}{2} = 10\text{kN}\cdot\text{m}$은 절점으로 표시한 타단 ⓗ에 기입

ⓖ의$40\text{kN}\cdot\text{m} \times \frac{1}{2} = 20\text{kN}\cdot\text{m}$은 절점으로 표시한 타단 ⓘ에 기입

※ BA와 BC의 C_1란에는 타단에서 도달되는 것이 없으므로 0을 기입

• 제2차 해제모멘트(C_1란 바깥쪽 우단에 기입한다)

B절점의 C_1란을 모두 합계하면 $0+0=0$이므로 ⓙ에 0을 기입한다.

• 제2차 분배모멘트(D_2란에 기입한다)

해제모멘트가 없으므로 D_2란은 모두 0이 된다. 이로써 2cycle이 완료된다.

• 재단모멘트

각 난마다 FEM에서 D_2까지 세로로 합계하면 각 부재의 재단모멘트가 구해진다. 이때 ( )속에 있는 DF값을 합계하지 않도록 주의를 요한다.

※ 각 절점마다 절점방정식 $\Sigma M = 0$이 성립되는가를 확인한다.

B절점 : $20\text{kN}\cdot\text{m} - 20\text{kN}\cdot\text{m} = 0$ *OK*

재단모멘트를 이용하여 휨모멘트도를 그리면 그림 8.100과 같다.

$$M_D = \frac{Pl}{4} - \frac{|M_{BC}| + |M_{CB}|}{2} = \frac{120 \times 4}{4} - \frac{20 + 80}{2} = 70\text{kN}\cdot\text{m}$$

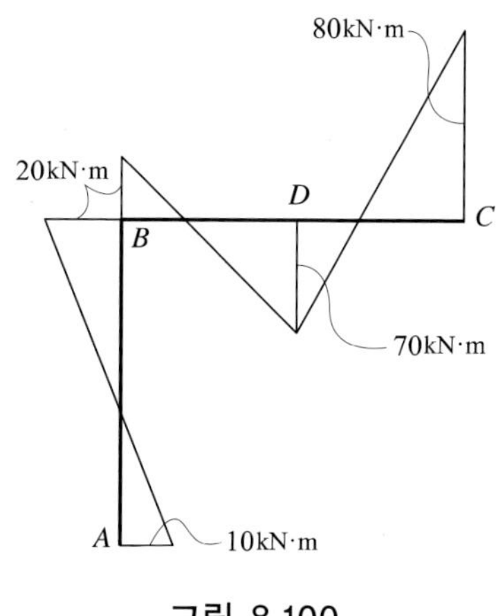

그림 8.100

예제 8.36

그림 8.101과 같은 대칭라멘의 휨모멘트를 도상해법으로 풀이하라. 단, 각 부재의 강비는 모두 1이다.

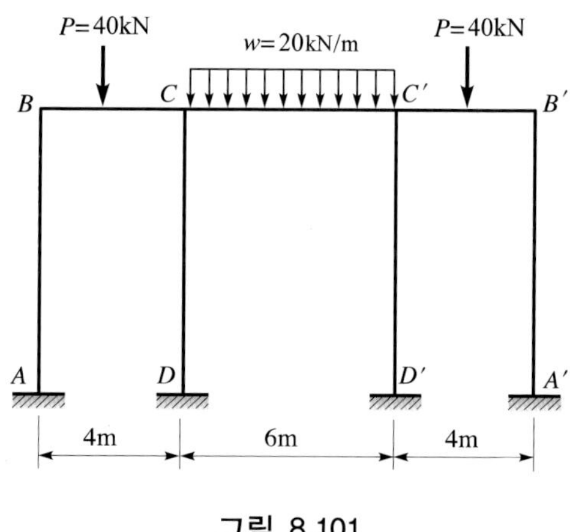

그림 8.101

풀이

홀수대칭재에 대칭하중이 작용하였으므로 대칭축의 좌측부분을 계산하도록 한다.

이때 CC'재의 유효강비는 $k_e = \dfrac{1}{2}k = \dfrac{1}{2} \times 1 = 0.5$

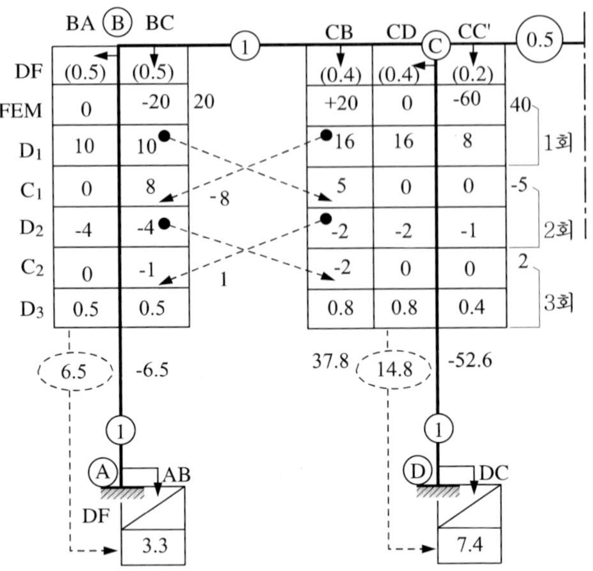

그림 8.102

• 분배율(DF란에 기입)

$$\mu_{BA} = \mu_{BC} = \frac{1}{1+1} = 0.5, \quad \mu_{CB} = \mu_{CD} = \frac{1}{1+1+0.5} = 0.4, \quad \mu_{CC}' = \frac{0.5}{1+1+0.5} = 0.2$$

• 고정단모멘트(FEM란에 기입)

$$C_{BC} = -\frac{Pl}{8} = -\frac{40 \times 4}{8} = -20\text{kN} \cdot \text{m}$$

$$C_{CB} = +\frac{pl}{8} = +20\text{kN} \cdot \text{m}$$

$$C_{CC}' = -\frac{\omega l^2}{12} = -\frac{20 \times 6^2}{12} = -60\text{kN} \cdot \text{m}$$

• 제1차해제모멘트(FEM란의 우측에 기입)

B점 : $\overline{M} = -(C_{BC}) = -(20\text{kN} \cdot \text{m}) = 20\text{kN} \cdot \text{m}$

C점 : $\overline{M} = -(C_{CB} + C_{cc}') = -(20-60) = 40\text{kN} \cdot \text{m}$

• 제1차분배모멘트(D_1란에 기입)

해제모멘트에 각 부재의 (DF)를 곱하여 해당 부재의 D_1란에 기입한다.

※ 이로써 1cycle이 완료된다.

• 제1차전달모멘트(그 부재의 타단 C_1란에 기입)

각 부재의 분배모멘트의 $\frac{1}{2}$을 그 부재의 타단 C_1란에 기입한다.

• 제2차해제모멘트

B점과 C점에서 C_1란을 합계하여 부호를 반대로 바꾼 해제모멘트 $-80\text{kN}\cdot\text{m}$, $-5\text{kN}\cdot\text{m}$를 C_1란의 우측에 기입한다.

• 제2차분배모멘트(D_2란에 기입)

해제모멘트에 각 부재의 (DF)를 곱하여 해당 부재의 D_2란에 기입한다.

※ 이로써 2cycle이 완료된다.

• 제2차도달모멘트(C_2란에 기입)

각 부재의 분배모멘트의 $\frac{1}{2}$을 그 부재의 타단 C_2란에 기입한다.

• 제3차해제모멘트

B점과 C점에서 C_2란을 합하여 부호를 바꾼 해제모멘트 $1\text{kN}\cdot\text{m}$, $2\text{kN}\cdot\text{m}$를 C_2란의 바깥쪽 우측에 기입한다.

• 제3차분배모멘트(D_3란에 기입)

해제모멘트에 각 부재의 (DF)를 곱하여 해당 부재의 D_3란에 기입한다.

※ 이로써 3cycle이 완료된다.

• 재단모멘트

3차 분배모멘트의 값이 0.5, 0.8, 0.4로써 적은 값이므로 3cycle에서 끝마치기로 하고 각 재단의 란마다 FEM에서 D_3까지 세로로 합계한 후 각 절점마다 절점방정식 $\Sigma M_B=0$, $\Sigma M_C=0$를 검산한다.

이때 ( )속에 DF값을 합계하면 안 되므로 주의를 요한다.

A단과 D단의 재단모멘트는 각각 그 부재의 타단 재단모멘트의 $\frac{1}{2}$을 최종적으로 도달시킨다. 즉,

$$M_{AB}=\frac{1}{2}M_{BA}=\frac{1}{2}\times 6.5=3.25\text{kN}\cdot\text{m}$$

$$M_{DC}=\frac{1}{2}M_{CD}=\frac{1}{2}\times 14.8=7.4\text{kN}\cdot\text{m}$$

• 휨모멘트도의 작성

재단모멘트를 이용하여 대칭라멘의 좌우의 휨모멘트도를 그리면 그림 8.103과 같다.

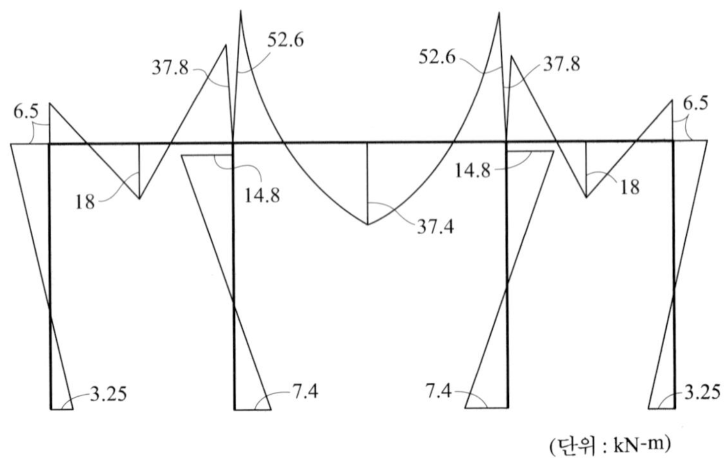

그림 8.103

예제 8.37

그림 8.104와 같은 라멘의 휨모멘트도를 구하시오.

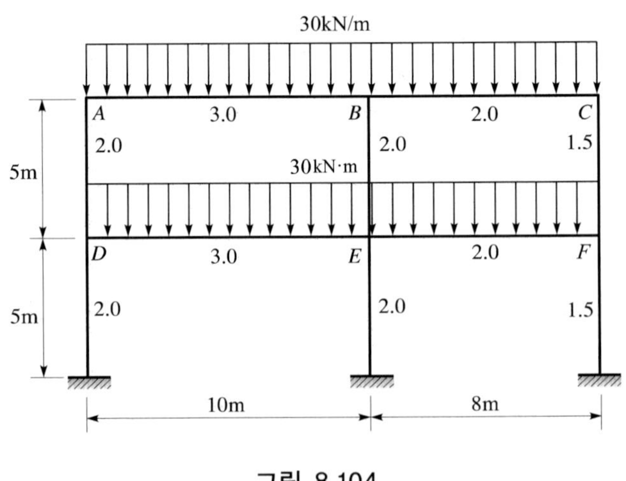

그림 8.104

풀이

라멘이 비대칭이므로 절점은 다소 이동하지만 이에는 절점의 이동을 무시하고 계산하여도 실용적으로 충분한 경우이다. 따라서 그림 8.105와 같이 분할계수를 이용한 도상계상을 행한다.

•분할계수의 기입

앞의 예에서와 같은 방법으로 분할계수를 구하여 ( )안에 기입한다.

•하중항의 기입

$$C_{AB}=C_{BA}=C_{DE}=C_{ED}=\frac{30\times 10^2}{12}=250\text{kN}\cdot\text{m}$$

$$C_{BC}=C_{CB}=C_{EF}=C_{FE}=\frac{30\times 8^2}{12}=160\text{kN}\cdot\text{m}$$

상기 분할계수, 하중항 등의 기입란은 절점을 중심으로 하여 시계방향에 위치하도록 한다.

•제1차분할모멘트

각 절점에서의 고정모멘트를 그 부호를 바꾸어 분할계수를 곱하면 제1차분할모멘트가 되고 이를 D_1칸에 기입한다.

•제1차도달모멘트

분할모멘트의 $\frac{1}{2}$이 타단에 생기는 도달모멘트로서 이를 C_1란에 기입한다.

•제2차 분할모멘트

각 절점에서 C_1의 총합이 제1차 추가모멘트로서 그 부호를 바꾸어 분할계수를 곱하면 제2차 분할모멘트가 되고 이를 D_2 칸에 기입한다.

•재단모멘트

이와 같은 방법으로 D_4칸까지 계산하면 도달모멘트 0으로 수렴하게 된다.

•재단모멘트

$=$하중항$+D_1+C_1+D_2+C_2+D_3+C_3+D_4$로서 이를 Σ칸에 기입한다.

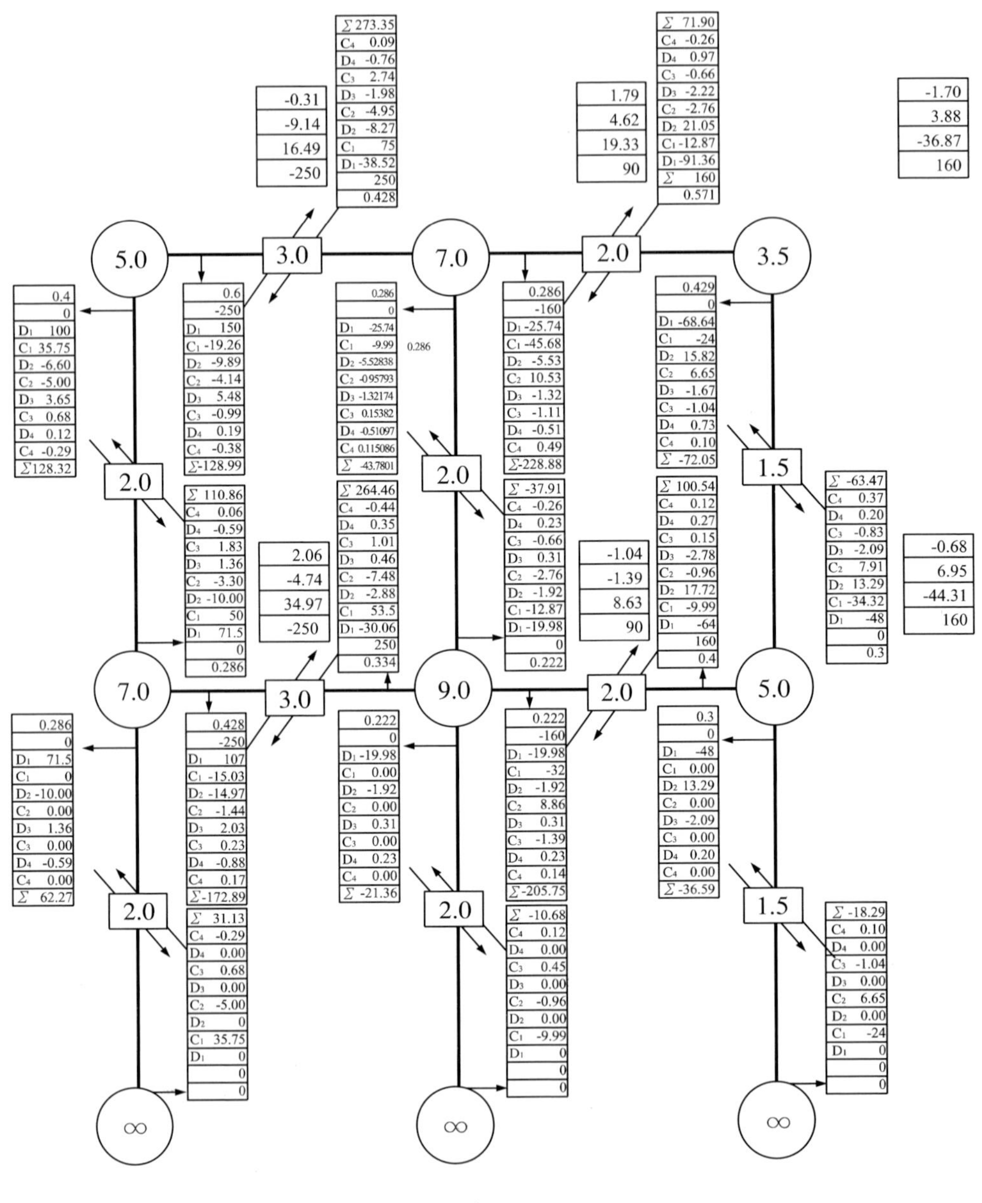

그림 8.105

•휨모멘트도

이상의 계산결과에서 휨모멘트도는 그림 8.106과 같다.

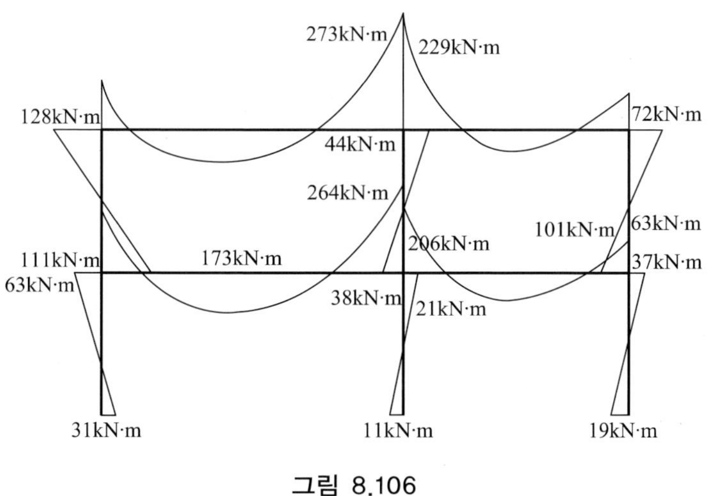

그림 8.106

예제 8.38

그림 8.107과 같은 라멘의 재단모멘트를 구하라.

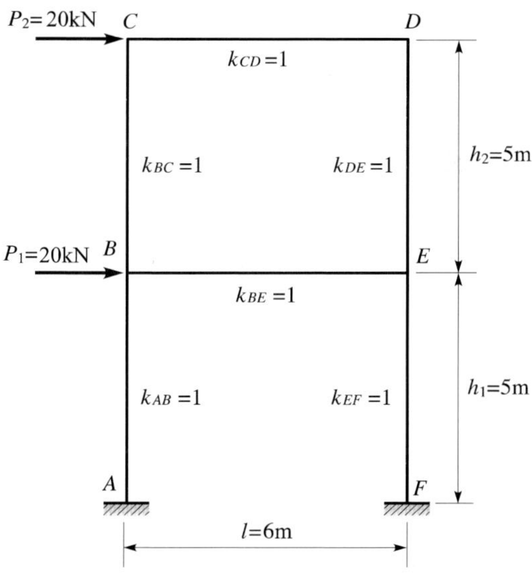

그림 8.107

풀이

이와 같은 수평력을 받는 고층라멘에서는 층수만큼 부재각이 생기므로 복잡해지지만 원리적으로는 앞의 예와 같다.

제1층 및 2층에서는 부재각이 생기지만 그 크기는 미지이므로 먼저 각 층에 임의의 부재각$\left(R_1 = R_2 = \dfrac{1}{6EK_0}\right)$을 강제로 일어나게 해서 이때의 재단모멘트와 각 층의 수평력을 구한다.

그림 8.108 (b)와 같이 제1층에만 부재각을 만든 경우와 그림 (c)와 같이 제2층만 부재각을 주는 경우를 합한 그림 (a)의 경우를 생각해서 구한다.

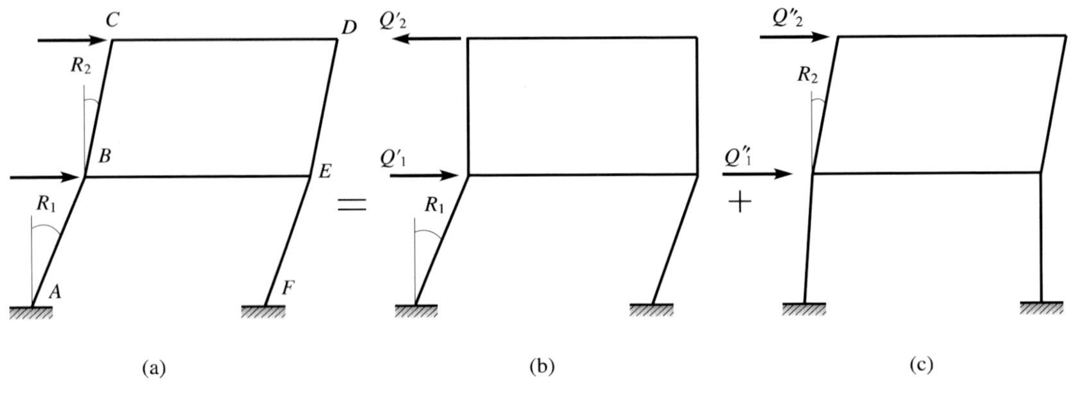

그림 8.108

그림 8.108 (b)와 같이 1층만 부재각$\left(R_1 = \dfrac{1}{6EK_0}\right)$을 줄 때 재단모멘트를 구한다.

먼저 모든 절점의 회전을 구속한 후 부재각 R_1을 주고 나서 부재 AB, EF의 상하단의 고정단 모멘트를 해방하고 구속을 해제한다. 계산과정은 그림 8.109와 같다.

• 제1층 수평력

$$\frac{2(M_{AB1} + M_{BA1})}{h_1} + Q_1' = 0$$

$$\therefore\ Q_1' = -\frac{2(M_{AB1} + M_{BA1})}{h_1} = -\frac{2(-8.5-7)}{5}$$

$$= 6.2\text{kN}$$

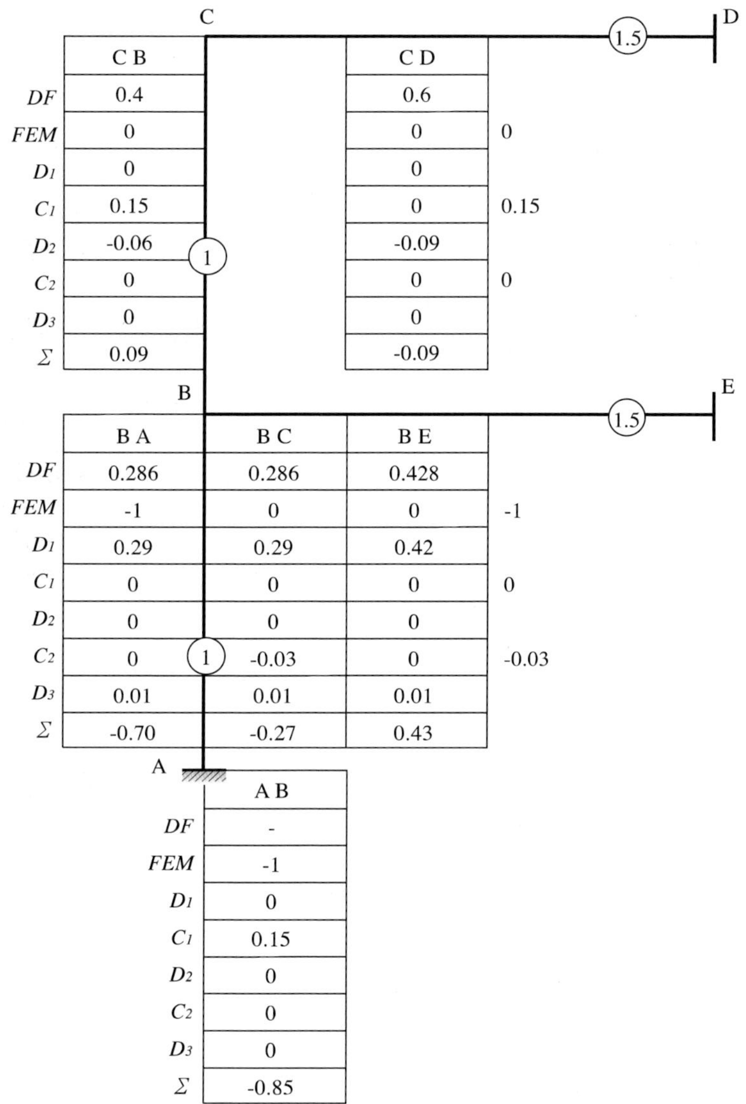

	CB	CD	
DF	0.4	0.6	
FEM	0	0	0
D_1	0	0	
C_1	0.15	0	0.15
D_2	-0.06	-0.09	
C_2	0	0	0
D_3	0	0	
Σ	0.09	-0.09	

	BA	BC	BE	
DF	0.286	0.286	0.428	
FEM	-1	0	0	-1
D_1	0.29	0.29	0.42	
C_1	0	0	0	0
D_2	0	0	0	
C_2	0	-0.03	0	-0.03
D_3	0.01	0.01	0.01	
Σ	-0.70	-0.27	0.43	

	AB
DF	-
FEM	-1
D_1	0
C_1	0.15
D_2	0
C_2	0
D_3	0
Σ	-0.85

그림 8.109

• 제2층 수평력

$$\frac{2(M_{BC1}+M_{CB1})}{h_2}+Q_2'=0$$

$$\therefore\ Q_2'=-\frac{2(M_{BC1}+M_{CB1})}{h_2}=-\frac{2(2.7+0.9)}{5}$$

$$=-1.4\text{kN}\ (\leftarrow)$$

그림 8.108(c)와 같이 제2층에만 부재각 $R_2 = \frac{1}{6EK_0}$를 생기게 했을 때 재단모멘트를 구한다.

그 계산은 그림 8.110과 같다.

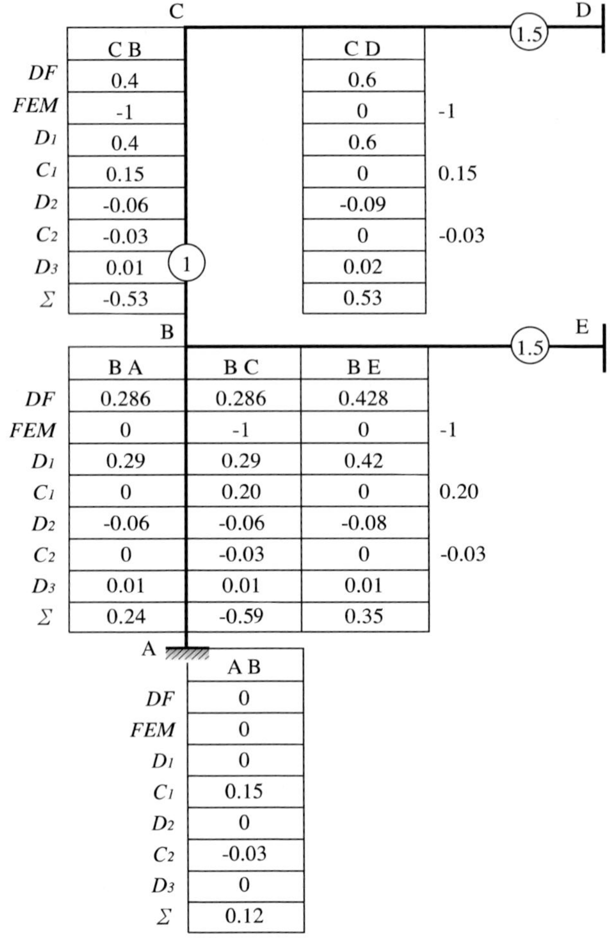

	CB	CD	
DF	0.4	0.6	
FEM	-1	0	-1
D_1	0.4	0.6	
C_1	0.15	0	0.15
D_2	-0.06	-0.09	
C_2	-0.03	0	-0.03
D_3	0.01	0.02	
Σ	-0.53	0.53	

	BA	BC	BE	
DF	0.286	0.286	0.428	
FEM	0	-1	0	-1
D_1	0.29	0.29	0.42	
C_1	0	0.20	0	0.20
D_2	-0.06	-0.06	-0.08	
C_2	0	-0.03	0	-0.03
D_3	0.01	0.01	0.01	
Σ	0.24	-0.59	0.35	

	AB
DF	0
FEM	0
D_1	0
C_1	0.15
D_2	0
C_2	-0.03
D_3	0
Σ	0.12

그림 8.110

• 제1층 수평력

$$\frac{2(M_{AB2}+M_{BA2})}{h_1}+Q_1''=0$$

$$\therefore\ Q_1''=-\frac{2(M_{AB2}+M_{BA_2})}{h_1}=-\frac{2(1.2+2.4)}{5}\ =-1.4\text{kN}\ (\leftarrow)$$

•제2층 수평력

$$\frac{2(M_{BC2}+M_{CB2})}{h_2}+Q_2''=0$$

$$\therefore\ Q_2''=-\frac{2(M_{BC2}+M_{CB2})}{h^2}=-\frac{2(-5.9-5.3)}{5}=4.5\text{kN}\ (\rightarrow)$$

각 층 수평력의 평형에서

제1층에 대해

$$Q_1'\cdot X_1+Q_1''\cdot X_2=2P \qquad \text{(a)}$$

제2층에 대해

$$Q_2'\cdot X_1+Q_2''\cdot X_2=P \qquad \text{(b)}$$

식 (a)와 (b)에 Q_1', Q_1'', Q_2', Q_2''을 대입하면

$6.2X_1-1.4X_2=40$

$-1.4X_1+4.5X_2=20$

위 연립방정식을 풀면

$X_1=80.2,\qquad X_2=69.4$

따라서 재단모멘트는

$M=M_1X_1+M_2X_2$에서

$M_{AB}=-0.85\times80.2+0.12\times69.4=-59.84\text{kN}\cdot\text{m}$

$M_{BA}=-0.70\times80.2+0.24\times69.4=-39.48\text{kN}\cdot\text{m}$

$M_{BE}=0.43\times80.2+0.35\times69.4=58.78\text{kN}\cdot\text{m}$

$M_{BC}=0.27\times80.2-0.59\times69.4=-19.29\text{kN}\cdot\text{m}$

$M_{CB}=0.09\times80.2-0.53\times69.4=-29.56\text{kN}\cdot\text{m}$

$M_{CD}=-0.09\times80.2+0.53\times69.4=29.56\text{kN}\cdot\text{m}$

연습문제

8.1 그림과 같은 트러스에서 C점의 수직변위와 B점의 수평변위를 가상일법을 이용하여 구하라.

단, 탄성계수 $E = 8\text{kN/mm}^2$이고 각 부재의 단면적은

AD부재 : 5000mm^2 BD부재 : 5000mm^2

AC부재 : 4000mm^2 BC부재 : 4000mm^2이다.

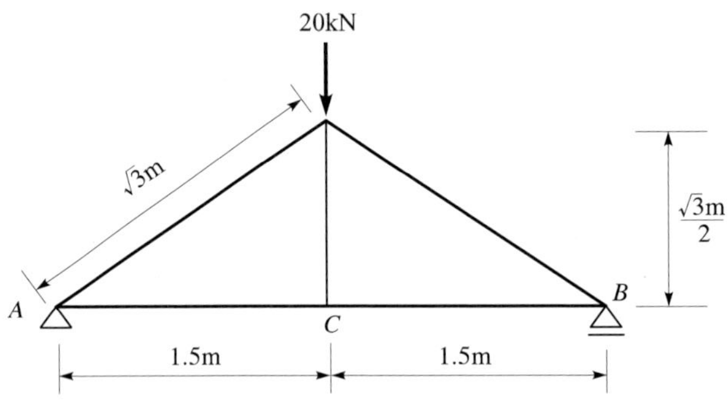

8.2 그림과 같은 부재에서 BC부재에 작용하는 힘의 크기를 구하라.

단, AB부재 : $A_2 = 64000\text{mm}^2$, $I_2 = 1280000\text{mm}^4$

BC부재 : $A_1 = 640\text{mm}^2$

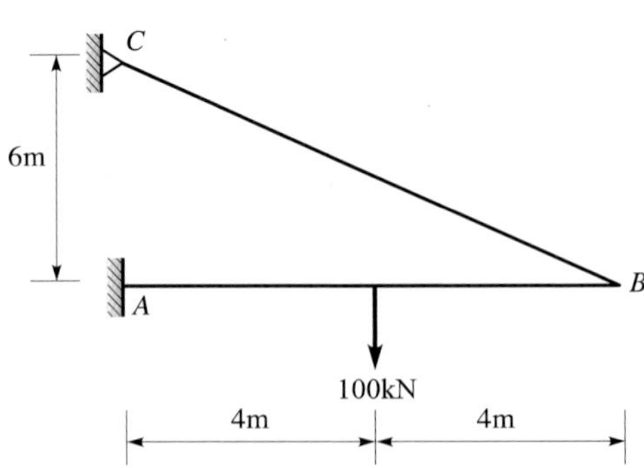

8.3 그림과 같은 부재의 휨모멘트도를 처짐각법을 이용하여 그려라.
단, EI는 일정

①

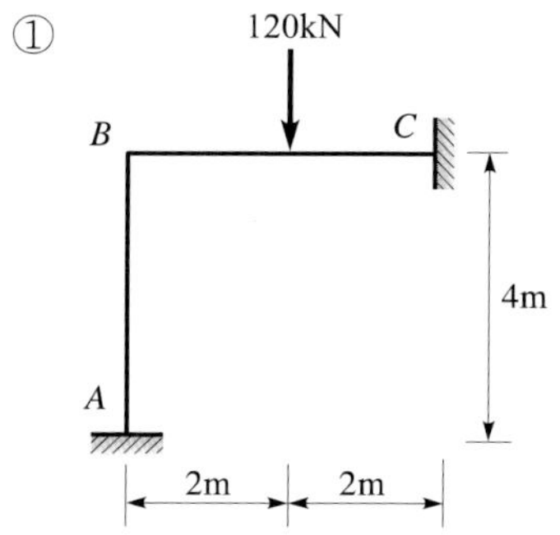

②

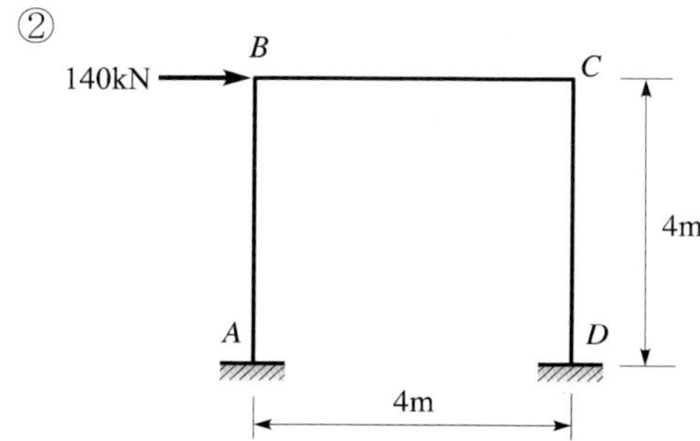

8.4 그림과 같은 부재에서 강비가 다음과 같을 때 휨모멘트도를 그려라.

①

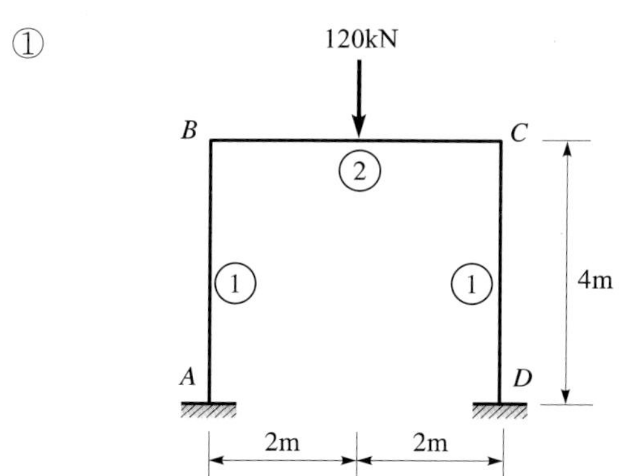

②

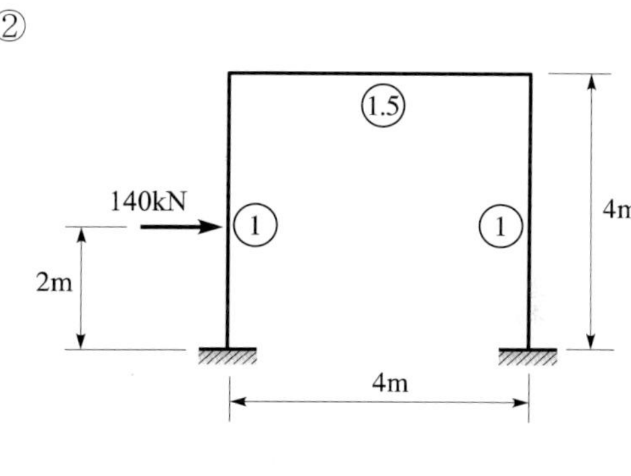

③

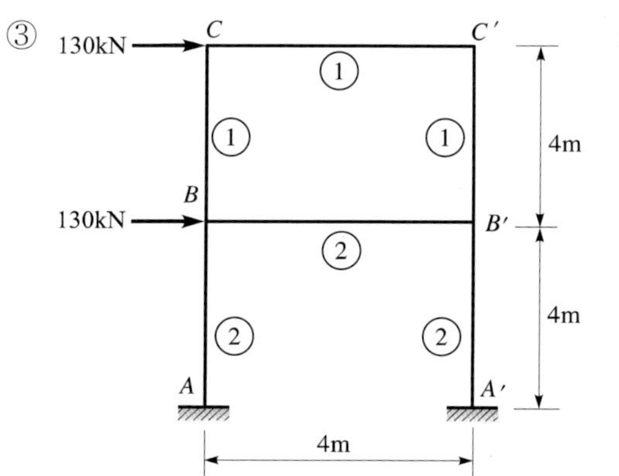

④

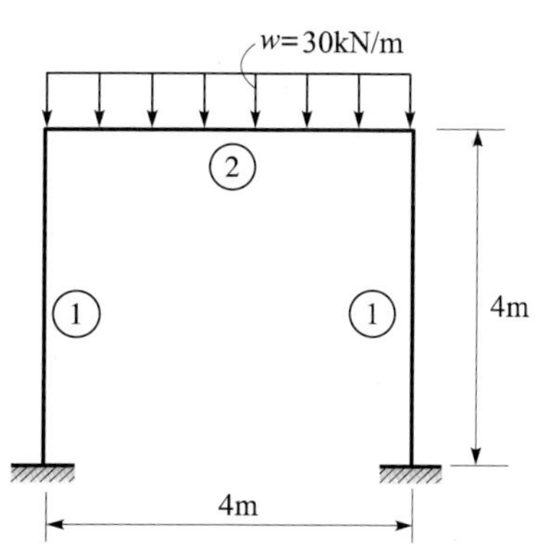

8.5 그림과 같은 부재의 휨모멘트도를 모멘트분배법을 이용하여 그려라.

①

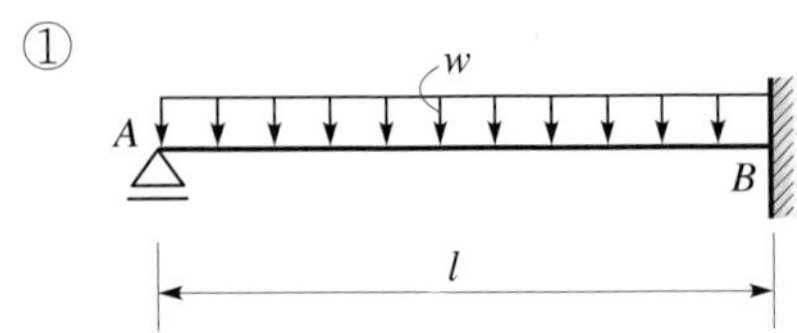

②

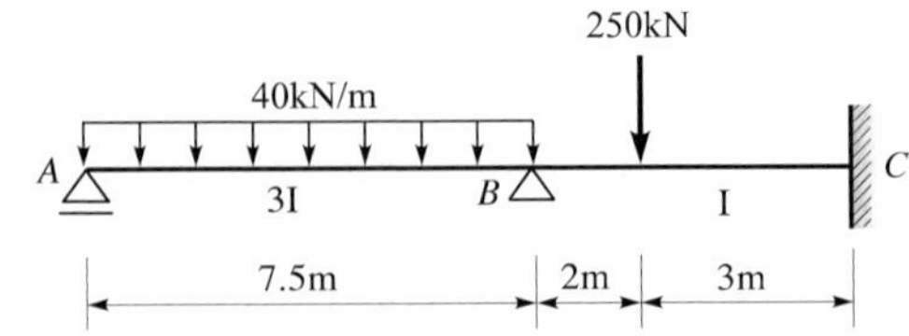

③

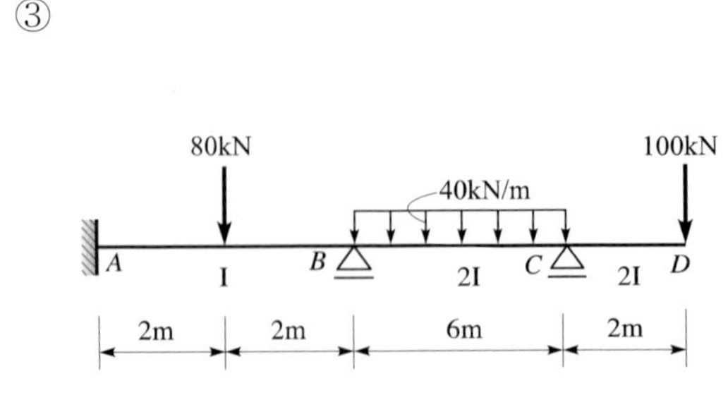

④

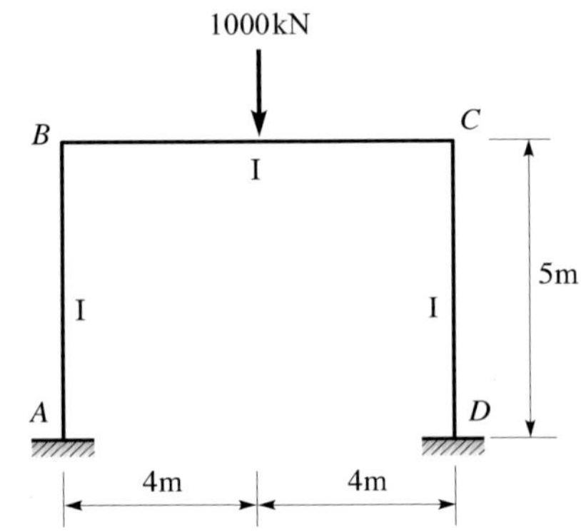

제9장 매트릭스 구조해석

9.1 서 론

매트릭스 구조해석이란 이론의 내용을 정확하고 간결하게 일반적인 형태로 정리할 수 있고 전산화할 수 있는 구조해석방법을 말한다. 또한 매트릭스 구조해석의 기본이 되는 직접강도법은 유한요소법의 변위법과 그 해석방법과 절차가 동일하다. 다만 매트릭스 구조해석에서는 부재강도행렬(member stiffness matrix)을 고전적인 선형탄성 구조해석 이론에 바탕을 둔 직접방법 또는 에너지방법에 의해 유도하지만 반면에 유한요소법에서는 요소강도행렬을 요소변위함수의 절점변위에 의한 보간(interpolation)개념에 바탕을 두고 보다 일반적인 이론인 Galerkin 가중잔차법(WRM : weighted residual method) 또는 변분법(variational method)인 가상일의 원리나 포텐셜에너지 최소원리에 의거 일반식으로 유도되는 것이 기본적으로 다른 점이다.

9.2 구조해석을 위한 가정과 요구조건

매트릭스법에 의하여 구조물을 해석할 때는 구조물을 유한개의 점(절점, nodal point)로 연결된 구조요소(structural element)의 결합이라고 생각하고 또한 구조물에 작용하는 외력(하중)은 구조요소를 연결하는 절점에 하나의 집중하중이 작용하는 것으로 간주한다.

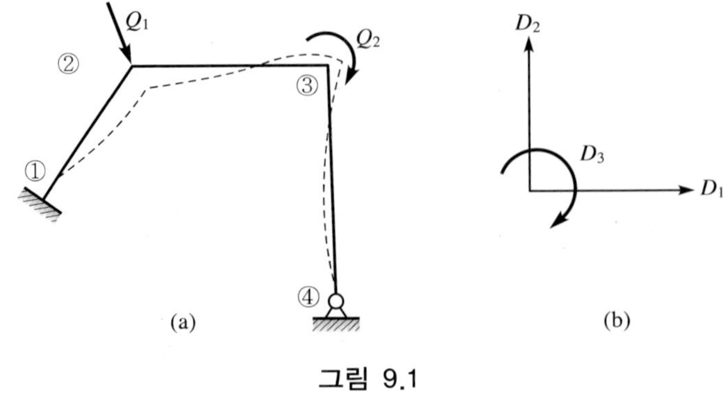

그림 9.1

그림 9.1과 같은 평면골조에 외력 Q_1과 Q_2가 작용하고 있고 절점은 ①, ②, ③, ④ 모두 4개의 절점은 3개의 구조요소를 연결시키고 있고 그 중 두 절점 ②와 ③은 외력이 작용하고 있다. 절점은 원하는 어느 점에도 둘 수 있는데 예를 들어 수직부재인 기둥의 어느 점에 하중이 가해졌을 때 또는 그 점의 변형을 알고 싶을 때에는 그 점에 절점을 둘 수 있다.

또한 외력은 Q_i로 표시하고 이에 대응하는 변형은 D_i로 표시하기로 한다. 절점의 변형은 그림 9.1의 (b)와 같이 구조물 좌표계(structural coordinate system)로 나타내는 것이 편리하다. 하중도 마찬가지로 구조물 좌표계를 사용하여 나타낼 수 있다. 따라서 n개의 절점을 갖는 평면 구조물에서 하중과 변형은 다음과 같은 벡터형으로 표시할 수 있다.

$$\text{구조물 하중 }(Q) = \begin{pmatrix} Q_1^1 \\ Q_1^2 \\ Q_1^3 \\ \vdots \\ Q_n^1 \\ Q_n^2 \\ Q_n^3 \end{pmatrix} \qquad \text{구조물 변형 }(D) = \begin{pmatrix} N_1^1 \\ N_1^2 \\ N_1^3 \\ \vdots \\ N_n^1 \\ N_n^2 \\ N_n^3 \end{pmatrix}$$

구조물 하중에서 예를 들어 Q_1^1은 절점 ①에서 구조물 좌표계의 1방향(= x방향)으로, Q_1^2는 절점 ①에서 2방향(= y방향)으로의 힘을 뜻하고, Q_1^3는 절점 ①에 작용하는 모멘트를 표시한다. 구조물 변형도 마찬가지로 뜻을 갖는데 이들 하중 또는 변형성분은 0이 될 때도 있다는 것을 기억하기 바란다.

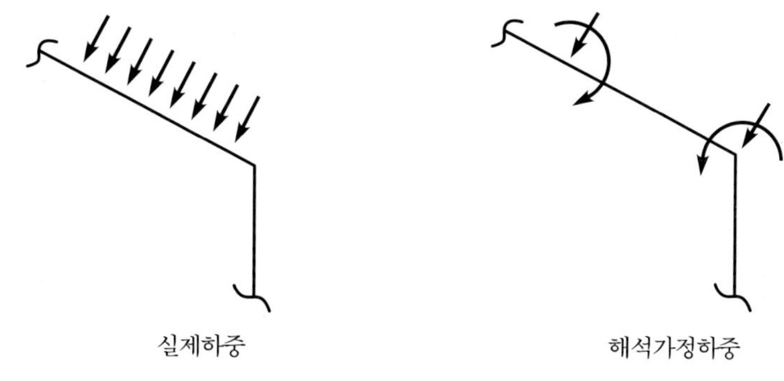

그림 9.2

그림 9.2와 같이 어떤 구조요소에 작용하는 하중이 분포하중이거나 중간에 작용하는 집중하중일 때는 이 구조 요소의 양단이 완전 고정이라 가정했을 때 생기는 반력의 반대 방향력이 구조요소의 절점에 작용하는 것으로 가정하고 해석한다. 이와 같은 방법으로 구조물을 해석하면 생각하고 있는 구조요소를 제외한 다른 부분의 해석은 정확하게 된다.

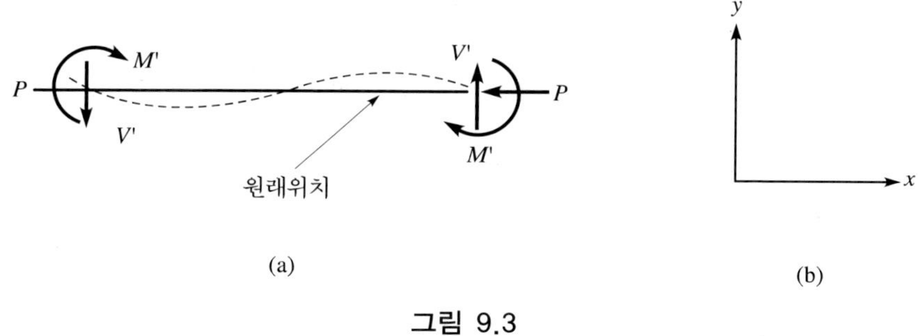

그림 9.3

각개 요소에 작용하는 힘과 여기에 대응하는 변형은 내부량(internal quantities)이라 하며 이것도 구조물 하중이나 구조물 변형처럼 벡터형으로 나타낼 수 있다. 그림 9.3은 외력(구조물 하중) 또는 외부 변형 때문에 생기는 어떤 부재의 부재력(내력)과 내부변형을 표시한 것이다. 부재력과 내부변형은 그림 9.3의 (b)와 같이 부재 좌표계(member coordinate system)를 이용하여 표시함이 편리하다.

부재력은 q_i, 내부변형은 d_i로 표시하기로 하고 전체 구조물의 부재력과 내부변형은 각각 벡터 q와 벡터 d로 표시하기로 한다.

또한 구조물 해석에는 다음과 같은 요구조건이 만족되어야 한다.

(1) 평형조건 : 외력과 부재력은 절점에서 평형을 유지해야 한다.

(2) 힘－변형 관계 : 각 구조요소의 힘 변형관계는 그 요소 재료의 응력－변형의 관계식을 만족시켜야 한다.

(3) 적합조건 : 절점이나 지점에서는 적합조건을 만족해야 한다.

9.3 매트릭스 연산

9.3.1 매트릭스의 정의와 기호

요소들을 행과 열로 일정하게 배열한 집합을 매트릭스(matrix)라 한다.

$$[A]=\begin{bmatrix} a_{11}\,a_{12} & \cdots\cdots & a_{1n} \\ a_{21}\,a_{22} & \cdots\cdots & a_{2n} \\ \vdots \quad \vdots & \cdots\cdots & \vdots \\ \vdots \quad \vdots & \cdots\cdots & \vdots \\ a_{m1}\,a_{m2} & \cdots\cdots & a_{mn} \end{bmatrix} \tag{9.1}$$

위에 표시한 $[A]$ 매트릭스 배열은 m개의 행(row)과 n개의 열(column)로 되어 있어 $(m \times n)$매트릭스라 하며 이를 매트릭스의 차수(order)라 한다. 매트릭스를 표기하는 데는 괄호 [ ]를 사용하고 이를 대문자 A등으로 표시한다. 또 식 (9.1)의 매트릭스는 식 (9.2)와 같이 표기할 수 있다.

$$[A]=[a_{ij}]=A \tag{9.2}$$

매트릭스 A의 요소 a_{ij}에서 첫 번째 첨자 $i=$ 1, 2, 3, ……, m은 행의 위치를 나타내며 둘째 첨자 $j=$ 1, 2, 3, ……, n은 열의 위치를 나타낸다. 매트릭스의 요소는 점의 좌표, 삼각 함수, 힘의 성분 및 변위량 등 어느 것이나 포함될 수 있다.

예를 들어 점의 좌표가 요소일 때는 $[x\ y\ z]$이며

속도의 벡터성분이 요소일 때는 $\begin{bmatrix} u \\ v \\ w \end{bmatrix}$

그림 9.4와 같이 구조체의 응력이 요소일 때는

$$\begin{bmatrix} \sigma_x & \tau_{xy} & \tau_{xz} \\ \tau_{yx} & \sigma_y & \tau_{yz} \\ \tau_{zx} & \tau_{zy} & \sigma_z \end{bmatrix}$$

등으로 표시할 수 있다.

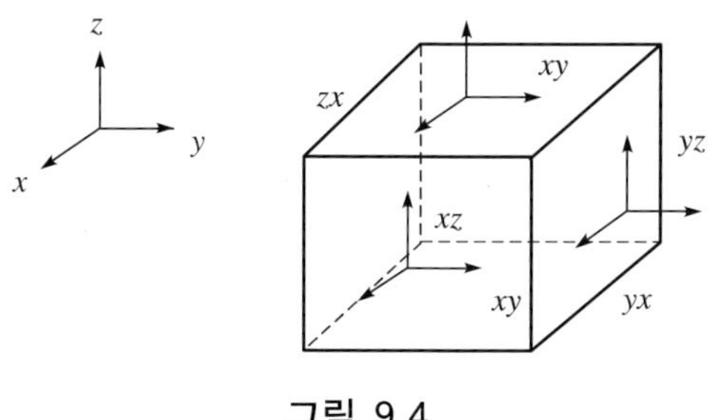

그림 9.4

그리고 미지수가 x, y, z인 아래와 같은 3원연립방정식의 경우

$$2x+3y+4z=20$$

$$x-4y+5z=8$$

$$4x+3y-2z=4$$

계수들은 다음과 같이 매트릭스 A로 표시할 수 있고

$$A=\begin{bmatrix} 2 & 3 & 4 \\ 1 & -4 & 5 \\ 4 & 3 & -2 \end{bmatrix}$$

연립방정식을 매트릭스 형식으로 표기하면

$A\begin{bmatrix} x \\ y \\ z \end{bmatrix}=\begin{bmatrix} 20 \\ 8 \\ 4 \end{bmatrix}$으로 나타낼 수 있다.

9.3.2 매트릭스의 기본형

1. 정방매트릭스 및 사각매트릭스

매트릭스 $A_{m\times n}$에서 행과 열의 수가 같은, 즉 $m=n$이 되는 매트릭스를 정방매트릭스(square matrix)라 하고 $m\neq n$이 되는 매트릭스를 사각매트릭스(rectangular matrix)라 한다. 예를 들어 3차 정방매트릭스는 다음과 같이 표기된다.

$$A=\begin{bmatrix} a_{11} & a_{12} & a_{13} \\ a_{21} & a_{22} & a_{23} \\ a_{31} & a_{32} & a_{33} \end{bmatrix} \tag{9.3}$$

정방매트릭스의 요소 a_{ij}에서 $i=j$가 되는 요소 a_{ij}는 주대각선상에 놓이게 되며 이 대각요소(main diagonal elements)들은 왼쪽 위에서 오른쪽 아래로 이어진다.

2. 행매트릭스 및 열매트릭스

모든 요소가 1행으로 배열될 때 이를 행매트릭스(row matrix)라 하고 1열로 배열될 때 열매트릭스(column matrix)라 한다. 즉, $[a_{ij}]$ 매트릭스에서 $i=1$, $j>1$일 때 행매트릭스에 해당되며 $j=1$, $i>1$일 때 열매트릭스에 해당된다. 행매트릭스와 열매트릭스는 각기 다음과 같이 표기할 수 있다.

$$A = [a_{11}\, a_{12} \cdots\cdots\cdots\cdots\cdots\cdots\, a_{1n}] \tag{9.4}$$

$$A = \begin{bmatrix} a_{11} \\ \\ a_{21} \\ \vdots \\ \vdots \\ \vdots \\ a_{n1} \end{bmatrix} \tag{9.5}$$

3. 대칭매트릭스

정방매트릭스에서 대각요소 $a_{ij(i=j)}$ 이외의 다른 요소(off-diagonal elements) $a_{ij(i \neq j)}$가 주대각선에 대해 대칭적으로 배열된 매트릭스를 대칭매트릭스(symmetric matrix)라 한다. 예를 들어 식 (9.3)으로부터 다음과 같이 표시된다.

$$A = \begin{bmatrix} a_{11} & a_{12} & a_{13} \\ a_{12} & a_{22} & a_{23} \\ a_{13} & a_{23} & a_{33} \end{bmatrix} \tag{9.6}$$

4. 대각매트릭스

대칭매트릭스에서 대각요소 이외의 다른 요소가 모두 0이 되는 매트릭스를 대각매트릭스(diagonal matrix)라 한다.

$$A = \begin{bmatrix} a_{11} & 0 & 0 \\ 0 & a_{22} & 0 \\ 0 & 0 & a_{23} \end{bmatrix} \tag{9.7}$$

5. 단위매트릭스

대각매트릭스에서 대각요소가 모두 1인 매트릭스를 단위매트릭스(unit matrix)라 한다. 예를 들면 식 (9.7)로부터

$$I=\begin{bmatrix}1&0&0\\0&1&0\\0&0&1\end{bmatrix} \tag{9.8}$$

6. 삼각매트릭스

정방매트릭스에서 대각요소의 위 또는 아래의 요소가 모두 0인 매트릭스를 3각매트릭스(triangular matrix)라 한다.

$$A=\begin{bmatrix}a_{11}&a_{12}&a_{13}\\0&a_{22}&a_{23}\\0&0&a_{33}\end{bmatrix} \tag{9.9}$$

$$\text{또는 } A=\begin{bmatrix}a_{11}&0&0\\a_{21}&a_{22}&0\\a_{31}&a_{32}&a_{33}\end{bmatrix} \tag{9.10}$$

7. 영매트릭스

매트릭스에서 모든 요소 $a_{ij}=0$인 매트릭스를 영매트릭스(null matrix)라 한다.

$$O=\begin{bmatrix}0&0&0\\0&0&0\\0&0&0\end{bmatrix} \tag{9.11}$$

9.3.3 매트릭스의 계산

1. 매트릭스의 덧셈 및 뺄셈

두 매트릭스 A, B의 덧셈과 뺄셈은 대응하는 요소가 같은 차수일 때 성립한다.

즉, $A+B=C$ 또는 $[a_{ij}]+[b_{ij}]=[c_{ij}]$

$$A-B=D \text{ 또는 } [a_{ij}]-[b_{ij}]=[d_{ij}] \tag{9.12}$$

예제 9.1

$$A=\begin{bmatrix}6 & 3 & 9\\ 2 & 1 & -3\end{bmatrix},\ B=\begin{bmatrix}1 & 8 & 2\\ -4 & 6 & -1\end{bmatrix}$$ 일 때 $A+B$ 및 $A-B$를 구하시오.

풀이

$$A+B=\begin{bmatrix}6 & 3 & 9\\ 2 & 1 & -3\end{bmatrix}+\begin{bmatrix}1 & 8 & 2\\ -4 & 6 & -1\end{bmatrix}=\begin{bmatrix}7 & 11 & 11\\ -2 & 7 & -4\end{bmatrix}$$

$$A-B=\begin{bmatrix}6 & 3 & 9\\ 2 & 1 & -3\end{bmatrix}-\begin{bmatrix}1 & 8 & 2\\ -4 & 6 & -1\end{bmatrix}=\begin{bmatrix}5 & -5 & 7\\ 6 & -5 & -2\end{bmatrix}$$

2. 매트릭스의 곱셈

두 매트릭스 A, B의 곱셈은 A매트릭스의 열의 수가 B매트릭스의 행의 수와 같을 때 성립한다.

$$A \cdot B = D \text{ 또는 } [a_{mk}][b_{kn}]=[d_{mn}] \tag{9.13}$$

즉, A의 행과 B의 열을 곱하여 D매트릭스가 이루어진다.

예를 들어 $AB=D$에서

$$[a_{11}\ a_{12}\ a_{13}]\begin{bmatrix}b_{11}\\ b_{21}\\ b_{31}\end{bmatrix}=[d_{11}]$$ 일 경우

$d_{11}=a_{11}b_{11}+a_{12}b_{21}+a_{13}b_{31}$이 된다.

또한

$$\begin{bmatrix}a_{11} & a_{12} & a_{13}\\ a_{21} & a_{22} & a_{23}\end{bmatrix}\begin{bmatrix}b_{11} & b_{12}\\ b_{21} & b_{22}\\ b_{31} & b_{32}\end{bmatrix}=\begin{bmatrix}d_{11} & d_{12}\\ d_{21} & d_{22}\end{bmatrix}$$ 일 경우

매트릭스의 요소는 다음과 같이 구해진다.

$$d_{11}=[a_{11}\ a_{12}\ a_{13}]\begin{bmatrix}b_{11}\\ b_{21}\\ b_{31}\end{bmatrix}=a_{11}b_{11}+a_{12}b_{21}+a_{13}b_{31}$$

$$d_{21} = [a_{21}\ a_{22}\ a_{23}] \begin{bmatrix} b_{11} \\ b_{21} \\ b_{31} \end{bmatrix} = a_{21}b_{11} + a_{22}b_{21} + a_{23}b_{31}$$

$$d_{12} = [a_{11}\ a_{12}\ a_{13}] \begin{bmatrix} b_{12} \\ b_{22} \\ b_{32} \end{bmatrix} = a_{11}b_{12} + a_{12}b_{22} + a_{13}b_{32}$$

$$d_{22} = [a_{21}\ a_{22}\ a_{23}] \begin{bmatrix} b_{12} \\ b_{22} \\ b_{32} \end{bmatrix} = a_{21}b_{12} + a_{22}b_{22} + a_{23}b_{32}$$

예제 9.2

$A = \begin{bmatrix} 1 & 3 \\ 5 & 4 \end{bmatrix}$, $B = \begin{bmatrix} 3 & 5 & 6 \\ 1 & 2 & 3 \end{bmatrix}$일 때 $A \cdot B = D$를 구하시오.

풀이

$\begin{bmatrix} 1 & 3 \\ 5 & 4 \end{bmatrix}\begin{bmatrix} 3 & 5 & 6 \\ 1 & 2 & 3 \end{bmatrix} = \begin{bmatrix} d_{11} & d_{12} & d_{13} \\ d_{21} & d_{22} & d_{23} \end{bmatrix}$이라 하면

$$d_{11} = [1\ 3] \begin{bmatrix} 3 \\ 1 \end{bmatrix} = (1)(3) + (3)(1) = 6$$

$$d_{12} = [1\ 3] \begin{bmatrix} 5 \\ 2 \end{bmatrix} = (1)(5) + (3)(2) = 11$$

$$d_{13} = [1\ 3] \begin{bmatrix} 6 \\ 3 \end{bmatrix} = (1)(6) + (3)(3) = 15$$

$$d_{21} = [5\ 4] \begin{bmatrix} 3 \\ 1 \end{bmatrix} = (5)(3) + (4)(1) = 19$$

$$d_{22} = [5\ 4] \begin{bmatrix} 5 \\ 2 \end{bmatrix} = (5)(5) + (4)(2) = 33$$

$$d_{23} = [5\ 4]\begin{bmatrix}6\\3\end{bmatrix} = (5)(6)+(4)(3) = 42$$

$$\therefore\ D = \begin{bmatrix}6 & 11 & 15\\19 & 33 & 42\end{bmatrix}$$

예제 9.3

$A = \begin{bmatrix}1 & 1\\0 & 0\end{bmatrix}$, $B = \begin{bmatrix}1 & 0\\1 & 0\end{bmatrix}$일 때 AB 및 BA를 구하시오.

풀이

$$AB = \begin{bmatrix}1 & 1\\0 & 0\end{bmatrix}\begin{bmatrix}1 & 0\\1 & 0\end{bmatrix} = \begin{bmatrix}(1)(1)+(1)(1)(1)(0)+(1)(0)\\(0)(1)+(0)(1)(0)(0)+(0)(0)\end{bmatrix} = \begin{bmatrix}2 & 0\\0 & 0\end{bmatrix}$$

$$BA = \begin{bmatrix}1 & 0\\1 & 0\end{bmatrix}\begin{bmatrix}1 & 1\\0 & 0\end{bmatrix} = \begin{bmatrix}(1)(1)+(1)(0)(1)(1)+(1)(0)\\(1)(1)+(0)(0)(1)(1)+(0)(0)\end{bmatrix} = \begin{bmatrix}1 & 1\\1 & 1\end{bmatrix}$$

위의 계산에서 $AB \neq BA$로 교환법칙이 성립되지 않음을 알 수 있다. 그러나 결합법칙 $A(BC) = AB(C)$와 분배법칙 $A(B+C) = AB+AC$는 성립된다.

또한 스칼라(scalar) β와의 곱셈일 때는 매트릭스 A의 각 요소에 β를 곱하면 된다. 예를 들어

$$A = \begin{bmatrix}2 & -1\\-1 & 4\end{bmatrix},\quad \beta = EI\text{일 때}$$

$$\beta A = EI\begin{bmatrix}2 & -1\\-1 & 4\end{bmatrix}\begin{bmatrix}2EI & -EI\\-EI & 4EI\end{bmatrix}\text{이다.}$$

3. 매트릭스의 전치

매트릭스 A의 행을 열로 열을 행으로 바꾸어 놓은 매트릭스를 전치매트릭스(transposed matrix)라 하고 A^T로 표기한다. 즉, A매트릭스의 요소 a_{ij}를 A^T매트릭스의 요소 a_{ji}로 표시한다.

$$A = [2\ 3\ 4]\text{ 일 때 } A^T = \begin{bmatrix}2\\3\\4\end{bmatrix}$$

만일 매트릭스가 대칭이면 매트릭스의 요소 $a_{ij=}a_{ji}$가 되므로 대칭매트릭스는 전치해도

원래의 매트릭스와 같다는 것을 알 수 있다. 즉,

$$A = \begin{bmatrix} 4\,5\,6 \\ 5\,3\,1 \\ 6\,1\,2 \end{bmatrix} = A^T$$

또한 매트릭스의 결합법칙 및 곱셈법칙에 따라

$(A+B)^T = A^T + B^T$

$(BA)^T = A^T B^T$가 성립된다.

4. 매트릭스의 분할

임의의 매트릭스 $A_{m\times n}$는 행과 열 사이를 수평 또는 수직으로 파선을 그어 소매트릭스(sub matrix)로 분할할 수 있다.

예를 들어 매트릭스 A는 다음과 같이 소매트릭스 A_{11}, A_{12}, A_{21} 및 A_{22}로 분할된다.

$$A = \left[\begin{array}{ccc:c} a_{11} & a_{12} & a_{13} & a_{14} \\ a_{21} & a_{22} & a_{23} & a_{24} \\ \hdashline a_{31} & a_{32} & a_{33} & a_{34} \end{array}\right] = \begin{bmatrix} A_{11} & A_{12} \\ A_{21} & A_{22} \end{bmatrix}$$

여기서 $A_{11} = \begin{bmatrix} a_{11} & a_{12} & a_{13} \\ a_{21} & a_{22} & a_{23} \end{bmatrix}$, $\quad A_{12} = \begin{bmatrix} a_{14} \\ a_{24} \end{bmatrix}$

$A_{21} = \begin{bmatrix} a_{31} & a_{32} & a_{33} \end{bmatrix}$, $\quad A_{22} = \begin{bmatrix} a_{34} \end{bmatrix}$

이와 같이 만들어진 소매트릭스 A_{11}, A_{12}, A_{21}, A_{22}를 일반매트릭스의 요소로 생각하여 가감산 및 곱셈계산을 할 수 있다. 이 연산의 결과는 분할되지 않은 최초의 매트릭스의 계산과 일치하기 때문에 매트릭스의 계산을 보다 신속하게 처리할 수 있다.

예제 9.4

$A = \begin{bmatrix} 1\,2\,3 \\ 4\,5\,6 \\ 7\,8\,9 \end{bmatrix}$, $\quad B = \begin{bmatrix} 3\,4\,5 \\ 2\,1\,8 \\ 6\,7\,9 \end{bmatrix}$ 일 때 $A+B=C$를 구하시오.

풀이

$$C = \left[\begin{array}{cc:c} 1 & 2 & 3 \\ \hdashline 4 & 5 & 6 \\ 7 & 8 & 9 \end{array}\right] + \left[\begin{array}{cc:c} 3 & 4 & 5 \\ \hdashline 2 & 1 & 8 \\ 6 & 7 & 9 \end{array}\right] = \begin{bmatrix} [A_{11}]+[B_{11}] & [A_{12}]+[B_{12}] \\ [A_{21}]+[B_{21}] & [A_{22}]+[B_{22}] \end{bmatrix}$$

여기서,

$[A_{11}]=[1\,2]\quad [B_{11}]=[3\,4]$

$[A_{12}]=[3]\quad [B_{12}]=[5]$

$$[A_{21}]=\begin{bmatrix}4\,5\\7\,8\end{bmatrix}\quad [B_{21}]=\begin{bmatrix}2\,1\\6\,7\end{bmatrix}$$

$$[A_{22}]=\begin{bmatrix}6\\9\end{bmatrix}\quad [B_{22}]=\begin{bmatrix}8\\9\end{bmatrix}$$

$$\therefore C=\begin{bmatrix}4&6&8\\6&6&14\\13&15&18\end{bmatrix}$$

위의 결과는 A의 각 요소에 B의 해당요소를 직접 더한 것과 같음을 알 수 있다.

예제 9.5

$A=\begin{bmatrix}5&3&8\\-1&4&7\\0&1&1\end{bmatrix}$, $B=\begin{bmatrix}6&7\\10&9\\2&-3\end{bmatrix}$일 때 $AB=D$를 매트릭스를 분할하여 구하시오.

풀이

소매트릭스를 매트릭스의 곱셈법칙에 따라 다음과 같이 분할한다.

$$AB=\left[\begin{array}{cc:c}5&3&8\\-1&4&7\\\hdashline 0&1&1\end{array}\right]\left[\begin{array}{cc}6&7\\10&9\\\hdashline 2&-3\end{array}\right]=\begin{bmatrix}A_{11}\,A_{12}\\A_{21}\,A_{22}\end{bmatrix}\begin{bmatrix}B_{11}\\B_{21}\end{bmatrix}=\begin{bmatrix}A_{11}B_{11}+A_{12}B_{21}\\A_{21}B_{11}+A_{22}B_{21}\end{bmatrix}$$

여기서,

$$A_{11}=\begin{bmatrix}5\;3\\-1\,4\end{bmatrix}\quad A_{12}=\begin{bmatrix}8\\7\end{bmatrix}\quad B_{11}=\begin{bmatrix}6\;7\\10\,9\end{bmatrix}$$

$A_{21}=[0\,1]\quad A_{22}=[1]\quad B_{21}=[2-3]$

$$A_{11}B_{11}=\begin{bmatrix}5\;3\\-1\,4\end{bmatrix}\begin{bmatrix}6\;7\\10\,9\end{bmatrix}=\begin{bmatrix}60\,62\\34\,29\end{bmatrix}$$

$$A_{12}B_{21}=\begin{bmatrix}8\\7\end{bmatrix}[2-3]=\begin{bmatrix}16&-24\\&14\\-21&\end{bmatrix}$$

$$A_{21}B_{11}=[0\,1]\begin{bmatrix}6\;7\\10\,9\end{bmatrix}=[10\;9]$$

$A_{22}B_{21}=[1]\,[2-3]=[2-3]$

$$\therefore D = \begin{bmatrix} \begin{bmatrix} 60 & 62 \\ 34 & 29 \end{bmatrix} + \begin{bmatrix} 16 & -24 \\ 14 & -21 \end{bmatrix} \\ [10 \ \ 9] + [2 \ -3] \end{bmatrix} = \begin{bmatrix} 76 & 38 \\ 48 & 8 \\ 12 & 6 \end{bmatrix}$$

5. 매트릭스의 나눗셈

매트릭스의 직접적인 나눗셈은 존재하지 않으며 역매트리스를 구하여 곱셈형식으로 계산한다. 즉 $AB = D$에서 $B = \dfrac{D}{A}$를 $B = A^{-1}D$로 표시하며 A^{-1}을 A의 역매트리스(inverse matrix)라 한다. 역매트리스는 정방매트릭스일 때만 가능하며

$$AA^{-1} = A^{-1}A = I \tag{9.14}$$

인 관계가 있다.

여기서, I는 단위매트릭스이다. 정방매트릭스 A에 대한 역매트릭스는 다음 식으로 계산된다.

$$A^{-1} = \frac{A^a}{|A|} \tag{9.15}$$

여기서, $|A|$는 매트릭스 A의 행렬식(determinant)이고 A^a는 매트릭스 A의 수반매트릭스(adjoint matrix)라 하며 여인수매트릭스(cofactor matrix) A^C를 전치시킨 매트릭스가 된다. 즉

$$A^a = (A^C)^T \tag{9.16}$$

$A = [a_{ij}]$인 정방매트릭스에서 여인수(cofactor)는 A의 각 요소 a_{ij}에 대해 각기 하나씩 존재하며 a_{ij}가 들어있는 행과 열을 제외한 나머지 요소로 구성되는 행렬식으로 그 부호는 $(-1)^{i+j}$로 요소의 위치에 따라 결정되고 여인수로 구성된 매트릭스를 여인수 매트릭스라 한다.

예를 들어 $A = \begin{bmatrix} 3 & 2 \\ 4 & 6 \end{bmatrix}$일 때

$$A^C = \begin{bmatrix} 6 & -4 \\ -2 & 3 \end{bmatrix}, \ |A| = (3)(6) - (2)(4) = 10$$

$$A^a = (A^C)^T = \begin{bmatrix} 6 & -2 \\ -4 & 3 \end{bmatrix}$$

$$\therefore A^{-1} = \frac{A^a}{|A|} = \frac{1}{10}\begin{bmatrix} 6 & -2 \\ -4 & 3 \end{bmatrix} = \begin{bmatrix} \frac{6}{10} & -\frac{2}{10} \\ -\frac{4}{10} & \frac{3}{10} \end{bmatrix}$$

6. 연립방정식의 매트릭스 해법

역매트릭스는 연립방정식을 푸는 직접적인 수단이 된다. 다음의 연립방정식

$$a_{11}x_1 + a_{12}x_2 + a_{13}x_3 = c_1$$

$$a_{21}x_1 + a_{22}x_2 + a_{23}x_3 = c_2$$

$$a_{31}x_1 + a_{32}x_2 + a_{33}x_3 = c_3$$

을 매트릭스 형식으로 표현하면

$$\begin{bmatrix} a_{11} & a_{12} & a_{13} \\ a_{21} & a_{22} & a_{23} \\ a_{31} & a_{32} & a_{33} \end{bmatrix} \begin{bmatrix} x_1 \\ x_2 \\ x_3 \end{bmatrix} = \begin{bmatrix} c_1 \\ c_2 \\ c_3 \end{bmatrix} \text{ 또는 } AX = C$$

양변에 A의 역매트릭스 A^{-1}을 곱하면 $A^{-1}AX = A^{-1}C$이 되고

여기서, $A^{-1}A = I$, $IX = X$이므로 $X = A^{-1}C$가 된다.

예제 9.6

다음의 3원 1차방정식의 해를 구하시오.

$3x_1 + 6x_2 + 4x_3 = 24$

$4x_1 - 2x_2 + 3x_3 = 9$

$2x_1 + 2x_2 + 6x_3 = 24$

풀이

위의 방정식을 매트릭스 형식으로 표시하면

$$\begin{bmatrix} 3 & 6 & 4 \\ 4 & -2 & 3 \\ 2 & 2 & 6 \end{bmatrix} \begin{bmatrix} x_1 \\ x_2 \\ x_3 \end{bmatrix} = \begin{bmatrix} 27 \\ 9 \\ 24 \end{bmatrix}$$

먼저 제1행의 각 요소에 대한 여인수의 값을 구하면

$$\begin{vmatrix} -2 & 3 \\ 2 & 6 \end{vmatrix} = -12 - 6 = -18$$

$$-\begin{vmatrix} 4 & 3 \\ 2 & 6 \end{vmatrix} = -(24-6) = -18$$

$$\begin{vmatrix} 4 & -2 \\ 2 & 2 \end{vmatrix} = 8 + 4 = 12$$

같은 모양으로 제2행과 제3행의 각 요소에 대한 여인수를 계산한 결과

$$A^C = \begin{bmatrix} -18 & -18 & 12 \\ -28 & 10 & 6 \\ 26 & 7 & -30 \end{bmatrix}$$

$|A|$값은 제1행의 요소에 그에 대한 여인수를 곱하여 합산한 값으로

$$|A| = (3)(-18) + (6)(-18) + (4)(12) = -114$$

$$A^a = (A^C)^T = \begin{bmatrix} -18 & -28 & 26 \\ -18 & 10 & 7 \\ 12 & 6 & -30 \end{bmatrix}$$

$$A^{-1} = \frac{A^a}{|A|} = -\frac{1}{114} \begin{bmatrix} -18 & -28 & 26 \\ -18 & 10 & 7 \\ 12 & 6 & -30 \end{bmatrix}$$

$X = A^{-1}C$ 에서

$$\begin{bmatrix} x_1 \\ x_2 \\ x_3 \end{bmatrix} = -\frac{1}{114} \begin{bmatrix} -18 & -28 & 26 \\ -18 & 10 & 7 \\ 12 & 6 & -30 \end{bmatrix} \begin{bmatrix} 27 \\ 9 \\ 24 \end{bmatrix}$$

$$= -\frac{1}{114} \begin{bmatrix} (-18)(27) + (-28)(9) + (26)(24) \\ (-18)(27) + (10)(9) + (7)(24) \\ (12)(27) + (6)(9) + (-30)(24) \end{bmatrix}$$

$$= -\frac{1}{114} \begin{bmatrix} -114 \\ -228 \\ -342 \end{bmatrix} = \begin{bmatrix} 1 \\ 2 \\ 3 \end{bmatrix}$$

따라서 $x_1 = 1$, $x_2 = 2$, $x_3 = 3$

이와 같이 매트릭스를 이용하면 미지수가 한 계산식에서 동시에 구해지는 이점이 있다. 위의 방정식은 3원이어서 그 값이 구해졌으나 4원 이상이면 손으로 계산하기 복잡하므로 컴퓨터를 이용하는 것이 편리하다.

9.4 요소의 강성(stiffness)과 연성(flexibility)

구조물의 매트릭스해석에서 가장 중요한 첫 번째 단계는 각 요소에서의 힘-변형의 관계를 밝히는 것이다. 일반적으로 요소에 작용하는 하중은 축방향력, 휨모멘트 등이 있다.

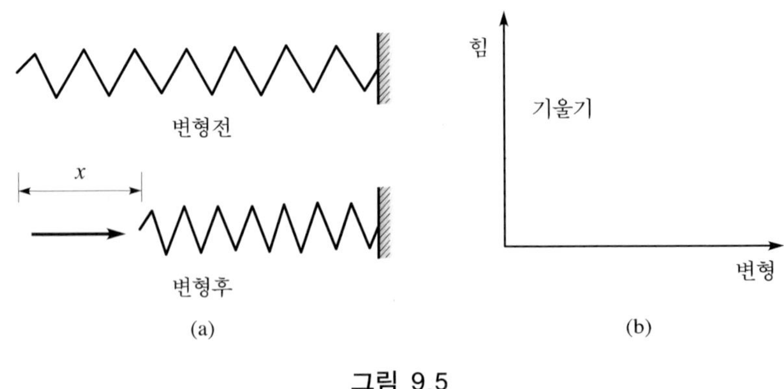

그림 9.5

요소의 강성과 연성개념을 얻기 위하여 그림 9.5의 (a)와 같이 힘 P가 작용하여 압축된 스프링을 생각해 보자. 외력 P가 스프링의 내력이 평형을 유지하려면,

$$P = kx \tag{9.17}$$

가 성립해야 하는데 여기서, k는 스프링 상수로서 스프링 강성을 나타낸다.

위 식으로부터 변형 x는

$$x = \frac{1}{k} \cdot P = fP \tag{9.18}$$

로 표시되는데 여기서 f는 스프링의 연성이다. 강성과 연성을 이와 같이 정의하면 $kf = 1$이 성립함을 쉽게 알 수 있다. 위의 간단한 예에서는 요소의 강성과 연성은 1×1 행열이라 할 수 있는 스칼라(scalar)로 표시되어 있다.

9.4.1 축방향력

축방향력을 받는 요소의 강성과 연성은 스프링에서와 똑같은 방법으로 구할 수 있다.

길이가 L인 요소의 축이 x축과 일치하는 한 요소에 인장력 (P)이 작용하여 e만큼 변형되었다고 하자.

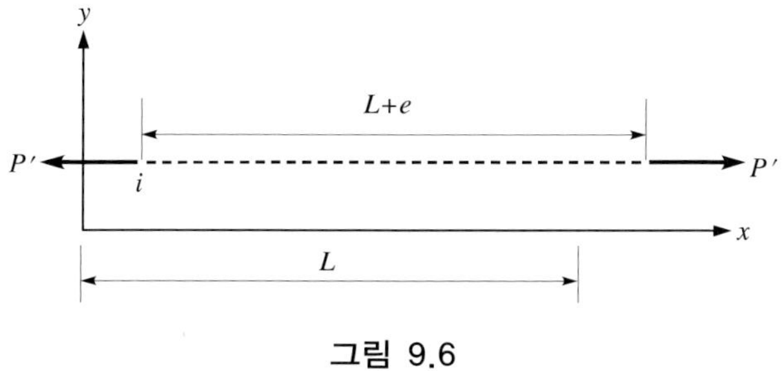

그림 9.6

요소의 양단을 i, j로 표시하고 이와 관련된 힘과 변형도는 그림 9.6에서처럼 P_i, P_j, d_i, d_j 등으로 나타내기로 한다. 그림 9.6에서 요소가 평형조건을 만족시키려면

$$P_i = P_j = P$$

가 성립되어야 하는데 여기서, P는 요소에 작용하는 일정크기의 축방향력이다.

탄성역에서는 후크의 법칙이 성립하므로 $\sigma = E \cdot \varepsilon$으로부터

$$E = \frac{\sigma}{\varepsilon}$$

$$= \frac{(P/A)}{(e/L)}$$

인장력 P에 대해 정리하면

$$P = \frac{AE}{L}e \tag{9.19}$$

여기서,

$$k_i = A\frac{E}{L}$$

$$f_i = \frac{1}{k_i} = \frac{L}{AE}$$

으로 k_i는 축방향력을 받는 i번째 요소의 강성, f_i는 연성이다.

9.4.2 휨모멘트

처짐각법에서 절점의 회전각과 절점의 상대적 처짐으로 인한 재단모멘트를 하중항을 빼고 다시 쓰면

$$M_{AB} = \frac{2EI}{L}(2\theta_A + \theta_B - 3\frac{\Delta}{L})$$

$$M_{BA} = \frac{2EI}{L}(\theta_A + 2\theta_B - 3\frac{\Delta}{L})$$

인데

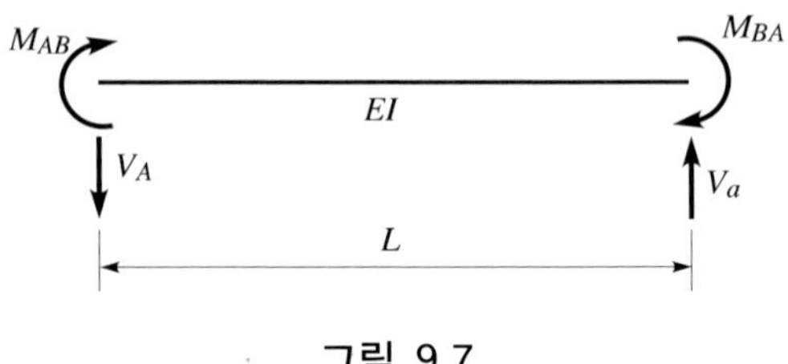

그림 9.7

이와 같은 재단 모멘트 때문에 생기는 지점반력은 그림 9.7에서

$$V_A = V_B = \frac{1}{L}(M_{AB} + M_{BA}) = \frac{2EI}{L^2}\left(3\theta_A + 3\theta_B - 6\frac{\Delta}{L}\right)$$

으로 된다.

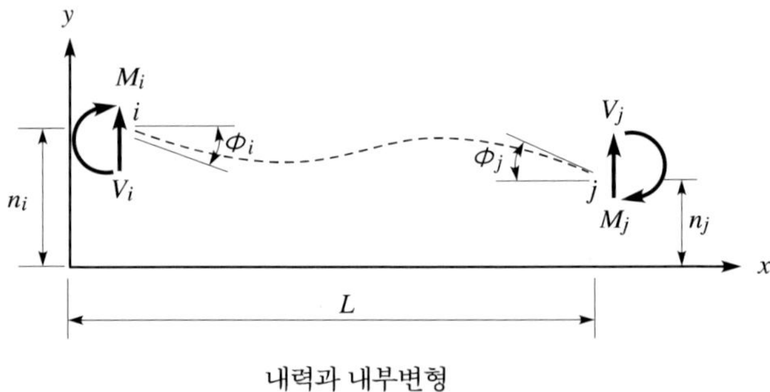

내력과 내부변형

그림 9.8

이제 그림 9.8과 같은 기호 약속을 하면 위의 재단 모멘트 및 지점반력은 다음과 같은 식으로 된다.

$$M_i = \frac{2EI}{L}\left(2\phi_i + \phi_j - 3\frac{\eta_i - \eta_j}{L}\right) = \frac{2EI}{L}\left(2\phi_i - 3\frac{\eta_i}{L} + \phi_j + 3\frac{\eta_j}{L}\right)$$

$$V_i = \frac{2EI}{L^2}\left(-3\phi_i + 6\frac{\eta_i}{L} - 3\phi_j - 6\frac{\eta_j}{L}\right)$$

$$M_j = \frac{2EI}{L^2}\left(\phi_i + 2\phi_j - 3\frac{\eta_i - \eta_j}{L}\right) = \frac{2EI}{L}\left(\phi_i - \frac{3\eta_i}{L} + 2\phi_j + \frac{3\eta_j}{L}\right)$$

$$V_j = \frac{2EI}{L^2}\left(3\phi_i - \frac{6\eta_i}{L} + 3\eta_j + \frac{6\eta_j}{L}\right)$$

위의 식을 행렬식으로 표시하면 다음 식과 같이 된다.

$$\begin{bmatrix} M_i \\ V_i \\ M_j \\ V_j \end{bmatrix} = \frac{EI}{L^4}\begin{bmatrix} 4L^3 & -6L^2 & 2L^3 & 6L^2 \\ -6L^2 & 12L & -6L^2 & -12L \\ 2L^3 & -6L^2 & 4L^3 & 6L^2 \\ 6L^3 & -12L & 6L^2 & 12L \end{bmatrix}\begin{bmatrix} \varphi_i \\ \eta_i \\ \varphi_j \\ \eta_j \end{bmatrix} \tag{9.20}$$

위 식은 간단히 $q = k_i d$ 로 쓸 수 있다.

여기서, k_i는 구조물의 i 번째 요소의 모멘트에 의한 강성행렬이다.

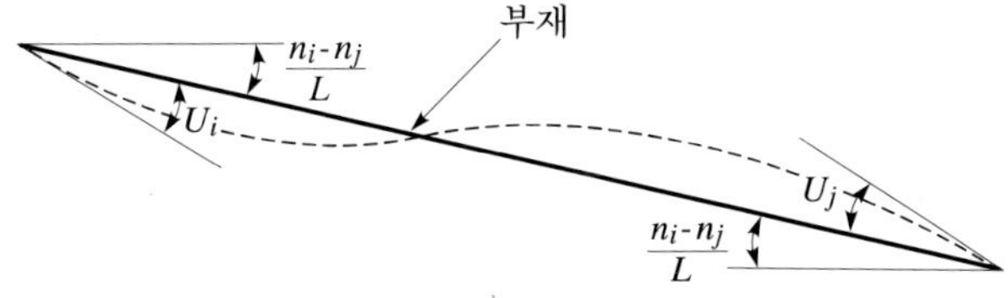

처짐각과 부재각

그림 9.9

$\phi_i = \theta_i + \dfrac{\eta_i - \eta_j}{L}$ 및 $\phi_j = \theta_j + \dfrac{\eta_i - \eta_j}{L}$ 를 식 (9.20)의 M_i에 대입하면

$$M_i = \frac{EI}{L^4}\left[4L^3\left(\theta_i + \frac{\eta_i - \eta_j}{L}\right) - 6L^2\eta_i + 2L^3\left(\theta_j + \frac{\eta_i - \eta_j}{L}\right) + 6L^2\eta_j\right]$$

$$= \frac{EI}{L^4}(4L^3\theta_i + 2L^3\theta_j) = \frac{EI}{L}(4\theta_i + 2\theta_j)$$

식 (9.20)의 M_j에 대입하면

$$M_j = \frac{EI}{L^4}\left[2L^3\left(\theta_i + \frac{\eta_i - \eta_j}{L}\right)\right] - 12L\eta_i + 6L^3\left(\theta_j + \frac{\eta_i - \eta_j}{L}\right) + 12L\eta_j\Big]$$

$$= \frac{EI}{L^4}(2L^3\theta_j + 4L^3\theta_j) = \frac{EI}{L}(2\theta_i + 4\theta_j)$$

를 얻으므로 이것을 행렬식으로 표시하면

$$\begin{bmatrix} M_i \\ M_j \end{bmatrix} = \frac{EI}{L}\begin{bmatrix} 4 & 2 \\ 2 & 4 \end{bmatrix}\begin{bmatrix} \theta_i \\ \theta_j \end{bmatrix} \tag{9.21}$$

식 (9.21)에서 모멘트에 의한 i번째 요소의 강성행렬은

$$k_i = \frac{EI}{L}\begin{bmatrix} 4 & 2 \\ 2 & 4 \end{bmatrix} \tag{9.22}$$

로 되었는데 식 (9.20)과 비교해볼 때 4×4행렬이 2×2행렬로 축소되어 전체로 볼 때 계산량도 줄어든 것임을 짐작하게 한다. 연성행렬의 정의에 따라 $f_i = \dfrac{1}{k_i}$이고 이것을 계산한 결과는 다음과 같이 된다.

$$f_i = \frac{L}{6EI}\begin{bmatrix} 2 & -1 \\ -1 & 2 \end{bmatrix} \tag{9.23}$$

또 식 (9.22)와 식 (9.23)을 곱하면 행렬의 곱셈법칙에 따라 단위행렬(Unit Matrix)이 된다.

$$k_i f_i = f_i k_i = \begin{bmatrix} 1 & 0 \\ 0 & 1 \end{bmatrix} = [I]$$

9.5 트러스

9.5.1 개요

대표적인 축력방향에 대한 강성매트릭스는 2개의 좌표계, 즉 부재에 편리한 국소좌표계(local system)와 전체구조에 알맞는 기준좌표계(reference system)로 취한다. 이 방법은 좌표변환매트릭스의 개념을 유도하는 데에 편리하고 또한 단일 부재의 강성매트릭스를 변환하는 것만이 아니라 부재 집합체의 강성매트릭스를 변환하는 데에도 사용된다.

9.5.2 국소좌표축에 대한 강성매트릭스

핀 연결의 트러스부재는 한 종류의 하중, 즉 축방향력에만 견딜 수 있다.

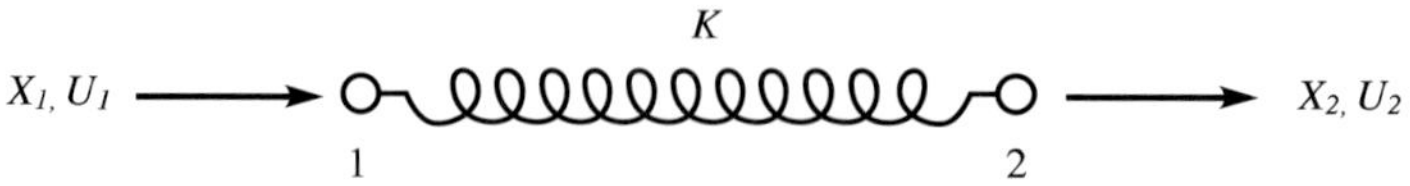

K

X_1, U_1 ⟶ 1 ⟶ 2 X_2, U_2

그림 9.10

그림 9.10에서 절점 1과 2간에 있는 스프링을 트러스부재로 치환해 보자. 이 부재는 단면이 일정하고 그 단면적은 A, 영계수를 E라 한다.

그림 9.10과 같이 절점 2가 고정되고 힘 X_1이 작용한다면 힘－변위관계로부터

$$u_1 = \frac{X_1 L}{AE}$$

가 된다. 이 식과 스프링인 경우의 $k = \frac{X_1}{u_1}$를 비교하면 $\frac{AE}{L}$가 스프링의 k에 대응하는 것임을 알 수 있다. 따라서,

$$\begin{Bmatrix} X_1 \\ X_2 \end{Bmatrix} = \frac{AE}{L} \begin{bmatrix} 1 & -1 \\ -1 & 1 \end{bmatrix} \begin{Bmatrix} u_1 \\ u_2 \end{Bmatrix} \tag{9.24}$$

이 된다. 이 식은 그림 9.10과 같이 기호를 정했을 때 트러스부재에 대한 강성매트릭스를 정의하는 식이다. 식 (9.24)는 트러스부재에 대한 가장 간단한 모양의 강성매트릭스로 국소좌표축, x축이 부재의 방향인 계에 대한 것이다.

이것을 국소좌표축과 기준좌표축에 대해 표시해 두는 것이 편리한 경우가 많다. 국소좌표축은 각 부재에 대해 편리하도록 택하지만 기준좌표축은 구조전체의 상황에 맞게 적당히 정한다.

그림 9.11은 부재 1-2를 2개의 좌표계로 표현하는 것으로 국소좌표계를 $\bar{x}$, $\bar{y}$, 기준좌표계를 x, y라 한다. 이 그림에서 알 수 있듯이 부재는 기준좌표계에 대해 임의의 위치로 놓을 수 있다. 또한 변위, 힘, 강성매트릭스가 국소좌표계로 표현할 때는 $\bar{u}$, $\bar{X}$, $\bar{K}$ 기준좌표계인 때는 u, X, K라 쓰기도 한다. 그러면 식 (9.24)는

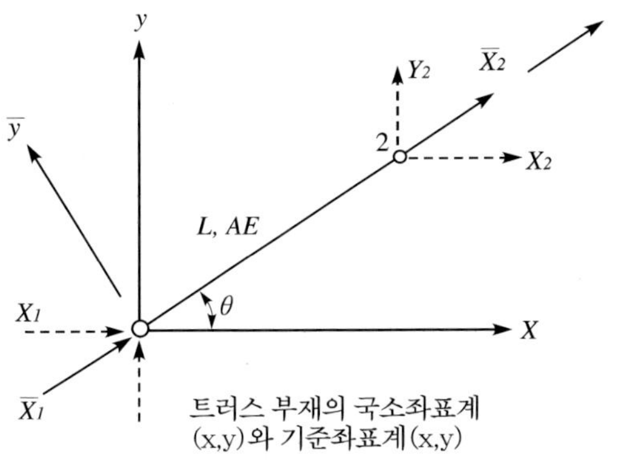

그림 9.11

$$\begin{Bmatrix} \overline{X_1} \\ \overline{X_2} \end{Bmatrix} = \frac{AE}{L} \begin{bmatrix} 1 & -1 \\ -1 & 1 \end{bmatrix} \begin{Bmatrix} \overline{u_1} \\ \overline{u_2} \end{Bmatrix} \tag{9.25}$$

이 된다. 여기서, 강성방정식 또는 강성매트릭스를 1개의 좌표계로부터 다른 좌표계로 변환하는 것이 중요하다. 이것은 특히 컴퓨터를 이용해서 문제를 풀 때 가끔 사용되는데, 강성매트릭스의 일반적인 모양을 유도할 때도 대단히 중요한 역할을 한다.

간단한 핀 연결의 트러스부재에 대해 생각해 보면 그림 9.11에서 힘은 절점 2에 작용한다. 이 힘 $\overline{X_2}$는 국소좌표계에 대한 것이고 이를 기준좌표계의 분력 X_2와 Y_2로 분할한다. 여기서, 트러스 부재는 부재의 직각방향힘을 지지할 수 없으므로 $\overline{Y_2}$는 존재하지 않는다.

여기서, 중요한 것은 국소좌표계에서의 성분이 2개이던 것이 기준좌표계이면 4개가 된다는 것이다. 그러므로 식 (9.25)를 기준좌표축으로 변환하기 전에 그것과 일치하도록 매트릭스의 차수를 크게 해 놓아야 한다. 그러기 위해서는 식 (9.25)에 $\overline{Y_1}$, $\overline{Y_2}$와 $\overline{v_1}$, $\overline{v_2}$의 항을 늘이면 된다. 그리고 $\overline{K}$속에서 대응하는 행과 열을 0으로 한다면 확장된 방정식은 기본적으로 본래의 방정식과 같게 된다. 즉

$$\begin{Bmatrix} \overline{X_1} \\ \overline{Y_1} \\ \overline{X_2} \\ \overline{Y_2} \end{Bmatrix} = \frac{AE}{L} \begin{bmatrix} 1 & 0 & -1 & 0 \\ 0 & 0 & 0 & 0 \\ -1 & 0 & 1 & 0 \\ 0 & 0 & 0 & 0 \end{bmatrix} \begin{Bmatrix} \overline{u_1} \\ \overline{v_1} \\ \overline{u_2} \\ \overline{v_2} \end{Bmatrix} \tag{9.26}$$

이다. 이 식은 식 (9.25)와 같아지면서 동시에 x, y 좌표에 대한 힘－변위 관계를 나타내는데 필요한 크기가 된다. 식 (9.26)을 간단히 표현해 보면

$$\overline{X} = \overline{K}\overline{u} \tag{9.27}$$

가 된다.

9.5.3 강성매트릭스의 좌표변환

1. 좌표변형매트릭스(transformation matrix)

그림 9.11에서

$$\overline{X_2} = X_2 \cos\theta + Y_2 \sin\theta$$

$$\overline{Y_2} = -X_2 \sin\theta + Y_2 \cos\theta$$

이다. 마찬가지로 절점 1에서도 성립한다.

$$\lambda = \cos\theta, \ \mu = \sin\theta \tag{9.28}$$

라면 위 4개 방정식은

$$\begin{Bmatrix} \overline{X_1} \\ \overline{Y_1} \\ \cdots \\ \overline{X_2} \\ \overline{Y_2} \end{Bmatrix} = \begin{bmatrix} \lambda & \mu & \vdots & 0 & 0 \\ -\mu & \lambda & \vdots & 0 & 0 \\ \cdots & \cdots & \cdots & \cdots & \cdots \\ 0 & 0 & \vdots & \lambda & \mu \\ 0 & 0 & \vdots & -\mu & \lambda \end{bmatrix} \begin{Bmatrix} X_1 \\ Y_1 \\ \cdots \\ X_2 \\ Y_2 \end{Bmatrix} \tag{9.29}$$

또는

$$\overline{X} = TX \tag{9.30}$$

가 된다.

X에 대해 식 (9.30)을 풀면 T의 성질이 밝혀진다. 즉

$$X = T^{-1}\overline{X} = T'\overline{X} \tag{9.31}$$

결국 T의 역행렬은 전치행렬과 같다.

변위도 대응하는 힘과 아주 같은 성질의 벡터이고 힘과 같이 변환할 수 있다. 식 (9.30)에 대응하는 절점변위의 관계식은

$$\overline{u} = Tu \tag{9.32}$$

로 표기할 수 있다.

2. **기준좌표계의 강성매트릭스**(stiffness matrix in reference cordinates)

변형매트릭스 T를 식 (9.26)이나 식 (9.27)에 적용한다. 식 (9.30), 식 (9.32)를 식 (9.27)에 대입하면

$$TX = \overline{K}Tu$$

또는 $X = T'\overline{K}Tu = Ku$이므로

$$K = T'\overline{K}T \tag{9.33}$$

이다. 그러므로 적당히 택한 국소좌표계의 강성매트릭스 $\overline{K}$가 구해지면 기준좌표계로 변환하는 것은 쉽다. 식 (9.26)의 강성매트릭스 $\overline{K}$를 쓰면 K는 식 (9.33)으로부터

$$K = \frac{AE}{L}\begin{bmatrix} \lambda^2 & \lambda\mu & -\lambda^2 & -\lambda\mu \\ \lambda\mu & \mu^2 & -\lambda\mu & -\mu^2 \\ -\lambda^2 & -\lambda\mu & \lambda^2 & \lambda\mu \\ -\lambda\mu & -\mu^2 & \lambda\mu & \mu^2 \end{bmatrix} \quad \begin{matrix} \\ (u_1 \quad v_1 \quad u_2 \quad v_2) \end{matrix} \tag{9.34}$$

가 된다. 이것이 x, y축에 대한 그림 9.11의 트러스부재의 강성매트릭스이다. $\theta = 0°$이면 $\lambda = 1$, $\mu = 0$이고 K는 $\overline{K}$로써 구해진다.

9.5.4 응력매트릭스

응력매트릭스는 절점변위로부터 부재의 내력과 응력을 구하기 위한 것이다.

$$X^e = Ku$$

를 작성한다. 트러스부재의 경우 K는 식 (9.34)와 같다. 절점 2에서의 등가절점력은

$$X_2^e = \frac{AE}{L}[(u_2 - u_1)\lambda^2 + (v_2 - v_1)\lambda\mu]$$

$$Y_2^e = \frac{AE}{L}[(u_2 - u_1)\lambda\mu + (v_2 - v_1)\mu^2] \tag{9.35}$$

이다. 이 식은 x, y축계에 대한 표식이고 힘의 평형으로부터 $X_1^e = -X_2^e$, $Y_1^e = -Y_2^e$이어야 한다. λ, μ는 물론 현재 생각하고 있는 부재에 대한 것이다.

X_2^e, Y_2^e와 부재력 S_{1-2}와의 관계는 그림 9.12와 같다.

그림 9.12에서

$$S_{1-2} = X_2^e\cos\theta + Y_2^e\sin\theta = X_2^e\lambda + Y_2^e\mu$$

를 얻을 수 있다. 같은 관계를 절점 1에 작용하는 힘에 대해서도 얻을 수 있다. 윗 식의 관계에 식 (9.35)와 같은 X_2^e와 Y_2^e를 대입하고 $\lambda^2 + \mu^2 = 1$를 고려하면 S_{1-2}는

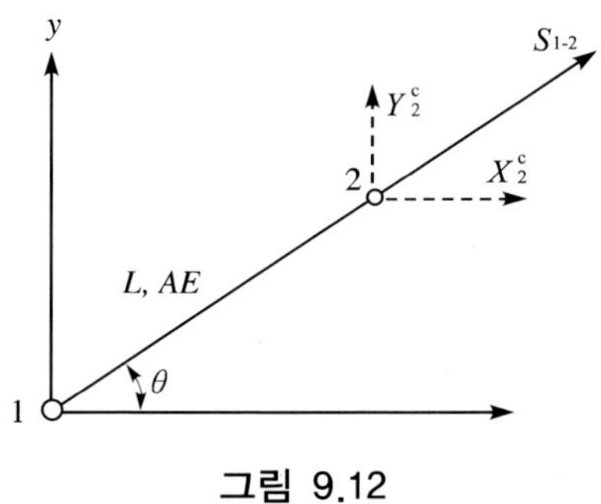

그림 9.12

$$S_{1-2} = \frac{AE}{L}[(u_2 - u_1)\lambda + (v_2 - v_1)\mu]$$

가 된다. 이것을 매트릭스로 표현하면

$$S_{1-2} = \frac{AE}{L}[\lambda\ \mu]\begin{Bmatrix} u_2 - u_1 \\ v_2 - v_1 \end{Bmatrix} \tag{9.36}$$

이 된다. 임의의 부재이면 윗 식의 절점 1, 2를 i, j로 바꿔 놓으면 된다. 식 (9.36)은

$$S_{ij} = \left(\frac{AE}{L}\right)_{ij}[\lambda\mu]_{ij}\begin{Bmatrix} u_j - u_i \\ v_j - v_i \end{Bmatrix} \tag{9.37}$$

가 된다.

단면적 A를 좌변으로 가져오면 절점변위에 대한 응력을 구하는 식이 된다. 그러나 식 (9.37)의 우변에서 변위의 열 앞에 놓인 항을 보통 응력매트릭스라 한다. 이 식은 스프링인 경우

$$S_{ij} = X^e_j = [-k_\alpha k_\alpha]\begin{Bmatrix} u_i \\ u_j \end{Bmatrix} = S_\alpha u^{(\alpha)}$$

식과 대응하는 것으로 이 식은

$$S_{ij} = k_\alpha[1 - 1]\begin{Bmatrix} u_j - u_i \\ 0 \end{Bmatrix} = k_\alpha[10]\begin{Bmatrix} u_j - u_i \\ 0 \end{Bmatrix}$$

로 다시 쓸 수 있다. 매트릭스 곱셈을 해보면 같은 값이 나오는데 스프링은 x축에 평행이었으나 트러스부재는 θ만큼 경사지게 된다. 따라서 스프링인 경우 $\lambda = \cos 0°1$, $\mu = \sin 0° = 0$이다. 그러므로 식 (9.37)은 스프링의 식과 같은 값임을 알 수 있다.

9.5.5 간단한 트러스

그림 9.13과 같은 간단한 트러스구조를 생각해 보면 구조전체의 강성 매트릭스는 식(9.34)로 각 부재의 강성매트릭스를 겹침으로 구할 수 있다는 사실을 알 수 있다.

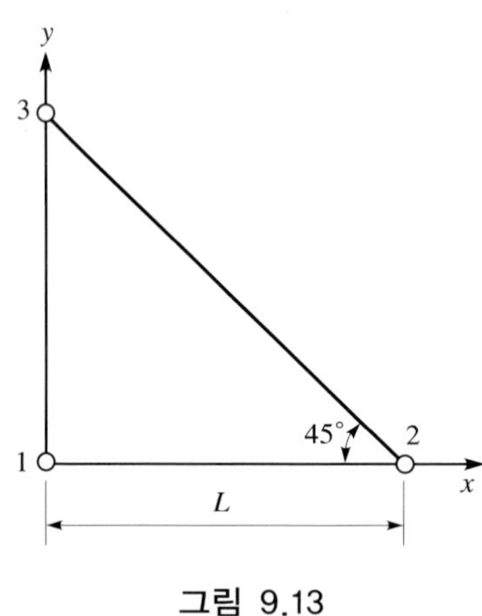

그림 9.13

표 9.1 트러스의 방향 표현

부재	$\theta°$	λ	μ	λ^2	μ^2	$\lambda\mu$
1-2	0	1	0	1	0	0
1-3	90	0	1	0	1	0
2-3	135	$-1/\sqrt{2}$	$1/\sqrt{2}$	1/2	1/2	-1/2

표 중에서 부재 $i-j$는 i에서 j에의 방향이 $\overline{x}$축 정(+)의 방향으로 표현한 것이고 θ는 x축 정(+)의 방향인 시계반대방향의 값이다.

그림 9.13의 트러스구조는 힘과 변위가 각각 6개의 절점성분을 가지고 있기 때문에 강성매트릭스는 6×6의 차수이다.

그러므로 각 부재의 강성매트릭스는 적당한 행과 열에 0을 넣고 6×6으로 확대해야 한다. 예를 들면 부재 2-3은

$$K_{2-3}=\frac{AE}{\sqrt{2}\,L}=\begin{array}{c} \begin{array}{cccccc} n_1 & v_1 & u_2 & v_2 & u_3 & v_3 \end{array} \\ \begin{bmatrix} 0 & 0 & 0 & 0 & 0 & 0 \\ 0 & 0 & 0 & 0 & 0 & 0 \\ 0 & 0 & 1/2 & -1/2 & -1/2 & 1/2 \\ 0 & 0 & -1/2 & 1/2 & 1/2 & -1/2 \\ 0 & 0 & -1/2 & 1/2 & 1/2 & -1/2 \\ 0 & 0 & 1/2 & -1/2 & -1/2 & 1/2 \end{bmatrix} \end{array} \qquad (9.38)$$

이 된다. AE가 일정하다면 각 부재의 강성매트릭스를 식 (9.38)과 같이 만들고 그들을 겹친다면 구조전체의 강성매트릭스는

$$K=\frac{AE}{L}\begin{array}{c} \begin{array}{cccccc} u_1 & v_1 & u_2 & v_2 & u_3 & v_3 \end{array} \\ \begin{bmatrix} 1 & 0 & -1 & 0 & 0 & 0 \\ & 0 & 1 & 0 & 0 & 0 \\ -1 & & -1 & 0 & 1+\frac{1}{2\sqrt{2}} & -\frac{1}{2\sqrt{2}} \\ -\frac{1}{2\sqrt{2}} & \frac{1}{2\sqrt{2}} & & 0 & 0 & -\frac{1}{2\sqrt{2}} \\ \frac{1}{2\sqrt{2}} & \frac{1}{2\sqrt{2}} & -\frac{1}{2\sqrt{2}} & & 0 & 0 \\ -\frac{1}{2\sqrt{2}} & \frac{1}{2\sqrt{2}} & \frac{1}{2\sqrt{2}} & -\frac{1}{2\sqrt{2}} & & 0 \\ -1 & \frac{1}{2\sqrt{2}} & -\frac{1}{2\sqrt{2}} & -\frac{1}{2\sqrt{2}} & 1+\frac{1}{2\sqrt{2}} & \end{bmatrix} \end{array} \qquad (9.39)$$

이 된다. 또한 강성매트릭스는 대칭이고 대칭각요소는 정(+)이다. 그리고 어떤 열에 대해서도 X방향력(1, 3, 5행), Y방향력(2, 4, 6행)에 대응하는 요소의 합은 0이다.

그림 9.13의 트러스구조에 대한 간단한 예로 절점 1과 3은 핀이라 하고 하중은 절점 2에 작용하는 것으로 하여

$\begin{Bmatrix} X_\alpha \\ X_\beta \end{Bmatrix}=\begin{bmatrix} K_{\alpha\alpha} & K_{\alpha\beta} \\ K_{\beta\alpha} & K_{\beta\beta} \end{bmatrix}\begin{Bmatrix} u_\alpha \\ u_\beta \end{Bmatrix}$ 식으로부터 식 (9.39)를 분할하면

$$\begin{Bmatrix} X_2 \\ Y_2 \\ \cdots\cdots \\ X_1 \\ Y_1 \\ X_3 \\ Y_3 \end{Bmatrix}=\frac{AE}{L}\left[\begin{array}{cc:cccc} 1+\frac{1}{2\sqrt{2}} & -\frac{1}{2\sqrt{2}} & -1 & 0 & -\frac{1}{2\sqrt{2}} & \frac{1}{2\sqrt{2}} \\ -\frac{1}{2\sqrt{2}} & \frac{1}{2\sqrt{2}} & 0 & 0 & \frac{1}{2\sqrt{2}} & -\frac{1}{2\sqrt{2}} \\ \hdashline -1 & 0 & 1 & 0 & 0 & 0 \\ 0 & 0 & 0 & 1 & 0 & -1 \\ -\frac{1}{2\sqrt{2}} & \frac{1}{2\sqrt{2}} & 0 & 0 & \frac{1}{2\sqrt{2}} & -\frac{1}{2\sqrt{2}} \end{array}\right]$$

$$\begin{Bmatrix} u_2 \\ v_2 \\ \cdots\cdots \\ u_1 = 0 \\ v_1 = 0 \\ u_3 = 0 \\ v_3 = 0 \end{Bmatrix} \tag{9.40}$$

이 식으로부터 미지변위는 $u_\beta = 0$일 때 $u_\alpha = K_{\alpha\alpha}^{-1} X_\alpha$식을 적용해서

$$\begin{Bmatrix} u_2 \\ v_2 \end{Bmatrix} = \frac{L}{AE} \begin{bmatrix} 1 + \frac{1}{2\sqrt{2}} & -\frac{1}{2\sqrt{2}} \\ -\frac{1}{2\sqrt{2}} & \frac{1}{2\sqrt{2}} \end{bmatrix}^{-1} \begin{Bmatrix} X_2 \\ Y_2 \end{Bmatrix} = \frac{L}{AE} \begin{bmatrix} 1 & 1 \\ 1 & 1 + 2\sqrt{2} \end{bmatrix} \begin{Bmatrix} X_2 \\ Y_2 \end{Bmatrix} \tag{9.41}$$

를 구할 수 있다. 여기서, 상기의 변위를 구할 때 역변형을 해야 하는 매트릭스는 식 (9.39)에서 나타낸 트러스 전체의 강성매트릭스로부터 바로 구할 수 있다. 즉 $u_\alpha = K_{\alpha\alpha}^{-1} X_\alpha$식의 $K_{\alpha\alpha}$는 전체강성매트릭스에서 변위가 0인 행과 열에 대응하는 열의 요소를 버림으로써 쉽게 구할 수 있음을 알 수 있다.

미지변위가 구해지면 $u_\beta = 0$일 때 $X_\beta = K_{\beta\alpha} K_{\alpha\alpha}^{-1} X_\alpha$을 이용해서 지점반력을 구할 수 있다. 즉 다음과 같이 된다.

$$\begin{Bmatrix} X_1 \\ Y_1 \\ X_3 \\ Y_3 \end{Bmatrix} = \begin{bmatrix} -1 & 0 \\ 0 & 0 \\ -\frac{1}{2\sqrt{2}} & \frac{1}{2\sqrt{2}} \\ \frac{1}{2\sqrt{2}} & -\frac{1}{2\sqrt{2}} \end{bmatrix} \begin{bmatrix} 1 & 1 \\ 1 & 1 + 2\sqrt{2} \end{bmatrix} \begin{Bmatrix} X_2 \\ Y_2 \end{Bmatrix}$$

$$= \begin{bmatrix} -1 & -1 \\ 0 & 0 \\ 0 & 1 \\ 0 & -1 \end{bmatrix} \begin{Bmatrix} X_2 \\ Y_2 \end{Bmatrix} = \begin{Bmatrix} -X_2 - Y_2 \\ 0 \\ Y_2 \\ -Y_2 \end{Bmatrix} \tag{9.42}$$

부재내력은 식 (9.37)에서 구할 수 있다. 예를 들면 부재 2-3은

$$S_{2-3} = \frac{AE}{\sqrt{2}L} \begin{bmatrix} -\frac{1}{\sqrt{2}} & \frac{1}{\sqrt{2}} \end{bmatrix} \begin{Bmatrix} u_3 - u_2 \\ v_3 - v_2 \end{Bmatrix} \tag{9.43}$$

이다. 경계조건은 $u_3 = v_3 = 0$이다. 또 u_2, v_2는 식 (9.41)에서 구할 수 있으므로 S_{2-3}는

$$S_{2-3} = -\frac{1}{\sqrt{2}}\left[-\frac{1}{\sqrt{2}}\ \frac{1}{\sqrt{2}}\right]\begin{bmatrix}1 & 1\\ 1 & 1+2\sqrt{2}\end{bmatrix}\begin{Bmatrix}X_2\\ Y_2\end{Bmatrix} = -\sqrt{2}\,Y_2 \text{ 이다.}$$

9.6 간단한 보요소

9.6.1 보요소의 강성매트릭스(Stifness Matrix)

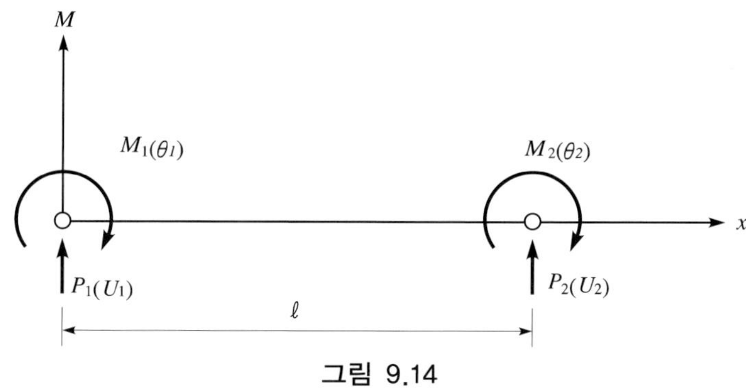

그림 9.14

그림 9.14와 같은 부재 요소의 강성매트릭스를 구하면

1. $\begin{pmatrix}v_2 = 0\\ \theta_2 = 0\end{pmatrix}$인 경우

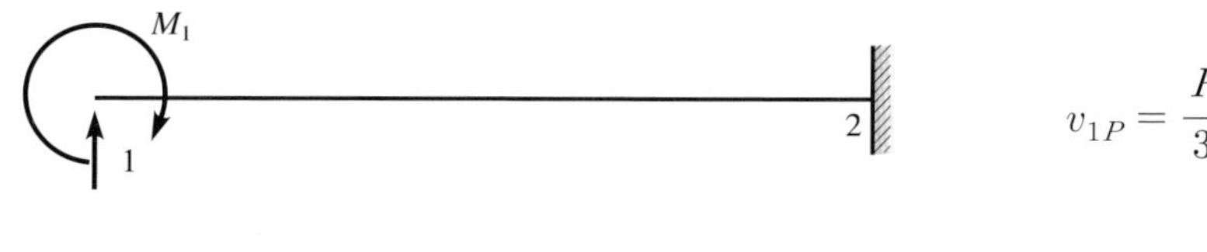

$$v_{1P} = \frac{P_1 l^3}{3EI}$$

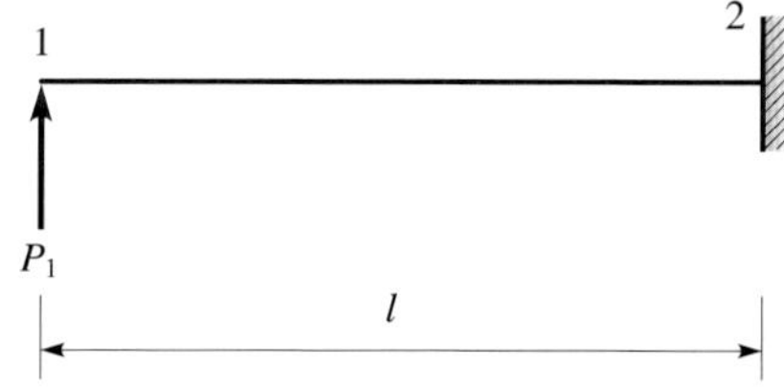

$$\theta_{1P} = \frac{P_1 l^2}{2EI}$$

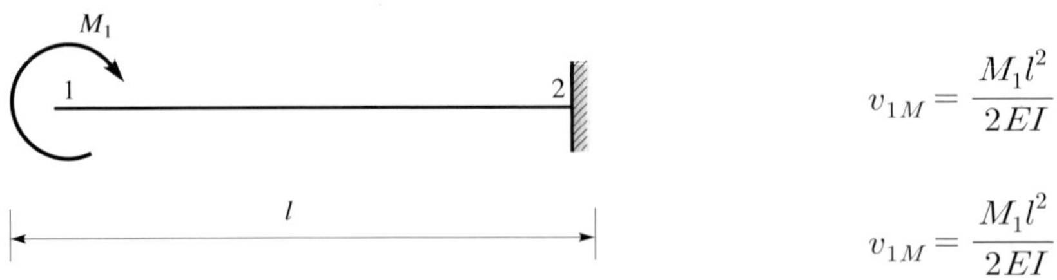

$$v_1 = v_{1P} + v_{1M} = \frac{P_1 l^3}{3EI} + \frac{M_1 l^2}{2EI} \tag{9.44}$$

$$\theta_1 = \theta_{1P} + \theta_{1M} = \frac{P_1 l^2}{2EI} + \frac{M_1 l}{EI} \tag{9.45}$$

식 (9.44)와 식 (9.45)로부터

$$P_1 = \frac{12EI}{l^3} v_1 - \frac{6EI}{l^2} \theta_1$$

$$M_1 = -\frac{6EI}{l^2} v_1 + \frac{4EI}{l} \theta_1$$

이것을 매트릭스로 표현하면

$$\begin{bmatrix} P_1 \\ M_1 \end{bmatrix} = EI \begin{bmatrix} \frac{12}{l^3} & -\frac{6}{l^2} \\ -\frac{6}{l^2} & \frac{4}{l} \end{bmatrix} \begin{bmatrix} v_1 \\ \theta_1 \end{bmatrix} = [K_{11}] \begin{bmatrix} v_1 \\ \theta_1 \end{bmatrix}$$

힘의 평형조건식

$\sum F_y = P_1 + P_2 = 0$ 으로부터 $P_2 = -P_1$

$\sum M_2 = P_1 l + M_1 + M_2 = 0$ 으로부터 $M_2 = -P_1 l - M_1$

이것을 매트릭스로 표현하면

$$\begin{bmatrix} P_2 \\ M_2 \end{bmatrix} = \begin{bmatrix} -1 & 0 \\ -l & -1 \end{bmatrix} \begin{bmatrix} P_1 \\ M_1 \end{bmatrix}$$

$$= [A] \begin{bmatrix} P_1 \\ M_1 \end{bmatrix}$$

$$= [A][K_{11}] \begin{bmatrix} v_1 \\ \theta_1 \end{bmatrix}$$

$$= \begin{bmatrix} -1 & 0 \\ -l & -1 \end{bmatrix} EI \begin{bmatrix} \frac{12}{l^3} & -\frac{6}{l^2} \\ -\frac{6}{l^2} & \frac{4}{l} \end{bmatrix} \begin{bmatrix} v_1 \\ \theta_1 \end{bmatrix}$$

$$= EI \begin{bmatrix} -\frac{12}{l^3} & \frac{6}{l^2} \\ -\frac{6}{l^2} & \frac{2}{l} \end{bmatrix} \begin{bmatrix} v_1 \\ \theta_1 \end{bmatrix}$$

$$= [K_{12}] \begin{bmatrix} v_1 \\ \theta_1 \end{bmatrix}$$

절점 1의 변위(v_1, θ_1)에 의해 절점 1의 힘(P_1, M_1)과 절점 2의 힘(P_2, M_2)을 표현할 수 있다.

2. $\begin{pmatrix} v_1 = 0 \\ \theta_1 = 0 \end{pmatrix}$인 경우

$$v_{2P} = \frac{P_2 l^3}{3EI}$$

$$\theta_{2P} = -\frac{M_2 l^2}{2EI}$$

$$v_{2M} = -\frac{M_2 l^2}{2EI}$$

$$\theta_{2M} = \frac{M_2 l^2}{EI}$$

$$v_2 = v_{2P} + v_{2M} = \frac{P_2 l^3}{3EI} - \frac{M_2 l^2}{2EI} \tag{9.46}$$

$$\theta_2 = \theta_{2P} + \theta_{2M} = -\frac{P_2 l^2}{2EI} + \frac{M_2 l}{EI} \tag{9.47}$$

식 (9.46)과 식 (9.47)로부터

$$P_2 = \frac{12EI}{l^3} v_2 + \frac{6EI}{l^2} \theta_2$$

$$M_2 = \frac{6EI}{l^2}v_2 + \frac{4EI}{l}\theta_2$$

이것을 매트릭스로 표현하면

$$\begin{bmatrix} P_2 \\ M_2 \end{bmatrix} = EI\begin{bmatrix} \frac{12}{l^3} & \frac{6}{l^2} \\ \frac{6}{l^2} & \frac{4}{l} \end{bmatrix}\begin{bmatrix} v_2 \\ \theta_2 \end{bmatrix}$$

$$= [K_{22}]\begin{bmatrix} v_2 \\ \theta_2 \end{bmatrix}$$

·힘의 평형조건식

$\sum F_y = P_1 + P_2 = 0$으로부터 $P_1 = - P_2$

$\sum M_1 = - P_2 l + M_1 + M_2 = 0$으로부터 $M_1 = P_2 l - M_2$

이것을 매트릭스로 표현하면

$$\begin{bmatrix} P_1 \\ M_1 \end{bmatrix} = \begin{bmatrix} -1 & 0 \\ l & -1 \end{bmatrix}\begin{bmatrix} P_2 \\ M_2 \end{bmatrix}$$

$$= [B]\begin{bmatrix} P_2 \\ M_2 \end{bmatrix} = [B][K_{22}]\begin{bmatrix} v_2 \\ \theta_2 \end{bmatrix}$$

$$= \begin{bmatrix} -1 & 0 \\ l & -1 \end{bmatrix} EI\begin{bmatrix} \frac{12}{l^3} & \frac{6}{l^2} \\ \frac{6}{l^2} & \frac{4}{l} \end{bmatrix}\begin{bmatrix} v_2 \\ \theta_2 \end{bmatrix}$$

$$= EI\begin{bmatrix} -\frac{12}{l^3} & -\frac{6}{l^2} \\ \frac{6}{l^2} & \frac{2}{l} \end{bmatrix}\begin{bmatrix} v_2 \\ \theta_2 \end{bmatrix}$$

$$= [K_{12}]\begin{bmatrix} v_2 \\ \theta_2 \end{bmatrix}$$

절점 2의 변위(v_2, θ_2)에 의해 절점 1과 절점 2의 힘(P_1, M_1, P_2, M_2)을 표현할 수 있다.

따라서,

$$\begin{bmatrix} P_1 \\ M_1 \\ \cdots\cdots\cdots \\ P_2 \\ M_2 \end{bmatrix} = \begin{bmatrix} [K_{11}]\ldots[K_{12}] \\ \cdots\cdots\cdots\cdots\cdots\cdots \\ [K_{21}]\ldots[K_{22}] \end{bmatrix} \begin{bmatrix} v_1 \\ \theta_1 \\ \cdots\cdots\cdots \\ v_2 \\ \theta_2 \end{bmatrix}$$

$$= EI \begin{bmatrix} \frac{12}{l^3} & -\frac{6}{l^2} & -\frac{12}{l^3} & -\frac{6}{l^2} \\ -\frac{6}{l^2} & \frac{4}{l} & \frac{6}{l^2} & \frac{2}{l} \\ -\frac{12}{l^3} & \frac{6}{l^2} & \frac{12}{l^3} & \frac{6}{l^2} \\ -\frac{6}{l^2} & \frac{2}{l} & \frac{6}{l^2} & \frac{4}{l} \end{bmatrix} \begin{bmatrix} v_1 \\ \theta_1 \\ v_2 \\ \theta_2 \end{bmatrix}$$

$$= [K] \begin{bmatrix} v_1 \\ \theta_1 \\ v_2 \\ \theta_2 \end{bmatrix} \tag{9.48}$$

다시 정리하면

$$\begin{bmatrix} P_1 \\ \frac{M_1}{l} \\ P_2 \\ \frac{M_2}{l} \end{bmatrix} = \frac{EI}{l^3} \begin{bmatrix} 12 & -6 & -12 & -6 \\ -6 & 4 & 6 & 2 \\ -12 & 6 & 12 & 6 \\ -6 & 2 & 6 & 4 \end{bmatrix}$$

9.6.2 보의 집합체

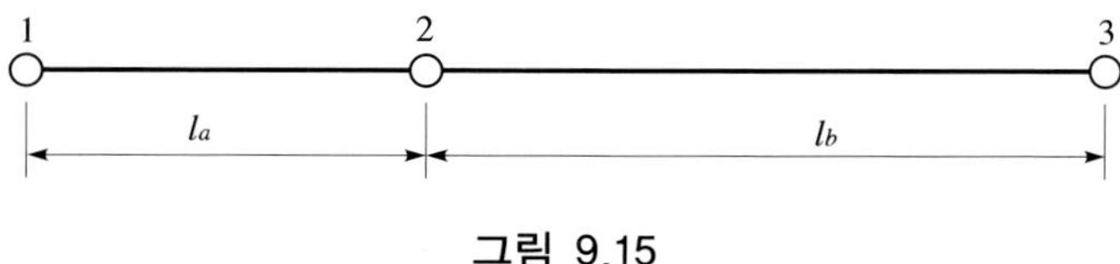

그림 9.15

식 (9.48)에 의하면

$$
[K_a] = EI_a \begin{bmatrix}
\frac{12}{l_a^3} & & & & & \\
-\frac{6}{l_a^2} & \frac{4}{l_a} & & & SYM. & \\
-\frac{12}{l_a^3} & \frac{6}{l_a^2} & \frac{12}{l_a^3} & & & \\
-\frac{6}{l_a^2} & \frac{2}{l_2} & \frac{6}{l_a^2} & \frac{4}{l_a} & & \\
0 & 0 & 0 & 0 & 0 & \\
0 & 0 & 0 & 0 & 0 & 0
\end{bmatrix}
$$

$$
[K_b] = EI_b \begin{bmatrix}
0 & & & & & \\
0 & 0 & & SYM. & & \\
0 & 0 & \frac{12}{l_b^3} & & & \\
0 & 0 & -\frac{6}{l_b^2} & \frac{4}{l_b} & & \\
0 & 0 & -\frac{12}{l_b^3} & \frac{6}{l_b^2} & \frac{12}{l_b^3} & \\
0 & 0 & -\frac{6}{l_b^2} & \frac{2}{l_b} & \frac{6}{l_b^2} & \frac{4}{l_b}
\end{bmatrix}
$$

$$
[K] = \begin{bmatrix}
[K_a] & \\
& [K_b]
\end{bmatrix}
$$

예제 9.6

그림 9.16과 같은 부재에 다음과 같은 조건이 주어질 경우 절점 1, 2, 3에서의 변위 및 처짐각을 매트릭스를 이용하여 구하라.

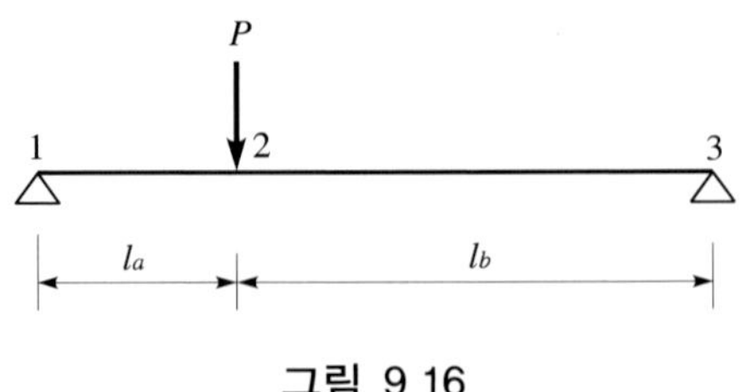

그림 9.16

풀이

- 경계조건

$$v_1 = v_3 = 0$$

- 외력

$$P_2 = -P$$

$$M_2 = +M$$

- 설계조건

$$l_b = 2l_a = 2l$$

$$I_a = I_b = I$$

$$\begin{bmatrix} P_2 \\ M_2 \\ M_1 \\ M_3 \end{bmatrix} = EI \begin{bmatrix} \frac{12}{l^3} + \frac{12}{8l^3} & \frac{6}{l^2} - \frac{6}{4l^2} & \frac{6}{l^2} & -\frac{6}{4l^2} \\ \frac{6}{l^2} - \frac{6}{4l^3} & \frac{4}{l} + \frac{4}{2l} & \frac{2}{l} & \frac{2}{2l} \\ \frac{6}{l^2} & \frac{2}{l} & \frac{4}{l} & 0 \\ -\frac{6}{4l^2} & \frac{2}{2l} & 0 & \frac{4}{2l} \end{bmatrix} \begin{bmatrix} v_2 \\ \theta_2 \\ \theta_1 \\ \theta_3 \end{bmatrix} \quad \text{(a)}$$

$$\begin{bmatrix} P_2 \\ \frac{M_2}{l} \\ \frac{M_1}{l} \\ \frac{M_3}{l} \end{bmatrix} = \frac{EI}{2l^3} \begin{bmatrix} 27 & 9 & 12 & -3 \\ 9 & 12 & 4 & 2 \\ 12 & 4 & 8 & 0 \\ -3 & 2 & 0 & 4 \end{bmatrix} \begin{bmatrix} v_2 \\ \theta_2 l \\ \theta_1 l \\ \theta_3 l \end{bmatrix} \quad \text{(b)}$$

$$\begin{bmatrix} P_2 = -P \\ \frac{M_2}{l} = \frac{M}{l} \end{bmatrix} = \frac{EI}{2l^3} \left(\begin{bmatrix} 27 & 9 \\ 9 & 12 \end{bmatrix} \begin{bmatrix} v_2 \\ \theta_2 l \end{bmatrix} + \begin{bmatrix} 12 & -3 \\ 4 & 2 \end{bmatrix} \begin{bmatrix} \theta_1 l \\ \theta_3 l \end{bmatrix} \right) \quad \text{(c)}$$

$$\begin{bmatrix} \frac{M_1}{l} = 0 \\ \frac{M_3}{l} = 0 \end{bmatrix} = \frac{EI}{2l^3} \left(\begin{bmatrix} 12 & 4 \\ -3 & 2 \end{bmatrix} \begin{bmatrix} v_2 \\ \theta_2 l \end{bmatrix} + \begin{bmatrix} 8 & 0 \\ 0 & 4 \end{bmatrix} \begin{bmatrix} \theta_1 l \\ \theta_3 l \end{bmatrix} \right) \quad \text{(d)}$$

식 (d)로부터

$$\begin{bmatrix} 8 & 0 \\ 0 & 4 \end{bmatrix}\begin{bmatrix} \theta_1 l \\ \theta_3 l \end{bmatrix} = \begin{bmatrix} -12 & -4 \\ 3 & -2 \end{bmatrix}\begin{bmatrix} v_2 \\ \theta_2 l \end{bmatrix} \tag{e}$$

식 (e)로부터

$$\begin{bmatrix} \theta_1 l \\ \theta_3 l \end{bmatrix} = \frac{1}{32}\begin{bmatrix} 4 & 0 \\ 0 & 8 \end{bmatrix}\begin{bmatrix} -12 & -4 \\ 3 & -2 \end{bmatrix}\begin{bmatrix} v_2 \\ \theta_2 l \end{bmatrix}$$

$$= \frac{1}{32}\begin{bmatrix} -48 & -16 \\ 24 & -16 \end{bmatrix}\begin{bmatrix} v_2 \\ \theta_2 l \end{bmatrix}$$

$$= \begin{bmatrix} -\frac{2}{3} & -\frac{1}{2} \\ \frac{3}{4} & -\frac{1}{2} \end{bmatrix}\begin{bmatrix} v_2 \\ \theta_2 l \end{bmatrix} \tag{f}$$

$$\begin{bmatrix} -P \\ \frac{M}{l} \end{bmatrix} = \frac{EI}{2l^3}\left(\begin{bmatrix} 27 & 9 \\ 9 & 12 \end{bmatrix}\begin{bmatrix} v_2 \\ \theta_2 l \end{bmatrix} + \begin{bmatrix} 12 & -3 \\ 4 & 2 \end{bmatrix}\begin{bmatrix} -\frac{2}{3} & -\frac{1}{2} \\ \frac{3}{4} & -\frac{1}{2} \end{bmatrix}\begin{bmatrix} v_2 \\ \theta_2 l \end{bmatrix}\right)$$

$$= \frac{EI}{2l^3}\left(\begin{bmatrix} 27 & 9 \\ 9 & 12 \end{bmatrix}\begin{bmatrix} v_2 \\ \theta_2 l \end{bmatrix} + \begin{bmatrix} -18-\frac{9}{4} & -6+\frac{3}{2} \\ -6+\frac{6}{4} & -2-1 \end{bmatrix}\begin{bmatrix} v_2 \\ \theta_2 l \end{bmatrix}\right)$$

$$= \frac{EI}{2l^3}\begin{bmatrix} \frac{27}{4} & \frac{9}{2} \\ \frac{9}{2} & 9 \end{bmatrix}\begin{bmatrix} v_2 \\ \theta_2 l \end{bmatrix}$$

$$= \frac{9EI}{8l^3}\begin{bmatrix} 3 & 2 \\ 2 & 4 \end{bmatrix}\begin{bmatrix} v_2 \\ \theta_2 l \end{bmatrix} \tag{g}$$

식 (g)로부터

$$\begin{bmatrix} 3 & 2 \\ 2 & 4 \end{bmatrix}\begin{bmatrix} v_2 \\ \theta_2 l \end{bmatrix} = \frac{8l^3}{9EI}\begin{bmatrix} -p \\ \frac{M}{l} \end{bmatrix}$$

$$\begin{bmatrix} v_2 \\ \theta_2 l \end{bmatrix} = \frac{8l^3}{9EI} \cdot \frac{1}{8}\begin{bmatrix} 4 & -2 \\ -2 & 3 \end{bmatrix}\begin{bmatrix} -P \\ \frac{M}{l} \end{bmatrix}$$

$$= \frac{l^3}{9EI}\begin{bmatrix} 4 & -2 \\ -2 & 3 \end{bmatrix}\begin{bmatrix} -P \\ \frac{M}{l} \end{bmatrix} \qquad \text{(i)}$$

그러므로

$$v_2 = -\frac{4Pl^3}{9EI} - \frac{2Ml^2}{9EI}$$

$$\theta_1 = \frac{5Pl^2}{9EI} + \frac{Ml}{6EI}$$

$$\theta_2 = \frac{2Pl^2}{9EI} + \frac{3Ml}{9EI}$$

$$\theta_3 = -\frac{4Pl^2}{9EI} - \frac{Ml}{3EI}$$

▌연습문제 ▌

9.1 그림과 같은 부재에서 2번 점의 수직처짐을 매트릭스를 이용하여 구하라. 단, EI는 일정

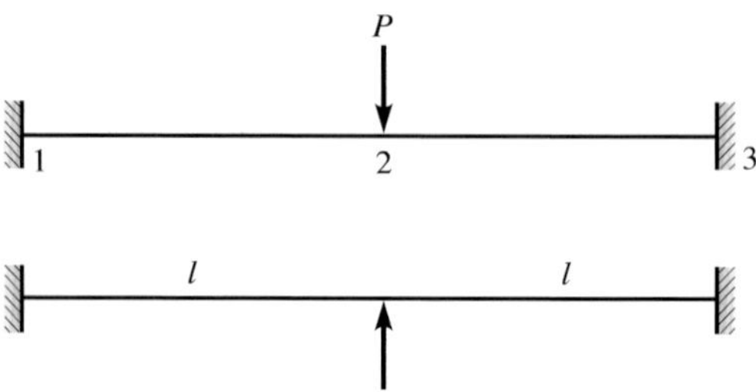

9.2 그림과 같은 캔틸레버 부재의 1번 점의 수직처짐을 매트릭스를 이용하여 구하라. 단, EI는 일정

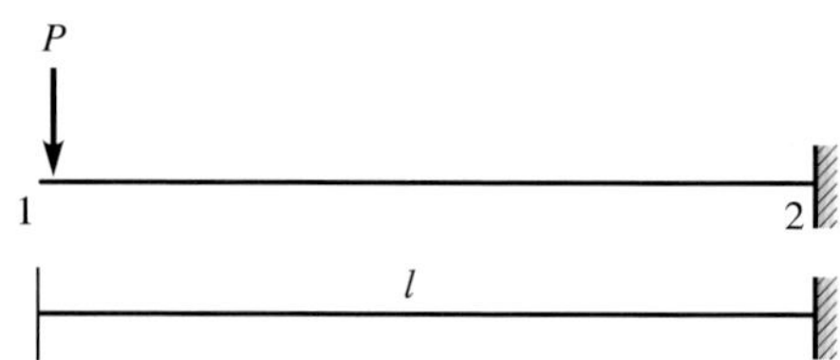

9.3 그림과 같은 부재의 2번 점의 수직처짐 및 회전변위를 매트릭스를 이용하여 구하라.

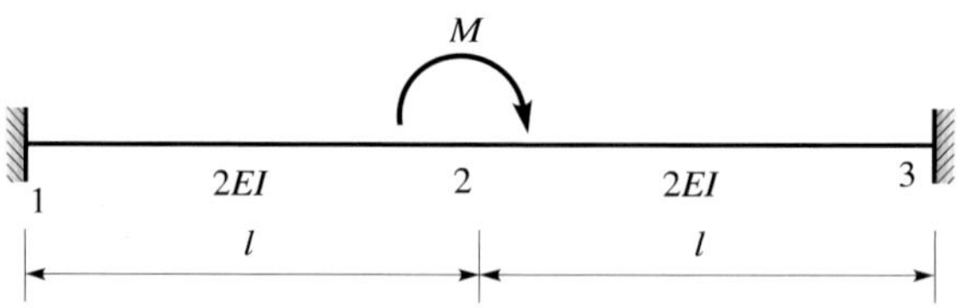

제10장
MIDAS/GEN을 이용한 구조역학

10.1 서론

이전까지의 과정에서 정정구조물과 부정정구조물의 역학적 해석에 대해 다루어 보았다. 이러한 과정은 구조물을 구성하는 기본 구성 부재들에 대한 역학적 사항들을 다룬 것으로써, 단일 부재 혹은 간단한 복합부재에 있어서 힘의 흐름과 그 힘의 흐름에 따른 부재의 변화에 관한 기초적인 내용을 다룬 것이다. 이러한 수 계산에 의한 구조 해석 방법은 컴퓨터 프로그램의 발전으로 인해 보다 빠르고 편리하게 컴퓨터로 응용이 가능하게 되었다. 이러한 컴퓨터 프로그램에 의한 방법은 역학적인 사항들을 기초로 하여 발전된 것이기 때문에, 이 장에서는 이전까지 익혔던 정정, 부정정 구조물들을 대표적인 구조해석 프로그램인 MIDAS/GEN을 이용하여 모델링하고 해석을 수행함으로써 컴퓨터를 이용한 구조 해석 수행의 기초를 다지게 될 것이다. 나아가 구조 실무에 있어서 필요한 기초적인 사항들을 익힐 수 있는 기회도 제공하게 될 것이다.

10.2 MIDAS/GEN의 기본사항

MIDAS/GEN을 이용한 구조역학을 위한 과정은 다음 그림과 같이 구분된다.

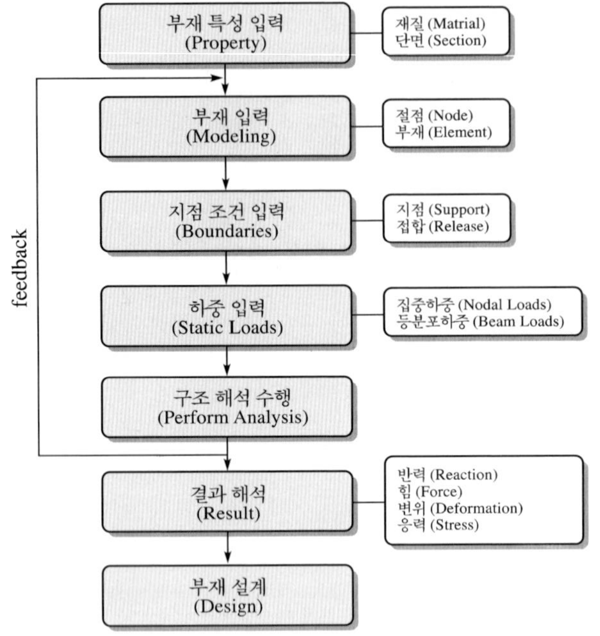

그림 10.1 MIDAS/GEN을 이용한 구조 역학 해석의 개요

10.3 MIDAS/GEN을 이용한 부재 설계 및 해석

10.3.1 단순보

1. 단순보의 역학적 해석

단순보에 집중하중 P가 작용하였을 경우, 단순보의 역학적 해석은 다음과 같다.

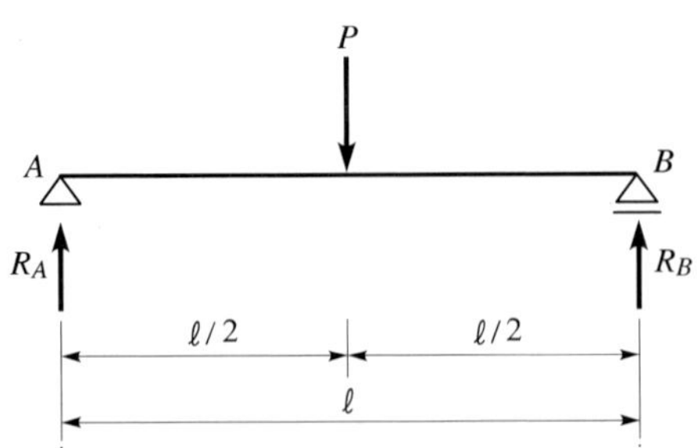

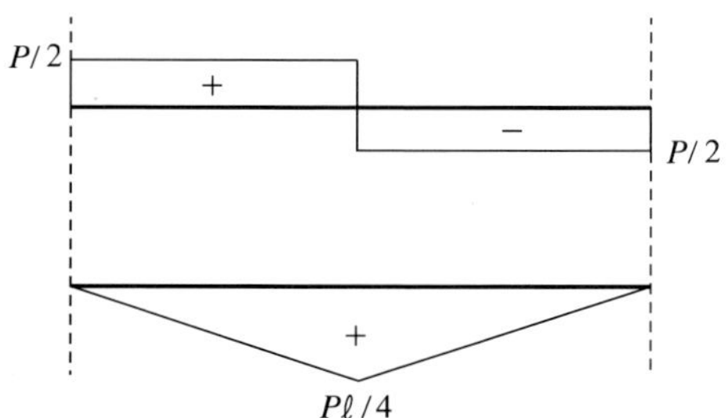

그림 10.2 단순보의 역학적 해석

2. MIDAS/GEN을 이용한 단순보의 해석

① 기본 환경 설정

MIDAS/GEN을 처음 구동한 후 화면은 다음과 같다.

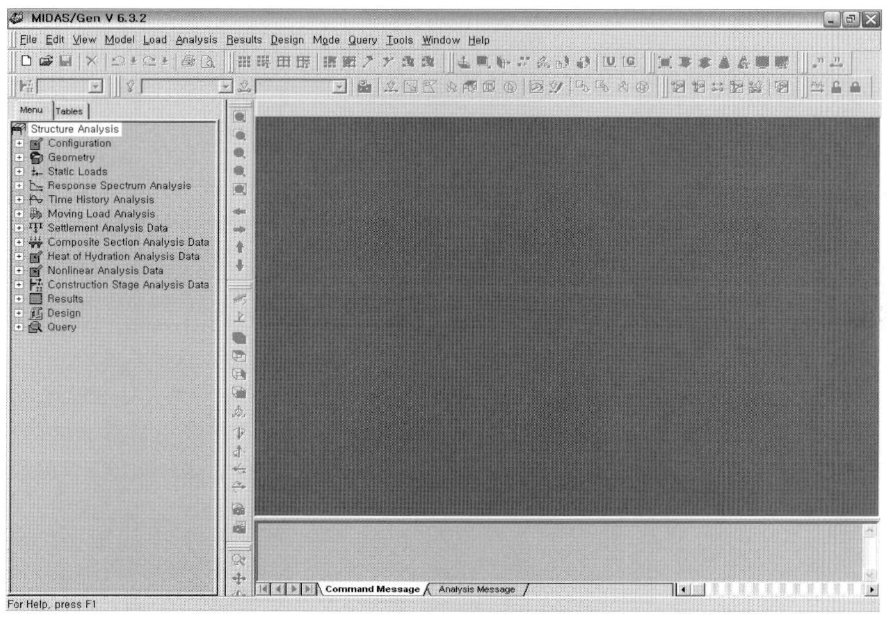

그림 10.3 MIDAS/GEN 초기 구동 화면

초기 화면에서 가장 먼저 파일명을 단순보.mgb로 하여 저장을 하고, 단위계를 설정한다.

1. Main Menu 〉 File 〉 New Project
2. Main Menu 〉 File 〉 Save as를 선택한 후 파일 이름을 '단순보.mgb' 로 하여 저장
3. Main Menu 〉 Tools 〉 Unit System에서 Length와 Force(Mass)를 각각 'm' 와 'tonf' 로 선택
4. OK 버튼 클릭

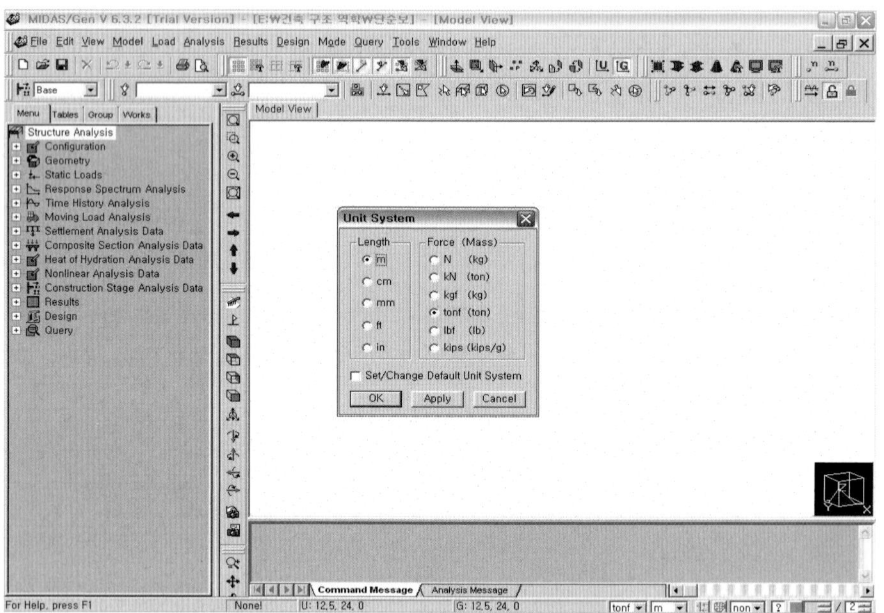

그림 10.4 단위계 선택 팝업 메뉴

MIDAS/GEN의 좌표계는 왼손좌표계로써 X ,Y, Z의 축을 갖는 3차원 평면을 갖는데, 우리가 모델링하고 해석하는 것은 X-Z평면상에서 이루어져야 하므로, X-Y-Z의 3차원 평면을 2차원 평면으로 전환 하여야 한다.

1. Main Menu 〉 Model 〉 Structure Type에서 'X-Z Plane' 선택 후 OK 버튼 클릭
2. Main Menu 〉 Model 〉 User Coordination System에서 'X-Z Plane' 선택
3. 원점(Origin)과 좌표 각도(Angle) 입력란에 각각 '0 ,0 ,0' , '0' 입력 확인 후 OK 버튼 클릭
4. View Icon에서 Front View 선택하여 X-Z 평면으로 화면 전환

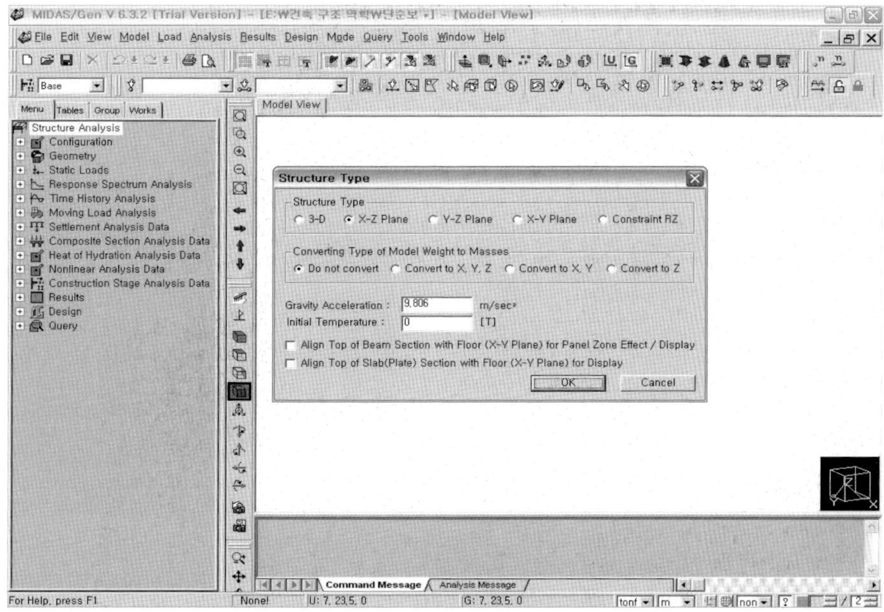

그림 10.5 Structure Type 선택 팝업 메뉴

② 부재 재질, 단면 데이터 입력 및 모델링

초기 환경 설정을 한 상태에서 모델링을 하기 위해서 먼저 부재의 재질 및 단면 데이터를 입력해야 한다. 여기에서 단순보의 재질은 210Kgf/mm^2의 콘크리트로 하고, 단면은 보폭을 40mm, 춤을 80mm로 한다.

1. 좌측의 Menu 탭 〉 Geometry 〉 Properties 〉 Material 선택하여 Properties 팝업창 생성한 후, Add 버튼 클릭
2. Material Data 입력 창에서 General의 Material ID란에 ‘1’을 확인하고, Name에는 Beam을 입력 후, Type of Design을 Concrete로 선택한다.
3. Elasticity Data에서 Concrete의 Standard는 KS(RC), DB는 C210을 선택 후 OK를 클릭한다.
4. Properties 팝업창에 Material 탭의 Material에 재질 데이터가 입력된 것을 확인하고, Section 탭으로 전환 후, Add 버튼 클릭
5. Section Data 입력 창의 DB/user 탭 상에서 Name을 B1으로 하고, 부재 단면 형상을 Solid Rectangle로 선택한다.
6. User/DB에서 User로 선택한 후, H에 보의 춤인 0.8m, B에 보의 폭인 0.4m를 입력한 후 OK 버튼 클릭

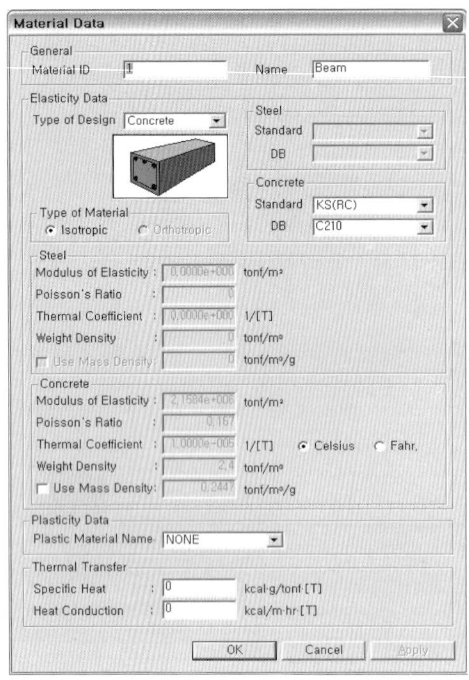

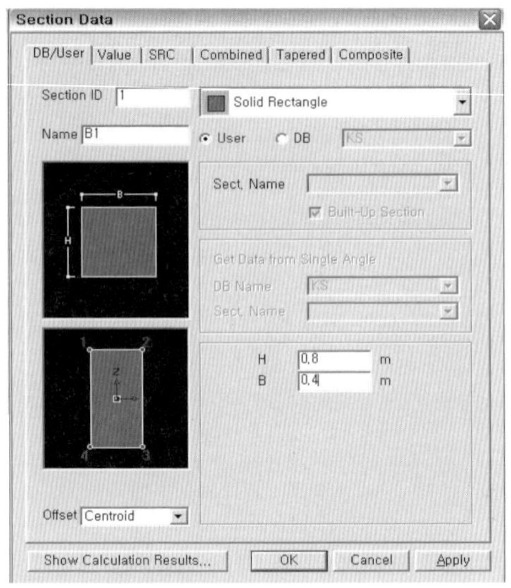

그림 10.6 단면 및 재질 DATA 입력 창

부재의 재질 및 단면 Data가 입력되었다면, 절점(Node)과 요소(Element)로써 부재를 모델링할 수 있다. 여기에서 보의 길이와 집중 하중의 작용점이 결정이 되어야 하는데, 보 길이를 6m로 하고 하중의 작용점을 보의 중앙점으로 하여 모델링한다.

1. 왼쪽의 Menu 탭에서 Node 〉 Create 선택한 후, Create Node 탭 상의 Coordinate에서 '0, 0, 0' 을 입력하여 Apply 클릭.
2. 그리고 보의 길이가 6m이고, 하중의 작용점이 보의 중앙인 3m이므로, X좌표 상에서 (+)방향으로 각각 3m, 6m 떨어진 지점에 Node를 만들어야 한다. 따라서, Coordinate에 '3, 0, 0' , '6, 0, 0' 를 각각 입력한 후 Apply를 클릭.
3. 왼쪽의 Menu 탭에서 Element 〉 Create 선택한 후, Create Element 탭 상의 Element Type에 General Beam/Tapered Beam 선택 확인
4. Material에서 재질과 단면이 이전에 입력한 정보로 선택된 것을 확인
5. Nodal Connectivity란에 커서를 활성화 시킨 후, View Model 공간에서 마우스를 이용하여 보의 시작점과 끝점을 차례로 클릭하여 보 부재를 모델링한다.

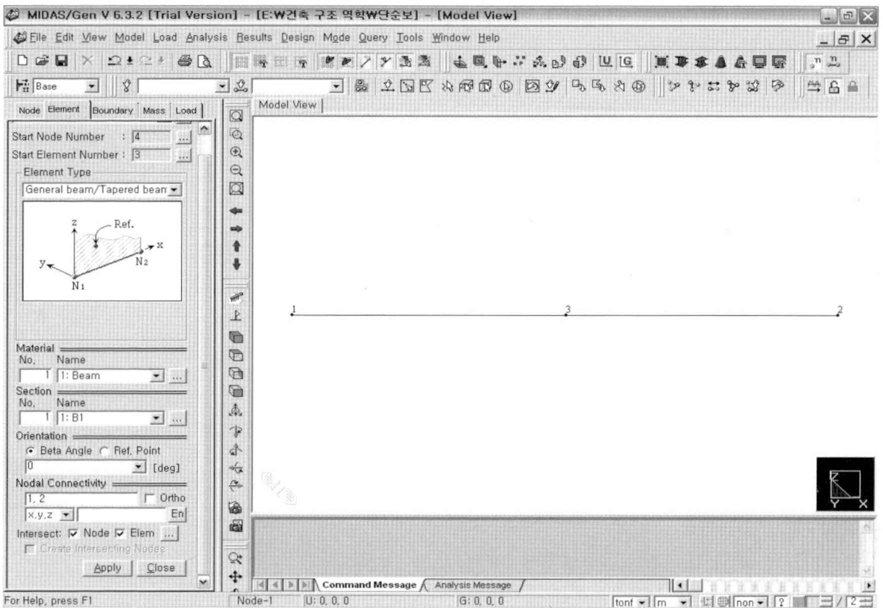

그림 10.7 보 부재의 모델링

보 부재의 모델링이 되었다면, 단순보를 만들기 위해서 지점을 설정해주어야 한다. MIDAS/GEN에서 지점은 좌표축을 기준으로 반력을 만들어 주는 것으로 설정이 가능하다. 즉, 단순보에서 이동단은 반력이 수직 반력만이 존재하므로 부재축과 수직한 Z축으로만 반력을 생성하면 되고, 회전단은 수직, 수평 반력이 존재하므로, Z축과 X축으로 반력을 생성하면 된다.

---

1. 왼쪽의 Menu 탭에서 Boundaries 〉 Support 선택 후, Dz만을 선택한 후 모델링한 부재의 왼쪽 지점을 Select window 아이콘을 이용하여 지점 선택한 다음 Apply 클릭
2. 반대편 지점도 Dx와 Dz를 선택한 후 역시 Select Window 아이콘을 클릭한 다음, 지점을 선택하여 Apply 클릭

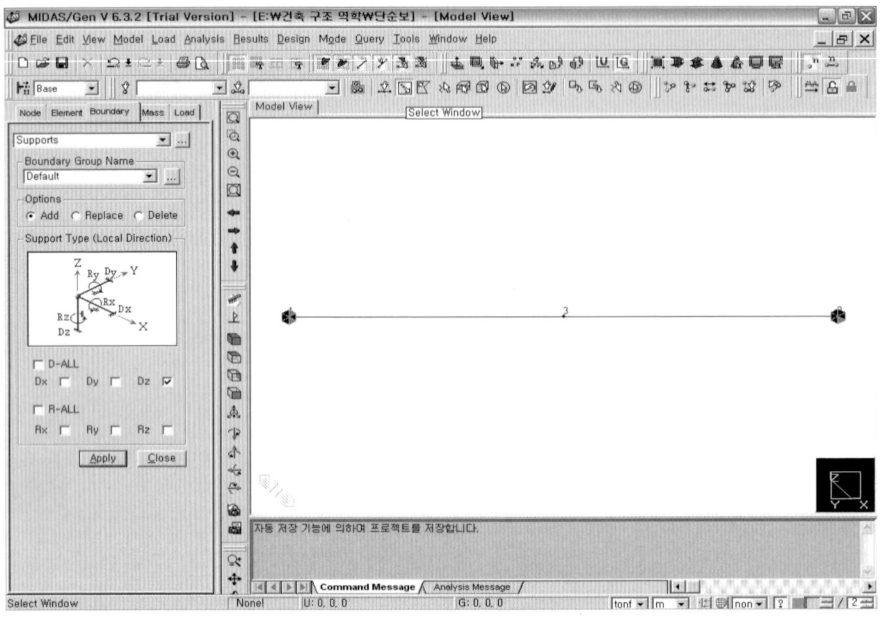

그림 10.8 단순보의 지점 설정

이제 모델링된 보에 집중하중 Data를 입력하면, Data의 입력은 끝나게 된다. 하중을 입력시에 먼저 하중의 Case를 만들어 하중의 이름과 Type을 정의하여 하고, 하중은 모델링한 평면상에서 수직방향으로 넣어야 하므로, Z축으로 설정하고 방향은 (−) 방향으로 입력해야 한다. 하중은 4tf의 수직방향으로 넣어보자.

1. Menu 탭에서 Static Loads 〉 Static Load Cases 선택 후, Static Load Cases 팝업 창에서 Name에 '집중하중'을 입력하고, Type에 Live Load(L)을 선택하여 Apply 클릭
2. 팝업창을 Close를 클릭하여 닫은 후, 다시 Menu 탭에서 Static Loads 〉 Nodal Loads 선택. Load Case Name은 이전에 Static Load Cases에서 입력했던 '집중하중' 선택
3. Nodal Loads 탭에서 Z축으로 아랫방향으로 하중을 주어야 하므로, FZ란에 '−4'를 입력한 다음, Select window를 이용하여 하중 작용점인 보의 중앙점의 Node를 선택하여 Apply 클릭

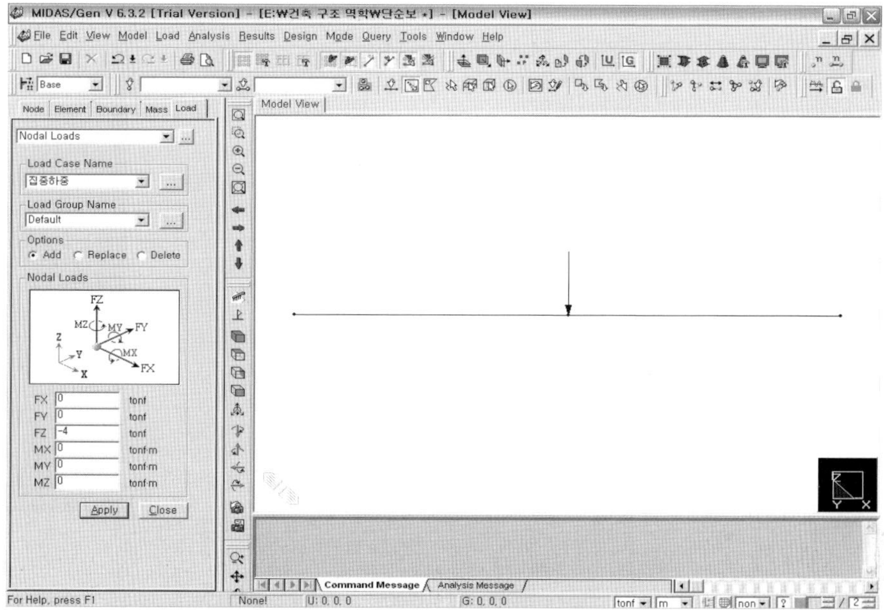

그림 10.9 중앙점에 집중하중의 입력

③ 해석 수행 및 결과 확인

모든 데이터 입력이 종료되었다면, 해석을 수행하여 단순보의 해석 결과를 얻을 수 있다.

1. 모델링이 모두 종료되면 Perform Analysis 아이콘을 클릭하여 해석을 수행한다.
2. 해석이 끝나면, Main Menu 〉 Result 〉 Reaction 〉 Reaction Force/Moment에서 반력을 확인한다. 이 때, Component는 좌표축을 기준으로 하는 방향을 의미하므로, 반력이 생기는 방향인 FZ로 선택하여야 하고, Value는 수치를 활성화하는 것이며, Legend는 테이블을 활성화하는 것이다.
3. 전단력의 확인은 Main Menu 〉 Result 〉 Forces 〉 Beam Diagrams에서 할 수 있다. Component는 Fz로 선택하고, 반력과 마찬가지로, Value와 Legend만 선택하여 Apply를 클릭한다.
4. 모멘트의 확인은 전단력과 동일하지만, Component만 My로 선택하여 Apply를 클릭한다.
5. 처짐의 확인은 Main Menu 〉 Result 〉 Deformations 〉 Deformed Shape에서 할 수 있다.

   역시 Component는 DZ로 선택하고, Value와 Legend, Undeformed를 선택하여 Apply를 클릭한다. 여기에서 Undeformed는 처짐이 일어나기 전, 원래 모양을 나타나게 해준다.
6. 결과값을 표로 정리된 것을 보기 위해서는 Main Menu 〉 Result 〉 Result Table의 Reactions, Deformations, Beam Force를 선택하여 얻을 수 있다.

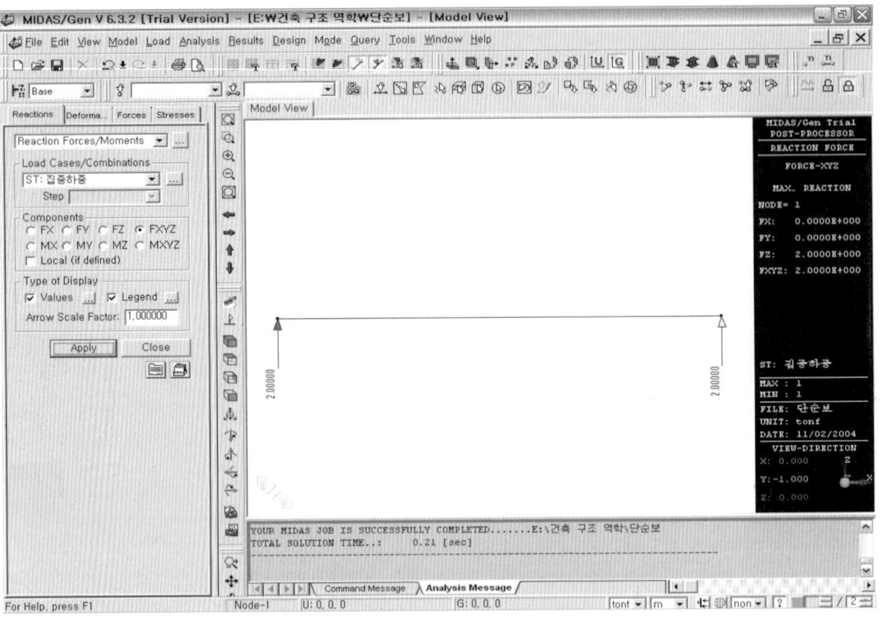

그림 10.10 단순보에서 반력의 확인

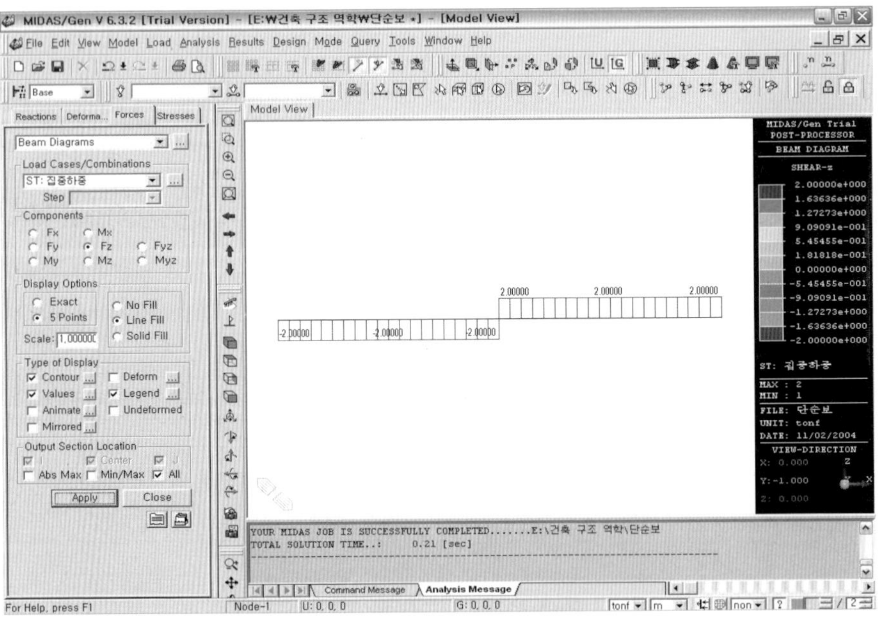

그림 10.11 단순보에서의 전단력의 확인

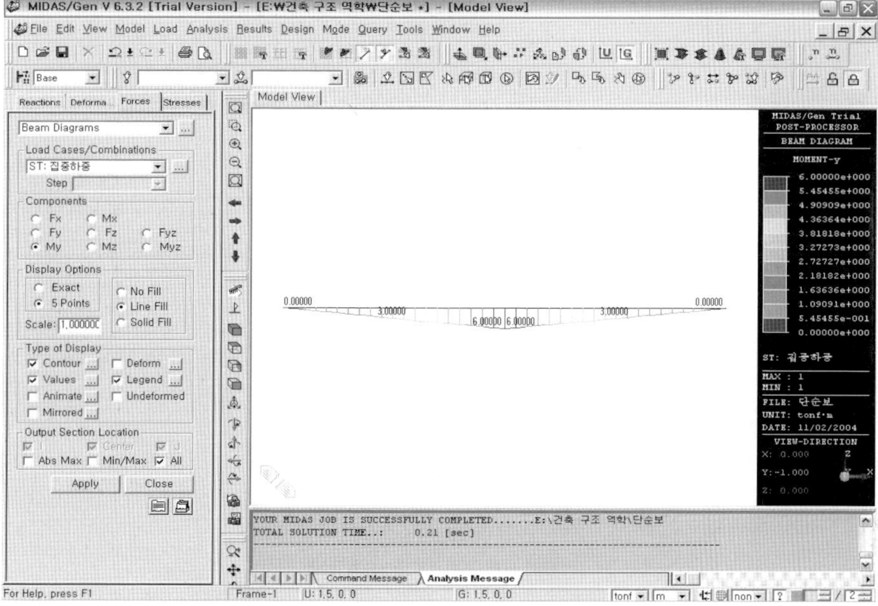

그림 10.12 단순보에서의 모멘트의 확인

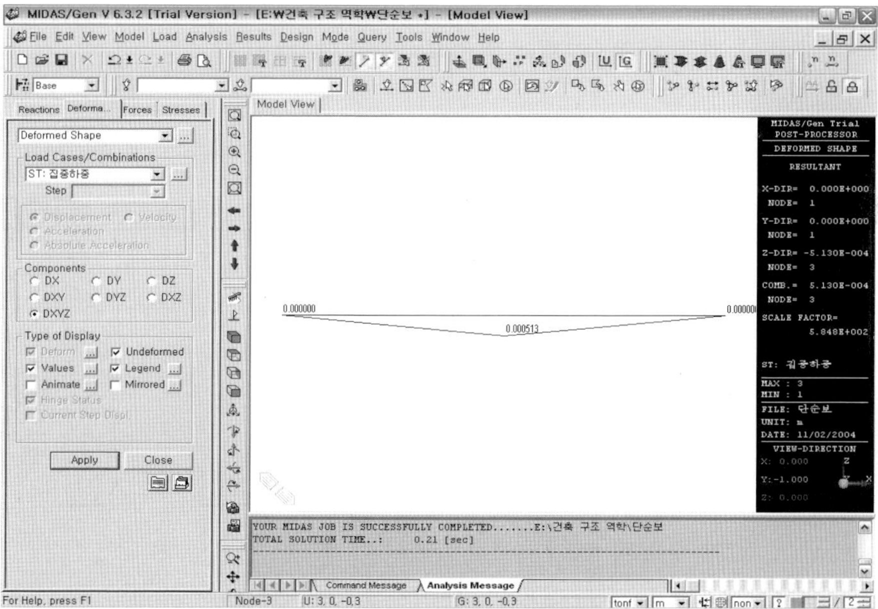

그림 10.13 단순보에서의 처짐의 확인

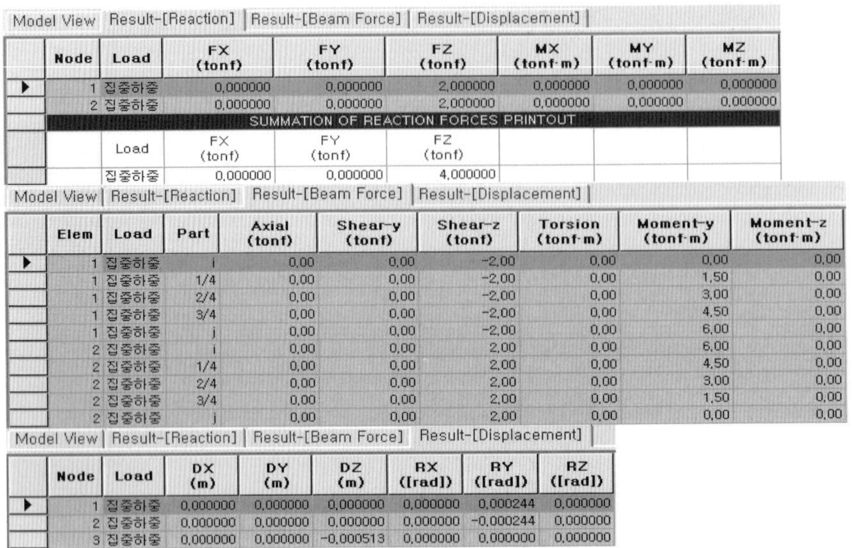

Model View | Result-[Reaction] | Result-[Beam Force] | Result-[Displacement]

Node	Load	FX (tonf)	FY (tonf)	FZ (tonf)	MX (tonf·m)	MY (tonf·m)	MZ (tonf·m)
1	집중하중	0.000000	0.000000	2.000000	0.000000	0.000000	0.000000
2	집중하중	0.000000	0.000000	2.000000	0.000000	0.000000	0.000000
SUMMATION OF REACTION FORCES PRINTOUT							
	Load	FX (tonf)	FY (tonf)	FZ (tonf)			
	집중하중	0.000000	0.000000	4.000000			

Model View | Result-[Reaction] | Result-[Beam Force] | Result-[Displacement]

Elem	Load	Part	Axial (tonf)	Shear-y (tonf)	Shear-z (tonf)	Torsion (tonf·m)	Moment-y (tonf·m)	Moment-z (tonf·m)
1	집중하중	i	0.00	0.00	-2.00	0.00	0.00	0.00
1	집중하중	1/4	0.00	0.00	-2.00	0.00	1.50	0.00
1	집중하중	2/4	0.00	0.00	-2.00	0.00	3.00	0.00
1	집중하중	3/4	0.00	0.00	-2.00	0.00	4.50	0.00
1	집중하중	j	0.00	0.00	-2.00	0.00	6.00	0.00
2	집중하중	i	0.00	0.00	2.00	0.00	6.00	0.00
2	집중하중	1/4	0.00	0.00	2.00	0.00	4.50	0.00
2	집중하중	2/4	0.00	0.00	2.00	0.00	3.00	0.00
2	집중하중	3/4	0.00	0.00	2.00	0.00	1.50	0.00
2	집중하중	j	0.00	0.00	2.00	0.00	0.00	0.00

Model View | Result-[Reaction] | Result-[Beam Force] | Result-[Displacement]

Node	Load	DX (m)	DY (m)	DZ (m)	RX ([rad])	RY ([rad])	RZ ([rad])
1	집중하중	0.000000	0.000000	0.000000	0.000000	0.000244	0.000000
2	집중하중	0.000000	0.000000	0.000000	0.000000	-0.000244	0.000000
3	집중하중	0.000000	0.000000	-0.000513	0.000000	0.000000	0.000000

그림 10.14 결과 테이블

10.3.2 켄틸레버보

1. 등분포하중이 작용하는 켄틸레버보의 역학적 해석

등분포하중이 작용하는 켄틸레버보를 역학적으로 해석하면 다음과 같다.

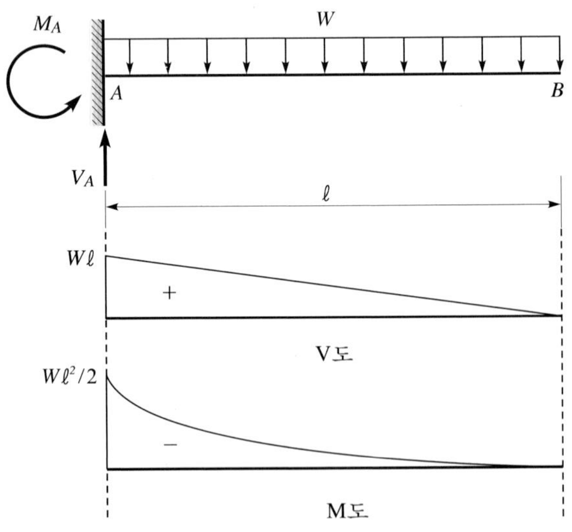

그림 10.15 등분포하중을 받는 켄틸레버보의 역학적 해석

2. MIDAS/GEN을 이용한 켄틸레버보의 해석

① 초기 환경 설정 및 재질, 단면의 입력

그림 10.16과 같은 켄틸레버보를 MIDAS/GEN으로 구조해석을 수행해보자.

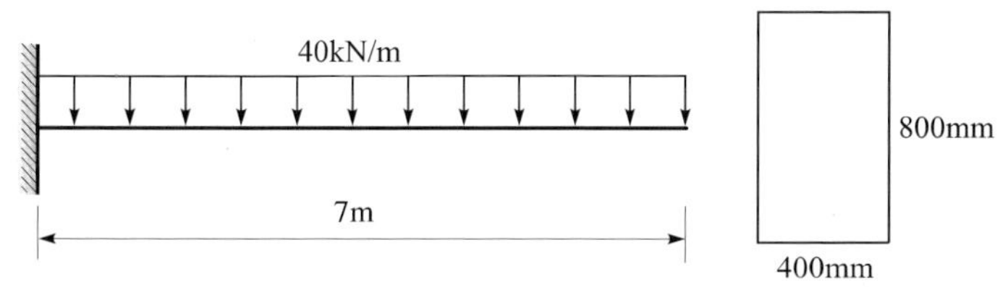

(단, 철근 콘크리트 구조로써, 콘크리트 압축 강도 $24N/mm^2$ 사용)

그림 10.16 등분포하중을 받는 켄틸레버보

우선 켄틸레버보는 한쪽이 지점 고정이고, 다른 한쪽이 자유단인 점만 제외하고는 단순보와 동일하다. 따라서 앞서 10.3.1에서 수행했던 단순보의 해석과 비교해서 지점을 정의하기 전까지의 과정은 동일하다.

---

1. Main Menu 〉 File 〉 New Project를 선택하여 MIDAS/GEN을 구동한다.
2. Main Menu 〉 File 〉 Save as를 선택한 후 파일 이름을 '켄틸레버보.mgb' 로 하여 저장
3. Main Menu 〉 Tools 〉 Unit System에서 단위계를 'm' 와 'tonf' 로 선택한다.
4. Main Menu 〉 Model 〉 Structure Type에서 'X-Z Plane' 선택 후 OK 버튼 클릭
5. Main Menu 〉 Model 〉 User Coordination System에서 'X-Z Plane' 선택하고, 원점(Origin)과 좌표 각도(Angle) 입력란에 각각 '0, 0, 0' , '0' 입력한 후, OK를 클릭하여 작업 공간을 X-Z 평면으로 전환한다.
6. View Icon에서 Front View 선택하여 X-Z 평면으로 화면 전환

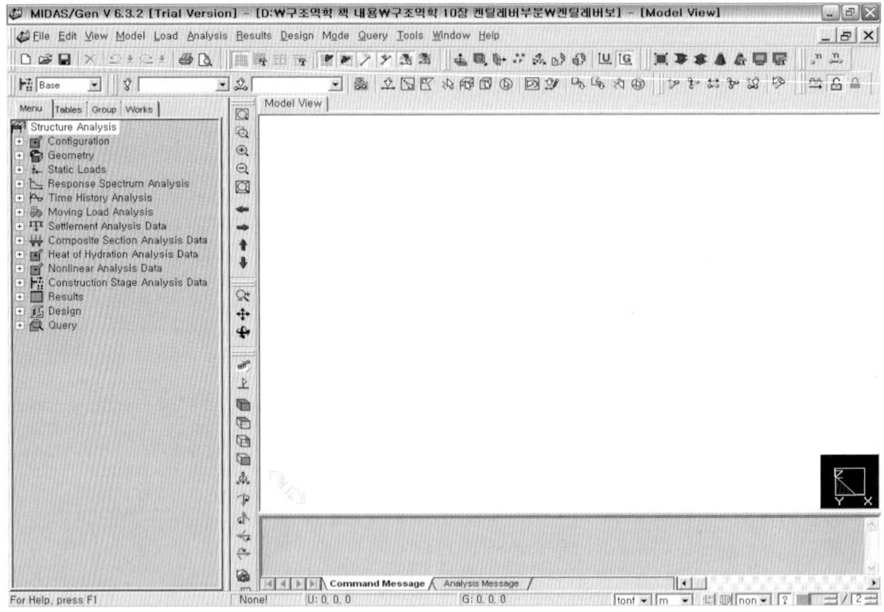

그림 10.17 MIDAS/GEN 초기 설정

초기 환경 설정이 된 상태에서 부재의 모델링을 해보자. 이 과정 또한 단순보의 모델링과 동일한 방법으로 수행한다.

1. Menu 탭 〉 Geometry 〉 Properties 〉 Material 선택하여 Properties 창에서 Add 버튼 클릭
2. Material Data 입력 창에서 General의 Material ID란에 '1' 을 확인하고, Name에는 Beam을 입력 후, Type of Design을 Concrete로 선택한다.
3. Elasticity Data에서 Concrete의 Standard는 KS(RC), DB는 C240을 선택 후 OK를 클릭한다.
4. Properties 창의 Material 탭에서 Material에 재질 데이터가 입력된 것을 확인하고, Section 탭으로 전환 후, Add 버튼 클릭
5. Section Data 입력 창의 DB/user 탭 상에서 Name을 B1으로 하고, 부재 단면 형상을 Solid Rectangle로 선택한다.
6. User/DB에서 User로 선택한 후, H에 보의 춤인 0.8m, B에 보의 폭인 0.4m를 입력한 후 OK 버튼 클릭
7. Menu 탭에서 Node 〉 Create 선택한 후, Create Node 탭 상의 Coordinate에서 '0,0,0' 을 입력하여 Apply 클릭.
8. Coordinate에 '7, 0, 0' 를 입력한 후 Apply를 클릭.
9. 왼쪽의 Menu 탭에서 Element 〉 Create 선택한 후, Create Element 탭 상의 Element Type에 General Beam/Tapered Beam 선택 확인

10. Material에서 재질과 단면이 이전에 입력한 정보로 선택된 것을 확인

11. Nodal Connectivity란에 커서를 활성화 시킨 후, View Model 공간에서 마우스를 이용하여 보의 시작점과 끝점을 차례로 클릭하여 보 부재를 모델링한다.

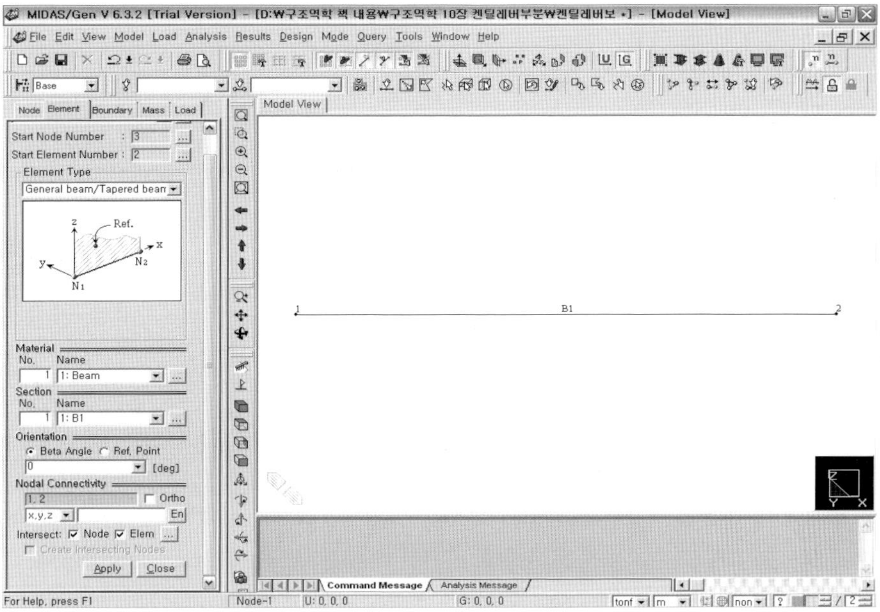

그림 10.18 켄틸레버 보 부재의 입력

이제 지점 조건을 입력해야 한다. 켄틸레버보의 지점 조건은 한단 고정(Fixed), 한단 자유(Free)이기 때문에, 1번 지점에만 조건을 입력하면 된다. 고정 지점은 수평, 수직 장향과 모멘트가 완전히 구속된 것이기 때문에, 반력은 수직, 수평, 모멘트 반력이 발생한다. 따라서 지점조건은 수평, 수직, 모멘트 반력이 생성시키는 것으로 정의하여, Dx, Dz, Dy로 활성화 한다.

1. 왼쪽의 Menu 탭에서 Boundaries 〉 Support 선택 후, Dx, Dz, Dy를 선택한 후 모델링한 부재에서 1번 Node 을 Select window 아이콘을 이용하여 지점 선택한 다음 Apply 클릭

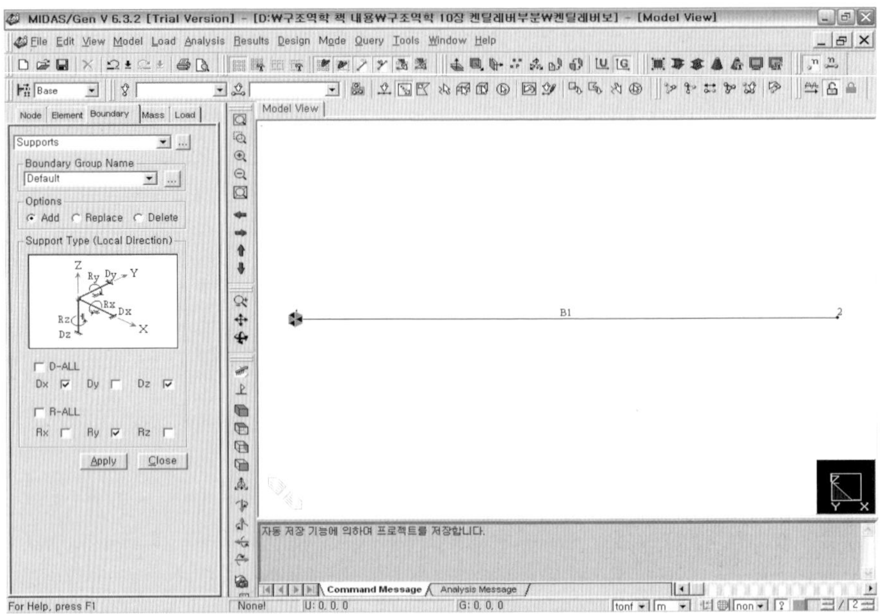

그림 10.19 켄틸레버 보에서의 지점 정의

예시된 켄틸레버보에서의 하중은 등분포하중이기 때문에, Load Cases를 등분포하중으로 하여 하중을 입력해보자. 등분포하중의 입력 메뉴는 Line Beam Loads이다.

1. Menu 탭에서 Static Loads 〉 Static Load Cases 선택 후, Static Load Cases 팝업 창에서 Name에 '등분포하중' 을 입력하고, Type에 Live Load(L)을 선택하여 Apply 클릭
2. Menu 탭에서 Static Loads 〉 Line Beam Loads 선택. Load Case Name은 이전에 Static Load Cases에서 입력했던 '등분포하중' 선택
3. Load Type은 Uniform Loads, Element Selection은 On The Loading Line, Direction은 Global Z로 되어 있는 것을 확인한 다음, 'w' 란에 '-4' 를 입력하자. 그리고 커서를 Nodes For Loading Line에 활성화 시킨 후, 등분포하중의 시작점과 끝점인 1번과 2번 Node를 차례로 클릭한다.

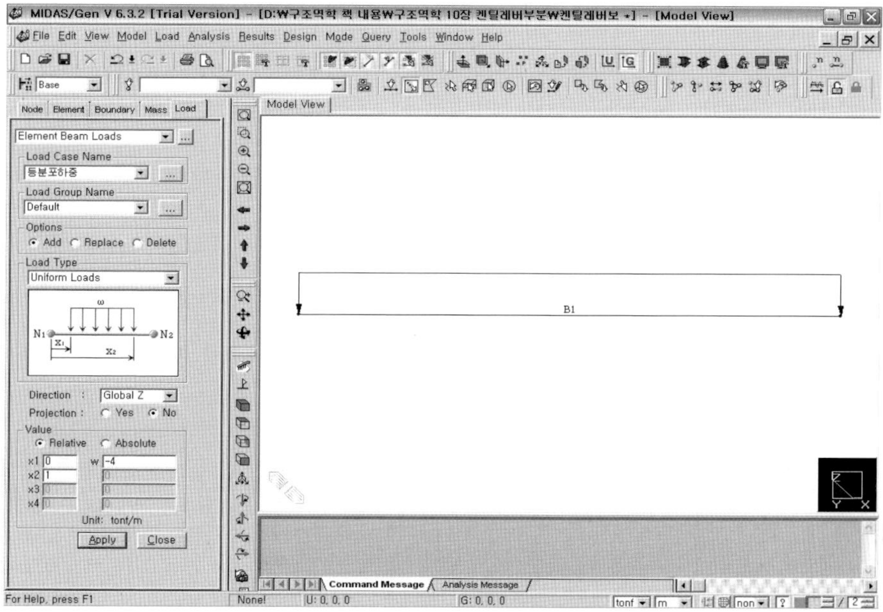

그림 10.20 등분포하중의 입력

이제 모든 부재 Data 입력이 종료되었으므로 해석을 수행하여 결과를 얻을 수 있다. 이 과정은 이전의 단순보의 해석 과정을 통해 얻은 결과와 동일하지만, 고정 지점에는 모멘트 반력을 추가로 볼 수 있다.

1. 모델링이 모두 종료되면 Perform Analysis 아이콘을 클릭하여 해석을 수행한다.
2. 모든 해석결과는 이전의 단순보에서와 동일하다.
3. 1번 Node에는 모멘트 반력이 발생하는데, Main Menu 〉 Result 〉 Reaction 〉 Reaction Force/Moment에서 Component를 My로 선택하고, Value와 Legend를 선택하여 Apply를 클릭한다. 모멘트 반력은 Y축으로 생기는 것으로 판단하기 때문에, Iso View 아이콘을 클릭하여 확인할 수 있다.
4. 화면상에서 수치의 소수점 자리수 조절은 Value 옆에 있는 Values ‘...’ 아이콘을 클릭하여 'Decimal Points'에서 조절이 가능하다.

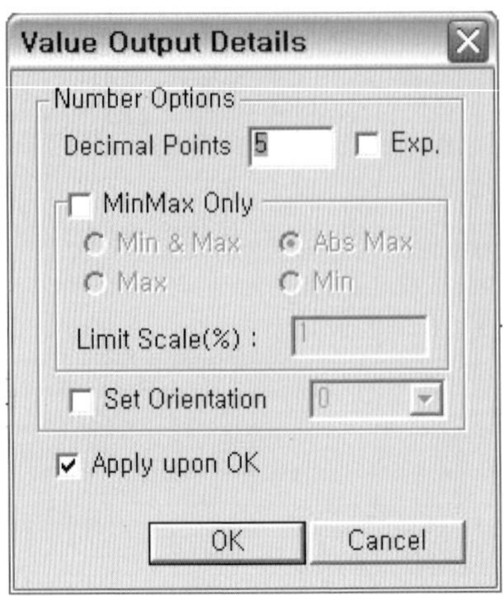

그림 10.21 결과 값 소수점의 조절

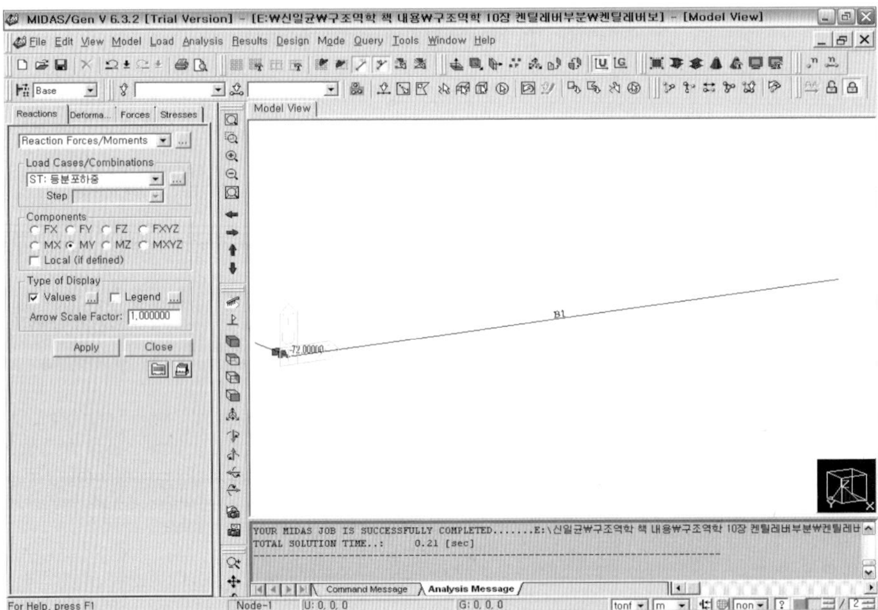

그림 10.22 켄틸레버보에서 모멘트 반력의 확인

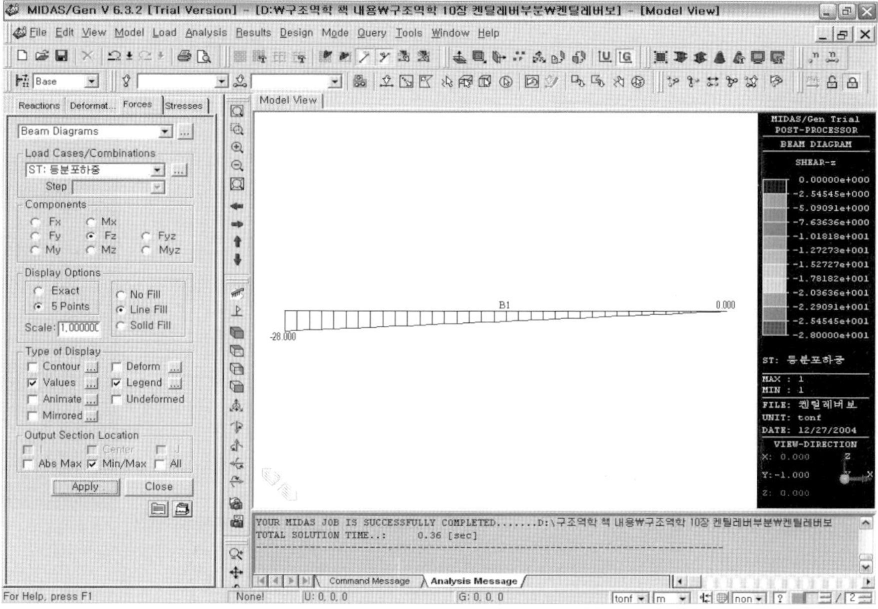

그림 10.23 켄틸레버보에서 전단력의 확인

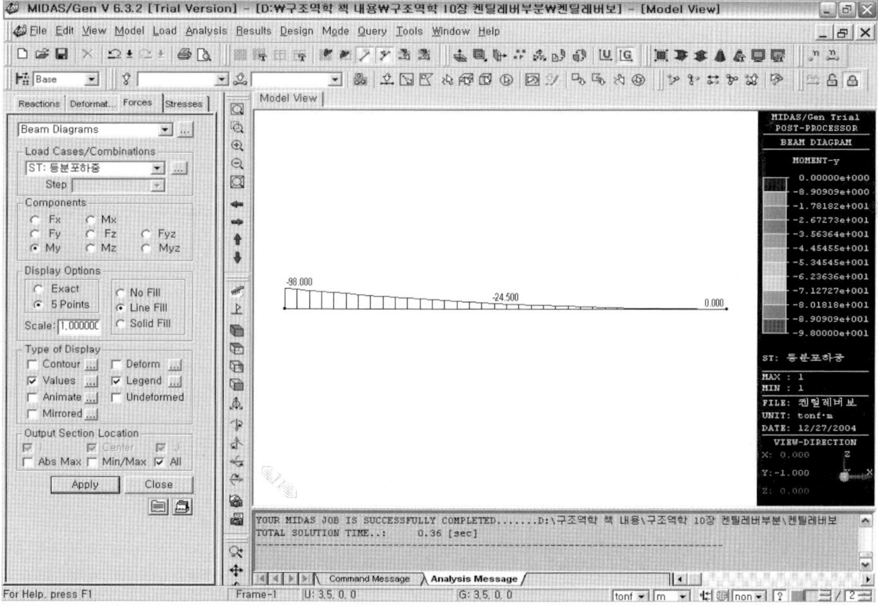

그림 10.24 켄틸레버보에서 모멘트의 확인

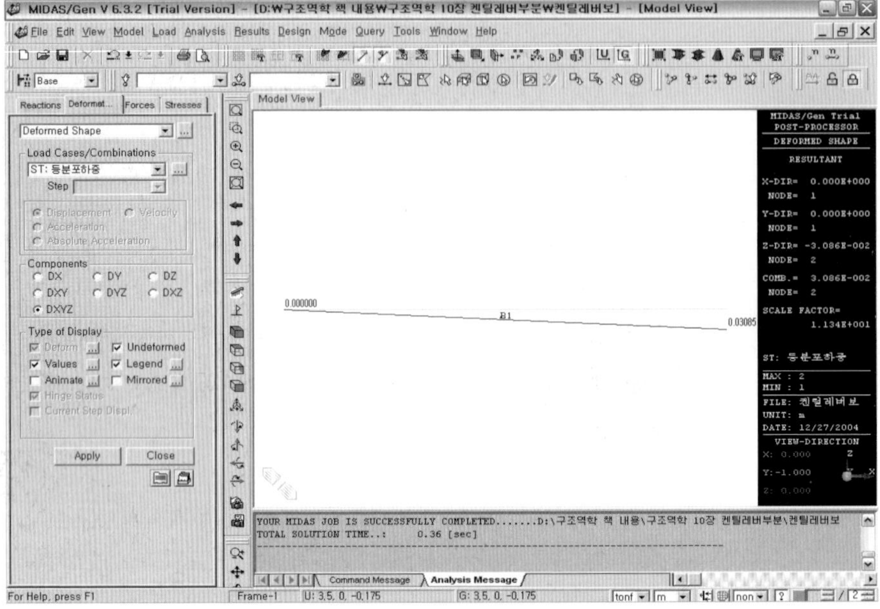

그림 10.25 켄틸레버보에서 처짐의 확인

10.3.3 라멘

1. 집중하중을 받는 3힌지 라멘의 구조 역학 해석

그림 10.26과 같은 집중하중을 받는 3힌지 라멘을 역학적으로 해석하면 그림 10.27과 같다.

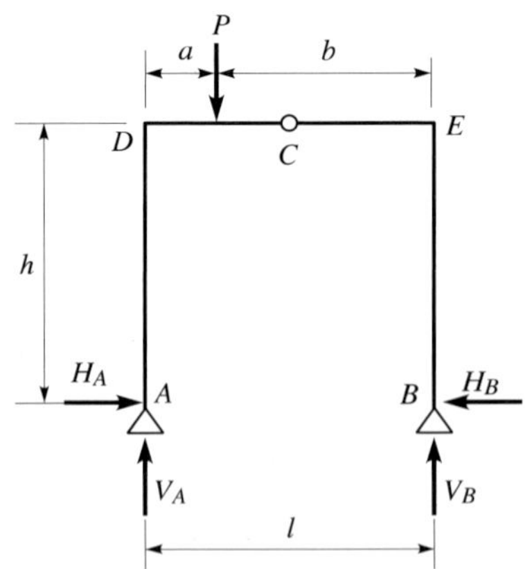

그림 10.26 집중하중을 받는 3 힌지 라멘

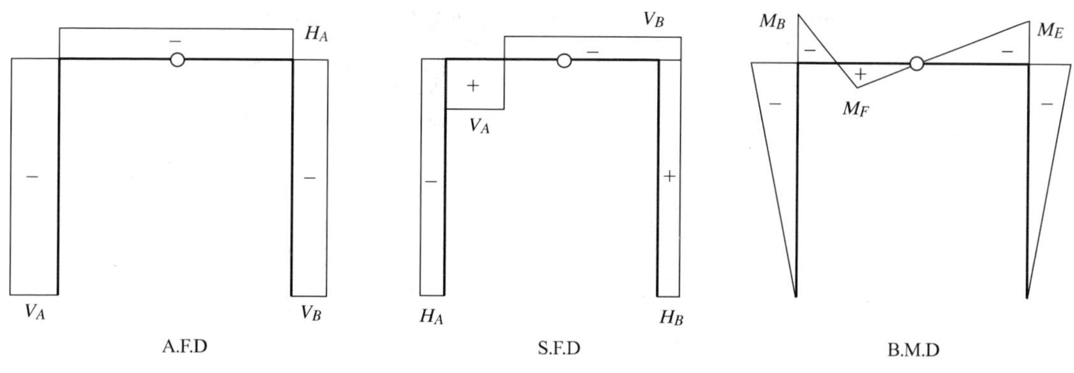

그림 10.27 집중 하중을 받는 3힌지 라멘의 역학적 해석

2. MIDAS/GEN을 이용한 3힌지 라멘의 해석

그림 10.28과 같은 조건을 갖는 3힌지 라멘을 MIDAS/GEN을 이용하여 해석하여 역학적 해석 결과와 비교하자.

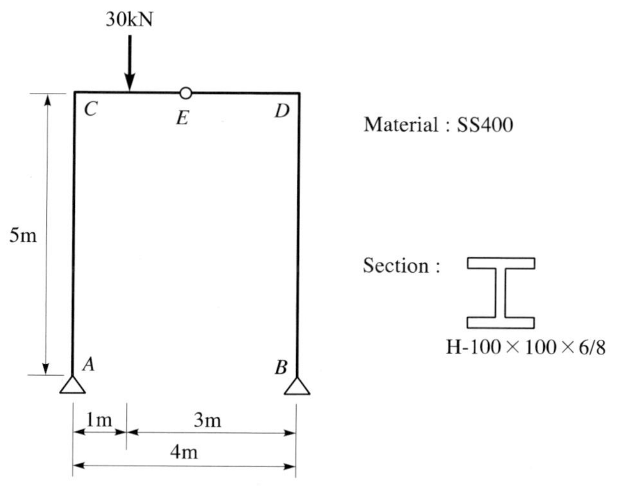

그림 10.28 H형 단면 형상을 갖는 3힌지 라멘

① 초기 환경 설정 및 재질과 단면의 입력

MIDAS/GEN을 이용하여 해석을 수행하기 전에, 앞에서 보 부재를 모델링할 때 배운 것과 같이 MIDAS/GEN의 좌표와 단위계를 맞추고, 부재의 재질과 단면 정보를 입력하여야 한다.

1. File Menu의 Save As를 이용하여 '3 힌지 라멘.mgb' 로 저장한다.
2. MIDAS/GEN의 평면을 X-Z 평면으로 설정한 다음 Front View로 하여 좌표를 설정한다.
3. 좌표계를 m와 tf로 설정한다.
4. Menu 탭 〉 Geometry 〉 Properties 〉 Material 선택하여 Properties 창에서 Add 버튼 클릭
5. Material Data 입력 창에서 General의 Material ID란에 1을 확인하고, Name에는 Rahmen을 입력한 후, Type of Design을 Steel로 선택한다.
6. Elasticity Data에서 Steel의 Standard는 KS(S), DB는 SS400을 선택 후 OK를 클릭한다.
7. Properties 창의 Material 탭에서 Material에 재질 데이터가 입력된 것을 확인하고, Section 탭으로 전환 후, Add 버튼 클릭
8. Section Data 입력 창의 DB/user 탭 상에서 Name을 R1으로 하고, 부재 단면 형상을 H-Section으로 선택한다.
9. User/DB에서 DB로 선택한 후, Sect. Name에서 H-100X100X6/8을 선택하여, OK버튼 클릭.

② 부재의 입력 및 지점 조건, 하중의 입력

부재의 재질 및 단면 정보 입력이 된 상태에서 먼저 단순보 형태를 만든 다음 Extrude 기능을 이용하여 라멘의 수직 부재를 넣어보자.

1. Menu 탭에서 Node 〉 Create 선택한 후, Create Node 탭 상의 Coordinate에서 '0, 0, 0' 을 입력하여 Apply 클릭하고, 마찬가지 방법으로 '1, 0, 0', '2, 0, 0', '4, 0, 0' 좌표에 Node를 만든다.
2. 왼쪽의 Menu 탭에서 Element 〉 Create 선택한 후, Create Element 탭 상의 Element Type에 General Beam/Tapered Beam 선택 확인
3. Material에서 재질과 단면이 이전에 입력한 정보로 선택된 것을 확인
4. Nodal Connectivity란에 커서를 활성화시킨 후, View Model 공간에서 마우스를 이용하여 보의 시작점과 끝점을 차례로 클릭하여 보 부재를 모델링한다.
5. Menu 탭에서 Element 〉 Extrude Elements를 선택한 후, Extrude Elements 탭 상에서 Translation 부분의 'dx, dy, dz' 부분에 '0, 0, -5' 입력 후, Select Window를 이용하여 모델링한 보의 양 끝점을 선택하여 Apply 클릭
6. Hidden을 눌러 라멘의 모양을 확인한다.

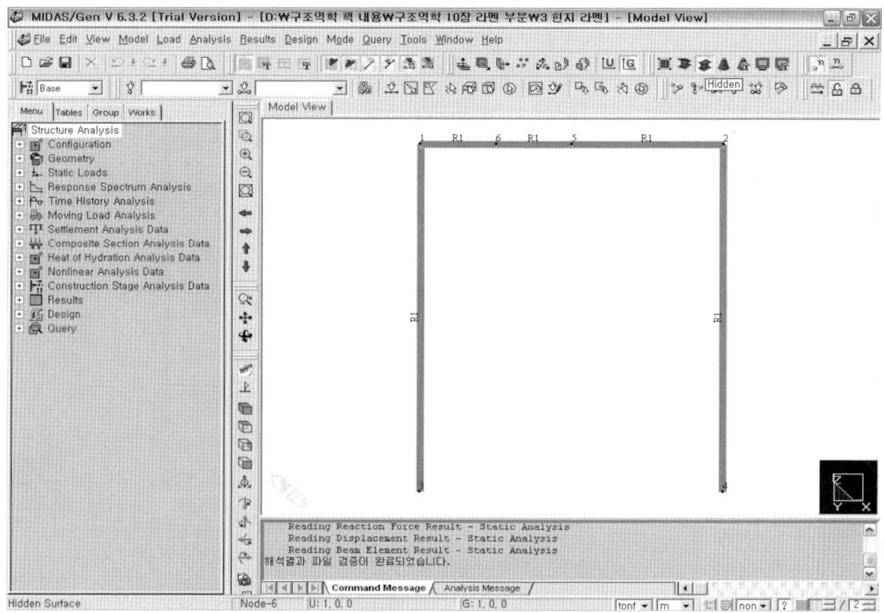

그림 10.29 3 힌지 라멘의 형상

부재의 입력이 되었기 때문에, 지점 조건과 라멘의 수평 부재에 들어가는 힌지를 결정해주어야 한다. 지점은 양단이 모두 수평, 수직 반력이 존재하는 회전단이다.

1. 왼쪽의 Menu 탭에서 Boundary 〉 Support를 눌러 Support 탭에 들어가서 Dx, Dz를 활성화 하고, 수직 부재의 양 끝점을 선택하여 Apply 클릭.
2. 역시 Menu 탭에서 Boundary 〉 Beam End Release를 눌러 Beam End Release탭에 들어간다.
   우선 하단의 fixed-pinned 버튼을 누르고 상부 수평 부재중 왼쪽 부재를 선택한 후 Apply 클릭.
3. 이번에는 Pinned-Fixed 버튼을 누르고 오른쪽 수평 부재를 선택한 후 Apply 클릭.

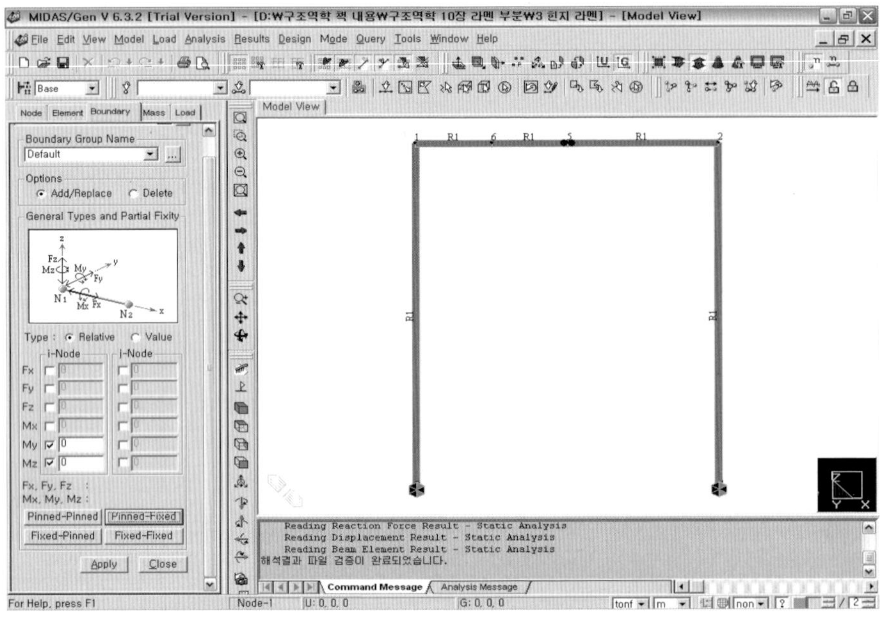

그림 10.30 지점 조건 및 부재 연결 조건 입력

마지막으로 하중을 입력한 다음 해석을 수행하자.

1. Menu 탭에서 Static Loads 〉 Static Load Cases 선택 후, Static Load Cases 팝업 창에서 Name에 '집중하중'을 입력하고, Type에 Live Load(L)을 선택하여 Apply 클릭
2. 팝업창을 Close를 클릭하여 닫은 후, 다시 Menu 탭에서 Static Loads 〉 Nodal Loads 선택. Load Case Name은 이전에 Static Load Cases에서 입력했던 '집중하중' 선택
3. Nodal Loads 탭에서 Z축으로 아랫방향으로 하중을 주어야 하므로, FZ란에 '-3'를 입력한 다음, Select window를 이용하여 하중 작용점인 '1, 0, 0' Node를 선택하여 Apply 클릭
4. Perform Analysis 아이콘을 클릭하여 해석을 수행한다.

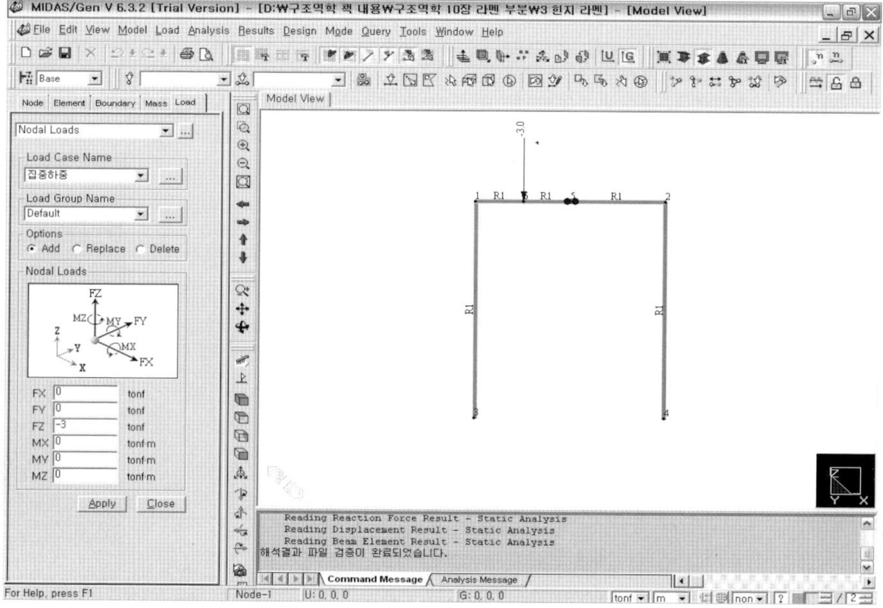

그림 10.31 집중하중의 입력

③ 결과 확인

3. 힌지 라멘의 해석 결과를 전단력도, 모멘트도, 축력도, 처짐으로 확인하자.

1. Main Menu 〉 Results 〉 Reactions 〉 Reaction Forces/Moments에서 반력을 확인한다.
2. Main Menu 〉 Results 〉 Forces 〉 Beam Diagrams에서 Components를 Fz로 선택하여 전단력을 확인한다. 이때, Display Option의 Scale은 Diagram의 크기를 조정할 수 있는 옵션이다.
3. 모멘트도의 확인과 동일한 상태에서 Components를 My로 바꾸게 되면 휨 모멘트를 확인한다.
4. 3번에서 Components를 Fx로 하게 되면 축방향력을 확인한다.
5. Main Menu 〉 Results 〉 Deformations 〉 Deformed Shape에서 처짐을 확인한다.

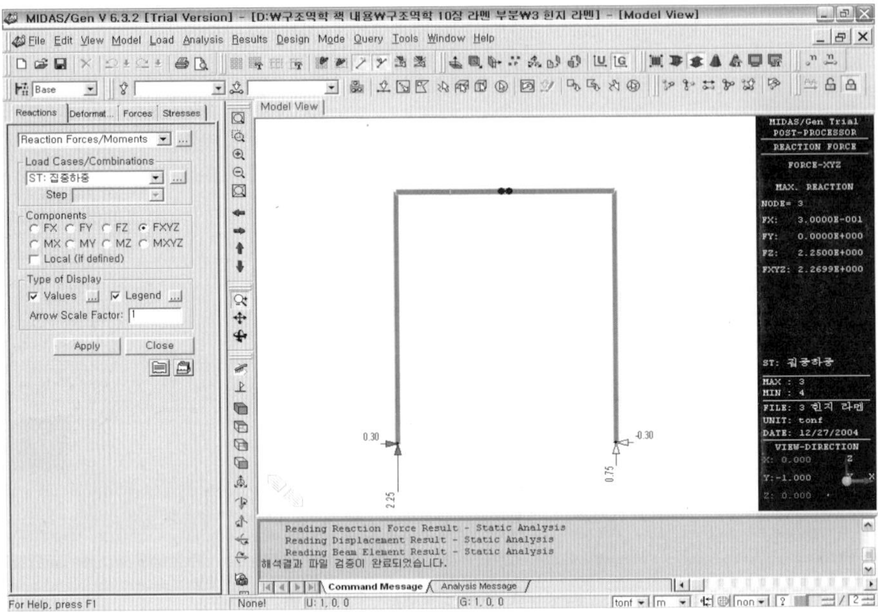

그림 10.32 3힌지 라멘에서의 반력의 확인

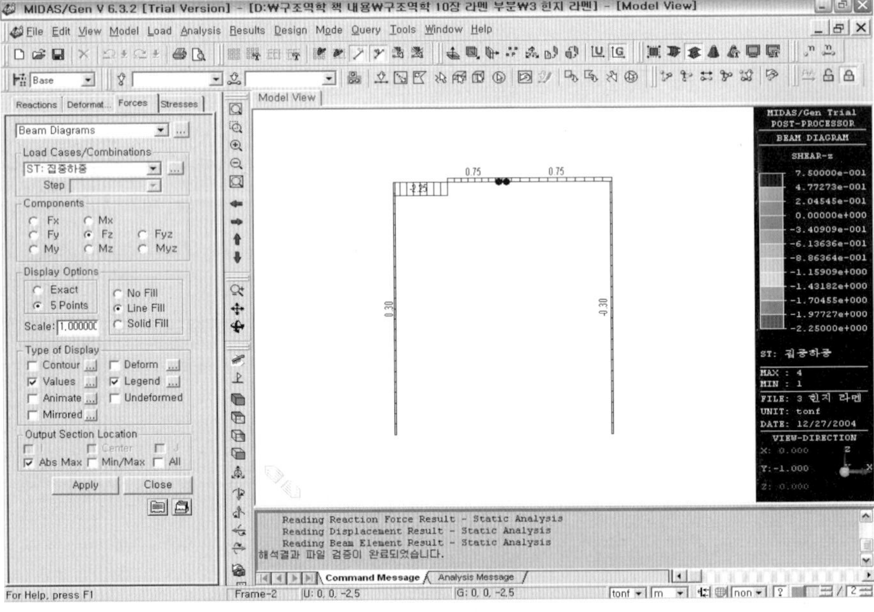

그림 10.33 3힌지 라멘에서의 전단력의 확인

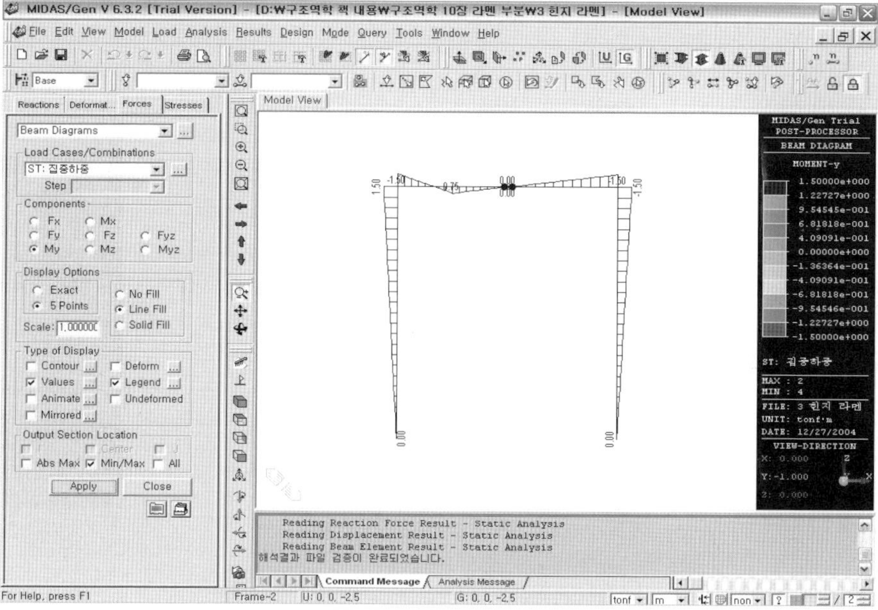

그림 10.34 3힌지 라멘에서의 모멘트의 확인

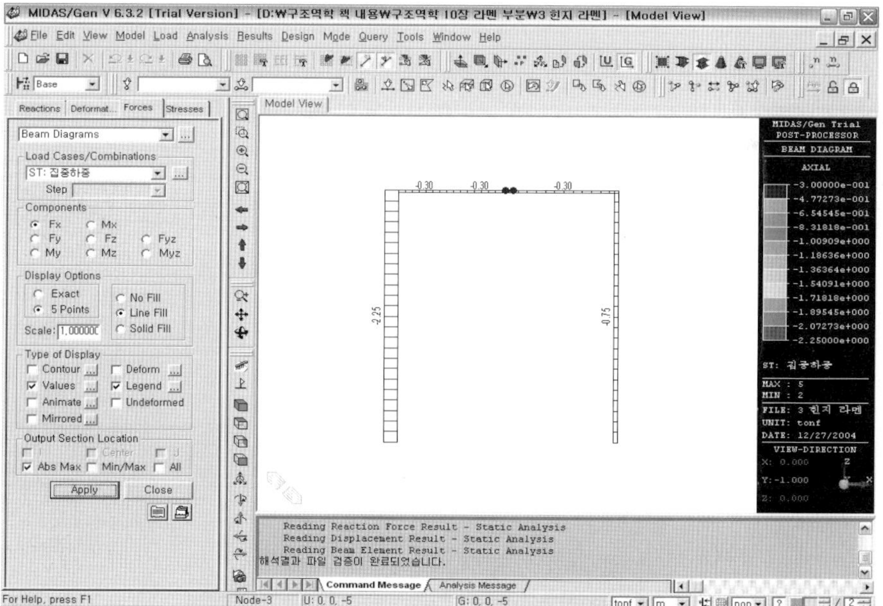

그림 10.35 3힌지 라멘에서의 축력의 확인

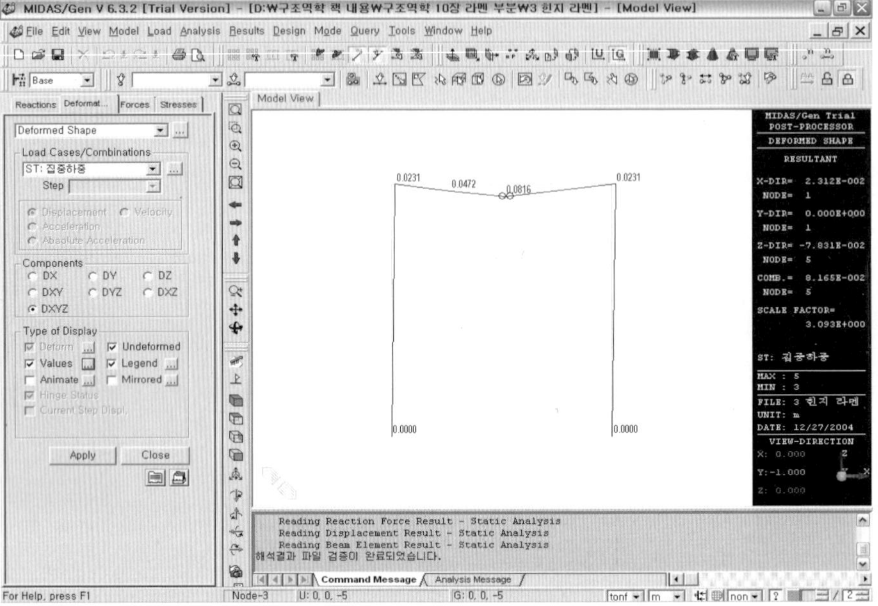

그림 10.36 3힌지 라멘에서의 처짐의 확인

10.3.4 아치 (Arch)

1. 모멘트 하중을 받는 단순보 형 아치의 역학적 해석

그림 10.37과 같은 모멘트 하중을 받는 아치의 역학적 해석은 그림 10.38에서 보는 것과 같다.

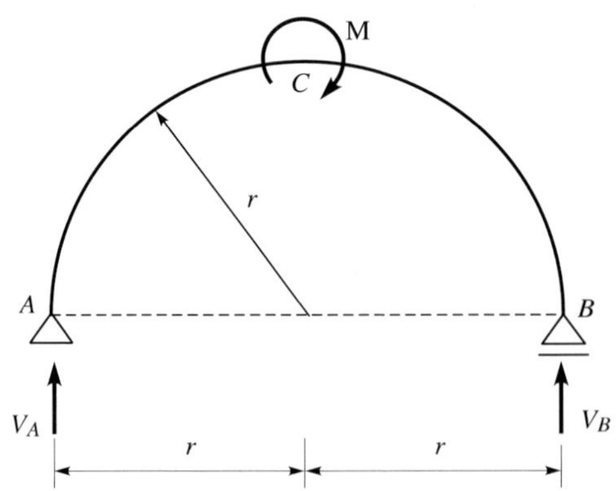

그림 10.37 모멘트 하중을 받는 단순보형 아치

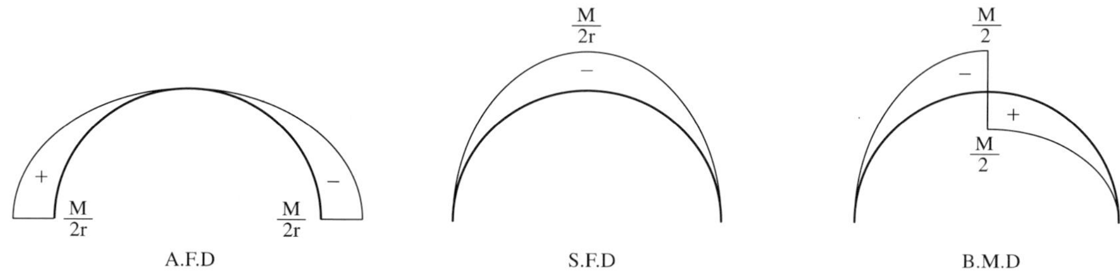

그림 10.38 모멘트 하중을 받는 단순보 형 아치의 역학적 해석

2. MIDAS/GEN을 이용한 단순보 형 아치의 해석

그림 10.39와 같은 모멘트 하중을 받는 단순보형 아치의 MIDAS/GEN을 이용하여 해석하고, 이 결과를 역학적 해석 결과와 비교해 보자.

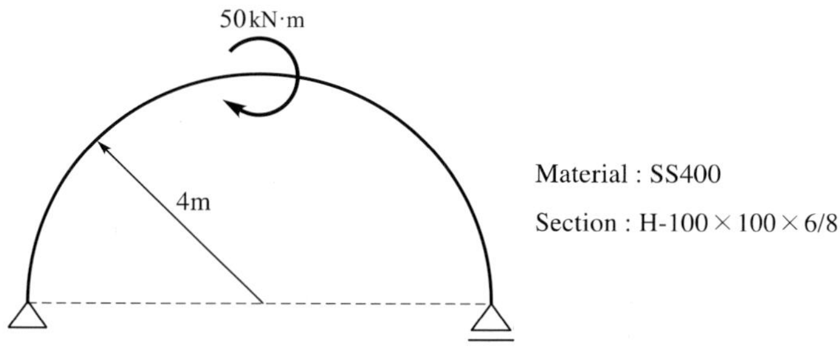

그림 10.39 H형 단면을 갖는 단순보 형 철골 아치

① 초기 환경 설정 및 재질, 단면 정보의 입력

먼저 MIDAS/GEN의 초기 환경 및 재질, 단면 정보를 입력한다.

1. File Menu의 Save As를 이용하여 '아치.mgb'로 저장한다.
2. MIDAS/GEN의 평면을 X-Z 평면으로 설정한 다음 Front View로 하여 좌표계를 설정한다.
3. 좌표계를 'm' 와 'tf' 로 설정한다.
4. Menu 탭 〉 Geometry 〉 Properties 〉 Material 선택하여 Properties 창에서 Add 버튼 클릭
5. Material Data 입력 창에서 General의 Material ID란에 1을 확인하고, Name에는 Steel을 입력한 후, Type of Design을 Steel로 선택한다.
6. Elasticity Data에서 Steel의 Standard는 KS(S), DB는 SS400을 선택 후 OK를 클릭한다.
7. Properties 창의 Material 탭에서 Material에 재질 데이터가 입력된 것을 확인하고, Section 탭으로 전환 후, Add 버튼 클릭

8. Section Data 입력 창의 DB/user 탭 상에서 Name을 A1으로 하고, 부재 단면 형상을 H-Section으로 선택한다.
9. User/DB에서 DB로 선택한 후, Sect. Name에서 H-100X100X6/8을 선택한 후, OK버튼 클릭.

② 부재의 입력 및 지점 조건, 하중의 입력

MIDAS/GEN을 이용하여 아치의 부재를 입력할 때, 아치의 선상의 좌표를 각각 입력하여 부재로 연결하는 방법이 있지만, 여기에서는 MIDAS/GEN의 마법사 기능을 이용하여 부재를 입력해보자.

1. Menu Bar 〉 Model 〉 Structure Wizard 〉 Arch를 선택하여 Arch Wizard 팝업 창을 활성화한다.
2. Arch Wizard 창의 Input/Edit 탭에서 Type을 Circle로 선택하고, R에 4m, Theta에 180 Deg를 입력하여 아치의 형태를 확인한다.
3. Boundary Condition을 None으로 선택하고, Material과 Section에 이전에 입력하였던 Steel과 A1을 선택한다.
4. Insert 탭에서 아치가 삽입되는 기준점이 '0, 0, 0' 임을 확인한 후 Apply를 클릭한다.

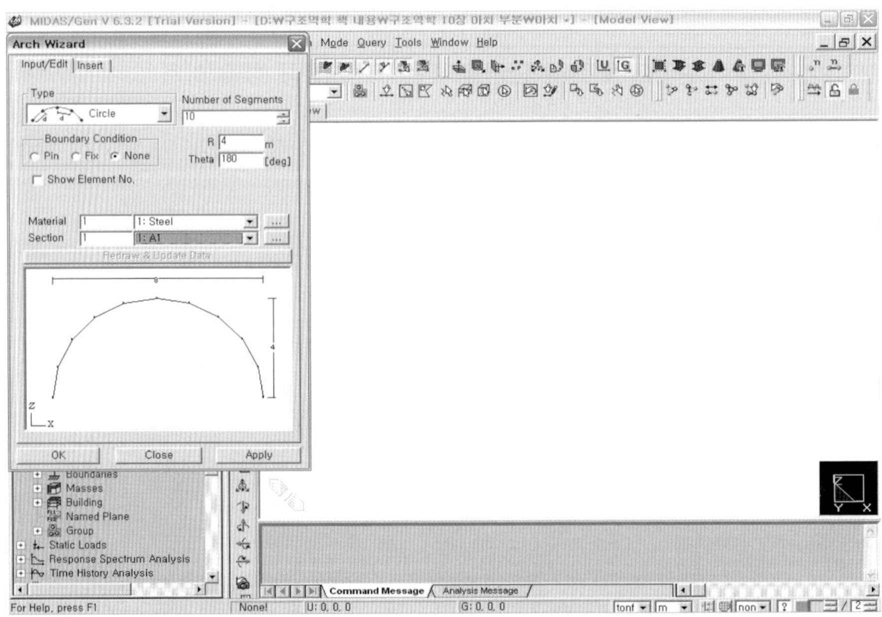

그림 10.40 Wizard 기능을 이용한 Arch의 부재 입력

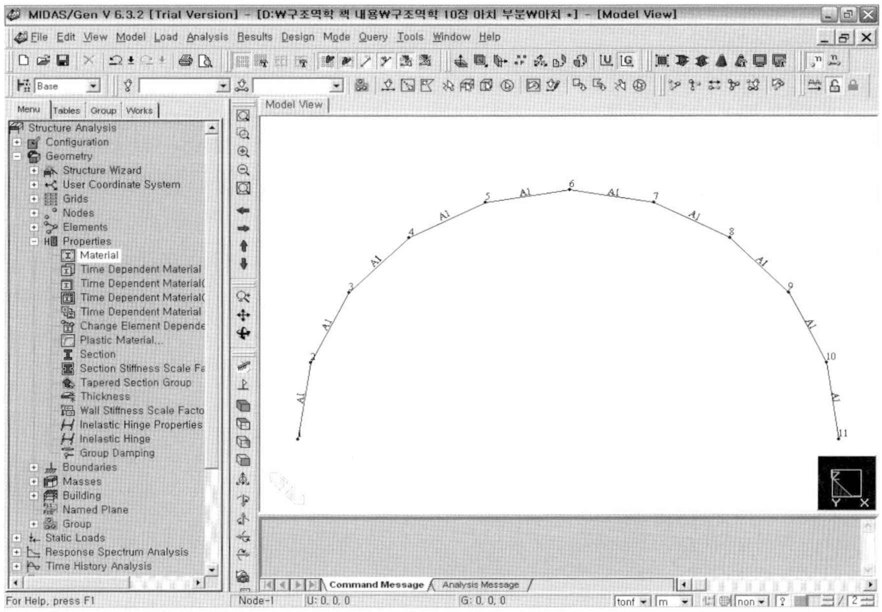

그림 10.41 단순보 형 아치 부재 입력

Wizard 기능을 이용하면 각각의 Node를 찍고 이를 부재로 연결해야 하는 번거로움을 줄일 수 있다. Wizard 기능을 이용한 아치의 부재 입력이 끝났다면 단순보 형태의 지점 조건을 입력해야 한다.

1. Main Menu 〉 Geometry 〉 Boundary 〉 Support에서 Dx, Dz를 선택하여 아치의 왼쪽 하단 부분 Node를 선택한 후 Apply 클릭. (회전단 생성)
2. 같은 방법으로 Dz를 선택하여 아치의 오른쪽 하단 부분 Node 선택 후 Apply 클릭. (이동단 생성)

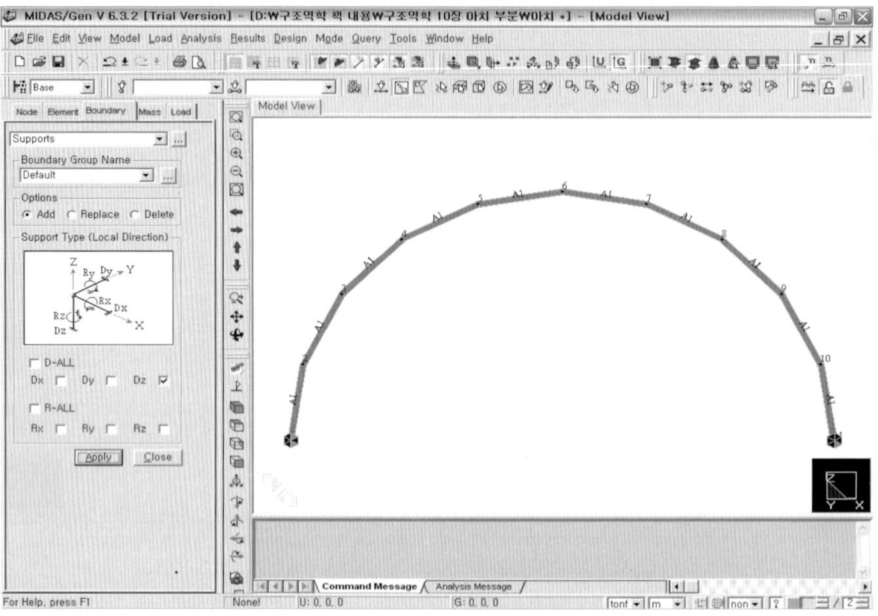

그림 10.42 단순보 형 아치의 지점 조건 생성

하중은 중앙지점에 모멘트 하중이 집중하중으로써 작용하는 것이기 때문에, Nodal Load 항목을 이용하여 하중을 정의한다.

1. Menu 탭에서 Static Loads 〉 Static Load Cases 선택 후, Static Load Cases 팝업 창에서 Name에 '모멘트 하중' 을 입력하고, Type에 Live Load(L)을 선택하여 Apply 클릭
2. Menu 탭에서 Static Loads 〉 Nodal Loads 선택. Load Case Name은 이전에 Static Load Cases에서 입력했던 '모멘트 하중' 선택
3. Nodal Loads 탭에서 y축을 기준으로 회전하는 것이 부재의 모멘트를 발생하는 것이므로, 모멘트 하중은 My 항목에 입력하는 것으로 정의된다. 따라서 My 항목에 '5' 를 입력한 후 Select window를 이용하여 하중 작용점인 '4, 0, 4' Node를 선택하여 Apply 클릭
4. Perform Analysis 아이콘을 클릭하여 해석을 수행한다.

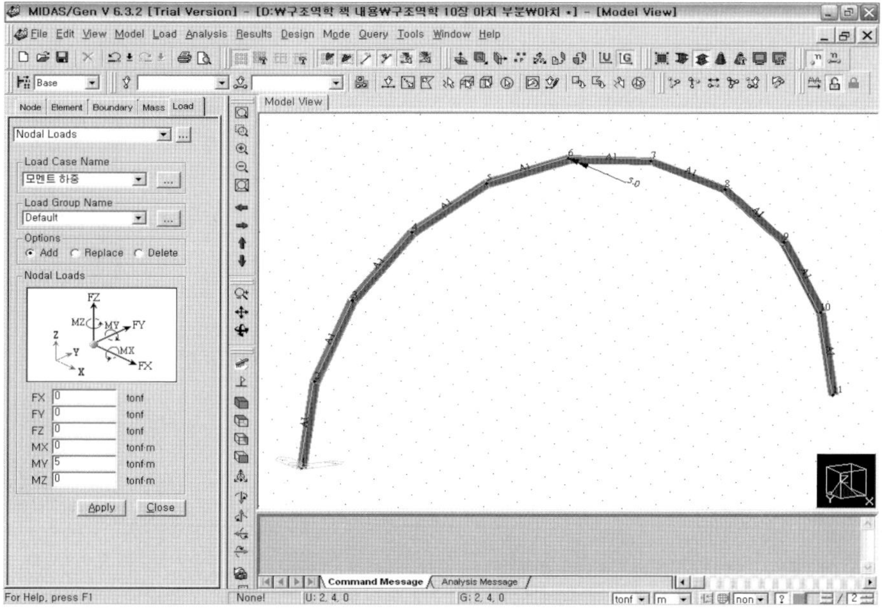

그림 10.43 모멘트 하중의 입력

③ 결과 확인

3. 힌지 라멘의 해석 결과를 전단력도, 모멘트도, 축력도, 처짐으로 확인하자.

1. Main Menu 〉 Results 〉 Reactions 〉 Reaction Forces/Moments에서 반력을 확인한다.
2. Main Menu 〉 Results 〉 Forces 〉 Beam Diagrams에서 Components를 Fz로 선택하여 전단력을 확인한다. 이때, Display Option의 Scale은 Diagram의 크기를 조정할 수 있는 옵션이다.
3. 모멘트도의 확인과 동일한 상태에서 Components를 My로 바꾸게 되면 휨 모멘트를 확인한다.
4. 3번에서 Components를 Fx로 하게 되면 축방향력을 확인한다.
5. Main Menu 〉 Results 〉 Deformations 〉 Deformed Shape에서 처짐을 확인한다.

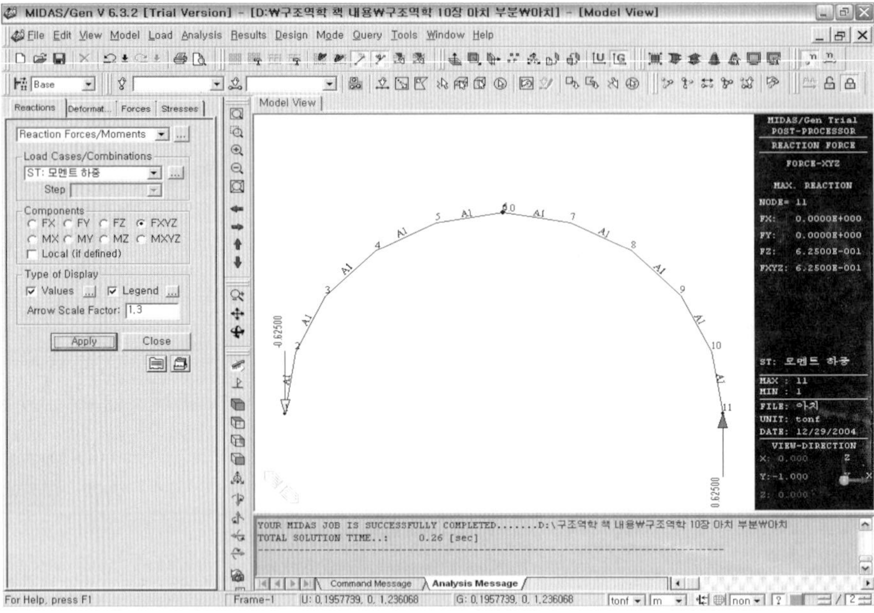

그림 10.44 모멘트 하중을 받는 단순보형 아치의 반력

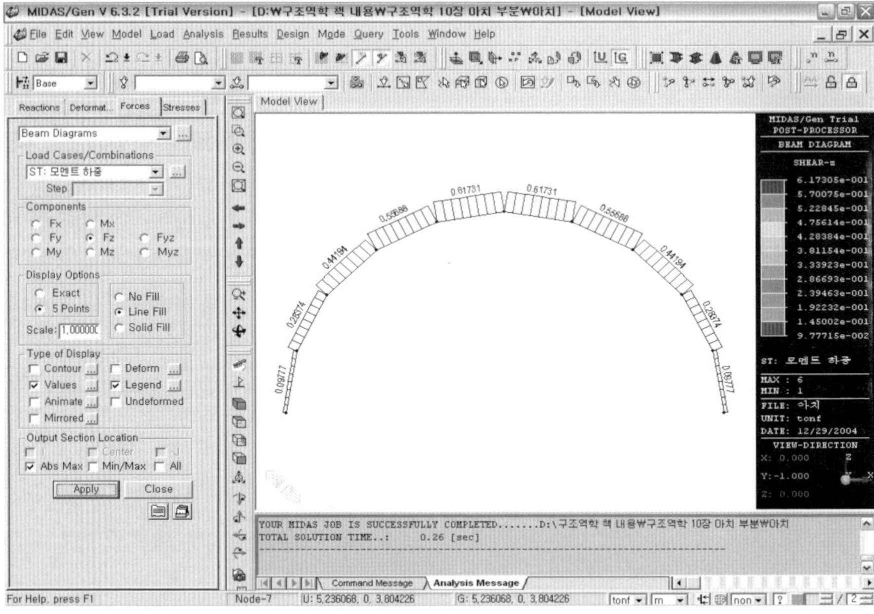

그림 10.45 모멘트 하중을 받는 단순보형 아치의 전단력

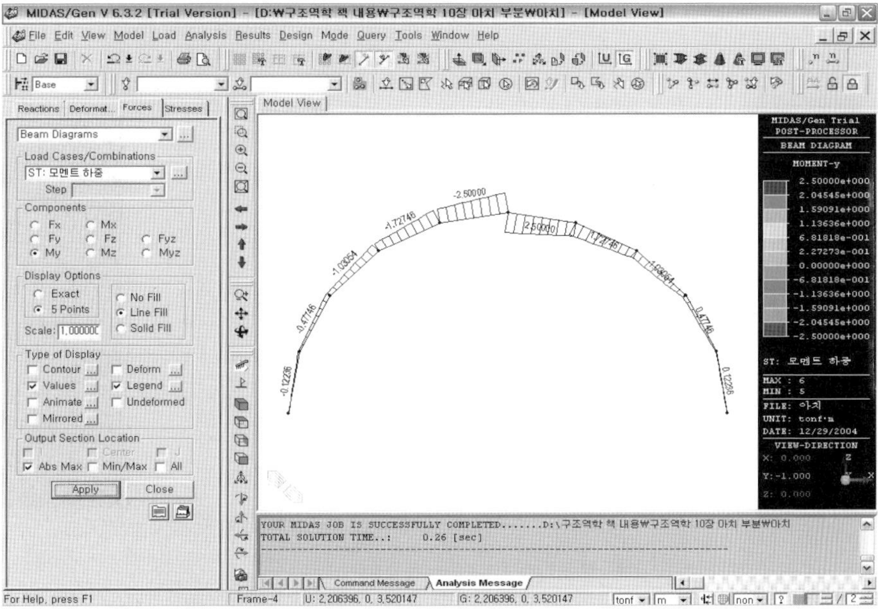

그림 10.46 모멘트 하중을 받는 아치의 모멘트

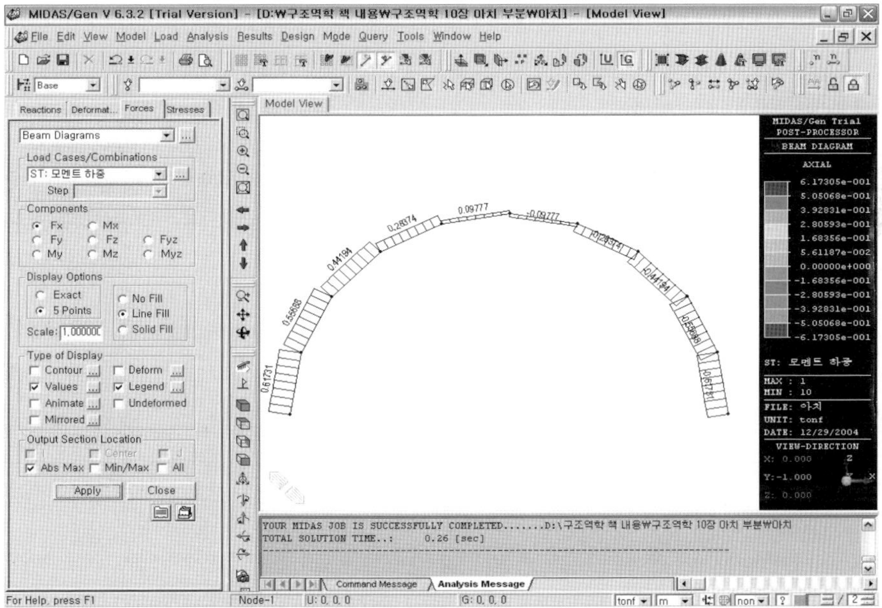

그림 10.47 모멘 하중을 받는 아치의 축력

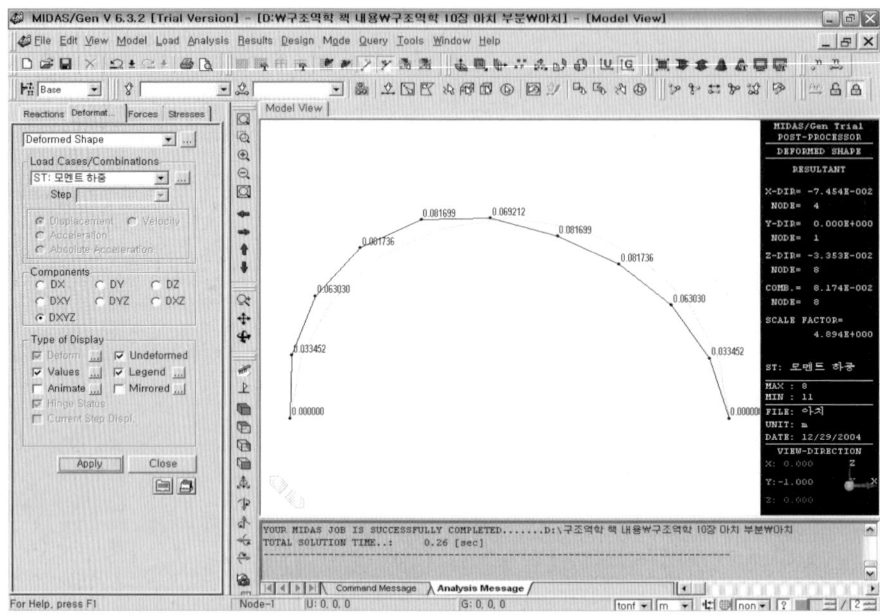

그림 10.48 모멘트 하중을 받는 아치의 처짐

10.3.5 트러스(Truss)

1. 트러스의 역학적 해석

트러스는 2개 이상의 직선 부재를 그 양단에 힌지로 연결하여 이것을 지반이나 다른 지지물과 적당히 결합하여 외력에 저항하도록 조립한 구조물이다. 트러스에서는 주어진 외력에 대하여 트러스를 구성하는 각 부재가 인장력과 압축력에 견딜 수 있도록 되어 있으므로 트러스를 해석하는데 있어서 중요한 것은 각 부재의 축 방향력, 즉 인장력과 압축력을 구하는 것이다.

이러한 트러스의 해법에는 절점법, 절단법, 부재치환법이 있는데, 주로 절점법과 절단법이 이용되고 있다. 자세한 사항은 본서 6장 정정 구조물에서 다루어 보았다.

2. MIDAS/GEN을 이용한 트러스의 해석

그림 10.49와 같은 Howe Truss를 MIDAS/GEN을 이용하여 해석해보자.

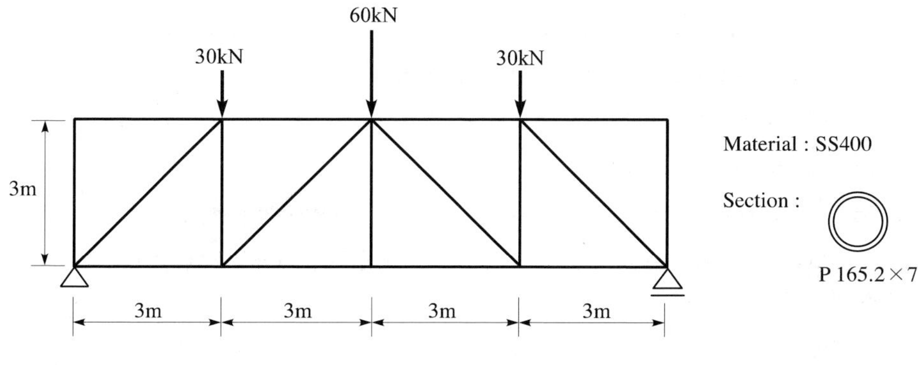

그림 10.49 집중하중을 받는 Howe 트러스

① 초기 환경 설정 및 재질, 단면 정보의 입력

먼저 MIDAS/GEN의 초기 환경 및 재질, 단면 정보를 입력한다.

1. File Menu의 Save As를 이용하여 '트러스.mgb' 로 저장한다.
2. MIDAS/GEN의 평면을 X-Z 평면으로 설정한 다음 Front View로 하여 좌표계를 설정한다.
3. 좌표계를 'm' 와 'tf' 로 설정한다.
4. Menu 탭 〉 Geometry 〉 Properties 〉 Material 선택하여 Properties 창에서 Add 버튼 클릭
5. Material Data 입력 창에서 General의 Material ID란에 1을 확인하고, Name에는 Steel을 입력한 후, Type of Design을 Steel로 선택한다.
7. Elasticity Data에서 Steel의 Standard는 KS(S), DB는 SS400을 선택 후 OK를 클릭한다.
8. Properties 창의 Material 탭에서 Material에 재질 데이터가 입력된 것을 확인하고, Section 탭으로 전환 후, Add 버튼 클릭
9. Section Data 입력 창의 DB/user 탭 상에서 Name을 T1으로 하고, 부재 단면 형상을 Pipe로 선택한다.
10. User/DB에서 DB로 선택한 후, Sect. Name에서 P 165.2 X 7을 선택한 후, OK버튼 클릭.

② 부재의 입력 및 지점 조건, 하중의 입력

MIDAS/GEN을 이용하여 트러스의 부재를 입력할 때도 아치와 마찬가지로 MIDAS/GEN의 마법사 기능을 이용하여 부재를 입력하는 것이 각 부재를 입력하는 것에 비해 매우 편리하다.

1. Menu Bar 〉 Model 〉 Structure Wizard 〉 Truss를 선택하여 Truss Wizard 팝업 창을 활성화한다.
2. Truss Wizard 창의 Input 탭에서 Type을 그림 10.49의 Howe 트러스와 일치하는 모양으로 선택하고, Option에서 Symmetric을 선택하여 대칭 형태로 만든 후, Number of Panels에 '2'를 입력하여 4개의 사재를 갖는 트러스가 만들어지는 것을 확인한다.
3. L은 트러스 길이의 절반이 되기 때문에 '6' 을 입력하고, H1에는 '3' 을 입력한다.
4. Edit 탭에서 Insertion 부분에 있는 Verticals와 End Verticals를 선택하여 연직재를 만들고, 입력한 Material과 Section을 선택한다.
5. Insert 탭에서 삽입되는 기준점이 원점임을 확인하고 Apply를 클릭하여 트러스가 만들어진 것을 확인한다.

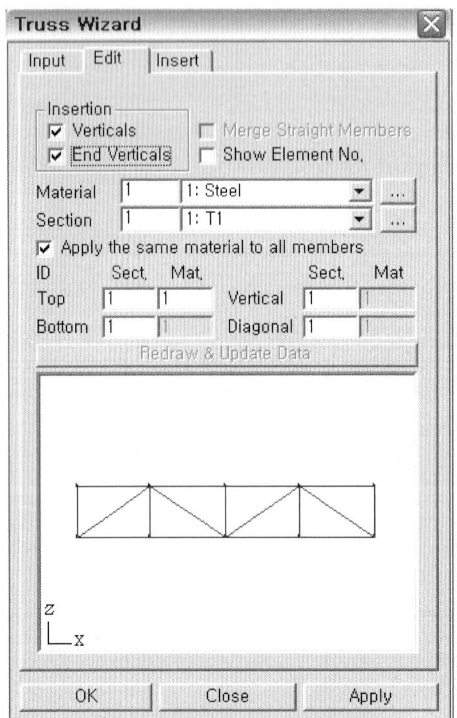

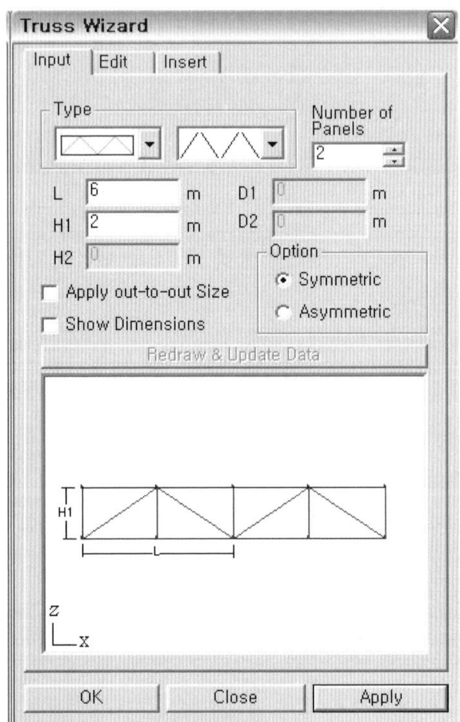

그림 10.50 Truss Wizard 팝업 창의 조건 입력

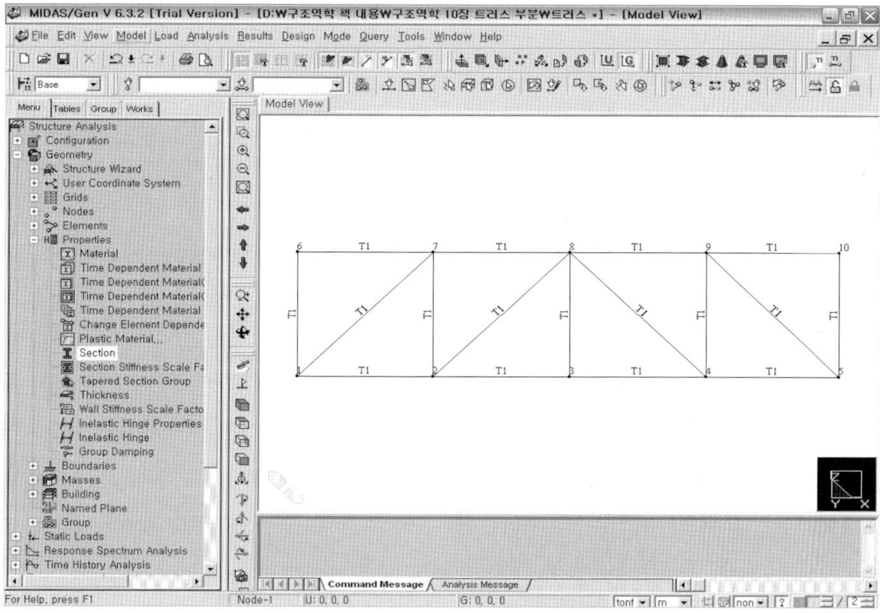

그림 10.51 Howe 트러스의 부재 입력 확인

Howe 트러스의 부재가 올바르게 입력되었는가를 확인한 다음, 지점 조건을 정의하고 하중을 입력하자.

1. Main Menu 〉 Geometry 〉 Boundary 〉 Support에서 Dx, Dz를 선택하여 '0, 0, 0' Node를 선택한 후 Apply 클릭. (회전단 생성)
2. 같은 방법으로 Dz를 선택하여 '12, 0, 0' Node 선택 후 Apply 클릭. (이동단 생성)

1. Menu 탭에서 Static Loads 〉 Static Load Cases 선택 후, Static Load Cases 팝업 창에서 Name에 '집중하중' 을 입력하고, Type에 Live Load(L)을 선택하여 Apply 클릭
2. Menu 탭에서 Static Loads 〉 Nodal Loads 선택. Load Case Name은 이전에 Static Load Cases에서 입력했던 '집중하중' 선택하고, FZ란에 '−3' 를 입력한 다음, Select window를 이용하여 하중 작용점인 '3, 0, 3' 과 '9, 0, 3' Node를 선택하여 Apply 클릭.
3. 마찬가지 방법으로 Fz란에 '−6'을 입력한 후, 또 다른 하중 작용점인 '6, 0, 3' Node를 선택하여 Apply 클릭.
4. Perform Analysis 아이콘을 클릭하여 해석을 수행한다.

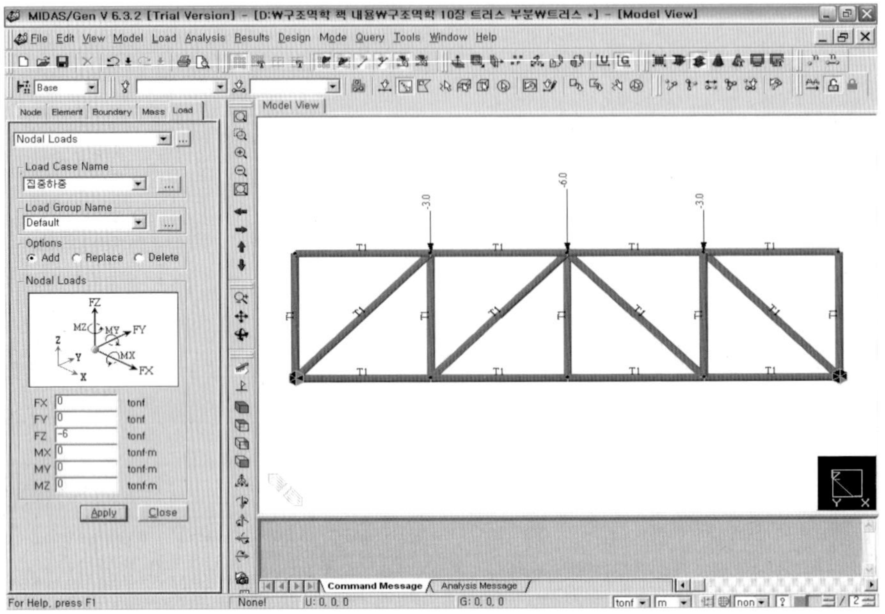

그림 10.52 지점 조건과 하중의 입력

③ 결과 확인

Howe 트러스의 해석 결과를 반력, 부재응력, 처짐으로 확인하자.

1. Main Menu 〉 Results 〉 Reactions 〉 Reaction Forces/Moments에서 반력을 확인한다.
2. Main Menu 〉 Results 〉 Forces 〉 Truss Forces에서 Output Section Location에서 Max로 선택 한 후, 각 부재의 응력을 확인한다.
3. Main Menu 〉 Results 〉 Deformations 〉 Deformed Shape에서 처짐을 확인한다.
4. Main Menu 〉 Results 〉 Results Tables 〉 Truss 〉 Force에서 트러스의 응력을 테이블로써 정리한 결과를 얻을 수 있다. 표에서 I와 J는 각 부재의 양 끝단을 표시한다.

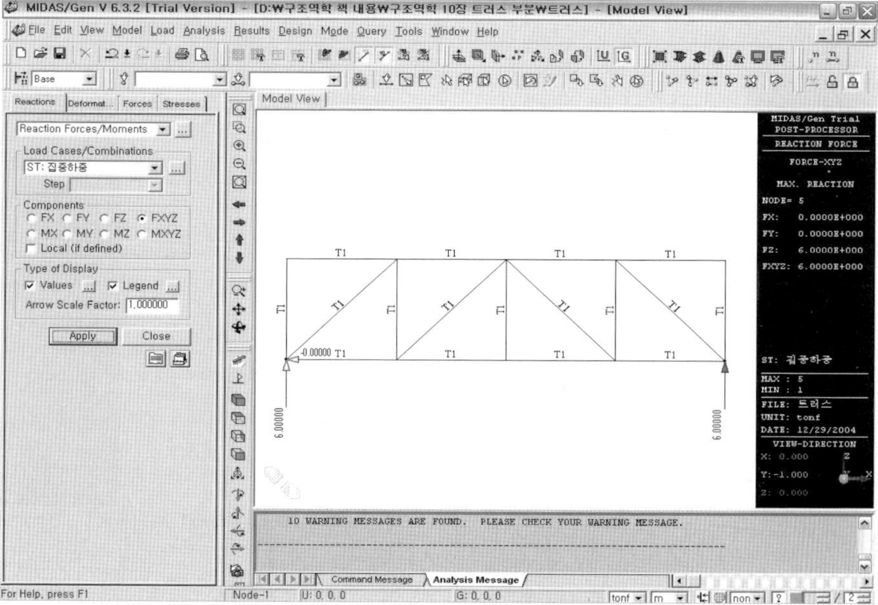

그림 10.53 Howe 트러스의 반력

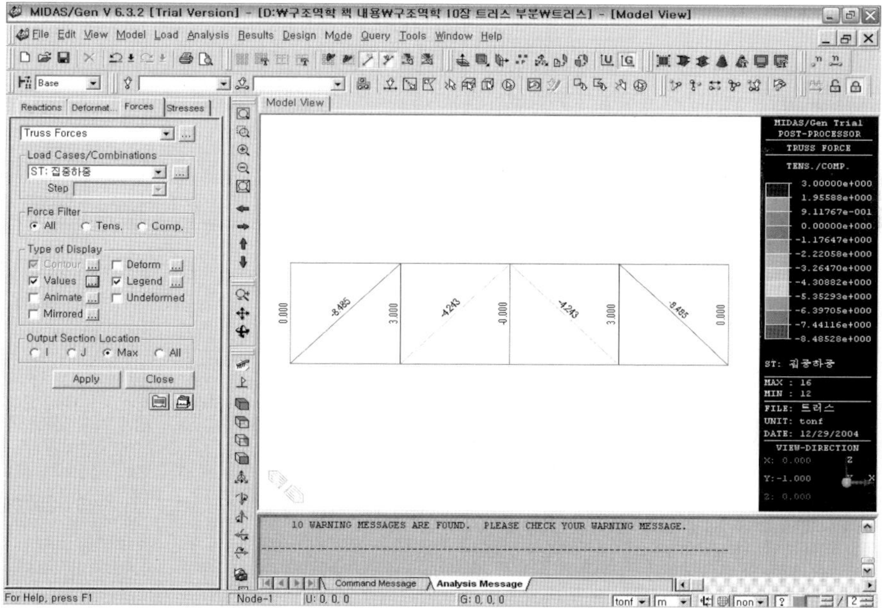

그림 10.54 Howe 트러스의 부재 응력

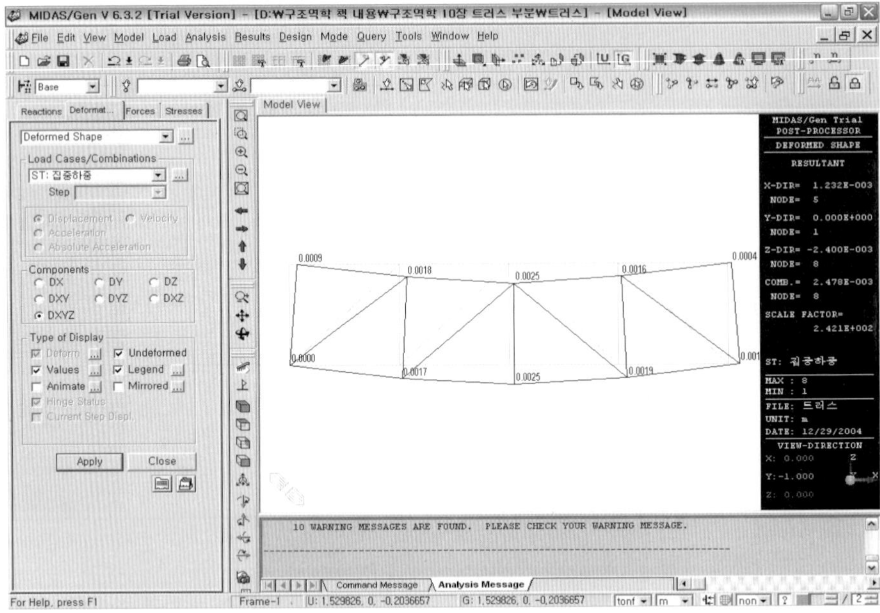

그림 10.55 Howe 트러스의 처짐

Model View | Result-[Truss Force]

Elem	Load	Force-I (tonf)	Force-J (tonf)
9	집중하중	-8,485281	-8,485281
10	집중하중	-4,242641	-4,242641
11	집중하중	-4,242641	-4,242641
12	집중하중	-8,485281	-8,485281
13	집중하중	0,000000	0,000000
14	집중하중	3,000000	3,000000
15	집중하중	-0,000000	-0,000000
16	집중하중	3,000000	3,000000
17	집중하중	0,000000	0,000000

그림 10.56 트러스 부재 응력표

10.3.6 오일러(Euler) 기둥의 임계하중

기둥에 있어서 임계하중(P_{cr})이란 안정과 불안정 조건을 연결하는 특성값이다. 즉, 임계하중은 기둥이 갖는 축력으로써, 기둥의 좌굴여부를 결정한다. 여기에서 기둥의 좌굴이란 안정상태인 기둥에 작용하는 축하중이 기둥이 갖는 축력값인 임계하중보다 크게 작용하면 불안정상태가 되고, 이때 기둥이 가로방향으로 처지는 현상을 말한다. 따라서 기둥을 좌굴이 일어나지 않고 안정하게 설계하기 위해서 축력보다 임계하중을 크게 설계하는 것이 중요하다.

이러한 임계하중은 기둥의 고정 조건에 따라 다르게 나타나기 때문에, 각 고정 조건에 따른 임계하중을 구하는 것을 알아보자.

1. 한단 롤러, 타단 힌지인 기둥의 임계하중

한단 롤러, 한단 힌지인 기둥의 임계하중을 구할 때, 다음과 같은 기본 가정을 전제로 한다.

① 단면적이 일정하다.
② 재료는 균질하다.
③ 부재 양단은 단순지지이다(한단 Roller, 타단 Hinge).
④ 부재축은 직선이고, 하중은 중심축에 작용한다.
⑤ 재료는 Hook 법칙에 따른다.
⑥ 부재는 미소변형한다.

$$\frac{d^2x}{dx^2} = \phi = \frac{y''}{[1+(y')]^{\frac{3}{2}}} \fallingdotseq y''$$

원점에서 x만큼 떨어진 점에서의 내부저항 모멘트(M_{xi})는

$$\begin{aligned} M_{xi} &= -EI\phi \\ &= -EIy'' \end{aligned}$$

외력에 의한 모멘트(M_{xe})는

$$M_{xe} = Py$$

$M_{xi} = M_{xe}$ 이므로

$$EIy'' + Py = 0 \tag{1}$$

양변을 EI로 나누면,

$$y'' + \frac{P}{EI}y' = 0$$

$\frac{P}{EI}$를 k^2이라 하면,

$$y'' + k^2y' = 0 \tag{2}$$

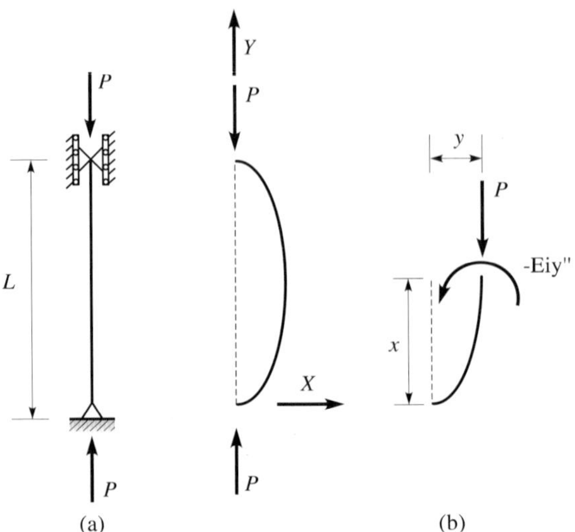

그림 10.57 한단 롤러, 타단 힌지인 기둥

상수계수 재차 선형 미분 방정식의 해는 $y=e^{mx}$의 형태이므로, 이를 (2)식에 대입하면 $m=\pm ik$가 되므로,

$$y=C_1e^{ikx}+C_2e^{-ikx}$$

$$y=A\sin kx+B\cos kx \tag{3}$$

$x=0$ 일 때, $y=0$이므로,

$$B=0 \text{ 따라서, } y=A\sin kx \tag{4}$$

$x=l$ 일 때, $y=0$이므로,

$0=A\sin kl \rightarrow A=0$이면 k가 (결과적으로 p)가 어떠한 값이라도 가능한 무용해 $\sin kl=0$ 이면 $kl=n\pi$

따라서,

$$k=\frac{n\pi}{l} \text{이므로}$$

$$k^2=\frac{P}{EI}=\frac{n^2\pi^2}{l^2} \text{으로부터}$$

$$P=\frac{n^2\pi^2EI}{l^2} \tag{5}$$

또한

$$y = A\sin kx$$

$$= A\sin\frac{n\pi x}{l} \quad (6)$$

$n = 1$일 때, 중립 평형이 가능한 최소 하중, 즉 안정평형을 잃게 되는 최소하중을 오일러 하중이라 한다.

$$P = \frac{\pi^2 EI}{l^2} \quad (7)$$

좌굴하중 : 불완전한 기둥이 돌연 휘어지게 되는 하중

임계하중(=오일러하중) : 탄성법칙에 따르는 완전한 부재가 중립 평형을 유지하는 하중

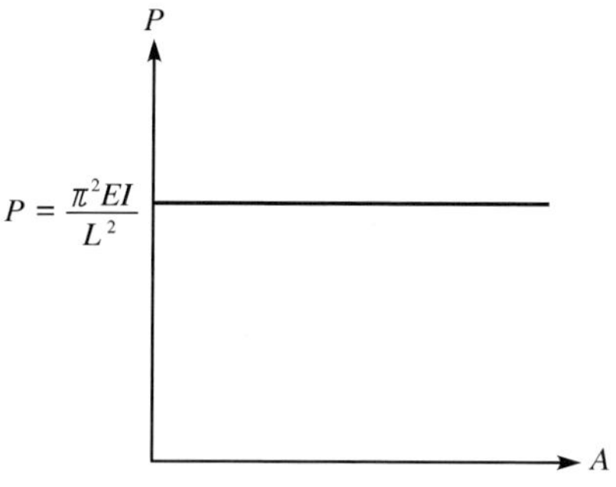

그림 10.58 오일러 기둥의 거동

2. 양단이 고정된 기둥의 임계하중

$$EIy'' + Py = M_0 \quad (8)$$

$y'' + k^2 y = \dfrac{M_0}{EI}$의 특수해는

$$y = \frac{M_0}{EIk^2} = \frac{M_0}{P}$$

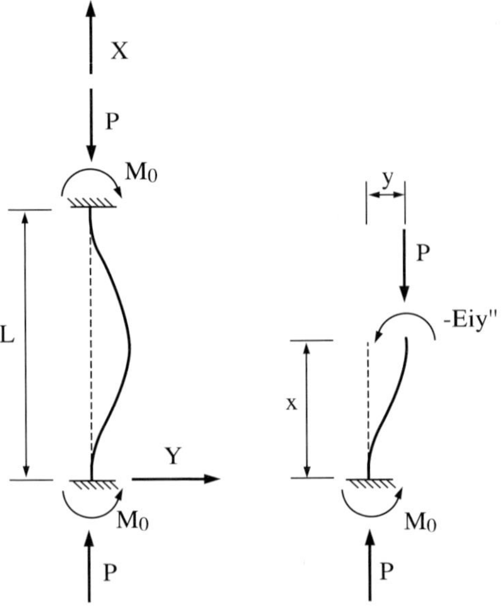

그림 10.59 양단 고정된 기둥

따라서, 일반해는

$$y = A\sin kx + B\cos kx + \frac{M_0}{P} \tag{9}$$

$x = 0$일 때, $y = 0$이므로

$$0 = B + \frac{M_0}{P} \quad \rightarrow \quad B = -\frac{M_0}{P}$$

$x = 0$일 때, $y' = 0$이므로

$$0 = kA\cos kx - kB\sin kx \quad \rightarrow \quad A = 0$$

따라서, (9)식을

$$y = -\frac{M_0}{P}\cos kx + \frac{M_0}{P}$$

$$= \frac{M_0}{P}(1 - \cos kx) \tag{10}$$

$x = l$일 때, $y = 0$이므로 (10)식에서 $\cos kl = 1$을 만족하는 최소값은 $kl = 2\pi$이므로

$$k = \frac{2\pi}{l}$$

$$k^2 = \frac{P}{EI} = \frac{4\pi^2}{l^2}$$

$$P_{cr} = \frac{4\pi^2 EI}{l^2} = \frac{\pi^2 EI}{(l/2)^2} \tag{11}$$

또한

$$y_{cr} = \frac{M_0}{P}(1 - \cos\frac{2\pi x}{l}) \tag{12}$$

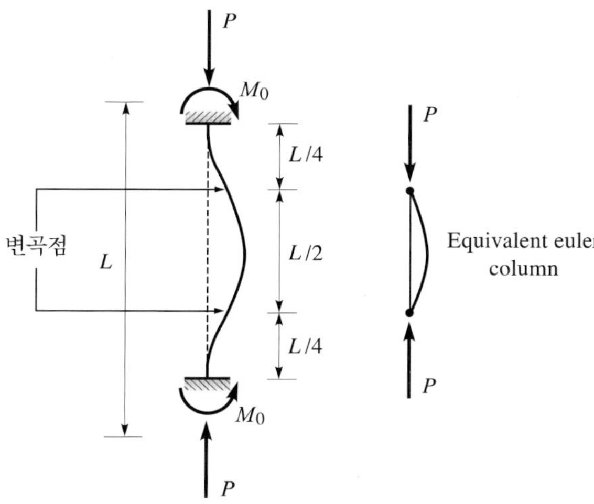

그림 10.60 양단 고정된 오일러 기둥

3. 일단 고정, 타단 자유인 기둥

$$EIy'' + Py = P\delta$$

$$y'' + k^2 y = k^2 \delta \tag{13}$$

따라서 일반해는

$$y = A\sin kx + B\cos kx + \delta \tag{14}$$

$x = 0$일 때 $y = 0$이므로

$0 = B + \delta \rightarrow \quad B = -\delta$

$x = 0$일 때 $y' = 0$이므로

$0 = kA\cos kx - kB\sin kx = 0 \rightarrow \quad A = 0$

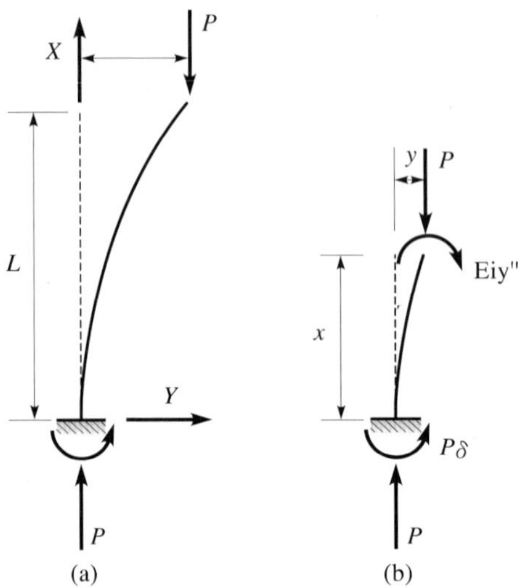

그림 10.61 일단 고정, 타단 자유인 기둥

따라서, (14)식은

$$y = -\delta\cos kx + \delta$$

$$= \delta(1 - \cos kx) \tag{15}$$

$x = l$일 때, $y = \delta$이므로 $\cos kl = 0$을 만족하는 최소값은 $kl = \dfrac{\pi}{2l}$

따라서,

$$k = \frac{\pi}{2l}$$

$$k^2 = \frac{P}{EI} = \frac{\pi^2}{4l^2}$$

$$P_{cr} = \frac{\pi^2 EI}{4l^2}$$

$$= \frac{\pi^2 EI}{(2l)^2} \tag{16}$$

또한

$$y_{cr} = \delta(1 - \cos\frac{\pi x}{2l}) \tag{17}$$

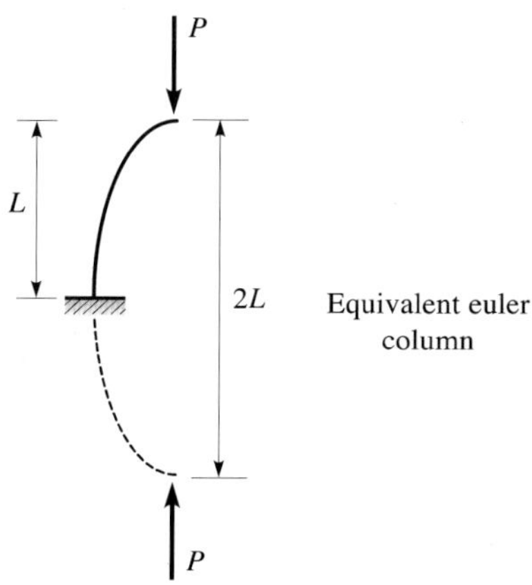

그림 10.62 일단 고정, 타단 자유인 오일러 기둥

4. 일단고정 타단 힌지인 기둥

$$EIy'' + Py = \frac{M_0 x}{l}$$

$$y'' + k^2 y = \frac{M_0}{EI}\frac{x}{l} \tag{18}$$

따라서 일반해는

$$y = A\sin kx + B\cos kx + \frac{M_0}{P}\frac{x}{l} \tag{19}$$

$x = 0$일 때, $y = 0$이므로

$$0 = B + \frac{M_0}{P}\frac{x}{l} \;\rightarrow\; B = 0$$

$x = l$일 때, $y' = 0$이므로

$$0 = kA\cos kl - kB\sin kl + \frac{M_0}{Pl}$$

$$\rightarrow\; A = -\frac{M_0}{P}\frac{1}{kl\cos kl}$$

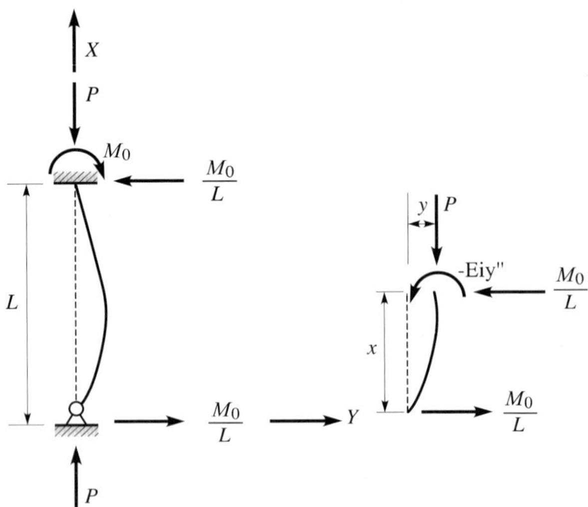

그림 10.63 일단 고정, 타단 힌지인 기둥

따라서,

$$y = -\frac{M_0}{P}\frac{1}{kl\cos kl}\sin kx + \frac{M_0}{P}\frac{x}{l}$$

$$= \frac{M_0}{P}(\frac{x}{2} - \frac{\sin kx}{kl\cos kl}) \qquad (20)$$

$x = l$일 때, $y = 0$이므로

$$0 = \frac{M_0}{P}(1 - \frac{\sin kl}{kl\cos kl})$$

$$= \frac{M_0}{P}(1 - \frac{\tan kl}{kl})$$에서

$\tan kl = kl$을 만족하는 최소값은 $kl = 4.49$

$$k = \frac{4.49}{l}$$

$$k^2 = \frac{P}{EI} = \frac{(4.49)^2}{l^2}$$

$$P_{cr} = \frac{20.2EI}{l^2}$$

$$= \frac{\pi^2 EI}{(0.7l)^2}$$

또한

$$y_{cr} = \frac{M_0}{P}\left[\frac{x}{l} + 1.02\sin\frac{4.49x}{l}\right]$$

5. MIDAS/GEN을 이용한 단순 지지인 기둥의 임계하중 구하기

그림 10.63과 같은 단순 지지인 기둥의 임계하중을 구해보자.

먼저 이 기둥에서 공식에 의한 임계하중값을 구하면,

$$P = \frac{\pi^2 EI}{l^2} = \frac{\pi^2 \times (205.94\text{kN/mm}^2) \times (1.34 \times 10^{6r}\text{mmm}^4)}{(10000\text{mm})^2}$$

$$= 27.236\text{kN}$$

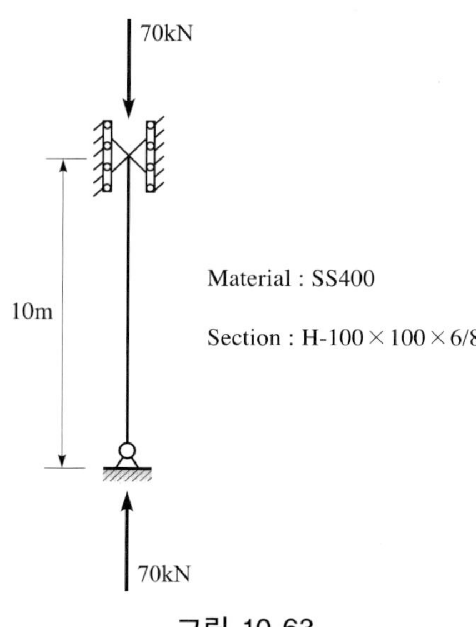

그림 10.63

이 값을 MIDAS/GEN을 이용하여 구한 값과 비교해보자.

① 초기 환경 설정 및 재질, 단면 정보의 입력

먼저 MIDAS/GEN의 초기 환경 및 재질, 단면 정보를 입력한다.

1. File Menu의 Save As를 이용하여 '좌굴.mgb' 로 저장한다.
2. MIDAS/GEN의 평면을 X-Z 평면으로 설정한 다음 Front View로 하여 좌표계를 설정한다.
3. 좌표계를 'm' 와 'tf' 로 설정한다.
4. Menu 탭 〉 Geometry 〉 Properties 〉 Material 선택하여 Properties 창에서 Add 버튼 클릭
5. Material Data 입력 창에서 General의 Material ID란에 1을 확인하고, Name에는 Steel을 입력한 후, Type of Design을 Steel로 선택한다.
7. Elasticity Data에서 Steel의 Standard는 KS(S), DB는 SS400을 선택 후 OK를 클릭한다.
8. Properties 창의 Material 탭에서 Material에 재질 데이터가 입력된 것을 확인하고, Section 탭으로 전환 후, Add 버튼 클릭
9. Section Data 입력 창의 DB/user 탭 상에서 Name을 A1으로 하고, 부재 단면 형상을 H-Section으로 선택한다.
10. User/DB에서 DB로 선택한 후, Sect. Name에서 H-100X100X6/8을 선택한 후, OK버튼 클릭.

② 부재의 입력 및 지점 조건, 하중의 입력

기둥 부재 하나를 생성해야 하는데, 좌굴 해석을 위해서는 기둥 선상에 좌표를 등간격으로 만들어야 한다.

1. Menu 탭 〉 Geometry 〉 Nodes 〉 Create를 선택하여 '0, 0, 0' 좌표에 Node를 생성한다.
2. Copy 부분에서 Number of Times 항목에 '50' 을 입력하고, Distances 항목에 '0, 0, 0.2' 를 입력하여 Node를 0.2m 간격으로 50개 복사한다.
3. Menu 탭 〉 Geometry 〉 Elements 〉 Create를 선택하여 생성한 '0, 0, 0' Node와 '0, 0, 10' Node를 연결하는 Element를 생성한다.

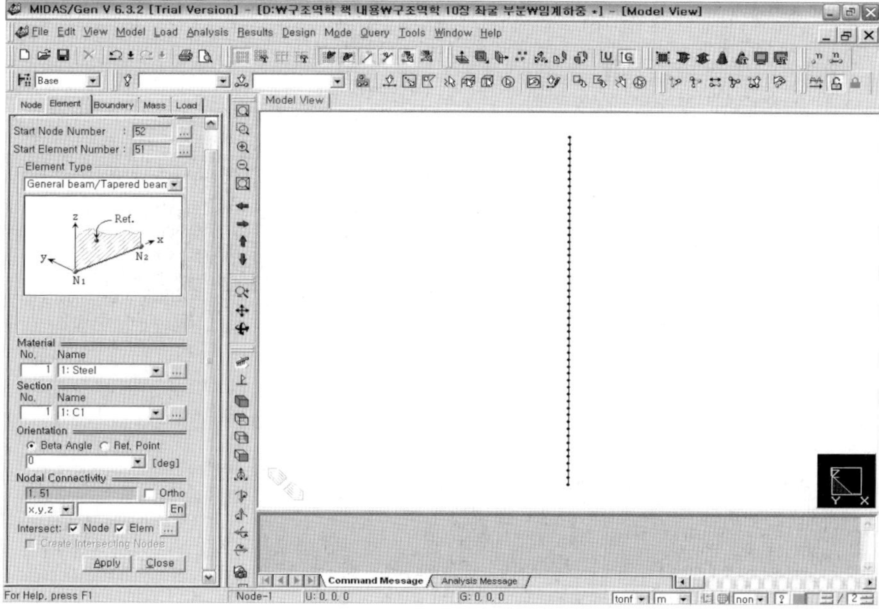

그림 10.64 부재의 생성

이제 지점 조건을 입력해야 하는데, 단순 지지의 경우는 기둥의 하단이 x축과 z축으로, 상단이 x축으로 구속된 것이므로, 하단은 (Dx, Dz), 상단은 (Dx)로 설정해야 한다.

이것을 조건별로 정리하면,

표 10.1 좌굴 산정에 있어서 지점의 설정

	상단	하단
단순지지	(Dx, Dz)	(Dx)
하단 고정, 상단 자유	(Dx, Dz, Ry)	
하단 고정, 상단 힌지	(Dx, Dz, Ry)	(Dx)
양단 고정	(Dx, Dz, Ry)	(Dx, Ry)

1. Main Menu 〉 Geometry 〉 Boundary 〉 Support에서 Dx, Dz를 선택하여 '0, 0, 0' Node를 선택 한 후 Apply 클릭. (회전단 생성)
2. 같은 방법으로 Dz를 활성화하여 '10, 0, 0' Node 선택 후 Apply 클릭. (이동단 생성)
3. Menu 탭에서 Static Loads 〉 Static Load Cases 선택 후, Static Load Cases 팝업 창에서 Name에 '집중하중' 을 입력하고, Type에 Live Load(L)을 선택하여 Apply 클릭

4. Menu 탭에서 Static Loads 〉 Nodal Loads 선택. Load Case Name은 이전에 Static Load Cases에서 입력했던 '집중하중' 선택하고, FZ란에 '-7' 를 입력한 다음, Select window를 이용하여 하중 작용점인 '0, 0, 10' Node를 선택하여 Apply 클릭.

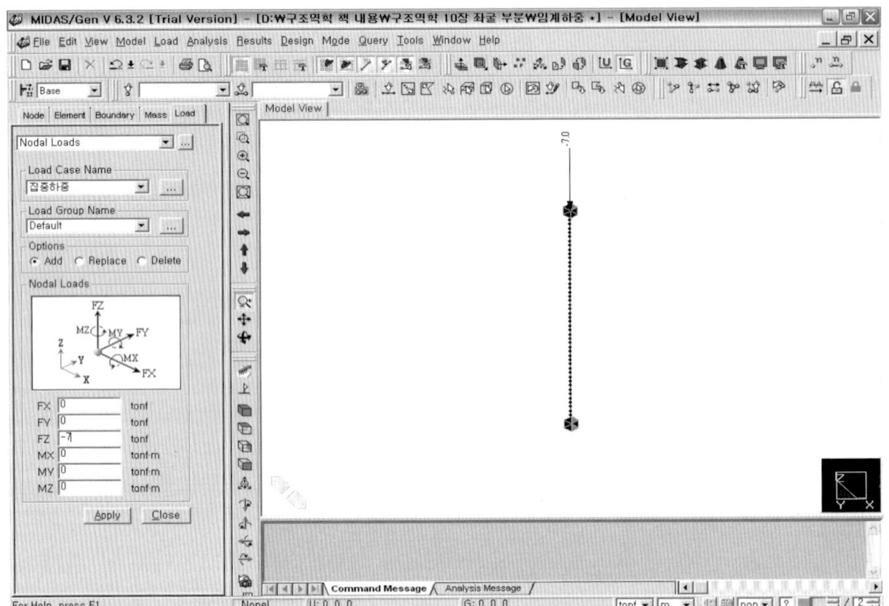

그림 10.65 지점 조건 및 하중의 입력

우리가 이전에 수행했던 정정 구조물의 해석과 달리 임계하중을 구하기 위해서는 임계하중 산정에 필요한 데이터를 입력하여야만 한다.

1. Main Menu 〉 Analysis 〉 Buckling Analysis Control을 선택한다.
2. Buckling Analysis Control 입력창에서 Buckling Modes 부분의 Number of Modes(좌굴 모드의 개수)에 '5' 를 입력한다.
3. Control Parameters 부분의 Number of Iteration(좌굴 해석의 반복 횟수)에 '2' 를 입력하고, Convergence of Iteration(수렴 오차 한계)에 '0.001' 을 입력한다.
4. Buckling Combination 부분에 Load Case에 집중하중이 선택되어있는 것을 확인하고, Add를 클릭한 후, OK 를 클릭한다.
5. Perform Analysis 아이콘을 클릭하여 해석을 수행한다.

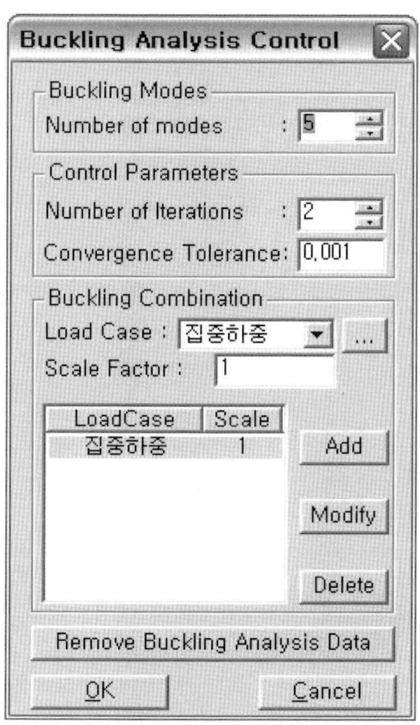

그림 10.66 좌굴 해석 데이터의 입력

③ 결과 확인

기둥의 좌굴에 관련하여 좌굴에 의한 형상과 임계하중을 확인 할 수 있다.

---

1. Main Menu 탭 〉 Results 〉 Buckling Mode Shapes를 선택하여 좌굴의 형상을 확인 할 수 있다. 이 때, Load Case(Mode Numbers)에 '1' 임을 확인하여 Apply를 클릭한다.
2. Main Menu 탭 〉 Results 〉 Result Tables 〉 Buckling Mode Shape을 선택하고, Buckling Mode에서 Mode 1을 선택하고 OK를 클릭한다. Table 상에서 Mode 1의 Eigen Value(고유치)인 '1.132163tf' 가 우리가 구하고자 하는 기둥의 임계하중이다.

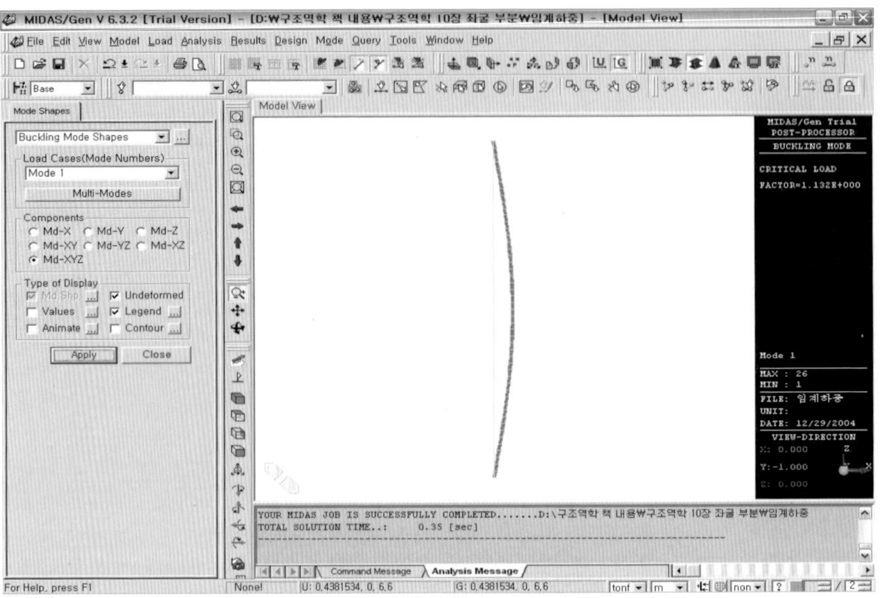

그림 10.67 좌굴 형상의 확인

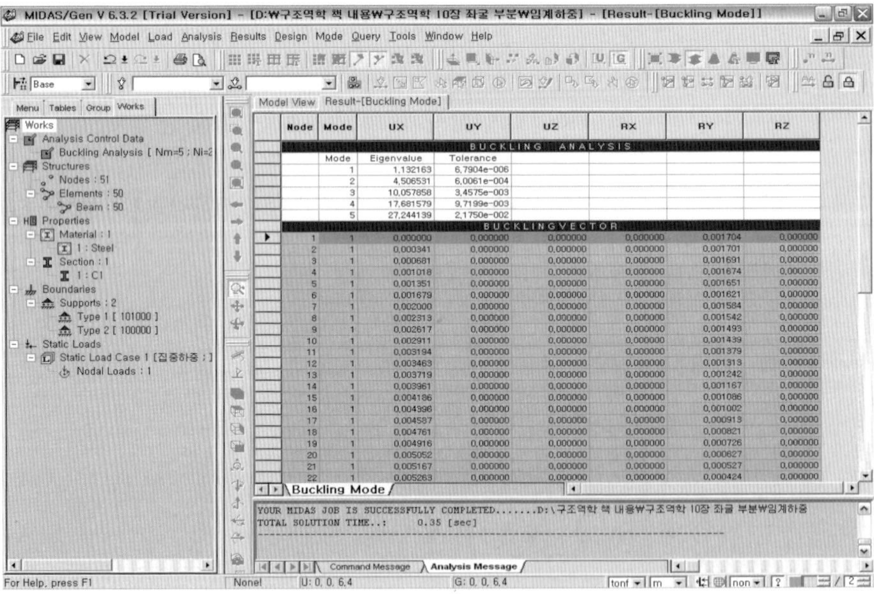

그림 10.68 임계하중의 확인

▌연습문제▐

10.1 다음 라멘을 MIDAS/GEN을 이용하여 반력, 전단력도, 모멘트도, 축력도, 최대처짐량을 구하시오(단, 부재의 재질은 철골조로써, SS400을 사용하였고, 부재는 전 부재 동일하게 H-200×200×8/12를 사용하였다).

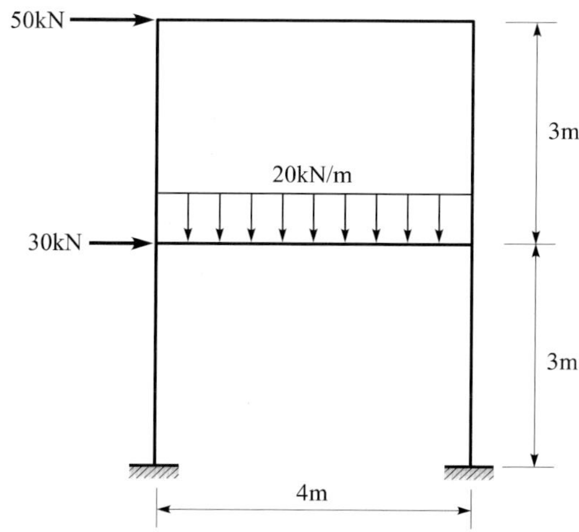

10.2 다음 그림과 같은 트러스를 MIDAS/GEN을 이용하여 해석하고, A, B, C, D, E, F 부재의 부재력과 트러스 중앙부 상부의 최대 처짐을 구하시오(단, 부재의 재질은 철골조로써, SS400을 사용하였고, 모든 부재는 H-100×50×5/7이다).

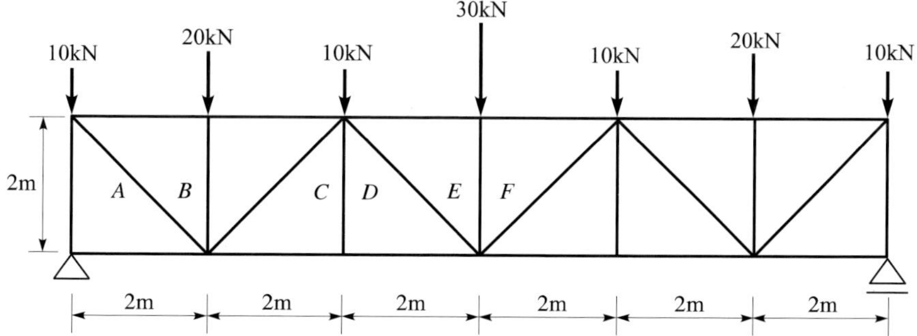

10.3 다음 그림과 같은 지지 조건을 갖는 기둥의 임계 하중을 구하고 두 값을 비교하시오(단, 철골조 기둥으로써, SS400을 사용하였고, H-200×200×8/12를 사용하였다).

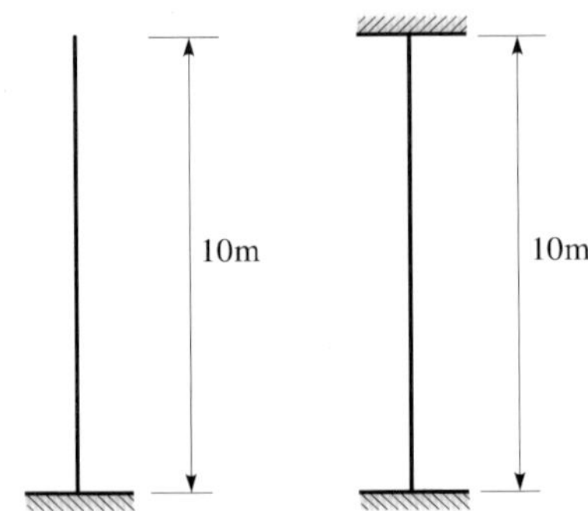

참고문헌

1. 김근덕 외 4인, 건축구조역학, 기문당, 2008.
2. 조효남, 구조역학, 구미서관, 2002.
3. 정철원 외 3인, 구조역학, 원창출판사, 1994.
4. 장동찬, 해법 구조역학, 기문당, 1987.
5. 문태섭 외 4인, 구조역학, 기문당, 1987.
6. 이수곤, 구조물의 안정이론, 전남대학교 출판부, 1995.
7. 이수곤 외 1인, 건축구조역학, 기문당, 1998.
8. 박정현, 건축구조역학, 구미서관, 2007.
9. 能町純雄, 構造力學Ⅰ, 朝倉書店, 1995.
10. 能町純雄, 構造力學Ⅱ, 朝倉書店, 1995.
11. 小林昭一, 構造力學上(基礎 / 理論), 培風館 1990.
12. 小林昭一, 構造力學下(基礎 / 理論), 培風館 1990.
13. 坪井善勝, 平面構造論, 丸善株式會社, 1955.
14. 日本建築學會, 構造設計規準, 1988
15. S.P.Timoshenko & J.N.Goodier, Theory of Elasiticity, Mcgraw-Hill international Editions. 1970
16. Chu-kia wang, Charles G. Salmon, introductory Structural Analysis, Prentice-Hill, Inc, 1984
17. A. Chai, A.M.NEVILLE. Structural Analysis, Chanpman and Hall, Third Edition, 189
18. Russell C. Hibbeler, Structural Analysis, Mammillan Publishing Co, 1985
18. Gere & S.P Timoshenko, Mechanics of Materials, PWS-KENT, Third Edition, 1990
20. J. N. Reddy, Energy and Variational Mathods in Applied Mechanics, John Wiley & Sons, 1984
21. Irving H. Shames and Clive L. Dym, Energy and Finite Element Methods in Strctural Mechanics, Hemisphere Publishing Co, 1985
22. Clive L. Dym and Irivng H. Shames, Solid Mechanics : A Variational Approach, McGraw-Hill Book Co, 1973

23. Theodore R. Tauhert, Energy Principles in Structural Mechanics, McGraw Hill Book Co, 1974
24. John B. Kennedy, Murty K. S. Madugula, Elastic Analysis of Structures, Harper & Row, Publishers, Inc, 1990.
25. Ugural, A. C., Fenster S.K., Advanced Strength and Applied Elasticity, PTR Prentice Hall, 1995
26. Saada, A.S., Elasticity : Theory and Applications, Pergamon Pless Inc., 1974
27. (주) 마이다스아이티, Midas Gen Manual : Advanced Applications, 2003
28. (주) 마이다스아이티, Midas Gen Manual : Analysis & Design, 2003
29. Gere & Timoshenko, Mechanics of Materials(황충렬 역, 재료역학, 보성문화사, 1996)
30. William McGuire and Richard H. Gallagher, Matrix Structure Analysis

1. 희랍문자

대문자	소문자	이 름
A	α	alpha
B	β	beta
Γ	γ	gamma
Δ	δ	delta
E	ϵ	epsilon
Z	ζ	zeta
H	η	eta
Θ	θ	theta
I	ι	iota
K	κ	kappa
Λ	λ	lambda
M	μ	mu
N	ν	nu
Ξ	ξ	xi
O	o	omicron
Π	π	pi
P	ρ	rho
Σ	σ	sigma
T	τ	tau
Υ	υ	upsilon
ϕ	ϕ	phi
X	χ	chi
Ψ	ψ	psi
Ω	ω	omega

2. 구조역학에서 사용되는 단위

물리량		명칭	기호	정의
기본 단위	길이	미터	m	(빛의 파장으로 정의)
	질량	킬로그램	kgf	구제 킬로그램 원기의 질량
	시간	초	s	(방사의 계속 시간)
	열역학온도	켈빈	K	셀시우스 온도(°C)에서 273.15를 뺀 것(절대 온도)
보조 단위	평면각	라디안	rad	원둘레에서 반지름과 같은 길이의 호를 절취한 2개의 반지름 사이에 포함되는 각도
	입체각	스테라디안	sr	구의 중심을 정점으로 구의 반지름을 1변으로 하는 정방형의 면적과 같은 면적을 구의 표면상에서 절취한 입체각
조립 단위	힘	뉴턴	N	$=m \cdot kgf/s^2$((질량)×(가속도))
	압력·응력	파스칼	Pa	$=N/m^2$(단위면적당의 힘)
	에너지 알 열량	줄	J	$=N \cdot m$
	공률	와트	W	$=J/s$
	주파수	헤르츠	Hz	$=s^{-1}$(=1/s)
	힘의 모멘트	뉴턴미터	$N \cdot m$	
	열용량 엔트로피	줄퍼켈빈	J/K	
	분포하중 표면장력	뉴턴퍼미터	N/m	
	면적	평방미터	m^2	
	체적	입방미터	m^3	
	속도	미터퍼초	m/s	
	가속도	미터퍼제곱초	m/s^2	
	각가속도	라디안퍼제곱초	rad/s^2	

3. 구조역학에서 널리 쓰이는 환산표

	SI	종래관용단위		
1. 힘	N 1 1×10^{-5} 9.80665 4.44822	dyne 1×10^{5} 1 9.80665×10^{5} 4.44822×10^{5}	kgf 1.01972×10^{-1} 1.01972×10^{6} 1 4.536×10^{-1}	lbf 2.248×10^{-1} 2.248×10^{-6} 2.205 1
2. 응 력 압 력	Pa 1 9.80665×10^{4} 1×10^{5} 6.895×10^{3}	kgf/㎠ 1.197×10^{5} 1 1.0197 7.331×10^{-2}	bar 1×10^{-5} 9.80665×10^{-1} 1 6.895×10^{-2}	lbf/in^2 1.450×10^{-4} 1.422×10 1.450×101
3. 일 에너지 열 량	J 1 9.80665 4.18605×10^{3} 1.356	kgf·m 1.0197×10^{-1} 1 4.26858×10^{2} 1.383×10^{-1}	kcal 2.389×10^{-4} 2.3427×10^{-3} 1 3.239×10^{-4}	ft·lbf 7.376×10^{-1} 7.233 3.087×10^{3} 1
4. 공 률	kW 1 9.80665×10^{-3} 4.18605 1.356×10^{-3}	kgf·m/s 1.0197×10^{2} 1 4.26858×10^{2} 1.383×10^{-1}	kcal/s 2.389×10^{-1} 2.3427×10^{-3} 1 3.239×10^{-4}	ft·lbf/s 7.376×10^{2} 7.233×10^{-3} 3.087×10^{3} 1
5. 속 도	m/s 1 2.778×10^{-1} 1×10^{-2} 4.470×10^{-1}	km/h 3.6 1 3.6×10^{-2} 1.609	kine(=mm/s) 1×10^{2} 2.778×10 1 4.470×10	mile/h 2.237 6.214×10^{-1} 2.237×10^{-2} 1
6. 각 속 도	rad/s 1 1.745×10^{-2} 1.047×10^{-1}	o/s 5.730×10 1 6	rpm 9.549 1.677×10^{-1} 1	
7. 가 속 도	m/s^2 1 1×10^{-2}	$gal(=mm/s^2)$ 1×10^{2} 1		
8. 길 이	m 1 2.54×10^{-2} 3.048×10^{-1}	in 3.37×10 1 12	ft 3.281 8.333×10^{3} 1	
9. 질 량	kg 1 1.01605×10^{3} 4.5359×10^{-1}	ton(영) 9.842×10^{-4} 1 4.464×10^{-4}	1b 2.20462 2.240×10^{3} 1	
10. 밀 도	kg/㎥ 1 1×10^{3} 2.76680×10^{4} 1.602×10	g/㎤ 1×10^{-3} 1 2.7680×10 1.602×10^{-2}	$1b/in^3$ 3.613×10^{-5} 3.613×10^{-2} 1 5.787×10^{-4}	lb/ft^3 6.243×10^{-2} 6.243×10 1.728×10^{3} 1

4. 수학적 표현

4.1 삼각함수 공식

삼각함수간의 관계는 단위 원과 육각형을 그리는 것으로 대략 얻어진다.

(1) 단위 원 : (r = 1)

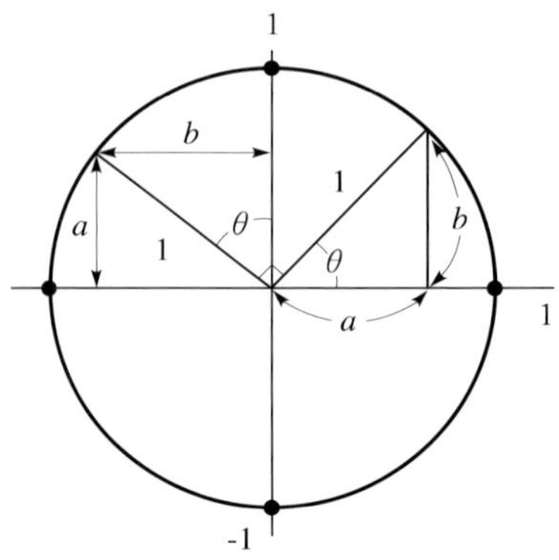

[예]

$\sin\theta = \frac{b}{r}$, $\sin(-\theta) = -\sin\theta = -\mathrm{b}$

$\cos\theta = \frac{a}{r}$, $\cos(-\theta) = \cos\theta = \mathrm{a}$

$\tan\theta = \frac{b}{a}$, $\sin(\theta)$l $\cos\theta$(삼각함수의 육각형 참조)

$\sin(\theta + \pi/2) = \sin(\theta + 90°) = \mathrm{a} = \cos\theta$

(2) 삼각함수의 육각형

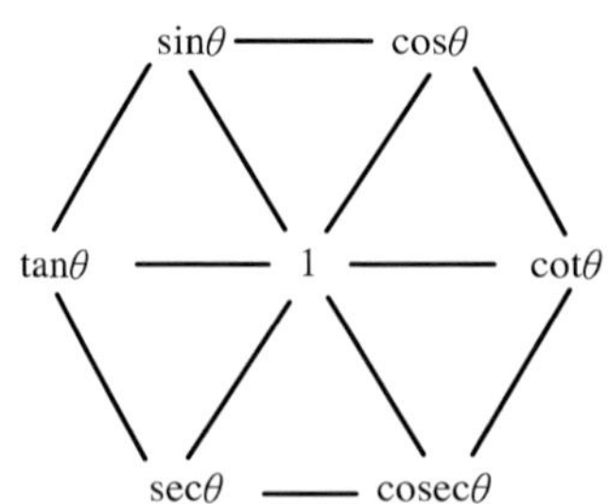

[시계바늘방향의 예]

$$\frac{\cos\theta}{\sin\theta} \rightarrow \cot\theta, \quad \frac{\cot\theta}{\cos\theta} \rightarrow \mathrm{cosec}\theta (= \frac{1}{\sin\theta})$$

[반시계바늘방향의 예]

$$\frac{\sin\theta}{\cos\theta} \rightarrow \tan\theta, \quad \frac{\tan\theta}{\sin\theta} \rightarrow \sec\theta (= \frac{1}{\cos\theta})$$

[대각선의 예]

$$\frac{1}{\sin\theta} = \mathrm{cosec}\theta, \quad \frac{1}{\mathrm{cosec}\theta} = \sin\theta, \quad \frac{1}{\cos\theta} = \sec\theta, \quad \frac{1}{\tan\theta} = \cot\theta$$

[2승의 관계(육각형중 역삼각형부분을 사용한다.)]

$$\sin 2\theta + \cos 2\theta = 1, \quad \tan 2\theta + 1 = \sec 2\theta, \quad 1 + \cot 2\theta = \mathrm{cosec} 2\theta$$

(3) 기 타

$$\sin(x \pm y) = \sin x cosy \pm \sin y$$

$$\cos(x \pm y) = \cos x cosy \mp \sin x siny$$

4.2 미분(Derivatives)

$$\frac{d}{dx}(\mathrm{u}^{\mathrm{n}}) = \mathrm{un}^{\mathrm{n}-1}\frac{du}{dx} \qquad \frac{d}{dx}(\sin u) = \cos u \frac{du}{dx} \qquad \frac{d}{dx}\cot u = -\mathrm{csc2u}$$

$$\frac{d}{dx}(\mathrm{uv}) = \mathrm{u}\frac{dv}{dx} + \mathrm{u}\frac{du}{dx}\,\frac{d}{dx}(\cos u) = -\sin u \frac{du}{dx}$$

$$\frac{d}{dx}(\sec u) = \tan u \sec u - \sin u \frac{du}{dx}$$

$$\frac{d}{dx}\left(\frac{u}{v}\right) = \frac{v\frac{du}{dx} - u\frac{dv}{dx}}{v^2}, \quad \frac{d}{dx}(\cos u) = \sec^2, \quad u\frac{du}{dx}\,\frac{d}{dx}(-\csc u \cot u)\frac{du}{dx}$$

$$\frac{d}{dx}(\sinh u) = \cosh u \frac{du}{dx}, \qquad \frac{d}{dx}(\cosh u) = \sinh u \frac{du}{dx}$$

4.3 적분(Integrals)

$$\int x^n = \frac{x^{n+1}}{n+1} + C, \ \mathrm{n} \neq -1$$

$$\int \frac{dx}{a+bx} = \frac{1}{b} \in (a+bx) + C$$

$$\int \sqrt{a+bx}\, dx = \frac{2}{3b}\sqrt{(a+bx)^3} + C$$

$$\int x^2\sqrt{a+bx}\, dx = \frac{2(8a^2 - 12abx + 15b^2x^2)\sqrt{(a+bx)^3}}{105b^3} + C$$

$$\int \sqrt{a^2 - x^2}\, dx = \frac{1}{2}[x\sqrt{a^2} - x^2 + a^2 \sin^{-1}\frac{x}{a}] + C, a > 0$$

$$\int x\sqrt{a^2 - x^2}\, dx = -\frac{1}{3}\sqrt{(a^2 - x^2)^3} + C$$

$$\int x^2\sqrt{a^2 - x^2}\, dx = -\frac{x}{4}\sqrt{(a^2 - x^2)^3} + \frac{a^2}{8}(x\sqrt{a^2 - x^2} + a^2 \sin^{-1}\frac{x}{a}) + C, a > 0$$

$$\int \sqrt{x^2 \pm a^2}\, dx = \frac{1}{2}[x\sqrt{x^2 + a^2} \pm a^2 \in (x + \sqrt{x^2 \pm a^2})] + C$$

$$\int x\sqrt{x^2 \pm a^2}\, dx = \frac{1}{3}\sqrt{(x^2 \pm a^2)^3} + C$$

$$\int \frac{x\,dx}{\sqrt{x^2 \pm a^2}} = \sqrt{x^2 \pm a^2} + C$$

$$\int \frac{dx}{\sqrt{a+bx+cx^2}} = \frac{1}{\sqrt{c}} \in [\sqrt{a+bx+cx^2} + x\sqrt{c} + \frac{b}{2\sqrt{c}}] + C, c > 0$$

$$= \frac{1}{\sqrt{-C}} sin^{-1}(\frac{-2cx - b}{\sqrt{b^2 - 4ac}}) + C, c < 0$$

$$\int \sin x\, dx = -\cos x + C$$

$$\int \cos x\, dx = \sin x + C$$

$$\int x\cos(ax)dx = \frac{1}{a^2} cos(ax) + \frac{x}{a} sin(ax) + C$$

$$\int x^2 \cos(ax)dx = \frac{2x}{a^2}cos(ax) + \frac{a^2x^2-2}{a^3}sin(ax) + C$$

$$\int e^{ax}dx = \frac{1}{a}e^{ax} + C$$

$$\int \sinh x\,dx = \cosh x + C$$

$$\int \cosh x\,dx = \sinh x + C$$

4.4 역급수 전개식

$$\sin x = x - \frac{x^3}{3!} + \frac{x^5}{5!} - \frac{x^7}{7!} + \cdots$$

$$\cos x = 1 - \frac{x^2}{2!} + \frac{x^4}{4!} + \frac{x^6}{6!} + \cdots$$

$$\sinh x = x + \frac{x^3}{3!} + \frac{x^5}{5!} + \cdots$$

$$\cosh x = 1 + \frac{x^2}{2!} + \frac{x^4}{4!} + \cdots$$

4.5 삼각함수 전도표

sin0°－45

	sin							
	0′	10′	20′	30′	40′	50′	60′	
	0. 000 0	0. 002 9	0. 005 8	0. 008 7	0. 011 6	0. 014 5	0. 017 5	89°
1	017 5	020 4	023 3	026 2	029 1	032 0	034 9	88
2	034 9	037 8	040 7	043 6	046 5	049 4	052 3	87
3	052 3	055 2	058 1	061 0	064 0	066 9	069 8	86
4	069 8	072 7	075 6	078 5	081 4	084 3	087 2	85
5	087 2	090 1	092 9	095 8	098 7	101 6	104 5	84
6	104 5	107 4	110 3	113 2	116 1	119 0	121 9	83
7	121 9	124 8	127 6	130 5	133 4	136 3	139 2	82
8	139 2	142 1	144 9	147 8	150 7	153 6	156 4	81
9	156 4	159 3	162 2	165 0	167 9	170 8	173 6	80
10	173 6	176 5	179 4	182 2	185 1	188 0	190 8	79
11	190 8	193 7	196 5	199 4	202 2	205 1	207 9	78
12	207 9	210 8	213 6	216 4	219 3	222 1	225 0	77
13	225 0	227 8	230 6	233 4	236 3	239 1	241 9	76
14	241 9	244 7	247 6	250 4	253 2	256 0	258 8	75
15	258 8	261 6	264 4	267 2	270 0	272 8	275 6	74
16	275 6	278 4	281 2	284 0	286 8	289 6	292 4	73
17	292 4	295 2	297 9	300 7	303 5	306 2	309 0	72
18	309 0	311 8	314 5	320 1	320 1	322 8	325 6	71
19	325 6	328 3	331 1	336 5	336 5	339 3	342 0	70
20	342 0	344 8	347 5	350 2	352 9	355 7	358 4	69
21	358 4	361 1	363 8	366 5	369 2	371 9	374 6	68
22	374 6	377 3	380 0	382 7	385 4	388 1	390 7	67
23	390 7	393 4	396 1	398 7	401 4	404 1	406 7	66
24	406 7	409 4	412 0	414 7	417 3	420 0	422 6	65
25	422 6	425 3	427 9	430 5	433 1	435 8	438 4	64
26	438 4	441 0	443 6	446 2	448 8	451 4	454 0	63
27	454 0	456 6	459 2	461 7	464 3	466 9	469 5	62
28	469 5	472 0	474 6	477 2	479 7	482 3	484 8	61
29	484 8	487 4	489 9	492 4	495 0	497 5	500 0	60
30	500 0	502 5	505 0	507 5	510 0	512 5	515 0	59
31	515 0	517 5	520 0	522 5	525 0	527 5	529 9	58
32	529 9	532 4	534 8	537 3	539 8	542 2	544 6	57
33	544 6	547 1	549 5	551 9	544 4	566 8	559 2	56
34	559 2	561 6	564 0	566 4	568 8	571 2	573 6	55
35	573 6	576 0	578 3	580 7	583 1	585 4	587 8	54
36	587 8	590 0	592 5	594 8	597 2	599 5	601 8	53
37	601 8	604 1	606 5	608 8	611 1	613 4	615 7	52
38	615 7	618 0	620 2	622 5	624 8	627 1	629 3	51
39	629 3	631 6	633 8	636 1	638 3	640 6	642 8	50
40	642 8	645 0	647 2	651 7	651 7	653 9	656 1	49
41	656 1	658 3	660 4	664 8	664 8	667 0	669 1	48
42	669 1	671 3	673 4	677 7	677 7	679 9	682 0	47
43	682 0	684 1	686 2	690 5	690 5	692 6	694 7	46
44	694 7	696 7	698 8	700 9	703 0	705 0	707 1	45°
	60′	50′	40′	30′	20′	10′	0′	
	cos							

cos45°～90°

sin45°－90°

sin								
	0′	10′	20′	30′	40′	50′	60′	
45°	0. 707 1	0. 709 2	0. 711 2	0. 713 3	0. 7153	0. 717 3	0. 719 3	44°
46	719 3	721 4	723 4	725 4	727 4	729 4	731 4	43
47	731 4	733 3	735 3	737 3	739 2	741 2	743 1	42
48	743 1	745 1	747 0	749 0	750 9	752 8	754 7	41
49	754 7	756 6	758 5	760 4	762 3	764 2	766 0	40
50	766 0	767 9	769 8	771 6	773 5	775 3	777 1	39
51	777 1	779 0	780 8	782 6	784 4	786 2	788 0	38
52	788 0	789 8	791 6	793 4	795 1	796 9	798 6	37
53	798 6	800 4	802 1	803 9	805 6	807 3	809 0	36
54	809 0	810 7	812 4	814 1	815 8	817 5	819 2	35
55	819 2	820 8	822 5	824 1	825 8	827 4	829 0	34
56	829 0	830 7	832 3	833 9	835 5	837 1	838 7	33
57	838 7	840 3	841 8	843 4	845 0	846 5	848 0	32
58	848 0	849 6	851 1	852 6	854 2	855 7	857 2	31
59	857 2	858 7	860 1	861 6	863 1	864 6	866 0	30
60	866 0	867 5	868 9	870 4	871 8	873 2	874 6	29
61	874 6	876 0	877 4	878 8	880 2	881 6	882 9	28
62	882 9	884 3	885 7	887 0	888 4	889 7	891 0	27
63	891 0	892 3	893 6	894 9	896 2	897 5	898 8	26
64	898 8	900 1	901 3	902 6	903 8	905 1	906 3	25
65	906 3	907 5	908 8	910 0	911 2	912 4	913 5	24
66	913 5	914 7	915 9	917 1	918 2	919 4	920 5	23
67	920 5	921 6	922 8	923 9	925 0	926 1	927 2	22
68	927 2	928 3	929 3	930 4	931 5	932 5	933 6	21
69	933 6	934 6	935 6	936 7	937 7	938 7	939 7	20
70	939 7	940 7	941 7	942 6	943 6	944 6	945 5	19
71	945 5	946 5	947 4	948 3	949 2	950 2	951 1	18
72	951 1	952 0	952 8	953 7	954 6	955 5	956 3	17
73	956 3	957 2	958 0	958 8	959 6	960 5	961 3	16
74	961 3	962 1	962 8	963 6	964 4	965 2	965 9	15
75	965 9	966 7	967 4	968 1	968 9	969 6	970 3	14
76	970 3	971 0	971 7	972 4	973 0	973 7	974 4	13
77	974 4	975 0	975 7	976 3	976 9	977 5	978 1	12
78	978 1	978 7	979 3	979 9	980 5	981 1	981 6	11
79	981 6	982 2	982 7	983 3	983 8	984 3	984 8	10
80	984 8	985 3	985 8	986 3	986 8	987 2	987 7	9
81	987 7	988 1	971 7	989 0	989 4	989 9	990 3	8
82	990 3	990 7	975 7	991 4	991 8	992 2	992 5	7
83	992 5	992 9	979 3	993 6	993 9	994 2	994 5	6
84	994 5	994 8	982 7	995 4	995 7	995 9	996 2	5
85	996 2	996 4	996 7	996 9	997 1	997 4	997 6	4
86	997 6	997 8	998 0	998 1	998 3	998 5	998 6	3
87	998 6	998 8	998 9	999 0	999 2	999 3	999 4	2
88	999 4	999 5	999 6	999 7	999 7	999 8	999 8	1
89°	999 8	999 9	999 9	1. 000 0	1. 000 0	1. 000 0	1. 000 0	0°
	60′	50′	40′	30′	20′	10′	0′	
	cos							

$\cos 0° \sim 45°$

tan0° − 45°

	tan							
	0′	10′	20′	30′	40′	50′	60′	
0°	0. 000 0	0. 0029	0. 005 8	0. 0087	0. 011 6	0. 014 5	0. 017 5	89°
1	017 5	020 4	023 3	026 2	029 1	032 0	034 9	88
2	034 9	037 8	040 7	043 7	046 6	049 5	052 4	87
3	052 4	055 3	058 2	061 2	064 1	067 0	069 9	86
4	069 9	072 9	075 8	078 7	081 6	084 6	087 5	85
5	087 5	090 4	093 4	096 3	099 2	102 2	105 1	84
6	105 1	108 0	111 0	113 9	116 9	119 8	122 8	83
7	122 8	125 7	128 7	131 7	134 6	137 6	140 5	82
8	140 5	143 5	146 5	149 5	152 4	155 4	158 4	81
9	158 4	161 4	164 4	167 3	170 3	173 3	176 3	80
10	176 3	179 3	182 3	185 3	188 3	191 4	194 4	79
11	194 4	197 4	200 4	203 5	206 5	209 5	212 6	78
12	212 6	215 6	218 6	221 7	224 7	227 8	230 9	77
13	230 9	233 9	237 0	240 1	243 2	246 2	249 3	76
14	249 3	252 4	255 5	258 6	261 7	264 8	267 9	75
15	267 9	271 1	274 2	277 3	280 5	283 6	286 7	74
16	286 7	289 9	293 1	296 2	299 4	302 6	305 7	73
17	305 7	308 9	312 1	315 3	318 5	321 7	324 9	72
18	324 9	328 1	331 4	334 6	337 8	341 1	344 3	71
19	344 3	347 6	350 8	354 1	357 4	360 7	364 0	70
20	364 0	367 3	370 6	373 9	377 2	380 5	383 9	69
21	383 9	387 2	390 6	393 9	397 3	400 6	404 0	68
22	404 0	407 4	410 8	414 2	417 6	421 0	424 5	67
23	424 5	427 9	431 4	434 8	433 3	441 7	445 2	66
24	445 2	448 7	452 2	455 7	459 2	462 8	466 3	65
25	466 3	469 0	473 4	477 0	480 6	484 1	487 7	64
26	487 7	491 3	495 0	498 6	502 2	505 9	509 5	63
27	509 5	513 2	516 9	520 6	524 3	528 0	531 7	62
28	531 7	535 4	539 2	543 0	546 7	550 5	554 3	61
29	554 3	558 1	561 9	565 8	569 6	573 5	577 4	60
30	577 4	581 2	585 1	589 0	593 0	596 9	600 9	59
31	600 9	604 8	608 8	612 8	616 8	620 8	624 9	58
32	624 9	628 9	633 0	637 1	641 2	645 3	649 4	57
33	649 4	653 6	657 7	661 9	666 1	670 3	674 5	56
34	674 5	678 7	683 0	687 3	691 6	695 9	700 2	55
35	700 2	704 6	708 9	713 3	717 7	822 1	726 5	54
36	726 5	731 0	735 5	740 0	744 5	749 0	753 6	53
37	753 6	758 1	762 7	767 3	772 0	775 6	781 3	52
38	781 3	786 0	790 7	795 4	800 2	805 0	809 8	51
39	809 8	814 6	819 5	824 3	829 2	824 2	839 1	50
40	839 1	844 1	849 1	854 1	859 1	864 2	869 3	49
41	869 3	874 4	879 6	884 7	889 9	895 2	900 4	48
42	900 4	905 7	911 0	916 3	921 7	927 1	932 5	47
43	932 5	938 0	943 5	949 0	954 5	960 1	965 7	46
44	965 7	971 3	977 0	982 7	988 4	994 2	1. 000 0	45°
	60′	50′	40′	30′	20′	10′	0′	
	cot							

cot45° ∼ 90°

tan45° − 90°

	tan							
	0′	10′	20′	30′	40′	50′	60′	
0°	0. 000 0	0. 0029	0. 005 8	0. 0087	0. 011 6	0. 014 5	0. 017 5	89°
1	017 5	020 4	023 3	026 2	029 1	032 0	034 9	88
2	034 9	037 8	040 7	043 7	046 6	049 5	052 4	87
3	052 4	055 3	058 2	061 2	064 1	067 0	069 9	86
4	069 9	072 9	075 8	078 7	081 6	084 6	087 5	85
5	087 5	090 4	093 4	096 3	099 2	102 2	105 1	84
6	105 1	108 0	111 0	113 9	116 9	119 8	122 8	83
7	122 8	125 7	128 7	131 7	134 6	137 6	140 5	82
8	140 5	143 5	146 5	149 5	152 4	155 4	158 4	81
9	158 4	161 4	164 4	167 3	170 3	173 3	176 3	80
10	176 3	179 3	182 3	185 3	188 3	191 4	194 4	79
11	194 4	197 4	200 4	203 5	206 5	209 5	212 6	78
12	212 6	215 6	218 6	221 7	224 7	227 8	230 9	77
13	230 9	233 9	237 0	240 1	243 2	246 2	249 3	76
14	249 3	252 4	255 5	258 6	261 7	264 8	267 9	75
15	267 9	271 1	274 2	277 3	280 5	283 6	286 7	74
16	286 7	289 9	293 1	296 2	299 4	302 6	305 7	73
17	305 7	308 9	312 1	315 3	318 5	321 7	324 9	72
18	324 9	328 1	331 4	334 6	337 8	341 1	344 3	71
19	344 3	347 6	350 8	354 1	357 4	360 7	364 0	70
20	364 0	367 3	370 6	373 9	377 2	380 5	383 9	69
21	383 9	387 2	390 6	393 9	397 3	400 6	404 0	68
22	404 0	407 4	410 8	414 2	417 6	421 0	424 5	67
23	424 5	427 9	431 4	434 8	433 3	441 7	445 2	66
24	445 2	448 7	452 2	455 7	459 2	462 8	466 3	65
25	466 3	469 0	473 4	477 0	480 6	484 1	487 7	64
26	487 7	491 3	495 0	498 6	502 2	505 9	509 5	63
27	509 5	513 2	516 9	520 6	524 3	528 0	531 7	62
28	531 7	535 4	539 2	543 0	546 7	550 5	554 3	61
29	554 3	558 1	561 9	565 8	569 6	573 5	577 4	60
30	577 4	581 2	585 1	589 0	593 0	596 9	600 9	59
31	600 9	604 8	608 8	612 8	616 8	620 8	624 9	58
32	624 9	628 9	633 0	637 1	641 2	645 3	649 4	57
33	649 4	653 6	657 7	661 9	666 1	670 3	674 5	56
34	674 5	678 7	683 0	687 3	691 6	695 9	700 2	55
35	700 2	704 6	708 9	713 3	717 7	822 1	726 5	54
36	726 5	731 0	735 5	740 0	744 5	749 0	753 6	53
37	753 6	758 1	762 7	767 3	772 0	775 6	781 3	52
38	781 3	786 0	790 7	795 4	800 2	805 0	809 8	51
39	809 8	814 6	819 5	824 3	829 2	824 2	839 1	50
40	839 1	844 1	849 1	854 1	859 1	864 2	869 3	49
41	869 3	874 4	879 6	884 7	889 9	895 2	900 4	48
42	900 4	905 7	911 0	916 3	921 7	927 1	932 5	47
43	932 5	938 0	943 5	949 0	954 5	960 1	965 7	46
44	965 7	971 3	977 0	982 7	988 4	994 2	1. 000 0	45°
	60′	50′	40′	30′	20′	10′	0′	
	cot							

cot0° ~ 45°

tan45° − 90°

	tan							
	0′	10′	20′	30′	40′	50′	60′	
45°	1. 000 0	1. 005 8	1. 0117	1. 017 6	1. 023 5	1. 029 5	1. 035 5	44°
46	035 5	041 6	047 7	053 8	059 9	066 1	072 4	43
47	072 4	078 6	085 0	091 3	097 7	104 1	110 6	42
48	110 6	117 1	123 7	130 3	136 9	143 6	150 4	41
49	150 4	157 1	164 0	170 8	177 8	184 7	191 8	40
50	191 8	198 8	205 9	213 1	220 3	227 6	234 9	39
51	234 9	242 3	249 7	257 2	264 7	272 3	279 9	38
52	279 9	287 6	295 4	303 2	311 1	319 0	327 0	37
53	327 0	335 1	343 2	351 4	359 7	368 0	376 4	36
54	376 4	384 8	393 4	401 9	410 6	419 3	428 1	35
55	428 1	437 0	446 0	455 0	464 1	473 3	482 6	34
56	482 6	491 9	501 3	510 8	520 4	530 1	539 9	33
57	539 9	549 7	559 7	569 7	579 8	590 0	600 3	32
58	600 3	610 7	621 2	642 6	642 6	653 4	664 3	31
59	664 3	675 3	686 4	697 7	709 0	720 5	732 1	30
60	732 1	743 7	755 6	767 5	779 6	791 7	804 0	29
61	804 0	816 5	829 1	841 8	854 6	867 6	880 7	28
62	880 7	894 0	907 4	921 0	934 7	948 6	962 6	27
63	862 6	976 8	991 2	2. 0057	2. 020 4	2. 035 3	2. 050 3	26
64	2. 050 3	2. 065 5	2. 080 9	096 5	112 3	128 3	144 5	25
65	144 5	160 9	177 5	194 3	211 3	228 6	246 0	24
66	246 0	263 7	281 7	299 8	318 3	336 9	355 9	23
67	355 9	375 0	394 5	414 2	434 2	454 5	475 0	22
68	475 1	496 0	517 2	538 6	560 5	581 6	605 1	21
69	605 1	627 9	651 1	674 6	698 5	722 8	747 5	20
70	747 5	772 5	798 0	823 9	850 2	877 0	904 2	19
71	904 2	931 9	960 0	988 7	3. 017 8	3. 047 5	3. 077 7	18
72	3. 077 7	3. 108 4	3. 139 7	3. 171 6	204 1	237 1	270 9	17
73	270 9	305 2	340 2	375 9	412 4	450 0	487 4	16
74	487 4	526 1	565 6	605 9	647 0	689 1	732 1	15
75	732 1	776 0	820 8	866 7	913 6	961 7	4. 010 8	14
76	4. 010 8	4. 061 1	4. 112 6	4. 165 3	4. 219 3	4. 274 7	331 5	13
77	331 5	389 7	449 4	510 7	573 6	638 2	704 6	12
78	704 6	772 9	843 0	915 2	989 4	5. 065 8	5. 144 6	11
79	5. 144 6	5. 225 7	5 309 3	5. 395 5	5. 484 5	576 4	671 3	10
80	671 3	769 4	870 8	975 8	6. 084 4	6. 197 0	6. 313 8	9
81	6. 313 8	6. 434 8	6 560 8	6. 691 2	826 9	968 2	7. 155 4	8
82	7. 155 4	7. 268 7	7. 428 7	7. 595 8	7. 770 4	7. 953 0	8. 144 3	7
83	8. 144 3	8. 345 0	8. 555 5	8. 776 9	9. 009 8	9. 255 3	9. 514 4	6
84	9. 514 4	9. 788 2	10. 078 0	10. 385 4	10. 7119	11. 059 4	11. 430 1	5
85	11. 430 1	11. 826 2	12. 250 5	12. 706 2	13. 196 9	13. 726 7	14. 300 7	4
86	14. 300 7	14. 924 4	15. 604 8	16. 349 9	17. 169 3	18. 075 0	19. 081 1	3
87	19. 088 1	20. 205 6	21. 470 4	22. 903 8	24. 541 8	26. 431 6	28. 636 3	2
88	28. 636 3	31.241 6	34. 367 8	38. 188 5	2. 964 1	49. 103 9	57. 290 0	1
89°	57. 290 0	68. 750 1	85. 939 8	114. 588 7	171. 885 4	343. 7737	∝	0°
	60′	50′	40′	30′	20′	10′	0′	
	cot							

cot0° ∼ 45°

4.6 선 및 면적 요소들의 기하학적 특징

도심 위치	도심 위치	면적 관성 모멘트
$L = 2\theta r$, $\frac{r\sin\theta}{\theta}$ 부채꼴원호	$A = \theta r^2$, $\frac{2}{3}\frac{r\sin\theta}{\theta}$ 부채꼴면적	$I_x = \frac{1}{4}r^4(\theta - \frac{1}{2}sin2\theta)$ $I_y = \frac{1}{4}r^4(\theta + \frac{1}{2}sin2\theta)$
$L = \frac{\pi}{2}\gamma$, $L = \pi\gamma$, $\frac{2\gamma}{\pi}$ 4분 및 2분 원호	$A = \frac{4\gamma^2}{4}$, $\frac{4\gamma}{3\pi}$, $\frac{4\gamma}{3\pi}$ 4분원 면적	$I_x = \frac{1}{16}\pi r^4$ $I_y = \frac{1}{16}\pi r^4$
$A = \frac{1}{2}h(a+b)$, $\frac{1}{3}\left(\frac{2a+b}{a+b}\right)h$ 사다리꼴 면적	$A = \frac{\pi\gamma^2}{2}$, $\frac{4\gamma}{3\pi}$ 반원 면적	$I_x = \frac{1}{8}\pi r^4$ $I_y = \frac{1}{8}\pi r^4$
$A = \frac{2}{3}ab$, $\frac{2}{5}a$, $\frac{3}{8}b$ 반 포물면적	$A = \pi r^2$ 원 면적	$I_x = \frac{1}{4}\pi r^4$ $I_y = \frac{1}{4}\pi r^4$
$A = \frac{ab}{3}$, $\frac{3}{4}a$, $\frac{3}{10}b$ 포물선 외부 면적	$A = bh$ 직사각형 면적	$I_x = \frac{1}{12}bh^3$ $I_y = \frac{1}{12}hb^3$
$A = \frac{4}{3}ab$, $\frac{2}{5}a$ 포물선 내부 면적	$A = \frac{1}{2}bh$, $\frac{1}{3}h$ 삼각형 면적	$I_x = \frac{1}{36}bh^3$

4.7 동질 실체의 중심중력과 질량관성 모멘트

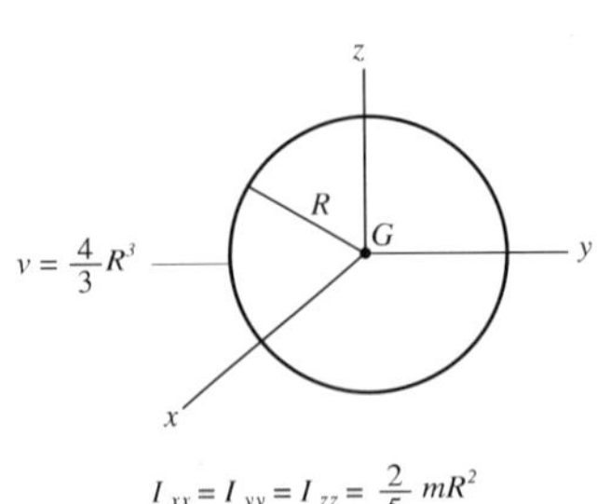

$I_{xx} = I_{yy} = I_{zz} = \frac{2}{5} mR^2$

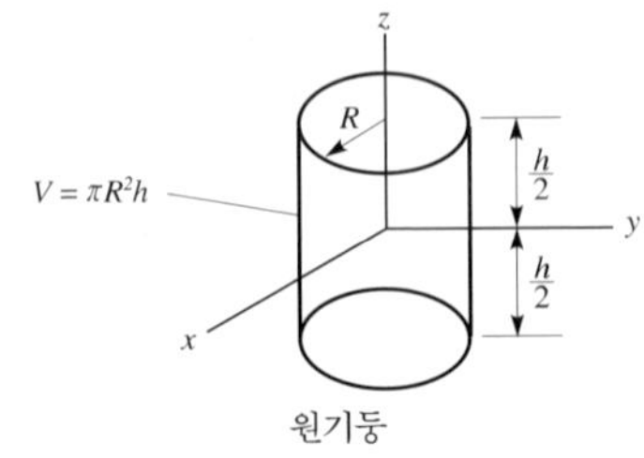

원기둥

$I_{xx} = I_{yy} = I_{zz} = \frac{1}{12} mR(3R^2 + h^2)$ $\quad I_{zz} = \frac{1}{2} mR^2$

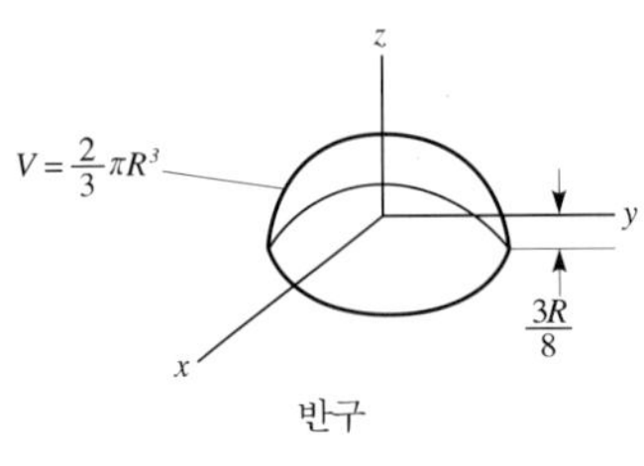

반구

$I_{xx} = I_{yy} = 0.259mR^2$ $\quad I_{xx} = \frac{2}{5} mR^2$

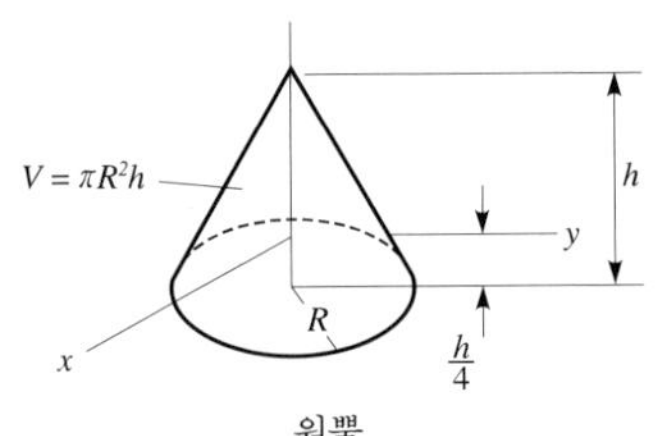

원뿔

$I_{xx} = I_{yy} = \frac{3}{80} m(4R^2 + h^2)$ $\quad I_{xx} = \frac{3}{10} mR^2$

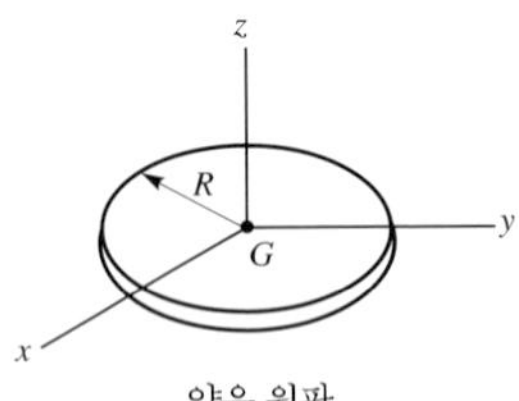

얇은 원판

$I_{xx} = I_{yy} = \frac{1}{4} mR^2$ $\quad I_{xx} = \frac{1}{2} mR^2$

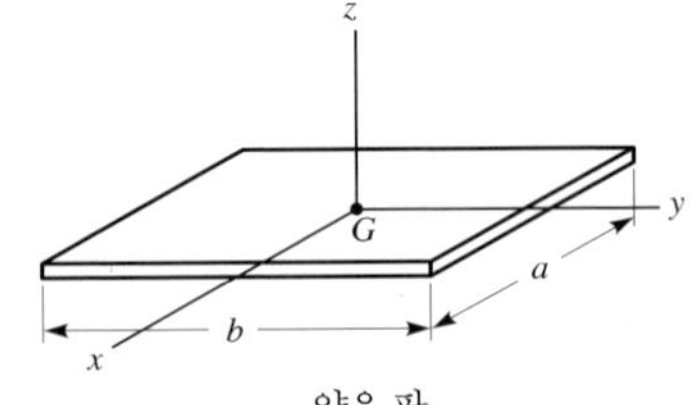

얇은 판

$I_{xx} = \frac{1}{12} mb^2$ $\quad I_{yy} = \frac{1}{12} ma^2$ $\quad I_{zz} = \frac{1}{12} m(a^2 + b^2)$

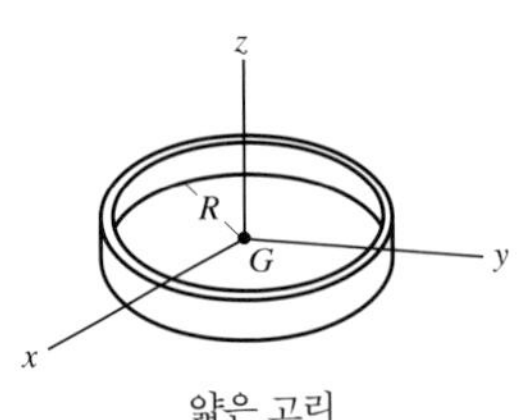

얇은 고리

$I_{xx} = I_{yy} = \frac{1}{2} mR^2$ $\quad I_{xx} = mR^2$

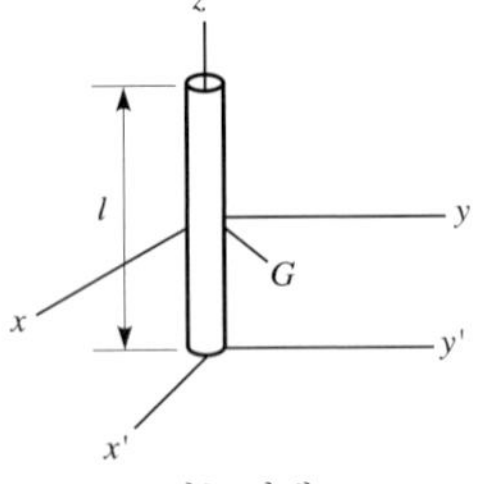

가는 막대

$I_{xx} = I_{yy} = \frac{1}{12} ml^2$ $\quad I_{xx} = I_{yy} = \frac{1}{3} ml^2$ $\quad I_{zz} = 0$

5. 단면의 제계수

단 면	면적 F	연단에 이르는 거리 r	단면 2차 모멘트 I	단면계수 Z	회전반경 i
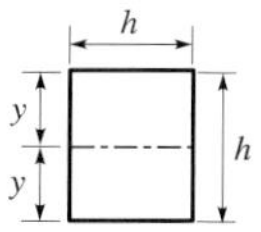	bh	$y=\frac{h}{2}$	$\frac{1}{12}bh^3$	$\frac{1}{6}bh^2$	$\frac{h}{\sqrt{12}}=0.289h$
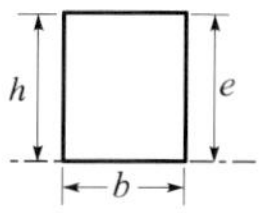	bh	$y=h$	$\frac{1}{3}bh^3$	$\frac{1}{3}bh^2$	$\frac{h}{\sqrt{3}}=0.577h$
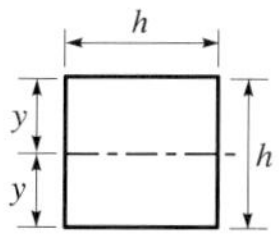	h^2	$y=\frac{h}{2}$	$\frac{1}{12}h^4$	$\frac{1}{6}h^3$	$\frac{h}{\sqrt{12}}=0.289h$
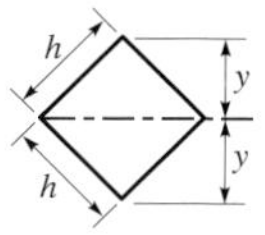	h^2	$y=\frac{h}{\sqrt{2}}=0.707h$	$\frac{1}{12}h^4$	$\frac{1}{6\sqrt{2}}h^3=0.113h^2$	$\frac{h}{\sqrt{12}}=0.289h$
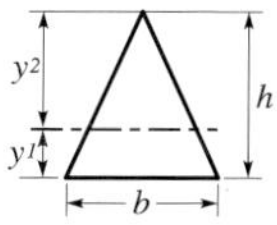	$\frac{bh}{2}$	$y_1=\frac{1}{3}h$ $y_2=\frac{2}{3}h$	$\frac{1}{36}bh^3$	$z_1=\frac{1}{12}bh^2$ $z_2=\frac{1}{24}bh^2$	$\frac{h}{\sqrt{18}}=0.236h$
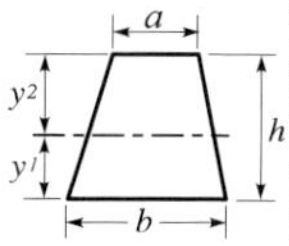	$\frac{(a+b)h}{2}$	$y_1=\frac{(2a+b)h}{(a+b)3}$ $y_2=\frac{a+2bh}{a+b3}$	$\frac{(a^2+4ab+b^2)}{36(a+b)}h^3$	$z_1=\frac{(a^2+4ab+b^2)h^2}{12(2a+b)}$ $z_2=\frac{(a^2+4ab+b^2)}{12(a+2b)}h^2$	$\frac{h\sqrt{2(a^2+4ab+b^2)}}{6(a+b)}$
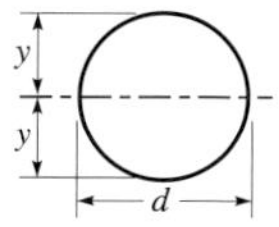	$\frac{\pi}{4}d^2=0.785d^2$	$y=\frac{d}{2}$	$\frac{\pi d^4}{64}$	$\frac{\pi}{32}d^3=0.098d^2$	$\frac{d}{4}$
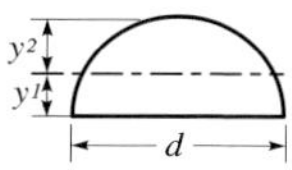	$\frac{\pi}{8}d^2=0.393d^2$	$y_1=\frac{2}{3\pi}d$ $=0.212d$ $y_2=\frac{3\pi-4}{6\pi}d$ $=0.288d$	$\frac{9\pi^2-64}{1152\pi}d^4$ $=0.007d^4$	$z_1=\frac{9\pi^2-64}{768}d^2$ $=0.033d^2$ $z_2=\frac{9\pi^2-64}{192(3\pi-4)}d^2$ $=0.024d^2$	$\frac{\sqrt{9\pi^2-64}}{12\pi}d$ $=0.132d$

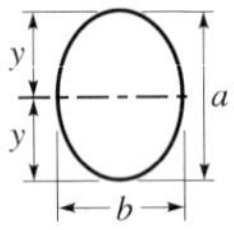	$\frac{\pi ab}{4}$ $= 0.785ab$	$\frac{a}{2}$	$\frac{\pi}{64}a^2b = 0.049a^2b$	$\frac{\pi}{32}a^2b = 0.098a^2b$	$\frac{a}{4}$
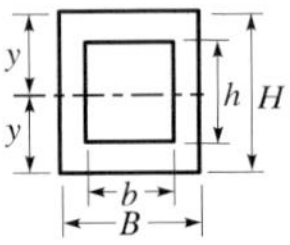	$BH - bh$	$\frac{H}{2}$	$\frac{BH^3 - bh^3}{12}$	$\frac{BH^3 - bh^3}{6H}$	$\sqrt{\frac{BH^2 - bh^3}{12(BH - bh)}}$
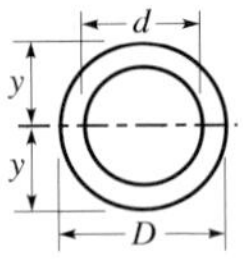	$\frac{\pi}{4}(D^2 - d^2)$	$\frac{D}{2}$	$\frac{\pi}{64}(D^4 - d^4)$	$\frac{\pi}{32}\frac{D^4 - d^4}{D}$	$\sqrt{\frac{D^2 + d^2}{4}}$
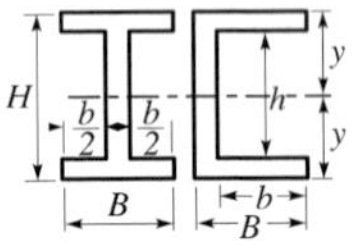	$BH - bh$	$\frac{H}{2}$	$\frac{BH^3 - bh^3}{12}$	$\frac{BH^3 - bh^3}{6H}$	$\sqrt{\frac{BH^3 - bh^3}{12(BH - bh)}}$
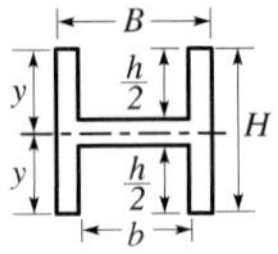	$(B-b)H + b(H-h)$	$\frac{H}{2}$	$\frac{(B-b)H^2 + b(H-h)^3}{12}$	$\frac{(B-b)H^3 + b(H-h)^3}{6H}$	$\sqrt{\frac{(B-b)H^2 + b(H-h)^3}{12[(B-b)H + b(H-h)]}}$
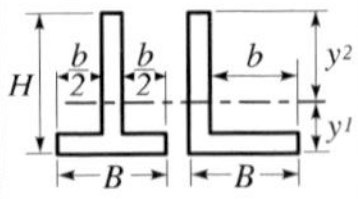	$(B-b)h + B(H-h)$	$y_1 = [(B-b)H^2 + b(H-h)^2] + (2[(B-b)H + b(H-h)])$ $y_2 = H - y_1$	$\frac{1}{3}(By_1^3 - b[y_1 - (H-h)] + (B-b)(H-y_1)^3$	$z_1 = \frac{I}{y_1}$ $z_2 = \frac{I}{y_2}$	$\sqrt{\frac{I}{F}}$

6. 고정단 모멘트의 하중항

6.1 일반하중

하 중 상 태		C_{AB}	C_{BA}	H_{Ab}	H_{BA}
1	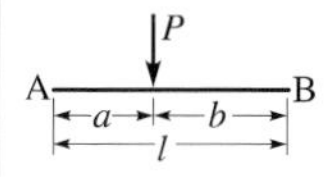	$-\frac{Pab^2}{l^2}$	$+\frac{Pa^2b}{l^2}$	$-\frac{Pab}{2l^2}(l+b)$	$+\frac{Pab}{2l^2}(l+a)$
2	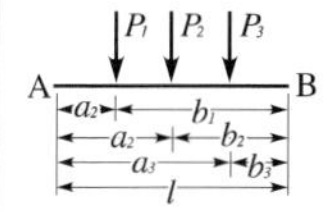	$-\frac{1}{l^2}\Sigma Pab^2$	$+\frac{1}{l^2}\Sigma Pa^2b$	$-\frac{1}{2l^2}\Sigma Pab(1+b)$	$+\frac{1}{2l^2}\Sigma Pab(1+a)$
3	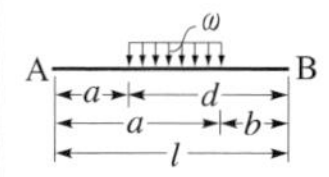	$-\frac{w}{12l^2}(d^3(4l-3d)$ $-b^3(4l-3b))$	$+\frac{w}{12l^2}(a^3(4l-3a)$ $-c^3(4l-3c))$	$-\frac{w}{8l^2}(d^2-b^2)$ $\times(2l^2-b^2-a^2)$	$+\frac{w}{8l^2}(a^2-c^2)$ $\times(2l^2-a^2-c^2)$
4	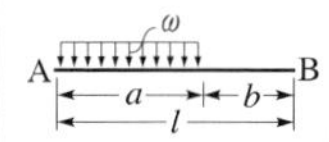	$-\frac{wa^2}{12l^2}$ $(6l^2-8al+3a^2)$	$\frac{wa^3}{12l^2}(4l-3a)$	$-\frac{wa^2}{8l^2}(2l-a)^2$	$\frac{wa^2}{8l^2}(2l^2-a^2)$
5	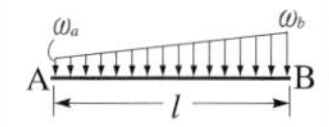	$-\frac{l^2}{60}(3w_z+2w_b)$	$\frac{l^2}{60}(2w_a+3w_b)$	$-\frac{l^2}{120}(8w_z+7w_b)$	$\frac{l^2}{120}(7w_a+8w_b)$
6	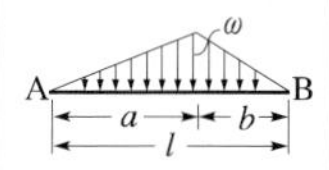	$-\frac{w}{60}[2a^2+\frac{3b}{l}$ $(2l^2-b^2)$	$\frac{w}{60}[2b^2+\frac{3a}{l}$ $(2l^3-a^2)$	$-\frac{w(1+b)}{120l}$ $\times(7l^2-3b^2)$	$\frac{w(1+a)}{120l}$ $\times(7l^2-3a^2)$
7	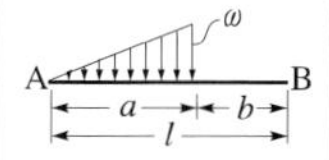	$-\frac{wa^2}{30l^2}$ $(10l^2-15al+6a^2)$	$\frac{wa^3}{20l^2}(5l-4a)$	$-\frac{wa^2}{120l^2}$ $(40l^2-45al=12a^2)$	$\frac{wa^2}{30l^2}$ $\times 5l^2-3a^2)$
8	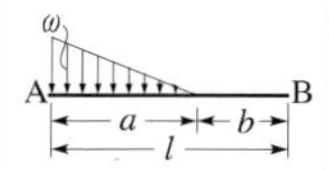	$-\frac{wa^2}{60l^2}\times(10l^2-$ $10al+3a^2)$	$\frac{wa^3}{60l^2}(5l-3a)$	$-\frac{wa^2}{120l^2}$ $(20l^2-15al+3a^2)$	$\frac{wa^2}{120l^2}$ $\times(10l^2-3a^2)$
9	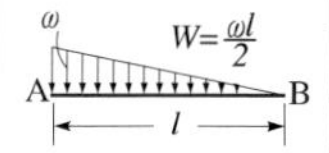	$-\frac{wl^2}{20}$	$+\frac{wl^2}{30}$	$-\frac{wl^2}{15}$	$+\frac{7wl^2}{120}$
10	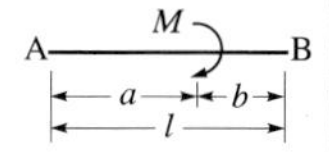	$+\frac{Mb}{l^2}(3a-l)$	$+\frac{Ma}{l^2}(3b-1)$	$+\frac{M}{2l^2}$ $(3ab+(a-2b)l$	$+\frac{M}{2l^2}$ $(3ab+(b-2A)l$
11	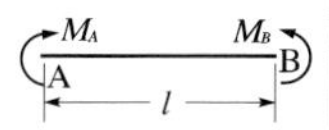	$-M_A$	M_n	$-(M_A+\frac{M_B}{2})$	$M_N+\frac{M_A}{2}$

6.2 대칭하중

M_0 : 단순보인 경우의 중앙모멘트

하 중 상 태		C	H	M_0
12	A, B, P, $\frac{1}{2}$, $\frac{1}{2}$, l	$\frac{1}{8}Pl$	$\frac{3}{16}Pl$	$2C$
13	A, B, P, P, l	$\frac{Pa}{l}(1-a)$	$\frac{3Pa}{2l}(1-a)$	$\frac{1}{1-a}C$
14	A, B, P, P, $\frac{1}{3}$, $\frac{1}{3}$, $\frac{1}{3}$, l	$\frac{2}{3}Pl$	$\frac{1}{3}Pl$	$\frac{3}{2}C$
15	A, B, P, P, P, $\frac{1}{4}$, $\frac{1}{4}$, $\frac{1}{4}$, $\frac{1}{4}$, l	$\frac{5}{16}Pl$	$\frac{15}{32}Pl$	$\frac{8}{5}C$
16	A, B, w, l	$\frac{1}{12}wl^2$	$\frac{1}{8}wl^2$	$\frac{3}{2}C$
17	A, B, w, w, a, a, l	$\frac{wa^2}{6l}(3l-2a)$	$\frac{wa^2}{4l}(3l-2a)$	$\frac{3l}{3l-2a}C$
18	A, B, w, a, a, l	$\frac{w(l-2a)}{12l}$ $\times(l^2+2al-2a^2)$	$\frac{w(1-2a)}{8l}$ $\times(l^2+2al-2a^2)$	$\frac{3l(1+2a)}{2(l^2+2al-2a^2)}C$
19	$\frac{1}{2}$, $\frac{1}{2}$, l	$\frac{5}{96}wl^2$	$\frac{5}{64}wl^2$	$\frac{8}{5}C$
20	A, B, w, a, a, l	$\frac{w}{12l}(l^3-2a^2l+a^3)$	$\frac{w}{8l}(l^3-2a^2+a^3)$	$\frac{l(3l^2-4a^2)}{2(l^3-2a^2+a^3)}C$
21	A, B, M, M, a, b, a, l	$\frac{Mb}{l}$	$\frac{3Mb}{2l}$	$\frac{1}{b}C$
22	A, B, w, $\frac{1}{2}$, $\frac{1}{2}$	$\frac{17}{384}wl^2$	$\frac{17}{256}wl^2$	$\frac{1}{16}wl^2$
23	A, B, w, $\frac{1}{3}$, $\frac{1}{3}$, $\frac{1}{3}$	$\frac{37}{864}wl^2$	$\frac{37}{576}wl^2$	$\frac{7}{108}wl^2$
24	A, B, w, $\frac{1}{4}$, $\frac{1}{4}$, $\frac{1}{4}$, $\frac{1}{4}$	$\frac{65}{1536}wl^2$	$\frac{65}{1024}wl^2$	$\frac{1}{10}wl^2$

7. 부재 일람표

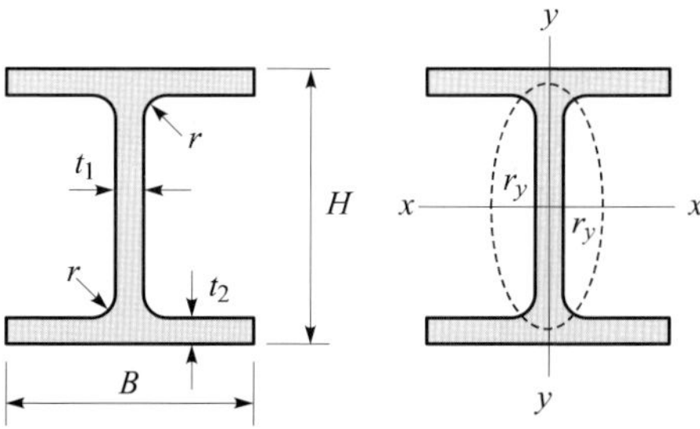

부 표 1.1 H형강의 표준치수와 단면성능

치수(mm)					단면적 (mm^2)	단위중량 (N/mm)	단면2차모멘트 (mm^4)		단면2차반경 (mm)		단면계수 (mm^3)	
공칭치수	$H \times B$	t_1	t_2	r			I_x	I_y	r_x	r_y	S_x	S_y
100×50	100×50	5	7	8	1.1850×10^{3}	9.11×10^{-2}	1.80×10^{6}	1.48×10^{5}	3.96×10^{1}	1.12×10^{1}	3.75×10^{4}	5.41×10^{3}
100×100	100×100	6	8	10	2.1900×10^{3}	1.69×10^{-1}	3.83×10^{6}	1.34×10^{6}	4.18×10^{1}	2.47×10^{1}	7.65×10^{4}	2.67×10^{4}
125×60	125×60	6	8	9	1.6840×10^{3}	1.29×10^{-1}	4.13×10^{5}	2.42×10^{5}	4.95×10^{1}	1.32×10^{1}	6.61×10^{4}	9.73×10^{3}
125×125	125×125	6.5	9	10	3.0310×10^{3}	2.33×10^{-1}	8.47×10^{6}	2.93×10^{6}	5.29×10^{1}	3.11×10^{1}	1.36×10^{5}	4.70×10^{4}
150×75	150×75	5	7	8	1.7850×10^{3}	1.37×10^{-1}	6.66×10^{6}	4.95×10^{5}	6.11×10^{1}	1.66×10^{1}	8.88×10^{4}	1.32×10^{4}
150×100	148×100	6	9	11	2.6840×10^{3}	2.07×10^{-1}	1.02×10^{7}	1.51×10^{6}	6.17×10^{1}	2.37×10^{1}	1.38×10^{5}	3.01×10^{4}
150×150	150×150	7	10	11	4.0140×10^{3}	3.09×10^{-1}	1.64×10^{7}	5.63×10^{6}	6.39×10^{1}	3.75×10^{1}	2.19×10^{5}	7.51×10^{4}
175×90	175×90	5	8	9	2.3040×10^{3}	1.77×10^{-1}	1.21×10^{7}	9.75×10^{5}	7.26×10^{1}	2.06×10^{1}	1.39×10^{5}	2.17×10^{4}
175×175	175×175	7.5	11	12	5.1210×10^{3}	3.94×10^{-1}	2.88×10^{7}	9.84×10^{6}	7.50×10^{1}	4.38×10^{1}	3.30×10^{5}	1.12×10^{5}
200×100	198×99	4.5	7	11	2.3180×10^{3}	1.78×10^{-1}	1.58×10^{7}	1.14×10^{6}	8.26×10^{1}	2.21×10^{1}	1.60×10^{5}	2.30×10^{4}
	200×100	5.5	8	11	2.7160×10^{3}	2.09×10^{-1}	1.84×10^{7}	1.34×10^{6}	8.24×10^{1}	2.22×10^{1}	1.84×10^{5}	2.68×10^{4}
200×150	194×150	6	9	13	3.9010×10^{3}	3.00×10^{-1}	2.69×10^{7}	5.07×10^{6}	8.30×10^{1}	3.61×10^{1}	2.77×10^{5}	6.76×10^{4}
200×200	200×200	8	12	13	6.3530×10^{3}	4.89×10^{-1}	4.72×10^{7}	1.60×10^{7}	8.62×10^{1}	5.02×10^{1}	4.72×10^{5}	1.60×10^{5}
	200×204	12	12	13	7.1530×10^{3}	5.51×10^{-1}	4.98×10^{7}	1.70×10^{7}	8.35×10^{1}	4.88×10^{1}	4.98×10^{5}	1.67×10^{5}
250×125	248×144	5	8	12	3.2680×10^{3}	2.52×10^{-1}	3.54×10^{7}	2.55×10^{6}	1.04×10^{2}	2.79×10^{1}	2.85×10^{5}	4.11×10^{4}
	250×125	6	9	12	3.7660×10^{3}	2.90×10^{-1}	4.05×10^{7}	2.94×10^{6}	1.04×10^{2}	2.79×10^{1}	3.24×10^{5}	4.70×10^{4}
250×175	244×175	7	11	16	5.6240×10^{3}	4.32×10^{-1}	6.12×10^{7}	9.84×10^{6}	1.04×10^{2}	4.18×10^{1}	5.02×10^{5}	1.13×10^{5}
250×250	250×250	9	14	16	9.2180×10^{3}	7.10×10^{-1}	1.08×10^{8}	3.65×10^{7}	1.08×10^{2}	6.29×10^{1}	8.67×10^{5}	2.92×10^{5}
	250×255	14	14	16	1.0470×10^{4}	8.06×10^{-1}	1.15×10^{8}	3.88×10^{7}	1.05×10^{2}	6.09×10^{1}	9.19×10^{5}	3.04×10^{5}
300×150	298×149	5.5	8	13	4.0800×10^{3}	3.14×10^{-1}	6.32×10^{7}	4.42×10^{6}	1.24×10^{2}	3.29×10^{1}	4.24×10^{5}	5.93×10^{4}
	300×150	6.5	9	13	4.6780×10^{3}	3.60×10^{-1}	7.21×10^{7}	5.08×10^{6}	1.24×10^{2}	3.29×10^{1}	4.81×10^{5}	6.77×10^{4}
300×200	294×200	8	12	18	7.2400×10^{3}	5.57×10^{-1}	1.13×10^{8}	1.60×10^{7}	1.25×10^{2}	4.71×10^{1}	7.71×10^{5}	1.60×10^{5}
300×300	294×302	12	12	18	1.0770×10^{4}	8.28×10^{-1}	1.69×10^{8}	5.52×10^{7}	1.25×10^{2}	7.16×10^{1}	1.15×10^{6}	3.65×10^{5}
	300×300	10	15	18	1.1980×10^{4}	9.21×10^{-1}	2.04×10^{8}	6.75×10^{7}	1.31×10^{2}	7.51×10^{1}	1.36×10^{6}	4.50×10^{5}
	300×305	15	16	18	1.3480×10^{4}	1.04×10^{0}	2.15×10^{8}	7.10×10^{7}	1.26×10^{2}	7.26×10^{1}	1.44×10^{6}	4.66×10^{5}
350×175	346×174	6	9	14	5.2680×10^{3}	4.06×10^{-1}	1.11×10^{8}	7.92×10^{6}	1.45×10^{2}	3.88×10^{1}	6.41×10^{5}	9.10×10^{4}
	350×175	7	11	14	6.3140×10^{3}	4.86×10^{-1}	1.36×10^{8}	9.84×10^{6}	1.47×10^{2}	3.95×10^{1}	7.75×10^{5}	1.12×10^{5}
350×250	340×250	9	14	20	1.0150×10^{4}	7.81×10^{-1}	2.17×10^{8}	3.65×10^{7}	1.46×10^{2}	6.00×10^{1}	1.28×10^{6}	2.92×10^{5}

부 표 1.1 H형강의 표준치수와 단면성능 (계속)

치수(mm)					소성단면계수 (mm^3)		뒤틀림 상수 C_w (mm^6)	비틀림 상수 J (mm^4)
공칭치수	$H \times B$	t_1	t_2	r	Z_x	Z_y		
100×50	100×50	5	7	8	4.41×10^4	9.52×10^3	3.20×10^8	1.50×10^4
100×100	100×100	6	8	10	8.76×10^4	4.12×10^4	2.84×10^9	4.02×10^4
125×60	125×60	6	8	9	7.76×10^4	1.57×10^4	9.99×10^8	2.83×10^4
125×125	125×125	6.5	9	10	1.54×10^5	7.19×10^4	9.86×10^9	7.05×10^4
150×75	150×75	5	7	8	1.02×10^5	2.08×10^4	2.53×10^9	2.28×10^4
150×100	148×100	6	9	11	1.57×10^5	4.67×10^4	7.30×10^9	5.80×10^4
150×150	150×150	7	10	11	2.46×10^5	1.15×10^5	2.76×10^{10}	1.15×10^5
175×90	175×90	5	8	9	1.57×10^5	3.37×10^4	6.80×10^9	3.73×10^4
175×175	175×175	7.5	11	12	3.69×10^5	1.71×10^5	6.62×10^{10}	1.77×10^5
200×100	198×99	4.5	7	11	1.80×10^5	3.57×10^4	1.04×10^{10}	2.82×10^4
	200×100	5.5	8	11	2.10×10^5	4.19×10^4	1.23×10^{10}	4.43×10^4
200×150	194×150	6	9	13	3.09×10^5	1.04×10^5	4.34×10^{10}	8.56×10^4
200×200	200×200	8	12	13	5.26×10^5	2.44×10^5	1.41×10^{11}	2.60×10^5
	200×204	12	12	13	5.66×10^5	2.57×10^5	1.50×10^{11}	3.36×10^5
250×125	248×144	5	8	12	3.19×10^5	6.36×10^4	3.67×10^{10}	5.20×10^4
	250×125	6	9	12	3.66×10^5	7.31×10^4	4.27×10^{10}	7.75×10^4
250×175	244×175	7	11	16	5.58×10^5	1.73×10^5	1.34×10^{11}	1.81×10^5
250×250	250×250	9	14	16	9.61×10^5	4.44×10^5	5.08×10^{11}	5.11×10^5
	250×255	14	14	16	1.04×10^6	4.68×10^5	5.40×10^{11}	6.70×10^5
300×150	298×149	5.5	8	13	4.75×10^5	9.18×10^4	9.29×10^{10}	6.65×10^4
	300×150	6.5	9	13	5.42×10^5	1.05×10^5	1.08×10^{11}	9.87×10^4
300×200	294×200	8	12	18	8.59×10^5	2.47×10^5	3.18×10^{11}	2.77×10^5
300×300	294×302	12	12	18	1.28×10^6	5.60×10^5	1.10×10^{12}	5.03×10^5
	300×300	10	15	18	1.50×10^6	6.84×10^5	1.37×10^{12}	7.65×10^5
	300×305	15	16	18	1.61×10^6	7.16×10^5	1.44×10^{12}	7.90×10^5
350×175	346×174	6	9	14	7.16×10^5	1.40×10^5	2.25×10^{11}	1.08×10^5
	350×175	7	11	14	8.68×10^5	1.74×10^5	2.83×10^{11}	1.93×10^5
350×250	340×250	9	14	20	1.41×10^6	4.47×10^5	9.70×10^{11}	5.33×10^5

부 표 1.1 H형강의 표준치수와 단면성능 (계속)

치수(mm)					단면적 (mm^2)	단위중량 (N/mm)	단면2차모멘트 (mm^4)		단면2차반경 (mm)		단면계수 (mm^3)	
공칭치수	$H\times B$	t_1	t_2	r			I_x	I_y	r_x	r_y	S_x	S_y
350×350	344×348	10	16	20	1.4600×10^{4}	1.13×10^{0}	3.33×10^{8}	1.12×10^{8}	1.51×10^{2}	8.78×10^{1}	1.94×10^{6}	6.46×10^{5}
	350×350	12	19	20	1.7390×10^{4}	1.34×10^{0}	4.03×10^{8}	1.36×10^{8}	1.52×10^{2}	8.84×10^{1}	2.30×10^{6}	7.76×10^{5}
400×200	396×199	7	11	16	7.2160×10^{3}	5.55×10^{-1}	2.00×10^{8}	1.45×10^{7}	1.67×10^{2}	4.48×10^{1}	1.01×10^{6}	1.45×10^{5}
	400×200	8	13	16	8.4120×10^{3}	6.47×10^{-1}	2.37×10^{8}	1.74×10^{7}	1.68×10^{2}	4.54×10^{1}	1.19×10^{6}	1.74×10^{5}
400×300	390×300	10	16	22	1.3600×10^{4}	1.05×10^{0}	3.87×10^{8}	7.21×10^{7}	1.69×10^{2}	7.28×10^{1}	1.98×10^{6}	4.81×10^{5}
	388×402	15	15	22	1.7850×10^{4}	1.37×10^{0}	4.90×10^{8}	1.63×10^{8}	1.66×10^{2}	9.54×10^{1}	2.52×10^{6}	8.09×10^{5}
	394×398	11	18	22	1.8680×10^{4}	1.44×10^{0}	5.61×10^{8}	1.89×10^{8}	1.73×10^{2}	1.01×10^{2}	2.85×10^{6}	9.51×10^{5}
	400×400	13	21	22	2.1870×10^{4}	1.69×10^{0}	6.66×10^{8}	2.24×10^{8}	1.75×10^{2}	1.01×10^{2}	3.33×10^{6}	1.12×10^{6}
	400×408	21	21	22	2.5070×10^{4}	1.93×10^{0}	7.09×10^{8}	2.38×10^{8}	1.68×10^{2}	9.75×10^{1}	3.54×10^{6}	1.17×10^{6}
400×400	416×405	18	28	22	2.9540×10^{4}	2.27×10^{0}	9.28×10^{8}	3.10×10^{8}	1.77×10^{2}	1.02×10^{2}	4.48×10^{6}	1.53×10^{6}
	428×407	20	35	22	3.6070×10^{4}	2.77×10^{0}	1.19×10^{9}	3.94×10^{8}	1.82×10^{2}	1.04×10^{2}	5.57×10^{6}	1.93×10^{6}
	458×417	30	50	22	5.2860×10^{4}	4.07×10^{0}	1.87×10^{9}	6.05×10^{8}	1.88×10^{2}	1.07×10^{2}	8.17×10^{6}	2.90×10^{6}
	498×432	45	70	22	7.7010×10^{4}	5.93×10^{0}	2.98×10^{9}	9.44×10^{8}	1.97×10^{2}	1.11×10^{2}	1.20×10^{6}	4.37×10^{6}
450×200	448×199	8	12	18	8.4300×10^{3}	6.49×10^{-1}	2.87×10^{8}	1.58×10^{7}	1.85×10^{2}	4.33×10^{1}	1.29×10^{6}	1.59×10^{5}
	450×200	9	14	18	9.6760×10^{3}	7.45×10^{-1}	3.35×10^{8}	1.87×10^{7}	1.86×10^{2}	4.40×10^{1}	1.49×10^{6}	1.87×10^{5}
450×300	440×300	11	18	24	1.5740×10^{4}	1.22×10^{0}	5.61×10^{8}	8.11×10^{7}	1.89×10^{2}	7.18×10^{1}	2.55×10^{6}	5.41×10^{5}
500×200	496×199	9	14	20	1.0130×10^{4}	7.79×10^{-1}	4.19×10^{8}	1.84×10^{7}	2.03×10^{2}	4.27×10^{1}	1.69×10^{6}	1.85×10^{5}
	500×200	10	16	20	1.1420×10^{4}	8.78×10^{-1}	4.78×10^{8}	2.14×10^{7}	2.05×10^{2}	4.33×10^{1}	1.91×10^{6}	2.14×10^{5}
	506×201	11	19	20	1.3130×10^{4}	1.01×10^{0}	5.65×10^{8}	2.58×10^{7}	2.07×10^{2}	4.43×10^{1}	2.23×10^{6}	2.57×10^{5}
500×300	482×300	11	15	26	1.4550×10^{4}	1.12×10^{0}	6.04×10^{8}	6.76×10^{7}	2.04×10^{2}	7.82×10^{1}	2.50×10^{6}	4.51×10^{5}
	488×300	11	18	26	1.6350×10^{4}	1.25×10^{0}	7.10×10^{8}	8.11×10^{7}	2.08×10^{2}	7.04×10^{1}	2.91×10^{6}	5.41×10^{5}
600×200	596×199	10	15	22	1.2050×10^{4}	9.27×10^{-1}	6.87×10^{8}	1.98×10^{7}	2.39×10^{2}	4.05×10^{1}	2.31×10^{6}	1.99×10^{5}
	600×200	11	17	22	1.3440×10^{4}	1.04×10^{0}	7.76×10^{8}	2.28×10^{7}	2.40×10^{2}	4.12×10^{1}	2.59×10^{6}	2.28×10^{5}
	606×201	12	20	22	1.5250×10^{4}	1.18×10^{0}	9.04×10^{8}	2.72×10^{7}	2.43×10^{2}	4.22×10^{1}	2.98×10^{6}	2.71×10^{5}
600×300	582×300	12	17	28	1.7450×10^{4}	1.34×10^{0}	1.03×10^{9}	7.67×10^{7}	2.43×10^{2}	6.63×10^{1}	3.53×10^{6}	5.11×10^{5}
	588×300	12	20	28	1.9250×10^{4}	1.48×10^{0}	1.18×10^{9}	9.02×10^{7}	2.48×10^{2}	6.85×10^{1}	4.02×10^{6}	6.01×10^{5}
	594×302	14	23	28	2.2240×10^{4}	1.72×10^{0}	1.37×10^{9}	1.06×10^{8}	2.49×10^{2}	6.90×10^{1}	4.62×10^{6}	7.01×10^{5}
700×300	692×300	13	20	28	2.1150×10^{4}	1.63×10^{0}	1.72×10^{9}	9.02×10^{7}	2.86×10^{2}	6.53×10^{1}	4.98×10^{6}	6.02×10^{5}
	700×300	13	24	28	2.3550×10^{4}	1.81×10^{0}	2.01×10^{9}	1.08×10^{8}	2.93×10^{2}	6.78×10^{1}	5.76×10^{6}	7.22×10^{5}
800×300	792×300	14	22	28	2.4340×10^{4}	1.87×10^{0}	2.54×10^{9}	9.93×10^{7}	3.22×10^{2}	6.39×10^{1}	6.41×10^{6}	6.62×10^{5}
	800×300	14	26	28	2.6740×10^{4}	2.06×10^{0}	2.92×10^{9}	1.17×10^{8}	3.30×10^{2}	6.62×10^{1}	7.29×10^{6}	7.82×10^{5}
900×300	890×299	15	23	28	2.7090×10^{4}	2.09×10^{0}	3.45×10^{9}	1.03×10^{8}	3.57×10^{2}	6.16×10^{1}	7.76×10^{6}	6.88×10^{5}
	900×300	16	28	28	3.0980×10^{4}	2.38×10^{0}	4.11×10^{9}	1.26×10^{8}	3.64×10^{2}	6.39×10^{1}	9.14×10^{6}	8.43×10^{5}
	912×302	18	34	28	3.6400×10^{4}	2.80×1^{0}	4.98×10^{9}	1.57×10^{8}	3.70×10^{2}	6.56×10^{1}	1.09×10^{6}	1.04×10^{6}

부 표 1.1 H형강의 표준치수와 단면성능 (계속)

치수(mm)					소성단면계수 (mm^3)		뒤틀림 상수 C_w (mm^6)	비틀림 상수 J (mm^4)
공칭치수	$H \times B$	t_1	t_2	r	Z_x	Z_y		
350×350	344×348	10	16	20	2.12×10^6	9.80×10^5	3.01×10^{12}	1.05×10^6
	350×350	12	19	20	2.55×10^6	1.18×10^6	3.73×10^{12}	1.78×10^6
400×200	396×199	7	11	16	1.13×10^6	2.24×10^5	5.37×10^{11}	2.19×10^5
	400×200	8	13	16	1.33×10^6	2.68×10^5	6.51×10^{11}	3.57×10^5
400×300	390×300	10	16	22	2.19×10^6	7.33×10^5	2.52×10^{12}	9.39×10^5
	388×402	15	15	22	2.80×10^6	1.24×10^6	5.67×10^{12}	1.31×10^6
	394×398	11	18	22	3.12×10^6	1.44×10^6	6.68×10^{12}	1.71×10^6
	400×400	13	21	22	3.67×10^6	1.70×10^6	8.04×10^{12}	2.73×10^6
	400×408	21	21	22	3.99×10^6	1.79×10^6	8.55×10^{12}	3.62×10^6
400×400	416×405	18	28	22	5.03×10^6	2.33×10^6	1.15×10^{13}	6.62×10^6
	428×407	20	35	22	6.31×10^6	2.94×10^6	1.52×10^{13}	1.26×10^7
	458×417	30	50	22	9.54×10^6	4.44×10^6	2.52×10^{13}	3.80×10^7
	498×432	45	70	22	1.45×10^7	6.72×10^6	4.32×10^{13}	1.10×10^8
450×200	446×199	8	12	18	1.45×10^6	2.47×10^5	7.44×10^{11}	3.01×10^5
	450×200	9	14	18	1.69×10^6	2.91×10^5	8.89×10^{11}	4.68×10^5
450×300	440×300	11	18	24	2.82×10^6	8.28×10^5	3.61×10^{12}	1.35×10^6
500×200	496×199	9	14	20	1.91×10^6	2.90×10^5	1.07×10^{12}	4.78×10^5
	500×200	10	16	20	2.18×10^6	3.35×10^5	1.25×10^{12}	7.02×10^5
	506×201	11	19	20	2.54×10^6	4.01×10^5	1.53×10^{12}	1.13×10^6
500×300	482×300	11	15	26	2.79×10^6	6.95×10^5	3.69×10^{12}	8.76×10^5
	488×300	11	18	26	3.23×10^6	8.30×10^5	4.48×10^{11}	1.37×10^6
600×200	596×199	10	15	22	2.65×10^6	3.15×10^5	1.67×10^{12}	6.36×10^5
	600×200	11	17	22	2.98×10^6	3.61×10^5	1.94×10^{12}	9.06×10^5
	606×201	12	20	22	3.43×10^6	4.29×10^5	2.34×10^{12}	1.40×10^6
600×300	582×300	12	17	28	3.96×10^6	7.93×10^5	6.12×10^{12}	1.30×10^6
	588×300	12	20	28	4.49×10^6	9.28×10^5	7.28×10^{12}	1.92×10^6
	594×302	14	23	28	5.20×10^6	1.08×10^6	8.64×10^{12}	2.95×10^6
700×300	692×300	13	20	28	5.63×10^6	9.36×10^5	1.02×10^{13}	2.08×10^6
	700×300	13	24	28	6.46×10^6	1.12×10^6	1.23×10^{13}	3.24×10^6
800×300	792×300	14	22	28	7.29×10^6	1.04×10^6	1.47×10^{13}	2.81×10^6
	800×300	14	26	28	8.24×10^6	1.22×10^6	1.75×10^{13}	4.20×10^6
900×300	890×299	15	23	28	8.91×10^6	1.08×10^6	1.94×10^{13}	3.37×10^6
	900×300	16	28	28	1.05×10^7	1.32×10^6	2.40×10^{13}	5.54×10^6
	912×302	18	34	28	1.25×10^7	1.63×10^6	3.03×10^{13}	9.55×10^6

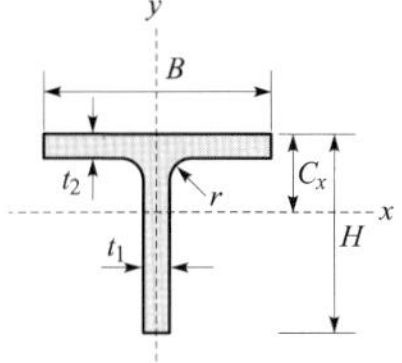

부 표 1.2 T형강의 표준치수와 단면성능

치 수 (mm)				단면적 (mm²)	단위중량 (N/mm)	단면2차모멘트 (mm⁴)		단면2차반경 (mm)		단면계수 (mm³)		중심 (mm)
H	B	t_1	t_2			I_x	I_y	r_x	r_y	S_x	S_y	C_y
50	100	6	8	1.1000×10^{3}	8.43×10^{-2}	1.61×10^{5}	6.69×10^{5}	1.21×10^{1}	2.47×10^{1}	4.03×10^{3}	1.34×10^{4}	10.0
62.5	125	6.5	9	1.5200×10^{3}	1.17×10^{-1}	3.50×10^{5}	1.47×10^{6}	1.52×10^{1}	3.11×10^{1}	6.91×10^{3}	2.35×10^{4}	11.9
75	75	5	7	8.9300×10^{2}	6.87×10^{-2}	4.26×10^{5}	2.47×10^{5}	2.18×10^{1}	1.66×10^{1}	7.46×10^{3}	6.59×10^{3}	17.9
75	100	6	9	1.3400×10^{3}	1.03×10^{-1}	5.17×10^{5}	7.53×10^{5}	1.96×10^{1}	2.37×10^{1}	8.84×10^{3}	1.51×10^{4}	15.5
100	100	5.5	8	1.3600×10^{3}	1.05×10^{-1}	1.14×10^{6}	6.70×10^{5}	2.90×10^{1}	2.22×10^{1}	1.48×10^{4}	1.34×10^{4}	22.9
97	150	6	9	1.9500×10^{3}	1.50×10^{-1}	1.25×10^{6}	2.54×10^{6}	2.53×10^{1}	3.61×10^{1}	1.58×10^{4}	3.38×10^{4}	17.9
100	200	8	12	3.1800×10^{3}	2.44×10^{-1}	1.84×10^{6}	8.01×10^{6}	2.41×10^{1}	5.02×10^{1}	2.23×10^{4}	8.01×10^{4}	17.3
100	204	12	12	3.5800×10^{3}	2.75×10^{-1}	2.56×10^{6}	8.51×10^{6}	2.67×10^{1}	4.88×10^{1}	3.24×10^{4}	8.34×10^{4}	20.9
104	202	10	16	4.1900×10^{3}	3.21×10^{-1}	2.51×10^{6}	1.10×10^{7}	2.45×10^{1}	5.13×10^{1}	2.95×10^{4}	1.09×10^{5}	19.1
124	124	5	8	1.6300×10^{3}	1.25×10^{-1}	2.08×10^{6}	1.27×10^{6}	3.57×10^{1}	2.79×10^{1}	2.13×10^{4}	2.05×10^{4}	26.3
125	125	6	9	1.8800×10^{3}	1.25×10^{-1}	2.48×10^{6}	1.47×10^{6}	3.63×10^{1}	2.79×10^{1}	2.56×10^{4}	2.35×10^{4}	27.8
122	175	7	11	2.8100×10^{3}	2.17×10^{-1}	2.89×10^{6}	4.92×10^{6}	3.20×10^{1}	4.18×10^{1}	2.91×10^{4}	5.63×10^{4}	22.7
122	252	11	11	4.1000×10^{3}	3.16×10^{-1}	4.45×10^{6}	1.47×10^{7}	3.29×10^{1}	5.98×10^{1}	4.53×10^{4}	1.17×10^{5}	23.9
124	249	8	13	4.2400×10^{3}	3.25×10^{-1}	3.64×10^{6}	1.67×10^{7}	2.93×10^{1}	6.29×10^{1}	3.49×10^{4}	1.34×10^{5}	19.8
125	250	9	14	4.6100×10^{3}	3.55×10^{-1}	4.12×10^{6}	1.82×10^{7}	2.99×10^{1}	6.29×10^{1}	3.95×10^{4}	1.46×10^{5}	20.8
125	255	14	14	5.2300×10^{3}	4.03×10^{-1}	5.89×10^{6}	1.94×10^{7}	3.36×10^{1}	6.09×10^{1}	5.94×10^{4}	1.52×10^{5}	25.8
149	149	5.5	8	2.0400×10^{3}	1.57×10^{-1}	3.93×10^{6}	2.21×10^{6}	4.39×10^{1}	3.29×10^{1}	3.38×10^{4}	2.97×10^{4}	32.6
150	150	6.5	9	2.3400×10^{3}	1.80×10^{-1}	4.64×10^{6}	2.54×10^{6}	4.45×10^{1}	3.29×10^{1}	4.00×10^{4}	3.38×10^{4}	34.1
147	200	8	12	3.6200×10^{3}	2.78×10^{-1}	5.72×10^{6}	8.02×10^{6}	3.97×10^{1}	4.71×10^{1}	4.82×10^{4}	8.02×10^{4}	28.3
149	201	9	14	4.1700×10^{3}	3.20×10^{-1}	6.62×10^{6}	9.49×10^{6}	3.99×10^{1}	4.71×10^{1}	5.52×10^{4}	9.44×10^{4}	29.1
147	302	12	12	5.3800×10^{3}	4.15×10^{-1}	8.58×10^{6}	2.76×10^{7}	3.99×10^{1}	7.16×10^{1}	7.23×10^{4}	1.83×10^{5}	28.4
149	299	9	14	5.5400×10^{3}	4.26×10^{-1}	7.15×10^{6}	3.12×10^{7}	3.59×10^{1}	7.51×10^{1}	5.70×10^{4}	2.09×10^{5}	23.6
150	300	10	15	5.9900×10^{3}	4.61×10^{-1}	7.98×10^{6}	3.38×10^{7}	3.65×10^{1}	7.51×10^{1}	6.37×10^{4}	2.25×10^{5}	24.7
150	305	15	15	6.7400×10^{3}	5.18×10^{-1}	4.11×10^{7}	3.55×10^{7}	4.05×10^{1}	7.26×10^{1}	9.25×10^{4}	2.33×10^{5}	30.3
152	301	11	17	6.7400×10^{3}	5.18×10^{-1}	9.03×10^{6}	3.87×10^{7}	3.66×10^{1}	7.57×10^{1}	7.14×10^{4}	2.57×10^{5}	25.5
173	174	6	9	2.6300×10^{3}	2.03×10^{-1}	6.79×10^{6}	3.96×10^{6}	5.08×10^{1}	3.88×10^{1}	5.00×10^{4}	4.55×10^{4}	37.1
175	175	7	11	3.1600×10^{3}	2.43×10^{-1}	8.15×10^{6}	4.92×10^{6}	5.08×10^{1}	3.95×10^{1}	5.93×10^{4}	5.62×10^{4}	37.5
168	249	8	12	4.4100×10^{3}	3.39×10^{-1}	8.81×10^{6}	1.54×10^{7}	4.47×10^{1}	5.92×10^{1}	6.40×10^{4}	1.24×10^{5}	30.2
170	250	9	14	5.0800×10^{3}	3.90×10^{-1}	1.02×10^{7}	1.83×10^{7}	4.48×10^{1}	6.00×10^{1}	7.31×10^{4}	1.46×10^{5}	30.9
172	348	10	16	7.3000×10^{3}	5.62×10^{-1}	1.23×10^{7}	5.62×10^{7}	4.11×10^{1}	8.78×10^{1}	8.47×10^{4}	3.23×10^{5}	26.7
172	354	16	16	8.3300×10^{3}	6.41×10^{-1}	1.80×10^{7}	5.92×10^{7}	4.65×10^{1}	8.43×10^{1}	1.31×10^{5}	3.35×10^{5}	34.0
175	350	12	19	8.6900×10^{3}	6.68×10^{-1}	1.52×10^{7}	6.79×10^{7}	4.18×10^{1}	8.84×10^{1}	1.04×10^{5}	3.88×10^{5}	28.6
198	199	7	11	3.6100×10^{3}	2.77×10^{-1}	1.19×10^{7}	7.23×10^{6}	5.76×10^{1}	4.48×10^{1}	7.64×10^{4}	7.27×10^{4}	41.7
200	200	8	13	4.2100×10^{3}	3.23×10^{-1}	1.40×10^{7}	8.68×10^{6}	5.76×10^{1}	4.54×10^{1}	8.86×10^{4}	8.68×10^{4}	42.3
193	299	9	14	6.0100×10^{3}	4.62×10^{-1}	1.53×10^{7}	3.12×10^{7}	5.04×10^{1}	7.21×10^{1}	9.55×10^{4}	2.09×10^{5}	33.3
195	300	10	16	6.8000×10^{3}	5.23×10^{-1}	1.73×10^{7}	3.60×10^{7}	5.05×10^{1}	7.28×10^{1}	1.08×10^{5}	2.40×10^{5}	34.1
223	199	8	12	4.2200×10^{3}	3.24×10^{-1}	1.88×10^{7}	7.90×10^{6}	6.67×10^{1}	4.33×10^{1}	1.09×10^{5}	7.94×10^{4}	51.0
225	200	9	14	4.8400×10^{3}	3.72×10^{-1}	2.16×10^{7}	9.36×10^{6}	6.68×10^{1}	4.40×10^{1}	1.24×10^{5}	9.36×10^{4}	51.5
217	299	10	15	6.7500×10^{3}	5.19×10^{-1}	2.35×10^{7}	3.35×10^{7}	5.89×10^{1}	7.04×10^{1}	1.33×10^{5}	2.24×10^{5}	40.4
220	300	11	18	7.8700×10^{3}	6.06×10^{-1}	2.68×10^{7}	4.06×10^{7}	5.84×10^{1}	7.68×10^{1}	1.49×10^{5}	2.70×10^{5}	40.5
248	199	9	14	5.0600×10^{3}	3.89×10^{-1}	2.84×10^{7}	9.22×10^{6}	7.49×10^{1}	4.27×10^{1}	1.50×10^{5}	9.26×10^{4}	59.0
250	200	10	16	5.7100×10^{3}	4.39×10^{-1}	3.21×10^{7}	1.07×10^{7}	7.50×10^{1}	4.33×10^{1}	1.69×10^{5}	1.07×10^{5}	59.6
253	201	11	19	6.5700×10^{3}	5.05×10^{-1}	3.67×10^{7}	1.29×10^{7}	7.48×10^{1}	4.43×10^{1}	1.90×10^{5}	1.28×10^{5}	59.5
241	300	11	15	7.2800×10^{3}	5.60×10^{-1}	3.42×10^{7}	3.38×10^{7}	6.85×10^{1}	6.82×10^{1}	1.78×10^{5}	2.25×10^{5}	49.2
244	300	11	18	8.1800×10^{3}	6.29×10^{-1}	3.62×10^{7}	4.06×10^{7}	6.66×10^{1}	7.07×10^{1}	1.84×10^{5}	2.70×10^{5}	46.6
298	199	10	15	6.0200×10^{3}	4.64×10^{-1}	5.19×10^{7}	9.89×10^{6}	9.29×10^{1}	4.05×10^{1}	2.36×10^{5}	9.94×10^{4}	77.9
300	200	11	17	6.7200×10^{3}	5.17×10^{-1}	5.81×10^{7}	1.14×10^{7}	9.30×10^{1}	4.12×10^{1}	2.62×10^{5}	1.14×10^{5}	78.4
303	201	12	20	7.6200×10^{3}	5.86×10^{-1}	6.57×10^{7}	1.36×10^{7}	9.28×10^{1}	4.22×10^{1}	2.92×10^{5}	1.35×10^{5}	77.9
306	202	13	23	8.5300×10^{3}	6.57×10^{-1}	7.34×10^{7}	1.59×10^{7}	9.27×10^{1}	4.31×10^{1}	3.22×10^{5}	1.57×10^{5}	77.9

부 표 1.2 T형강의 표준치수와 단면성능 (계속)

치수(mm)				y_p (mm)	소성단면계수 (mm^3)		뒤틀림 상수 C_w (mm^6)	비틀림 상수 J (mm^4)	y_o (mm)
H	B	t_1	t_2		Z_x	Z_y			
50	100	6	8	5.30×10^{0}	7.10×10^{3}	2.04×10^{4}	4.14×10^{6}	2.04×10^{4}	6.0
62.5	125	6.5	9	5.90×10^{0}	1.21×10^{4}	3.57×10^{4}	1.14×10^{7}	3.57×10^{4}	7.4
75	75	5	7	5.80×10^{0}	1.29×10^{4}	1.03×10^{4}	2.27×10^{6}	1.16×10^{4}	14.4
75	100	6	9	6.50×10^{0}	1.55×10^{4}	2.31×10^{4}	7.16×10^{6}	2.94×10^{4}	11.0
100	100	5.5	8	6.50×10^{0}	2.55×10^{4}	2.07×10^{4}	7.64×10^{6}	2.24×10^{4}	18.9
97	150	6	9	6.30×10^{0}	2.67×10^{4}	5.14×10^{4}	2.18×10^{7}	4.31×10^{4}	13.4
100	200	8	12	7.80×10^{0}	3.88×10^{4}	1.21×10^{5}	1.08×10^{8}	1.31×10^{5}	11.3
100	204	12	12	8.60×10^{0}	5.52×10^{4}	1.28×10^{5}	1.42×10^{8}	1.72×10^{5}	14.9
104	202	10	16	1.02×10^{1}	5.26×10^{4}	1.65×10^{5}	2.59×10^{8}	3.08×10^{5}	11.1
124	124	5	8	6.30×10^{0}	3.63×10^{4}	3.15×10^{4}	1.28×10^{7}	2.62×10^{4}	22.3
125	125	6	9	7.30×10^{0}	4.39×10^{4}	3.62×10^{4}	2.04×10^{7}	3.91×10^{4}	23.3
122	175	7	11	7.70×10^{0}	4.93×10^{4}	8.56×10^{4}	6.46×10^{7}	9.10×10^{4}	17.2
122	252	11	11	7.90×10^{0}	7.69×10^{4}	1.78×10^{5}	2.06×10^{8}	1.64×10^{5}	18.4
124	249	8	13	8.30×10^{0}	6.06×10^{4}	2.03×10^{5}	2.59×10^{8}	2.02×10^{5}	13.3
125	250	9	14	9.00×10^{0}	6.87×10^{4}	2.21×10^{5}	3.31×10^{8}	2.57×10^{5}	13.8
125	255	14	14	1.00×10^{1}	1.01×10^{5}	2.33×10^{5}	4.41×10^{8}	3.41×10^{5}	18.8
149	149	5.5	8	6.60×10^{0}	5.81×10^{4}	4.55×10^{4}	2.59×10^{7}	3.35×10^{4}	28.6
150	150	6.5	9	7.60×10^{0}	6.91×10^{4}	5.21×10^{4}	4.06×10^{7}	4.98×10^{4}	29.6
147	200	8	12	8.70×10^{0}	8.16×10^{4}	1.22×10^{5}	1.36×10^{8}	1.39×10^{5}	22.3
149	201	9	14	1.00×10^{1}	9.37×10^{4}	1.44×10^{5}	2.13×10^{8}	2.18×10^{5}	22.1
147	302	12	12	8.70×10^{0}	1.22×10^{5}	2.78×10^{5}	4.65×10^{8}	2.55×10^{5}	22.4
149	299	9	14	9.00×10^{0}	9.79×10^{4}	3.16×10^{5}	5.67×10^{8}	3.08×10^{5}	16.6
150	300	10	15	9.80×10^{0}	1.10×10^{5}	3.41×10^{5}	7.13×10^{8}	3.85×10^{5}	17.2
150	305	15	15	1.08×10^{1}	1.57×10^{5}	3.56×10^{5}	9.36×10^{8}	5.03×10^{5}	22.8
152	301	11	17	1.10×10^{1}	1.24×10^{5}	3.89×10^{5}	1.04×10^{9}	5.57×10^{5}	17.0
173	174	6	9	7.30×10^{0}	8.56×10^{4}	6.96×10^{4}	5.54×10^{7}	5.44×10^{4}	32.6
175	175	7	11	8.80×10^{0}	1.01×10^{5}	8.62×10^{4}	9.59×10^{7}	9.70×10^{4}	32.0
168	249	8	12	8.50×10^{0}	1.08×10^{5}	1.89×10^{5}	2.46×10^{8}	1.71×10^{5}	24.2
170	250	9	14	9.80×10^{0}	1.24×10^{5}	2.21×10^{5}	3.85×10^{8}	2.68×10^{5}	23.9
172	348	10	16	1.02×10^{1}	1.46×10^{5}	4.88×10^{5}	1.32×10^{9}	5.30×10^{5}	18.7
172	354	16	16	1.15×10^{1}	2.22×10^{5}	5.11×10^{5}	1.76×10^{9}	7.07×10^{5}	26.0
175	350	12	19	1.22×10^{1}	1.80×10^{5}	5.87×10^{5}	2.26×10^{9}	8.96×10^{5}	19.1
198	199	7	11	8.80×10^{0}	1.31×10^{5}	1.11×10^{5}	1.41×10^{8}	1.10×10^{5}	36.2
200	200	8	13	1.02×10^{1}	1.51×10^{5}	1.33×10^{5}	2.25×10^{8}	1.80×10^{5}	35.8
193	299	9	14	9.70×10^{0}	1.61×10^{5}	3.17×10^{5}	6.40×10^{8}	3.19×10^{5}	26.3
195	300	10	16	1.10×10^{1}	1.82×10^{5}	3.64×10^{5}	9.50×10^{8}	4.72×10^{5}	26.1
223	199	8	12	1.02×10^{1}	1.89×10^{5}	1.22×10^{5}	2.40×10^{8}	1.52×10^{5}	45.0
225	200	9	14	1.17×10^{1}	2.15×10^{5}	1.44×10^{5}	3.62×10^{8}	2.36×10^{5}	44.5
217	299	10	15	1.09×10^{1}	2.24×10^{5}	3.40×10^{5}	8.82×10^{8}	4.06×10^{5}	32.9
220	300	11	18	1.27×10^{1}	2.53×10^{5}	4.11×10^{5}	1.44×10^{9}	6.77×10^{5}	31.5
248	199	9	14	1.23×10^{1}	2.62×10^{5}	1.43×10^{5}	4.34×10^{8}	2.41×10^{5}	52.0
250	200	10	16	1.39×10^{1}	2.93×10^{5}	1.66×10^{5}	6.21×10^{8}	3.54×10^{5}	51.6
253	201	11	19	1.59×10^{1}	3.28×10^{5}	1.99×10^{5}	9.21×10^{8}	5.68×10^{5}	50.0
241	300	11	15	1.16×10^{1}	3.03×10^{5}	3.44×10^{5}	1.10×10^{9}	4.41×10^{5}	41.7
244	300	11	18	1.31×10^{1}	3.10×10^{5}	4.12×10^{5}	1.57×10^{9}	6.88×10^{5}	37.6
298	199	10	15	1.46×10^{1}	4.22×10^{5}	1.56×10^{5}	8.66×10^{8}	3.20×10^{5}	70.4
300	200	11	17	1.63×10^{1}	4.67×10^{5}	1.79×10^{5}	1.19×10^{9}	4.60×10^{5}	69.9
303	201	12	20	1.84×10^{1}	5.15×10^{5}	2.12×10^{5}	1.66×10^{9}	7.05×10^{5}	67.9
306	202	13	23	2.06×10^{1}	5.64×10^{5}	2.47×10^{5}	2.26×10^{9}	1.03×10^{6}	66.4

[주] y_o : 단면의 도심에서 전단중심까지의 거리

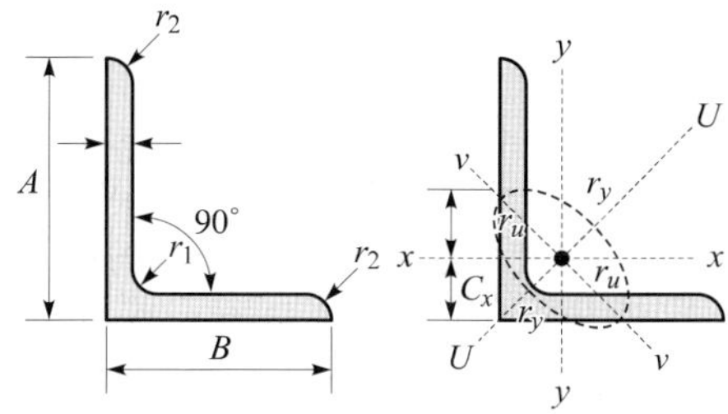

표 1.3 등변ㄱ형강의 표준치수와 단면성능

치수(mm)				단면적 (mm²)	단위중량 (Nf/mm)	단면2차모멘트 (mm⁴)			단면2차반경 (mm)			단면계수 (mm³)	중심 (mm)
$A \times B$	t	r_1	r_2			$I_x = I_y$	I_u	I_v	$r_x = r_y$	r_u	r_v	$S_x = S_y$	$C_x = C_y$
40×40	3	4.5	2	2.3360×10^{2}	1.79×10^{-2}	3.53×10^{4}	5.60×10^{4}	1.45×10^{4}	1.23×10^{1}	1.55×10^{1}	7.90×10^{0}	1.21×10^{3}	10.9
40×40	5	4.5	3	3.7550×10^{2}	2.89×10^{-2}	5.42×10^{4}	8.59×10^{4}	2.25×10^{4}	1.20×10^{1}	1.51×10^{1}	7.70×10^{0}	1.91×10^{3}	11.7
45×45	4	6.5	3	3.4920×10^{2}	2.69×10^{-2}	6.50×10^{4}	1.03×10^{5}	2.69×10^{4}	1.36×10^{1}	1.72×10^{1}	8.80×10^{0}	2.00×10^{3}	12.4
50×50	4	6.5	3	3.8920×10^{2}	3.00×10^{-2}	9.06×10^{4}	1.44×10^{5}	3.74×10^{4}	1.53×10^{1}	1.92×10^{1}	9.80×10^{0}	2.49×10^{3}	13.7
50×50	6	6.5	4.5	5.6440×10^{2}	4.34×10^{-2}	1.26×10^{5}	2.00×10^{5}	5.24×10^{4}	1.50×10^{1}	1.88×10^{1}	9.60×10^{0}	3.55×10^{3}	14.4
60×60	4	6.5	3	4.6920×10^{2}	3.61×10^{-2}	1.60×10^{5}	2.54×10^{5}	6.62×10^{4}	1.85×10^{1}	2.33×10^{1}	1.19×10^{1}	3.66×10^{3}	16.1
60×60	5	6.5	3	5.8020×10^{2}	4.46×10^{-2}	1.96×10^{5}	3.12×10^{5}	8.06×10^{4}	1.84×10^{1}	2.32×10^{1}	1.18×10^{1}	4.52×10^{3}	16.6
65×65	6	8.5	4	7.5270×10^{2}	5.79×10^{-2}	2.94×10^{5}	4.66×10^{5}	1.21×10^{5}	1.98×10^{1}	2.49×10^{1}	1.27×10^{1}	6.27×10^{3}	18.1
65×65	8	8.5	6	9.7610×10^{2}	7.51×10^{-2}	3.68×10^{5}	5.83×10^{5}	1.53×10^{5}	1.94×10^{1}	2.44×10^{1}	1.25×10^{1}	7.97×10^{3}	18.8
70×70	6	8.5	4	8.1270×10^{2}	6.25×10^{-2}	3.71×10^{5}	5.89×10^{5}	1.53×10^{5}	2.14×10^{1}	2.69×10^{1}	1.37×10^{1}	7.33×10^{3}	19.4
75×75	6	8.5	4	8.7270×10^{2}	6.71×10^{-2}	4.61×10^{5}	7.32×10^{5}	1.90×10^{5}	2.30×10^{1}	2.90×10^{1}	1.47×10^{1}	8.47×10^{3}	20.6
75×75	9	8.5	6	1.2690×10^{3}	9.76×10^{-2}	6.44×10^{5}	1.02×10^{6}	2.67×10^{5}	2.25×10^{1}	2.84×10^{1}	1.45×10^{1}	1.21×10^{4}	21.7
75×75	12	8.5	6	1.6560×10^{3}	1.27×10^{-1}	8.19×10^{5}	1.29×10^{6}	3.45×10^{5}	2.22×10^{1}	2.79×10^{1}	1.44×10^{1}	1.57×10^{4}	22.9
80×80	6	8.5	4	9.3270×10^{2}	7.17×10^{-2}	5.64×10^{5}	8.96×10^{5}	2.32×10^{5}	2.46×10^{1}	3.10×10^{1}	1.58×10^{1}	9.70×10^{3}	21.9
90×90	6	10	5	1.0550×10^{3}	8.11×10^{-2}	8.07×10^{5}	1.29×10^{6}	3.23×10^{5}	2.77×10^{1}	3.50×10^{1}	1.75×10^{1}	1.23×10^{4}	24.2
90×90	7	10	5	1.2220×10^{3}	9.40×10^{-2}	9.30×10^{5}	1.48×10^{6}	3.83×10^{5}	2.76×10^{1}	3.48×10^{1}	1.77×10^{1}	1.42×10^{4}	24.6
90×90	10	10	7	1.7000×10^{3}	1.30×10^{-1}	1.25×10^{6}	1.99×10^{6}	5.16×10^{5}	2.71×10^{1}	3.42×10^{1}	1.74×10^{1}	1.95×10^{4}	25.8
90×90	13	10	7	2.1710×10^{3}	1.67×10^{-1}	1.56×10^{6}	2.48×10^{6}	6.53×10^{5}	2.68×10^{1}	3.38×10^{1}	1.73×10^{1}	2.48×10^{4}	26.9
100×100	7	10	5	1.3620×10^{3}	1.05×10^{-1}	1.29×10^{6}	2.05×10^{6}	5.31×10^{5}	3.08×10^{1}	3.88×10^{1}	1.97×10^{1}	1.77×10^{4}	27.1
100×100	10	10	7	1.9000×10^{3}	1.46×10^{-1}	1.75×10^{6}	2.78×10^{6}	7.19×10^{5}	3.03×10^{1}	3.83×10^{1}	1.95×10^{1}	2.44×10^{4}	28.3
100×100	13	10	7	2.4310×10^{3}	1.87×10^{-1}	2.20×10^{6}	3.48×10^{6}	9.10×10^{5}	3.00×10^{1}	3.78×10^{1}	1.93×10^{1}	3.11×10^{4}	29.4
120×120	8	12	5	1.8760×10^{3}	1.44×10^{-1}	2.58×10^{6}	4.10×10^{6}	1.06×10^{6}	3.71×10^{1}	4.68×10^{1}	2.38×10^{1}	2.95×10^{4}	32.4
130×130	9	12	6	2.2740×10^{3}	1.75×10^{-1}	3.66×10^{6}	5.83×10^{6}	1.50×10^{6}	4.01×10^{1}	5.06×10^{1}	2.57×10^{1}	3.87×10^{4}	35.3
130×130	12	12	8.5	2.9760×10^{3}	2.29×10^{-1}	4.67×10^{6}	7.43×10^{6}	1.92×10^{6}	3.96×10^{1}	5.00×10^{1}	2.54×10^{1}	4.99×10^{4}	36.4
130×130	15	12	8.5	3.6750×10^{3}	2.82×10^{-1}	5.68×10^{6}	9.02×10^{6}	2.34×10^{6}	3.93×10^{1}	4.95×10^{1}	2.53×10^{1}	6.15×10^{4}	37.6
150×150	12	14	7	3.4770×10^{3}	2.68×10^{-1}	7.40×10^{6}	1.18×10^{7}	3.04×10^{6}	4.61×10^{1}	5.82×10^{1}	2.96×10^{1}	6.82×10^{4}	41.4
150×150	15	14	10	4.2740×10^{3}	3.29×10^{-1}	8.88×10^{6}	1.41×10^{7}	3.65×10^{6}	4.56×10^{1}	5.75×10^{1}	2.92×10^{1}	8.26×10^{4}	42.4
150×150	19	14	10	5.3380×10^{3}	4.11×10^{-1}	1.09×10^{7}	1.73×10^{7}	4.51×10^{6}	4.52×10^{1}	5.69×10^{1}	2.91×10^{1}	1.03×10^{5}	44.0
175×175	12	15	11	4.0520×10^{3}	3.12×10^{-1}	1.17×10^{7}	1.86×10^{7}	4.79×10^{6}	5.37×10^{1}	6.78×10^{1}	3.44×10^{1}	9.16×10^{4}	47.3
175×175	15	15	11	5.0210×10^{3}	3.86×10^{-1}	1.44×10^{7}	2.29×10^{7}	5.88×10^{6}	5.35×10^{1}	6.75×10^{1}	3.42×10^{1}	1.14×10^{5}	48.5
200×200	15	17	12	5.7750×10^{3}	4.44×10^{-1}	2.18×10^{7}	3.47×10^{7}	8.91×10^{6}	6.14×10^{1}	7.75×10^{1}	3.93×10^{1}	1.50×10^{5}	54.7
200×200	20	17	12	7.6000×10^{3}	5.85×10^{-1}	2.82×10^{7}	4.49×10^{7}	1.16×10^{7}	6.09×10^{1}	7.68×10^{1}	3.90×10^{1}	1.97×10^{5}	56.7
200×200	25	17	12	9.3750×10^{3}	7.21×10^{-1}	3.42×10^{7}	5.42×10^{7}	1.41×10^{7}	6.04×10^{1}	7.61×10^{1}	3.88×10^{1}	2.42×10^{5}	58.7
250×250	25	24	12	1.1940×10^{4}	9.18×10^{-1}	6.95×10^{7}	1.10×10^{8}	2.86×10^{7}	7.63×10^{1}	9.62×10^{1}	4.89×10^{1}	3.88×10^{5}	71.0
250×250	35	24	18	1.6260×10^{4}	1.25×10^{0}	9.11×10^{7}	1.44×10^{8}	3.79×10^{7}	7.48×10^{1}	9.42×10^{1}	4.83×10^{1}	5.19×10^{5}	74.5

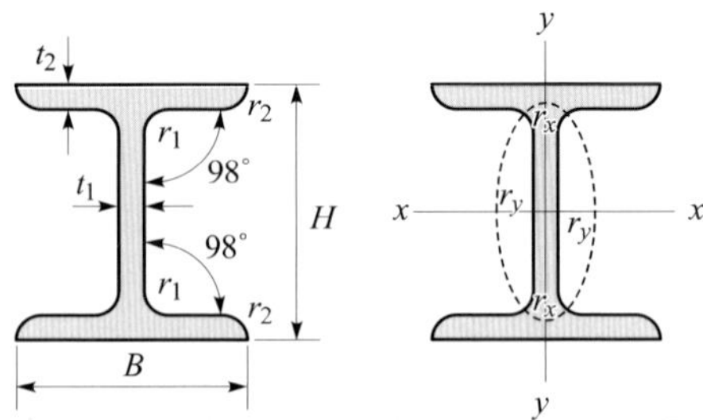

부 표 1.4 | 형강의 표준치수와 단면성능

치 수 (mm)					단면적 (mm^2)	단위중량 (N/mm)	단면2차모멘트 (mm^4)		단면2차반경 (mm)		단면계수 (mm^3)	
$H\times B$	t_1	t_2	r_1	r_2			I_x	I_y	r_x	r_y	S_x	S_y
100×75	5	8	7	3.5	1.6430×10^{3}	1.26×10^{-1}	2.83×10^{6}	4.83×10^{5}	4.15×10^{1}	1.72×10^{1}	5.65×10^{4}	1.29×10^{4}
125×75	5.5	9.5	9	4.5	2.0450×10^{3}	1.58×10^{-1}	5.40×10^{6}	5.90×10^{5}	5.14×10^{1}	1.70×10^{1}	8.64×10^{4}	1.57×10^{4}
150×75	5.5	9.5	9	4.5	2.1830×10^{3}	1.68×10^{-1}	8.20×10^{6}	5.91×10^{5}	6.13×10^{1}	1.65×10^{1}	1.09×10^{5}	1.58×10^{4}
150×125	8.5	14	13	6.5	4.6150×10^{3}	3.55×10^{-1}	1.78×10^{7}	3.95×10^{6}	6.21×10^{1}	2.92×10^{1}	2.37×10^{5}	6.31×10^{4}
180×100	6	10	10	5	3.0060×10^{3}	2.31×10^{-1}	1.67×10^{7}	1.41×10^{6}	7.46×10^{1}	2.17×10^{1}	1.86×10^{5}	2.82×10^{4}
200×100	7	10	10	5	3.3060×10^{3}	2.55×10^{-1}	2.18×10^{7}	1.42×10^{6}	8.11×10^{1}	2.07×10^{1}	2.18×10^{5}	2.84×10^{4}
200×150	9	16	15	7.5	6.4160×10^{3}	4.94×10^{-1}	4.49×10^{7}	7.71×10^{6}	8.37×10^{1}	3.47×10^{1}	4.49×10^{5}	1.03×10^{5}
250×125	7.5	12.5	12	6	4.8790×10^{3}	3.75×10^{-1}	5.19×10^{7}	3.45×10^{6}	1.03×10^{2}	2.66×10^{1}	4.15×10^{5}	5.52×10^{4}
250×125	10	19	21	10.5	7.0730×10^{3}	5.44×10^{-1}	7.34×10^{7}	5.60×10^{6}	1.02×10^{2}	3.81×10^{1}	5.87×10^{5}	8.96×10^{4}
300×150	8	13	12	6	6.1580×10^{3}	4.73×10^{-1}	9.50×10^{7}	6.00×10^{6}	1.24×10^{2}	3.12×10^{1}	6.33×10^{5}	8.00×10^{4}
300×150	10	18.5	19	9.5	8.3470×10^{3}	6.42×10^{-1}	1.27×10^{8}	8.86×10^{6}	1.24×10^{2}	3.26×10^{1}	8.49×10^{5}	1.18×10^{5}
300×150	11.5	22	23	11.5	9.7880×10^{3}	7.53×10^{-1}	1.47×10^{8}	1.12×10^{7}	1.23×10^{2}	3.38×10^{1}	9.81×10^{5}	1.49×10^{5}
350×150	9	15	13	6.5	7.4580×10^{3}	5.73×10^{-1}	1.52×10^{8}	7.15×10^{6}	1.43×10^{2}	3.10×10^{1}	8.71×10^{5}	9.54×10^{4}
350×150	12	24	25	12.5	1.1110×10^{4}	8.55×10^{-1}	2.25×10^{8}	1.23×10^{7}	1.42×10^{2}	3.33×10^{1}	1.28×10^{6}	1.64×10^{5}
400×150	10	18	17	8.5	9.1730×10^{3}	7.06×10^{-1}	2.40×10^{8}	8.87×10^{6}	1.62×10^{2}	3.11×10^{1}	1.20×10^{6}	1.18×10^{5}
400×150	12.5	25	27	13.5	1.2210×10^{4}	9.39×10^{-1}	3.17×10^{8}	1.29×10^{7}	1.61×10^{2}	3.25×10^{1}	1.58×10^{6}	1.72×10^{5}
450×175	11	20	19	9.5	1.1680×10^{4}	8.99×10^{-1}	3.92×10^{8}	1.55×10^{7}	1.83×10^{2}	3.64×10^{1}	1.74×10^{6}	1.77×10^{5}
450×175	13	26	27	13.5	1.4610×10^{4}	1.13×10^{0}	4.88×10^{8}	2.10×10^{7}	1.83×10^{2}	3.79×10^{1}	2.17×10^{6}	2.40×10^{5}
600×190	13	25	25	12.5	1.6940×10^{4}	1.30×10^{0}	9.32×10^{8}	2.54×10^{7}	2.41×10^{2}	3.87×10^{1}	3.27×10^{6}	2.67×10^{5}
600×190	16	35	38	19	2.2450×10^{4}	1.72×10^{0}	1.30×10^{9}	3.70×10^{7}	2.40×10^{2}	4.06×10^{1}	4.33×10^{6}	3.90×10^{5}

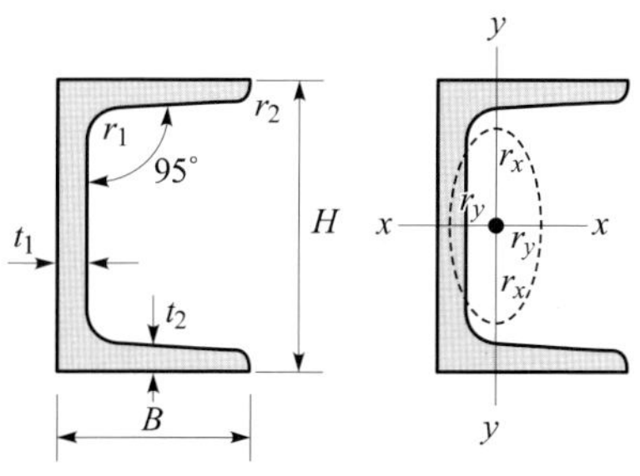

부 표 1.5 ㄷ형강의 표준치수와 단면성능

치 수 (mm)					단면적 (mm²)	단위중량 (N/mm)	단면 2차모멘트 (mm⁴)		단면2차반경 (mm)		단면계수 (mm³)		중심 (mm)
$H\times B$	t_1	t_2	r_1	r_2			I_x	I_y	r_x	r_y	S_x	S_y	C_y
75×40	5	7	8	4	8.8180×10^{2}	6.78×10^{-2}	7.59×10^{5}	1.24×10^{5}	2.93×10^{1}	1.19×10^{1}	2.02×10^{4}	4.54×10^{3}	12.7
100×50	5	7.5	8	4	1.1920×10^{3}	9.17×10^{-2}	1.89×10^{6}	2.69×10^{5}	3.98×10^{1}	1.50×10^{1}	3.78×10^{4}	7.82×10^{3}	15.5
125×65	6	8	8	4	1.7110×10^{3}	1.31×10^{-1}	4.25×10^{6}	6.55×10^{5}	4.99×10^{1}	1.96×10^{1}	6.80×10^{4}	1.44×10^{4}	19.4
150×75	6.5	10	10	5	2.3710×10^{3}	1.82×10^{-1}	8.64×10^{6}	1.22×10^{6}	6.04×10^{1}	2.27×10^{1}	1.15×10^{5}	2.36×10^{4}	23.1
150×75	9	12.5	15	7.5	3.0590×10^{3}	2.35×10^{-1}	1.05×10^{7}	1.47×10^{6}	5.86×10^{1}	2.19×10^{1}	1.40×10^{5}	2.83×10^{4}	23.1
180×75	7	10.5	11	5.5	2.7200×10^{3}	2.10×10^{-1}	1.38×10^{7}	1.37×10^{6}	7.73×10^{1}	2.24×10^{1}	1.54×10^{5}	2.55×10^{4}	21.5
200×70	7	10	11	5.5	2.6920×10^{3}	2.07×10^{-1}	6.12×10^{7}	1.13×10^{6}	7.77×10^{1}	2.04×10^{1}	1.62×10^{5}	2.18×10^{4}	18.5
200×80	7.5	11	12	6	3.1330×10^{3}	2.41×10^{-1}	1.95×10^{7}	1.77×10^{6}	7.89×10^{1}	2.38×10^{1}	1.95×10^{5}	3.08×10^{4}	22.4
200×90	8	13.5	14	7	3.8650×10^{3}	2.97×10^{-1}	2.49×10^{7}	2.86×10^{6}	8.03×10^{1}	2.72×10^{1}	2.49×10^{5}	4.59×10^{4}	27.7
250×90	9	13	14	7	4.4070×10^{3}	3.39×10^{-1}	4.18×10^{7}	3.06×10^{6}	9.74×10^{1}	2.64×10^{1}	3.35×10^{5}	4.65×10^{4}	24.2
250×90	11	14.5	17	8.5	5.1170×10^{3}	3.94×10^{-1}	4.69×10^{7}	3.42×10^{6}	9.57×10^{1}	2.58×10^{1}	3.75×10^{5}	5.17×10^{4}	23.9
300×90	9	13	14	7	4.8570×10^{3}	3.73×10^{-1}	6.44×10^{7}	3.25×10^{6}	1.15×10^{2}	2.59×10^{1}	4.29×10^{5}	4.80×10^{4}	22.3
300×90	10	15.5	19	9.5	5.5740×10^{3}	4.29×10^{-1}	7.40×10^{7}	3.73×10^{6}	1.15×10^{2}	2.59×10^{1}	4.94×10^{5}	5.60×10^{4}	23.3
300×90	12	16	19	9.5	6.1900×10^{3}	4.76×10^{-1}	7.87×10^{7}	3.91×10^{6}	1.13×10^{2}	2.51×10^{1}	5.25×10^{5}	5.79×10^{4}	22.5
330×100	10.5	16	18	9	6.9390×10^{3}	5.34×10^{-1}	1.45×10^{8}	5.57×10^{6}	1.45×10^{2}	2.83×10^{1}	7.62×10^{5}	7.33×10^{4}	24.1
380×100	13	16.5	18	9	7.8960×10^{3}	6.08×10^{-1}	1.56×10^{8}	5.84×10^{6}	1.41×10^{2}	2.72×10^{1}	8.22×10^{5}	7.58×10^{4}	22.9
380×100	13	20	24	10	8.5710×10^{3}	6.60×10^{-1}	1.76×10^{8}	6.71×10^{6}	1.43×10^{2}	2.80×10^{1}	9.24×10^{5}	8.95×10^{4}	25.0

부 표 1.6 일반구조용 탄소강 강관의 표준치수와 단면성능

바깥지름 (mm)	두께 (mm)	중량 (N/mm)	단면적 (mm^2)	단면2차모멘트 (mm^4)	단면계수 (mm^3)	단면2차반경 (mm)
21.7	2.0	9.53×10^{-3}	1.2380×10^{2}	6.07×10^{3}	5.60×10^{2}	7.00×10^{0}
27.2	2.0	1.22×10^{-2}	1.5830×10^{2}	1.26×10^{4}	9.30×10^{2}	8.90×10^{0}
	2.3	1.38×10^{-2}	1.7990×10^{2}	1.41×10^{4}	1.03×10^{3}	8.80×10^{0}
34.0	2.3	1.76×10^{-2}	2.2910×10^{2}	2.89×10^{4}	1.70×10^{3}	1.12×10^{1}
42.7	2.3	2.24×10^{-2}	2.9190×10^{2}	5.97×10^{4}	2.80×10^{3}	1.43×10^{1}
	2.8	2.70×10^{-2}	3.5100×10^{2}	7.02×10^{4}	3.29×10^{3}	1.41×10^{1}
48.6	2.3	2.58×10^{-2}	3.3450×10^{2}	8.99×10^{4}	3.70×10^{3}	1.64×10^{1}
	2.8	3.10×10^{-2}	4.0290×10^{2}	1.06×10^{5}	4.36×10^{3}	1.62×10^{1}
	3.2	3.51×10^{-2}	4.5640×10^{2}	1.18×10^{5}	4.86×10^{3}	1.61×10^{1}
60.5	2.3	3.23×10^{-2}	4.2050×10^{2}	1.78×10^{5}	5.90×10^{3}	2.06×10^{1}
	3.2	4.43×10^{-2}	5.7600×10^{2}	2.37×10^{5}	7.84×10^{3}	2.03×10^{1}
	4.0	5.46×10^{-2}	7.1000×10^{2}	2.85×10^{5}	9.41×10^{3}	2.00×10^{1}
76.3	2.8	4.98×10^{-2}	6.4650×10^{2}	4.37×10^{5}	1.15×10^{4}	2.60×10^{1}
	3.2	5.65×10^{-2}	7.3490×10^{2}	4.92×10^{5}	1.29×10^{4}	2.59×10^{1}
	4.0	6.99×10^{-2}	9.0850×10^{2}	5.95×10^{5}	1.56×10^{4}	2.56×10^{1}
89.1	2.8	5.84×10^{-2}	7.5910×10^{2}	7.07×10^{5}	1.59×10^{4}	3.05×10^{1}
	3.2	6.64×10^{-2}	8.6360×10^{2}	7.98×10^{5}	1.79×10^{4}	3.04×10^{1}
	4.0	8.22×10^{-2}	1.0690×10^{3}	9.70×10^{5}	2.18×10^{4}	3.01×10^{1}
101.6	3.2	7.60×10^{-2}	9.8920×10^{2}	1.20×10^{6}	2.36×10^{4}	3.48×10^{1}
	4.0	9.44×10^{-2}	1.2260×10^{3}	1.46×10^{6}	2.38×10^{4}	3.45×10^{1}
	5.0	1.17×10^{-1}	1.5170×10^{3}	1.77×10^{6}	3.49×10^{4}	3.42×10^{1}
114.3	3.2	8.59×10^{-2}	1.1170×10^{3}	1.72×10^{6}	3.02×10^{4}	3.93×10^{1}
	3.6	9.63×10^{-2}	1.2520×10^{3}	1.92×10^{6}	3.36×10^{4}	3.92×10^{1}
	4.5	1.20×10^{-1}	1.5520×10^{3}	2.34×10^{6}	4.10×10^{4}	3.89×10^{1}
	5.6	1.47×10^{-1}	1.9120×10^{3}	2.83×10^{6}	4.96×10^{4}	3.85×10^{1}
139.8	3.6	1.19×10^{-1}	1.5400×10^{3}	3.57×10^{6}	5.11×10^{4}	4.82×10^{1}
	4.0	1.31×10^{-1}	1.7070×10^{3}	3.94×10^{6}	5.63×10^{4}	4.80×10^{1}
	4.5	1.47×10^{-1}	1.9130×10^{3}	4.38×10^{6}	6.27×10^{4}	4.79×10^{1}
	6.0	1.94×10^{-1}	2.5220×10^{3}	5.66×10^{6}	8.09×10^{4}	4.74×10^{1}
165.2	4.5	1.74×10^{-1}	2.2720×10^{3}	7.34×10^{6}	8.89×10^{4}	5.68×10^{1}
	5.0	1.94×10^{-1}	2.5160×10^{3}	8.08×10^{6}	9.78×10^{4}	5.67×10^{1}
	6.0	2.31×10^{-1}	3.0010×10^{3}	9.52×10^{6}	1.15×10^{5}	5.63×10^{1}
	7.0	2.68×10^{-1}	3.4790×10^{3}	1.09×10^{7}	1.32×10^{5}	5.60×10^{1}
190.7	4.5	2.03×10^{-1}	2.6320×10^{3}	1.14×10^{7}	1.20×10^{5}	6.59×10^{1}
	5.0	2.24×10^{-1}	2.9170×10^{3}	1.26×10^{7}	1.32×10^{5}	6.57×10^{1}
	6.0	2.68×10^{-1}	3.4820×10^{3}	1.49×10^{7}	1.56×10^{5}	6.53×10^{1}
	7.0	3.11×10^{-1}	4.0400×10^{3}	1.71×10^{7}	1.79×10^{5}	6.50×10^{1}
216.3	4.5	2.30×10^{-1}	2.9940×10^{3}	1.68×10^{7}	1.55×10^{5}	7.49×10^{1}
	6.0	3.05×10^{-1}	3.9610×10^{3}	2.19×10^{7}	2.03×10^{5}	7.44×10^{1}
	7.0	3.54×10^{-1}	4.6030×10^{3}	2.52×10^{7}	2.33×10^{5}	7.40×10^{1}
	8.0	4.03×10^{-1}	5.2350×10^{3}	2.84×10^{7}	2.63×10^{5}	7.37×10^{1}
267.4	6.0	3.79×10^{-1}	4.9270×10^{3}	4.21×10^{7}	3.15×10^{5}	9.24×10^{1}
	7.0	4.41×10^{-1}	5.7270×10^{3}	4.86×10^{7}	3.63×10^{5}	9.21×10^{1}
	8.0	5.02×10^{-1}	6.5190×10^{3}	5.49×10^{7}	4.11×10^{5}	9.18×10^{1}
	9.0	5.63×10^{-1}	7.3060×10^{3}	6.11×10^{7}	4.57×10^{5}	9.14×10^{1}
318.5	6.0	4.53×10^{-1}	5.8910×10^{3}	7.19×10^{7}	4.52×10^{5}	1.11×10^{2}
	7.0	5.27×10^{-1}	6.8500×10^{3}	8.31×10^{7}	5.52×10^{5}	1.10×10^{2}
	8.0	6.01×10^{-1}	7.8040×10^{3}	9.41×10^{7}	5.91×10^{5}	1.10×10^{2}
	9.0	6.73×10^{-1}	8.7510×10^{3}	1.05×10^{8}	6.59×10^{5}	1.09×10^{2}
355.6	6.3	5.32×10^{-1}	6.9130×10^{3}	1.05×10^{8}	5.93×10^{5}	1.24×10^{2}
	8.0	6.72×10^{-1}	8.7360×10^{3}	1.32×10^{8}	7.42×10^{5}	1.23×10^{2}
	9.0	7.54×10^{-1}	9.8000×10^{3}	1.47×10^{8}	8.28×10^{5}	1.23×10^{2}
	12.0	1.00×10^{0}	1.1240×10^{4}	1.91×10^{8}	1.08×10^{6}	1.22×10^{2}
405.4	9.0	8.64×10^{-1}	1.1240×10^{4}	2.22×10^{8}	1.09×10^{6}	1.41×10^{2}
	12.0	1.15×10^{0}	1.4870×10^{4}	2.89×10^{8}	1.42×10^{6}	1.40×10^{2}
	16.0	1.51×10^{0}	1.9620×10^{4}	3.74×10^{8}	1.84×10^{6}	1.38×10^{2}
	19.0	1.78×10^{0}	2.3120×10^{4}	4.35×10^{8}	2.14×10^{6}	1.37×10^{2}

부 표 1.6 일반구조용 탄소강 강관의 표준치수와 단면성능 (계속)

바깥지름 (mm)	두께 (mm)	중량 (N/mm)	단면적 (mm^2)	단면2차모멘트 (mm^4)	단면계수 (mm^3)	단면2차반경 (mm)
457.2	9.0	9.75×10^{-1}	1.2670×10^{4}	3.18×10^{8}	1.40×10^{6}	1.58×10^{2}
	12.0	1.29×10^{0}	1.6780×10^{4}	4.16×10^{8}	1.82×10^{6}	1.57×10^{2}
	16.0	1.71×10^{0}	2.2180×10^{4}	5.40×10^{8}	2.36×10^{6}	1.56×10^{2}
	19.0	2.01×10^{0}	2.6160×10^{4}	6.29×10^{8}	2.75×10^{6}	1.55×10^{2}
500	9.0	1.07×10^{0}	1.3880×10^{4}	4.18×10^{8}	1.67×10^{6}	1.74×10^{2}
	12.0	1.41×10^{0}	1.8400×10^{4}	5.48×10^{8}	2.19×10^{6}	1.73×10^{2}
	14.0	1.65×10^{0}	2.1380×10^{4}	6.32×10^{8}	2.53×10^{6}	1.72×10^{2}
508.0	9.0	1.09×10^{0}	1.4110×10^{4}	4.39×10^{8}	1.73×10^{6}	1.76×10^{2}
	12.0	1.44×10^{0}	1.8700×10^{4}	5.75×10^{8}	2.26×10^{6}	1.75×10^{2}
	14.0	1.68×10^{0}	2.1730×10^{4}	6.63×10^{8}	2.61×10^{6}	1.75×10^{2}
	16.0	1.90×10^{0}	2.4730×10^{4}	7.49×10^{8}	2.95×10^{6}	1.74×10^{2}
	19.0	2.24×10^{0}	2.9190×10^{4}	8.74×10^{8}	3.44×10^{6}	1.73×10^{2}
	22.0	2.59×10^{0}	3.3590×10^{4}	9.94×10^{8}	3.91×10^{6}	1.72×10^{2}
558.8	9.0	1.20×10^{0}	1.5550×10^{4}	5.88×10^{8}	2.10×10^{6}	1.94×10^{2}
	12.0	1.59×10^{0}	2.0610×10^{4}	7.71×10^{8}	2.76×10^{6}	1.93×10^{2}
	16.0	2.10×10^{0}	2.7280×10^{4}	1.01×10^{9}	3.60×10^{6}	1.92×10^{2}
	19.0	2.48×10^{0}	3.2220×10^{4}	1.18×10^{9}	4.21×10^{6}	1.91×10^{2}
	22.0	2.85×10^{0}	3.7100×10^{4}	1.34×10^{9}	4.79×10^{6}	1.90×10^{2}
600	9.0	1.28×10^{0}	1.6710×10^{4}	7.30×10^{8}	2.43×10^{6}	2.09×10^{2}
	12.0	1.71×10^{0}	2.2170×10^{4}	9.58×10^{8}	3.20×10^{6}	2.08×10^{2}
	14.0	1.98×10^{0}	2.5770×10^{4}	1.11×10^{9}	3.69×10^{6}	2.07×10^{2}
	16.0	2.25×10^{0}	2.9360×10^{4}	1.25×10^{9}	4.18×10^{6}	2.07×10^{2}
609.6	9.0	1.30×10^{0}	1.6980×10^{4}	7.66×10^{8}	2.51×10^{6}	2.12×10^{2}
	12.0	1.73×10^{0}	2.2530×10^{4}	1.01×10^{9}	3.30×10^{6}	2.11×10^{2}
	14.0	2.02×10^{0}	2.6200×10^{4}	1.16×10^{9}	3.81×10^{6}	2.11×10^{2}
	16.0	2.29×10^{0}	2.9840×10^{4}	1.32×10^{9}	4.32×10^{6}	2.10×10^{2}
	19.0	2.71×10^{0}	3.2550×10^{4}	1.54×10^{9}	5.05×10^{6}	2.09×10^{2}
	22.0	3.13×10^{0}	4.0610×10^{4}	1.76×10^{9}	5.76×10^{6}	2.08×10^{2}
700	9.0	1.50×10^{0}	1.9540×10^{4}	1.17×10^{9}	3.33×10^{6}	2.44×10^{2}
	12.0	2.00×10^{0}	2.5940×10^{4}	1.54×10^{9}	4.39×10^{6}	2.43×10^{2}
	14.0	2.32×10^{0}	3.0170×10^{4}	1.78×10^{9}	5.07×10^{6}	2.43×10^{2}
	16.0	2.65×10^{0}	3.4380×10^{4}	2.01×10^{9}	5.75×10^{6}	2.42×10^{2}
711.2	9.0	1.53×10^{0}	1.9850×10^{4}	1.22×10^{9}	3.44×10^{6}	2.48×10^{2}
	12.0	2.03×10^{0}	2.6360×10^{4}	1.61×10^{9}	4.53×10^{6}	2.47×10^{2}
	14.0	2.36×10^{0}	3.0660×10^{4}	1.86×10^{9}	5.24×10^{6}	2.47×10^{2}
	16.0	2.69×10^{0}	3.4940×10^{4}	2.12×10^{9}	5.94×10^{6}	2.46×10^{2}
	19.0	3.18×10^{0}	4.1320×10^{4}	2.48×10^{9}	6.96×10^{6}	2.45×10^{2}
	22.0	3.67×10^{0}	4.7630×10^{4}	2.83×10^{9}	7.96×10^{6}	2.44×10^{2}
812.8	9.0	1.74×10^{0}	2.2730×10^{4}	1.84×10^{9}	4.52×10^{6}	2.84×10^{2}
	12.0	2.32×10^{0}	3.0190×10^{4}	2.42×10^{9}	5.96×10^{6}	2.83×10^{2}
	14.0	2.70×10^{0}	3.5130×10^{4}	2.80×10^{9}	6.90×10^{6}	2.82×10^{2}
	16.0	3.08×10^{0}	4.0050×10^{4}	3.18×10^{9}	7.82×10^{6}	2.82×10^{2}
	19.0	3.65×10^{0}	4.7380×10^{4}	3.73×10^{9}	9.19×10^{6}	2.81×10^{2}
	22.0	4.20×10^{0}	5.4660×10^{4}	4.28×10^{9}	1.05×10^{7}	2.80×10^{2}
914.4	12.0	2.62×10^{0}	3.4020×10^{4}	3.46×10^{9}	7.58×10^{6}	3.19×10^{2}
	14.0	3.05×10^{0}	3.9600×10^{4}	4.01×10^{9}	8.78×10^{6}	3.18×10^{2}
	16.0	3.47×10^{0}	4.5160×10^{4}	4.56×10^{9}	9.97×10^{6}	3.18×10^{2}
	19.0	4.12×10^{0}	5.3450×10^{4}	5.36×10^{9}	1.17×10^{7}	3.17×10^{2}
	22.0	4.74×10^{0}	6.1650×10^{4}	6.14×10^{9}	1.34×10^{7}	3.15×10^{2}
1016.0	12.0	2.91×10^{0}	3.7850×10^{4}	4.77×10^{9}	9.39×10^{6}	3.55×10^{2}
	14.0	3.39×10^{0}	4.4070×10^{4}	5.53×10^{9}	1.09×10^{7}	3.54×10^{2}
	16.0	3.87×10^{0}	5.0270×10^{4}	6.28×10^{9}	1.24×10^{7}	3.54×10^{2}
	19.0	4.58×10^{0}	5.9510×10^{4}	7.40×10^{9}	1.46×10^{7}	3.52×10^{2}
	22.0	5.28×10^{0}	6.8700×10^{4}	8.49×10^{9}	1.67×10^{7}	3.52×10^{2}

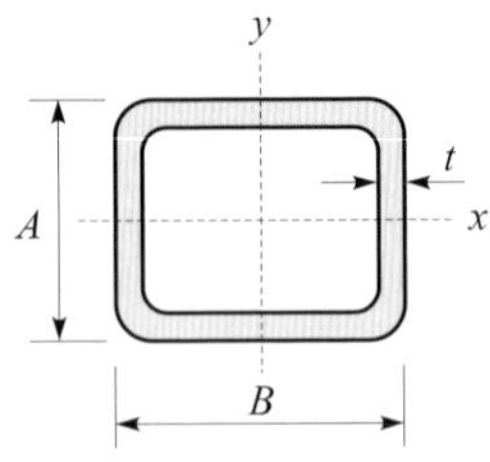

부 표 1.7 각형강관의 표준치수와 단면성능

치 수(mm)		단면적 (mm^2)	단위중량 (N/mm)	단면2차모멘트 (mm^4)	단면계수 (mm^3)	단면2차반경 (mm)
변의길이 $A \times B$	두께 t					
300×300	6.0	6.9930×10^3	5.36×10^{-1}	9.96×10^7	6.64×10^5	1.20×10^2
300×300	4.5	5.2670×10^3	4.05×10^{-1}	7.63×10^7	5.08×10^5	1.20×10^2
250×250	8.0	7.5790×10^3	5.83×10^{-1}	7.32×10^7	5.85×10^5	9.82×10^1
250×250	6.0	5.7630×10^3	4.43×10^{-1}	5.67×10^7	4.54×10^5	9.92×10^1
250×250	5.0	4.8360×10^3	3.72×10^{-1}	4.81×10^7	3.84×10^5	9.97×10^1
200×200	8.0	5.9790×10^3	4.60×10^{-1}	3.62×10^7	3.62×10^5	7.78×10^1
200×200	6.0	4.5630×10^3	3.51×10^{-1}	2.83×10^7	2.83×10^5	7.88×10^1
175×175	6.0	3.9630×10^3	3.05×10^{-1}	1.86×10^7	2.13×10^5	6.86×10^1
175×175	5.0	3.3360×10^3	2.57×10^{-1}	1.59×10^7	1.82×10^5	6.91×10^1
150×150	6.0	3.3630×10^3	2.59×10^{-1}	1.15×10^7	1.53×10^5	5.84×10^1
150×150	5.0	2.8360×10^3	2.19×10^{-1}	9.82×10^6	1.31×10^5	5.89×10^1
150×150	4.5	2.5670×10^3	1.97×10^{-1}	8.96×10^6	1.20×10^5	5.91×10^1
125×125	6.0	2.7630×10^3	2.13×10^{-1}	6.41×10^6	1.03×10^5	4.82×10^1
125×125	5.0	2.3360×10^3	1.79×10^{-1}	5.53×10^6	8.84×10^4	4.86×10^1
125×125	4.5	2.1170×10^3	1.63×10^{-1}	5.06×10^6	8.09×10^4	4.89×10^1
125×125	3.2	1.5330×10^3	1.18×10^{-1}	3.76×10^6	6.01×10^4	4.95×10^1
100×100	4.5	1.6670×10^3	1.28×10^{-1}	2.49×10^6	4.99×10^4	3.87×10^1
100×100	4.0	1.4950×10^3	1.15×10^{-1}	2.26×10^6	4.53×10^4	3.89×10^1
100×100	3.2	1.2130×10^3	9.33×10^{-2}	1.87×10^6	3.75×10^4	3.93×10^1
100×100	2.3	8.8520×10^2	6.81×10^{-2}	1.40×10^6	2.79×10^4	3.97×10^1
90×90	3.2	1.0850×10^3	8.34×10^{-2}	1.35×10^6	2.99×10^4	3.52×10^1
90×90	2.3	7.9320×10^2	6.11×10^{-2}	1.01×10^6	2.24×10^4	3.56×10^1
80×80	3.2	9.5670×10^2	7.36×10^{-2}	9.27×10^5	2.32×10^4	3.11×10^1
75×75	3.2	8.9270×10^2	6.87×10^{-2}	7.55×10^5	2.01×10^4	2.91×10^1
75×75	2.3	6.5520×10^2	5.04×10^{-2}	5.71×10^5	1.52×10^4	2.95×10^1
60×60	3.2	7.0070×10^2	5.39×10^{-2}	3.69×10^5	1.23×10^4	2.30×10^1
60×60	2.3	5.1720×10^2	3.98×10^{-2}	2.83×10^5	9.44×10^3	2.34×10^1
60×60	1.6	3.6720×10^2	2.82×10^{-2}	2.07×10^5	6.89×10^3	2.37×10^1
50×50	3.2	5.7270×10^2	4.41×10^{-2}	2.04×10^5	8.16×10^3	1.89×10^1
50×50	2.3	4.2520×10^2	3.27×10^{-2}	1.59×10^5	6.34×10^3	1.93×10^1
50×50	1.6	3.0320×10^2	2.33×10^{-2}	1.17×10^5	4.68×10^3	1.96×10^1

부 표 1.7 각형강관의 표준치수와 단면성능 (계속)

치 수(mm)		단면적 (mm^2)	단위중량 (N/mm)	단면2차모멘트 (mm^4)		단면계수 (mm^3)		단면2차반경 (mm)	
변의길이 $A \times B$	두께 t			I_x	I_y	S_x	S_y	i_x	i_y
200×100	6.0	3.3630×10^{3}	2.59×10^{-1}	1.70×10^{7}	5.77×10^{6}	1.70×10^{5}	1.15×10^{5}	7.12×10^{1}	4.14×10^{1}
200×100	4.5	2.5670×10^{3}	1.97×10^{-1}	1.33×10^{7}	4.55×10^{6}	1.33×10^{5}	9.09×10^{4}	7.20×10^{1}	4.21×10^{1}
150×100	6.0	2.7630×10^{3}	2.13×10^{-1}	8.35×10^{6}	4.44×10^{6}	1.11×10^{5}	8.88×10^{4}	5.50×10^{1}	4.01×10^{1}
150×100	4.5	2.1170×10^{3}	1.63×10^{-1}	6.85×10^{6}	3.52×10^{6}	8.77×10^{4}	7.04×10^{4}	5.58×10^{1}	4.08×10^{1}
150×80	6.0	2.5230×10^{3}	1.94×10^{-1}	7.10×10^{6}	2.64×10^{6}	9.47×10^{4}	6.61×10^{4}	5.31×10^{1}	3.24×10^{1}
150×80	5.0	2.1360×10^{3}	1.65×10^{-1}	6.14×10^{6}	2.30×10^{6}	8.19×10^{4}	5.75×10^{4}	5.36×10^{1}	3.28×10^{1}
150×80	4.5	1.9370×10^{3}	1.49×10^{-1}	5.63×10^{6}	2.11×10^{6}	7.50×10^{4}	5.29×10^{4}	5.39×10^{1}	3.30×10^{1}
125×75	4.0	1.4950×10^{3}	1.15×10^{-1}	3.11×10^{6}	1.44×10^{6}	4.97×10^{4}	3.75×10^{4}	4.56×10^{1}	3.07×10^{1}
125×75	3.2	1.2130×10^{3}	9.33×10^{-2}	2.57×10^{6}	1.17×10^{6}	4.11×10^{4}	3.11×10^{4}	4.60×10^{1}	3.10×10^{1}
125×75	2.3	8.8520×10^{2}	6.81×10^{-2}	1.92×10^{6}	8.75×10^{5}	3.06×10^{4}	2.33×10^{4}	4.65×10^{1}	3.14×10^{1}
125×40	2.3	7.2420×10^{2}	5.58×10^{-2}	1.31×10^{6}	2.16×10^{5}	2.09×10^{4}	1.08×10^{4}	4.25×10^{1}	1.73×10^{1}
125×40	1.6	5.1120×10^{2}	3.93×10^{-2}	9.44×10^{5}	1.58×10^{5}	1.51×10^{4}	7.91×10^{3}	4.30×10^{1}	1.76×10^{1}
100×50	3.2	8.9270×10^{2}	6.87×10^{-2}	1.12×10^{6}	3.80×10^{5}	2.25×10^{4}	1.52×10^{4}	3.55×10^{1}	2.06×10^{1}
100×50	2.3	6.5520×10^{2}	5.04×10^{-2}	8.48×10^{5}	2.90×10^{5}	1.70×10^{4}	1.16×10^{4}	3.60×10^{1}	2.10×10^{1}
100×40	2.3	6.0920×10^{2}	4.68×10^{-2}	7.39×10^{5}	1.75×10^{5}	1.48×10^{4}	8.77×10^{3}	3.48×10^{1}	1.70×10^{1}
100×40	1.6	4.3120×10^{2}	3.31×10^{-2}	5.35×10^{5}	1.29×10^{5}	1.07×10^{4}	6.44×10^{3}	3.52×10^{1}	1.73×10^{1}
100×20	2.3	5.1720×10^{2}	3.98×10^{-2}	5.19×10^{5}	3.64×10^{4}	1.04×10^{4}	3.64×10^{3}	3.17×10^{1}	8.39×10^{0}
100×20	1.6	3.6720×10^{2}	2.82×10^{-2}	3.81×10^{5}	2.78×10^{4}	7.61×10^{3}	2.78×10^{3}	3.22×10^{1}	8.70×10^{0}
90×45	3.2	7.9670×10^{2}	6.13×10^{-2}	8.02×10^{5}	2.70×10^{5}	1.78×10^{4}	1.20×10^{4}	3.17×10^{1}	1.84×10^{1}
90×45	2.6	6.5760×10^{2}	5.06×10^{-2}	6.77×10^{5}	2.29×10^{5}	1.50×10^{4}	1.02×10^{4}	3.21×10^{1}	1.87×10^{1}
90×45	2.3	5.8620×10^{2}	4.51×10^{-2}	6.10×10^{5}	2.08×10^{5}	1.36×10^{4}	9.22×10^{3}	3.23×10^{1}	1.88×10^{1}
75×45	3.2	7.0070×10^{2}	5.39×10^{-2}	5.08×10^{5}	2.28×10^{5}	1.35×10^{4}	1.01×10^{4}	2.69×10^{1}	1.80×10^{1}
75×45	2.3	5.1720×10^{2}	3.98×10^{-2}	3.89×10^{5}	1.76×10^{5}	1.04×10^{4}	7.82×10^{3}	2.74×10^{1}	1.84×10^{1}
75×45	2.0	4.5370×10^{2}	3.49×10^{-2}	3.45×10^{5}	1.57×10^{5}	9.20×10^{3}	6.96×10^{3}	2.76×10^{1}	1.86×10^{1}
75×45	1.6	3.6720×10^{2}	2.82×10^{-2}	2.84×10^{5}	1.29×10^{5}	7.56×10^{3}	3.75×10^{3}	2.78×10^{1}	1.88×10^{1}
75×20	2.3	4.0220×10^{2}	3.10×10^{-2}	2.37×10^{5}	2.73×10^{4}	6.31×10^{3}	2.73×10^{3}	2.43×10^{1}	8.24×10^{0}
75×20	1.6	2.8720×10^{2}	2.21×10^{-2}	1.76×10^{5}	2.10×10^{4}	4.69×10^{3}	2.10×10^{3}	2.47×10^{1}	8.55×10^{0}
60×30	3.2	5.0870×10^{2}	3.91×10^{-2}	2.14×10^{5}	7.08×10^{4}	7.15×10^{3}	4.72×10^{3}	2.05×10^{1}	1.18×10^{1}
60×30	2.3	3.7920×10^{2}	2.92×10^{-2}	1.68×10^{5}	5.65×10^{4}	5.61×10^{3}	3.76×10^{3}	2.11×10^{1}	1.22×10^{1}
60×30	1.6	2.7120×10^{2}	2.09×10^{-2}	1.25×10^{5}	4.25×10^{4}	4.16×10^{3}	2.83×10^{3}	2.15×10^{1}	1.25×10^{1}
50×20	2.3	2.8720×10^{2}	2.21×10^{-2}	8.00×10^{4}	1.83×10^{4}	3.20×10^{3}	1.83×10^{3}	1.67×10^{1}	7.98×10^{0}
50×20	1.6	2.0720×10^{2}	1.60×10^{-2}	6.08×10^{4}	1.42×10^{4}	2.43×10^{3}	1.42×10^{3}	1.71×10^{1}	8.29×10^{0}

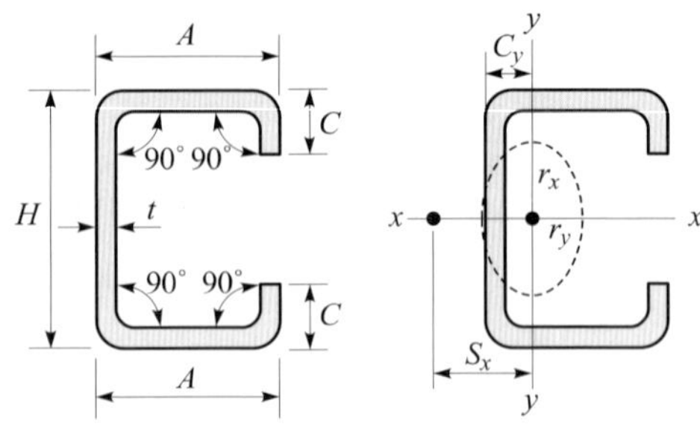

부 표 1.8 립ㄷ형강의 표준치수와 단면성능

치 수 (mm)		단면적 (mm²)	단위중량 (N/mm)	중심위치 (mm)		단면2차모멘트 (mm⁴)		단면2차반경 (mm)		단면계수 (mm³)		전단중심 (mm)	
$H\times A\times C$	t			C_x	C_y	I_x	I_y	r_x	r_y	S_x	S_y	$\overline{S_x}$	$\overline{S_y}$
250×75×25	4.5	1.8920×10^{3}	1.46×10^{-1}	0	20.7	1.69×10^{7}	1.29×10^{6}	9.44×10^{1}	2.62×10^{1}	1.35×10^{5}	2.38×10^{4}	51.0	0
200×75×25	4.5	1.6670×10^{3}	1.28×10^{-1}	0	23.2	9.90×10^{6}	1.21×10^{6}	7.61×10^{1}	2.69×10^{1}	9.90×10^{4}	2.33×10^{4}	56.0	0
	4.0	1.4950×10^{3}	1.15×10^{-1}	0	23.2	8.95×10^{6}	1.10×10^{6}	7.74×10^{1}	2.72×10^{1}	8.95×10^{4}	2.13×10^{4}	57.0	0
	3.2	1.2130×10^{3}	9.33×10^{-2}	0	23.3	7.36×10^{6}	9.23×10^{5}	7.70×10^{1}	2.76×10^{1}	7.36×10^{4}	1.78×10^{4}	57.0	0
200×75×20	4.5	1.6220×10^{3}	1.24×10^{-1}	0	21.9	9.63×10^{6}	1.09×10^{6}	7.71×10^{1}	2.60×10^{1}	9.63×10^{4}	2.06×10^{4}	53.0	0
	4.0	1.4555×10^{3}	1.12×10^{-1}	0	21.9	8.71×10^{6}	1.00×10^{6}	7.74×10^{1}	2.62×10^{1}	8.71×10^{4}	1.89×10^{4}	53.0	0
	3.2	1.1810×10^{3}	9.08×10^{-2}	0	21.9	7.16×10^{6}	8.41×10^{5}	7.79×10^{1}	2.67×10^{1}	7.16×10^{4}	1.58×10^{4}	54.0	0
150×75×25	4.5	1.4420×10^{3}	1.11×10^{-1}	0	26.5	5.01×10^{6}	1.09×10^{6}	5.90×10^{1}	2.75×10^{1}	6.69×10^{4}	2.25×10^{4}	63.0	0
	4.0	1.2950×10^{3}	1.00×10^{-1}	0	26.5	4.55×10^{6}	9.98×10^{5}	5.93×10^{1}	2.78×10^{1}	6.06×10^{4}	2.06×10^{4}	63.0	0
	3.2	1.0530×10^{3}	8.10×10^{-2}	0	26.6	3.75×10^{6}	8.36×10^{5}	5.97×10^{1}	2.82×10^{1}	5.00×10^{4}	1.73×10^{4}	64.0	0
150×75×20	4.5	1.3970×10^{3}	1.08×10^{-1}	0	25.0	4.89×10^{6}	9.92×10^{5}	5.92×10^{1}	2.66×10^{1}	6.52×10^{4}	1.98×10^{4}	60.0	0
	4.0	1.2550×10^{3}	9.65×10^{-2}	0	25.1	4.45×10^{6}	9.10×10^{5}	5.95×10^{1}	2.69×10^{1}	5.93×10^{4}	1.82×10^{4}	58.0	0
	3.2	1.0210×10^{3}	7.85×10^{-2}	0	25.1	3.66×10^{6}	7.64×10^{5}	5.99×10^{1}	2.74×10^{1}	4.89×10^{4}	1.53×10^{4}	51.0	0
150×65×20	4.0	1.1750×10^{3}	9.04×10^{-2}	0	21.1	4.01×10^{6}	6.37×10^{5}	5.84×10^{1}	2.33×10^{1}	5.35×10^{4}	1.45×10^{4}	50.0	0
	3.2	9.5670×10^{2}	7.36×10^{-2}	0	21.1	3.32×10^{6}	5.38×10^{5}	5.89×10^{1}	2.37×10^{1}	4.43×10^{4}	1.22×10^{4}	51.0	0
	2.3	7.0120×10^{2}	5.39×10^{-2}	0	21.2	2.48×10^{6}	4.11×10^{5}	5.94×10^{1}	2.42×10^{1}	3.30×10^{4}	9.37×10^{3}	52.0	0
150×50×20	4.5	1.1720×10^{3}	9.02×10^{-2}	0	15.4	3.68×10^{6}	3.57×10^{5}	5.60×10^{1}	1.75×10^{1}	4.90×10^{4}	1.05×10^{4}	37.0	0
	3.2	8.6070×10^{2}	6.62×10^{-2}	0	15.4	2.80×10^{6}	2.83×10^{5}	5.71×10^{1}	1.81×10^{1}	3.74×10^{4}	8.19×10^{3}	38.0	0
	2.3	6.3220×10^{2}	4.86×10^{-2}	0	15.5	2.10×10^{6}	2.19×10^{5}	5.77×10^{1}	1.86×10^{1}	2.80×10^{4}	6.33×10^{3}	38.0	0
125×50×20	4.5	1.0590×10^{3}	8.15×10^{-2}	0	16.8	2.38×10^{6}	3.35×10^{5}	4.74×10^{1}	1.78×10^{1}	3.80×10^{4}	1.00×10^{4}	40.0	0
	4.0	9.5480×10^{2}	7.35×10^{-2}	0	16.8	2.17×10^{6}	3.31×10^{5}	4.77×10^{1}	1.81×10^{1}	3.47×10^{4}	9.38×10^{3}	40.0	0
	3.2	7.8070×10^{2}	6.01×10^{-2}	0	16.8	1.81×10^{6}	2.66×10^{5}	4.82×10^{1}	1.85×10^{1}	2.90×10^{4}	8.02×10^{3}	40.0	0
	2.3	5.7470×10^{2}	4.42×10^{-2}	0	16.9	1.37×10^{6}	2.06×10^{5}	4.88×10^{1}	1.89×10^{1}	2.19×10^{4}	6.22×10^{3}	41.0	0

부 표 1.8 립ㄷ형강의 표준치수와 단면성능 (계속)

치 수 (mm)		단면적 (mm^2)	단위중량 (N/mm)	중심위치 (mm)		단면2차모멘트 (mm^4)		단면2차반경 (mm)		단면계수 (mm^3)		전단중심 (mm)	
$H\times A\times C$	t			C_x	C_y	I_x	I_y	r_x	r_y	S_x	S_y	$\overline{S_x}$	$\overline{S_y}$
120×60×25	4.5	1.1720×10^{3}	9.02×10^{-2}	0	22.5	2.52×10^{6}	5.80×10^{5}	4.63×10^{1}	2.22×10^{1}	4.19×10^{4}	1.55×10^{4}	53.0	0
120×60×20	3.2	8.2870×10^{2}	6.38×10^{-2}	0	21.2	1.86×10^{6}	4.09×10^{5}	4.74×10^{1}	2.22×10^{1}	3.10×10^{4}	1.05×10^{4}	49.0	0
	2.3	6.0920×10^{2}	4.68×10^{-2}	0	21.3	1.40×10^{6}	3.13×10^{5}	4.79×10^{1}	2.27×10^{1}	2.33×10^{4}	8.10×10^{3}	51.0	0
120×40×20	3.2	7.0070×10^{2}	5.39×10^{-2}	0	13.2	1.44×10^{6}	1.53×10^{5}	4.53×10^{1}	1.48×10^{1}	2.40×10^{4}	5.71×10^{3}	34.0	0
100×50×20	4.5	9.4690×10^{2}	7.28×10^{-2}	0	18.6	1.39×10^{6}	3.09×10^{5}	3.82×10^{1}	1.81×10^{1}	2.77×10^{4}	9.82×10^{3}	43.0	0
	4.0	8.5480×10^{2}	6.58×10^{-2}	0	18.6	1.27×10^{6}	2.87×10^{5}	3.85×10^{1}	1.83×10^{1}	2.54×10^{4}	9.13×10^{3}	43.0	0
	3.2	7.0070×10^{2}	5.39×10^{-2}	0	18.6	1.07×10^{6}	2.45×10^{5}	3.90×10^{1}	1.87×10^{1}	2.13×10^{4}	7.81×10^{3}	44.0	0
	2.8	6.2050×10^{2}	4.77×10^{-2}	0	18.6	9.98×10^{5}	2.32×10^{5}	3.96×10^{1}	1.91×10^{1}	2.00×10^{4}	7.44×10^{3}	43.0	0
	2.3	5.1720×10^{2}	3.98×10^{-2}	0	18.6	8.07×10^{5}	1.90×10^{5}	3.95×10^{1}	1.92×10^{1}	1.61×10^{4}	6.06×10^{3}	44.0	0
	2.0	4.5370×10^{2}	3.49×10^{-2}	0	18.6	7.14×10^{5}	1.69×10^{5}	3.97×10^{1}	1.93×10^{1}	1.43×10^{4}	5.40×10^{3}	44.0	0
	1.6	3.6720×10^{2}	2.82×10^{-2}	0	18.7	5.84×10^{5}	1.40×10^{5}	3.99×10^{1}	1.95×10^{1}	1.17×10^{4}	4.47×10^{3}	45.0	0
90×45×20	3.2	6.3670×10^{2}	4.90×10^{-2}	0	17.2	7.69×10^{5}	1.83×10^{5}	3.48×10^{1}	1.69×10^{1}	1.71×10^{4}	6.57×10^{3}	41.0	0
	2.3	4.7120×10^{2}	3.63×10^{-2}	0	17.3	5.86×10^{5}	1.42×10^{5}	3.53×10^{1}	1.74×10^{1}	1.30×10^{4}	5.14×10^{3}	41.0	0
	1.6	3.3520×10^{2}	2.58×10^{-2}	0	17.3	4.26×10^{5}	1.05×10^{5}	3.56×10^{1}	1.77×10^{1}	9.46×10^{3}	5.80×10^{3}	42.0	0
75×45×15	2.3	4.1370×10^{2}	3.19×10^{-2}	0	17.2	3.71×10^{5}	1.18×10^{5}	3.00×10^{1}	1.69×10^{1}	9.90×10^{3}	4.24×10^{3}	40.0	0
	2.0	3.6370×10^{2}	2.80×10^{-2}	0	17.2	3.30×10^{5}	1.05×10^{5}	3.01×10^{1}	1.70×10^{1}	8.79×10^{3}	3.76×10^{3}	40.0	0
	1.6	2.9520×10^{2}	2.27×10^{-2}	0	17.2	2.71×10^{5}	8.71×10^{4}	3.03×10^{1}	1.72×10^{1}	7.24×10^{3}	3.13×10^{3}	41.0	0
75×35×15	2.3	3.6770×10^{2}	2.83×10^{-2}	0	12.9	3.10×10^{5}	6.58×10^{4}	2.91×10^{1}	1.34×10^{1}	8.28×10^{3}	2.98×10^{3}	31.0	0
70×40×25	1.6	3.0320×10^{2}	2.33×10^{-2}	0	18.0	2.20×10^{5}	8.00×10^{4}	2.69×10^{1}	1.62×10^{1}	6.29×10^{3}	3.64×10^{3}	44.0	0
60×30×10	2.3	2.8720×10^{2}	2.21×10^{-2}	0	10.6	1.56×10^{5}	3.32×10^{4}	2.33×10^{1}	1.07×10^{1}	5.20×10^{3}	1.71×10^{3}	25.0	0
	2.0	2.5370×10^{2}	1.95×10^{-2}	0	10.6	1.40×10^{5}	3.01×10^{4}	2.35×10^{1}	1.09×10^{1}	4.65×10^{3}	1.55×10^{3}	25.0	0
	1.6	2.0720×10^{2}	1.60×10^{-2}	0	10.6	1.16×10^{5}	2.56×10^{4}	2.37×10^{1}	1.11×10^{1}	3.88×10^{3}	1.32×10^{3}	25.0	0

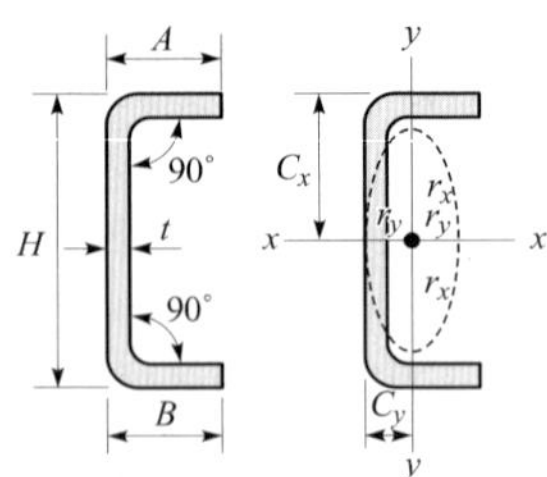

부 표 1.9 경ㄷ형강의 표준치수와 단면성능

치수 (mm)		단면적 (mm^2)	단위중량 (N/mm)	중심위치 (mm)		단면2차모멘트 (mm^4)		단면2차반경 (mm)		단면계수 (mm^3)		전단중심 (mm)	
H×A×B	t			C_x	C_y	I_x	I_y	r_x	r_y	S_x	S_y	$\overline{S_x}$	$\overline{S_y}$
450×75×75	6.0	3.4820×10^{3}	2.68×10^{-1}	0	1.19×10^{1}	8.40×10^{7}	1.22×10^{6}	1.55×10^{2}	1.87×10^{1}	3.74×10^{5}	1.94×10^{4}	2.70×10^{1}	0
	4.5	2.6330×10^{3}	2.03×10^{-1}	0	1.13×10^{1}	6.43×10^{7}	9.43×10^{5}	1.56×10^{2}	1.89×10^{1}	2.86×10^{5}	1.48×10^{4}	2.70×10^{1}	0
400×75×75	6.0	3.1820×10^{3}	2.45×10^{-1}	0	1.28×10^{1}	6.23×10^{7}	1.20×10^{6}	1.40×10^{2}	1.94×10^{1}	3.12×10^{5}	1.92×10^{4}	2.90×10^{1}	0
	4.5	2.4080×10^{3}	1.85×10^{-1}	0	1.21×10^{1}	4.78×10^{7}	9.22×10^{5}	1.41×10^{2}	1.96×10^{1}	2.39×10^{5}	1.47×10^{4}	2.90×10^{1}	0
350×50×50	4.5	1.9580×10^{3}	1.51×10^{-1}	0	7.50×10^{0}	2.75×10^{7}	2.75×10^{5}	1.19×10^{2}	1.19×10^{1}	1.57×10^{5}	6.48×10^{3}	1.60×10^{1}	0
	4.0	1.7470×10^{3}	1.34×10^{-1}	0	7.30×10^{0}	2.47×10^{7}	2.48×10^{5}	1.19×10^{2}	1.19×10^{1}	1.41×10^{5}	5.81×10^{3}	1.60×10^{1}	0
300×50×50	4.5	1.7330×10^{3}	1.33×10^{-1}	0	8.20×10^{0}	1.85×10^{7}	2.68×10^{5}	1.03×10^{2}	1.24×10^{1}	1.23×10^{5}	6.41×10^{3}	1.80×10^{1}	0
	4.0	1.5470×10^{3}	1.19×10^{-1}	0	8.00×10^{0}	1.66×10^{7}	2.41×10^{5}	1.04×10^{2}	1.25×10^{1}	1.11×10^{5}	5.74×10^{3}	1.80×10^{1}	0
250×75×75	6.0	2.2820×10^{3}	1.75×10^{-1}	0	1.66×10^{1}	1.94×10^{7}	1.07×10^{6}	9.23×10^{1}	2.71×10^{1}	1.55×10^{5}	1.84×10^{4}	3.70×10^{1}	0
250×50×50	4.5	1.5080×10^{3}	1.16×10^{-1}	0	9.10×10^{0}	1.16×10^{7}	2.59×10^{5}	8.78×10^{1}	1.31×10^{1}	9.30×10^{4}	6.31×10^{3}	2.00×10^{1}	0
	4.0	1.3470×10^{3}	1.04×10^{-1}	0	8.80×10^{0}	1.05×10^{7}	2.33×10^{5}	8.81×10^{1}	1.32×10^{1}	8.37×10^{4}	5.66×10^{3}	2.00×10^{1}	0
200×75×75	6.0	1.9820×10^{3}	1.53×10^{-1}	0	1.87×10^{1}	1.13×10^{7}	1.01×10^{6}	7.56×10^{1}	2.25×10^{1}	1.13×10^{5}	1.79×10^{4}	4.10×10^{1}	0
200×50×50	4.5	1.2830×10^{3}	9.90×10^{-2}	0	1.03×10^{1}	6.66×10^{6}	2.46×10^{5}	7.20×10^{1}	1.38×10^{1}	6.66×10^{4}	6.19×10^{3}	2.20×10^{1}	0
	4.0	1.1470×10^{3}	8.82×10^{-2}	0	1.00×10^{1}	6.00×10^{6}	2.22×10^{5}	7.23×10^{1}	1.39×10^{1}	6.00×10^{4}	5.55×10^{3}	2.20×10^{1}	0
	3.2	9.6230×10^{2}	7.12×10^{-2}	0	9.70×10^{0}	4.90×10^{6}	1.82×10^{5}	7.28×10^{1}	1.40×10^{1}	4.90×10^{4}	4.51×10^{3}	2.30×10^{1}	0
150×75×75	6.0	1.6820×10^{3}	1.29×10^{-1}	0	2.15×10^{1}	5.73×10^{6}	9.19×10^{5}	5.84×10^{1}	2.34×10^{1}	7.64×10^{4}	1.72×10^{4}	4.60×10^{1}	0
	4.5	1.2830×10^{3}	9.90×10^{-2}	0	2.08×10^{1}	4.48×10^{6}	7.14×10^{5}	5.91×10^{1}	2.36×10^{1}	5.98×10^{4}	1.32×10^{4}	4.60×10^{1}	0
	4.0	1.1470×10^{3}	8.82×10^{-2}	0	2.06×10^{1}	4.04×10^{6}	6.42×10^{5}	5.93×10^{1}	2.36×10^{1}	5.39×10^{4}	1.18×10^{4}	4.60×10^{1}	0
150×50×50	4.5	1.5080×10^{3}	8.14×10^{-2}	0	1.20×10^{1}	3.29×10^{6}	2.28×10^{5}	5.58×10^{1}	1.47×10^{1}	4.39×10^{4}	5.99×10^{3}	2.60×10^{1}	0
	3.2	7.6630×10^{2}	5.90×10^{-2}	0	1.14×10^{1}	2.44×10^{6}	1.69×10^{5}	5.64×10^{1}	1.48×10^{1}	3.25×10^{4}	4.37×10^{3}	2.60×10^{1}	0
	2.3	5.5760×10^{2}	4.29×10^{-2}	0	1.10×10^{1}	1.81×10^{6}	1.25×10^{5}	5.69×10^{1}	1.50×10^{1}	2.41×10^{4}	3.20×10^{3}	2.60×10^{1}	0
120×40×40	3.2	6.0630×10^{2}	4.66×10^{-2}	0	9.40×10^{0}	1.22×10^{6}	8.43×10^{4}	4.48×10^{1}	1.18×10^{1}	2.03×10^{4}	2.75×10^{3}	2.10×10^{1}	0
100×50×50	3.2	6.0630×10^{2}	4.66×10^{-2}	0	1.40×10^{1}	9.36×10^{5}	1.49×10^{5}	3.93×10^{1}	1.57×10^{1}	1.87×10^{4}	4.15×10^{3}	3.10×10^{1}	0
	2.3	4.4260×10^{2}	3.40×10^{-2}	0	1.36×10^{1}	6.99×10^{5}	1.11×10^{5}	3.97×10^{1}	1.58×10^{1}	1.40×10^{4}	3.04×10^{3}	3.10×10^{1}	0
100×40×40	3.2	5.4230×10^{2}	4.17×10^{-2}	0	1.03×10^{1}	7.86×10^{5}	7.99×10^{4}	3.81×10^{1}	1.21×10^{1}	1.57×10^{4}	2.69×10^{3}	2.20×10^{1}	0
	2.3	3.9660×10^{2}	3.05×10^{-2}	0	9.90×10^{0}	5.89×10^{5}	5.96×10^{4}	3.85×10^{1}	1.23×10^{1}	1.18×10^{4}	1.98×10^{3}	2.20×10^{1}	0
80×40×40	2.3	3.5060×10^{2}	2.70×10^{-2}	0	1.11×10^{1}	3.49×10^{5}	5.56×10^{4}	3.16×10^{1}	1.26×10^{1}	8.73×10^{3}	1.92×10^{3}	2.40×10^{1}	0
60×30×30	2.3	2.5860×10^{2}	1.99×10^{-2}	0	8.60×10^{0}	1.42×10^{5}	2.27×10^{4}	2.34×10^{1}	9.40×10^{0}	4.72×10^{3}	1.06×10^{3}	1.80×10^{1}	0
	1.6	1.8360×10^{2}	1.41×10^{-2}	0	8.20×10^{0}	1.03×10^{5}	1.64×10^{4}	2.37×10^{1}	9.50×10^{0}	3.45×10^{3}	7.50×10^{2}	1.80×10^{1}	0
40×40×40	3.2	3.5030×10^{2}	2.70×10^{-2}	0	1.51×10^{1}	9.21×10^{4}	5.72×10^{4}	1.62×10^{1}	1.28×10^{1}	4.60×10^{3}	2.30×10^{3}	3.00×10^{1}	0
	2.3	2.5860×10^{2}	1.99×10^{-2}	0	1.46×10^{1}	7.13×10^{4}	3.54×10^{4}	1.66×10^{1}	1.17×10^{1}	3.57×10^{3}	1.39×10^{3}	3.00×10^{1}	0
38×15×15	1.6	1.0040×10^{2}	7.72×10^{-3}	0	4.00×10^{0}	2.04×10^{4}	2.00×10^{3}	1.42×10^{1}	4.50×10^{0}	1.07×10^{3}	1.80×10^{2}	8.00×10^{0}	0
19×12×12	1.6	6.0390×10^{1}	4.65×10^{-3}	0	4.10×10^{0}	3.20×10^{3}	8.00×10^{2}	7.20×10^{0}	3.70×10^{0}	3.30×10^{2}	1.10×10^{2}	8.00×10^{0}	0
150×75×30	6.0	1.4120×10^{3}	1.09×10^{-1}	6.33×10^{1}	1.56×10^{1}	4.06×10^{4}	5.64×10^{5}	5.36×10^{1}	2.00×10^{1}	4.69×10^{4}	9.49×10^{3}	2.20×10^{1}	4.50×10^{1}
100×50×15	2.3	3.6210×10^{2}	2.78×10^{-2}	3.91×10^{1}	9.40×10^{0}	4.64×10^{5}	4.96×10^{4}	3.58×10^{1}	1.17×10^{1}	7.62×10^{3}	1.22×10^{3}	1.20×10^{1}	3.00×10^{1}
75×40×15	3.2	3.8230×10^{2}	2.94×10^{-2}	3.91×10^{1}	8.00×10^{0}	2.10×10^{5}	3.93×10^{4}	2.34×10^{1}	1.01×10^{1}	4.68×10^{3}	1.23×10^{3}	1.20×10^{1}	2.10×10^{1}
	2.3	2.8160×10^{2}	2.17×10^{-2}	3.01×10^{1}	8.10×10^{0}	2.08×10^{5}	3.12×10^{4}	2.72×10^{1}	1.05×10^{1}	4.63×10^{3}	9.80×10^{2}	1.20×10^{1}	2.10×10^{1}
50×25×10	2.3	1.7810×10^{2}	1.37×10^{-2}	1.97×10^{1}	5.40×10^{0}	5.59×10^{4}	7.90×10^{3}	1.77×10^{1}	6.70×10^{0}	1.84×10^{3}	4.00×10^{2}	7.00×10^{0}	1.50×10^{1}
40×40×15	3.2	2.7030×10^{2}	2.08×10^{-2}	1.46×10^{1}	1.14×10^{1}	5.71×10^{4}	3.68×10^{4}	1.45×10^{1}	1.17×10^{1}	2.24×10^{3}	1.29×10^{3}	1.40×10^{1}	1.20×10^{1}

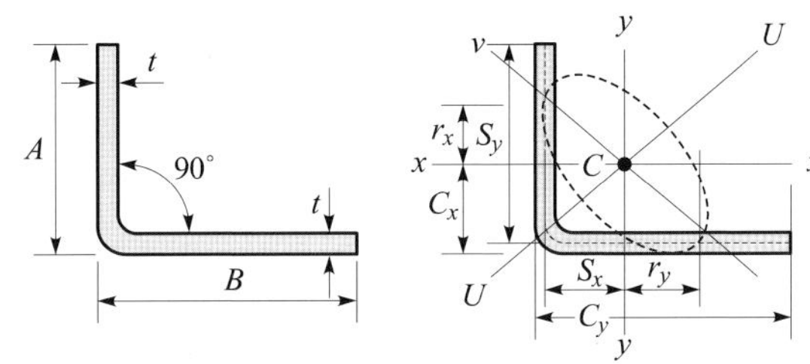

부 표 1.10 경ㄱ형강의 표준치수와 단면성능

치 수 (mm)		단면적 (mm²)	단위중량 (N/mm)	중심위치 (mm)		단면2차모멘트 (mm⁴)				단면2차반경 (mm)			
$A \times B$	t			C_x	C_y	I_x	I_y	I_u	I_v	r_x	r_y	r_u	r_v
60×60	3.2	3.6720×10^{2}	2.82×10^{-2}	1.65×10^{1}	1.65×10^{1}	1.31×10^{5}	1.31×10^{5}	2.13×10^{5}	5.03×10^{4}	1.89×10^{1}	1.89×10^{1}	2.41×10^{1}	1.17×10^{1}
50×50	3.2	3.0320×10^{2}	2.33×10^{-2}	1.40×10^{1}	1.40×10^{1}	7.47×10^{4}	7.47×10^{4}	2.11×10^{5}	2.83×10^{4}	1.57×10^{1}	1.57×10^{1}	2.00×10^{1}	9.70×10^{0}
	3.2	2.2130×10^{2}	1.71×10^{-2}	1.36×10^{1}	1.36×10^{1}	5.54×10^{4}	5.54×10^{4}	8.94×10^{4}	2.13×10^{4}	1.58×10^{1}	1.58×10^{1}	2.01×10^{1}	9.80×10^{0}
40×40	3.2	2.3920×10^{2}	1.84×10^{-2}	1.15×10^{1}	1.15×10^{1}	3.72×10^{4}	3.72×10^{4}	6.04×10^{4}	1.39×10^{4}	1.25×10^{1}	1.25×10^{1}	1.59×10^{1}	7.60×10^{0}
30×30	3.2	1.7520×10^{2}	1.35×10^{-2}	9.00×10^{0}	9.00×10^{0}	1.50×10^{4}	1.50×10^{4}	2.45×10^{4}	5.40×10^{3}	9.20×10^{0}	9.20×10^{0}	1.18×10^{1}	5.60×10^{0}
75×30	3.2	3.1920×10^{2}	2.46×10^{-2}	2.86×10^{1}	2.86×10^{0}	1.89×10^{5}	1.94×10^{4}	1.96×10^{5}	1.47×10^{4}	2.43×10^{1}	7.80×10^{0}	2.48×10^{1}	6.20×10^{0}

치 수 (mm)		단면적 (mm²)	단위중량 (N/mm)	tan α	단면계수 (mm³)		전단중심 (mm)	
$A \times B$	t				S_x	S_y	$\overline{S_x}$	$\overline{S_y}$
60×60	3.2	3.6720×10^{2}	2.82×10^{-2}	1.00	3.02×10^{3}	3.02×10^{3}	1.49×10^{1}	1.49×10^{1}
50×50	3.2	3.0320×10^{2}	2.33×10^{-2}	1.00	2.07×10^{3}	2.07×10^{3}	1.24×10^{1}	1.24×10^{1}
	3.2	2.2130×10^{2}	1.71×10^{-2}	1.00	1.52×10^{3}	1.52×10^{3}	1.24×10^{1}	1.24×10^{1}
40×40	3.2	2.3920×10^{2}	1.84×10^{-2}	1.00	1.30×10^{3}	1.30×10^{3}	9.90×10^{0}	9.90×10^{0}
30×30	3.2	1.7520×10^{2}	1.35×10^{-2}	1.00	7.10×10^{2}	7.10×10^{2}	7.40×10^{0}	7.40×10^{0}
75×30	3.2	3.1610×10^{2}	2.46×10^{-2}	0.198	4.07×10^{3}	8.00×10^{2}	4.10×10^{0}	2.70×10^{1}

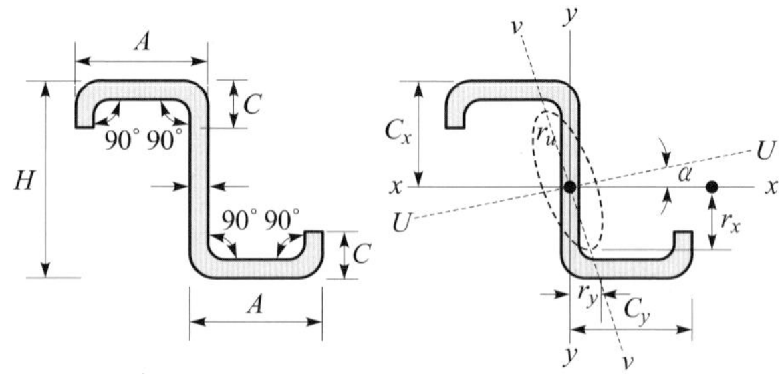

부 표 1.11 립Z형강의 표준치수와 단면성능

치수 (mm)		단면적 (mm^2)	단위중량 (N/mm)	중심위치 (mm)		단면2차모멘트 (mm^4)				단면2차반경 (mm)			
$H \times A \times C$	t			C_x	C_y	I_x	I_y	I_u	I_v	r_x	r_y	r_u	r_v
100×50×50	3.2	6.0630×10^2	4.66×10^{-2}	5.00×10^1	4.84×10^1	9.36×10^5	2.42×10^5	1.09×10^6	8.70×10^4	3.93×10^1	2.00×10^1	4.24×10^1	1.20×10^1
	2.3	4.4260×10^2	3.40×10^{-2}	5.00×10^1	4.88×10^1	6.99×10^5	1.79×10^5	8.12×10^5	6.53×10^4	3.97×10^1	2.01×10^1	4.28×10^1	1.21×10^1
75×30×30	3.2	3.9830×10^2	3.07×10^{-2}	3.75×10^1	2.84×10^1	3.16×10^5	4.91×10^4	3.45×10^5	2.00×10^4	2.82×10^1	1.11×10^1	2.94×10^1	7.10×10^0
60×30×30	2.3	2.5860×10^2	1.99×10^{-2}	3.00×10^1	2.88×10^1	1.42×10^5	3.69×10^4	1.65×10^5	1.31×10^4	2.34×10^1	1.19×10^1	2.53×10^1	7.10×10^0
40×20×20	2.3	1.6660×10^2	1.28×10^{-2}	2.00×10^1	1.88×10^1	3.86×10^4	1.03×10^4	4.54×10^4	3.50×10^3	1.52×10^1	7.90×10^0	1.65×10^1	4.60×10^0
75×40×30	2.3	3.1610×10^2	2.43×10^{-2}	3.49×10^1	3.13×10^1	2.68×10^5	6.15×10^4	3.06×10^5	2.39×10^4	2.91×10^1	1.40×10^1	3.11×10^1	8.65×10^0
75×30×20	2.3	2.7010×10^2	2.08×10^{-2}	3.44×10^1	2.09×10^1	2.07×10^5	2.25×10^4	2.19×10^5	1.08×10^4	2.77×10^1	9.13×10^0	2.85×10^1	6.31×10^0

치수 (mm)		단면적 (mm^2)	단위중량 (N/mm)	tan α	단면계수 (mm^3)		전단중심 (mm)	
$H \times A \times C$	t				S_x	S_y	$\overline{S_x}$	$\overline{S_y}$
100×50×50	3.2	6.0630×10^2	4.66×10^{-2}	0.427	1.87×10^4	5.00×10^3	0	0
	2.3	4.4260×10^2	3.40×10^{-2}	0.423	1.40×10^4	3.66×10^3	0	0
75×30×30	3.2	3.9830×10^2	3.07×10^{-2}	0.313	8.42×10^3	1.73×10^3	0	0
60×30×30	2.3	2.5860×10^2	1.99×10^{-2}	0.430	4.72×10^3	1.28×10^3	0	0
40×20×20	2.3	1.6660×10^2	1.28×10^{-2}	0.443	1.93×10^3	5.50×10^2	0	0
75×40×30	2.3	3.1610×10^2	2.43×10^{-2}	0.394	6.68×10^3	1.69×10^3	5.00×10^{-1}	1.38×10^1
75×30×20	2.3	2.7010×10^2	2.08×10^{-2}	0.245	5.10×10^3	8.39×10^2	3.00×10^{-1}	1.86×10^1

찾아보기

저자 약력

• **안 형 준**

건국대학교 건축공학과 졸업
한양대학교 대학원 건축공학과(공학박사)
강남대학교 건축공학과 교수 역임
현재 : 건국대학교 건축공학부 교수
건축구조기술사, 건설안전기술사
건축품질시험기술사, 건축시공기술사

• **유 병 억**

한양대학교 건축공학과 졸업
건국대학교 대학원 건축공학과(공학박사)
한국건축구조기술사회 회장 역임
한국콘크리트학회 부회장 역임
현재 : 강남대학교 도시건축공학부 교수
건축구조기술사

• **박 일 민**

한양대학교 건축공학과 졸업
한양대학교 대학원 건축공학과(공학박사)
미국 미시간대학교 Civil Eng post-doc
영국 Southampton University
현재 : 순천대학교 건축공학부 교수
건축구조기술사

• **김 철 환**

계명대학교 건축공학과 졸업
일본 오사카대학교 대학원 건축공학전공(공학박사)
미국 University of Washington 교환교수
대한주택공사 주택연구소 선임연구원 역임
현재 : 경북대학교 건축학부 교수

(제3판) 건축구조역학 **정가 23,000원**

저자 : 안형준 · 유병억 · 박일민 · 김철환

발행인 : 임해진
발행처 : 도서출판 구미서관

발행 : 2005년 2월 25일 제1판
2009년 3월 17일 제2판
2015년 2월 23일 제3판 1쇄
2019년 1월 17일 제3판 2쇄
2020년 1월 20일 제3판 3쇄

등록 : 1979년 6월 29일 No.9-6호
주소 : 서울시 마포구 신촌로 2길 5-15 구미빌딩
전화 : 02-333-1101
팩스 : 02-335-2201
http://www.goomibook.com

ISBN 978-89-8225-279-2 (93530)